UTB **2863**

Eine Arbeitsgemeinschaft der Verlage

Beltz Verlag Weinheim · Basel
Böhlau Verlag Köln · Weimar · Wien
Verlag Barbara Budrich Opladen · Farmington Hills
facultas.wuv Wien
Wilhelm Fink München
A. Francke Verlag Tübingen und Basel
Haupt Verlag Bern · Stuttgart · Wien
Julius Klinkhardt Verlagsbuchhandlung Bad Heilbrunn
Lucius & Lucius Verlagsgesellschaft Stuttgart
Mohr Siebeck Tübingen
C. F. Müller Verlag Heidelberg
Orell Füssli Verlag Zürich
Verlag Recht und Wirtschaft Frankfurt am Main
Ernst Reinhard Verlag München und Basel
Ferdinand Schöningh Verlag Paderborn · München · Wien · Zürich
Eugen Ulmer Verlag Stuttgart
UVK Verlagsgesellschaft Konstanz
Vandenhoeck & Ruprecht Göttingen
vdf Hochschulverlag AG an der ETH Zürich

Johannes Hallmann
Andrea Quadt-Hallmann
Andreas von Tiedemann

Phytomedizin

114 Schwarzweißfotos und -Zeichnungen
77 Tabellen

Verlag Eugen Ulmer Stuttgart

Johannes Hallmann ist wissenschaftlicher Mitarbeiter am Institut für Nematologie und Wirbeltierkunde der Biologischen Bundesanstalt für Land- und Forstwirtschaft in Münster und Privatdozent für Pflanzenkrankheiten an der Rheinischen Friedrich-Wilhelms-Universität Bonn.

Andrea Quadt-Hallmann ist promovierte Virologin und war an der Rheinischen Friedrich-Wilhelms-Universität Bonn und der Auburn University, U.S.A. in Forschung und Lehre tätig. Zur Zeit arbeitet Frau Quadt-Hallmann freiberuflich im Bereich Phytomedizin und Pflanzenschutz.

Andreas von Tiedemann ist Universitätsprofessor für Allgemeine Pflanzenpathologie und Pflanzenschutz am Department für Nutzpflanzenwissenschaften der Georg-August-Universität Göttingen.

Bibliografische Information der Deutschen Bibliothek
Die Deutsche Bibliothek verzeichnet diese Publikation in der Deutschen Nationalbibliografie; detaillierte bibliografische Daten sind im Internet über http://dnb.ddb.de abrufbar.

ISBN 978-3-8001-2849-5 (Ulmer)
ISBN 978-3-8252-2863-7 (UTB)

Wollgrasweg 41, 70599 Stuttgart (Hohenheim)
E-Mail: info@ulmer.de
Internet: www.ulmer.de
Lektorat: Werner Baumeister
Satz und Repro: Arnold & Domnick, Leipzig
Druck und Bindung: Graphischer Großbetrieb Friedr. Pustet
Printed in Germany

ISBN 978-3-8252-2863-7 (UTB-Bestellnummer)

Inhalt

Vorwort

Dieses Lehrbuch war aus mehreren Gründen dringend erforderlich. Erstens macht der mit dem sogenannten „Bologna-Prozess“ ausgelöste Wandel des agrarwissenschaftlichen Hochschulstudiums einen didaktisch abgestimmten Zuschnitt des Lehrbuchangebots auch im Fach Phytomedizin erforderlich. Mit dem nun ersten möglichen berufsqualifizierenden Hochschulabschluss, dem Bachelor, ist eine akademische Qualifikation geschaffen worden, die entsprechende Curricula benötigt. Diese sind von den früheren durchgängigen Diplomstudiengängen nicht vorhanden. Es ist daher notwendig, darauf mit neu zugeschnittenen Lehrbuchangeboten zu reagieren.

Darüber hinaus bestand zum Zeitpunkt der Entstehung dieses Lehrbuchs ein bedauerlicher Mangel an aktuellen phytomedizinischen Lehrbüchern schlechthin. Dies tut einem Fach nicht gut und soll durch das hier vorgelegte Lehrbuch behoben werden. Ein akademisches Fach entwickelt und identifiziert sich in besonderer Weise über die Existenz und Weiterentwicklung seiner Lehrbücher. Im Falle des Faches „Phytomedizin“ ist dies aus verschiedenen Gründen besonders wichtig, denn trotz ihrer unbestrittenen Bedeutung und klaren Analogie zur Human- und Tiermedizin hat die „Phytomedizin“ bis heute keine eindeutige fachterminologische Verankerung erlangt. Immer noch wird „Phytomedizin“ fälschlich als Lehre von der Heilkunst *mit* Pflanzen anstatt *für* Pflanzen angesehen (obwohl man auf diesen missverständlichen Gedanken bei „Humanmedizin“ oder „Tiermedizin“ niemals käme). Interessanterweise ist der Begriff Phytomedizin auch im Ausland nach wie vor wenig gebräuchlich, da vor allem in den angelsächsischen Ländern Teildisziplinen wie die Phytopathologie oder die Entomologie eine hohe Eigenständigkeit besitzen und unabhängig nebeneinander bestehen. Dies ist angesichts der kohärenten und umfassenden Bedeutung der Pflanzengesundheit, ihrer Bestimmungsfaktoren und möglicher Schutzmaßnahmen kaum zu verstehen. Es bleibt dennoch festzuhalten, dass es keine begrifflich eindeutige bzw. eingeführte englische Übersetzung für „Phytomedizin“ (etwa ‚phytomedicine‘) gibt.

Aus diesen Gründen soll für die Studierenden in deutschsprachigen Studiengängen der Agrar-, Forst- und Gartenbauwissenschaften sowie der Biologie ein umfassendes und aktuelles Lehrbuch der Phytomedizin vorgelegt werden. Gemäß der Ausrichtung des Bachelorstudiums auf Anwendungsaspekte liegt der Schwerpunkt dieses Buches bei der Vermittlung von Grundlagen zu den Ursachen von Pflanzenschäden und beim Pflanzenschutz. Weiten Raum nimmt deshalb die Darstellung von Verfahren und Präparaten des Pflanzenschutzes, ihrer Einsatzbereiche, sowie der gesetz-

lichen Regelungen des Pflanzenschutzes einschließlich der Risikovorsorge ein. Grundlagen werden aber auch zur Interaktion zwischen Kulturpflanzen und Schadorganismen vermittelt, allerdings können sie nicht bis in die Vielfalt molekularbiologischer Details vertieft werden. Dies wird anderen spezialisierten Lehrbüchern vorbehalten bleiben.
Wir hoffen, und sind uns gewiss, mit diesem Buch den kompakten Begleitstoff für die phytomedizinischen Lehrveranstaltungen im Bachelorstudium bereit gestellt zu haben. Dies wäre in dieser Vollständigkeit und Aktualität ohne die Mithilfe zahlreicher Kolleginnen und Kollegen nicht denkbar gewesen, denen wir deshalb für ihre Unterstützung ganz besonders danken möchten. Für wertvolle Hinweise und das Korrekturlesen einzelner Kapitel danken wir:
Joachim Hamacher, Bonn (Viren), Kerstin Wydra, Hannover (Bakterien), Peter Zwerger, Braunschweig (Unkräuter), Birger Koopmann, Göttingen (Wirt-Parasit-Interaktionen), Walter Gams, Utrecht (Pilzsystematik), Rudolf Heitefuss, Göttingen (abiotische Schadursachen, Pilze, Fungizide, Herbizide, Integrierter Pflanzenschutz), Bernd Ulber, Göttingen (Insektizide, tierische Schaderreger), Benno Kleinhenz, Bad Kreuznach (Prognosesysteme), Dieter Sturhan, Münster (Nematoden), Joachim Pelz, Münster (sonstige tierische Schaderreger), Petr Karlovsky, Göttingen (Biotechnische Verfahren), Susanne Guske, Braunschweig (Zulassung von Pflanzenschutzmitteln), Ingrid Wulfert, Rostock (Pflanzenquarantäne), Andreas Ulbrich, Bonn (Pflanzenschutz im geschützten Anbau), Maria Finckh, Witzenhausen (Pflanzenschutz im Ökolandbau), Anton Dissemond, Bonn (Schaderreger in Getreide, Mais, Raps, Kartoffel, Zuckerrübe), Wilhelm Jelkmann, Dossenheim (Schaderreger in Obstkulturen), Michael Maixner, Bernkastel-Kues (Schaderreger im Weinbau) und Jörg Braunsmann, Herford (Schaderreger der Rose).

Johannes Hallmann,
Andrea Quadt-Hallmann,
Andreas von Tiedemann

Münster, Göttingen, August 2006

1 Aufgabe und Verantwortung der Phytomedizin

Pflanzen sind die Grundlage allen Lebens auf der Erde. Aus der Sicht des Menschen besteht ihre fundamentale Bedeutung in zweierlei Funktionen. Einerseits sind sie als Wildpflanzen Bestandteil der Vegetationsdecke auf dem größten Teil der Landmasse und stellen innerhalb von Nahrungsketten bzw. komplexen Nahrungsnetzen die Lebensgrundlage aller nicht photosynthetisch aktiven Lebewesen (Mikroben, Pilze, Tiere) dar. Mit der natürlichen Vegetation verbunden sind auch günstige, meist ausgleichende Wirkungen auf Klima, Atmosphärenzusammensetzung und Wasserhaushalt. Andererseits sind Pflanzen als Nutzpflanzen seit Jahrtausenden Lebens- und Ernährungsgrundlage für den Menschen. So ist gerade die jüngere Geschichte der Menschheitsentwicklung untrennbar mit der Nutzung von Kulturpflanzen zur Nahrungs-, Futter- und Rohstofferzeugung verbunden. Durch den dabei aus Pflanzen gezogenen Nutzen ist der Mensch aber auch hochgradig von einer leistungsfähigen Pflanzenproduktion abhängig geworden. Damit fällt der Erhaltung der Pflanzengesundheit eine fundamentale Bedeutung für die Sicherung der menschlichen Existenz zu.

Wie bei allen anderen Organismen ist auch die Gesundheit von Pflanzen Voraussetzung für ungestörtes Wachstum und die Ausschöpfung des genetisch festgelegten Produktionspotenzials. Die Entwicklung von Kulturpflanzensorten und deren systematischer Anbau haben jedoch eine **Koevolution von Schadorganismen** ausgelöst, die in der Lage sind, an dem reichlichen Angebot an Nahrung bzw. Substrat teilzuhaben. Diese Evolution von Schmarotzern oder Parasiten ist eine natürliche und unvermeidliche Folge des Zusammenlebens verschiedener Arten in einem Ökosystem (Biozönose), kann jedoch das Pflanzenwachstum, die Ertragsbildung und die Produktqualität erheblich gefährden. Aus diesem Grund ist mit der revolutionären Entwicklung der Naturwissenschaften vor allem ab Mitte des 19. Jahrhunderts auch die Erforschung der Ursachen von Pflanzenbeschädigungen und die Entwicklung wirksamer Schutzmaßnahmen zu einem zentralen Aspekt der Natur- bzw. Agrarwissenschaften geworden.
Analog zur „Humanmedizin“ und „Tiermedizin“, die sich der Erforschung von Krankheitsursachen und der Entwicklung von Heilmöglichkeiten bei Mensch und Tier widmen, wurde folgerichtig für Pflanzen als entsprechende Disziplin die „Phytomedizin“ begründet.

Die Phytomedizin befasst sich mit der Erforschung aller (abiotischen und biotischen) Schadfaktoren, die zu Beschädigungen an Pflanzen führen und entwickelt Maßnahmen zum vorbeugenden oder therapeutischen Schutz der Pflanzen vor solchen Einwirkungen.

Im Unterschied vor allem zur Humanmedizin ist die Vielfalt der von der Phytomedizin betrachteten Kulturpflanzen- und Schadorganismenarten deutlich umfangreicher. Hinzu kommen die komplexen Verhältnisse des Agrarökosystems, die bei jedweden Bekämpfungsmaßnahmen berücksichtigt werden müssen. Ähnlich allerdings wie bei der Humanmedizin ist jedoch der Anwendungsbezug der Phytomedizin und die Tatsache, dass auch die Phytomedizin eine Sammeldisziplin bestehend aus zahlreichen Einzeldisziplinen ist. Hierzu gehören pflanzenbiologische Fächer (Pflanzenphysiologie, Biochemie, Molekularbiologie, Genetik), mikrobiologische Fächer (Mykologie, Bakteriologie, Virologie), zoologische Fächer (Entomologie, Nematologie, Malakologie, Wirbeltierkunde), und naturwissenschaftliche Grundlagenfächer (Chemie, Physik, Mathematik und Statistik).

Zentrales Anliegen und wichtigste Triebfeder der Entwicklung der Phytomedizin war und ist der **Pflanzenschutz**. Pflanzenkrankheiten sind so alt wie der Ackerbau selbst. Mangels besseren Wissens wurden Schäden durch Pflanzenkrankheiten lange Zeit dem Unwillen verschiedener Götter zugeschrieben, später auch ungünstigen Umweltbedingungen. Während Insekten aufgrund ihrer Größe als Schadursache schon relativ früh diagnostiziert werden konnten, gelang der erste Nachweis eines mikrobiellen Pathogens an Pflanzen erst sehr viel später. Es war der Franzose Matthieu Tillet (1714–1791), der in Parzellenversuchen die infektiöse Natur des Weizensteinbrandes nachgewiesen hatte. Dennoch wurden Pilze zunächst noch nicht als Ursache, sondern als Folge der Pflanzenschäden angesehen. Erst nachdem Miles J. Berkeley (1803–1889) und Anton de Bary (1831–1888) *Phytophthora infestans* als Erreger der Kartoffelkrautfäule nachweisen konnten und sich auch Julius Kühn (1825–1910) dieser Ansicht anschloss, wurde durch das Buch „Die Krankheiten der Kulturgewächse, ihre Ursachen und ihre Verhütung“ von Kühn 1858 die landwirtschaftliche Phytopathologie begründet. Zur Entwicklung einer eigenständigen Wissenschaft trugen insbesondere die Arbeiten von Anton de Bary über die parasitäre Natur der Brand- und Rostpilze bei. Es folgte der Nachweis weiterer wichtiger Erregergruppen wie Nematoden (Kühn, 1857), Bakterien (Burril, 1879) und Viren (Iwanowski, 1892 und Beijerinck, 1898). Erst viele Jahre später (1967 bzw. 1973) wurden auch Mykoplasmen- und schließlich Rickettsien-ähnliche Pathogene in Pflanzen nachgewiesen, die heute den Bakterien zugeordnet werden.

Am Beispiel des Tobacco mosaic virus (TMV) lässt sich die dynamische Entwicklung der phytomedizinischen Forschung ab Mitte des 19. Jahrhunderts sehr schön darstellen. 1859 wurde das Tabakmosaiksymptom erstmalig durch Van Swieten beobachtet. Iwanowski vermutete 1892 trotz Passage durch bakteriendichte Filter bei der Übertragung des Tabakmosaiks noch Bakterientoxine als Auslöser der Krankheit. Beijerinck bezeichnete den Erreger 1898 jedoch bereits als ein im Extrakt gelöstes, lebendes

Agens („*contagium vivum fluidum*"). Purdy-Beale gelang 1928 bis 1931 der serologische Nachweis von TMV mit Antikörpern. Stanley reinigte 1935 erstmals TMV und wies durch Kristallisationsversuche die Proteinnatur von TMV nach. Bawden und Pirie gelang 1937 der Nachweis, dass TMV neben Protein auch Nukleinsäure enthält. 1939 wurde TMV dann von Kausche, Pfankuch und Ruska erstmals elektronenmikroskopisch dargestellt und 1960 wurde bereits die Aminosäuresequenz des Hüllproteins von TMV ermittelt. Die komplette RNA Sequenz von TMV ist seit 1982 bekannt. Durch die Übertragung des Hüllproteingens von TMV in Tabak entstanden 1986 die ersten transgenen virusresistenten Pflanzen, die seit 1989 in benachbarten europäischen Ländern und den USA freigesetzt wurden.

Zentraler Gegenstand der phytomedizinischen Forschung ist das bessere Verständnis der Beziehung zwischen Wirtspflanze und Schadorganismus. Viele der hier in der Vergangenheit vorhandenen Lücken sind mit den aktuellen Fortschritten in den Biowissenschaften gefüllt worden. Der Informationsaustausch zwischen Wirt und Parasit mittels molekularer Signale und die daraus resultierende Regulation der Reaktionen bei Pflanze und Pathogen bzw. Schadinsekt werden zunehmend auf der Ebene des Genoms, Proteoms und Metaboloms verstanden. Daraus lassen sich auf längere Sicht wichtige Impulse für die Verbesserung der Schaderregerresistenz der Kulturpflanzen erwarten, die zu neuen Möglichkeiten im Pflanzenschutz führen werden. In den anderen Bereichen des Pflanzenschutzes eröffnen sich neue Möglichkeiten durch moderne Prognosemodelle, GIS, präzise Applikationstechniken, neue Wirkstoffe und biotechnische Verfahren.

Aufgrund der globalen Bevölkerungsentwicklung ist eine weitere Intensivierung der Landwirtschaft auch in der Zukunft unausweichlich, um dem weiter steigenden Bedarf an Pflanzenerzeugnissen gerecht zu werden. Es ist davon auszugehen, dass die Anzahl wirtschaftlich bedeutender Schaderreger weiter zunehmen wird. Die Ursachen hierfür sind vielfältig. So erhöht die Intensivierung des Anbaus schon an sich den Schaderregerdruck. Der Anbau neuer Kulturen kann schnell zum Auftreten von bisher unbekannten Schaderregern führen. Bestimmte Anbausysteme können zuvor unbedeutende zu plötzlich dominierenden Schaderregern machen. Die Spezialisierung von Betrieben und ganzen Anbauregionen auf einige wenige Kulturpflanzenarten fördert die Massenvermehrung kulturpflanzenspezifischer Schaderreger. Mit fortschreitender Globalisierung können Schaderreger immer leichter in andere Regionen verschleppt werden. Die globale Klimaveränderung könnte zu einem Vordringen wärmeliebender Schaderreger in gemäßigte Regionen führen, tierische Schaderreger und abiotische Schäden würden dabei lokal an Bedeutung gewinnen, pilzliche Schaderreger möglicherweise abnehmen.

Damit kommt dem Pflanzenschutz in den kommenden Jahrzehnten, mehr noch als bisher, eine wesentliche Funktion in der Sicherung der Pflanzenproduktion zu. Die Herausforderung, hohe qualitative und quantitative Ansprüche in der pflanzlichen Erzeugung mit hohen Umwelt- und Verbraucherschutzauflagen in Einklang zu bringen, wird bestehen bleiben.

2 Abiotische Schadfaktoren

Abiotisch bedingte Schäden an Pflanzen
Abiotisch bedingte Pflanzenbeschädigungen werden durch Umwelteinflüsse verursacht, unter denen Witterungsereignisse wie Trockenheit, Frost, Überschwemmung, Wind oder Hagel weltweit für die Pflanzenproduktion am bedeutendsten sind. Das Ausmaß dieser abiotischen Schäden kann das der durch Schadorganismen verursachten Schäden deutlich übersteigen, und zum völligen Ernteverlust in ganzen Regionen führen. Kennzeichnend für abiotische Schäden ist die meist geringe direkte Beeinflussbarkeit durch den Menschen. Abiotisch verursachte Schäden sind nicht übertragbar und können – abgesehen von Totalschäden – selbst heilen, wenn der Schadfaktor nicht mehr wirksam ist.

Abgesehen von den durch widrige Umweltbedingungen **direkt verursachten Schäden** an Pflanzen spielt die Förderung von Schadorganismen durch Schwächung oder Verletzung der Pflanze eine bedeutende Rolle. Im weitesten Sinne sind Umweltbedingungen für jegliche biotische Schädigung ausschlaggebend, da Schadorganismen für ihre Aktivität bestimmte Bedingungen (Temperatur, Feuchtigkeit) benötigen. Dies ist allerdings mehr ein Aspekt der Infektionslehre und Lebensansprüche von Schaderregern und wird bei der Besprechung der jeweiligen Schadorganismen näher behandelt (s. Kap. 3 bis 9 sowie 10.4). Wirken sich Umweltbedingungen in besonderem Maße für die Pflanze ungünstig aus und schwächen oder verletzen sie, sodass ein Schaderregerbefall überhaupt erst möglich oder maßgeblich gefördert wird, spricht man von Erhöhung der Krankheitsbereitschaft oder **Prädisposition**. Auch dieses Phänomen soll hier nicht behandelt werden, da es Gegenstand von Kap. 10.4 ist (Einfluss von Umweltfaktoren auf Schaderreger und Kulturpflanzen).

Witterungs einflüsse	Temperatur Licht Luftbewegung Niederschläge	**Kälte**, Hitze Lichtmangel, Lichtüberschuss Sturm Regen, **Hagel**, Schnee
Boden-bedingungen	Feuchtigkeit physikalische Faktoren chemische Faktoren	**Nässe, Trockenheit** **Verdichtung** **pH, Nährstoffmangel, -überschuss** **Versalzung**, toxische Stoffe
Agrartechniken	Geräte, Maschinen Chemikalien	**Wunden**, Bodenverdichtungen **Verätzungen** durch Pflanzenschutz- und Düngemittel
Immissionen	Emissionen aus Industrie, Haushalt, Verkehr Emissionen aus der Tierhaltung	Ozon, PAN, SO_2, HF, Stickoxide Ammoniak

Tab. 1: **Übersicht über die wichtigsten abiotischen Ursachen von Pflanzenschäden.** Die am häufigsten in der landwirtschaftlichen Praxis auftretenden abiotischen Schadwirkungen sind **fett hervorgehoben**.

2.1 Klima und Witterung

Der wichtigste abiotische Schadfaktor ist die **Temperatur**, insbesondere Kälte und Frost. Sie spielen als Schadfaktoren vor allem in kühl-gemäßigten Klimaregionen eine Rolle, wo Winter in wechselnder Länge und Intensität vorkommen. Grundsätzlich sind Kälteschäden immer dann zu befürchten, wenn Pflanzen in den klimatischen Grenzbereichen ihrer Anbauzonen angebaut werden. Nach ihrer Empfindlichkeit unterscheidet man **kälteempfindliche** Pflanzen (Temperaturverträglichkeitsgrenze oberhalb des Gefrierpunkts) von **frostempfindlichen** (nur kurzzeitige Toleranz geringer Frostgrade) und **frosttoleranten** Pflanzen (dauerhafte Toleranz harter Fröste). Bei allen drei Gruppen kann es durch tiefe Temperaturen zu Schäden kommen. **Kälteschäden** durch niedrige Temperaturen oberhalb des Gefrierpunktes können nur bei kälteempfindlichen Pflanzen entstehen, Frostschäden dagegen bei allen Pflanzen. Typische **Symptome von Kälteschäden** sind Verfärbungen durch Anthocyanbildung, Vergilbung, Wuchsdepressionen, Fruchtnekrosen (Frostgürtel) oder Missbildungen. Im Obstbau kann es bei Kälte auch ohne Frosteinwirkung zu mangelhafter Bestäubung und entsprechend verringertem Fruchtansatz kommen. Dieser Kälteeffekt ist aber häufig auf verringerten Insektenflug zurückzuführen.

Demgegenüber werden durch **Spätfrost** die besonders empfindlichen reproduktiven Teile der Obstblüte unmittelbar geschädigt, befruchtungsunfähig und sterben ab. Besonders empfindlich ist die offene Blüte. Für die wichtigsten heimischen Obstarten sind in dieser Phase bereits Temperaturen von −1 bis −2 °C kritisch. Das Auftreten von Spätfrost bestimmt auch die Aussaat von frostempfindlichen Ackerkulturen wie Zuckerrübe, Mais und Körnerleguminosen im Frühjahr. Zuckerrübe und Mais sind nur in der Jugendphase frostempfindlich, zur Reife hin tritt eine deutliche Frosthärte ein, die es erlaubt, Assimilationstage bis spät in die Phase der ersten Herbstfröste auszunutzen. Einen solchen Jahresgang der Frosthärte, die in der Regel im Herbst zu- und im Frühjahr abnimmt, findet man bei zahlreichen Pflanzen in winterkalten Klimazonen.

Eine auch in der Praxis angewandte Maßnahme zum Schutz vor Spätfrostschäden ist die **Frostschutzberegnung**. Sie findet vor allem im Obstbau in frostgefährdeten Lagen Anwendung und beruht auf dem physikalischen Prinzip der Wärmefreisetzung beim Übergang vom flüssigen zum festen Aggregatzustand des Wassers (Erstarrungswärme). Hierbei werden 80 kcal je Liter frei, die einen Schutz bis zu Temperaturen von −8 °C ermöglichen. Das Verfahren kommt in allen Baumobstarten sowie bei Strauch- und Erdbeeren zum Einsatz. Bei Steinobst wird eine Unterkronenfrostschutzberegnung empfohlen, um Astbruch durch zu hohe Eislast zu vermeiden. Wichtig ist, die Frostschutzberegnung solange fortzusetzen, bis die Umgebungstemperatur wieder über den Gefrierpunkt steigt, da ansonsten Kälteschäden durch Verdunstungskälte entstehen.

Eine andere Möglichkeit ist die Bekämpfung von eiskernbildenden Bakterien, den sogenannten **‚ice nucleation bacteria'**, auf der Pflanzenoberfläche. Diese Bakterien der Gattungen *Pseudomonas* oder *Erwinia* bewirken durch den Besitz bestimmter Oberflächenproteine die vorzeitige Eiskristallbildung von unterkühltem Wasser und lösen dadurch Frostschäden aus. Zur Bekämpfung solcher Bakterien werden insbesondere in Citrus, Avocado, Pistazien u. a. Kupferpräparate eingesetzt, um die biologische Eiskristallbildung bei Temperaturen bis −4 °C zu unterbinden. Ein biologischer Ansatz besteht im Einsatz von antagonistischen Bakterien oder Bakterien, deren Oberflächenproteine so verändert sind, dass sie als *‚anti-ice nucleation bacteria'* wirken und somit die Eiskristallbildung verzögern. Eine solche biologische Maßnahme ist zum Beispiel der Einsatz von *Pseudomonas fluorescens* A506 (Blight Ban) zum Schutz vor Frostschäden an Kirsche, Apfel, Pfirsich, Tomate, Kartoffel und Erdbeere.

Eine besondere Problematik stellt die **Auswinterung** bei Wintergetreide und Winterraps dar. Sie droht besonders dann, wenn so genannte **Kahlfröste** auftreten, also Fröste bei fehlender schützender Schneebedeckung und extrem tiefen Frostgraden. Die Frostresistenz beträgt bei Raps und Gerste etwa −15 bis −18 °C, bei Weizen −20 °C und bei Roggen bis −25 °C. Sinken die Temperaturen längere Zeit unter diese kritischen Werte, kommt es zum Absterben großer Anteile des Pflanzenbestandes. Auswinterungsschäden in unseren Breiten von bis zu 20% und darüber sind keine Seltenheit, vor allem bei plötzlichen Kälteeinbrüchen nach einer längeren milden Witterungsphase. Kommt es zusätzlich zum Hochfrieren der Pflanzen und damit zur Entwurzelung, kann die Schadwirkung durch die sogenannte **Frosttrocknis** noch erhöht sein.

Bei der **parasitären Auswinterung** liegen die Verhältnisse anders. Unter einer verharschten Schneedecke kommt es bei hoher Luftfeuchte und hohem CO_2-Gehalt zur Infektion von Wintergetreide, besonders Roggen und Weizen, mit dem Schneeschimmelerreger *Microdochium nivale*. Die Winterbedingungen spielen hier in zweifacher Weise eine fördernde Rolle, einmal, indem sie für den Erreger günstige Umweltbedingungen schaffen und zum anderen, als sie zugleich die Abwehr der Pflanze schwächen. Den eigentlichen Schaden verursacht aber der Pathogenbefall.

Die **physiologischen Vorgänge** bei der Kälte- und Frostschädigung sind relativ gut untersucht. Ausgangspunkt der Schädigung ist die **Veränderung von Membraneigenschaften**. Als elementare Bestandteile der Lebensfunktionen von Zellen verändern sich bei Kälte ihre biophysikalischen Eigenschaften. Dies führt zunächst zur Störung wichtiger membrangebundener Transport- und Syntheseprozesse. Davon betroffen ist der Ionentransfer durch die Membranen, der für die Aufrechterhaltung optimaler osmotischer Bedingungen und des pH-Werts von Bedeutung ist. Hinzu kommt eine Hemmung wichtiger Transportvorgänge im Kohlenhydrat- und Aminosäurestoffwechsel. Analoge Störungen treten in den Membranen der Zellorganellen (Mitochondrien, Plastiden) auf. Auch im Zytoplasma ablaufende Prozesse werden durch Kälte entweder stark verzögert oder gar gehemmt, wodurch Synthesewege wichtiger Komponenten des Wachstums und der Entwicklung blockiert werden.

Bis hier sind die Schäden meist **reversibel** und die Pflanzen können sich bei Anstieg der Temperatur wieder vollkommen erholen. Bei Frostschäden kommt es dagegen durch die **Eisbildung** in Zellen und Geweben zu irreversiblen mechanischen Zerstörungen. Während frostempfindliche Pflanzen die extrazelluläre Eisbildung, die als erstes auftritt, noch kurzzeitig tolerieren können, führt die intrazelluläre Eisbildung rasch zu Membranbrüchen und zum Zelltod. Durch die extrazelluläre Eisbildung werden aber nicht nur die membrangebundenen Lebensprozesse gestört, sondern es kommt auch zu massivem Wasserentzug (Dehydratation) aus den Zellen. Ursache ist die durch die Eiskristallbildung erhöhte Ionenkonzentration in der Interzellularflüssigkeit. Typische, äußerlich sichtbare Folgen von Frost sind deshalb Turgorverluste (Welken) und massive Nekrosebildungen ganzer Pflanzenteile. Besonders schädlich sind schnelles Tieffrieren und Wiederauftauen. Frostharte Pflanzen tolerieren die extrazelluläre Eisbildung und vermögen durch bestimmte Frostschutzmechanismen ihr Zytoplasma vor Eiskristallbildung und Membranschädigung zu schützen.

Wie gegen Kälte und Frost besitzen viele Pflanzen auch wirksame Mechanismen zum Schutz vor **hohen Temperaturen**. Diese bestehen vor allem in der Regulation der Transpiration, durch die die Blatttemperatur gesteuert werden kann. Schadwirkungen durch hohe Temperaturen sind fast immer von Trockenstress und Lichtüberschuss überlagert, da diese Stressfaktoren in der Regel gleichzeitig auftreten. Für die meisten Pflanzen sind Temperaturen erst oberhalb 30 °C kritisch, hitzetolerante Pflanzen können sogar bis 60 °C ohne dauerhafte Schäden ertragen. In unseren

Breiten werden diese kritischen Temperaturen selten überschritten, weshalb Hitzeschäden selten sind, insbesondere, solange die Wasserversorgung ausreicht.

Pflanzenbestände sind durch eine optimale Standraumnutzung in besonderer Weise zur optimalen Lichtausbeute fähig. **Lichtmangel** spielt insofern nur als begrenzender Faktor der Bestandsdichte eine Rolle. Mangelhaft belichtete Pflanzenteile vergilben oder zeigen durch überhöhte Auxinwirkung unnatürliches Längenwachstum (Etiolierung). Im Freiland bedeutender sind Schäden durch **Lichtüberschuss**. Hierbei kommt es infolge von Elektronenüberschuss in den Chloroplasten zur Bildung toxischer Sauerstoffradikale, die die Membranen angreifen, zum Zellzusammenbruch und damit zu Nekrosen führen. Untersuchungen haben gezeigt, dass für diese Schadwirkungen Licht im photosynthetisch wirksamen Spektralbereich (400 bis 700 nm) verantwortlich ist. Solche vor allem bei Gerste und Weizen beobachteten Nekrosen wurden dementsprechend auch als ‚Sonnenbrand' bezeichnet. Richtiger ist aber die Bezeichnung **physiologische Blattflecken** (**PLS**, von ‚***p****hysiologic* ***l****eaf* ***s****pots*'). PLS können zu erheblicher Nekrotisierung der oberen Blattetagen und damit zu spürbaren Ertragsverlusten führen. Betroffen von PLS sind insbesondere bestimmte Gerstensorten, was darauf hindeutet, dass eine bestimmte genetische Konstitution für die Lichtempfindlichkeit verantwortlich ist.

Von den **Niederschlägen** wirkt sich **Regen** gegebenenfalls in Form von Überschwemmung und Staunässe (siehe Bodenbedingungen) aus und kann von Sturm begleitet sein, der wiederum zum Lagern von Pflanzenbeständen führt. Schnee spielt im Getreidebau bei der parasitären Auswinterung eine Rolle (s. o.), kann aber auch erhebliche Schäden an Holzgewächsen durch Schneebruch hervorrufen. Die häufigsten und lokal schwersten Schäden werden durch **Hagel** verursacht. Heftiger Hagel kann in wenigen Minuten einen Pflanzenbestand vollkommen zerstören. Bei partieller Schädigung ist mit starken Folgeinfektionen zu rechnen, die durch die zahlreichen Wunden begünstigt werden. Typische Beispiele sind der Maisbeulenbrand *(Ustilago maydis)*, der an Mais als regelmäßiger Folgeparasit von Hagel auftritt oder die starke Ausbreitung des Grauschimmels *(Botrytis cinerea)* an durch Hagel geschädigtem Raps.

2.2 Bodenbedingungen

Neben ihrem direkten Einfluss auf oberirdische Pflanzenteile, können **Klima** und **Witterung** ihre **Schadwirkung** auch **über den Boden** ausüben. Beispiele sind übermäßige Nässe oder Trockenheit durch zu hohe oder fehlende Niederschläge, Schäden durch Erosion oder die schon beschriebene Frosttrocknis. Von herausragender Bedeutung ist in diesem Zusammenhang jedoch **Trockenstress**, der neben der Temperatur der weltweit wichtigste anbaubegrenzende Faktor ist. Trockenheit verursacht verschiedene Grade von Stress in Pflanzen, die von Wachstumshemmung über Notreife bis zum Absterben reichen.

Gegenüber Trockenstress besteht eine ausgesprochen artspezifische Empfindlichkeit, allerdings löst Wassermangel bei allen wichtigen Kulturpflanzen mehr oder weniger ähnliche **physiologische Schadwirkungen** aus.

Hierbei spielen Phytohormone eine wichtige Rolle. Trockenstress induziert eine erhöhte Abscisinsäuresynthese in der Wurzel. Abscisinsäure bewirkt das Schließen der Stomata und vermindert damit den Wasserverlust durch Transpiration. Dabei wird auch die Ethylenbildung erhöht und bewirkt eine vorzeitige Alterung und Reife der Pflanze, was schließlich zu vorzeitigem Blattabwurf und Notreife führt. All diese Prozesse setzen die vom Gaswechsel und der Wasserversorgung hochgradig abhängige Photosynthese weitgehend außer Kraft und unterbinden damit die Gewinnung von Energie und den Aufbau von Biomasse. Die Folge ist eine meist irreversible Beeinträchtigung der Ertragsbildung. Trockenheit bzw. Wassermangel ist vielerorts zum wichtigsten ertragsbegrenzenden Faktor geworden, der die Ausschöpfung des Ertragspotenzials moderner Hochleistungssorten verhindert. Aus diesem Grund erlangt die Verbesserung der Trockenresistenz in der Züchtung eine zunehmende Bedeutung.

Eine andere Form von über den Boden vermittelten Schäden betrifft die Versorgung mit Nährstoffen. Ist diese unausgewogen, sind Wachstumseinbußen oder krankhafte Veränderungen des Pflanzenwachstums die Folge. Solche Störungen sind als so genannte **Nährstoffmangelkrankheiten** allgemein nicht mehr Gegenstand der Phytomedizin, sondern fallen in den Bereich der Pflanzenernährung oder Agrikulturchemie. Darüber hinaus kann eine ungünstige Nährstoffversorgung vor allem mit Stickstoff, Kalium, Schwefel und Kalzium einen erheblichen Einfluss auf die Anfälligkeit der Pflanze für Pathogene und Schädlinge haben. Damit ist die Nährstoffversorgung ein Faktor, der auch die Krankheitsbereitschaft oder **Prädisposition** der Pflanze bestimmt (s. Kap. 10.4 und 13.2.1.4). Ähnliches gilt für den pH-Wert im Boden, der durch die Düngung beeinflussbar ist. Akute Schäden durch ungünstigen Boden-pH sind meist schwer erkennbar, da sie sich unspezifisch äußern wie zum Beispiel in verzögertem Wachstum. Abgesehen von seiner Bedeutung für die physico-chemischen Bodeneigenschaften hat der pH-Wert auch starken Einfluss auf das Auftreten bestimmter bodenbürtiger Pflanzenkrankheiten. Ein Beispiel ist das verstärkte Auftreten des bakteriellen Kartoffelschorfs *(Streptomyces scabies)* bei neutralem oder alkalischem pH-Wert.

Besonders in ariden Gebieten führt die langjährige Bewässerung zu erheblichen Schäden durch **Versalzung** des Bodens, die mittelfristig meist eine Anbaubeschränkung für salzempfindliche Pflanzen zur Folge hat und weltweit ein großes Problem darstellt. Im weiteren Sinne ist Versalzung als Folge der Anbautechnik anzusehen und nicht auf natürliche Umweltfaktoren zurückzuführen. Mögliche Maßnahmen zur Minderung der Versalzung bestehen in einer verbesserten Entsalzung des Bewässerungswassers, der Reduktion der Wassermenge durch Tröpfchenbewässerung und im Anbau salztoleranter Pflanzenarten oder Sorten.

2.3 Agrartechniken

Unsachgemäße **Anbautechnik** kann die Ursache verschiedener direkter und indirekter Beschädigungen an Pflanzen sein. Die häufigste Form sind mechanische Beschädigungen bei der **Bodenbearbeitung** oder dem Durchfahren von Feldkulturen, insbesondere bei mehrjährigen Sonderkulturen

(Obst-, Weinbau). Die dabei verursachten mechanischen Verwundungen im Bereich von Stamm, Pflanzenbasis und oberem Wurzelbereich können verschiedenen Pathogenen als Eintrittspforten dienen. Beispiele sind der bakterielle Wurzelkropf (*Agrobacterium tumefaciens*), der bakterielle Rindenbrand an Obstgehölzen (*Pseudomonas mors-prunorum*) oder unspezifische bodenbürtige Pathogene an verschiedenen anderen Kulturen.

Unsachgemäße Anbautechnik ist auch die Ursache von **Bodenverdichtungen**, die durch die Belastung mit Maschinen erzeugt werden, besonders bei hoher Bodenfeuchte. Bodenverdichtungen behindern die Entwicklung des Wurzelsystems. Bei auflaufenden Kulturen kann dies durch verzögerte Jugendentwicklung die Anfälligkeit für Auflaufkrankheiten erhöhen. Die eingeschränkte Wurzelentwicklung verschlechtert auch die Wasser- und Nährstoffausnutzung und verringert Stressresistenz, Standfestigkeit und Ertrag.

Eine weitere Form von abiotischen Schäden durch fehlerhafte Anbaumaßnahmen sind **Verätzungsschäden** an Pflanzen durch die unsachgemäße Anwendung von Agrochemikalien. Hierbei spielt besonders die unsachgemäße Ausbringung von Flüssigdünger (Harnstoff) oder die unerwünschte Nebenwirkung von Pflanzenschutzmitteln eine Rolle. Blattverätzungen im Getreide durch Harnstoff sind bevorzugte Infektionsstellen für ansonsten schwache Blattpathogene, wie zum Beispiel *Ascochyta* sp. Kupfer- oder schwefelhaltige Fungizide verursachen bei zu niedrigen Temperaturen bei Kernobst Fruchtberostung. Durch Herbizide kommt es bei Überdosierung (auch bei Überlappung der Behandlungen) oder Abtrift auf empfindliche Nachbarkulturen zu Blattschäden. Nachbauprobleme entstehen bei sensitiven Kulturen, wenn die Abbauzeiten der Herbizide nicht beachtet werden. Die Schadsymptome sind in letzteren Fällen typisch für das jeweilige Herbizid.

2.4 Luftschadstoffe

Seit Beginn der Industrialisierung sind **Immissionen von atmosphärischen Spurengasen** potenzielle Verursacher von abiotischen Schäden an Pflanzen. Luftschadstoffe sind damit ein klassisches Beispiel für abiotische Schadfaktoren. Der Nachweis der direkten kausalen Beteiligung eines Spurengases an Pflanzenschäden ist ausgesprochen schwierig, da das Schadgas – anders als ein biotischer Schadfaktor – nach Sichtbarwerden des Schadens in der Regel nicht mehr nachweisbar ist.

Besonders starken Auftrieb hat die Luftschadstoffforschung in Zusammenhang mit Waldschäden erhalten, die in den achtziger Jahren des vorigen Jahrhunderts erhebliche Aufmerksamkeit erregt haben. Die befürchteten großflächigen Schäden durch Spurengase insbesondere an Waldbäumen sind allerdings nicht eingetreten. Einerseits ist dies auf die erfolgreiche Reduktion des Ausstoßes bestimmter Schadgase wie **Schwefeldioxid** (SO_2) zurückzuführen, welches heute weit unter den Konzentrationen liegt, die früher zu den drastischen Schäden in Belastungsgebieten wie z. B. Erzgebirge, Riesengebirge und Harz geführt haben. Andererseits hat die Waldschadensforschung aber auch das Verständnis für die Komplexität von Baumschäden verbessert und zu einer differenzierteren Bewertung von

Abb. 1: Ozonschäden an Tabak, Sorte Bel W3, Göttingen 1992.

Schwankungen der Vitalität von Bäumen beigetragen. Durch Maßnahmen zur Luftreinhaltung ist der Gehalt an SO_2 in allen früheren Belastungsgebieten drastisch reduziert worden. Gleichzeitig ist dabei die Bedeutung der Düngewirkung von SO_2 erkannt worden, die in der Landwirtschaft nun die vermehrte Zuführung von Schwefel über die Düngung erforderlich macht.

Unter den Schadgasen müssen solche mit überregionaler Ausbreitung von denen, die hauptsächlich in der Umgebung von Punktemissionsquellen auftreten, unterschieden werden. Darüber hinaus bestehen große Unterschiede in der Phytotoxizität. Eine Gefahr für die Landwirtschaft stellen – wenn überhaupt – nur überregional verbreitete oder besonders phytotoxische Komponenten dar.

Während die Belastung mit SO_2 in Mitteleuropa in den letzten Jahrzehnten stark zurückgegangen ist, ist die Emission von Stickoxiden (NO_x) unverändert oder sogar zunehmend. Eine gravierende Folge der Emission von NO_x ist die photochemische Umsetzung zu **troposphärischem Ozon** und anderen **Photooxidantien** (Peroxyacetylnitrat etc.), die bei hoher Sonneneinstrahlung und hohen Temperaturen vor allem in ländlichen Gebieten stattfindet, wo wegen der ansonsten geringen Stickoxidgehalte das entstehende Ozon stabil ist. Anders als NO_x kann Ozon bereits in geringen Konzentrationen von 80 bis 100 ppb (parts per billion, entspricht etwa 160 bis 200 $\mu g/m^3$) je nach Pflanzenart chronische oder akute Schäden hervorrufen. Solche Konzentrationen können bei strahlungsreicher sommerlicher Wetterlage in ländlichen Regionen leicht überschritten werden.

Akute Ozonschäden wurden erstmals in den vierziger Jahren des vorigen Jahrhunderts in den USA bei ozonempfindlichen Kulturen wie Tabak, Reben, Kartoffeln und Bohnen bekannt. Ähnliche Blattschäden durch Ozon sind an Tabak, Bohnen und Reben später auch in Europa beschrieben worden (Abb. 1). Abgesehen von akuten Blattschäden, die zu sichtbaren Flecken führen, können schon durch chronische Ozonwirkungen Ertragsverluste verursacht werden. Bei Getreide werden solche Verluste auf Basis von umfangreichen Begasungsversuchen mit etwa 10% beziffert.
Ozon wirkt ausschließlich nach Aufnahme über die Spaltöffnungen. Der wesentliche Schadeffekt entsteht durch die Bildung toxischer Sauerstoffradikale im Pflanzengewebe, die die Membranen angreifen und oxidativen Stress auslösen. Insgesamt behindert Ozon damit die Photosynthese und bewirkt eine beschleunigte Alterung, was beides ertragsmindernd ist.

Ozon beeinflusst auch die **Prädisposition** der Pflanze gegenüber Pflanzenkrankheiten. Untersuchungen dieses Aspekts haben gezeigt, dass bei Getreide unter Ozonbelastung die Anfälligkeit für Blattfleckenerreger zunimmt, der Befall mit biotrophen Erregern wie Mehltau und Rost dagegen abnimmt.

Auch wenn das Ausmaß der chronischen Schäden nicht genau bestimmt werden kann, ist die Schadwirkung durch Ozon in der Pflanzenproduktion gegenwärtig als relativ gering einzuschätzen. Maßgeblich hierfür dürften sowohl die leistungsfähigen Systeme der Pflanze zur Entgiftung von Oxidantien als auch die Fähigkeit der Anpassung an erhöhten Ozonstress sein.

Das Schadpotenzial der nur in der unmittelbaren Umgebung von Emissionsquellen vorkommenden Schadgase **Fluorwasserstoff** (HF) und **Ammoniak** (NH_3) ist insgesamt als gering einzuschätzen. Als empfindlich gegenüber dem aus Industrieabgasen stammenden HF gelten Nadelbäume, Weinrebe und verschiedene Zwiebelgewächse. Ammoniak tritt nur in unmittelbarer Nähe von intensiver Tierhaltung auf und kann bei hohen Konzentrationen zahlreiche Pflanzenarten schädigen.

Fragen zu Kapitel 2

- Was versteht man unter abiotisch bedingten Pflanzenschäden (Definition, Abgrenzung)?
- Welche abiotischen Ursachen von Pflanzenschäden haben in der Landwirtschaft weltweit die größte Bedeutung?
- Auf welche Weise entstehen bei Pflanzen Schäden durch niedrige Temperaturen und welche Toleranzformen gegenüber Kälte können unterschieden werden?
- Welche Möglichkeiten der Vermeidung von Frostschäden gibt es?
- Wie kommt es bei Trockenheit zu Pflanzenschäden und wie reagieren Pflanzen darauf?
- Schildern Sie anhand von Beispielen Art und Bedeutung von über den Boden vermittelten abiotischen Schadursachen!
- Welche direkten und indirekten Schäden entstehen durch den unsachgemäßen Einsatz von Agrartechnik!
- Welche Rolle spielen atmosphärische Schadgase als Ursache von Pflanzenschäden?

Weiterführende Literatur

Lichtenthaler, H. K. (Hrsg.), 1996: Vegetation Stress. Gustav Fischer Verlag, Stuttgart.
Hock, B. und E. F. Elstner, 2003: Plant Toxicology. Fourth edition. Marcel Dekker, New York.
Tiedemann, A. v., 1993: Zur Schädigung landwirtschaftlicher Pflanzen durch Ozon. Cuvillier-Verlag, Göttingen.
Larcher, W., 2001: Ökophysiologie der Pflanzen, Verlag Eugen Ulmer, Stuttgart.

3 Viren

Louis Pasteur
„In der Natur ist die Bedeutung des unendlich Kleinen unendlich groß."

Viren sind infektiöse Partikeln. Sie haben keinen eigenen Stoffwechsel und zählen damit nicht zu den Lebewesen. Die Größe von Pflanzenviren variiert zwischen 20 und 120 nm bei sphärischen Formen, bei fadenförmigen Strukturen in der Länge zwischen 100 und 2000 nm und im Durchmesser von 10 bis 20 nm. Viren enthalten 1 bis 260 Gene, meist liegt ihre Anzahl aber unter zehn.

Eigenschaften der Viren
Viren bestehen in der Regel aus Nukleinsäure (Genom) und einem Proteinmantel (Kapsid, Schutzfunktion). Viren

- sind unempfindlich gegenüber Antibiotika, da sie keine Angriffspunkte für diese bieten (Zellwand, Elektronentransport in Atmungskette, Proteinsyntheseapparat, Translation),
- besitzen nur einen Typ von Nukleinsäure: entweder nur RNA oder nur DNA,
- besitzen keinen eigenen Stoffwechsel und sind für ihre Replikation auf die Syntheseleistungen der lebenden Wirtszelle angewiesen,
- vermehren sich nicht durch Zweiteilung (eine Lipoprotein-Doppelmembran zur räumlichen Abtrennung vom Zytoplasma der Wirtszelle fehlt).

Viren sind keine Lebewesen! Sie sind zu ihrer Replikation zwangsläufig auf Lebewesen oder lebende Zellen angewiesen.

3.1 Viren als Ursache von Pflanzenkrankheiten

Viren treten weltweit bei einer Vielzahl von Pflanzenarten auf. Allein für Europa wurden über 1000 Pflanzenvirosen beschrieben. Wirtschaftliche Schäden entstehen sowohl durch Ertragsverluste als auch durch Qualitätsminderung des Erntegutes (Deformationen, Verfärbungen, verringerte

Haltbarkeit). Parallel anfallende zusätzliche Kosten zur Erhaltung der Pflanzengesundheit bewirken eine weitere Senkung des Gewinns.

Das Ausmaß eines Virusbefalls und die dadurch bedingte Schädigung hängen von zahlreichen biotischen und abiotischen Faktoren ab und können im Extremfall den Totalausfall einer Kultur bedeuten (z. B. Plum pox virus an Pflaumen, Beet yellows virus an Zuckerrüben, Citrus tristeza virus an Citruskulturen). Viele Virusinfektionen sind durch moderate Symptome bzw. Verluste begleitet (z. B. ca. 10% Ertragsverlust bei Kartoffeln durch Potato virus X). Ertragseinbußen über 50% werden teilweise in Obstkulturen, Hackfrüchten und auch im Getreidebau erreicht, wenn keine vorbeugenden Maßnahmen getroffen werden. Die Ermittlung verlässlicher Daten zur wirtschaftlichen Bedeutung von Viren ist schwierig und wird immer nur eine grobe Orientierung geben können. Tab. 2 gibt einen Überblick über die geschätzten wirtschaftlichen Verluste durch bedeutende Virosen bei verschiedenen Kulturpflanzen.

Tab. 2: Geschätzte Verluste durch Pflanzenviren (in Millionen Euro).

Kultur	Virus	Länder	Verlust/Jahr
Reis	Hoja blanca	Süd- und Mittel-Amerika	7,4
Reis	Tungro	Südostasien	1230
Reis	Ragged stunt	Südostasien	115
Gerste	Barley yellow dwarf	UK	8,8
Weizen	Barley yellow dwarf	UK	7,4
Mais	Maize dwarf mosaic		bis zu 90% Ertragsverluste
Kartoffel	Potato leaf roll Potato virus Y Potato virus X	UK	59
Zuckerrübe	Beet yellows Beet mild yellowing	UK	7,5 bis 75
Zuckerrübe	Beet necrotic yellow vein	Europa	bis zu 80% Ausfall; 20- bis 50%ige Reduktion des Zuckergehaltes*
Citrus	Citrus tristeza	weltweit	29
Cassava	African cassava mosaic	Afrika	1640
viele Kulturen	Tomato spotted wilt	weltweit	820
Kakao	Cocoa swollen shoot	Ghana	seit 40 Jahren $1{,}9 \times 10^8$ Bäume gefällt

nach Hull in Matthew's Plant Virology; umgerechnet in EURO zum Wechselkurs Mai 2005
*www.fao.org

3.2 Klassifizierung

Die Virusklassifizierung wird vom International Committee on Taxonomy of Viruses (ICTV) durchgeführt. Die Einteilung erfolgt nach Ordnung, Familie, Gattung und Art (Tab. 3). Grundlage der Klassifizierung pflanzenpathogener Viren sind folgende Eigenschaften (Kriterien für das Taxon der Art; nach Fauquet, 1999): Partikelmorphologie, physikalische Eigenschaften, Genomeigenschaften, Proteineigenschaften, Zusammensetzung von Lipiden und Kohlenhydraten, Genomorganisation und Replikation, antigene Eigenschaften und biologische Eigenschaften.

Tab. 3: Beispiele für pflanzenpathogene Viren.

Familie	Gattung	Typvirus (Anzahl Virusarten)	Übertragung	Morphologie
Viren mit ssDNA				
Geminiviridae (18 × 30 nm)	Mastrevirus	Maize streak virus (14)	Zikaden, Mottenschild-läuse	sphärisch
	Curtovirus	Beet curly top virus (4)	Zikaden	sphärisch
	Begomovirus	Bean golden mosaic virus (84)	Weiße Fliege (*Bemisia*)	sphärisch
Circoviridae (d = 17–20 nm)	Nanovirus	Subterranean clover stunt virus (5)	Blattläuse	sphärisch
Viren mit dsDNA				
Caulimoviridae (50 nm)	Caulimovirus	Cauliflower mosaic virus (13)	mechanisch, Blattläuse	sphärisch
	Badnavirus	Commelina yellow mottle virus (16)	Schmierläuse	sphärisch
Viren mit (-)ssRNA				
Rhabdoviridae (50–85 × 200–380 nm)	Cytorhabdo-virus	Lettuce necrotic yellows virus (8)	Blattläuse, Zikaden	bazillen- bzw. stäbchenfömig (mit Hülle)
	Nucleorhab-dovirus	Potato yellow dwarf virus (7)	z. B. Zikaden	bazillen- bzw. stäbchenförmig (mit Hülle)
Bunyaviridae (85 nm)	Tospovirus	Tomato spotted wilt virus (13)	mechanisch, Blasenfüsse (*Thrips, Frankliniella*)	sphärisch

Familie	Gattung	Typvirus (Anzahl Virusarten)	Übertragung	Morphologie
Viren mit (+)ssRNA				
Sequiviridae (30 nm)	Waikavirus	Rice tungro spherical virus (3)	Blattläuse, Zikaden	sphärisch
Comoviridae (28–30 nm)	Comovirus	Cowpea mosaic virus (15)	Käfer, mechanisch	sphärisch
	Fabavirus	Broad bean wilt virus 1 (4)	Blattläuse, mechanisch	sphärisch
	Nepovirus	Tobacco ringspot virus (40)	Nematoden, mechanisch, Samen/Pollen	sphärisch
Potyviridae (11–15 × 250–900 nm)	Potyvirus	Potato virus Y (179)	Blattläuse, mechanisch	fadenförmig
	Tritimovirus	Wheat streak mosaic virus (2)	Milben, mechanisch	fadenförmig
	Bymovirus	Barley yellow mosaic virus (6)	Pilze (*Polymyxa graminis*), mechanisch	fadenförmig
nicht benannt	Sobemovirus (30 nm)	Southern bean mosaic virus (14)	Käfer, mechanisch, Samen	sphärisch
Luteoviridae (25–30 nm)	Luteovirus	Barley yellow dwarf virus-PAV (2)	Blattläuse	sphärisch
	Polerovirus	Potato leaf roll virus (5)	Blattläuse	sphärisch
nicht benannt	Umbravirus	Carrot mottle virus (11)	Blattläuse (Hüllproteine eines Helfervirus erforderlich), mechanisch	keine Viruspartikelbildung
Tombusviridae (28–35 nm)	Carmovirus	Carnation mottle virus (18)	mechanisch, bodenbürtig, Pilze, Käfer	sphärisch
	Dianthovirus	Carnation ringspot virus (5)	mechanisch, bodenbürtig	sphärisch

Familie	**Gattung**	**Typvirus (Anzahl Virusarten)**	**Übertragung**	**Morphologie**
Viren mit (+)ssRNA				
	Necrovirus	Tobacco necrosis virus (7)	mechanisch, Pilze (*Olpidium*)	sphärisch
	Tombusvirus	Tomato bushy stunt virus (13)	mechanisch, bodenbürtig, Pilze, Samen	sphärisch
nicht benannt	Tobamovirus (18 x 300–310 nm)	Tobacco mosaic virus (17)	mechanisch, Samen	stäbchenförmig
nicht benannt	Tobravirus (22 × 46–115 nm/180–215 nm)	Tobacco rattle virus (3)	mechanisch, Nematoden (Trichodoridae), Samen	stäbchenförmig
nicht benannt	Hordeivirus (20 × 110–150 nm)	Barley stripe mosaic virus (4)	mechanisch, Samen/Pollen	stäbchenförmig
nicht benannt	Furovirus (20 × 80–300 nm)	Soil-borne wheat mosaic virus (5)	mechanisch, Pilze (*Polymyxa graminis*)	stäbchenförmig
nicht benannt	Pomovirus (d = 18–20, L = 65–80 nm/150–160 nm/290–310 nm)	Potato mop-top virus (4)	mechanisch, bodenbürtig, Pilze (*Polymyxa betae*, *Spongospora subterranea*)	stäbchenförmig
nicht benannt	Benyvirus (20 × 85–390 nm)	Beet necrotic yellow vein virus (2)	Pilze (*P. betae*), mechanisch	stäbchenförmig
Bromoviridae	Bromovirus (d = 27 nm)	Brome mosaic virus (6)	mechanisch, Käfer, Blattläuse	sphärisch
	Cucumovirus (d = 29 nm)	Cucumber mosaic virus (3)	mechanisch, Blattläuse	sphärisch
	Ilarvirus (d = 30 nm)	Tobacco streak virus (17)	mechanisch, Samen	sphärisch/ bazillenförmig

Familie	Gattung	Typvirus (Anzahl Virusarten)	Übertragung	Morphologie
Viren mit (+)ssRNA				
Closteroviridae (d = 12 nm)	Closterovirus (L = 1250–2200 nm)	Beet yellows virus (27)	mechanisch, Blattläuse, Weiße Fliege, Schmierläuse	fadenförmig
nicht benannt	Capillovirus (L = 640–700 nm)	Apple stem grooving virus (4)	Samen, Pfropfung	fadenförmig
nicht benannt	Vitivirus (L= 725–825 nm)	Grapevine virus A (5)	mechanisch, Pfropfung, Schmierläuse, Blattläuse (mit Helfervirus)	fadenförmig
nicht benannt	Tymovirus (d = 30 nm)	Turnip yellow mosaic virus (23)	mechanisch, Käfer	sphärisch (ohne Hülle)
nicht benannt	Carlavirus (L = 610–700 nm)	Carnation latent virus (60)	mechanisch, Blattläuse, Weiße Fliege, Samen	fadenförmig
nicht benannt	Potexvirus (L = 470–580 nm)	Potato virus X (45)	mechanisch	fadenförmig
Viren mit dsRNA				
Reoviridae (65–80 nm)	Fijivirus	Fiji disease virus (8)	Zikaden	sphärisch
	Phytoreovirus	Wound tumor virus (4)	Zikaden	sphärisch
	Oryzavirus	Rice ragged stunt virus (2)	Zikaden	sphärisch
Partitiviridae (30–38 nm)	Alphacrypto-virus	White clover cryptic virus 1 (26)	mechanisch, Samen	sphärisch

3.3 Viroide

Viroide unterscheiden sich von Viren dadurch, dass sie a) nur aus nackter zirkulärer ssRNA (‚ss' steht für ‚single stranded' = einsträngig) bestehen und b) so klein sind, dass sie kein Protein kodieren können (L = 37 nm, niedriges Molekulargewicht). Sie sind mechanisch und/oder durch Insekten mit beißend-kauenden Mundwerkzeugen und durch Blattläuse übertragbar. Bei Pflanzenviren unterscheidet man zwei Familien (Pospiviroidae, Avsunviroidae) mit verschiedenen Gattungen, zu denen beispielsweise die wirtschaftlich bedeutenden Viroide Potato spindle tuber viroid, Coconut cadang-cadang viroid und Citrus exocortis viroid gehören. So hat das Coconut cadang-cadang viroid – bestehend aus weniger als 300 Nukleotiden – auf den Philippinen mehr als 30 Millionen Palmen zerstört.

3.4 Ultrastruktur und Morphologie

Pflanzenviren treten in verschiedenen Formen und Grössen auf: Stäbchenförmige Viren: L = 130 bis 300 nm, D = 15 bis 20 nm, fadenförmige Viren: L = 480 bis 2000 nm, D = 10 bis 13 nm, bazillenförmige Viren: L = 270 bis 380 nm, D = 52 bis 75 nm, sphärische (isometrische) Viren: Polyederform, D = 17 bis 60 nm (Abb. 2). Darüber hinaus existieren Viren mit geteilten Genomen, bei denen zwei oder mehr Nukleinsäurestränge auf verschiedene Partikeln verteilt sind (z. B. Tobacco rattle virus mit zwei, Alfalfa mosaic virus mit vier verschieden großen Partikeln). Damit ein Virus sich in Pflanzen vermehren und ausbreiten kann, ist immer mehr als eines dieser Partikel erforderlich. Andere Viren haben kein vollständiges Genom und sind in ihrer Replikation auf Helferviren angewiesen.

Zu den Bausteinen von Pflanzenviren gehören Proteine, Nukleinsäuren, Lipide, Polyamine und Metallionen. **Proteine** haben Schutzfunktion für die Nukleinsäure, Bindungsfunktion mit Wirtsrezeptoren und auch Enzymaktivitäten, die für die Virusreplikation wichtig sein können.

Proteine

Grundbausteine der Proteine sind Aminosäuren (AS). Durch Verknüpfung der funktionellen Gruppen der Aminosäuren (je eine Amino- mit einer Carboxylgruppe) entsteht ein Peptid (<10 AS = Oligopeptid; >10 AS = Polypeptid; >100 AS = Protein). Die Aminosäuren haben Seitenketten mit sauren und basischen Gruppen, die ebenso wie das freie Carboxylgruppenende (C-Terminus) und das Aminoende (N-Terminus) eine elektrische Ladung der AS und damit der Peptidketten bewirken.

Primärstruktur	Reihenfolge der einzelnen Aminosäuren (Aminosäurensequenz)
Sekundärstruktur	spiralige Windung („Helix“) oder Faltung („Ziehharmonika“) der Peptidkette durch verschiedenartige Bindungen zwischen den Seitenketten
Tertiärstruktur	räumliche Anordnung (Konformation), die sich aus weiterer Faltung der sekundär strukturierten Peptidkette und durch hydrophobe Wechselwirkungen, Ionenbindungen, Disulfidbrücken ergibt (bestimmt die Stabilität und die spezielle Funktion als Strukturprotein, Enzym, etc. eines Polypeptids)
Quartärstruktur	Art und Weise, in der die Proteinuntereinheiten zu Kapsiden angeordnet sind

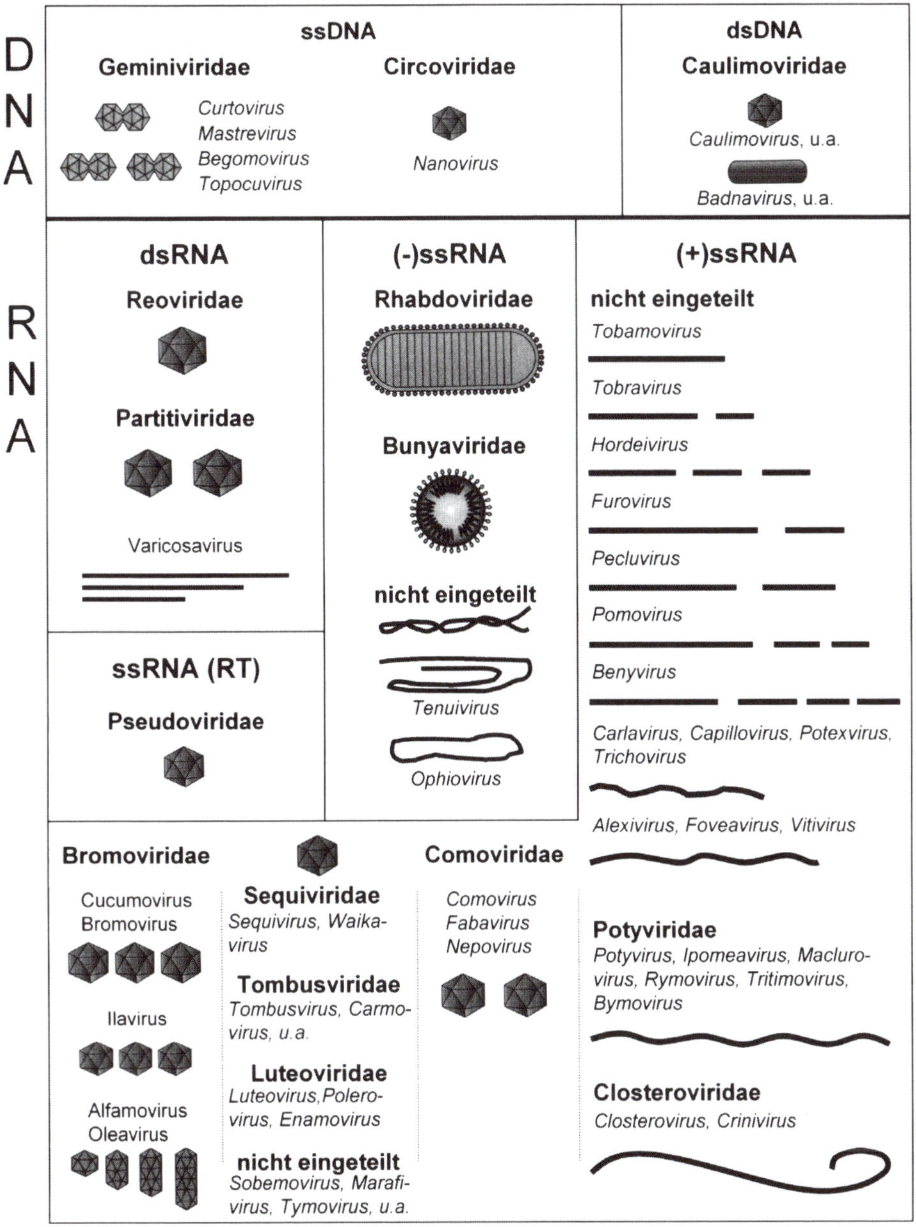

Abb. 2: Schematische Übersicht über pflanzeninfizierende Viren (verändert nach Agrios, 2005).

Die **Nukleinsäuren** dienen der Speicherung genetischer Information. Man unterscheidet sechs Typen:

- Plus-Strang ssRNA, (+)ssRNA,
- Minus-Strang ssRNA, (-)ssRNA,
- Doppelstrang RNA (dsRNA),
- Doppelstrang DNA (dsDNA),
- zirkuläre Einzelstrang DNA (ssDNA),
- ambivalente (doppelwertige) Einzelstrang RNA (+/-ssRNA), (nur bei Tospo-Virusgruppe).

Bei den Pflanzenviren überwiegen Viren mit (+)ssRNA als Genomtyp.

Nukleinsäuren

Die Einzelbausteine der Nukleinsäuren heißen Nukleotide und bestehen aus:

1. einer stickstoffhaltigen Base (Purin: Adenin oder Guanin; Pyrimidin: Cytosin oder Uracil (in RNA) bzw. Thymin (in DNA)),
2. einem C-5-Zucker (Desoxyribose in DNA, Ribose in RNA) und
3. einem Phosphatrest.

Die einzelnen Nukleotide sind über die Phosphorgruppe miteinander zu einem Polynukleotidstrang verknüpft (Esterbindungen zwischen dem C-5-Ende einer (Desoxy-)Ribose, der Phosphatgruppe und der OH-Gruppe des C-3 der nächsten (Desoxy-)Ribose). Die DNA liegt als Doppelhelix vor. Es sind zwei antiparallel zueinander angeordnete Polynukleotidketten, die durch Wasserstoffbrücken miteinander verbunden sind.

Lipide finden sich bei allen Viren mit einer äußeren zweischichtigen Hülle. Dabei stimmt die Lipidzusammensetzung der Virushülle oft mit derjenigen ihrer Wirtszellmembranen überein. Die bei einigen Viren auftretenden **Polyamine** wie Spermin, Spermidin und Putrescin werden vor dem Zusammenbau der Partikeln an die RNA gebunden. Sie scheinen der Translationssteigerung oder der Neutralisierung geladener RNA-Moleküle zu dienen. Die von Viren gebundenen Metallionen bestimmen die Stabilität mancher Viren.

Aufbau der Viruspartikeln

Vollständige Viruspartikeln bezeichnet man als **Virionen** (sing. Virion) und den sie umgebenden Proteinmantel als **Kapsid**. Das Kapsid ist aus elektronenmikroskopisch nachweisbaren **Kapsomeren** zusammengesetzt. Die Kapsomeren sind entweder mit den chemischen Proteinuntereinheiten (Struktureinheiten) identisch (Monomere bei Viren mit Helixsymmetrie) oder aus mehreren Untereinheiten zusammengesetzt (Di-, Tri-, Penta- und Hexamere bei isometrischen Viren). Den Nukleinsäure-Protein-Komplex nennt man **Nukleokapsid** (bei einfachen Viren identisch mit dem Virion). Lässt sich im Kapsid das Virusgenom mit assoziierten Proteinen als zentral gelegener Körper differenzieren, so spricht man von Core oder Viruskern. Das Nukleokapsid vieler Virusarten wird von einer Hülle (Envelope) von ca. 10 nm Dicke umgeben, die aus Proteinen, Lipiden und Kohlenhydraten besteht. Sie stammt meist aus wirtszelleigenem Membranmaterial, welches mit viruskodierten Proteinen oder Glycoproteinen durchsetzt ist. Wenn es sich wenigstens teilweise um viruseigene Strukturen handelt, nennt man die Hülle auch Peplos. Aus der Hülle ragen vielfach Stacheln hervor: Spikes, Projektionen, Antennen oder – im Zusammenhang mit Peplos – auch Peplomeren. Ihre Anzahl ist sehr unterschiedlich. Die Partikelstruktur ist einfach-symmetrisch oder komplex-symmetrisch. Vorherrschend sind die Helix- und die Ikosaeder-Symmetrie.

Eine **Helixsymmetrie** besitzen stäbchen- und fadenförmige Viren sowie Viren mit spiraligem Nukleokapsid. Als Prototyp gilt das Tobacco mosaic virus (TMV), ein starres Stäbchen. Bei diesem Virus sind die helikal angeordneten, identischen Proteinuntereinheiten (2130 Kapsomere) aus einer einzigen Kette von 158 Aminosäuren so mit der spiraligen ssRNA verbunden, dass ein Achsenkanal von 4 nm Durchmesser entsteht (Abb. 3).

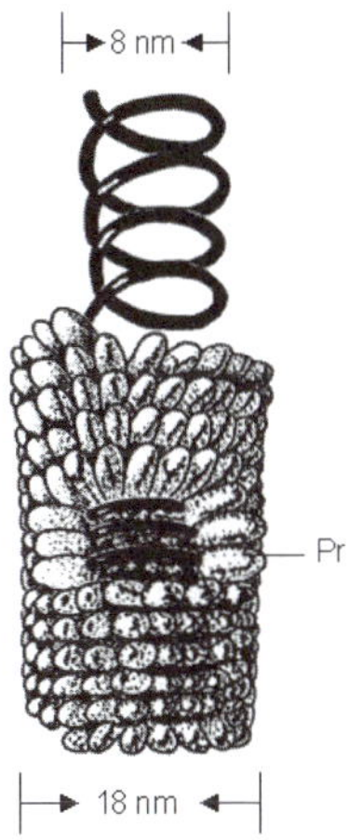

Abb. 3: Modell des Tobacco mosaic virus. Das Virusstäbchen ist 300 nm lang und wird von 2130 helikal angeordneten identischen Proteinuntereinheiten (Pr) umgeben (aus BÖRNER, 1997).

Bei den isometrischen Viren ist die Ikosaederform vorherrschend. Ikosaeder sind Polyeder (Vielflächner), die von regelmässigen Vielecken begrenzt werden. Dazu zählen beispielsweise Tetraeder mit vier gleichseitigen Dreiecken und Ikosaeder (20-Flächner) mit 20 gleichseitigen Dreiecken (Abb. 4). Die Proteinuntereinheiten sind in den Flächen des Ikosaeders unterschiedlich angeordnet. Bei **Ikosaedersymmetrie** sind alle Proteinunterheiten (Monomere) des Kapsids unter Bedingungen der Äquivalenz in 60 Positionen an den Ecken jeder der 20 gleichseitigen Flächen angeordnet, sodass alle Anknüpfungspunkte zwischen den Untereinheiten identisch sind. Viele Ikosaederviren sind aber zur Unterbringung ihres Genoms auf größere Strukturen angewiesen. So können in jeder Fläche (Dreieck) des Ikosaeders mehrere Proteinuntereinheiten lokalisiert sein. Je nach Lokalisation zu den Symmetrieachsen unterscheidet man Dimer-, Trimer-, Pentamer- und Hexamer-Zusammenlagerungen (Kapsomere, Abb. 5). Im Gegensatz zu einfachen Viren mit Helixsymmetrie sind demnach die chemischen Proteinuntereinheiten bei ikosaedrischen Viren nicht identisch mit den morphologischen Untereinheiten.

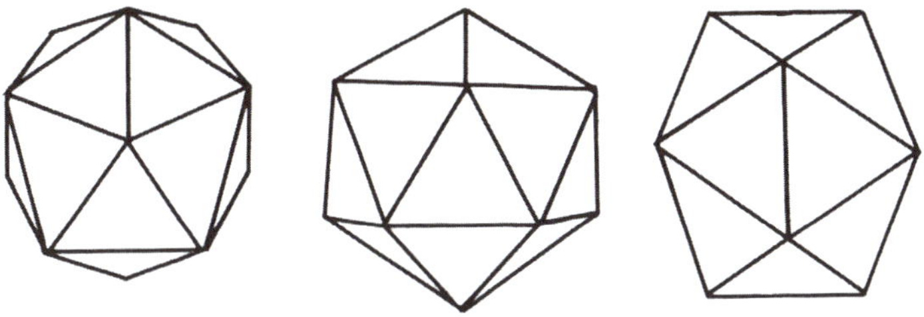

Abb. 4: Ikosaederformen (aus NIENHAUS, 1985).

Abb. 5: Zusammenlagerung von Untereinheiten zu Kapsomeren; von links: Dimere, Trimere, Pentamere (aus NIENHAUS, 1985).

3.5 Infektionsprozess und Virussynthese

Die pflanzliche Kutikula und die Zellwand stellen unüberwindbare Hindernisse für Viren dar. In höheren Pflanzen gelingt der Zutritt zur Membranoberfläche der Zelle daher nur durch Verwundung, Anstich von Zellen durch Vektoren, Hyphen-Anastomose bei pilzübertragbaren Viren oder eine Pollenübertragung. Dennoch findet auch zwischen intakten Zellwänden bzw. Zelloberflächen und Viren eine Interaktion statt, die z. B. in einer Destabilisierung oder Dissoziation der Viruspartikeln resultieren kann.

Der **Eintritt** von Viren in die pflanzliche Zelle erscheint primär über **reversible Wunden** von Zellwand und Plasmalemma zu erfolgen (Abb. 6). Andere Möglichkeiten des Eintritts von Viren sind **Endozytose** und **Fusion**, die aber vermutlich den Tier- und Humanviren vorbehalten sind. Bei der Endozytose gelangt extrazelluläres Material (hier das Virus) durch Einstülpung der Zellmembran ins Zellinnere. Der eingestülpte Membranteil löst sich von der Oberfläche ab und umschließt als intrazelluläres Vesikel das Virus. Von dort kann das evtl. bereits veränderte Viruspartikel an andere Zellkompartimente weitergegeben werden. Im Fusionsprozess gelangen Viren ohne Vesikelbildung ins Zellinnere, wobei starke Veränderungen am Virion und an der Zellmembran eintreten. Viren mit Lipiden in der Hülle können mit der Zellmembran auch fusionieren. Es ist aber bis heute noch unklar, wie diese Viren in die Zelle gelangen. Untersuchungen hierzu gestalten sich äußerst schwierig aufgrund der geringen Effizienz des Inokulationsprozesses (einige 100 bis 1000 Partikeln müssen inokuliert werden, um eine einzige Lokalläsion zu erzeugen) und das Fehlen einer Technik, die ein einzelnes, erfolgreich in eine Pflanzenzelle eingedrungenes Viruspartikel im Zytoplasma verfolgen kann.

Nach dem Eintritt in das Zytoplasma der Pflanzenzelle schließt sich die **Kotranslationale Zerlegung** (‚cotranslational disassembly') an, bei der die Freisetzung des Virusgenoms (RNA oder DNA) erfolgt (Abb. 6). Dabei zei-

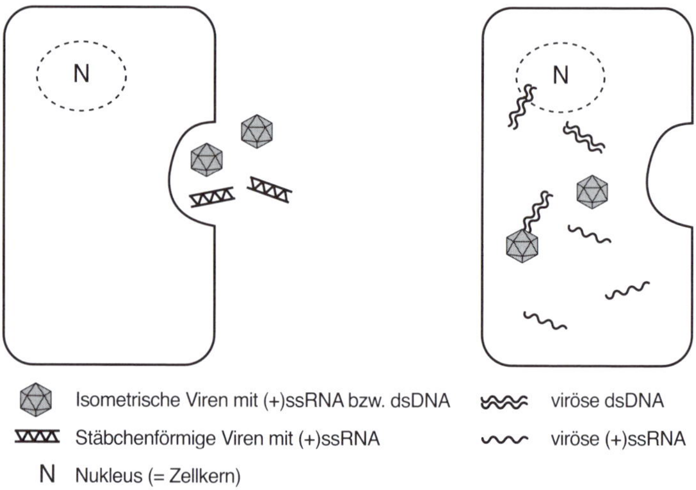

Abb. 6: Eintritt der Viren in die pflanzliche Zelle und ihre kotranslationale Zerlegung.

gen die Viren je nach Partikel- und/oder Nukleinsäuretyp unterschiedliche Freisetzungsvorgänge, die noch nicht für alle Viren vollständig aufgeklärt sind. Bei Tobacco mosaic virus (TMV) wird die dem 5'Ende der RNA nahegelegene Kapsidregion dissoziiert und ribosomale Untereinheiten lagern sich an das 5'Ende der RNA an. Es werden funktionell intakte Ribosomen gebildet, die dann mRNA vom AUG-Startcodon beginnend translatieren. Dabei werden immer mehr Kapsiduntereinheiten durch Ribosomen von der RNA getrennt. Ikosaedrische Viren, z. B. Bromoviren, bedürfen zunächst einer pH-Verschiebung in den alkalischen Bereich. Dadurch schwellen die Partikeln und ihre RNA wird zugänglich, bzw. RNAse-sensitiv. Bei Viren mit (-)ssRNA konnte neben endozytotischen Vorgängen auch eine direkte Fusion von Zell- und Virusmembranen für die Freisetzung der Nukleinsäure in das Zytoplasma nachgewiesen werden. Bei den DNA-Viren erfolgt nach der Freisetzung der DNA in das Zytoplasma noch deren Transport in den Zellkern.

Virusreplikation

Der erste Schritt der Virusreplikation ist die Transkription, d. h. die Bildung translatierbarer mRNA. Daran schließt sich die Synthese viraler Nukleinsäuren an. Für die Replikation von Virus-RNA gibt es verschiedene Möglichkeiten. Da die Replikationsmechanismen noch nicht für alle Viren bekannt sind und es sich teilweise um recht komplizierte Abläufe handelt, werden im folgenden nur einige Wege beispielhaft dargestellt:

RNA-Viren

1. Bei Viren, die einen (+)ssRNA-Strang besitzen, liegt die Nukleinsäure als mRNA vor. Diese kann direkt translatiert werden (Abb. 7). Die für die Replikation erforderliche Polymerase wird in der Pflanzenzelle vom viralen RNA-Molekül translatiert.
2. Bei Viren mit (-)ssRNA muss diese zuerst in mRNA umgeschrieben werden. Die Replikase ist dabei im Virion bereits enthalten.

DNA-Viren

1. Die dsDNA bei Caulimoviren wird zunächst in ihre Einzelstränge zerlegt. Am kodierenden DNA-Strang wird mithilfe einer Wirtszellenpolymerase eine mRNA transkribiert. Nach Synthese einer viralen reversen Transkriptase und Anlagerung eines Primers an das 3'Ende der RNA beginnt die reverse Transkription eines (-)DNA-Stranges. Zwei purinreiche RNA-Stücke an der (-)ssDNA dienen dann als Primer für die Synthese des (+)DNA-Stranges durch DNA-Polymerase.
2. Bei ssDNA-Viren (Geminiviren) sind an der Replikation verschiedene Mechanismen beteiligt (z. B. ‚rolling-circle replication', ‚recombination-dependent replication'). Zur Funktionsweise dieser Mechanismen kann hier nur auf die aktuelle Fachliteratur hingewiesen werden. Als Primer für die DNA-Replikation besitzen alle Geminiviren eine konservierte Sequenz als Bindungsstelle für die replizierenden Wirtsenzyme.

Der Ort der Synthese viraler Nukleinsäure sowie viraler Proteine variiert zwischen den verschiedenen Virusgruppen. Bei den meisten RNA-Viren findet die Replikation der Nukleinsäuren, die Synthese viraler Proteine und

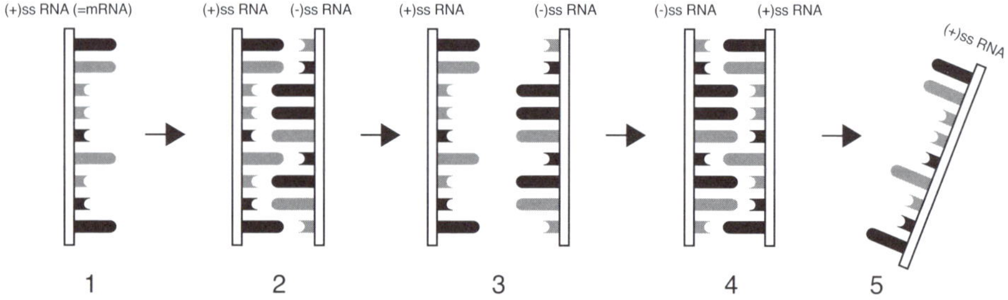

Abb. 7: Schematische Darstellung der Replikation von (+)ssRNA-Viren. 1 = Virus-RNA, 2 = Synthese komplementärer (-)ssRNA, 3 = Trennung der RNA-Stränge, 4 = Synthese neuer (+)ssRNA, 5 = Abspaltung der (+)ssRNA als neue Virus-RNA.

der Zusammenbau der neuen Virionen im Zytoplasma statt. Demgegenüber erfolgen diese Vorgänge bei ssDNA-Viren offensichtlich im Zellkern. Die fertigen Virionen werden dann vom Zellkern ins Zytoplasma entlassen.

Zusammenbau der Viruspartikeln (Assembly)

Nach Synthese der Virusnukleinsäuren induzieren diese in der Wirtszelle die Bildung von Proteinmolekülen, die die Proteinuntereinheiten der neuen Viren darstellen (Abb. 8). Dabei ist jedoch nur ein Teil der viralen RNA oder DNA für die Bildung von Virusproteinen verantwortlich. Die Zusammensetzung der Nukleokapside des Virion kann spontan erfolgen. Die Proteinuntereinheiten werden je nach Virus in unterschiedlicher Anordnung zum Kapsid zusammengesetzt. Danach erfolgt die Einlagerung der Nukleinsäure in die Kapsomeren. Viren mit Hülle (Peplos) bauen zunächst das Nukleokapsid auf, das in der Regel nach Freisetzung und Durch-

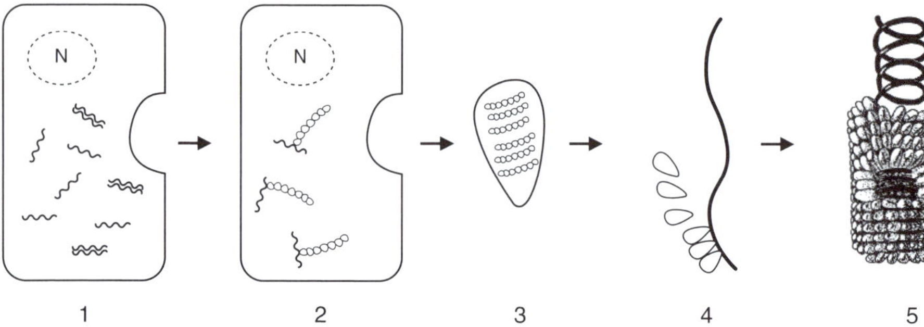

Abb. 8: Replikation von Virus-RNA, Synthese der Proteinuntereinheiten und Zusammenlagerung zum Virion: 1 = Bildung von (+)ssRNA, 2 = Bildung von Polypeptiden, 3 = Zusammenlagerung der Polypeptide zu Proteinuntereinheiten, 4 = Zusammensetzung der Proteinuntereinheiten zum Kapsid und Einlagerung der Nukleinsäure, 5 = Zusammenlagerung zum Virion, N = Nukleus (Zellkern), (Nr. 5 aus Börner, 1997).

tritt durch Zellmembranen (Ausknospung, Exozytose) von der Hülle aus Membranteilen umschlossen wird. Dabei werden eine Anzahl viraler Proteine in die Zellmembran inkorporiert, sodass die endgültige Virushülle sowohl aus Wirts- als auch aus Virus-Material besteht.

Freisetzung neu gebildeter Viren (Release)

Die Freisetzung neugebildeter Viren kann durch Zellzerstörung (Lysis bei animalen Viren oder Bacteriophagen), Weitergabe an neue Zellen während der Zellteilung oder von Zelle zu Zelle über Passage durch Plasmodesmen erfolgen.

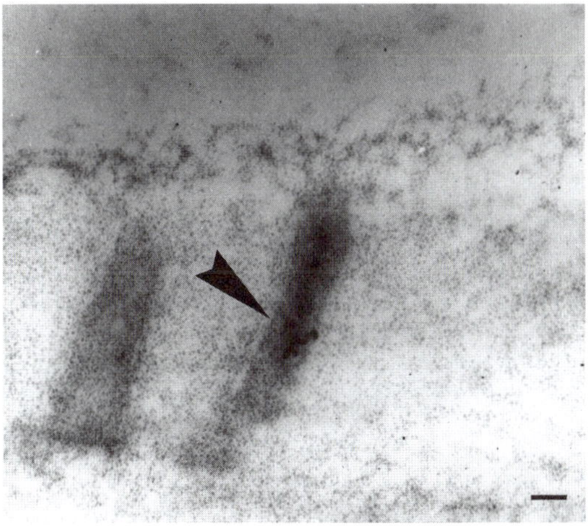

Abb. 9: Zellwand zwischen Palisaden- und Schwammparenchymzelle einer virusinfizierten Pflanze: isometrische Viruspartikeln in Plasmodesmen mit kolloidalem Gold (6 nm) markiert. Balken entspricht 50 nm (aus Quadt, 1994).

3.6 Virusausbreitung in Pflanzen

Für eine erfolgreiche Infektion der Pflanze muss sich das Virus zuerst in Parenchymzellen vermehren und kann sich dann über Plasmodesmen von Zelle zu Zelle (Abb. 9) oder über die Leitgefäße ausbreiten. Einige Viren nutzen beide Ausbreitungswege, andere nur den einen oder den anderen. In den meisten Fällen erfolgt der Langstreckentransport über das Phloem, in einigen Fällen jedoch auch im Xylem (z. B. Soilborne wheat mosaic virus).

Plasmodesmen

Untersuchungen mit dem Hochauflösungselektronenmikroskop haben das Vorhandensein von Mikrokanälen bestehend aus plasmodesmalen Proteinen in den Plasmodesmen gezeigt. Bis vor kurzem dachte man, dass Plasmodesmen als rein zytoplasmatische Brücken fungieren, die die einfache Diffusion kleiner Moleküle erleichtern. Heute weiß man jedoch, dass sie ebenfalls selektiv den Transport von Makromolekülen regulieren; so auch den Transport viruskodierter Proteine und Nukleinsäuren.

Der Transfer durch Plasmodesmen erfolgt mithilfe viruskodierter Transportproteine. Die Ausbreitungsgeschwindigkeit beträgt beispielsweise im Blattparenchym 1 mm bzw. 8 bis 10 Zellen pro Tag. Für fast alle Pflanzenviren wurden inzwischen Transportproteine nachgewiesen. Dabei stehen viruskodierte Transportproteine und spezifische Wirtspflanzenkomponenten in Wechselbeziehung. So können Transportdefekte bestimmter Virusstämme in bestimmten Wirten durch Koinfektion mit einem nichtverwandten Virus aufgehoben werden. Völlig unterschiedliche Viren können demnach gemeinsame Transportmechanismen benutzen. Man unterscheidet folgende Arten des Zell-zu-Zell-Transports:

- Tobacco mosaic virus-ähnlicher Transport: Nur das virale Genom wird transportiert (Transport als stabiler oder als dynamischer Komplex, wobei Transportproteine anbinden, und wieder freigelassen werden),
- Cowpea mosaic virus (CPMV)-ähnlicher Transport: Das komplette Virion oder Nukleokapsid wird transportiert (Desmotubuli in den Plasmodesmen werden durch Tubuli aus Transportproteinen ersetzt).

Die Ausbreitung über das Phloem (basipetal) und Xylem (akropetal) erfolgt relativ schnell (Beispiel: Beet curly top virus bis 150 cm/h). Der Virustransport im Phloem findet in den Siebröhren statt. Auf diesem Weg gelangen die Viren in die Wachstumsregionen der Pflanzen, wie in das Apikalmeristem, in die Knollen oder in die Rhizome, wo sie das Phloem über Plasmodesmen verlassen und Parenchymzellen besiedeln. Für den Langstreckentransport wird bei zahlreichen Viren das Kapsidprotein benötigt, teilweise auch die Transportproteine.

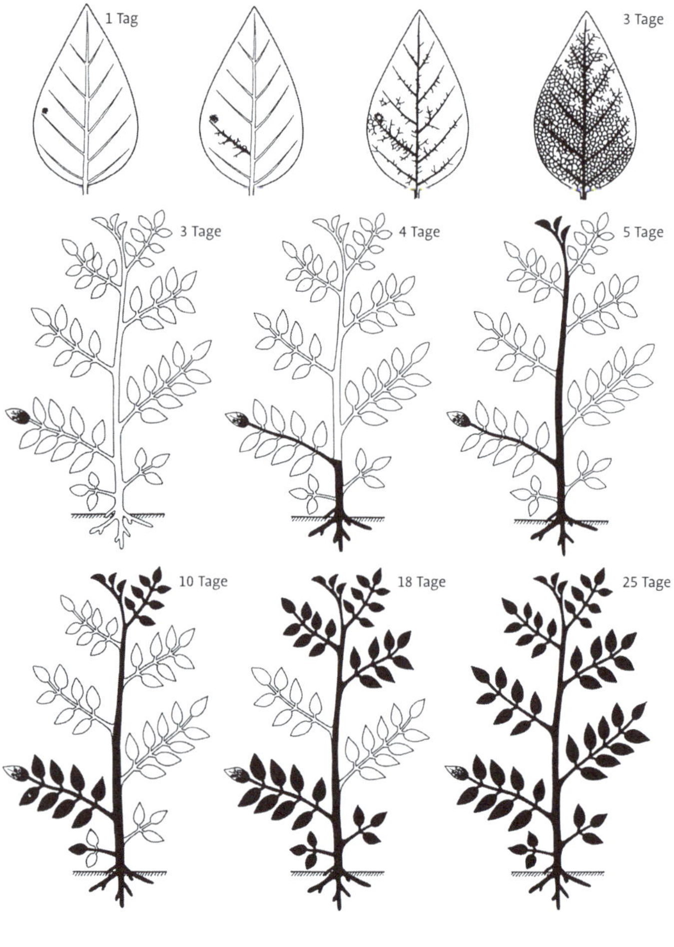

Abb. 10: Ausbreitung von Viren in der Pflanze (aus Agrios, 2005).

Das Muster der Virusausbreitung variiert in Abhängigkeit von Virusart und Pflanzenart. Einige Viren sind nur im Bereich von Lokalläsionen nachweisbar, andere nur im Phloem und in benachbarten Parenchymzellen. Wieder andere besiedeln das Apikalmeristem der Pflanzen, während in anderen Fällen Wachstumspunkte von Stängeln und Wurzeln virusfrei bleiben. Manche Viren besiedeln nach einiger Zeit auch die ganze Pflanze (Abb. 10). Zu letzteren gehören Viren, die an erkrankten Pflanzen ein Mosaik als Krankheitssymptom hervorrufen. Man schätzt, dass einzelne Zellen dieser Pflanzen zwischen 100 000 und 10 000 000 Viruspartikeln enthalten.

3.7 Virusübertragung

Übertragung ohne Vektoren

Vegetative Vermehrung von Pflanzenmaterial (Stecklinge, Ausläufer, Ableger, Zwiebeln, Knollen, Rhizome, Meristem- und Kalluskulturen).
Pfropfung zum Zweck der Veredlung (Holzgewächse: Spaltpfropfung, Kopulation, Okulation); experimentell zur Diagnose (Verfahren wie bei Veredlung oder Flaschenpfropfung, Berührungspfropfung, Doppelokulation, Gewebeimplantation) (Abb. 11).
Wurzelverwachsung benachbarter Pflanzen (= natürliche Pfropfung).
Mechanische Übertragung durch Einbringen von Pflanzenextrakt über Wunden (Voraussetzung ist die Stabilität des Virus in vitro), durch Kontakt von Pflanzen (z. B. Aneinanderreiben benachbarter Blätter bei Wind), Wurzelkontakt mit kontaminiertem Boden, mechanische Pflegemaßnahmen (Striegeln, Spritzen, Schnittmaßnahmen etc.), experimentelle Infektion von Versuchspflanzen.
Samenübertragung: Sehr effiziente Überlebensstrategie der Viren, um in junge Bestände zu gelangen, sich in jungen Geweben zu vermehren, und um vegetationsfreie Perioden gut überbrücken zu können. Durch die lange Beständigkeit im Saatgut und durch den internationalen Saatguttransfer

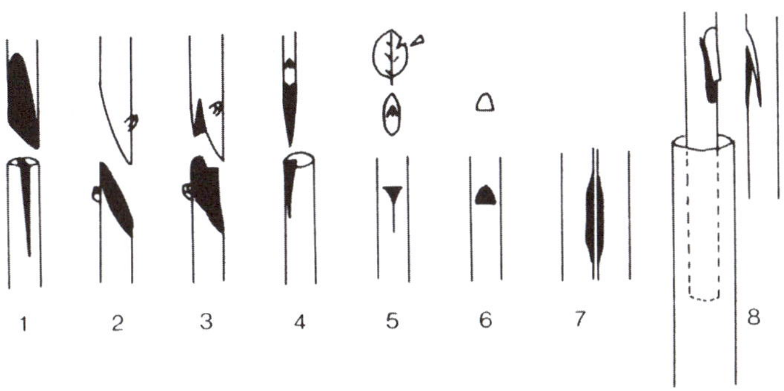

Abb. 11: Pfropfmethoden. 1 = Spaltpfropfung, 2 = Kopulation, 3 = Kopulation mit Gegenzunge, 4 = Triangulation, 5 = Okulation und Blattstückchen-Implantation, 6 = Rindenschildchen-Implantation, 7 = Berührungspfropfung; 8 = Flaschenpfropfung mit Gegenzunge (aus Nienhaus, 1985).

gewinnen die saatgutübertragbaren Viren immer mehr an Bedeutung. Wirtschaftlich besonders gefährlich ist eine Virose, wenn neben der Samenübertragung noch eine Vektorübertragung stattfindet. Samenübertragbare Viren werden im Embryo übertragen (Infektion häufig über die Eizelle, seltener über den Pollen). Eine Ausnahme stellen Tobacco mosaic virus (TMV), Tomato mosaic virus (ToMV) an Tomaten- und Pfeffersamen und Cucumber green mottle mosaic virus (CGMMV) an Gurkensamen dar. Hier haften die Viren außen am Fruchtfleisch und infizieren den Sämling bei der Keimung oder in frühen Wachstumsstadien. Nicht alle virusinfizierten Embryos ergeben später virusinfizierte Sämlinge. Samenübertragbarkeit wird bestimmt durch die Wirt-Virus-Interaktion und den Zeitpunkt der Infektion (Umweltbedingungen können die Übertragungshäufigkeit beeinflussen). Die Samenübertragungshäufigkeit kann zwischen 0 und 100% betragen, selten jedoch über 50%.
Pollenübertragung: Mechanismen noch nicht geklärt; wahrscheinlich erscheint die Übertragung von viruskontaminiertem Pollen (durch außen anhaftende Viren) durch pollensammelnde Insekten oder pollenfressende Arthropoden; derzeit sind 9 Viren nachweislich durch Pollen übertragbar.

Übertragung mit Vektoren

Übertragungstypen

Zirkulative Viren

- **Persistenter** Übertragungstyp: Virusaufnahme während längerer Saugzeiten, Zirkulation des Virus nach Durchdringung der Darmwand und Invasion von Vektororganen, Virusabgabe nach mehr als einem Tag bis Wochen (Latenzperiode), der Austritt der Viren erfolgt beim Inokulations-Saugstich im Speichel aus dem maxillären Speichelkanal. Viren sind mechanisch meist nicht übertragbar.
  Nicht-propagative Übertragung: keine Replikation des Virus im Wirt.
  Propagative Übertragung: Replikation des Virus im Vektor, unter Umständen Weitergabe an Nachkommen über das Ei („transovarielle“ Übertragung).

Nicht-zirkulative Viren

Verlust der Vektorinfektiosität nach einer Häutung; Viren im Haemocoel oder Speichelsystem nicht nachweisbar.

- **Nicht-persistenter** Übertragungstyp: Virusaufnahme (Akquisition) durch den Vektor während Saugstich von Sekunden (ca. 30 Sek.) bis Minuten aus äußeren Zellschichten und rasche Virusabgabe auf weitere Pflanzen (keine Latenzzeit, keine Zirkulation des Virus im Vektor). Viren sind gewöhnlich auch leicht mechanisch übertragbar.

- **Semipersistenter** Übertragungstyp: Virusaufnahme bei etwas längerer Saugzeit (mindestens einige Minuten) meist aus dem Pflanzenphloem und entsprechende Abgabe ins Phloem weiterer Pflanzen (Latenzzeit im Vektor einige Stunden bis Tage). Viren sind mechanisch nur schwer übertragbar.

Anmerkung: Nicht alle Vektor-Wirt-Beziehungen passen zur Zeit exakt in dieses Einteilungsschema.

Milben

Gallmilben (Eriophyidae): Die Virusaufnahme erfolgt nur im Nymphenstadium. Adulte können 7 bis 10 Tage, aber auch mehr als 2 Monate infektiös bleiben. Es findet eine zirkulative Übertragung, aber keine Weitergabe an die Nachkommen statt. Gallmilben übertragen Rymoviren und ein Comovirus.

Spinnmilben (Tetranychidae): Ein weit verbreiteter Vektor ist z. B. *Tetranychus urticae.* Bei der Virusübertragung durch Spinnmilben handelt es sich vermutlich um einen persistenten, zirkulativen und propagativen Übertragungstyp. Die Spinnmilben übertragen Rhabdoviren.

Insekten

Blattläuse (Aphidina): Viren werden von ca. 300 Blattlausarten übertragen. Dabei übertragen manche Blattlausarten verschiedene Viren (z. B. *Myzus persicae*), andere hingegen nur eine Virusart oder nur einen Virusstamm (hochspezifisch). Man unterscheidet folgende Übertragungstypen:

- **Nicht-persistenter Übertragungstyp:** Anhaften der Viren im Saugkanal aufgrund der Beschaffenheit ihrer Kapsidproteine oder durch ein viruskodiertes Helferprotein; bedeutender Vektor: *M. persicae*; Viren der Gattungen Alfamo-, Carla-, Cucumo-, Faba-, Potyvirus.
- **Semipersistenter Übertragungstyp:** Viren haften selektiv an Oberflächen des Vorschlundes, Beteiligung von Helferviren möglich.
- **Persistenter Übertragungstyp:** bei nicht propagativer Übertragung vermutlich spezifische Interaktion zwischen viralem Kapsidprotein und Rezeptorstellen in den akzessorischen Speicheldrüsen; manchmal Helfervirus notwendig; Viren haben in der Regel nur einen oder wenige Blattlausvektoren; Viren aus der Familie Luteoviridae.

Zikaden (Auchenorrhyncha): Die meisten Zikadenarten besaugen das Phloem, einige jedoch das Xylem oder Parenchym. Von den fast 60 zikadenübertragbaren Viren infizieren weniger als 10% dikotyle Pflanzen. Man unterscheidet:

- **Semipersistenter Übertragungstyp** bei Cicadellidae mit Caulimoviridae sowie Sequiviridae. Die Virusübertragung erfolgt wahrscheinlich durch einen Nahrungsaufnahme-Nahrungsabgabe-Mechanismus. Hier ist ein Helfervirus notwendig, wobei die Helferkomponente in diesem Fall nicht ein Kapsidprotein ist, sondern ein in infizierten Pflanzen exprimiertes virales Protein des Helfervirus.
- **Persistenter, zirkulativer, nicht-propagativer Übertragungstyp** bei Cicadellidae, Membracidae und Cixiidae mit Geminiviridae und Nanovirus. Die Eigenschaften der Schlundwände regulieren hier die Vektorspezifität, bzw. die Kapsidproteineigenschaften der Geminiviren entscheiden, ob die Übertragung durch Zikaden oder Weiße Fliegen stattfindet.
- **Persistenter, propagativer Übertragungstyp** bei Cicadellidae und Delphacidae mit Marafivirus, Rhabdoviridae und Reoviridae. Es sind längere Aufnahmezeiten notwendig, da sich z. B. Rhabdoviren nur in Phloemzellen oder Phloem-nahen Zellen replizieren. Es gibt hier auch eine transovarielle Übertragung. Die überwinternden Eier stellen dann eine Virusquelle für Frühjahrskulturen dar.

Mottenschildläuse (Aleyrodina): Derzeit wurden drei Arten als Virusüberträger bestimmt: die sehr bedeutende Art *Bemisia tabaci* (überträgt >100 Virosen in den Tropen und Subtropen) sowie *Trialeurodes vaporariorum* und *T. abutilonea*. Die Tiere ernähren sich aus dem Phloem. Man unterscheidet den semipersistenten und den persistenten Übertragungstyp für Mottenschildläuse. Ihre Bedeutung ist zunehmend, da sich die Mottenschildläuse infolge der Klimaveränderung (milde Winter, feuchte Sommer) stark vermehren und die Virusreservoirpflanzen das ganze Jahr über vorhanden sind.

Schmierläuse (Pseudococcidae): *Planococus citri* ist ein Beispiel für virusübertragende Schmierläuse. Es handelt sich um Phloemsauger, die wesentlich unbeweglicher sind als andere Vektoren. Sie übertragen Badnaviridae, Closteroviren und Rhabdoviren in einem vermutlich persistenten, zirkulativen Übertragungstyp, der aber auch Eigenschaften nicht-persistenter Übertragung aufweist.

Wanzen (Miridae, Piesmatidae): Beispiele sind *Cyrtopeltis nicotianae* und *Piesma quadratum*. Die Wanzen zeigen eine schnelle Virusaufnahme, obwohl die Übertragungsrate nach längerer Akquisitionszeit ansteigt. Alle weiteren Übertragungseigenschaften weisen eher auf semipersistente oder persistente Übertragung hin. Es erfolgt die Besiedlung von Vektororganen, aber es findet keine Vermehrung im Vektor statt. Ein Verlust der Viren ist möglich.

Fransenflügler (Thysanoptera): Thripse übertagen Tospoviren (Bunyaviridae). Sie saugen den Inhalt von Mesophyllzellen (i. d. R. Palisadenzellen) aus. Der wichtigste Vektor ist *Frankliniella occidentalis* (weit verbreitet, überträgt viele verschiedene Viren), weitere sind *F. schultzei*, *F. fusca*, *F. intonsa*, *F. bisponsa*, *F. zucchini*; *Thrips tabaci*, *T. setosus*, *T. palmi*, *Scirtothrips dorsalis*. Manche Viren werden nur von einer Art, andere, z. B. Tomato spotted wilt virus, von 9 Arten übertragen. Die Aufnahme der Viren mit nachfolgender Zirkulation im Vektor erfolgt nur durch das erste Larvenstadium bei einer Akquisitionszeit von mindestens 15 bis 30 Minuten. Diese Larven sowie die sich aus den Larven entwickelnden Adulten sind dann Virusüberträger. Man beobachtet eine lebenslange Persistenz sowie eine Replikation und Zirkulation im Vektor. Es findet keine transovarielle Übertragung statt.

Käfer (Coleoptera): Käfer aus den Familien Chrysomelidae, Coccinellidae, Curculionidae, Meloidae übertragen die Viren bei der Nahrungsaufnahme. In der Regel werden kleine, isometrische RNA-Viren (25 bis 30 nm) übertragen. Die Virusaufnahme erfolgt bereits beim ersten Biss. Die Effizienz der Übertragung steigt aber mit zunehmender Fressdauer. Während des Fressens wird Pflanzensaft und damit auch eventuell aufgenommenes Virus hervorgewürgt, um die Mundwerkzeuge zu spülen. Man kann keine Latenzzeit und keine Virusvermehrung im Vektor feststellen. Bei der Virusübertragung durch die Käfer kann es sich aber trotzdem nicht um eine rein mechanische Angelegenheit handeln, da 1) einige sehr stabile, mechanisch übertragbare Viren (z. B. Tobacco mosaic virus) nicht übertragen werden, 2) einige durch Käfer übertragbare Viren in ihrem Vektor lange infektiös bleiben, 3) ein hoher Grad von Spezifität zwischen Virus und Käfer besteht. So variiert die Zeit, die ein Käfer Virusüberträger bleibt, ferner die Lokalisation der Viren im Käfer mit der Käfer-Virus-Kombination. Weiterhin übertragen verschiedene Käferarten das gleiche Virus unterschiedlich erfolgreich. Eine Voraussetzung für erfolgreiche Käferübertragung scheint die Xylemtransportfähigkeit der entsprechenden Viren zu sein.

Nematoden

Longidorus spp., **Paralongidorus** sp. und **Xiphinema** spp. Insgesamt 18 Arten übertragen 12 verschiedene Nepoviren.
Beispiele: *L. elongatus, P. maximus, X. index, X. americanum, X. diversicaudatum.*
Paratrichodorus spp., **Trichodorus** spp. Insgesamt 13 Arten übertragen Tobraviren.
Beispiele: *P. pachydermus, P. teres, T. primitivus, T. similis.*
Nematoden übertragen bodenbürtige Viren. Die Viren haften an spezifischen Stellen im Ösophagus. Die notwendige Verweildauer zur Aufnahme von Viren liegt zwischen 15 Minuten und mehreren Stunden. Es gibt keine Latenzperiode. Die Viruspersistenz im Nematoden beträgt von 8 Wochen bis über ein Jahr. Im Nematoden findet keine Virusreplikation statt. Die Viren gehen bei Häutung der Nematoden verloren. Manche Viren werden von verschiedenen Nematodenarten, andere nur von einer einzigen Art übertragen (beträchtliche Virus-Vektor-Spezifität). Es können aber auch serologisch nicht verwandte Viren von einer Nematodenart übertragen werden.

> Nicht nematodenübertragbare Viren werden auch in den Schlund aufgenommen, es findet aber keine Anhaftung an die Wände des Mundstachels bzw. des Öesophagus statt und damit auch keine Übertragung.

Parasitische Pilze

Chytridiomycetes: Beispiele: *Olpidium brassicae, O. bornovanus.*
Plasmodiophoromycetes: Beispiele: *Polymyxa graminis, P. betae, Spongospora subterranea.*

Mehr als 30 Viren werden von diesen Pilzen übertragen. Dabei haften die Viren entweder äußerlich an den Planosporen (isometrische Viren) oder sie werden im Zytoplasma von Planosporen und Dauersporen übertragen (überwiegend faden- oder stäbchenförmige Viren). Die Übertragung ist z. T. Isolat-spezifisch. Das Hüllprotein des Virus ist für die Übertragbarkeit von Bedeutung. Bereits der Austausch einer Aminosäure innerhalb des Hüllproteins kann bei Cucumber necrosis virus eine Übertragung verhindern. Eine Vermehrung der Viren im Pilzvektor ist eher unwahrscheinlich, da Pilzisolate bei Vermehrung in Nichtwirtspflanzen für das Virus ihre Fähigkeit zur Virusübertragung verlieren. In Wirtspflanzen dagegen verlassen die Viren die Pilzsporen (Pinozytose, teils Passage durch das pilzliche Plasmalemma) und vermehren sich im Zytoplasma der

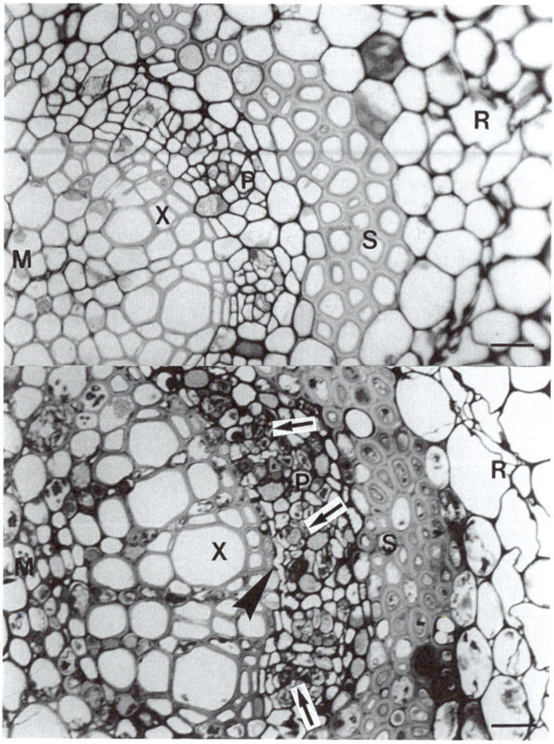

Abb. 12: Querschnitt durch die Mittelrippe einer gesunden (oben) und virusinfizierten (unten) Pflanze, kollabierte Phloemzellen (→) und kambiale Zellen (▶). M = Mark, X = Xylem, P = Phloem, R = Rindenparenchym, S = Sklerenchymfaserring (aus QUADT, 1994).

Pflanzenzelle. Die Infektiosität in Dauersporen kann über mehrere Jahre erhalten bleiben.

Parasitische Samenpflanzen

Kleeseiden (*Cuscuta* spp.): Kleeseiden parasitieren an zahlreichen Pflanzenarten. Die Virusübertragung erfolgt nach Aufnahme über die Haustorien. Oft findet die Replikation der Viren im Parasiten statt.

3.8 Symptome und Erkrankungen

Viren als Schaderreger sind makroskopisch nicht sichtbar. Bei den visuellen Krankheitserscheinungen handelt es sich in der Regel um unspezifische Reaktionen des Wirtsorganismus aufgrund stoffwechselphysiologischer Veränderungen. Pflanzenviren enthalten weder Enzyme, Toxine noch andere Substanzen, die bei der Krankheitsentwicklung eine Rolle spielen könnten. Allein die virale Nukleinsäure (RNA oder DNA) entscheidet über die Ausbildung von Krankheitssymptomen. Ihre alleinige Anwesenheit in Pflanzenzellen scheint aber nicht ausschlaggebend für die Krankheitsentwicklung zu sein, da selbst Pflanzen mit hohem Virusgehalt symptomlos sein können. Die **Ausprägung von Symptomen** hängt von zahlreichen Faktoren ab: Pflanze (Art, Sorte, Organ), Virus (Familie, Gattung, Art, Stamm), Umwelt (Licht, Temperatur, Ernährung) und Infektionsweg (mechanisch, Vektoren, Pollen, Stecklinge). Es gibt ferner Viren, die ihre Wirtspflanzen infizieren ohne Krankheitssymptome auszulösen (latente Virusinfektionen). Teilweise wird die Ausprägung von Symptomen durch Umwelteinflüsse oder durch die Toleranz der Wirtspflanze ganz oder vorübergehend verdeckt (maskiert). Ein einzelnes Symptom ist meist nur Bestandteil des komplexen Krankheitsbildes; es kann jedoch als Einzelfaktor so charakteristisch sein, dass viele Virosen und ihre Erreger nach diesem Hauptsymptom benannt wurden.

Man unterscheidet zwischen **externen** (makroskopischen) und **internen** (nur mikroskopisch sichtbaren) **Symptomen**. Die externen Symptome können sich lokal auf kleinere Gewebebereiche beschränken oder systemisch an der ganzen Pflanze auftreten. Sie umfassen Farb- und Formveränderungen an Blättern, Stängeln, Stamm, Blüten und Früchten, bzw. Absterbe-Erscheinungen (s. Kap. 11.1.1).

Zu den internen Symptomen gehören:

Histologische Veränderungen

- **Nekrose** entweder in Epidermis und Parenchym der Blattadern, Blattstiele und Stängel oder im Phloem der Gefäßbündel (Abb. 12), verbunden mit Stärkestau in den Chloroplasten (Abb. 13); lokale Nekrosen z. B. an Wurzeln, Früchten, Samenschale
- **Hypoplasie** (Kleinzelligkeit, geringe Differenzierung des Mesophylls, reduzierte Interzellularräume, geringe Anzahl von Chloroplasten in chlorotischen Gewebezonen) => dünne Blattspreitenabschnitte, Einbuchtungen, Dellen
- **Hyperplasie** (abnorme Zellvermehrung; Zellteilung beginnt nochmals in vollständig differenzierten Zellen oder abnormale Zellteilungen finden in kambialen Zellen statt) = > Rauhblättrigkeit, Tumoren
- **Hypertrophie** (abnorme Zellvergrößerung)
- **Hypotrophie** (verminderte Zellgröße und kleinere Interzellularen)
- **Kalloseansammlung** (Phloem) mit Stärkestau
- **Thyllenbildung** (selten)

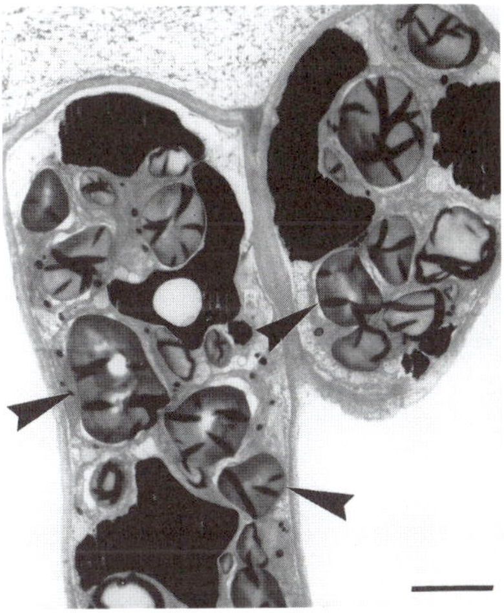

△

Abb. 13: Stärkekörner in den Chloroplasten (▶) einer virusinfizierten Pflanze. Balken entspricht 2 µm (aus QUADT, 1994).

Abb. 14: Aggregate aus Nichtstrukturproteinen, z. B. Helikase (pinwheels) (aus AGRIOS).

▽

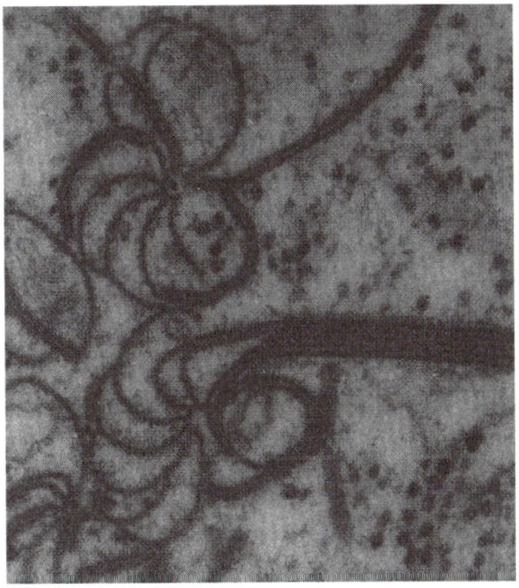

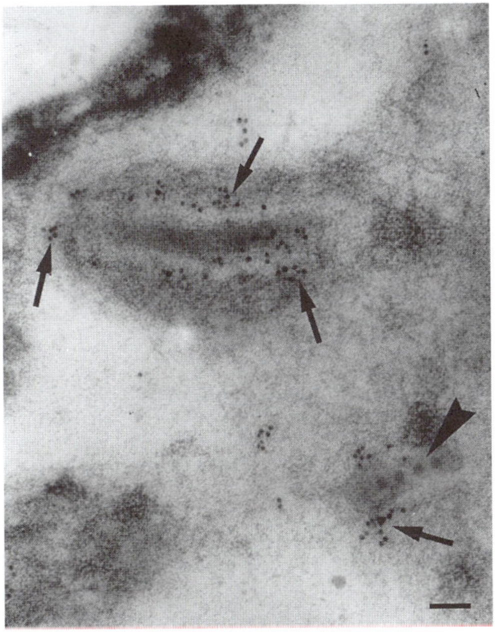

Abb. 15: Erweiterte Plasmodesmen mit isometrischen Viruspartikeln (→) und Anlagerung von Kallose (▶), Immunogoldmarkierung der Kallose mit Goat Anti Rabbit Gold (6 nm). Balken entspricht 50 nm (aus **QUADT**, 1994).

Zytologische Veränderungen

- **Einschlusskörper:** Virusaggregate (amorph oder kristallin), Aggregate von Virusfunktionsproteinen, Mischungen aus Virionen und Proteinen, Aggregate aus Nichtstrukturproteinen, z. B. Helikase (pinwheels) (Abb. 14), Viroplasmen (Orte der Virusreplikation im Zytoplasma mit veränderten Organellen, Vesikeln mit viraler RNA und amorphen oder kristallinen Aggregaten von Virionen);
- **Veränderte Organellen:** dilatierte Plasmodesmen mit Virionen (Abb. 15) oder dilatiertes, proliferiertes ER, Mischformen, Vesikel mit dsRNA, Chloroplastenvesikel, Kernveränderungen.

3.9 Gegenmaßnahmen

Da Viren keinen eigenen Stoffwechsel haben, ist eine direkte Bekämpfung wie bei anderen Schaderregern nicht möglich.

Klassische Verfahren der Kontrolle von Viruskrankheiten

Prophylaktische Maßnahmen

Verwendung von virusfreiem Vermehrungsmaterial:

- Zertifiziertes Saatgut
- Veredelungsmaterial aus Landesmuttergärten
- Behandlung von viruskontaminiertem Saatgut (z. B. mit Trinatriumphosphatlösung oder Wärmebehandlung bei 70 °C)

Ausschaltung von Infektionsquellen:

- Eliminierung von Virusreservoiren in den Kulturflächen (z. B. Ausfallgetreide, Unkräuter)
- sofortige Vernichtung infizierter Einzelpflanzen
- Bodenentseuchung (s. Kap. 13.3)
- Sterilisation von Pflanzsubstrat, Gewächshausstrukturen, Geräten und Kleidung (s. Kap. 13.3)

Verhinderung der Virusausbreitung (Unterbrechung des Infektionszyklus des Erregers):

- Anbau virusresistenter und -toleranter Sorten
- Einsatz von induzierter Resistenz und Prämunität (s. Kap. 13.4)
- Anbau in Gesundlagen
- räumliche Trennung gefährdeter Kulturen
- Schutzstreifenpflanzungen (bei Gemüsekulturen z. B. mit Gramineen)
- Wahl des Saat- und Pflanztermins außerhalb der Zeiten starker Vektoraktivität
- vorzeitige Krautabtötung bei Kartoffeln, um Abwanderung der Viren in die neu gebildeten Knollen zu verhindern (durch Anwendung eines Totalherbizids)
- Vermeidung hoher Stickstoffdüngergaben; hohe N-Gaben fördern das vegetative Wachstum und damit die Blattlausbesiedlung
- Desinfektion und Sterilisation von Arbeitsgeräten, Pflanz- und Transportbehältern, Gewächshauseinrichtungen sowie der Hände und Kleidung
- Bekämpfung der Virusvektoren; beachte: Insektizideinsatz fördert

kurzfristig die Bewegungsaktivität der Vektoren; deshalb sollten bei nicht-persistent übertragbaren Viren leichte Mineralöle zugesetzt werden, die die Adsorption von Viruspartikeln an die Mundwerkzeuge der Vektoren behindern

Therapeutische Maßnahmen

Wärmetherapie:

Mechanismus: Bei höheren Temperaturen zeigt sich eine beschleunigte Pflanzenentwicklung und eine unterdrückte Virusreplikation und Virusausbreitung, sodass der Neuzuwachs der Pflanzen virusfrei ist. Das virusfreie apikale Ende der Pflanze wird entnommen und entweder auf virusfreie Unterlagen gepfropft oder zur Bewurzelung gebracht.
Methoden:

- ruhende Pflanzenteile werden für kurze Zeit in warmes Wasser getaucht; z. B. Kirschbaumreiser in 50 °C für 10 bis 20 Minuten oder in 45 °C für 3 Stunden
- aktiv wachsende Pflanzenteile werden über mehrere Wochen mit Warmluft (35 bis 40 °C) behandelt

Regenerationstherapie (Meristemkultur):

Mechanismus: Viren treten nicht im meristematischen Bereich von Vegetationskegeln auf bzw. werden während der Meristemkultivierung auf Nährmedien inaktiviert.

Methode: Meristematisches Gewebe (0,1 bis 0,5 mm) wird unter sterilen Bedingungen aus den Knospen herauspräpariert, auf Nährmedium übertragen (enthält Zucker, Salze, Wuchsstoffe) und zu neuen Pflanzen herangezogen (wie bei Zierpflanzen, Pflanzkartoffeln und Obstgehölzen). Die Zugabe chemischer Substanzen zum Nährmedium kann unter Umständen die Eliminierung der Viren verbessern (z. B. Zugabe von Ribavirin bzw. DHT zur Eliminierung von PVX und PVS bei Kartoffeln).

Prämunisierung (‚Cross protection')

Hier werden „milde" Symptome auslösende Virusisolate gezielt inokuliert, die die Pflanzen vor Infektionen mit stark schädigenden Isolaten schützen (s. Kap. 13.4). Es sollten in jedem Fall lokale Virusisolate genutzt werden, da eine zu große genetische Heterogenität zwischen den Isolaten die Schutzwirkung aufhebt.

Moderne Verfahren der Kontrolle von Viruskrankheiten

Zu den wirkungsvollsten und vielversprechendsten Maßnahmen bei der Bekämpfung von Pflanzenviren zählen **gentechnische Verfahren**. Virusresistenz kann in Pflanzen durch Einbau pflanzlicher Resistenzgene, Einbau von Virus-eigenen Genen (‚pathogen-derived resistance', PDR) oder durch Genstummschaltung herbeigeführt werden (s. Kap. 13.6). Es ist davon auszugehen, dass sich diese Verfahren zunehmend durchsetzen werden.

Fragen zu Kapitel 3

- Welche Eigenschaften sind charakteristisch für Viren bzw. Viroide?
- Wie ist die wirtschaftliche Bedeutung von Pflanzenviren zu beurteilen?

- Welche wirtschaftlich bedeutenden Virosen kennt man?
- Welche Eigenschaften der Viren stellen die Grundlage für ihre Klassifizierung dar?
- Welche Nukleinsäuretypen gibt es bei Viren?
- In welchen Formen und Größen treten Pflanzenviren auf?
- Welche Bausteine besitzen Pflanzenviren?
- Wie ist die Ultrastruktur von Tobacco mosaic virus?
- Wie sieht die Ultrastruktur von isometrischen Viren aus?
- Welche Phasen des Infektionsprozesses unterscheidet man bei Pflanzenviren?
- Welche Translationsstrategien unterscheidet man bei Viren?
- Wie breiten sich Viren in Pflanzen aus?
- Welche Übertragungstypen unterscheidet man bei Pflanzenviren?
- Wie erfolgt die Virusübertragung ohne Vektoren?
- Welche Beispiele gibt es für die Virusübertragung mit Vektoren?
- Welche internen Symptome können durch Virusinfektionen hervorgerufen werden?
- Was sind Viroide?
- Welche prophylaktischen Gegenmaßnahmen gibt es gegen Viruskrankheiten an Pflanzen?
- Welche therapeutischen Maßnahmen sind bei der Bekämpfung von Viruskrankheiten an Pflanzen bekannt?

Weiterführende Literatur

Agrios, G. N., 2005: Plant Pathology, 5. Auflage. Elsevier Academic Press, San Diego.

Drews, G., G. Adam und C. Heinze, 2003: Molekulare Pflanzenvirologie. Springer Verlag, Berlin.

Hull, R., 2001: Matthew's Plant Virology. 4. Auflage. Academic Press, London.

Mayo, M. A., J. Maniloff, U. Desselberger, L. A. Ballund C. M. Fauquet, 2005: Virus taxonomy: classification and nomenclature of viruses. VIIIth Report of the International Committee on Taxonomy of Viruses. Academic Press, San Diego.

Meyer-Kahsnitz, S., 1993: Angewandte Pflanzenvirologie. Thalacker Verlag, Braunschweig.

4 Bakterien

Bakterien sind einzellige Mikroorganismen ohne echten Zellkern (Prokaryonten, siehe Tab. 4). Die Größe phytopathogener Bakterien liegt zwischen 0,5 und 3 µm. Bakterien besitzen eine feste Zellwand. Anhand des Aufbaus der Zellwand werden Bakterien in zwei Gruppen eingeteilt. Bakterien, die bei der Färbung nach Gram den absorbierten Farbstoff (z. B. Kristallviolett) fest in der Zellwand binden, bezeichnet man als **Gram-positiv**. Ihr Zellwandaufbau ist wesentlich einfacher als bei **Gram-negativen** Bakterien, deren Zellwand nach außen zusätzlich eine Lipopolysaccharid- und Lipoproteidschicht besitzt. Häufig wird die Zellwand von einer Schleimhülle oder -kapsel aus Polysacchariden umgeben. Die Vermehrung erfolgt durch Zweiteilung. Eine Übertragung von Erbinformation ist nur durch spezielle Mechanismen wie Konjugation, Transformation und Transduktion möglich. Anhand ihrer Grundform unterscheidet man zwischen **Kokken** (Kugeln), **Streptokokken** (Zellfäden), **Staphylokokken** (Zellhaufen), **Spirillen** (schraubig gewundenen Bakterien) und **Stäbchen** (geraden Zylindern).

Mit Ausnahme von *Streptomyces* sind alle pflanzenpathogenen Bakterien stäbchenförmig. *Streptomyces* zeigt eine fadenförmige Gestalt (rechtwinklig verzweigtes Myzel, Sporen in Ketten im Luftmyzel). Die phytomedizinisch bedeutenden Bakterien sind C-heterotroph, d. h. der Kohlenstoffbedarf wird durch Abbau organischer Kohlenstoffverbindungen gedeckt. Sie sind entweder unbeweglich (z. B. *Streptomyces*, Phytoplasmen) oder können sich durch einzelne oder mehrere fadenförmige Fortsätze (**Geißeln**) fortbewegen (*Agrobacterium*, *Erwinia*, *Pseudomonas*, *Ralstonia*, *Xanthomonas*). Dabei können Geschwindigkeiten bis zu 200 µm/s erreicht werden.

Die früher als **Rickettsien-ähnliche Organismen (RLO)** bezeichneten Besiedler von Phloem und Xylem werden heute den phytopathogenen Bakterien zugeordnet. Sie werden in der Familie Anaplasmataceae (Klasse: α-Proteobacteria) zusammengefasst. Ihre genaue taxonomische Zuordnung sowie die grundlegenden Untersuchungen zur Biologie und zum Infektionsprozess sind noch nicht abgeschlossen. 1970 wurden sie erstmalig elektronenoptisch nachgewiesen. Es handelt sich um Gram-negative Stäbchen mit einer Länge von 1 bis 3 µm. Sie besiedeln das Xylem und/oder das Phloem der Pflanzen. Ihre Zellwand hat eine typisch raue Oberfläche. Sie sind sensitiv gegenüber Penicillin. Ihre Übertragung erfolgt durch Vektoren (Zikaden, Wanzen, Blattflöhe), *Cuscuta* spp. (Kleeseiden) und durch Pfropfung. Zu den durch diese Bakterien verursachten Krankheiten gehören: Verzwergung der Luzerne, Rosettenkrankheit der Zuckerrübe, Pierce'sche

Prokaryotische Zelle	Eukaryotische Zelle
kein Zellkern; vereinfachte Kernstruktur ohne Kernmembran, ringförmige DNA frei im Zytoplasma vorliegend	Zellkern mit Kernmembran; DNA in Chromosomen
1 bis 2 große Plasmide (extrachromosomale, autonom replizierende, ringförmige DNA-Moleküle)	keine Plasmide
keine Zellorganellen, sondern Membrankompartimente (Mesosomen)	Zellorganellen (Mitochondrien, Endoplasmatisches Retikulum)
Geißeln (10 bis 15 nm) können einzeln, paarweise oder zahlreich vorhanden sein (zur aktiven Fortbewegung)	keine Geißeln
Grundplasma mit kleinen Ribosomen (70S)	2 Arten von Ribosomen (im Zytoplasma 80S, in Chloroplasten 70S)
tubuläre-vesikuläre Membranstrukturen stehen mit Zytoplasmamembran in Verbindung	Endoplasmatisches Retikulum
relativ starre Zellwand aus heteropolymerem Makromolekül (Murein*); ggf. zusätzlich Schleimkapsel	relativ starre Zellwand bei pflanzlichen Zellen aus Pektin und Hemizellulosen; bei Pilzen aus Chitin; flexible Zellmembran bei tierischen Zellen aus Phospholipiden und Proteinen

Tab. 4: Eigenschaften prokaryotischer und eukaryotischer Zellen.

* Hauptbestandteile des Mureins sind Acetylglucosamin, Acetylmuraminsäure und ein Peptidrest, der die nur bei den Bakterien vorkommende Diaminopimelinsäure enthält (über Aminosäuren quervernetzt); in das Murein-Gerüst sind Proteine, Lipopolysaccharide (Gram-negative Bakterien) bzw. Teichonsäuren (Gram-positive Bakterien) eingelagert.

Krankheit der Weinrebe *(Xylella fastidiosa)*, Hexenbesen der Lärche und Vergrünung an Citrus *(Candidatus liberobacter)*.

Phytoplasmen wurden früher als Mykoplasmen oder Mykoplasmen-ähnliche Organismen (engl. mycoplasma-like organisms, MLO) bezeichnet. Sie sind kleiner (0,2 bis 1 µm) als die meisten Bakterien. Anstelle der Zellwand besitzen sie eine dreischichtige Membran, sodass ihre Form veränderlich (pleomorph) ist. Mit den Spiroplasmen gehören sie daher zur Klasse der **Mollicutes** (Weichhäuter, Abt. Tenericutes). Ihr Anteil von Guanin und Cytosin in der DNA ist gewöhnlich niedriger als bei den üblichen Bakterien, ebenso ihre Genomgröße. Im Unterschied zu Viren besitzen Phytoplasmen einen eigenen Stoffwechsel, der jedoch so stark reduziert ist, dass sie lebensnotwendige Bio-Moleküle (z. B. Sterole) aus der Wirtszelle aufnehmen müssen. Sie sind obligat biotroph, d. h. nicht auf künstlichen Medien kultivierbar. Phytoplasmen sind resistent gegenüber Antibiotika, die in die Zellwandsynthese eingreifen (z. B. Penicillin), reagieren jedoch empfindlich auf Tetrazyklin und Chloramphenicol. Temperaturen ab 40 °C führen zu ihrer Inaktivierung. Sie sind im Phloem der Wirtspflanzen lokalisiert. Ihre Übertragung erfolgt durch Zikaden, Pfropfung und *Cuscuta* spp. (Kleeseiden). Zu den bekanntesten Beispielen gehören: Asternvergilbung, Birnenverfall, Goldgelbe Vergilbung der Rebe („Flavescence doree"), Stolburkrankheiten an Solanaceen (Stauchung, Verzwergungen), Apfeltriebsucht (Hexenbesen), Gummiholzkrankheit an Apfel und Blütenvergrünung (Phylloidie) an verschiedenen Solanaceen und am Klee.

Spiroplasmen wurden früher den Phytoplasmen zugeordnet und bilden heute die eigenständige Gattung *Spiroplasma* innerhalb der Klasse der **Mollicutes** (Abteilung: Tenericutes). Wie die Phytoplasmen besitzen sie keine Zellwand. Im Unterschied zu den Phytoplasmen sind sie aber auf künstlichen Nährmedien kultivierbar. Ihre Form ist vielgestaltig (pleomorph), häufig spiralförmig gewunden. Ihre Übertragung erfolgt durch Zikaden, Pfropfung, *Cuscuta* spp., sowie mechanisch. Bekannte Beispiele sind die Citrus-Stauche *(Spiroplasma citri)* und Mais-Stauche *(S. kunkelii)*.

Merkmale	Viren	Phytoplasmen	Spiroplasmen	Bakterien	Pilze
Zellkern	nein	nein	nein	nein	ja
Zellwand	nein	nein	nein	ja	ja
Sichtbar im Lichtmikroskop	nein	ja	ja	ja	ja
Nukleinsäuren	DNA oder RNA	DNA, RNA	DNA, RNA	DNA, RNA	DNA, RNA
Wachstum auf künstlichen Nährböden	nein	nein	ja	ja	ja
Befallenes Gewebe	intrazellulär	intrazellulär	extrazellulär, intrazellulär	extrazellulär, intrazellulär	extrazellulär, intrazellulär

Tab. 5: Charakteristika von Mikroorganismen.

4.1 Bakterien als Ursache von Pflanzenkrankheiten

Die Bedeutung von Bakterien als Ursache von Pflanzenkrankheiten wurde lange Zeit unterschätzt. Bakteriosen können teils erhebliche Verluste auf dem Feld wie auch im Lager verursachen. *Erwinia carotovora* subsp. *carotovora* befällt nahezu alle Gemüsearten einschließlich Kartoffeln. Die durch dieses Bakterium verursachte Weichfäule führt in nassen Jahren zu einer schnellen Zersetzung der Ernteorgane. Auch im Lager und besonders nach dem Abpacken in Plastikbeuteln (Möhren) kann sich die Weichfäule rasch ausbreiten. Die an Kohlarten durch *Xanthomonas campestris* pv. *campestris* verursachte Adernschwärze hat im hiesigen Anbau in den letzten Jahren enorm an Bedeutung zugenommen, insbesondere an Blumenkohl. Die Bakterien verstopfen die Gefäße und es kommt zur Trockenfäule. Im Spätherbst entwickelt sich daraus, auch unter Beteiligung von

Erwinia carotovora subsp. *carotovora* und *Pseudomonas marginalis* pv. *marginalis*, eine Nassfäule. An Möhre tritt seit 1995 verstärkt *Xanthomonas campestris* pv. *carotae* auf. Der Erreger verursacht Blattflecken, die das Wachstum vermindern, und bei starkem Laubbefall ein Bündeln der Möhren unmöglich machen. Im Kartoffelanbau verursachen *Clavibacter michiganensis* subsp. *sepedonicus* (Bakterienringfäule) und *Erwinia carotovora* subsp. *carotovora* (Nassfäule) beträchtliche Ertragsverluste im Feld, vor allem aber im Lager. Bei der Bakterienringfäule allein betragen die Ernteverluste bis zu 20% und Lagerverluste durch Fäulnis bis zu 60%. *Clavibacter michiganensis* subsp. *sepedonicus* zählt ebenso wie *Ralstonia solanacearum* (Schleimfäule) zu den Quarantäneschadorganismen. Dies bedeutet zusätzliche wirtschaftliche Schäden durch fachgerechte Entsorgung befallener Partien, Anbauverbot, Reinigungsmaßnahmen und erhöhten Untersuchungsaufwand. Seitens der EU wurde ein Exportverbot für Kartoffeln angedroht, falls nicht umfangreiche Maßnahmen zur Bekämpfung dieser **Quarantänebakteriosen** getroffen werden bzw. falls bei Untersuchungen im Ausland diese Quarantänebakteriosen in Kartoffeln aus Deutschland nachgewiesen werden. Zu den Quarantäneschaderregern zählt auch *Erwinia amylovora*, der Erreger des Feuerbrands an Kernobst. In den Jahren 1993 und 1994 kam es zu einem verheerenden Feuerbrandbefall im Erwerbsobstbau in Süddeutschland. Entsprechende Gegenmaßnahmen (z. B. Rodung, Behandlung mit Plantomycin) reduzierten zwar die Befallsintensität, konnten die weitere Ausbreitung der Bakteriose jedoch nicht verhindern. Schäden durch Bakterien werden zunehmend auch im Zierpflanzenbau beobachtet (z. B. *Xanthomonas campestris* pv. *begoniae*, *X. campestris* pv. *pelargonii*, *Erwinia chrysanthemi*).

4.2 Klassifizierung

Die Klassifizierung der Bakterien erfolgt anhand morphologischer, physiologischer, serologischer und in zunehmendem Maße auch molekularer Eigenschaften. Neben der Klassifizierung in Gattung und Art wird bei einigen phytopathogenen Bakterien zusätzlich in **Subspezies** (subsp.) und Pathovar (pv.) differenziert. Mit Subspezies (Unterart) bezeichnet man eine Gruppe von Individuen innerhalb der Art, die sich morphologisch und genetisch klar von anderen Individuen einer Subspezies unterscheiden lassen (z. B. *Clavibacter michiganensis* subsp. *sepedonicus* – Bakterienringfäule, *C. michiganensis* subsp. *michiganensis* – Bakterienwelke). **Pathovar** bezeichnet definierte Bakterienstämme einer Art mit unterschiedlichen pathogenen Eigenschaften wie z. B. unterschiedlichem Wirtspflanzenkreis oder unterschiedlichen Krankheitssymptomen. Die Benennung des Pathovars erfolgt gewöhnlich nach der Wirtspflanze (z. B. *Pseudomonas syringae* pv. *lachrymans* – Blattfleckenkrankheit an Gurke, *P. syringae* pv. *phaseolicola* – Fettfleckenkrankheit an Bohne).

Neuere Erkenntnisse, insbesondere aus molekularbiologischen Untersuchungen, führen zu einer kontinuierlichen Überarbeitung der taxonomischen Einordnung von Bakterien. So wurden in der Vergangenheit einige phytopathogene Bakterien in neue Gattungen überführt (z. B. *Pseudomonas solanacearum* ist nun *Ralstonia solanacearum*, *Corynebacteri-*

um michiganense ist nun *Clavibacter michiganensis*). Derzeit ergibt sich für phytopathogene Bakterien folgende **taxonomische Einteilung**:

Domäne: Bakterien
Abteilung: Gracilicutes – Gram-negative Bakterien
Klasse: α-Proteobacteria
Familie: Sphingomonadaceae *(Rhizomonas, Sphingomonas)*
Familie: Rhizobiaceae (*Agrobacterium*, *Rhizobium*)
Familie: Anaplasmataceae (früher RLO) *(Candidatus liberobacter)*
Klasse: β-Proteobacteria
Familie: Burkholderiaceae *(Ralstonia)*
Familie: Comamonadaceae *(Acidovorax)*
Klasse: γ-Proteobacteria
Familie: Enterobacteriaceae *(Erwinia, Pantoea, Serratia)*
Familie: Pseudomonadaceae *(Pseudomonas, Rhizobacter, Xylophilus)*
Familie Xanthomonadaceae *(Stenotrophomonas, Xanthomonas, Xylella)*
Abteilung: Firmicutes – Gram-positive Bakterien
Familie: Bacillaceae *(Bacillus)*
Familie: Clostridiaceae *(Clostridium)*
Familie: Micrococcaceae *(Arthrobacter)*
Familie: Microbacteriaceae *(Clavibacter, Curtobacterium)*
Familie: Tsukamurellaceae *(Rhodococcus)*
Familie: Streptomycetaceae *(Streptomyces)*
Abteilung: Tenericutes (ohne feste Zellwand)
Klasse: Mollicutes
Familie: Spiroplasmataceae *(Spiroplasma)*
Familie: Acholeplasmataceae (*Phytoplasma*, früher MLO)

4.3 Infektionsprozess

Unbewegliche, d. h. nicht begeißelte Bakterien (z. B. *Streptomyces*, Phytoplasmen) können nur über Vektoren in die Wirtspflanze gelangen (z. B. Insekten, *Cuscuta*, Propfung). Bakterien mit Geißeln können sich innerhalb eines Wasserfilms aktiv fortbewegen und über natürliche Eintrittspforten oder Wunden (z. B. Verletzungen, Hagel-, Frostschaden) in die Pflanzen eindringen. Als **natürliche Eintrittspforten** nutzen Bakterien Stomata (z. B. *Pseudomonas*, *Xanthomonas*), Lentizellen (z. B. *Clavibacter*, *Streptomyces*), Hydathoden (z. B. *Xanthomonas campestris* pv. *campestris*) und Nektarien (z. B. *Erwinia amylovora*). Eine Besiedlung der Pflanze über das intakte Abschlussgewebe ist indes nicht möglich. Innerhalb der Pflanze besiedeln Bakterien den Interzellularraum (Abb. 16) und breiten sich durch Eigenbewegung vom Infektionsort in die nähere Umgebung aus. Für eine **systemische Besiedlung** der gesamten Pflanze ist ein Übertritt in das Xylem erforderlich (z. B. *Ralstonia solanacearum*, *Erwinia amylovora*; Abb. 17). Über den Wasserfluss kann dann eine rasche Besiedlung auch entfernter Pflanzenteile erfolgen. Spiroplasmen und Phytoplasmen werden durch ihre Vektoren ohnehin unmittelbar ins Xylem oder Phloem appliziert.

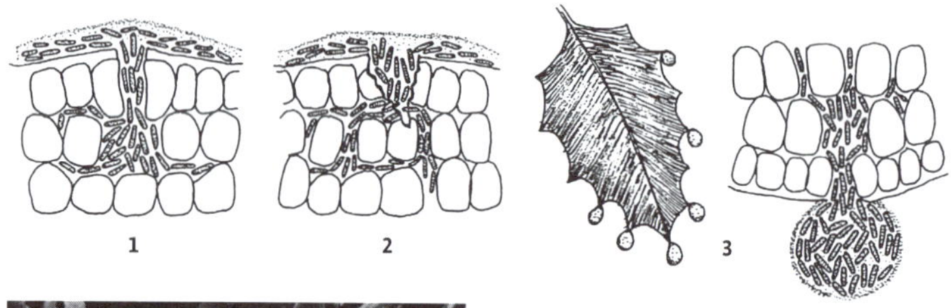

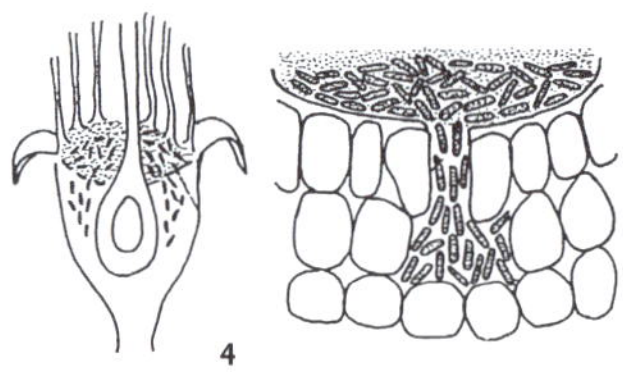

Abb. 16: Besiedlung pflanzlichen Gewebes durch Bakterien. 1 = Stomata, 2 = Wunden, 3 = Hydathoden, 4 = Nektarien (aus AGRIOS, 1988).

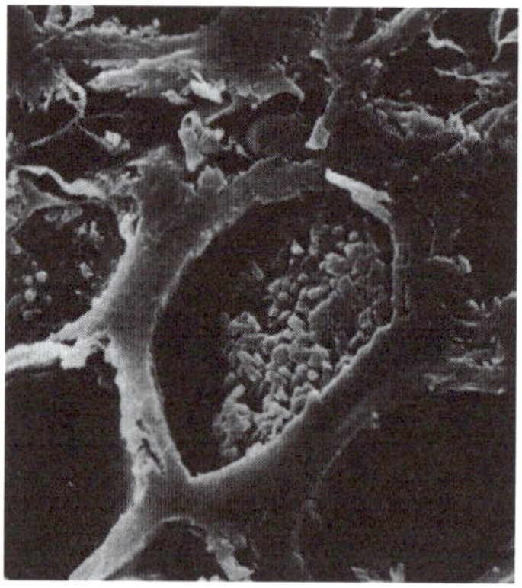

Abb. 17: Xylemzelle eines Apfeltriebes verstopft mit *Erwinia amylovora* (aus BÖRNER, 1997).

4.4 Vermehrung und Verbreitung

Bakterien können sich innerhalb kürzester Zeit in hoher Zahl vermehren. Die **Vermehrung** erfolgt durch Querteilung senkrecht zur Längsachse, auch „Spaltung“ genannt. Da ein Bakterium 20 bis 50 Minuten für eine Teilung benötigt, können innerhalb von 10 Stunden aus einem Bakterium 10 Millionen neue Bakterien hervorgehen. Bei Vorliegen günstiger Umweltbedingungen (ausreichender Wärme und Feuchtigkeit) können die Bakterien bzw. ihre Stoffwechselprodukte extrem zerstörerisch sein.

Zwischen den verschiedenen Bakteriengattungen existieren jedoch große Unterschiede bezüglich ihrer Fähigkeit, sich in verschiedenen Umgebungen zu entwickeln bzw. zu überdauern. Während einige Bakterien nur in der Wirtspflanze oder in Pflanzenresten überleben (z. B. *Erwinia amylovora*), können andere Bakterien über lange Zeiträume im Boden überdauern (z. B. *Agrobacterium tumefaciens*, *Ralstonia solanacearum*, *Streptomyces scabies*). Die **Ausbreitung** phytopathogener Bakterien von Pflanze zu Pflanze bzw. über längere Distanzen erfolgt durch Wind, Niederschlag, Insekten und den Menschen (Kulturmaßnahmen, Pflanz-, Saat-, und Erntegut). Insekten dienen dabei nicht nur als Transportvehikel, sondern sie inokulieren die Bakterien während ihrer Nahrungsaufnahme regelrecht in die Pflanze. Die Übertragung von einer Vegetationsperiode zur nächsten erfolgt durch infiziertes Saat- und Pflanzgut, Pflanzenreste im Boden, sowie durch Bakteriengallen.

4.5 Krankheitssymptome

Charakteristische Symptome bei Bakterienbefall:
- wassergesättigt erscheinende Gewebebereiche
- bakterielle Exsudate auf der Pflanzenoberfläche

Die Symptome von Bakteriosen sind vielfältig und reichen von unspezifischen Reaktionen der Wirtspflanze (z. B. Vergilbung der Blätter, Welke) bis hin zu charakteristischen Symptomen (z. B. Austritt von Bakterienschleim bei Befall mit *Ralstonia solanacearum*, Wurzelkropf durch *Agrobacterium tumefaciens*) (Abb. 18). Folgende äußerlich sichtbare Symptome treten häufig auf:

Blattflecken

Die Bakterien besiedeln die Interzellularräume der Blätter. Die von den Bakterien abgesonderten Polysaccharide führen zu einer Wasseransammlung. Blattflecken erscheinen zunächst wassergesättigt und nekrotisieren mit fortschreitendem Krankheitsverlauf. Bei starkem Befall fließen die Blattflecken ineinander und größere Gewebebereiche bzw. die gesamte Pflanze können absterben. Blattflecken und Verfärbungen sind häufig auch eine Folge der Ausscheidung bakterieller Toxine. Beispiele: *Pseudomonas*-Arten, *Xanthomonas*-Arten.

Absterbeerscheinungen

Absterbeerscheinungen finden sich meist im fortgeschrittenen Krankheitsverlauf als Folge von Blattflecken, Fäulen oder Welken. Sie sind auf einzelne Organe begrenzt oder betreffen die gesamte Pflanze. Beispiele: *Erwinia amylovora* an Rosaceae-Arten (Birne, Apfel u. a.), *Clavibacter michiganensis* subsp. *sepedonicus*, *Ralstonia solanacearum* an Kartoffel.

Welken

Welken sind eine Folge der Besiedlung von Leitgefäßen durch bodenbürtige Bakterien. Infolge rascher Vermehrung der Bakterien in den Leitbahnen (bis zu 10^{10} cfu/g Pflanze) und Absonderung von Bakterienschleim werden die Leitgefäße verstopft. Der Wasser- und Nährstofftransport ist gestört und die Pflanzen welken. Weiterhin findet man häufig eine Verbräunung der Leitgefäße. Beispiele: *Ralstonia solanacearum*, *Clavibacter michiganensis* subsp. *sepedonicus*, *Xanthomonas campestris* pv. *campestris*.

Fäulen

Durch Absonderung bakterieller Enzyme (z. B. Pektinasen, Zellulasen) werden pflanzliche Zellwände aufgelöst und der Zellverband zerstört. Die Folge sind Weich- bzw. Nassfäulen. Bakterielle Fäulen sind besonders gravierend, wenn die Ernteorgane befallen sind (z. B. Kartoffelknollen). Beispiele: *Erwinia carotovora* subsp. *carotovora*, *Pseudomonas*-Arten.

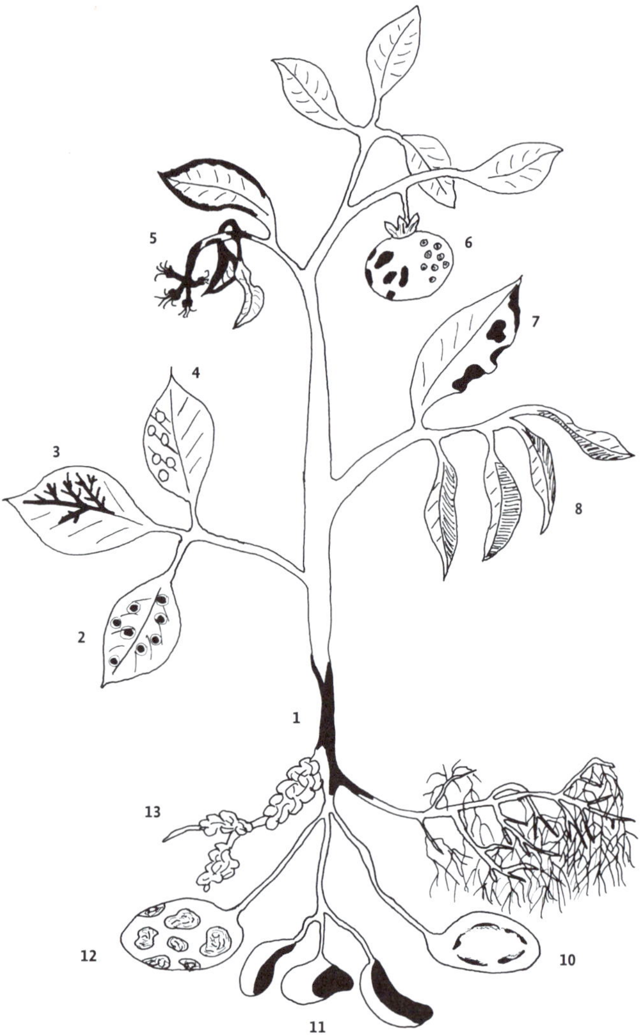

Abb. 18: Symptome von Bakteriosen. 1 = Schwarzbeinigkeit (*Erwinia carotovora* subsp. *atroseptica*), 2 = Blattflecken (*Xanthomonas campestris* pv. *pruni*), 3 = Adernschwärze (*Xanthomonas campestris* pv. *campestris*), 4 = Eckige Blattflecken (*Pseudomonas syringae* pv. *phaseolicola*, 5 = Feuerbrand (*Erwinia amylovora*), 6 = Flecken an Früchten (z. B. *Pseudomonas syringae* pv. *tomato*, *Clavibacter michiganensis* subsp. *michiganensis*), 7 = Blattflecken (z. B. *Pseudomonas syringae* pv. *lachrymans*), 8 = Welke (z. B. *Ralstonia solanacearum*), 9 = verstärkte Seitenwurzelbildung (*Agrobacterium rhizogenes*), 10 = Ringfäule (*Clavibacter michiganensis* subsp. *sepedonicus*), 11 = Nassfäule (*Erwinia carotovora* subsp. *carotovora*), 12 = Schorf (*Streptomyces scabies*), 13 = Tumorbildung (*Agrobacterium tumefaciens*).

Abb. 19: Lebenszyklus von *Erwinia carotovora*
1 = Überwinterung im Boden, in Pflanzenresten oder Insektenpuppen,
2 = Eiablage der Insekten auf der Pflanzkartoffel,
3 = kontaminierte Insektenlarven transportieren Bakterium in die Kartoffelknolle,
4 = Bildung einer Korkschicht um Infektionsstelle,
5 = Ausbreitung der Bakterien von der Knolle in Wurzeln und Spross,
5a = Insektenlarven verpuppen sich im Boden, geschlüpfte Tiere infizieren andere Pflanzen,
5b = Weichfäule in befallenen Pflanzen,
5c = Bakterien können auch über Wunden in Pflanzen eindringen und verursachen dann Weichfäule,
6 = Bakterien besiedeln den Interzellularraum,
7 = Besiedlung neu gebildeter Tochterknollen,
8 = Knollenbefall durch infizierte Stolonen,
9 = Querschnitt einer befallenen Knolle,
10 = Ausbreitung von *Erwinia* im Lager,
11 = aussortierte faule Kartoffelknollen (aus Agrios, 1988).

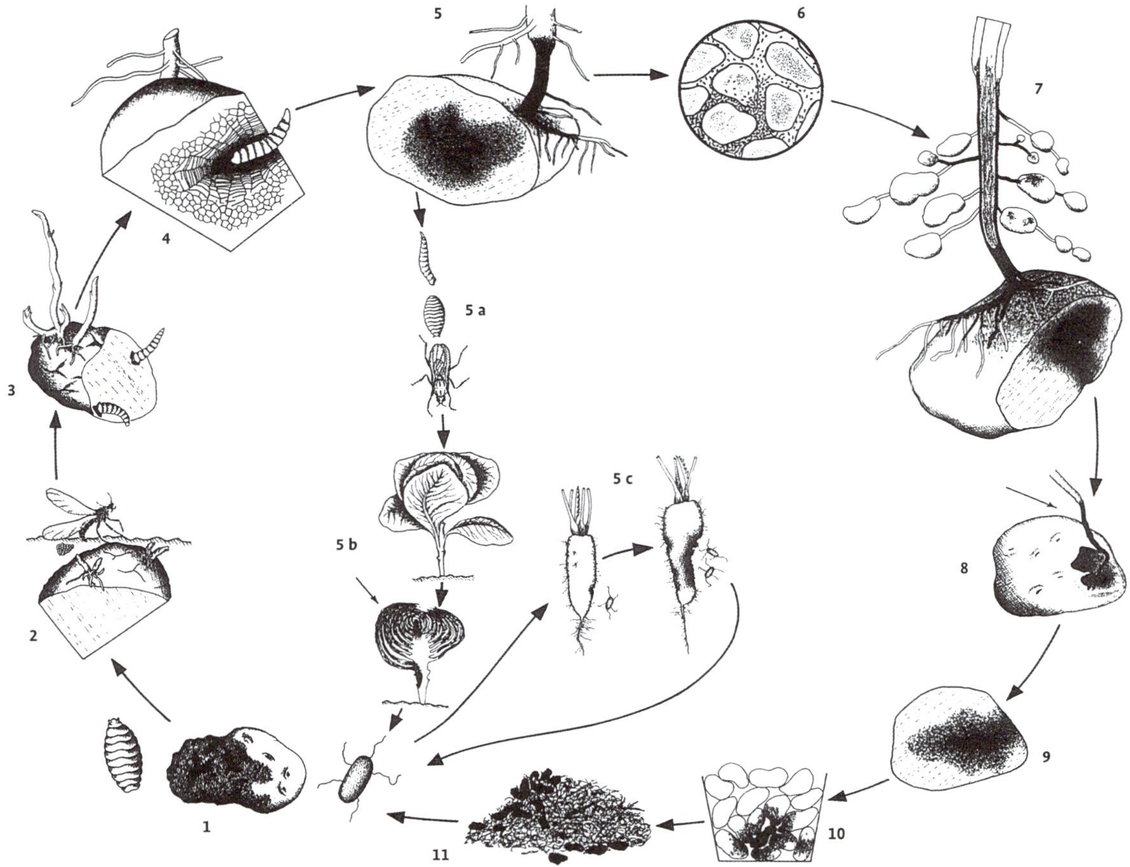

Tumorbildung und Wachstumsanomalien

Die Bakterien geben Stoffwechselprodukte (z. B. Wuchsstoffe) ab, die zu einem abnormalen Wachstum befallener Pflanzengewebe führen (z. B. Gallen, Tumore, Hexenbesen, Blütenverlaubung). Die Bakterien sitzen häufig im Randbereich der Wachstumsanomalien und weniger in ihrem Innern. Beispiele: *Agrobacterium tumefaciens*, *Rhodococcus*-Arten, Phytoplasmen, *Spiroplasma*.

4.6 Wichtige phytopathogene Bakterien

- *Agrobacterium tumefaciens* (Wurzelkropf): wirtschaftlich bedeutend an Obstbäumen, Zuckerrrübe, Weinrebe; Tumorbildung an Wurzel, Wurzelhals und Stamm
- *Clavibacter michiganensis* subsp. *michiganensis* (Bakterienwelke): wichtigste bakterielle Welke an Tomate; Bakterien verstopfen die Gefäße und produzieren ein Welketoxin, Quarantäneschaderreger
- *Clavibacter michiganensis* subsp. *sepedonicus* (Bakterienringfäule): bedeutender Quarantäneschaderreger an Kartoffel; Welke, Nekrosen an den Blättern, in Knollen Braunfärbung des Gefäßbündelrings mit anschließender Fäule
- *Erwinia amylovora* (Feuerbrand): sehr bedeutend an Kernobst; Schwarzfärbung und hakenartiges Verkrümmen erkrankter Triebe, Exsudatbildung; Quarantäneschaderreger
- *Erwinia carotovora* subsp. *carotovora* und *E. carotovora* subsp. *atroseptica* (Schwarzbeinigkeit, Knollennassfäule, Weichfäule): bedeutendste Bakteriose an Kartoffel in Mitteleuropa; Stängelbasis schwarz verfärbt, Knollen nassfaul; Weichfäule an zahlreichen weiteren Kulturpflanzen (z. B. Kohl, Möhre, Salat); Lebenszyklus s. Abb. 19.
- *Erwinia chrysanthemi* (Stammfäule, Welke): an Diefenbachia, Usambaraveilchen, Chrysanthemen, Dahlie; gehemmtes Wachstum, Welke, Verfärbung des Stängels
- *Pseudomonas syringae* pv. *lachrymans* (Blattfleckenkrankheit): an Gurke; durchscheinende Flecken auf den Blättern, bräunliche Flecken auf den Früchten
- *Pseudomonas syringae* pv. *phaseolicola* (Fettfleckenkrankheit): fettig dunkelgrüne Flecken auf den Hülsen von Buschbohne
- *Pseudomonas syringae* pv. *pisi* (Stängelbrand): an Erbse; Flecken auf Stängeln, Blättern und Hülsen
- *Pseudomonas syringae* pv. *tomato* (Fleckenkrankheit, Tüpfelschwärze): an Tomate; dunkelgrüne, später dunkelbraune Flecken auf den Blättern; tüpfelartige, schwarze Flecken auf den Früchten („Teerspritzer")
- *Ralstonia solanacearum* (Schleimfäule): vereinzeltes Auftreten in Deutschland; große Bedeutung als Quarantäneschaderreger an Kartoffel; Welke in Verbindung mit Schleimaustritt aus dem Stängel
- *Rhizomonas*-Arten (Korkwurzelkrankheit): an Salat; 1992 erstmals in Europa aufgetreten; korkige Risse auf der Wurzeloberfläche, Hauptwurzel verbräunt und eingerissen

- *Rhodococcus fasciens*: an Chrysanthemen, Pelargonien, Petunien; fleischig verdickte Gallen am Stängel bzw. blumenkohlartige Auswüchse am Wurzelhals
- *Streptomyces scabies* (Kartoffelschorf): weit verbreitet in allen Kartoffelanbaugebieten auf leichten Böden; bodenbürtig; Befall der Kartoffelknollen über Lentizellen und Wunden
- *Xanthomonas campestris* pv. *begonia* (Ölfleckenkrankheit): an Begonie; vom Blattrand ausgehende grüngelbe, später braune Verfärbung; punktförmige, im Gegenlicht ölige Flecken
- *Xanthomonas campestris* pv. *campestris* (Adernschwärze): an Kohl; braunschwarze Verfärbung der Blattadern
- *Xanthomonas campestris* pv. *carotae* (Bakterien-Blattflecken): an Möhre; dunkelbraune Flecken an Blättern, Blattstielen, Stängeln und Wurzeln
- *Xanthomonas campestris* pv. *pelargonii* (Welke, Stängelfäule): an Pelargonie; Vergilben der Blätter, Absterben des Stängels
- *Xanthomonas campestris* pv. *phaseoli* (Bohnenbrand): an Busch- und Stangenbohne; Flecken auf Blättern und Hülsen, teils in Verbindung mit gelbem Bakterienschleim.

4.7 Gegenmaßnahmen

Die Bekämpfung der Bakterien ist nur begrenzt möglich, sodass Gegenmaßnahmen primär aus vorbeugenden Maßnahmen bestehen. Der Einsatz von Plantomycin (Antibiotikum, Wirkstoff: Streptomycin) zur Bekämpfung von *Erwinia amylovora* an Kernobst soll zukünftig auch in Ausnahmefällen nicht mehr zugelassen werden, da der Wirkstoff in Honig nachgewiesen wurde und zu Resistenzen bei humanpathogenen Bakterien führen kann. Folgende Maßnahmen können das Auftreten von Bakteriosen und Ertragsverluste verringern bzw. verhindern:

- Vorbeugende Maßnahmen, wie die Verwendung gesunden Saat- und Pflanzgutes (und ggf. eine Desinfektion des Saatgutes mit Natriumhypochlorid, HCl-Lösungen oder schwacher Essigsäure (oberflächlich anhaftende Bakterien) sowie durch Hitzebehandlung (20 min bei 52 °C bei endogenen Bakterien), Vermeiden von Wunden, Desinfektion von Lagerräumen und Geräten
- Anbau resistenter Sorten (z. B. Buschbohnensorten mit Resistenz gegen *P. syringae* pv. *phaseolicola*)
- Entfernung und Vernichtung (Verbrennen) befallener Pflanzenteile (Zweige) bzw. Pflanzen (z. B. *Erwinia amylovora*)
- Anwendung physiologisch saurer Düngemittel zur Absenkung des pH-Wertes in den schwach sauren Bereich (z. B. *Streptomyces scabies*)
- Weite Fruchtfolge (z. B. *Xanthomonas campestris* pv. *carotae*)
- Kupferpräparate, teilweise Wirkung (bei z. B. *Clavibacter michiganensis* subsp. *michiganensis*)
- Behandlung der Pflanzen mit antagonistischen Bakterien (s. Kap. 4.8)
- Gewaschenes Erntegut rasch trocknen und kühl lagern (z. B. *Erwinia carotovora* subsp. *carotovora* an Möhre).

4.8 Bakterien als Förderer der Pflanzengesundheit

Phytopathologisch sind Bakterien aber nicht nur als Schaderreger bedeutsam, sie können auch in erheblichem Maße zur Pflanzengesundheit beitragen. So wird die unmittelbare Umgebung der Wurzeln, die so genannte Rhizosphäre, intensiv von Bakterien besiedelt, die sich von Wurzelexsudaten ernähren. Unter diesen **Rhizosphärebakterien** befinden sich zahlreiche Antagonisten von Schaderregern. Vergleichbares gilt für die Bakterienflora auf der Wurzeloberfläche (Rhizoplane) bzw. dem Blatt (Phyllosphäre). Selbst endophytisch (in der Pflanze) findet man zahlreiche Bakterien mit antagonistischer Wirkung. Die antagonistischen Bakterien können bis zu einem gewissen Grad die Pflanze vor Befall mit Schaderregern schützen (z. B. *Bacillus subtilis*, *Agrobacterium radiobacter*, *Pseudomonas fluorescens*). Andere Bakterien wiederum sind Pathogene von Insekten (*Bacillus thuringiensis*) oder pflanzenparasitären Nematoden *(Pasteuria penetrans)*. Einige dieser Bakterien werden erfolgreich im biologischen Pflanzenschutz eingesetzt (s. Kap. 13.4).

Fragen zu Kapitel 4

- Welche Eigenschaften kennzeichnen Bakterien (Form, Größe, Struktur)?
- Wie unterscheiden sich eukaryotische und prokaryotische Zellen?
- Was sind Phytoplasmen bzw. Spiroplasmen?
- Wie beurteilt man die wirtschaftliche Bedeutung von bakteriellen Erkrankungen an Pflanzen?
- Nach welchen Kriterien werden Bakterien taxonomisch differenziert?
- Auf welchen Wegen können Bakterien pflanzliches Gewebe besiedeln?
- Wie vermehren sich Bakterien und wie erfolgt ihre Verbreitung im Feld bzw. in der Pflanze?
- Welche Krankheitssymptome können durch Bakterien hervorgerufen werden?
- Welche phytopathogenen Bakterien sind wirtschaftlich bedeutsam?
- Welche Maßnahmen können gegen Bakteriosen ergriffen werden?

Weiterführende Literatur

Agrios, G. N., 2005: Plant Pathology, 5. Auflage, Elsevier Academic Press, San Diego.

Klement, Z., K. Rudolph, und D. Sands, 1990: Methods in Phytobacteriology. Akadémiai Kiadó, Budapest.

Börner, H., 1997: Pflanzenkrankheiten und Pflanzenschutz. Verlag Eugen Ulmer, Stuttgart.

Hoffmann, G. M., F. Nienhaus, H.-M. Poehling, F. Schönbeck, H. C. Weltzien und H. Wilbert, 1994: Lehrbuch der Phytomedizin, 3. Auflage, Blackwell Verlag, Berlin.

Lapage, S. P., P. H. A. Sneath, E. F. Lessel, V. B. D. Skerman, H. P. R. Seeliger und W. A. Clark, 1975: International Code of Nomenclature of Bacteria, 1976. Revision. Am. Soc. Microbiol., Washington, D. C.

Schlösser, E., 1997: Allgemeine Phytopathologie, 2. Auflage. Georg Thieme Verlag, Stuttgart.
Skerman, V. B. D., V. McGowan und P. H. A. Sneath, 1980: Approved lists of bacterial names. Int. J. Syst. Bacteriol. 30: 225–420.

5 Pilze

5.1 Pilze als Ursache von Pflanzenkrankheiten

Aufgrund ihrer **heterotrophen Lebensweise** und der besonderen Fähigkeit, komplexe pflanzliche Polymere abzubauen, gehören Pilze zu den am besten an Pflanzen bzw. pflanzliches Substrat angepassten Organismen. Sie verfügen über ein Arsenal an Exoenzymen, die sie sekretieren, um damit selbst stabilste Abschlussschichten der Pflanzen aufzulösen und sie zu durchdringen. Bei einigen pathogenen Arten wird die Penetration in die Pflanze noch durch physikalische Kräfte (Druck) unterstützt. Bei den **Pertophyten** (oder **nekrotrophen Pilzen**) kommen häufig wirtsspezifische oder unspezifische Toxine hinzu, die das Pflanzengewebe in kurzer Zeit abtöten und damit jede Gegenwehr der Pflanze außer Kraft setzen. **Biotrophe** Pathogene haben sich im Laufe einer langen Koevolution so eng an ihren Wirt angepasst, dass sie, von der Wirtspflanze fast unbemerkt, eindringen können, um sich von den Nährstoffen und Assimilaten der lebenden Pflanzenzellen zu ernähren.

Aufgrund dieser Eigenschaften überrascht es auch nicht, dass die Gruppe der Pilze die mit Abstand bedeutendste Gruppe phytopathogener Mikroorganismen ist. Weltweit werden die **Ertragsverluste** durch phytopathogene Pilze auf etwa 15% der Welternte (bezogen auf die acht wichtigsten Nutzpflanzen) geschätzt, gegenüber 18% Verlusten durch Insekten und 32% durch Unkräuter. Das Verlustpotenzial bei unterlassenem Pflanzenschutz ist aber mindestens doppelt so hoch. In den gemäßigten Klimazonen Europas und Nordamerikas, den besonders produktiven Regionen des Pflanzenbaus, ist das Verlustpotenzial pilzlicher Pathogene besonders hoch und übertrifft deutlich die Verluste durch Insekten.

Für das hohe Schadpotenzial pilzlicher Pathogene sind neben der engen Anpassung an das Pflanzensubstrat insbesondere die hervorragenden **Epidemieeigenschaften** von Pilzen verantwortlich. Diese bestehen in

- **hohen Reproduktionsraten** durch intensive Sporulation (z. B. bei Rostpilzen ca. 1:400 000),
- **kurzen Latenzzeiten** von wenigen Tagen, in denen diese Reproduktion abläuft,
- der zum Teil hocheffizienten **Ausbreitungsfähigkeit** der Sporen über Hunderte oder Tausende von Kilometern und
- in der effektiven **Überdauerungsfähigkeit** auf Pflanzenresten, an Saatgut oder im Boden.

5.2 Klassifizierung

Bis heute sind etwa 70 000 Pilzarten mit hinreichender Sicherheit beschrieben und voneinander differenziert. Basierend auf der genauen Inventur des Artenvorkommens in begrenzten Naturarealen und der dort gefundenen Artenrelation von Pflanzen zu Pilzen, die bei etwa 1:6 liegt, wird die Gesamtzahl der auf der Erde vorkommenden Pilzarten gegenwärtig auf etwa 1,5 Millionen geschätzt, womit wir bis heute überhaupt erst etwa 5% aller Arten kennen. Dies muss bei jeglichen Betrachtungen von Biodiversitätsveränderungen stets bedacht werden.

Organismengruppe	Anzahl bekannter Arten	Geschätzte Gesamtzahl Arten	Prozent bekannte Arten (%)
Gefäßpflanzen	220 000	270 000	81
Bryophyten	17 000	25 000	68
Algen	40 000	60 000	67
Pilze	**69 000**	**1 500 000**	**5**
Bakterien	3 000	30 000	10
Viren	5 000	130 000	4

Tab. 6: Biodiversität und bekannte Arten bei Pilzen im Vergleich zu anderen Organismengruppen und Viren (Hawksworth & Creuter, 1989; Wolf, 1987; Di Castri & Younés, 1990).

Die **Systematik der Pilze** sollte – wie bei allen anderen Organismengruppen auch – einem einheitlichen, stammesgeschichtlich (phylogenetisch) und morphologisch begründeten System folgen. Da vielfach phylogenetische Eigenschaften bei Pilzen schwer nachzuweisen sind, weil sie sich beispielsweise ausschließlich asexuell vermehren, sind verschiedene systematische Systeme entstanden. In den letzten Jahren ist es jedoch unter anderem mithilfe molekulargenetischer Methoden gelungen, die phylogenetische Systematik für Pilze erheblich zu festigen. Dies hat in Bezug auf mehrere Gruppen deutliche Veränderungen gegenüber früheren Systematiken mit sich gebracht. Allerdings gibt es weiterhin ungeklärte Fragen z. B. bezüglich der Einheitlichkeit zahlreicher Spezies (Subspeziesdifferenzierung) und insbesondere bezüglich der ausschließlich asexuell oder völlig steril lebenden Formen, die nicht sicher zugeordnet werden können und daher keine gesicherte phylogenetische Basis haben.

Die nachfolgende Systematik gibt die nach derzeitigem Stand akzeptierte Systematik für pilzähnliche Organismen und echte Pilze wieder und berücksichtigt dabei insbesondere jene Gruppen, die an bzw. in Pflanzen oder auf pflanzlichem Substrat leben.

Systematik echter Pilze und Abgrenzung gegenüber Protozoen und pilzähnlichen Organismen (n. Gams et al. 1998):

Reich: Protozoa
- Stamm: Mycetozoa
  - Klasse: Myxogastrea: „Schleimpilze", amöboid oder plasmodial auf verfaulendem Holz oder Laubstreu, Ernährung meist phagozytotisch von Bakterien; keine phytopathogenen Formen

Reich: Protista
- Ordnung: Plasmodiophorales: Lebenszyklus ähnlich Myxogastrea, Plasmodien parasitieren jedoch lebendes Pflanzengewebe

Reich: Chromista (Algen)
Stamm: Pseudofungi (Oomycota)
Klasse: Hyphochytridiomycetes: aquatische Saprophyten oder Parasiten von Algen
Klasse: Oomycetes: aquatische Saprophyten oder Parasiten von Fischen, terrestrische Pflanzenparasiten
Reich: Fungi (Echte Pilze)
Stamm: Chytridiomycota: primitive Pilze mit Planosporen, einige wenige Pflanzenpathogene
Stamm: Zygomycota: „Jochpilze", vor allem Besiedler zuckerreicher Substrate, Verderbnispilze, einige wenige Phytopathogene
Stamm: Ascomycota: „Schlauchpilze"
Klasse: Saccharomycetes: Hefen, Epiphyten auf Pflanzen
Klasse: Ascomycetes: größte Gruppe der Pilze, zahlreiche Pflanzenpathogene
Vertreter der früheren Form-Klasse Deuteromycetes (Fungi imperfecti) mit fehlender sexueller Vermehrung werden aufgrund einzelner, aufgedeckter Teleomorph-Verbindungen oder molekularer Daten heute soweit wie möglich in die Klasse der Ascomycetes integriert.
Stamm: Basidiomycota: „Ständerpilze"
Klasse: Urediniomycetes: Rostpilze
Klasse: Ustilaginomycetes: Brandpilze
Klasse: Hymenomycetes: einige wenige phytopathogene Formen

5.3 Morphologie und Lebensweise von Pilzen

Pilze sind **Eukaryonten** mit echtem Zellkern, 80S-Ribosomen und Organellen. Obgleich sie durch den **Besitz von Zellwänden** von den zellwandlosen Tieren und Protozoen und als chlorophyllfreie **heterotrophe Organismen** (keine Photo- oder Chemosynthese) von Pflanzen, Algen und Cyanobakterien eindeutig differenziert werden können, stellen sie keineswegs eine phylogenetisch homogene Organismengruppe dar. Die folgende allgemeine Charakterisierung bezieht sich daher nur auf die Pilze im engeren Sinne.

Pilze benötigen zum Leben **Substrate**, die Kohlenstoff in organisch gebundener Form enthalten. Diese werden durch Exoenzyme aufgeschlossen und in gelöster Form absorbiert. Das **Genom** ist außerordentlich variabel organisiert, meist haploid, seltener diploid. Nach der Organisation und Anzahl der Zellkerne unterscheidet man einkerniges, zweikerniges oder vielkerniges Myzel, welches zudem homo- oder heterokaryotisch sein kann. Kernzahlen in Hyphenzellen und sogar die Chromosomenzahlen innerhalb einer Spezies können schwanken (z. B. *Botrytis cinerea*). Bei der Zellteilung teilt sich der Zellkern ohne Auflösung der Kernmembran und zum Teil auch ohne Ausbildung einer Kernspindel. Nach Zellfusionen (**Plasmogamie**) im Verlauf der sexuellen Vermehrung kann die Kernfusion (**Karyogamie**) ausbleiben oder stark verzögert sein. Auch Kernteilungen ohne anschließende Zellteilung können vorkommen (Parthenogamie). In all diesen Fällen entsteht ein Zweikernstadium (**Dikaryon**) mit besonderen physiologischen und phytopathogenen Eigenschaften.

Analog zum Kormus der Pflanze bezeichnet man den **Gesamtaufbau eines Pilzes** als **Thallus.** Dieser besteht bei

a) **niederen Formen** aus amöboiden Zellen oder **Plasmodien** (vielkernige, zellwandlose Protoplasten) und bei
b) **höheren Formen** entweder aus
   - Sprosszellen (bei hefeartig wachsenden Pilzen) oder aus
   - **Myzel** (Pilzgeflecht), bestehend aus ein- bis vielkernigen, septierten oder unseptierten Hyphen (= fadenförmige, meist verzweigte Schläuche, „Pilzfäden"), mit meist 2 bis 20 µm Durchmesser, Septen im Bau unterschiedlich mit Durchtrittsporen. Unseptiertes Myzel wird auch als **coenozytisch** bezeichnet (Oomycetes, Zygomycota).

Myzelbildende Pilze werden auch als **filamentöse Pilze** bezeichnet, im Gegensatz zu Fruchtkörper-, Ständer- oder Konsolenpilzen (Großpilze, Speisepilze).
Wenigstens in einem Entwicklungsstadium besitzen Pilze eine **Zellwand**. Sie besteht meist aus Chitin (sowie Chitosan, Mannan), bei Oomycetes und Plasmodiophorales aus ß1,4-Glucanen ähnlich der pflanzlichen Zellulose. Bei höheren Pilzen sind die Hyphen durch spezifische Zusammenballung häufig zu Strukturen mit besonderen Funktionen entwickelt:

Rhizomorphen	wurzelähnliche, verzweigte Ausläufer
Sklerotien	Dauerkörper mit meist stark melanisierter Rinde (Cortex)
Stroma	Zusammenlagerung zu einer gewebeähnlichen Masse (Pseudoparenchym bei fruchtkörperbildenden Pilzen)
Fruchtkörper	Sporokarp, Flechtthallus aus stromatischem Material (Sexualorgane der Asco- und Basidiomycota)

Die **Verbreitungseinheiten** der Pilze werden als **Sporen** bezeichnet. Sie können sexuell oder asexuell gebildet werden und verschiedene Funktionen besitzen. Man unterscheidet:

Konidiosporen, Uredosporen	– asexuell, Windverbreitung
Sporangiosporen	– asexuell, Windverbreitung
Planosporen (Zoosporen)	– sexuell oder asexuell, einfach oder doppelt begeißelt, beweglich in Wasser bzw. Flüssigkeitsfilm
Chlamydosporen	– asexuell, dickwandig, reservestoffreich (Überdauerungsform)
Sporen	– sexuell, z. B. Zygospore, Oospore, Ascospore, Basidiospore, Aecidiospore

Man unterscheidet die **Hauptfruchtform** (**Teleomorph**) mit sexueller Sporenbildung in speziell differenzierten Sporokarpien, die meist der **Überdauerung** und Erhaltung dienen, von der **Nebenfruchtform** (**Anamorph**) mit asexuell gebildeten Sporen (Konidien) für die **Massenvermehrung** und Verbreitung. Die Klassifizierung der Pilze erfolgt nach der Art ihrer Fortpflanzung in der Hauptfruchtform. Ein Wechsel (oder gar Nebeneinander) von Anamorph und Teleomorph einer Art ist häufig und wird als **Generationswechsel** bezeichnet. Das **vegetative Wachstum** der Pilze erfolgt nahezu ausschließlich an der Hyphenspitze. Eine Besonderheit der Basidiomycota ist die Bildung von **Schnallenmyzel** beim Wachstum der zweikernigen Hyphen.

Wichtige Merkmale von Pilzen

Ernährung: C-heterotroph *(keine* Photo- oder Chemosynthese), Nährstoffaufnahme in gelöster Form durch Absorbtion (selten Phagozytose)

Thallus: plasmodial amöboid, einzellig (hefeartig) oder fadenförmig als Myzel aus septierten oder unseptierten Hyphen mit Protoplasmaströmung; bewegliche Stadien möglich durch Begeißelung (Planosporen); pseudoparenchymatische Sporokarpien (Fruchtkörper) zur Bildung asexueller Konidien oder sexueller Sporen

Zellwand: in mindestens einem Entwicklungsstadium vorhanden, chitinisiert; bei Dauerstadien melanisiert

Zellkern: eukaryotisch, meist haploid, Zellen ein- oder vielkernig, homo- oder heterokaryotisch, zeitweise dikaryotisch mit spezifischen physiologischen Eigenschaften

Vermehrung: meist komplexer Entwicklungszyklus, Generationswechsel zwischen **Anamorph** und **Teleomorph** (asexuell-sexuell) verbreitet

Lebensweise: als Saprophyten, Symbionten, Parasiten oder Hyperparasiten

Verbreitung: weltweit, besonders in Gewässern, feuchten Böden und assoziiert mit Pflanzen bzw. pflanzlichem Substrat

Nach ihrer **Lebensweise** lassen sich Pilze einteilen in:

Obligate Parasiten	– benötigen lebens- und funktionstüchtiges Wirtsgewebe zur Ernährung und eigenen Entwicklung (**Biotrophe**)
Fakultative Parasiten	– **Hemibiotrophe**: Besiedlung (Infektion) von lebendem Wirtsgewebe, welches nach kurzer Zeit abgetötet und als Substrat weiter genutzt wird – **Perthophyten**: befallen lebendes Gewebe, welches vor der Besiedlung abgetötet und für die eigene Ernährung abgebaut wird (**Nekrotrophe**)
Saprophyten	– Ernährung ausschließlich von totem Pflanzenmaterial
Symbionten	– Ernährung in mutualistischer Beziehung zu Algen (Flechten) oder Pflanzen (Mykorrhiza)

Wichtige Funktionen von Pilzen in Ökosystemen

Pilze besitzen vielfältige essentielle **Funktionen in den Ökosystemen**. Ihre Haupthabitate sind Gewässer und terrestrische Feuchtgebiete. Pilze sind für viele schwer abbaubare Natursubstrate (Lignozellulose, Polyphenole) die einzigen zum Abbau befähigten Organismen und damit für die Mineralisierung z. B. von verholzten Pflanzenresten essentiell. Weiterhin treten sie in Symbiose mit Algen (Flechten) oder Pflanzen (Mykorrhiza). Sie dienen Insekten als Nahrung (Ameisen, Collembolen), sorgen für die Stabilisierung der Krümelstruktur im Boden, und sind Antagonisten von Pathogenen und Schadinsekten (Hyperparasiten). Allerdings stellen sie mit ca. 10 000 Arten auch die größte und bedeutendste Gruppe von Pflanzenparasiten.

Der vegetative Thallus filamentöser Pilze besitzt nur unvollkommene Schutzmechanismen gegen Austrocknung oder UV-Strahlung. Deshalb sind die **Lebensansprüche** von Pilzen gekennzeichnet durch feuchte, dunkle und substrat-reiche Habitate. Bezüglich der wichtigsten Umweltfaktoren bestehen folgende spezifischen Ansprüche:

- **Feuchtigkeit**: bevorzugt wird wässriges oder feuchtes Milieu, da aktive Wachstumsstadien kaum vor Austrocknung geschützt sind; bei Trockenheit Übergang zu Dauerstadien (Sporen, Sklerotien, Dauermyzel etc.), daher sind Gewässer, die oberen Bodenschichten und die Streuschicht feuchter Standorte typische Habitate für Pilze
- **Nährstoffe**: Aufschluss polymerer organischer Substrate durch Exoenzyme, Aufnahme von C ausschließlich in gelöster organischer Form (Zucker, Polysaccharide etc.); Aufnahme von N, P, K, S, Fe, Mg, Mn, Zn, Mo, Cu in anorganischer, gelöster Form; Auxotrophie kann bestehen bezüglich SH-haltiger Aminosäuren, den Vitaminen Thiamin, Riboflavin, Biotin und weiterer Wachstumsfaktoren (Sterole, Fettsäuren)
- **Temperatur**: meist weiter Toleranzbereich (euryök)
  thermophile Pilze: z. B. *Talaromyces emersonii* bis > 55 °C; psychrophile Pilze: z. B. *Gerlachia nivalis*, Wachstum bis −5 °C
- **pH-Wert:** bevorzugt sauer (pH 3,5–6,5), zum Teil ist Wachstum auch noch unter pH 3 möglich (z. B. *Coniella petrakii, Aspergillus niger*)
- **Licht:** durch Photorezeptoren können Entwicklungsprozesse gesteuert werden, z. B. die Sporenbildung durch Induktion der Sporenträgerbildung bzw. Sporulation, besonders wirksam ist kurzwelliges Licht (NUV-Licht, 390 bis 415 nm); bei anderen Pilzen kann Licht keine oder negative Effekte auf die Sporulation haben; Keimschläuche oft negativ phototrop, d. h. entgegen dem Lichteinfall wachsend (Rostpilze)

5.4 Wichtige phytopathogene Pilze

5.4.1 Reich: Protista

Ordnung: Plasmodiophorales

Plasmodiophorales sind parasitische Schleimpilze ohne Hyphenbildung. Die phytopathogenen Formen sind **obligat biotroph** und leben als **Plasmodien** (nackte, vielkernige, zellwandlose Protoplasten) **endosymbiontisch** in Pflanzengewebe. Phytopathogene Formen befallen ausschließlich die Wurzel und verursachen dort entweder auffällige Anschwellungen (**Gallen**, dikotyle Wirte) oder übertragen **Viren** (s.a. Kap. 3.7). Alle durch Plasmodiophorales verursachten Krankheiten sind bodenbürtig und werden durch enge Fruchtfolgen und staunassen Boden gefördert.

Die Entwicklung erfolgt im Boden ausgehend von **Dauersporen** mit stabilen **Zellwänden** hauptsächlich aus Chitin (Abb. 20). Aus den Dauersporen schlüpfen **Planosporen** mit zwei polaren, ungleich langen Peitschengeißeln (anisokont), die mittels einer „Stilettinfektion" Wurzelhaare infizieren (Abb. 21). In der Wurzelhaarzelle bildet sich zunächst ein **primäres Plasmodium**, welches sich nach kurzer Entwicklung mit einer zarten Wand umgibt und als **Planosporangium** in den Boden entlassen wird. Die schlüpfenden sekundären Planosporen fusionieren paarweise zu Zygoten (zweikernige Protoplasten) und verursachen weitere Wurzelinfektionen, wobei in der Wurzelrinde **sekundäre Plasmodien** entstehen, die sich schließlich zu Paketen dickwandiger Dauersporen entwickeln. Durch Absterben und Verrotten des Wurzelgewebes gelangen die Dauersporen schließlich wieder in den Boden.

- *Plasmodiophora brassicae* (Kohlhernie bei Kruziferen): Obligat biotrophes, strikt bodenbürtiges Pathogen, verursacht typische Gallen (Hypertrophien) an den Wurzeln von Brassicaceen (Kohlarten, Raps) und vielen anderen Kruziferen (Abb. 22); Gallenbildung bleibt aus bei Nichtkruziferen (z. B. Mohn, aber Planosporangien werden gebildet); besonders in staunassen, sauren Böden mit häufigem Kohlanbau; weltweit verbreitet, aber mit Schwerpunkt in gemäßigten Breiten, Infektion der Wurzelhaare mit zweigeißeligen Planosporen (Stilettinfektion) und der Wurzeln mit Zygoten aus fusionierten sekundären Planosporen; Bekämpfung: Verbesserung der Bodenstruktur, Einstellen neutraler pH-Werte durch Kalkung, erweiterte Fruchtfolge; Sorten (Raps) mit monogener Resistenz sind seit kurzem vorhanden, ihr Einsatz erfolgt jedoch zurückhaltend, da der Erreger physiologische Rassen bildet.

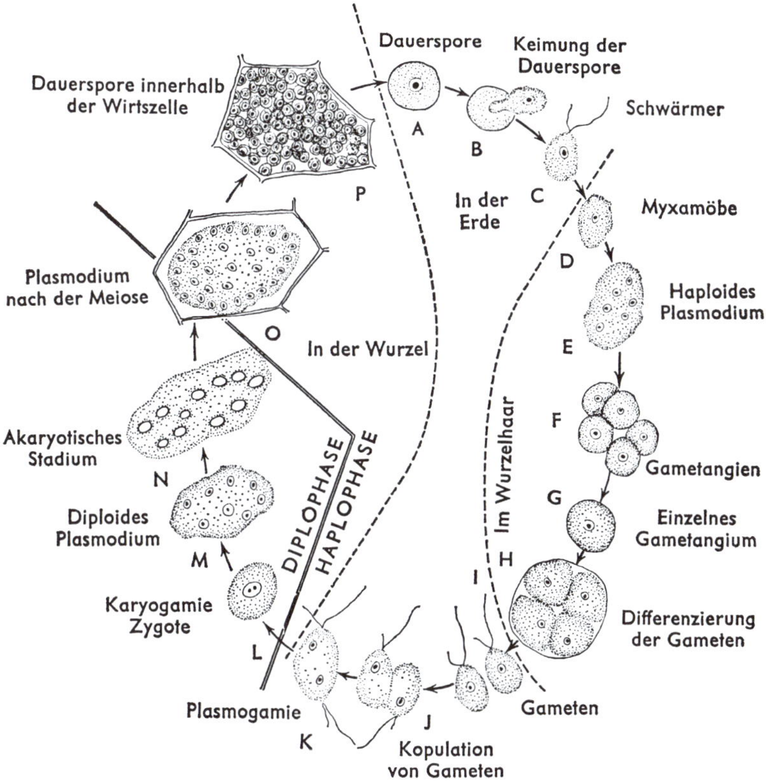

Abb. 20: Entwicklungszyklus von *Plasmodiophora brassicae*, Erreger der Kohlhernie an Brassica-Arten. Planosporen schlüpfen aus Dauersporen und infizieren Wurzelhaare, in denen sich ein primäres Plasmodium bildet. Dieses entwickelt ein Planosporangium mit 4–8 Planosporen, die paarweise fusionieren und die Wurzel infizieren. Es entstehen sekundäre Plasmodien, die sich in Cortex, Kambium und Zentralzylinder ausbreiten und Zellhypertrophien auslösen (Gallenbildung). Sekundäre Plasmodien zerfallen in einkernige Protoplasten, die sich mit dicker Wand umgeben (Dauersporen). Am Ende zerfällt das Gallengewebe und die Dauersporen gelangen wieder in den Boden (aus Alexopoulos 1966).

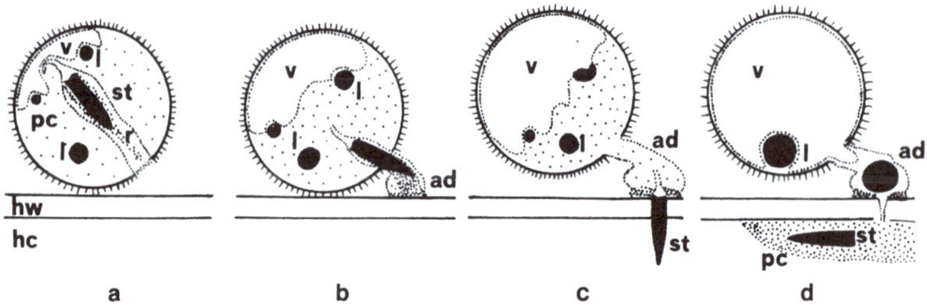

Abb. 21: „Stilettinfektion" von *Polymyxa betae* an einem Wurzelhaar. (a) Enzystierte Planospore formt Röhre (r), Stilett (st), Vakuole (v). Zytoplasma (pc) mit Lipidtropfen (l) füllt noch fast die ganze Zelle. (b) Vakuole expandiert, Zyste heftet sich mit Adhäsorium an (ad). (c) Stilett wird durch die Wirtszellwand gestoßen und (d) Zytoplasma dringt durch den Bohrkanal in die Wurzelhaarzelle ein (aus Müller/Löffler, 1982).

- *Polymyxa betae* + BNYVV (Wurzelbärtigkeit oder Rizomania der Chenopodiaceen; Abb. 22 A): Wurzelparasit an Chenopodiaceen (Planosporeninfektion mithilfe eines Stiletts), Vektor für BNYVV (‘beet necrotic yellow vein virus‘, verursacht bei Zuckerrübe die „Rizomania" mit Vergilbung, Kümmerwuchs, Welke; durch ausbleibende Rübenkörperbildung und extreme Seitenwurzelbildung erhebliche Ertragsverluste von 50 bis 80% möglich; etwa 1950 erstmals in der Poebene aufgetreten, seit etwa 1970 sich in Europa stärker ausbreitend; durch tolerante Sorten heute weitgehend unter Kontrolle; befallsfördernd: Beregnung, hoher Zuckerrübenanteil in der Fruchtfolge; Bekämpfung: weiter gestellte Fruchtfolge und virusresistente Sorten
- *Polymyxa graminis* (+ Mosaikviren an Getreide): Befall erfolgt bodenbürtig und Entwicklung verläuft ähnlich wie bei *P. betae*; keine Bildung von Wurzelhypertrophien; *P. graminis* ist Vektor für verschiedene Mosaikviren an Wintergerste (WG), Weizen (W), Roggen (R) und Triticale (T):

BaYMV (Barley yellow mosaic virus)	WG
BaMMV (Barley mild mosaic virus)	WG
SBCMV (Soil-borne cereal mosaic virus)	R, T, W
WSSMV (Wheat spindle streak mosaic virus)	W, T, R

Die größte Bedeutung hat derzeit das BaYMV an Wintergerste; Virus in Dauersporen bis zu 10 Jahre im Boden lebensfähig; Befall tritt im Bestand typischerweise nesterartig oder streifenartig entlang der Bearbeitungsrichtung auf (bodenbürtiger Vektor!), Symptome an Pflanzen bestehen in Vergilbung und gestauchtem Wuchs; seitdem Sorten mit spezifischen Resistenzgenen eingesetzt werden, sind mehrere neue Virusstämme aufgetreten; neben der hochwirksamen qualitativen Resistenz sind auch Sorten mit quantitativer Resistenz verfügbar; befallsfördernde Faktoren sind enge Fruchtfolge, frühe Saatzeit und Staunässe

- *Spongospora subterranea* + PTMV (Pulverschorf der Kartoffel): Erreger ist Vektor für das ‚Patato mop top virus' (PTMV, „Kartoffelbüscheltriebvirus"); befallen werden Knollen, Stolonen oder der Stängelgrund; Wirtskreis umfasst *Solanum*-Arten und verschiedene Wildkräuter;

typische Symptome an jungen Kartoffelknollen sind knötchenartige Warzen, die sich bis zum Zeitpunkt der Ernte zu kraterförmigen Vertiefungen mit pulvriger Konsistenz entwickeln; frühe Symptome verwechselbar mit Kartoffelkrebs, späte mit bakteriellem Kartoffelschorf; Planosporeninfektion an Wurzelhaaren, Lentizellen oder Epidermiszellen; Bedeutung meist gering; Vorbeugung durch gesundes Pflanzgut, Sortenwahl und Anbaupausen

5.4.2 Reich: Chromista (Algen)

Stamm: Pseudofungi
Klasse: Oomycetes
Oomycetes sind den Algen nahe stehende Organismen mit unseptierten (**coenozytischen**) Hyphen, die entweder aquatisch leben oder Übergangsformen zwischen dem Leben im Wasser und auf dem Land darstellen. **Zellwände** bestehen aus ca. 36% Zellulose, sowie ß-(1-3) und ß-(1-6)-Glucanen. **Planosporen** mit je zwei lateral oder apikal monotrich inserierten Geißeln, jeweils eine Peitschen- und eine Flimmergeißel, benötigen Wasser oder Wasserfilm; neben wasserlebenden Fisch- und Fischeiparasiten, zahlreiche wirtschaftlich wichtige pflanzenpathogene Formen. Weitgehend diploider **Entwicklungszyklus** mit Wechsel zwischen **asexueller** Vermehrung durch

Abb. 22: Symptome der Wurzelbärtigkeit an Zuckerrübe (A) und der Kohlhernie an Rapswurzeln (B) (aus Heitefuss et al., 2000).

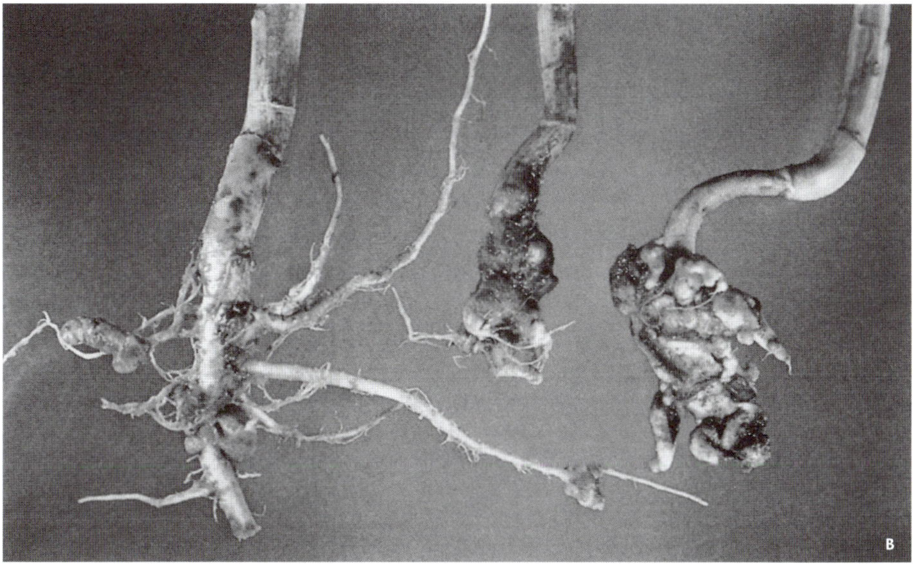

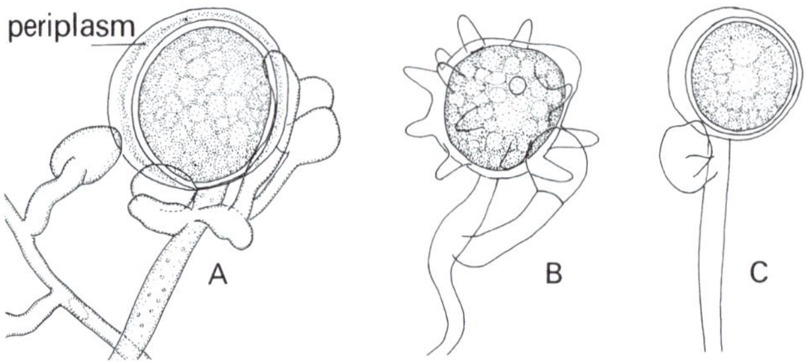

Abb. 23: Oogamie und coenocytisches Myzel bei *Pythium* sp. (A) Antheridien, die sich bei der Befruchtung an das kugelförmige Oogonium anlagern. (B) Oogonium mit Fortsätzen und Antheridium bei *P. mamillatum*. (C) Glattes Oogonium mit einem Antheridium bei *P. ultimum*. (D) Unseptiertes (coenocytisches) Myzel von *P. ultimum* im Hypokotylgewebe von befallener Kresse (aus WEBSTER, 1983).

Sporangien, die entweder Planosporen entlassen oder direkt auskeimen, und **sexueller** Vermehrung durch Fusion von **Oogonien** und **Antheridien** (**Oogamie**; Abb. 23); haploide Kerne nur nach Meiose in den Sexualorganen; nach Kernfusion entstehen dickwandige, überdauerungsfähige **Oosporen**; Oogamie entweder am gleichen Myzel (**homothallisch**) oder zwischen zwei kompatiblen Kreuzungspartnern (**heterothallisch**).
Die Oomycetes sind in vier Ordnungen eingeteilt, wovon zwei pflanzenpathogene Formen enthalten:

Ordnung Saprolegniales: hauptsächlich wasserlebende Saprophyten oder Parasiten von Algen, Fischen und Fischeiern, einige Vertreter sind bodenbürtige Erreger von Wurzelfäulen

- *Aphanomyces cochlioides* (Wurzelparasit an Beta-Rüben): beteiligt am Wurzelbranderregerkomplex (zusammen mit *Pythium*, *Rhizoctonia solani*, *Phoma betae*), Auflaufkrankheit der Zuckerrübe; später Befall führt zur Seitenwurzelfäule; Planosporen aus zylindrisch gestreckten Sporangien infizieren Wurzelgewebe; in abgestorbenem Pflanzenmaterial gebildete Oosporen dienen der mehrjährigen Überdauerung im Boden; Bekämpfung: Saatgutbeizung, Vermeidung von Staunässe und Maßnahmen für eine zügige Jugendentwicklung der Pflanzen
- *A. raphani* (Rettichschwärze): Förderung bei einseitigem *Raphanus*-Anbau, hoher Bodenfeuchte und organischer Düngung
- *A. euteiches* f. sp. *phaseoli, pisi* (Wurzelfäuleerreger an Bohne, Erbse):

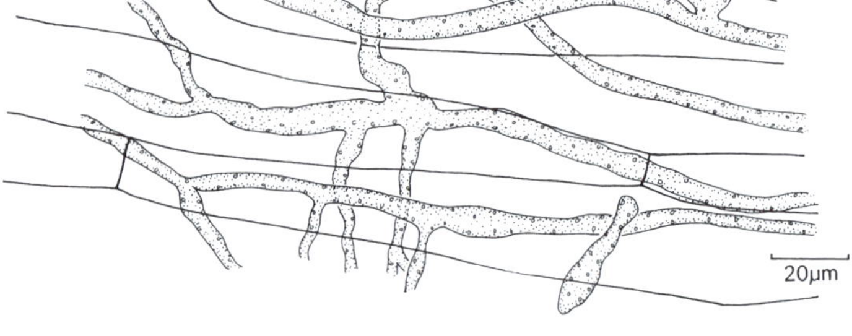

Pflanzen gestaucht, später abgestorben mit zahlreichen Oosporen in der Wurzelrinde

Die **Ordnung Peronosporales** enthält zahlreiche wirtschaftlich bedeutende Erreger von Pflanzenkrankheiten. Sie finden sich in den drei Familien der Pythiaceae, Peronosporaceae und Albuginaceae.

Familie Pythiaceae

Pythium sp. ist eine Gruppe von wirtsunspezifischen, strikt bodenbürtigen Erregern, die Wurzelfäulen und Auflaufkrankheiten (‚damping-off') an jungen, gerade auflaufenden Pflanzen verursachen. Unter ungünstigen Bedingungen wird der Keimling abgetötet, bevor er die Erdoberfläche erreicht. *Pythium* bevorzugt kultivierte gegenüber natürlichen Böden und kann längere Zeiten ohne geeignete Wirtspflanzen durch seine saprophytische Lebensweise überbrücken. Der Wirtskreis umfasst zahlreiche Nutzpflanzen in gemäßigten, subtropischen und tropischen Breiten, wie Gemüsearten, Zierpflanzen, Beta-Rüben, Tomate, Tabak, Citrus und Erdbeere. Voraussetzung für die Schadensentstehung sind stets ungünstige Wachstumsbedingungen (Kälte, Nässe) und junge empfindliche Entwicklungsstadien der Pflanzen. Befallenes Gewebe wird durch Pektinasen und andere Exoenzyme schnell abgetötet und abgebaut. Bekämpfung: Saatgutbeizung und Maßnahmen, die zur zügigen Jungpflanzenentwicklung verhelfen (ausgeglichene Wasser- und Nährstoffversorgung).

Wichtige Vertreter:

- *Pythium ultimum* (syn. *P. debaryanum*): Erreger von Auflaufkrankheiten in gemäßigten Breiten an zahlreichen dikotylen Pflanzen wie Erbse, Gurke, Kartoffel, Zuckerrübe (beteiligt am Wurzelbrandkomplex), Tomate, Tabak, Sonnenblume, Paprika, Soja, Baumwolle, und verschiedenen Zierpflanzen (Dahlien, Rhododendron)
- *Pythium aphanidermatum*: vornehmlich in warmen Klimazonen an Cucurbitaceen, Rüben, Erbsen, Baumwolle, Soja, Kartoffel
- *Pythium arrhenomanes, P. graminicola*: in gemäßigten Klimaten an Gamineen, geringe Bedeutung
- *Pythium oligandrum*: nicht pflanzenpathogen, Hyperparasit an anderen *Pythium*-Arten, *Rhizoctonia solani* u. a.

Phytophthora sp. (von griechisch: ‚Pflanzenzerstörung') ist eine Gattung mit zahlreichen unspezifischen Wurzelfäuleerregern und wirtsspezifischen, hemibiotrophen Sprosspathogenen mit zum Teil erheblichem Schadpotenzial. *Phytophthora infestans* gehört zu den weltweit bedeutendsten Pflanzenpathogenen. Kennzeichnend sind zitronenförmige Sporangien, die mit dem Wind verbreitet werden.

Wichtige Vertreter:

- *Phytophthora infestans*: Kraut- und Knollenfäule der Kartoffel, Fruchtfäule an Tomate; wichtigste Krankheit der Kartoffel (Kraut- und Knollenfäule) und der Tomate (Blatt- und Fruchtfäule); Erreger ist heterothallisch; eingeschleppt wurde der A1-Kreuzungstyp vermutlich um 1840 von Mexiko nach Europa. Als Folge von Krautfäuleepidemien kam es zu Hungerkatastrophen um 1845 in Irland und 1916/17 in

Deutschland (Steckrübenwinter). Seit ca. 1980 wird auch der A2-Kreuzungstyp in Europa gefunden, dadurch vermutlich erhöhte genetische Variabilität durch sexuelle Oosporenbildung.
Epidemieentwicklung (Abb. 24) geht aus von befallenen Pflanzknollen; Sporangien zitronenförmig und mit dem Wind verbreitet; Keimung der Sporangien bei niedrigen Temperaturen (< 16 bis 18 °C) durch Entlassung von Planosporen, bei höheren Temperaturen (> ca. 18 °C) durch direkte Keimschlauchbildung; Planosporen benötigen Wasserfilm auf der Blattoberfläche (Blattnässe) und enzystieren sich bevor sie mit einem Keimschlauch in die Pflanze eindringen; hohes Epidemiepotenzial durch Bildung zahlreicher asexueller Sporangien und kurze Latenzzeiten von 8 bis10 Tagen; Bekämpfung: intensive, meist prognosegestützte, d. h. gezielte Fungizidanwendung, Fungizideinsatz durch Resistenzbildung gefährdet, deshalb Resistenzmanagement erforderlich, spezifische Sortenresistenzen bislang nicht dauerhaft, an unspezifischer Resistenz der Kartoffel wird intensiv gearbeitet

Die irische Hungersnot und der Steckrübenwinter in Deutschland

Der irische Landpfarrer Father Matthew war auf dem Land unterwegs, als er beobachtete, dass das Kartoffelkraut zu welken begann. Es war Anfang September 1845. Den ganzen Sommer über hatte feuchte Witterung geherrscht. Father Matthew notierte: „Am 27. Juli versprachen die Kartoffelschläge von Dublin bis Cork in ihrer üppigen Blüte eine reiche Ernte, aber am 3. August war es eine riesige Einöde faulender Vegetation.“ Die Folgen waren verheerend. Von den 8 Millionen Iren starben etwa eine Million den Hungertod und zweieinhalb Millionen wanderten nach Amerika aus. Die Massenauswanderung hielt an und bis heute hat sich Irland mit seinen etwas über 3 Millionen Einwohnern nicht von diesem Aderlass erholt. Eine weitere schwere Krautfäuleepidemie brach 1916 in Deutschland aus und verursachte den schlimmsten Hungerwinter des ersten Weltkriegs, mit unzähligen Opfern. Zur Not mussten sich die Menschen von Kohlrüben und Steckrüben ernähren („Steckrübenwinter“), was zu zahlreichen weiteren Opfern aufgrund von Mangelerscheinungen und hoher Krankheitsanfälligkeit führte.

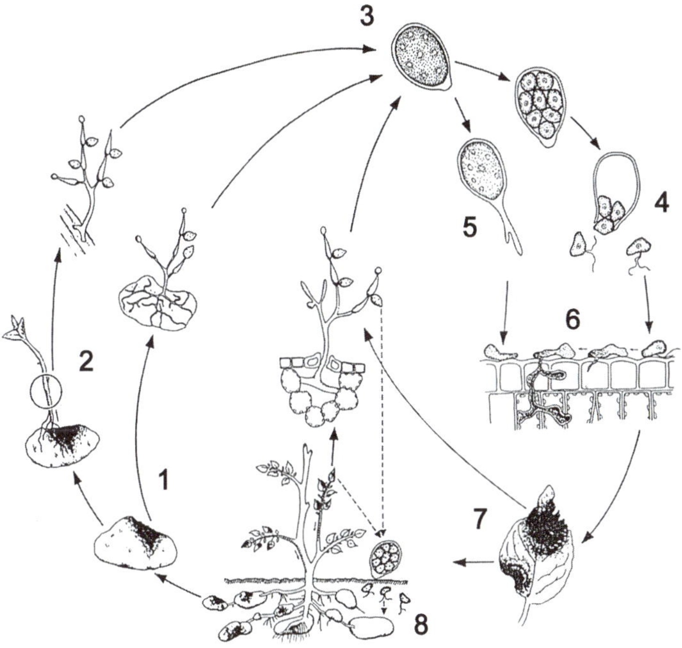

Abb. 24: Entwicklungszyklus von *Phytophthora infestans*, Erreger der Kraut- und Knollenfäule an Kartoffel. Auf befallenen Knollen (1) oder an Jungpflanzen (2) gebildete Sporangien (3) werden durch Wind im Bestand verbreitet, setzen erste Infektionsherde und leiten eine polyzyklische Epidemie ein. Bei kühl-feuchten Bedingungen (< 16 – 18 ° C) entlassen die Sporangien Zoosporen (4), die sich chemotaktisch im Wasser orientieren und mehrfach encystieren können, bevor sie mit einem Infektionsschlauch das Pflanzengewebe infizieren (6). Bei höheren Temperaturen (>18 ° C) keimen die Sporangien direkt mit einem Infektionsschlauch aus (5). Auf befallenem Kraut erfolgt erneute Sporangienbildung (7). Knollen werden systemisch über den Spross oder durch in den Boden eingewaschene Sporangien infiziert (8). Oosporenbildung wird selten beobachtet und erfolgt in befallenen Pflanzenresten bei Kontakt zweier kompatibler Kreuzungstypen (A1, A2) und Oogamie (verändert nach Agrios, 2005).

- *Phytophthora cactorum*: Wurzel- und Stammfäuleerreger in gemäßigten Breiten an ca. 150 versch. Pflanzenarten (*Abies, Acer, Fagus, Fragaria, Malus, Pyrus* etc.), homothallisch
- *P. cinnamomi*: Wurzelpathogen an über 900 Pflanzenarten vor allem in tropischen/subtropischen Klimaten; wie Avocado, *Castanea, Cupressus, Fagus, Juglans, Laurus, Prunus, Pyrus, Rhododendron, Citrus* usw.; Verursacher des großen *Eucalyptus*-Sterbens in Australien, heterothallisch (A1, A2)
- *P. fragariae*: Rote Wurzelfäule an Erdbeere
- *P. nicotianae* f. sp. *parasitica*: ubiquitärer Bodenparasit zahlreicher Ge-

müse- u. Zierpflanzenarten sowie an *Citrus* und Solanaceen (Tabak, Tomate, Aubergine)

- *P. megasperma* f. sp. *glycinea*: Wurzel- und Stängelfäule an Soja

Familie Peronosporaceae

Obligate, wirtsspezialisierte Parasiten an krautigen oder – seltener – holzigen Angiospermen; Verursacher des sogenannten **„Falschen Mehltaus"** (‚downy mildew'); polyzyklisch mit hohem Epidemiepotenzial durch flugfähige Sporangien und kurze Latenzzeiten; Sporangien keimen je nach Art entweder direkt oder entlassen Planosporen (Blattnässe erforderlich); große Schadwirkung bis zur völligen Pflanzenvernichtung; Bekämpfung erfordert intensiven, gezielten (epidemieorientierten) Fungizideinsatz, verschiedene Prognosemodelle sind verfügbar (Weinrebe, Hopfen, Zwiebeln) (s. Kap. 13.2.2); Probleme durch rasche Resistenzbildung gegenüber systemischen Fungizidwirkstoffen.

- *Plasmopara viticola* (Falscher Mehltau der Weinrebe): Einschleppung durch Einfuhr reblausresistenter Unterlagen 1870 aus Amerika nach Frankreich; Ausbruch schwerer Epidemien und starker Rückgang des französischen Weinbaus; als Folge Entdeckung der Kupfer-Kalkbrühe (‚Bordeauxbrühe') von Millardet (1882), die als erstes chemisches Fungizid eingesetzt wurde (Beginn des chemischen Pflanzenschutzes); Resistenz existiert in Genotypen der amerikanischen *Vitis*-Formen und man versucht, sie in die europäischen Reben *(Vitis vinifera)* einzukreuzen
- *Peronospora pisi* (Falscher Mehltau der Erbse): von Samen oder Pflanzenresten aus infizierend (Oosporen), Symptome als weißlicher Sporangienträgerrasen, Vergilbung, Missbildungen und Stauche, systemische Infektion und Ausbreitung in der Pflanze
- *P. farinosa* (Falscher Mehltau an Beta-Rübe): Bedeutung gering
- *P. parasitica* (Falscher Mehltau an Brassicaceen): übertragbar durch Saatgut, bei Raps vor allem Keimpflanzenbefall; wirksame Beizmittel sind vorhanden, aber häufig nicht wirtschaftlich
- *P. destructor* (Falscher Mehltau an Zwiebel): hohe Schäden durch Zerstörung der Blätter bei epidemischem Auftreten
- *Bremia lactucae* (Falscher Mehltau an Salat, Endivie, Chicoree, Artischocke): zum Teil hohe Verluste bei Freilandsalat; Erreger bildet Rassen
- *Pseudoperonospora humuli* (Falscher Hopfenmehltau): wichtigste Krankheit im Hopfen mit großen Schäden; erfordert regel-

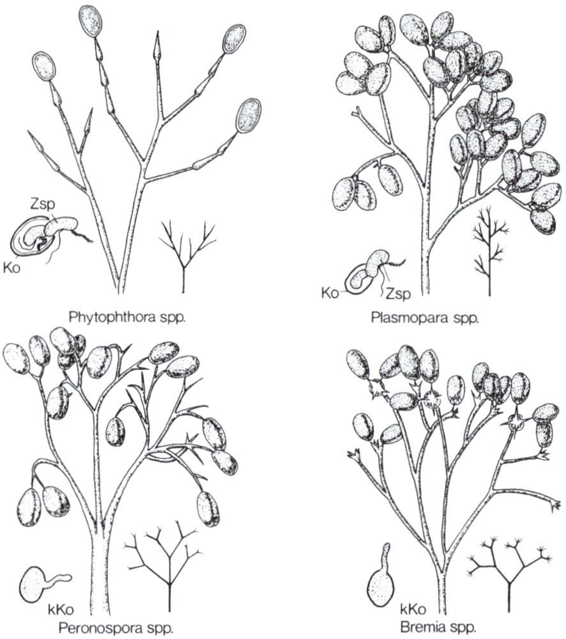

Abb. 25: Morphologie der Sporangienträger von wichtigen Gattungen der *Peronosporales*. (a) *Phytophthora*, (b) *Plasmopara*, (c) *Peronospora*, (d) *Bremia*. kKo = keimende Konidie, Ko = Konidie, Zsp = Zoospore (aus Börner, 1997).

mässigen gezielten Fungizideinsatz; Blattkräuselungen, Wuchsstauchungen und Nekrotisierung von Blättern und Dolden

Familie Albuginaceae

- *Albugo candida* („Weißer Rost" der Kruziferen): ausschließlich an kruziferen Wildkräutern (Hirtentäschel, Hellerkraut etc.); Stängelverkrümmungen mit weißen Sporangienlagern

5.4.3 Reich: Fungi (Echte Pilze)

5.4.3.1 Stamm: Chytridiomycota

Primitive Pilze mit chitinisierter Zellwand und einzige Pilzgruppe mit Planosporen (eingeißelig, Peitschengeißel); viele Formen im Wasser als Parasiten von Algen und kleinen Wassertieren; saprophytische Formen bauen Zellulose, Chitin und Keratin ab; *Synchytrium* und *Olpidium* sind bodenbürtige, wirtsspezialisierte, **obligate Endoparasiten** mit einfach aufgebautem Thallus als sphärische Hülle und mit einem vielkernigen Protoplasten, der sich in der Wirtszelle als Ganzes in ein Planosporangium umwandelt (**Holokarpie**); im Frühjahr primäre Infektionen durch Planosporen mit mehreren asexuellen Entwicklungszyklen, später fusionieren Planosporen zu Zygoten und infizieren Wurzeln mit anschließender Dauersporenbildung.

- *Synchytrium endobioticum* (Kartoffelkrebs): Gefährliche Quarantänekrankheit, weltweit in kühl-feuchten Anbaulagen, blumenkohlartige Auswüchse an den Knollen (Gallen); meldepflichtig; Erreger bildet mehrere Pathotypen (Rassen); primäre Planosporen schlüpfen aus Dauersporen im Boden und infizieren Augen junger Knollen; befallene Knollenzellen hypertrophieren, Nachbarzellen werden zu verstärkter Zellteilung angeregt (Gallenbildung), es entsteht ein Planosporangiensorus, der neue Planosporen entlässt; gegen Vegetationsende Knolleninfektionen durch paarweise fusionierte Planosporen (Zygoten), die keine weitere Wucherung mehr auslösen, aber zur Bildung von Dauersporen führen; keine direkte Bekämpfung möglich; Saatgutkontrolle mit „Null-Toleranz"; Krankheit neuerdings wieder von zunehmender Bedeutung; bei Auftreten wird Anbau krebsresistenter Sorten vorgeschrieben oder Anbauverbot erteilt
- *Olpidium brassicae* (Umfallkrankheit Kohl, Tomate, Salat, Tabak): Vor allem Jungpflanzenbefall, Symptombild ist dunkel verfärbte Wurzel, die abstirbt (Wurzelbrand); Planosporeninfektion der Wurzeln, in mehrfachen Zyklen und Bildung von Dauersporen ähnlich wie bei *Synchytrium*

5.4.3.2 Stamm: Zygomycota

„Jochpilze", etwa 600 beschriebene Arten, meist saprophytisch im Boden, auf Kompost oder anderen kohlehydratreichen Substraten lebend; einige Arten sind Parasiten von Arthropoden (*Entomophthora* an Fliegen, Blattläusen); andere Arten haben Bedeutung als endotrophe Mykorrhizapilze an krautigen Pflanzen (*Glomus, Gigaspora, Acaulaspora*); meist Verderbniserreger auf zuckerreichen Nahrungsmitteln, nur wenige pflanzenpathogene Arten

Weitere Kennzeichen der Zygomycota:
- Myzel unseptiert, vielkernig, kräftig u. dickwandig, Zellwände aus Chitin-Chitosan
- sexuelle Vermehrung durch Isogametangiogamie (Zygogamie); Zygospore dickwandig und überdauerungsfähig
- asexuelle Vermehrung durch meist kugelige Sporangien, die große Mengen stark ausstäubender, einzelliger Konidien entlassen

Vertreter:
- *Choanephora cucurbitarum*: Blüten- und Fruchtfäuleerreger an Kürbis und Gurken in gemäßigten und wärmeren Regionen
- *Rhizopus stolonifer*: Weichfäuleerreger an Erdbeeren, Karotten, Kohl, Tomaten, Gurken, Paprika, Melonen und vielen weiteren Produkten während Transport und Lagerung
- *Mucor piriformis, M. mucedo, M. hiemalis*: verschiedene Fruchtfäuleerreger an Kern- und Steinobst, die vor allem beim Transport und im Kühllager auftreten

5.4.3.3 Stamm: Ascomycota

Klasse: Ascomycetes

Ascomycota – die größte und bedeutendste Gruppe unter den Echten Pilzen

Mit etwa 45 000 bis heute beschriebenen Arten stellen die Ascomycota etwa die Hälfte bis zwei Drittel aller bekannten Pilze. Es gibt zwei morphologisch sehr unterschiedliche Gruppen: Eine wächst hefeartig und vermehrt sich durch Sprossung (*Saccharomycetes*, Bäcker-, Wein-, Bierhefen, epiphytische Hefen auf Pflanzenoberflächen), die andere bildet filamentöses Myzel und Fruchtkörper (Ascomata) mit schlauchförmigen Meiosporangien (*Ascomycetes*, Schlauchpilze). Ascomycetes stellen weltweit die artenreichste und größte Gruppe von **Phytopathogenen** dar. Hierzu gehören Echter Mehltau, Mutterkorn, Apfelschorf, Blattfleckenkrankheiten im Getreide, aber auch **Saprophyten** wie *Aspergillus* und *Penicillium*, die zum Teil große biotechnologische Bedeutung (Zitronensäureerzeugung, Antibiotikaherstellung) erlangt haben. Einige Arten sind mit Algen zu **Flechten** vergesellschaftet. Andere wenige Arten sind wertvolle **Speisepilze** (Morcheln, Trüffel).

Besondere Kennzeichen der Ascomycetes:
- **Thallus** besteht aus septierten Hyphen mit einfachem Septenporus (Verschluss mittels kugeligem Woronin-Körperchen möglich), **Zellwände** aus Chitin (meist über 10%) und Glucanen, Hyphenzellen einkernig, Kerne haploid
- Kennzeichnend ist der **Ascus**, ein schlauch- oder sackförmiges Sporangium (Meiosporangium), in dem nach Karyogamie und Meiose in der Regel acht Ascosporen entstehen; je nach Bauart der Asci können Ascosporen aktiv ausgeschleudert werden, Asci sind häufig in Fruchtkörpern eingeschlossen

- Die **sexuelle Vermehrung** erfolgt durch **Gametangie** (Abb. 26), bei der ein männliches, keulenförmiges **Antheridium** mit einem kugeligen, weiblichen **Ascogon** kopuliert und männliche Kerne über eine Plasmabrücke (Trichogyne) in das Ascogon wandern, aus welchem kurze Zeit später zahlreiche, zunächst vielkernige **ascogene Hyphen** wachsen; diese Hyphen sind ernährungsphysiologisch unselbstständig und septieren sich zu einem **zweikernigen Myzel (Dikaryon)**, an welchem auf verschiedene Weise die Ascusbildung beginnt; bei der Ascusreifung nach dem **Hakentypus** krümmt sich an der Spitze der ascogenen Hyphe eine Scheitelzelle, in der die beiden Kerne zur **Diplophase** fusionieren; während der folgenden **Meiose** mit Bildung von vier haploiden Tochterkernen streckt sich die Scheitelzelle und entwickelt sich zum schlauch- oder sackförmigen Ascus, in welchem durch nachfolgende simultane **Mitosen** acht Kerne entstehen, die zu acht Ascosporen ausdifferenzieren

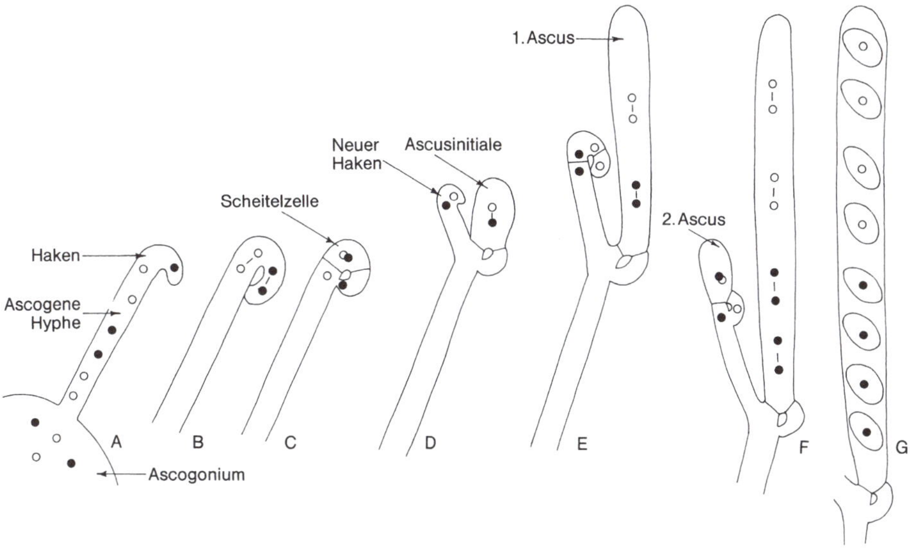

Abb. 26: Schematische Darstellung der Entwicklung eines Ascus nach dem Hakentypus. (A) Zweikernige ascogene Hyphe wächst aus einem befruchteten Ascogon und krümmt sich an der Spitze zu einem Haken. (B) Konjugierte Teilung der zwei Kerne im Haken. (C) Abtrennung der Scheitelzelle und Fusion der beiden Kerne (Karyogamie). (D, E) Meiose mit Entstehung von vier haploiden Tochterkernen. Streckung des Ascus und Entstehung eines zweiten Ascus an der Basis. (F) Postmeiotische Mitose führt zur Bildung von 8 Kernen. (G) Differenzierung der 8 Ascosporen (aus Webster, 1983).

- **Generationswechsel** zwischen asexueller (Anamorph; Konidienstadium, dient der schnellen Verbreitung und Epidemieentwicklung) und sexueller (Teleomorph; Ascusstadium, häufig Überdauerungsstadium) Entwicklung; vermutlich gehören zahlreiche Arten ohne Teleomorph, die vorläufig den Deuteromycetes zugeordnet wurden, zu den Ascomycetes

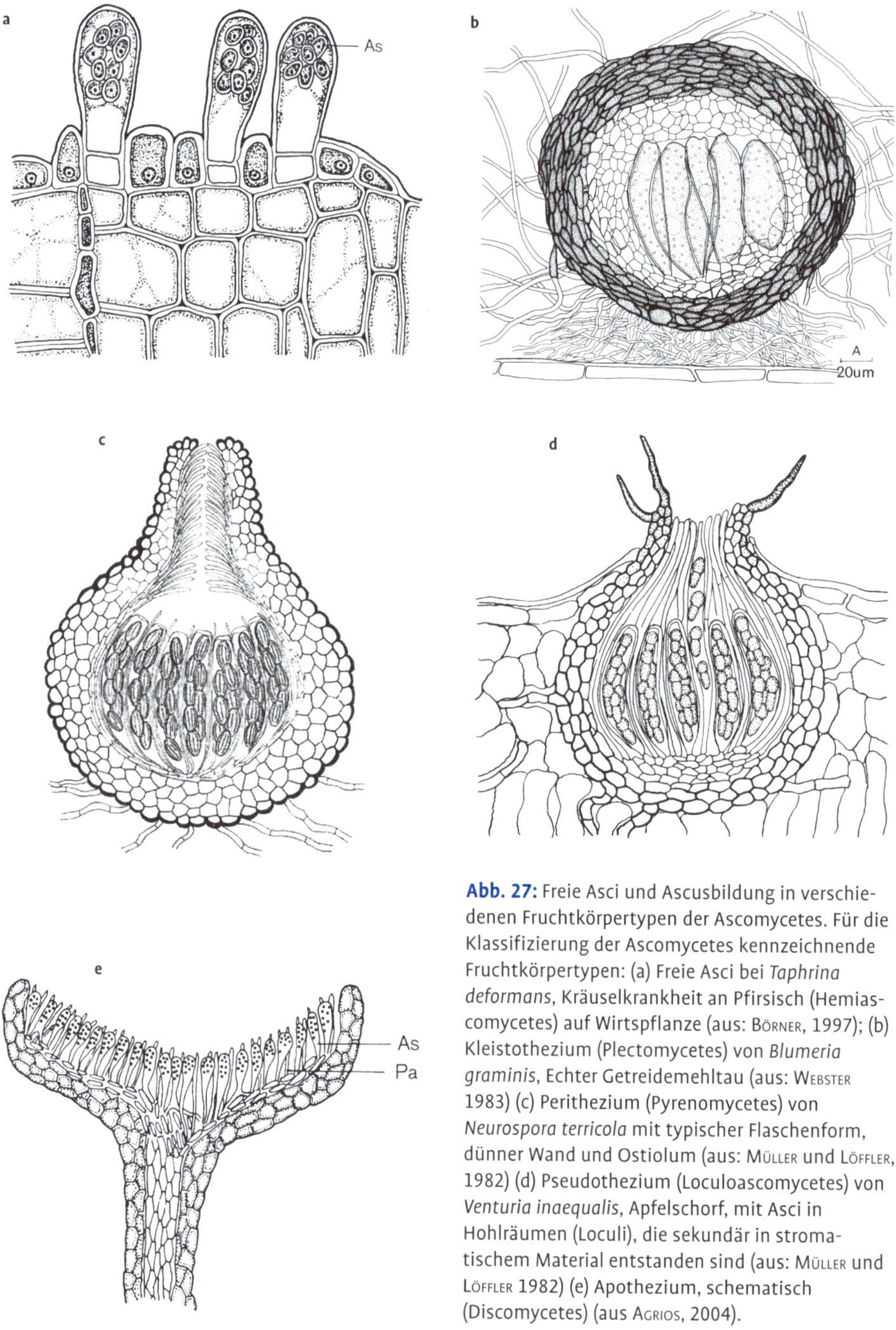

Abb. 27: Freie Asci und Ascusbildung in verschiedenen Fruchtkörpertypen der Ascomycetes. Für die Klassifizierung der Ascomycetes kennzeichnende Fruchtkörpertypen: (a) Freie Asci bei *Taphrina deformans*, Kräuselkrankheit an Pfirsisch (Hemiascomycetes) auf Wirtspflanze (aus: Börner, 1997); (b) Kleistothezium (Plectomycetes) von *Blumeria graminis*, Echter Getreidemehltau (aus: Webster 1983) (c) Perithezium (Pyrenomycetes) von *Neurospora terricola* mit typischer Flaschenform, dünner Wand und Ostiolum (aus: Müller und Löffler, 1982) (d) Pseudothezium (Loculoascomycetes) von *Venturia inaequalis*, Apfelschorf, mit Asci in Hohlräumen (Loculi), die sekundär in stromatischem Material entstanden sind (aus: Müller und Löffler 1982) (e) Apothezium, schematisch (Discomycetes) (aus Agrios, 2004).

Gruppe	Fruchtkörpertyp	Ascustyp
Hemiascomycetes	kein Fruchtkörper	Chlamydospore
Plectomycetes	Kleistothezium	unitunikat
Pyrenomycetes	Perithezium	unitunikat
Loculoascomycetes	Pseudothezium	bitunikat
Discomycetes	Apothezium	unitunikat

Tab. 7: Einteilung der Ascomyota nach Fruchtkörpertyp und jeweils zugehöriger Ascustyp.

Die einfachste **Einteilung der Ascomycetes** ist nach dem Bau der Fruchtkörper (**Ascomata** oder **Ascokarpien**) möglich. Hier können vier verschiedene Bautypen unterschieden werden, eine fünfte Gruppe bildet ihre Asci frei, das heißt ohne Umschließung durch einen Fruchtkörper (Abb. 27).
Ein weiteres Einteilungskriterium ist der **Bau der Asci**. Die Ascuswand kann einfach (unitunikat) oder doppelwandig (bitunikat) ausgebildet sein (Tab. 7). Dazu kommen unterschiedliche Öffnungsmechanismen (Poren, Deckel) an der Ascusspitze, die für die Art der Entlassung der reifen Ascosporen verantwortlich sind.

Hemiascomycetes: Asci frei gebildet
Einzige Ordnung mit phytopathogenen Vertretern sind die Taphrinales. Sie parasitieren auf Blütenpflanzen und Farnen und rufen typische Schadbilder wie Blattkräuselung, Deformationen von Früchten oder Hexenbesen hervor. Einzige Gattung ist *Taphrina*, deren phytopathogene Vertreter hoch wirtsspezialisierte Parasiten sind. Eine asexuelle Konidienbildung existiert nicht.

- *Taphrina deformans* (Kräuselkrankheit an Pfirsich, Mandel): Pilz überwintert als Myzel oder Spore auf Zweigen oder in Knospen und infiziert junge Blätter nach dem Austrieb; Ascosporen bilden nach der Keimung saprobisch lebensfähige Sprosszellen (Blastosporen) mit hoher Überdauerungsfähigkeit; Infektion setzt paarweise Fusion von Blastosporen zu zweikernigem Infektionsmyzel voraus; interzelluläre Durchwucherung des jungen Blattgewebes und Bildung eines subkutikulären Myzels, von dem aus eine dichte Schicht palisadenartig angeordneter Asci auf der Wirtsoberfläche gebildet wird; durch Eingriff in den Wuchsstoffhaushalt der Wirtspflanze Induktion von Hypertrophien, die zu auffälligen Kräuselungen, Rotverfärbungen und schließlich Blatt- und Fruchtfall führen; Krankheit ist weltweit verbreitet und führt bis zu Totalverlusten der Bäume; Bekämpfung durch frühe Anwendung von Fungiziden beim Knospenschwellen und Rückschnitt kranker Äste.

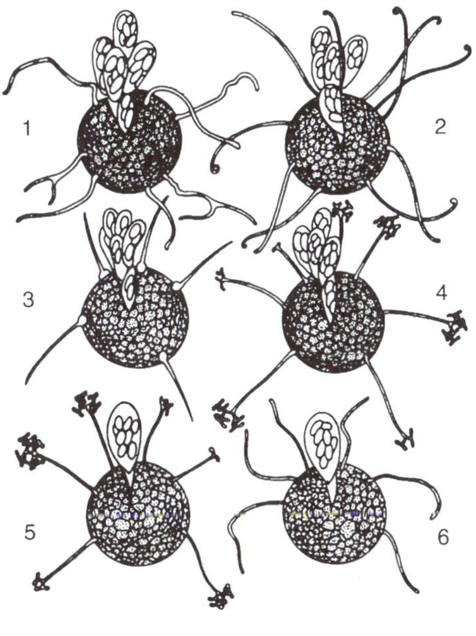

Abb. 28: Kleistothezien der echten Mehltaupilze. 1 = *Blumeria* (Getreidemehltau), 2 = *Uncinula* (Rebenmehltau), 3 = *Phyllactinia* (Pappelmehltau), 4 = *Microsphaera* (Eichenmehltau); 5 = *Podosphaera* (Apfelmehltau), 6 = *Sphaerotheca* (Rosenmehltau) (aus: Hoffmann et al., 1994).

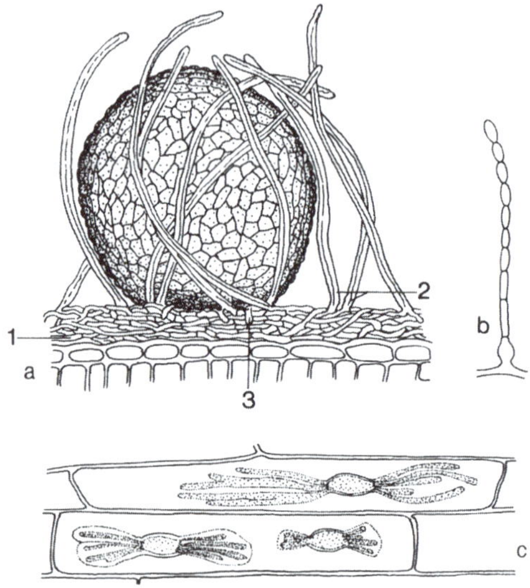

Abb. 29: *Blumeria graminis*, (a) Kleistothezium, (b) Konidienträger mit verdickter Fußzelle und Kette von Konidien, (c) fingerartig gelappte Haustorien in Epidermiszellen (aus MÜLLER und LÖFFLER, 1982).

- *T. pruni* (Narren- oder Taschenkrankheit an Pflaume, Zwetsche): Biologie ähnlich *T. deformans*; befallen werden nur die Früchte, die stark deformiert werden, Bildung von Asci auf der Oberfläche befallener Früchte
- *T. cerasi, T. betulina, T. acerina* (Hexenbesen an Kirsche, Birke, Ahorn): Auffällige Förderung der Verzweigung, Bildung von Zweigbüscheln (Hexenbesen); bei Kirsche auch Blattkräuselungen

Plectomycetes: unitunikate Asci in geschlossenem Fruchtkörper (Kleistothezium); „Echte Mehltaupilze"
Obligate, meist hoch wirtsspezialisierte Parasiten, etwa 100 Arten an ca. 7000 mono- und dikotylen Wirtspflanzen, große wirtschaftliche Schäden vor allem im Getreide-, Obst- und Gemüsebau; meist ektoparasitisch auf Wirtspflanzen lebend; für epidemische Verbreitung sind in großer Zahl gebildete einzellige, gut flugfähige **Konidien** verantwortlich, die in weißlichen Lagern („Mehltau") kettenförmig von einfachen Konidienträgern abgeschnürt werden; für die Überdauerung entwickeln sich nach sexueller Reproduktion geschlossene Fruchtkörper (**Kleistothezien**) mit artspezifisch ein bis mehreren Asci und charakteristischen Fortsätzen (Abb. 28); Fruchtkörper platzen bei Reife auf und entlassen passiv Ascosporen aus sackförmigen, einfach gebauten Asci

- *Blumeria (Erysiphe) graminis* (Echter Getreidemehltau; Abb. 29): Hoch wirtsspezialisierte, **obligat biotrophe Ektoparasiten**, durch Bildung von *formae speciales* (f. sp.) spezialisiert auf Getreidearten und durch Rassenbildung auf Getreidesorten:

B. graminis f. sp. *tritici*	Weizen, Triticale
B. graminis f. sp. *hordei*	Gerste
B. graminis f. sp. *secalis*	Roggen
B. graminis f. sp. *avenae*	Hafer

Parasitiert wird ausschließlich die Epidermis von aktivem Assimilationsgewebe; Infektion durch asexuelle Konidien nach direkter Penetration der Epidermiszellwand und Ausbildung von Saugorganen (**Haustorien**), die das Zytoplasma der Wirtszelle einstülpen, ohne die Zelle abzutöten (Biotrophie); Schaden entsteht durch Assimilatentzug (alternative Sink-Bildung); durch Anregung der Zytokinin-Bildung wird die Assimilation zur Abreife hin länger aufrecht erhalten (Entstehung „grüner Inseln" auf abreifenden Blättern); Abreife löst Bildung von **Kleistothezien** aus, mit denen der Pilz in gemäßigten Breiten übersommert (Abb. 30); Bekämpfung: Sortenresistenz, zahlreiche spezifische Resistenzgene vorhanden, die jedoch meist nicht dauerhaft wirksam sind aufgrund von schneller Anpassung des Rassenspektrums der Erregerpopulation; Fungizideinsatz; verhaltene N-Düngung.

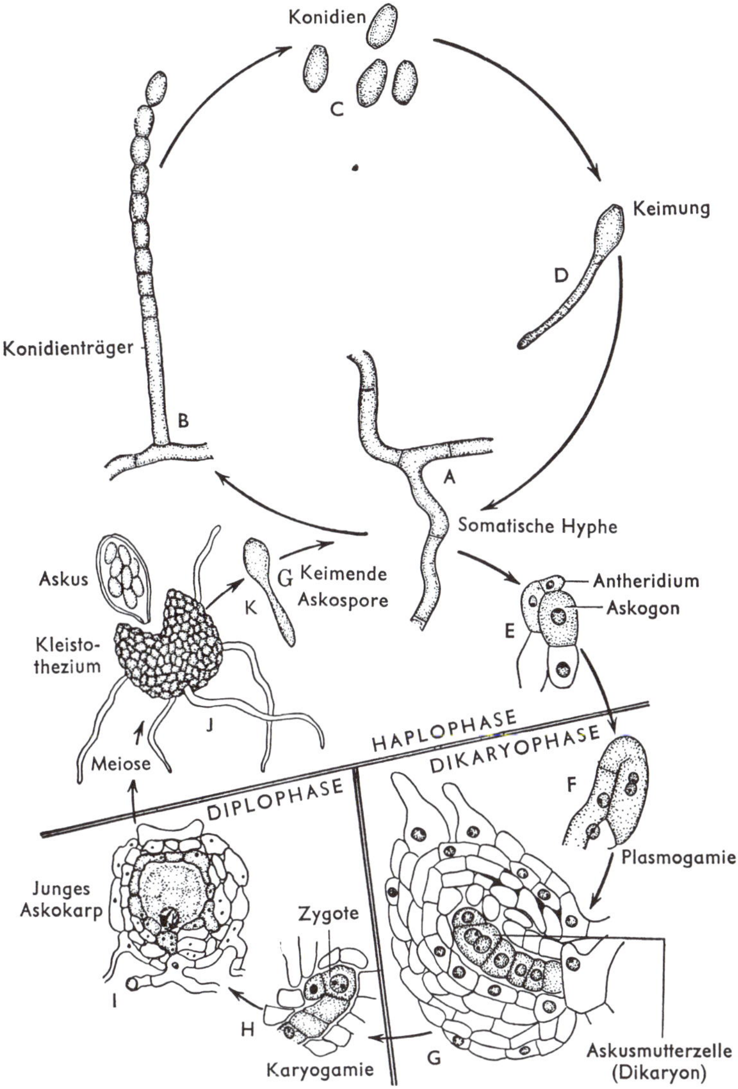

Abb. 30: Entwicklungszyklus eines Echten Mehltaupilzes am Beispiel von *Sphaerotheca pannosa* (Rosenmehltau). Wechsel zwischen Bildung asexueller Konidien für die epidemische Ausbreitung und der Bildung von Asci in Kleistothezien zur Überdauerung (aus Alexopoulos, 1966).

- *Erysiphe cichoracearum*: Sammelart von Mehltau an ca. 200 Wirtspflanzen (Compositae, Cucurbitaceae, Asteraceae); wirtschaftliche Bedeutung an Gurke, Tabak und verschiedenen Zierpflanzen
- *E. cruciferarum* (Echter Mehltau an Kruziferen, z. B. Raps)
- *E. betae* (Echter Mehltau an Beta-Rübe)
- *Sphaerotheca mors-uvae* (Stachelbeermehltau, auch an Johannisbeere)
- *S. pannosa* var. *rosae* (Rosenmehltau): resistente Rosensorten vorhanden
- *S. fuliginea* (Sammelart von Mehltau an Cucurbitaceen, z. B. Gurken), auch Compositen, Kruziferen
- *Microsphaera quercina* (Eichenmehltau)
- *Uncinula necator* (Echter Rebenmehltau): um 1845 von Amerika nach Europa eingeschleppt; wichtige Krankheit im Weinbau („Oidium"), überwintert als Myzel in Knospen; intensiver Fungizideinsatz erforderlich
- *Podosphaera leucotricha* (Apfelmehltau): wichtigste Krankheit nach Apfelschorf; Überwinterung wie *Uncinula* als Myzel in den Knospen; Fungizideinsatz erforderlich

Pyrenomycetes: unitunikate Asci in flaschenförmigen Perithezien mit gehalster Öffnung (Ostiolum).

- *Gibberella zeae* (Anamorph: *Fusarium graminearum*): Keimlings-, Fuß- und Ährenfäule bei Weizen (u. a. Getreidearten), Stängel- und Kolbenfäule an Mais; Hauptinfektionsquelle sind Perithezien, die an Pflanzenresten (Stängel, Stoppeln) auf der Bodenoberfläche entstehen und Ascosporen ausschleudern; Übertragung mit dem Saatgut möglich, aber weniger bedeutend; wirtschaftlich bedeutend ist der Ährenbefall an Weizen (Blüteninfektion), durch den es zur Kontamination der Körner mit warmblütertoxischen **Mykotoxinen** (insbesondere Deoxynivalenol = DON, Nivalenol, Zearalenon) kommt; bei frühem starkem Befall auch Ertragsverluste durch Schmachtkornbildung; ein ähnliches Schadbild verbunden mit Mykotoxinproduktion wird durch *Fusarium culmorum* hervorgerufen (ausschließlich als Konidienstadium vorkommend), dessen Bedeutung aufgrund fehlender Ascosporen jedoch geringer ist; weitere *Fusarium*-Arten in Weizen mit geringerer Bedeutung und Toxinbildung sind *F. poae* und *F. avenaceum* (*Gibberella avenacea*); Bekämpfung: Vermeidung von Mais-Weizenfruchtfolgen; wendende Bodenbearbeitung; Beizung (Weizen, Mais); Fungizideinsatz zur Blüte (Weizen); Sortenwahl (Weizen, Mais)
- *G. avenacea* (Anamorph: *F. avenaceum*): Keimlings- und Wurzelfäule an Getreide
- *Monographella nivalis* (Anamorph: *Microdochium nivale,* früher *Gerlachia nivalis*, Keimlingsfäule an Getreide und Gräsern „Schneeschimmel"): meist weniger bedeutend ist der Blatt- und Ährenbefall; Erreger agiert meist als Schwächeparasit, bedeutender Keimlingsbefall tritt nur unter spezifischen Bedingungen auf (hohe Luftfeuchtigkeit und CO_2-Anreicherung unter anhaltender Schneedecke); dies kann zu **parasitärer Auswinterung** führen und Umbruch mit Neuaussaat erforderlich machen; besonders gefährdet sind Roggen und Weizen; Bekämpfung: Saatgutbeizung

- *Claviceps purpurea* (Mutterkorn an Roggen, Weizen u. a. Gräsern): Blüteninfektion mit Ascosporen; Symptombild sind dunkelrote (purpurne), bis zu 4 cm lange Sklerotien, die anstelle von Körnern in der Ähre gebildet werden; Sklerotien enthalten toxische Alkaloide (Ergotamin), die bei Verzehr zu Halluzinationen, Abort, Gefäßverschluß (Gliedmaßenverlust) führen können; Krankheit (Ergotismus) schon im Mittelalter als ‚Antoniusfeuer' bekannt; befallsfördernd ist durch kühle Witterung oder genetisch bedingte (Hybridsorten) Verzögerung der Blüte; keine direkte Bekämpfung möglich (Entwicklungszyklus s. Abb. 31)
- *Gaeumannomyces graminis* (Schwarzbeinigkeit Getreide, Reis): unterschieden werden drei wirtsspezialisierte Pathovarietäten,
  G. graminis var. tritici (*Ggt*; Weizen, Triticale, Gerste, Roggen),
  G. graminis var. avenae (*Gga*; Hafer) und
  G. graminis var. graminis (*Ggg*; Reis).
  Bedeutung von *Gga* und *Ggg* gering; durch *Ggt* an Weizen Halmgrund und Wurzeln braunschwarz verfärbt (typische dunkle Laufhyphen auf der Oberfläche), später vermorscht, dadurch **Weißährigkeit** und Ausbleiben der Kornbildung; Überwinterung an Pflanzen oder Pflanzenresten als Dauermyzel, welches direkt die jungen Pflanzen infiziert; Ascosporeninfektion ist von untergeordneter Bedeutung, keine Konidienbildung; Bekämpfung: Verminderung des Wintergetreideanteils in der Fruchtfolge; Beizung mit speziellen Fungizidwirkstoffen möglich
- *Magnaporthe grisea* (Anamorph: *Pyricularia grisea*, Reisbräune, ‚rice blast'): auch an Hirse- und anderen Gräserarten; wichtigste Krankheit im Reisanbau mit sehr hohem Epidemiepotenzial; befällt und nekrotisiert alle grünen Pflanzenteile; früher Ursache für Hungersnöte in Südostasien (1930–1940); Bekämpfung: Fungizide, Sortenwahl
- *Nectria galligena* (Rindenbrand, Augenfäule, „Obstbaumkrebs" an Apfel): Wucherungen am Holz entstehen durch permanente Wundkallusbildung in Reaktion auf den Befall (**Scheinkrebs**); Überwinterung als Perithezien auf abgestorbener Rinde; Bekämpfung durch Rückschnitt und Beseitigung befallener Pflanzenteile
- *Glomerella cingulata* (Sammelart mit verschiedenen *Colletotrichum*-Anamorphen, deren Zuordnung jedoch nicht in allen Fällen gesichert ist): vorherrschendes Schadbild ist die Bildung dunkler Nekrosen („Brennflecken" oder **Anthraknose**); einige wichtige pathogene Arten:
  Colletotrichum gloeosporioides (Brennflecken, Anthraknose): an zahlreichen Pflanzenarten (Citrus, Avocado, Banane)
  C. lindemuthianum (Brennfleckenkrankheit der Bohne)
  C. lagenarium (Brennfleckenkrankheit an Gurke)
  C. acutatum (Anthraknose an Erdbeere und Lupine): bei Lupine Saatgutübertragung
- *Apiognomonia errabunda* (Anamorph: *Discula umbrinella*, Blattfleckenkrankheit, Anthraknose an Buche, Platane, Eiche)
- *Cryphonectria parasitica* (syn. *Endothia parasitica*, Kastanienrindenbrand): aus Ostasien nach Europa und USA eingeführt; führte im Mittelmeerraum zum ‚Kastaniensterben' (Edelkastanie); erfolgreiche biologische Bekämpfung durch Einsatz hypovirulenter Erregerstämme
- *Ophiostoma ulmi* (syn. *Ceratocystis ulmi*, Ulmensterben): um 1930 von Asien nach Europa und Amerika eingeschleppt; Infektion durch Spo-

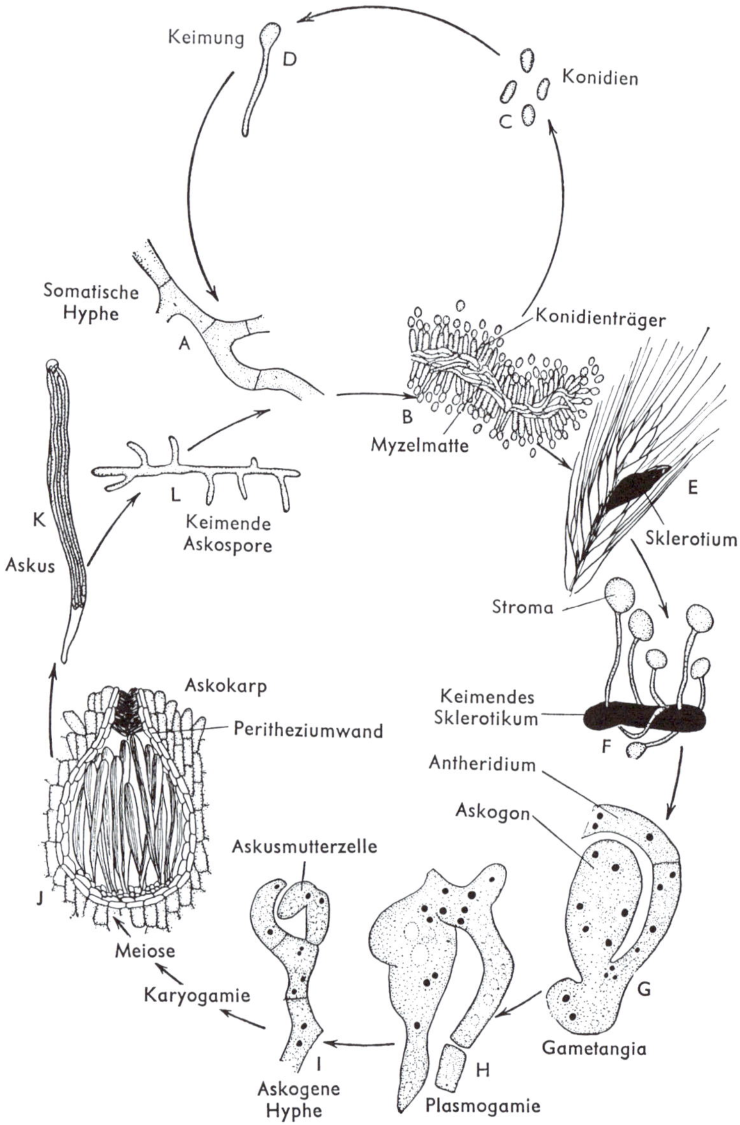

Abb. 31: Entwicklungszyklus von *Claviceps purpurea* und Entstehung von Mutterkorn bei Roggen. Aus Perithezienstroma an der Bodenoberfläche werden aus den Asci reifer Perithezien Ascosporen zur Zeit der Roggenblüte ausgeschleudert und infizieren über die Narben den Fruchtknoten. Dort entstehen zunächst asexuelle Konidien, wobei ein zuckerhaltiger Saft ausgeschieden wird (Honigtau), der durch Witterung und blütenbesuchende Insekten auf weitere Narben verbreitet wird und dort Sekundärinfektionen auslöst. Aus primär und sekundär infizierten Fruchtknoten entwickeln sich innerhalb von 4 bis 6 Wochen die auffälligen purpurfarbenen Sklerotien (aus Alexopoulos, 1966).

ren, die durch Borkenkäfer übertragen werden; Pilz befällt das Gefäßsystem und führt schnell zu Welke und Absterben der Bäume; weitgehende Vernichtung des europäischen und nordamerikanischen Ulmenbestandes, asiatische Ulmenarten sind resistent

Discomycetes: unitunikate Asci in gestielten, flachen oder schüsselförmigen Apothezien

- *Oculimacula yallundae* syn. *Tapesia yallundae* (Anamorph: *Helgardia herpotrichoides*, syn. *Pseudocercosporella herpotrichoides*) und *O. acuformis* syn. *T. acuformis* (Anamorph: *H. acuformis*, syn. *Ps. acuformis*): Halmbruchkrankheit bei Getreide; *O. yallundae* (früher ‚W-Typ') pathogen hauptsächlich an Weizen, *O. acuformis* (früher ‚R-Typ') pathogen an allen Getreidearten; Apothezienbildung wurde erst in den achtziger Jahren gefunden, sie ist extrem selten und für den Infektionszyklus ohne Bedeutung; Infektion des Wintergetreides im Herbst durch Konidien von Strohresten ausgehend; Befall und Durchwachsen der Blattscheiden bis zur Besiedlung der Halmbasis; Halmbrechen selten, häufiger Weißährigkeit durch Unterbrechung der Nährstoffversorgung; Bekämpfung: Verringerung des Wintergetreideanteils in der Fruchtfolge, nicht zu frühe Saatzeit, Einsatz spezieller Halmbruchfungizide zu Beginn des Schossens, Prognosesystem nutzen
- *Sclerotinia sclerotiorum*: Fäulniserreger an über 300 Wirtspflanzen (vor allem dikotyle Arten); von besonderer Bedeutung sind die Weißstängeligkeit an Raps, Stängel- und Korbfäule an Sonnenblume, Fäulen bei Buschbohne, Sojabohne, Erbsen, Gurken, Kartoffel, Tabak; Erreger greift mit Pektinasen und Oxalsäure grünes Gewebe an und führt zu rascher Fäulnis; an Raps Hauptbefall ausgehend von Ascosporenflug zur Blüte durch Besiedlung der abgefallenen Blütenblätter an Trieben oder in den Achseln der Seitentriebe; keine Konidienbildung (monozyklisches Pathogen); im abgestorbenen Stängel Bildung bis erbsengroßer schwarzer Sklerotien, die im Boden jahrelang überdauern können; Apothezienbildung im Frühjahr aus Sklerotien an der Bodenoberfläche; aktives Ausschleudern der Ascosporen; Bekämpfung: Fungizideinsatz zur Blüte; biologische Bekämpfung der Sklerotien mit dem Mykoparasiten *Coniothyrium minitans*, Prognosesystem verfügbar
- *S. trifoliorum* (Fäulnis an Klee, Luzerne): besonders bei Rotklee Gefahr der Auswinterung mit Bildung von Sklerotien am Stängelgrund (auch fälschlich als „Kleekrebs" bezeichnet); Biologie und Entwicklung ähnlich wie bei *S. sclerotiorum*
- *Botryotinia fuckeliana* (Anamorph: *Botrytis cinerea*: Erreger der Grauschimmelfäule vor allem an Früchten, Blättern und Trieben zahlreicher Wirtspflanzen, wie Erdbeere, Weinrebe, Salat, Tomate, Raps): wirtschaftlich größte Bedeutung hat die Fruchtfäule der Erdbeere (Blüteninfektion) und die Sauerfäule an Weintrauben; späte Traubeninfektion führt zur Qualitätsverbesserung des Weins (Edelfäule); Erreger oft als Schwächeparasit auftretend; Bekämpfung mit spezifischen Fungiziden (Botrytiziden); starke Neigung zur Resistenzbildung durch hohe genetische Variabilität des Erregers
- *Pyrenopeziza brassicae* (Anamorph: *Cylindrosporium concentricum*, Weißfleckigkeit oder Cylindrosporiose an Raps): Erreger entwickelt

sich vorherrschend asexuell mit Acervuli als weißliche Beläge an Blättern, Stängeln, Knospen und Schoten; Apothezien gelegentlich auf Pflanzenresten gebildet; Bedeutung vor allem in milden kühl-feuchten Winterklimaten

- *Monilinia fructigena* (Anamorph: *Monilia fructigena*, Fruchtfäule an Kern- und Steinobst): Konidienbildung auf Früchten in typischen ringförmigen Lagern; Konidieninfektion gefördert durch Verletzungsstellen (Hagel, Insekten) an den Früchten; keine Apothezienbildung; Überwinterung als Myzel oder Konidienlager an Fruchtmumien; Bekämpfung: Entfernung der Fruchtmumien, Fungizideinsatz
- *M. laxa* (Anamorph: *Monilia laxa*, Triebsterben und Braunfäule an Kirsche, Pflaume, Pfirsich): Blüteninfektion mit Konidien ausgehend von befallenem Fruchtholz oder Früchten des Vorjahres; Biologie wie *M. fructigena*; Bekämpfung: Blütenspritzung mit Fungiziden
- *M. fructicola* (Blüten- und Braunfäuleerreger an Steinobst, z. B. Pflaume, Kirsche): nur in Nordamerika, in Europa Quarantäneschaderreger
- *Diplocarpon rosae* (Sternrußtau der Rose): wichtigste Pilzkrankheit neben dem Echten Mehltau; Blattflecken führen zum vorzeitigen Laubverlust durch Blattfall
- *Rhytisma acerinum* (Teerflecken, Runzelschorf an Ahorn): auffällige Blattkrankheit; Apothezienbildung während des Winters in runzeligem Stroma auf abgefallenem Laub

Loculoascomycetes: Ascushöhlungen in Ascostroma (Pseudothezium), bitunikate Asci.

- *Pyrenophora teres* (Anamorph: *Drechslera teres*, Netzfleckenkrankheit der Gerste): mit zwei genetisch differenzierbaren Typen, dem Netz-Typ (‚net type', *forma teres*) und dem Flecken-Typ (‚spot type', *forma maculata*); Befall geht von Ernteresten, Ausfallgerste oder dem Saatgut aus; Infektionen mit Ascosporen vor allem im Herbst, gefolgt von mehreren Epidemiezyklen durch Konidienbildung in den Blattnekrosen; Übersommerung als Stroma und Pseudothezium auf Strohresten oder vegetativ auf Ausfallgerste; Bekämpfung mit Blattfungiziden
- *P. graminea* (Streifenkrankheit Gerste): ausschließlich Saatgutübertragung; Pilz überdauert mit Dauermyzel im Korn und infiziert den Embryo bzw. Keimling; systemische Ausbreitung führt zu den streifigen Nekrosen auf den Blättern, von wo aus die dort gebildeten Konidien die Blüten infizieren (monozyklische Entwicklung; Blüten- und Keimlingsinfektion); die Ascosporenbildung hat untergeordnete Bedeutung; Bekämpfung: Saatgutbeizung
- *P. tritici-repentis* (Blattdürre Weizen, auch DTR-Blattdürre nach dem Anamorph *Drechslera tritici-repentis*, engl. ‚tan spot'): befallen werden auch Roggen und Triticale; Primärinfektionen im Herbst durch Ascosporen, die von Pseudothezien auf Strohresten ausgehen; polyzyklische Sekundärinfektionen durch Konidien, die zu erheblichen Verlusten an Assimilationsfläche und damit Ertrag führen können; stark befallsfördernd ist Nachbau von Weizen nach Weizen ohne wendende Bodenbearbeitung; Bekämpfung durch Blattfungizide; weniger anfällige Sorten vorhanden
- *Phaeosphaeria nodorum* (Anamorph: *Stagonospora (= Septoria) nodo-*

rum, Blatt- und Spelzenbräune an Weizen): befallen wird auch Triticale; Primärinfektionen vom Saatgut und von überdauerndem Myzel oder asexuellen Pyknidien auf Strohresten ausgehend; Pseudothezienbildung selten (heterothallisch); Sekundärinfektionen durch Konidien, die als schleimige Masse aus neu gebildeten Pyknidien austreten und vor allem mit Regenspritzern und Wind verbreitet werden; Infektion von Blättern und Spelzen (dabei auch Saatgutinfektion); Bekämpfung durch Blattfungizide; weniger anfällige Sorten vorhanden

- *Phaeosphaeria avenaria* (Anamorph: *Stagonospora avenae* f. sp. *triticea*, Blattflecken an Weizen, Gerste und Gräsern): Entwicklung und Morphologie ähnlich *P. nodorum*, jedoch Fruchtkörperbildung häufiger
- *Mycosphaerella graminicola* (Anamorph: *Septoria tritici*, Blattflecken an Weizen): Entwicklung und Biologie ähnlich *P. nodorum*, jedoch geringere Temperaturansprüche und kein Befall der Ähren; wichtigste Blattfleckenkrankheit an Weizen in den gemäßigten Breiten; Bekämpfung mit Blattfungiziden; Sorten mit geringer Anfälligkeit vorhanden
- *Cochliobolus sativus* (Anamorph: *Bipolaris sorokiniana*, Braunfleckigkeit und Fußvermorschung bei Weizen, Gerste): besonders in wärmeren Getreideanbaugebieten
- *Didymella exitialis* (Anamorph: *Ascochyta sorghi*, Blattflecken vor allem an Weizen): meist Schwächeparasit, der bereits vorgeschädigtes Blattgewebe befällt
- *Setosphaeria turcica* (Anamorph: *Exserohilum turcicum* ‚northern corn leaf blight' an Mais): Blattflecken ab der Blüte mit partieller bis totaler Zerstörung der Blätter; Befall ausgehend von Pflanzenresten; besonders in wärmeren Anbaugebieten
- *Leptosphaeria maculans* (Anamorph: *Phoma lingam*), Wurzelhals- u. Stängelfäule an Raps): wichtigste Pilzkrankheit im Winterraps; Entwicklungszyklus und Morphologie ähnlich *Phaeosphaeria*; Herbstbefall der Blätter mit Ascosporen und asexuelle Bildung von Phoma-Pyknidien, die eine schleimige Konidienmasse entlassen; sekundäre Infektionen durch Verbreitung der Konidien mit Regen und Wind; Befall des Stängels und Wurzelhalses im Frühjahr stark gefördert durch Insektenbefall (Bohrlöcher des Stängelrüsslers als Eintrittspforte für Infektion); Bekämpfung durch Fungizide und resistente Sorten
- *Pleospora betae* (Anamorph: *Phoma betae*, Blatt- und Stängelnekrosen an Beta-Rüben): besonders an Samenträgern, daher saatgutübertragbar; beteiligt am Wurzelbranderregerkomplex (Auflaufkrankheit) der Rübe (siehe auch *Pythium ultimum* und *Aphanomyces cochlioides*); Bekämpfung: Saatgutbeizung
- *Venturia inaequalis* (Anamorph: *Spilocaea pomi*, Apfelschorf; Abb. 32): wichtigste Krankheit im Apfelanbau, weltweit vorkommend; Primärbefall nach Knospenaustrieb mit Ascosporen (zweizellig, inaequal geteilt), die von Pseudothezien auf am Boden liegendem Laub abgeschleudert werden; nach subkutikulärer Infektion entstehen braune Flecken an den Blättern (Blattschorf), auf denen sich asexuelle Konidienlager entwickeln; rasche Epidemieentwicklung und Befall der Früchte (Fruchtschorf); Schäden durch Blattverluste und Qualitätsminderung der Früchte; Bekämpfung durch wiederholte gezielte Fungizidapplikationen

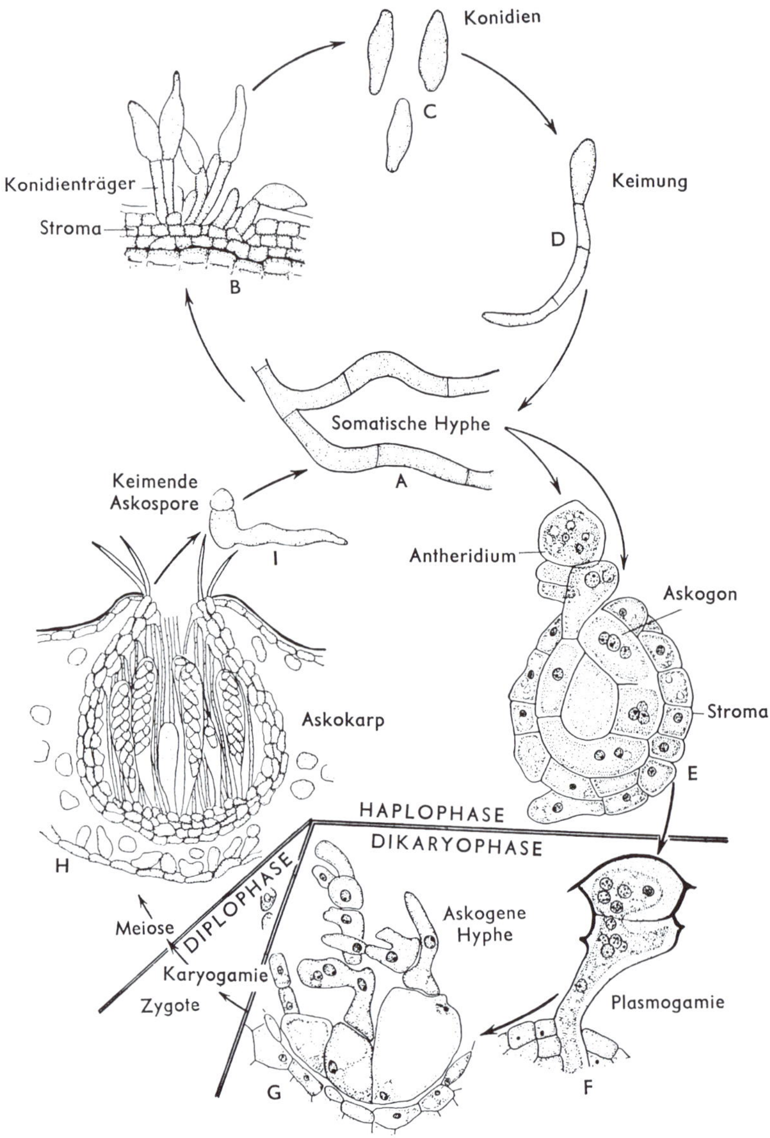

Abb. 32: Entwicklungszyklus des Apfelschorfs, *Venturia inaequalis*. Reifung der Pseudothezien im am Boden liegenden Laub über Winter; Primärbefall im Frühjahr durch abgeschleuderte Ascosporen (zweizellig, inaequal geteilt), die junge Blätter subkutikulär infizieren und einen asexuellen, polyzyklischen Vermehrungeszyklus mit einzelligen, gut flugfähigen Konidien einleiten (aus Alexopoulos, 1966).

Bei einer großen Anzahl von filamentösen Pilzen, von denen sehr viele eine große Bedeutung als Pflanzenpathogene haben, ist ausschließlich die asexuelle Form der Vermehrung über Konidien bekannt. Solche Pilze, deren Sexualstadium entweder selten oder unbekannt ist, hat man mangels stammesgeschichtlicher Kenntnisse in die **Form-Klasse der Deuteromycetes** oder **Imperfekten Pilze (Fungi imperfecti)** eingeordnet. Ihre Differenzierung erfolgt rein nach der **Form der asexuellen Konidienbildung** und der **Morphologie der Konidien**, d. h. die Taxonomie und Systematik innerhalb dieser Form-Klasse basieren nicht auf stammesgeschichtlichen (phylogenetischen) Verwandtschaftsverhältnissen (Abb. 33).

Neuere molekulargenetische Erkenntnisse weisen allerdings darauf hin, dass es sich bei den imperfekten Pilzen in der überwiegenden Zahl um Ascomyceten handelt, die sich an bestimmte Lebensumstände angepasst haben, in denen sie die Sexualstadien nicht benötigen. Die für die Arterhaltung wichtige genetische Vielfalt können sie durch Kernaustausch nach somatischer Fusion von Hyphen oder Konidien aufrecht erhalten **(Parasexualität)**. Aus diesen Gründen werden die imperfekten Pilze heute zu den Ascomyceten gestellt und auch an dieser Stelle behandelt.

Folgende einfache Einteilung in „Form-Klassen“ und „Form-Ordnungen“ ist in Gebrauch:

Form-Klasse Agonomycetes

Ausschließlich Bildung von Myzel, Chlamydosporen und Sklerotien, Konidienbildung fehlt.

- *Sclerotium cepivorum* (Weißfäule der Zwiebel): wichtiger bodenbürtiger Fäuleerreger mit weltweiter Verbreitung in Zwiebelanbaugebieten
- *S. rolfsii* (Wurzel- und Fußfäuleerreger bei zahlreichen Pflanzen): vor allem in wärmeren Klimaten

Form-Klasse Hyphomycetales

Konidien auf morphologisch sehr differenzierten **Trägern frei am Myzel** gebildet (Abb. 33).

- *Verticillium dahliae* (Tracheomykose an zahlreichen dikotylen Pflanzen wie Kartoffel, Leguminosen, Tomate, Baumwolle, Weinrebe)
- *V. longisporum* (Tracheomykose an Brassicaceen, z. B. ‚Krankhafte Abreife‘ an Raps)
- *Ramularia beticola* (Blattfleckenkrankheit an Beta-Rübe)
- *R. collo-cygni* (Sprenkelkrankheit an Gerste): erst seit ca. 1995 in Europa auftretende Blattfleckenkrankheit
- *Rhynchosporium secalis* (Blattflecken an Gerste und Roggen): eine der wichtigsten Blattkrankheiten der Gerste, weltweit; Übertragung durch Saatgut und Erntereste
- *Alternaria brassicae* (Blattflecken und Schotennekrosen an Raps)
- *Fusarium oxysporum* (Welkeerreger mit wirtsspezialisierten Typen (*formae speciales*, f. sp.) an zahlreichen Pflanzenarten (Tracheomykosen), z. B. *F. oxysporum* f. sp. *lycopersici* an Tomate)
- *F. culmorum* (Keimlingsbefall, Blattflecken, Ährenbefall bei allen Getreidearten, besonders Weizen und Gerste): Qualitätsminderung bei Ährenbefall durch Bildung von Mykotoxinen (Trichothecene)
- *Stigmina carpophila* (Schrotschußkrankheit, Blattfall an Steinobst, z. B. Kirsche)

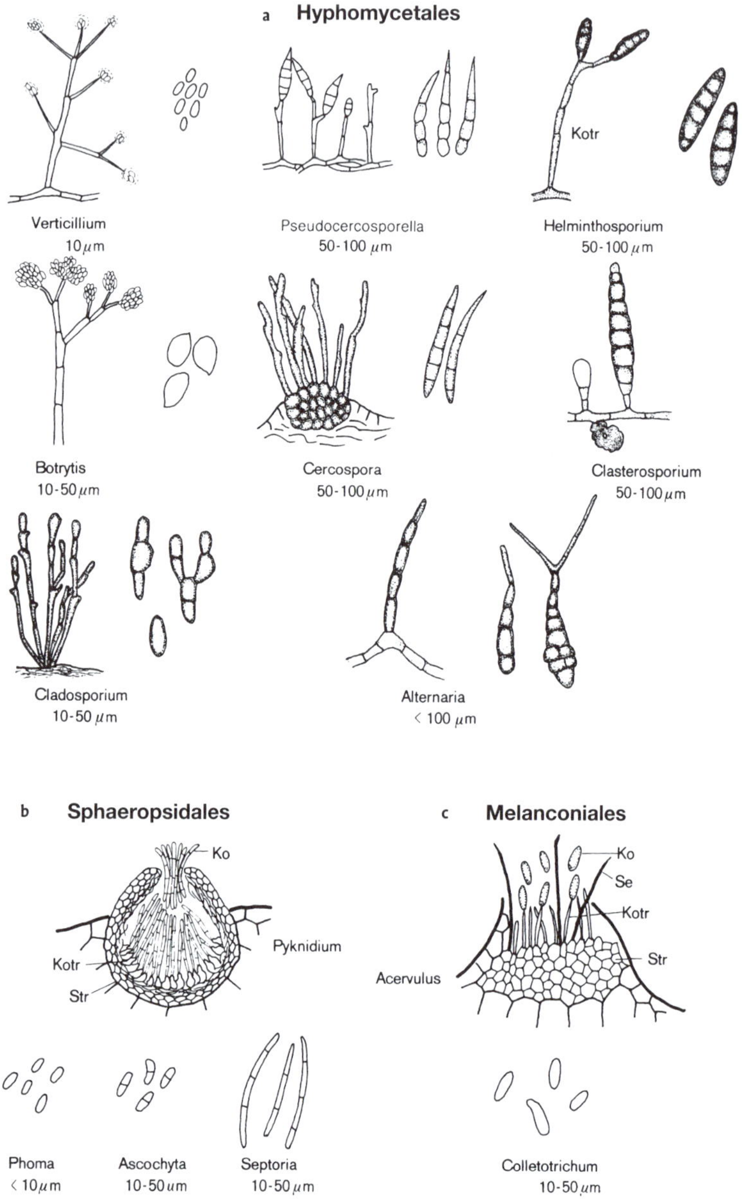

Abb 33: Konidienbildung bei Anamorphen und Vertretern der Deuteromycetes. Die asexuelle Konidienbildung erfolgt frei an Konidienträgern (a), in Pyknidien (b) oder Acervuli (c).

Form-Klasse Sphaeropsidales

Konidien in kugeligen Konidiomata (**Pyknidien**) meist als schleimige Masse gebildet, die bei hoher Luftfeuchte oder Benetzung pastenartig heraustritt und mit Regenspritzern verbreitet wird (Abb. 33).
Hierzu gehören die Anamorphe von *Leptosphaeria (Phoma), Phaeosphaeria, Mycosphaerella (Septoria), Pleospora (Phoma), Didymella (Ascochyta)* (siehe oben).

Form-Klasse Melanconiales

Konidien in flachen, offenen Fruchtkörpern (**Acervuli**) häufig im Wirtsgewebe gebildet und von diesem gestützt (Abb. 33).
Acervuli bilden die Anamorphe von *Glomerella* (*Colletotrichum*), *Pyrenopeziza* (*Cylindrosporium*) sowie *Venturia inaequalis* (*Spilocaea pomi*) (siehe oben).

5.4.3.4 Stamm: Basidiomycota

Basidiomycota – die höchstentwickelte Gruppe der Pilze

Die „Ständerpilze" sind mit etwa 30000 beschriebenen Arten die zweitgrößte Gruppe der Echten Pilze. Zu ihnen gehören vor allem die **Großpilze** wie Hutpilze (darunter Gift- und Speisepilze), Boviste, Keulenpilze, Konsolenpilze und Erdsterne, die ein Gewicht von mehreren Kilogramm erreichen können. Viele Arten leben **saprotroph** auf totem organischem Substrat oder sind als Symbionten mit Baumwurzeln vergesellschaftet (**Mykorrhiza**). Einige sind Holz zerstörende Arten (Hausschwamm), zahlreiche Arten werden als Speisepilze kultiviert. Wichtigste pflanzenpathogene Gruppen sind die **Rostpilze** (Uredinales) und die **Brandpilze** (Ustilaginales, Tilletiales). Vertreter dieser Gruppen besitzen ein erhebliches Schadpotenzial und sind geschichtlich für Missernten vor allem im Getreide verantwortlich. Die Römer widmeten dem Getreiderost die Gottheit Rubigo und hielten jeweils im April und Mai zu dessen Ehre Huldigungszeremonien (Robigalien) ab.

Die Hauptcharakteristika der phytopathogenen Basidiomycota lassen sich wie folgt zusammenfassen:

- Gemeinsames **Kennzeichen** ist die Bildung einer Basidie, in der die Meiose abläuft und an der exogen (2 bis) 4 haploide Basidiosporen reifen, Basidie entweder als Holobasidie (Hutpilze etc.) oder Phragmobasidie (Rost- und Brandpilze, auch Promyzel genannt) ausgebildet (Abb. 34)
- **Zellwand** hauptsächlich aus Chitin; Hyphen regelmäßig septiert (Doliporus-Septen)
- Im **Entwicklungsgang** der Basidiomycota folgt auf eine kurze **haploide Phase** (zum Teil hefeartig) eine ausgedehnte **Zweikernphase** (**Dikaryon**), während der sich die beiden heterokaryotischen Kerne simultan teilen, ohne miteinander zu verschmelzen; dabei entsteht häufig ein charakteristisches **Schnallenmyzel**; Dikaryon und Haplophase besitzen unterschiedliche Pathogenitätseigenschaften (Rostpilze, Brände)

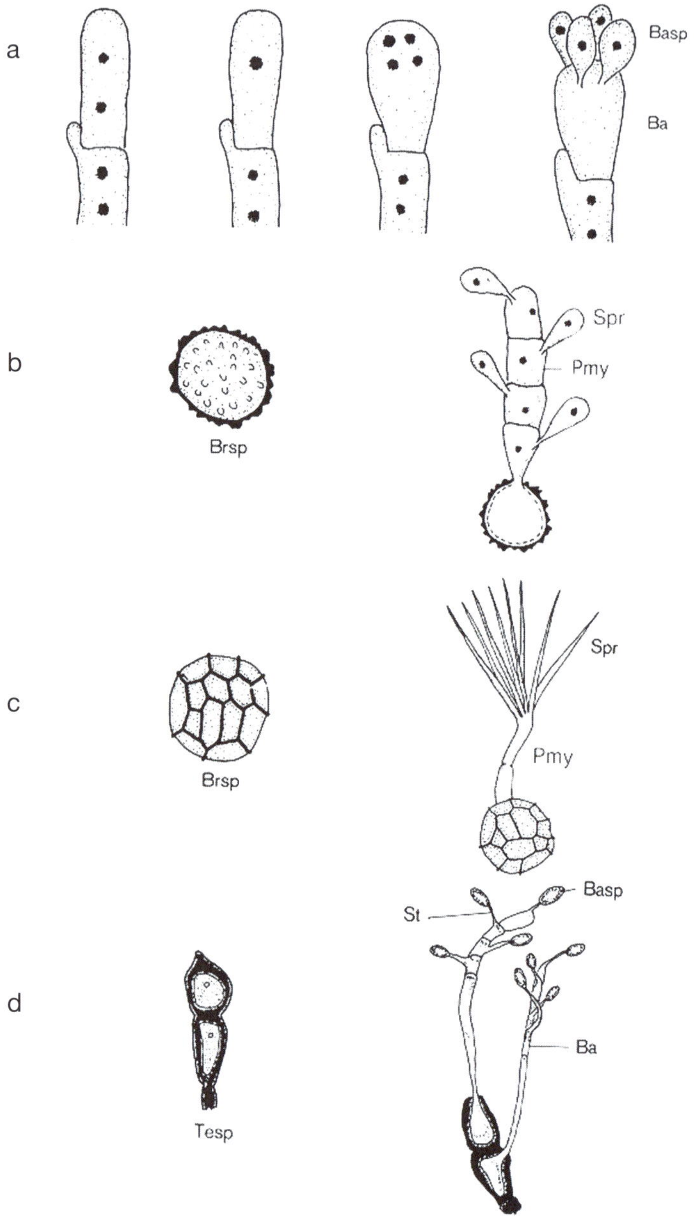

Abb. 34: Basidientypen und Basidiosporen- bzw. Sporidienentwicklung der Basidiomycota. (aus Börner, S. 299). Ba = Basidie; Basp = Basidiospore; Brsp = Brandspore (Probasidie); Pmy = Promyzel; Spr = Sporidie; St = Sterigma; Tesp = Teloeutospore (Probasidie).

- **Heterothallie** (Selbstinkompatibilität) vorherrschend (etwa 90% der Basidiomycota); Geschlechtsorgane meist fehlend (Ausnahme Rostpilze); sexuelle Rekombination meist durch einfache Fusionen zwischen Hyphen- oder Sprosszellen (**Somatogamie**)

Pflanzenpathogene Formen der Basidiomycota finden sich in den folgenden Klassen und Ordnungen:

Klasse: **Teliomycetes**
Ordnung: Uredinales (Rostpilze)
Ordnung: Ustilaginales (Brandpilze)
Klasse: **Hymenomycetes**

Ordnung Uredinales (Rostpilze)

Der Name Rostpilze kommt vom rötlich-braunen, pulvrigen Aussehen der Sommersporenlager (Uredosporen). Rostpilze (insgesamt etwa 5000 Arten) sind ausnahmslos hoch wirtsspezialisierte, biotrophe Parasiten. Sie können Vertreter aus allen Pflanzenordnungen befallen (Angiospermen, Gymnospermen und Pteridophyten, Brandpilze dagegen nur an Angiospermen!). Infektion erfolgt in der Regel durch die Stomata von aktivem Assimilationsgewebe, in welchem sich der Rostpilz mit Hyphen interzellulär ausbreitet (Endoparasit) und zur Ernährung kugelige Haustorien in die Mesophyllzellen absenkt.

Der Entwicklungsgang der Rostpilze kann maximal 5 verschiedene Sporenstadien umfassen (Tab. 8):

Tab. 8: Entwicklungsstadien der Roste.

Stadium	Sorus	Sporenstadium	Kernphase
0	Spermogonium (Pyknidium)	Spermatium	n
I	Äzidium	Äzidiospore	n + n
II	Uredium	Uredospore	n + n
III	Telium	Teleutospore	n + n (→ 2n)
IV	Basidie (Promyzel)	Basidiospore	(2n →) n

Roste, die alle fünf Sporenformen ausbilden, sind **makrozyklische** Roste. Bei vielen Arten werden ein oder mehrere Sporenstadien übersprungen.

Wenn mindestens noch Basidiosporen gebildet werden, spricht man von **mikrozyklischen** Rosten. Bei Fehlen von Basidiosporen spricht man von **imperfekten** Rostpilzen, diese bilden meist nur Uredosporen aus.

Die Reduktion der Sporenstadien stellt eine Spezialisierung und damit eine Weiterentwicklung innerhalb der Evolution dar, d. h. makrozyklische Rostpilze können auch als **primitive** bzw. ursprüngliche Rostformen angesehen werden.

Charakteristisch ist ein **Kernphasenwechsel** im Entwicklungszyklus, der interessanterweise bei manchen makrozyklischen Rosten mit einem **Wirtswechsel** verbunden ist.

Wirtswechsel der Rostpilze: der **Haplont** befällt eine botanisch vollkommen andersartige Pflanze als der **Dikaryont**, Beispiel Schwarzrost des Getreides: Haplont befällt die Berberitze (Zwischenwirt), Dikaryont befällt Weizen (Hauptwirt, obligater Wirtswechsel)

wirtswechselnde Roste sind **heterözisch**
nicht-wirtswechselnde Roste sind **autözisch**

Der Wirtswechsel ist unabhängig von der Anzahl der Sporenstadien. Es gibt makrozyklische Roste mit (Getreideschwarzrost) und ohne Wirtswechsel (Distelrost, Minzrost). Bei letzteren werden alle fünf Sporenformen auf einem Wirt gebildet. Mikrozyklische Roste sind allerdings in der Regel autözisch.

Die **Gattung** Puccinia stellt mit über 3000 Arten die größte und eine der bedeutendsten Gruppen der Rostpilze dar. Vertreter dieser Gattung entwickeln sich makro- oder mikrozyklisch mit Hauptwirten ausschließlich unter den Gramineen und haben zweizellige, gestielte, dickwandige Teleutosporen.

- *Puccinia graminis* (Schwarzrost an Getreide und Gräsern): klassisches Beispiel für einen makrozyklischen, heterözischen Rost; häufigster Getreidewirt Weizen, aber auch Roggen, seltener Gerste und Hafer, außerdem Gräser. Im Frühjahr Keimung, Karyogamie und Meiose der überdauernden Teleutosporen, vier Tochterkerne wandern in je eine der vier durch Septen begrenzten Zellen des Promyzels ein, an denen auf Sterigmen je eine Basidiospore **(Stadium IV)** entsteht, es beginnt die **Haplophase** (Abb. 35).
  Basidiosporen werden in reifem Zustand abgeschleudert und infizieren die Berberitze (Zwischenwirt); dort entstehen auf der Blattoberseite in der Epidermis eingesenkte Spermogonien mit der Öffnung nach außen; aus dieser ragen unverzweigte Periphysen und verzweigte Hyphen, die sog. „Empfängnishyphen" heraus; Periphysen sondern zuckerreiches Exkret, eine Art Nektar ab, der Insekten anlockt; vom Spermogonium werden Spermatien **(Stadium 0)** in Ketten abgeschnürt. Parallel entstehen aus dem haploiden Myzel im Schwammparenchym des Berberitzenblatts Äzidienprimordien.
  Insekten transportieren Spermatien auf eine kompatible Empfängnishyphe, an der es zur Fusion und Dikaryotisierung des haploiden Myzels kommt; dadurch Differenzierung des Äzidienprimordiums zum Äzidium, in welchem einzellige, zweikernige Äzidiosporen in Ketten gebildet werden, **(Stadium I)**. Äzidiosporen werden abgeschleudert und infizieren den Hauptwirt Weizen. Dort Symptome hauptsächlich an Halmen und Blattscheiden (‚stem rust'), hier rötlich braune, erst punktförmig zerstreute, nach dem Schossen strichförmige Sporenlager, sog. Uredien, die große Mengen Uredosporen hervorbringen **(Stadium II)**.
  Uredosporen, einzellig, warzige Oberfläche mit Keimporen, sind die für die Massenvermehrung und epidemische Ausbreitung verantwortlichen Sommersporen; bei einer Generationszeit von 7 bis 12 Tagen können in einer Vegetationsperiode 4 bis 5 Uredosporengenerationen durchlaufen werden, Uredien bringen bis zu 400 000 Uredosporen hervor.

Abb. 35: Entwicklungszyklus des Weizenschwarzrostes *Puccinia graminis* f. sp. *tritici*. Dargestellt ist der vollständige Entwicklungsgang dieses makrozyklischen Rostes mit allen fünf Sporen- und Sorusstadien, dem obligaten Wirtswechsel und der Fertilisation auf dem Zwischenwirt Berberitze, wodurch das Zweikernstadium eingeleitet wird, welches nur den Hauptwirt Weizen befallen kann (weitere Angaben siehe Text, aus Alexopoulos, 1966).

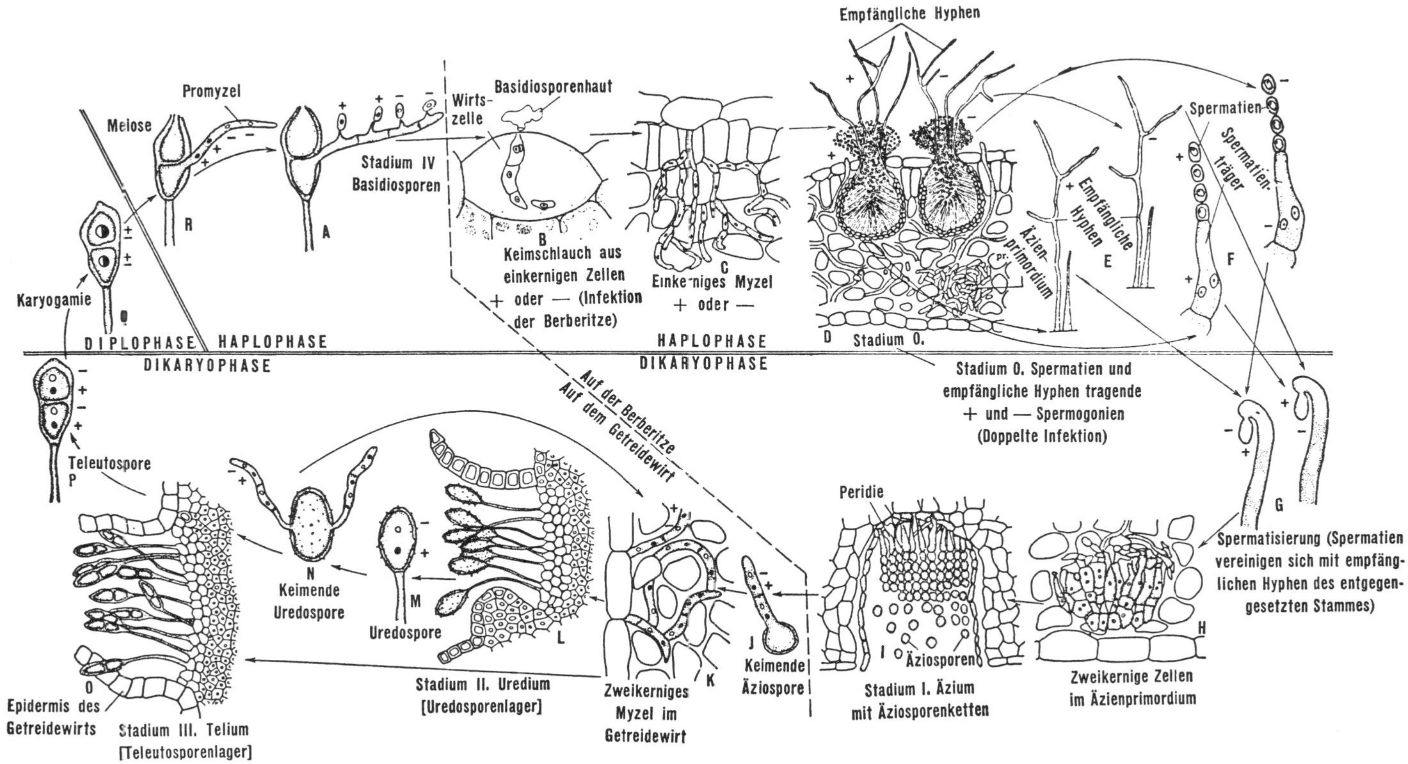

Empfängliche Hyphen
Promyzel
Meiose
Karyogamie
Q
R
A
Stadium IV Basidiosporen
Wirtszelle
Basidiosporenhaut
B
Keimschlauch aus einkernigen Zellen + oder — (Infektion der Berberitze)
C
Einkerniges Myzel + oder —
D
Stadium O.
Empfängliche Hyphen
E
Äzienprimordium
Spermatien
Spermatienträger
F
DIPLOPHASE
HAPLOPHASE
DIKARYOPHASE
HAPLOPHASE
DIKARYOPHASE
Stadium O. Spermatien und empfängliche Hyphen tragende + und — Spermogonien (Doppelte Infektion)
G
Spermatisierung (Spermatien vereinigen sich mit empfänglichen Hyphen des entgegengesetzten Stammes)
Auf der Berberitze
Auf dem Getreidewirt
Teleutospore
P
Peridie
H
Zweikernige Zellen im Äzienprimordium
I
Äziosporen
Stadium I. Äzium mit Äziosporenketten
J
Keimende Äziospore
K
Zweikerniges Myzel im Getreidewirt
L
Stadium II. Uredium [Uredosporenlager]
M
Uredospore
N
Keimende Uredospore
O
Epidermis des Getreidewirts
Stadium III. Telium [Teleutosporenlager]

Uredosporen bei trockenen Bedingungen sehr gut flugfähig, in großen Höhen über Tausende von Kilometern mobil, z. B. vom Mississippi-Delta bis Kanada und von da wieder bis Mexiko oder wie der Kaffeerost von Afrika nach Brasilien (trans- oder interkontinentale „Roststraßen"); für die Infektion ist hohe Luftfeuchtigkeit, besser Blattbenetzung notwendig. Gegen Vegetationsende entstehen Telien mit Teleutosporen **(Stadium III)** als schwarze streifige Sporenlager an den Stängeln; Teleutosporen der *Puccinia*-Arten zweizellig, gestielt und dickwandig, zur Überwinterung auf Strohresten am Boden.

P. graminis bildet **wirtsspezifische Pathovarietäten**, die sog. *formae speciales* (vgl. Mehltau),

P. graminis f. sp. *tritici* – Weizen

P. graminis f. sp. *secalis* – Roggen usw.

Innerhalb der *formae speciales* unterscheidet man **physiologische Rassen**, die durch den langjährigen Anbau von Sorten mit spezifischen Resistenzgenen selektiert worden sind (bei Weizenschwarzrost über 300 Rassen bekannt).

Schwarzrost – eine Geißel des Getreidebaus

Weizenschwarzrost ist seit alters her eine Geißel des Getreidebaus. Obwohl die Einzelheiten noch nicht klar waren, vermutete man schon im 17. Jahrhundert einen Zusammenhang mit der Berberitze. So gab es schon um 1660 in Frankreich staatliche Verordnungen zur Eliminierung der Berberitze, die später auch in anderen Ländern verfügt wurde. In Deutschland gab es die letzte große Schwarzrostepidemie 1932 mit Ertragsausfällen in Weizen von 50 bis 80%. Heute ist der Schwarzrost in Mitteleuropa weitgehend bedeutungslos, da der Zwischenwirt fehlt und eine effektive chemische Bekämpfung möglich ist.

- *Puccinia striiformis* (Gelbrost Getreide): gefährlichster und bedeutendster Rost im kühlen und gemäßigten atlantischen Klima, da gut angepasst und kein Zwischenwirt nötig. Überwinterung als Myzel an Wintergetreide und Quecke, Myzel hält längere Zeit bis zu −20 °C aus, geht aber bei Kahlfrösten mit der Pflanze zugrunde, Teleuto- und Basidiosporen selten gefunden, nur Uredosporen von Bedeutung. Uredien typisch gelblich und streifenförmig aus dem Blatt heraus brechend (lateinischer Name!); befallen werden bevorzugt Blattspreiten, seltener Blattscheiden und Spelzen; problematisch für den Erreger ist die Übersommerung, da er hohe Temperaturen nicht verträgt und der Weizen zur Abreife hin altersresistent wird; Überdauerung an Quecke und Ausfallgetreide; für die Bekämpfung stehen effektive Fungizide zur Verfügung.
- *Puccinia recondita* (Braunrost des Getreides; Tab. 9): Weizenbraunrost *(P. recondita* f. sp. *tritici)* – vollständiger (makrozyklischer) Zyklus möglich, Zwischenwirt fakultativ (Wiesenraute, *Thalictrum*); Epidemien selten, Ertragsverluste bei starkem Befall 10 bis 20%; Überwinterung als Myzel oder Uredospore an Winterweizen oder Ausfallgetreide; Uredosporen sehr thermotolerant (von −40 bis +46 Grad); weltweit

verbreitet, obligater Wirtswechsel nur in kälteren Gebieten ohne Wintergetreideanbau (Skandinavien, Sibirien)
- Roggenbraunrost *(P. recondita* f. sp. *recondita)* – Entwicklung ähnlich der des Weizenbraunrosts, Epidemien häufig, erhebliche Ertragsverluste möglich; Überwinterung wie Weizenbraunrost oder an Zwischenwirten (Ochsenzunge, Ackerkrummhals), in Roggenanbaugebieten bedeutendste Roggenkrankheit

Tab. 9: Übersicht über die Lebensansprüche der Getreideroste.

Rostart	Optimale Temperatur f. Entwicklung [°C]	Hauptwirt(e)	Zwischenwirt(e)
Gelbrost			
Puccinia striiformis	10–16	W, G, (R), Grä	–
Braunroste			
P. recondita f. sp. *tritici*	15–25	W	Wiesenraute *(Thalictrum)*
P. hordei	- „ -	G	Milchstern *(Ornithogalum)*
P. dispersa (= *recondita* f. sp. *recondita)*	- „ -	R	Ochsenzunge *(Anchusa)* u. Ackerkrummhals *(Lycopsis)*
Haferkronenrost			
P. coronata	20–22	H, Grä	Kreuzdorn
Schwarzrost			
P. graminis	12–26	W, R, (G, H)	Berberitze

Zwischenwirte für Braunroste fakultativ, für Haferkronenrost und Schwarzrost obligat;
W = Weizen, G = Gerste, R = Roggen, Grä = Gräser, H = Hafer

- Gerstenbraunrost (*P. hordei*, aufgrund der kleinen Uredolager auch ‚Zwergrost' genannt) – vollständiger (makrozyklischer) Zyklus möglich; Zwischenwirt fakultativ (Milchstern-Arten, *Ornithogalum*); Überwinterung als Myzel an Wintergerste, Übersommerung als Myzel und/oder Uredospore an *Hordeum*-Arten; Ertragsverluste bis zu 30% möglich; Epidemien sehr selten, da Erreger wegen hoher Temperaturansprüche erst zur Abreife der Gerste epidemisch wird
- Kronenrost an Hafer *(P. coronata)* – in kühl-gemäßigten Klimazonen obligater Wirtswechsel, da Hauptwirt fehlt und Myzel und Uredosporen nicht kälteresistent sind; Zwischenwirt: Kreuzdorn *(Rhamnus cathartica)*, Teleutosporen mit krönchen-artigen Fortsätzen an der oberen Zelle (Name!), wegen hoher Temperaturansprüche erst relativ später Befall und Epidemieaufbau, Ertragsverluste gelegentlich 30 bis 60%, insbesondere bei spätreifenden Sorten

Roste dikotyler Pflanzen:
- *Uromyces phaseoli* (Bohnenrost): besonders an *Phaseolus* und *Vigna*-Arten; makrozyklisch, autözisch; desgl. *U. fabae*, Ackerbohnenrost
- *U. pisi*, Erbsenrost, heterözisch mit Zypressenwolfsmilch (*Euphorbia cyparissias*); *U. betae*, Rübenrost, makrozyklisch, autözisch

- *Phakopsora pachyrhizi* (Sojabohnenrost): weltweit, hohes Epidemiepotenzial, erst 2004 in USA eingeschleppt
- *Cronartium ribicola* (Säulenrost an Johannisbeere): Zwischenwirt Weymouthskiefer (Blasenrost)
- *Melampsora allii-populina* (Pappelrost): Haplont auf *Allium*; *M. lini* (Flachsrost)
- *Phragmidium mucronatum* (Rosenrost): makrozyklisch, autözisch
- *Gymnosporangium sabinae* (Birnengitterrost): wirtswechselnd mit Wacholder-Arten (*Juniperus*)
- *Hemileia vastatrix* (Kaffeerost): mikrozyklisch, Haplont unbekannt; weltweit verbreitet; erhebliches Schädigungspotenzial

Ordnung Ustilaginales (Brandpilze)

Gruppe aus etwa 850 hoch wirtsspezialisierten Pflanzenparasiten, ausschließlich an Angiospermen, besonders Gräsern; meist schwere Schäden durch vollständige Zerstörung der Fruchtstände und Umwandlung in schwarze Massen von „Brandsporen" (Teleutosporen); zum Teil nicht obligat biotroph und auf Nährmedien kultivierbar

Die **Entwicklung** der Brandpilze verläuft monozyklisch; nur das dikaryotische Myzel ist infektiös und befällt entweder den Fruchtknoten (**Blüteninfektion**), junges Keimlingsgewebe (**Keimpflanzeninfektion**) oder junges Wachstumsgewebe (**Lokalinfektion**); Hyphen wachsen interzellulär mit Haustorienbildung; Brandsporen zum Teil mit guter Überdauerungsfähigkeit; nach Karyogamie und Meiose in den Brandsporen entstehen durch anschließende Mitosen 8 bis16 haploide Kerne, die in Sporidien einwandern; Fusion zum **Dikaryon** entweder durch Sporidienfusion (Steinbrände; Abb. 36) oder direkte Verschmelzung zweier benachbarter Promyzelzellen (Gerstenflugbrand)

Die beiden wichtigsten Gattungen der Brandpilze sind *Ustilago* (Flugbrände, offene Brände) und *Tilletia* (Steinbrände, bedeckte Brände). Alle saatgutübertragbaren Brände sind durch chemisch-synthetische **Beizmittel** sehr gut, oder durch physikalische (Heißwasser, Elektronenbehandlung, Hochfrequenzbestrahlung) Behandlung gut bekämpfbar, wodurch sie im modernen Getreidebau keine Bedeutung mehr haben.

Wichtige Vertreter der Brandpilze:

- *Ustilago nuda* (Gerstenflugbrand): (desgleichen Weizenflugbrand, *U. tritici*); Brandsporen befallener Pflanzen infizieren die Blüte und bilden ein Promyzel, an welchem benachbarte Zellen direkt zum Dikaryon fusionieren (keine Sporidienbildung); dikaryotisches Myzel infiziert den Embryo und überdauert dort symptomlos bis zur Keimung des Getreidekorns
- *U. avenae* (Haferflugbrand): Entstehung von Sporidien durch Sprossung am Promyzel, Sporidienfusion führt zu dikaryotischem Myzel; Blüten- und Keimlingsinfektion
- *U. maydis* (Maisbeulenbrand): Überdauerung der Brandsporen im Boden; Infektion durch Regenspritzer und Wind an jungem Wachstumsgewebe (Lokalinfektion); Ausbildung von beulenartigen Wucherungen, Hypertrophien, in denen Massen von Brandsporen entstehen; beson-

	Brandlagertyp	Infektionstyp	Übertragungsweg		Optimum-temperatur für Infektion [°C]
			Samen	Boden	
Ustilago nuda, Gerstenflugbrand	offen	Blüte (Embryo)	+	–	18–20
U. avenae, Haferflugbrand	offen	Blüte (Embryo/ Keimling)	+	–	16–24
U. tritici, Weizenflugbrand	offen	Blüte (Embryo)	+	–	20–26
U. hordei, Gerstenhartbrand	bedeckt	Keimling	+	(+)	10–25
U. maydis, Maisbeulenbrand	bedeckt	Lokal (Blatt, Kolben)	–	+	15–25
Sphacelotheca reiliana, Maiskopfbrand	offen	Keimling	(+)	+	21–28
Tilletia caries, Weizensteinbrand	bedeckt	Keimling	+	(+)	5–10
T. controversa, Zweigsteinbrand W, R	bedeckt	Keimling	(+)	+	2–5
T. secalis, Roggensteinbrand	bedeckt	Keimling	(+)	+	5–10
Urocystis occulta, Roggenstängelbrand	bedeckt	Keimling	+	+	13–17

Tab. 10: Übersicht über die Infektionstypen, Übertragungswege und Ansprüche der Getreidebrände.

ders gefördert durch mechanische Verletzung der Pflanzen (Hagel)
- *U. hordei* (Gerstenhartbrand): harte Brandbutten nach Keimlingsinfektion; Überdauerung auch im Boden
- *Sphacelotheca reiliana* (Maiskopfbrand, auch an Sorghum): nur in wärmeren Anbaugebieten; Übertragung vom Boden aus
- *Tilletia caries* (Weizensteinbrand; Abb. 36): Brandähren mit unangenehmem Geruch nach Heringslake („Stinkbrand") durch Trimethylamin; Brandbutten werden beim Drusch aufgeschlagen und kontaminieren Körner (äußerlich anhaftende Brandsporen); Keimlingsinfektion im Feld erst nach Bildung primärer und sekundärer Sporidien am Promyzel und deren Fusion zu dikaryotischem Infektionsmyzel
- *T. controversa* (Zwergsteinbrand Weizen, Roggen): stärkere Halmverkürzung als bei *T. caries*; vor allem in kühl-gemäßigten Breiten; Quarantänekrankheit außerhalb Europas und Nordamerikas (Ostasien)
- *Urocystis occulta* (Roggenstängelbrand): Brandsporenlager hauptsächlich streifig an Blättern und Blattscheiden, seltener in den Kornanlagen; samen- und bodenübertragbar

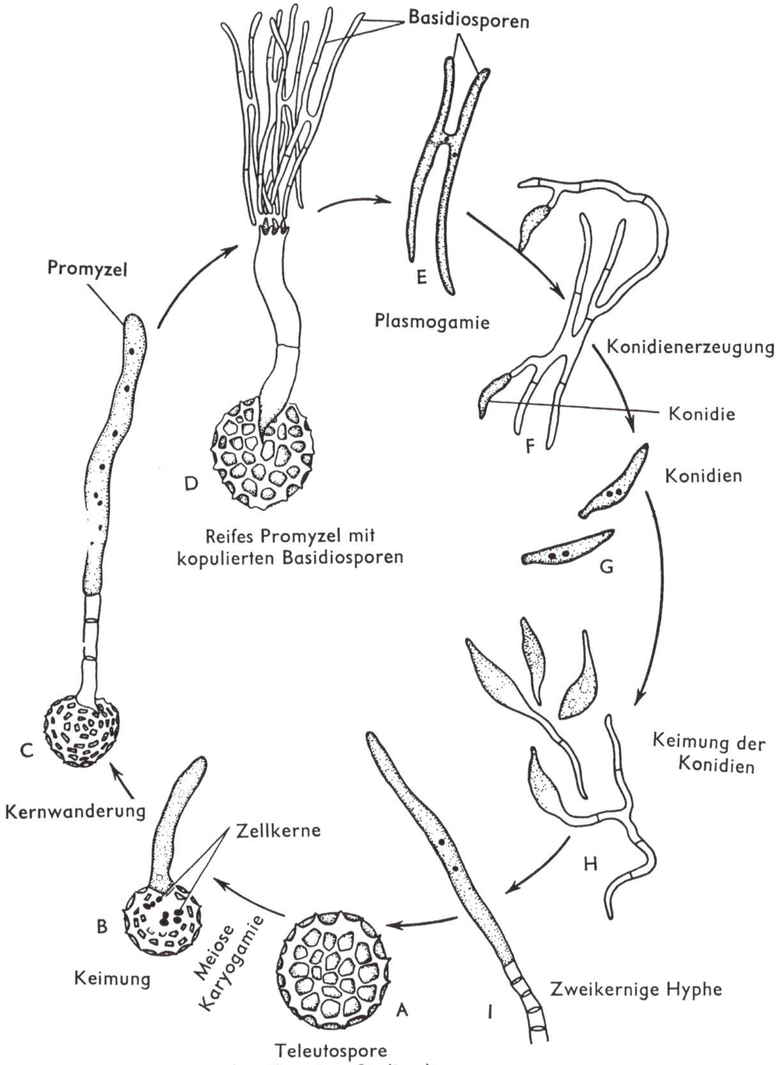

Abb. 36: Entwicklungszyklus des Weizensteinbrands *Tilletia caries*. Am Saatgut anhaftende Brandsporen (Teleutosporen) keimen zu einem vielkernigen Promyzel aus, an welchem 8 bis 16 fädige, einkernige primäre Sporidien (Basidiosporen) entstehen, die durch Anastomosebildung paarweise fusionieren und zweikernige sekundäre Sporidien (Konidien) hervorbringen. Die dikaryotischen Sporidien infizieren den Weizenkeimling beim Auflaufen und folgen dem Vegetationspunkt durch interzelluläres Wachstum. Bis zum Ährenschieben ist der Befall weitgehend symptomlos. Die Kornanlagen werden vollständig in Brandbutten, dickwandige Behälter mit Brandsporen umgewandelt, die erst beim Drusch des Getreides aufplatzen und erneut gesunde Körner kontaminieren (aus Alexopoulos, 1966).

Klasse Hymenomycetes

Relativ heterogene Gruppe sowohl mit fruchtkörperbildenden als auch filamentösen Formen, die Holobasidien oder Phragmobasidien bilden; vielfach saprophytische Bodenbesiedler und Holzzerstörer, einige Mykorrhizabildner und pflanzenpathogene Formen, die besonders an Bäumen auftreten.

- *Thanatephorus cucumeris* (Anamorph: *Rhizoctonia solani*, weltweit bedeutender Erreger von Auflauf- und Umfallkrankheiten an zahlreichen Wirtspflanzen): Wirtsspezialisierung durch bislang 13 nachgewiesene Anastomosegruppen (AG) mit 31 Untergruppen, z. B.:
  AG-1, Leguminosen, Mais, Kohl, Salat, Gräser
  AG-2-2, Zuckerrübe (Späte Rübenfäule), Mais, Gräser
  AG-3, AG-5, Triebfäule, Weißhosigkeit oder Pockenkrankheit an Kartoffel (weißlicher Myzelbelag an Stängelbasis, Sklerotien an Knollen)
  AG-4, Zuckerrübe (Keimlingsbefall), Leguminosen, Kartoffel
  AG-8, Getreide, Kartoffel
- *Ceratobasidium cereale* (Anamorph: *Rhizoctonia cerealis*, Spitzer Augenfleck an Weizen und anderen Getreidearten): Gräser; Halmbasisbefall, meist nur geringe Ertragsverluste
- *Typhula incarnata* (Typhula-Fäule an Gerste und anderen Getreidearten, Gräsern): Schwächeparasit mit Hauptbefall unter kaltfeuchten Bedingungen im Winter; im Frühjahr stark vergilbte oder ‚ausgewinterte' (abgestorbene) Pflanzen; Erreger nur unterhalb ca. 10 bis 12 °C aktiv; Überdauerung des Sommers mittels inkarnatroter Sklerotien (Name!)
- *Serpula lacrymans* (syn. *Merulius lacrymans*, Hausschwamm) Zerstörer von Bauholz (Braunfäule)
- *Chondrostereum purpureum* (Bleiglanz auf Blättern der Obstgehölze)
- *Phellinus ignarius* (Gemeiner Feuerschwamm an Kern-, Steinobst und anderen Gehölzen)
- *Armillaria mellea, A. ostoyae* (Hallimasch, Weißfäuleerreger an Nadel- und Laubbäumen)

Fragen zu Kapitel 5

- Welche Eigenschaften charakterisieren einen Pilz?
- Welche Möglichkeiten zur Vermehrung und zur Verbreitung besitzen Pilze?
- Welche Formen von parasitären Lebens- und Ernährungsweisen unterscheidet man bei Pilzen und wodurch sind sie charakterisiert?
- Welche Unterschiede bestehen zwischen Vertretern der pilzähnlichen Protisten, Chromista und Fungi?
- Was versteht man unter a) einem Plasmodium, b) Thallus, c) Dikaryon oder d) Myzel eines Pilzes?
- Was ist ein Generationswechsel und welche epidemiologische Bedeutung besitzt er?
- Welche typischen Überdauerungsstrukturen bzw. epidemischen Verbreitungseinheiten lassen sich bei Oomyceten, Ascomyceten, Basidiomyceten und Deuteromyceten unterscheiden?
- Skizzieren Sie den Entwicklungszyklus und die Infektionswege von *Plasmodiophora brassicae* (Kohlhernie), nennen Sie die wichtigsten Wirtspflanzen mit den typischen Symptomen und geben Sie geeignete Bekämpfungsmöglichkeiten für diese Krankheit an!

- Skizzieren Sie den Entwicklungszyklus und die Infektionswege von *Phytophthora infestans* (Kraut- und Knollenfäule Kartoffel), nennen Sie die typischen Symptome und geben Sie geeignete Bekämpfungsmöglichkeiten für diese Krankheit an!
- Skizzieren Sie den Entwicklungszyklus und die Infektionswege von *Venturia inaequalis* (Apfelschorf), nennen Sie die typischen Symptome und geben Sie geeignete Bekämpfungsmöglichkeiten für diese Krankheit an!
- Skizzieren Sie den Entwicklungszyklus und die Infektionswege von *Claviceps purpurea* (Mutterkorn Roggen), nennen Sie die typischen Symptome und geben Sie geeignete Bekämpfungsmöglichkeiten für diese Krankheit an!
- Skizzieren Sie den Entwicklungszyklus und die Infektionswege von *Puccinia graminis* f. sp. *tritici* (Weizenschwarzrost), nennen Sie die typischen Symptome und geben Sie geeignete Bekämpfungsmöglichkeiten für diese Krankheit an!
- Was versteht man unter mikrozyklischen, makrozyklischen, autözischen, heterözischen und imperfekten Rosten?
- Welche fünf Typen von Sori und Sporen können Rostpilze bilden und welche Funktion haben sie jeweils?
- Skizzieren Sie den Entwicklungszyklus und die Infektionswege von *Tilletia caries* (Weizensteinbrand), nennen Sie die typischen Symptome und geben Sie geeignete Bekämpfungsmöglichkeiten für diese Krankheit an!
- Welche drei verschiedenen Infektionswege von Brandpilzen lassen sich unterscheiden? (Beispiele!)
- Beschreiben Sie Schadbild, Infektionstyp und Bekämpfungsmöglichkeiten für Flugbrände, Steinbrände und den Maisbeulenbrand.
- Welche besondere taxonomische Stellung haben Deuteromycetes (Fungi imperfecti) und worauf gründet sie sich?

Weiterführende Literatur

Agrios, G. N., (2005): Plant Pathology. Fifth edition. Academic Press, San Diego.

Gams, W., E. S. Hoekstra und A. Aptroot (Hrsg. 1998): CBS Course of Mycology. Fourth edition. CBS, The Netherlands.

Heitefuss, R., K. König, A. Obst und M. Reschke (2000): Pflanzenkrankheiten und Schädlinge im Ackerbau. DLG-Verlag, Frankfurt.

Hoffmann, G. M. und H. Schmutterer (1999): Parasitäre Krankheiten und Schädlinge an landwirtschaftlichen Nutzpflanzen. Verlag Eugen Ulmer, Stuttgart.

Smith, I. M., J. Dunez, D. H. Phillips, R. A. Lelliott und S. A. Archer (1988): European Handbook of Plant Diseases. Blackwell Scientific Publications, Oxford.

Webster, J. (1983): Pilze – eine Einführung. Springer-Verlag, Berlin.

6 Nematoden

Nematoden, auch Fadenwürmer (griechisch nema = Faden) oder Älchen genannt, stellen zahlenmäßig die größte Gruppe unter den mehrzelligen tierischen Organismen. Weltweit zählen vier von fünf tierischen Organismen zu den Nematoden. Die meisten Nematoden sind kleiner als 1 mm, einige Säugetierparasiten können aber auch bis zu 8 m lang werden (z. B. in Walen). Bis heute sind erst 30 000 Arten beschrieben, die mögliche Gesamtzahl der Arten wird jedoch auf bis zu 10 Millionen geschätzt. Nematoden ernähren sich von Bakterien (bakteriophag), Pilzen (mykophag), Algen (phykophag), anderen Nematoden (räuberisch) oder Pflanzen (phytophag) bzw. sind bedeutende Parasiten von z. B. Regenwürmern, Insekten, Schnecken, Fischen, Wirbeltieren oder dem Menschen (Spulwurm, Trichine).

Bedeutung von Nematoden
Nathan Cobb (1859–1932) beschrieb die Bedeutung der Nematoden recht anschaulich wie folgt: „Wenn die gesamte Materie des Weltalls verschwände und nur die Nematoden übrig blieben, dann wäre unsere Erde noch immer als mattschimmernde Hohlkugel aus Nematoden zu erkennen. Berge und Täler, Flüsse, Seen und Ozeane, Wüsten und Wälder, ja sogar Tiere und Menschen könnte man noch unterscheiden an dem Artenspektrum der Nematoden, die dort gelebt haben."

6.1 Nematoden als Schaderreger

Etwa 5000 der bisher beschriebenen Nematodenarten ernähren sich von Pflanzen und sind damit grundsätzlich pflanzenparasitär. Von diesen verursachen jedoch nur etwa 20 Arten wirtschaftlich bedeutende Schäden (z. B. *Globodera rostochiensis, Heterodera schachtii, Meloidogyne incognita, Pratylenchus penetrans, Ditylenchus dipsaci*). Weltweit werden die durch pflanzenparasitäre Nematoden verursachten **Ertragsausfälle** auf 10% bzw. 100 Milliarden Euro geschätzt (Tab. 11). Symptome eines Nematodenbefalls sind meist unspezifisch (reduziertes Wachstum, Welke) und werden häufig erst wahrgenommen, wenn die Ertragsverluste bereits 10% und mehr erreicht haben. Hinzu kommt, dass pflanzenparasitäre Nematoden aufgrund ihrer geringen Größe (die meisten Arten sind < 1 mm) mit dem bloßen Auge nicht wahrgenommen werden können. Einzige Ausnahme sind die ca. 1 mm großen runden bis zitronenförmigen Zysten der Zystennematoden.

Tab. 11: Durch pflanzenparasitäre Nematoden verursachte Ertragsausfälle (verändert nach Ferraz und Brown 2002).

Kultur	Ertrags-ausfall (%)	Verluste in Millionen Euro	Hauptschadnematoden in alphabetischer Reihenfolge
Banane	20	150	*Helicotylenchus, Meloidogyne, Radopholus*
Baumwolle	11	3 500	*Belonolaimus, Meloidogyne, Rotylenchulus*
Citrus	14	3 500	*Pratylenchus, Radopholus, Tylenchulus*
Erdnuss	12	1 000	*Belonolaimus, Criconemella, Pratylenchus*
Gerste	6	1 000	*Ditylenchus, Heterodera, Pratylenchus*
Kaffee	15	2 200	*Meloidogyne, Pratylenchus, Rotylenchulus*
Kartoffel	12	5 000	*Globodera, Meloidogyne, (Para)Trichodorus*
Mais	10	6 000	*Ditylenchus, Heterodera, Pratylenchus*
Reis	10	14 000	*Aphelenchoides, Meloidogyne, Longidorus*
Sojabohne	11	2 500	*Heterodera, Meloidogyne, Pratylenchus*
Tee	8	450	*Meloidogyne, Pratylenchus, Radopholus*
Weizen	7	5 000	*Ditylenchus, Heterodera, Meloidogyne*
Zuckerrohr	15	14 000	*Meloidogyne, Pratylenchus, Tylenchorhynchus*
Zuckerrübe	11	1 000	*Ditylenchus, Heterodera, Longidorus*

6.2 Systematik phytomedizinisch bedeutender Nematoden

Stamm: Nematoda (Fadenwürmer)
Klasse: Secernentea
Ordnung: Tylenchida
Unterordnung: Tylenchina
Familie: Anguinidae *(Ditylenchus, Anguina, Subanguina)*
Familie: Belonolaimidae *(Geocenamus, Tylenchorhynchus, Amplimerlinius, Trophurus)*
Familie: Hoplolaimidae *(Rotylenchus, Helicotylenchus, Scutellonema, Rotylenchulus)*
Familie: Pratylenchidae *(Pratylenchus, Radopholus, Hirschmanniella, Pratylenchoides)*
Familie: Heteroderidae *(Heterodera, Globodera)*
Familie: Meloidogynidae *(Meloidogyne)*
Familie: Tylenchulidae *(Paratylenchus, Tylenchulus)*

Familie: Criconematidae *(Criconema, Criconemoides, Mesocriconema, Hemicycliophora)*
Unterordnung: Aphelenchina
Familie: Aphelenchoididae *(Aphelenchoides, Bursaphelenchus)*
Ordnung: Dorylaimida
Familie: Longidoridae *(Longidorus, Paralongidorus, Xiphinema)*
Ordnung: Triplonchida
Familie: Trichodoridae *(Trichodorus, Paratrichodorus)*

Pflanzenorgan	Lebensweise	Gattungen
Wurzel	Sedentäre Endoparasiten	*Globodera, Heterodera, Meloidogyne*
	Sedentäre Semi-Endoparasiten	*Rotylenchulus, Tylenchulus, Sphaeronema*
	Wandernde Endoparasiten	*Hirschmanniella, Pratylenchoides, Pratylenchus, Radopholus, Subanguina*
	Wandernde Ektoparasiten	*Criconema, Helicotylenchus, Longidorus, Paratylenchus, Rotylenchus, Trichodorus, Tylenchorhynchus, Xiphinema*
Stängel	Wandernde Endoparasiten	*Ditylenchus*
Blatt	Wandernde Endoparasiten	*Anguina, Aphelenchoides*
Blüte, Same	Wandernde Endoparasiten	*Ditylenchus, Anguina, Aphelenchoides*

Tab. 12: Einteilung pflanzenparasitärer Nematoden entsprechend ihrer Lebensweise und den bevorzugt befallenen Pflanzenorganen.

6.3 Körperaufbau und Lebensweise

Nematoden zählen zu den Wirbellosen. Ihr Körper ist lang gestreckt und unsegmentiert, Blutgefäße und Atmungsorgane fehlen. Der Aufbau ist einfach und umfasst Lippenregion, Mundhöhle, Ösophagus, Darm, Rektum, Anus und Schwanz (Abb. 37 und 38). Die Nahrung wird bei pflanzenparasitären Nematoden mit dem vorstreckbaren und innen hohlen **Mundstachel** (massiver Mundstachel bei *Trichodorus, Paratrichodorus*) aufgenommen und an den Darm weitergeleitet. Bei den Tylenchiden dient ein Klappenapparat im Mittelbulbus des Ösophagus als Pumpe zum Ansaugen der Nahrung. Zwei subventrale und eine dorsale Ösophagusdrüse bilden den Abschluss des Ösophagus (Endbulbus) zum Darm bzw. überlappen diesen. Sekrete dieser Drüsen dienen der Wirtserkennung und dem Nahrungsaufschluss. In der Einschnürung zwischen Mittel- und Endbulbus (Isthmus) befindet sich ringförmig das Zentralnervensystem. Stabilität erhalten die Nematoden durch einen Hautmuskelschlauch, der nach außen durch eine **Kutikula** begrenzt wird. Die mehrschichtige Kutikula ist entweder glatt (Dorylaimida, Triplonchida) oder geringelt (Tylenchida). Unterhalb der Kutikula befinden sich Epidermis und Muskelzellen. Nematoden haben nur Längsmuskeln. Durch abwechselnde Kontraktion von Rücken- und Bauchmuskeln entsteht die typische Schlängelbewegung.

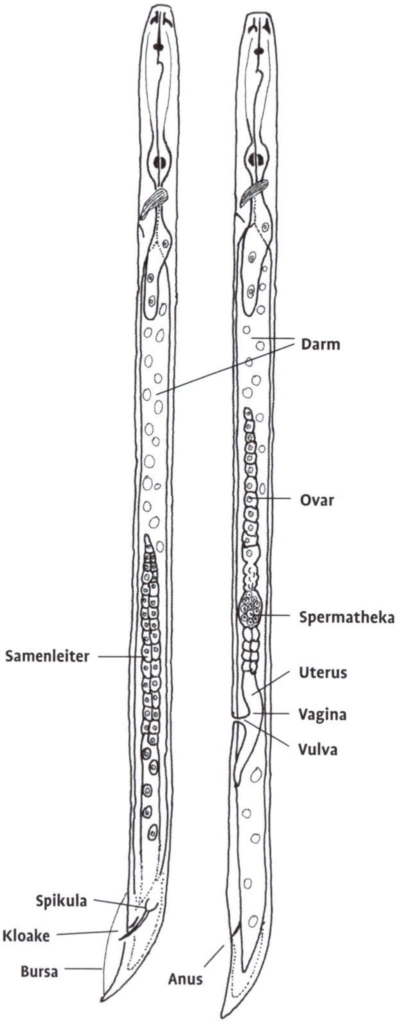

Abb. 37: Aufbau eines pflanzenparasitären Nematoden (links Männchen, rechts Weibchen).

Die **weiblichen Geschlechtsorgane** bestehen aus Ovar, Uterus, Vagina und Vulva, und sind einfach (z. B. *Pratylenchus, Ditylenchus*) oder doppelt (z. B. *Tylenchorhynchus, Rotylenchus, Meloidogyne*) vorhanden. Die Eier werden im Ovar gebildet und gelangen über den Eileiter zur Spermatheka, wo die Befruchtung erfolgt. Im Uterus reifen die Eier heran und werden über Vagina und Vulva nach außen abgegeben. Der Samenleiter der Männchen endet im Rektum (Kloake). Über spezielle Kopulationsorgane (vorstreckbare Spikula, Bursa) erfolgt die Begattung der Weibchen. Zahlreiche Arten vermehren sich zusätzlich oder überwiegend parthenogenetisch (z. B. *Meloidogyne* spp.). Das sogenannte **Exkretionssystem** pflanzenparasitärer Nematoden bestehend aus Exkretionsdrüse, Exkretionskanal und Exkretionsporus ist vor allem ein Sekretionssystem. Es dient weniger der Ausscheidung wertloser Stoffwechselprodukte als vielmehr der Absonderung von Drüsensekreten und der Osmoregulation.

Nematoden verfügen über verschiedene **Sinnesorgane**, die es ihnen ermöglichen, auf bestimmte Umweltreize spezifisch zu reagieren. Am bedeutendsten sind die paarig vorhandenen Amphiden in der Kopfregion und die Phasmiden am hinteren Ende des Nematoden. Amphiden besitzen Chemorezeptoren für wasserlösliche und gasförmige Moleküle (z. B. für Sauerstoff, Kohlendioxid, Sexualpheromone, Wurzelexsudate), Mechanorezeptoren (Tastsinn) und Thermorezeptoren. Demgegenüber sind die Phasmiden kleiner und einfacher gebaut und haben vor allem Bedeutung als Chemorezeptoren. Beide Sinnesorgane sekretieren auch Substanzen, deren Funktion bisher nur unzureichend geklärt ist.

Pflanzenparasitäre Nematoden haben **vier Larvenstadien**, wobei die erste Häutung zumeist im Ei erfolgt und das zweite Larvenstadium schlüpft. Die Larven ähneln in ihrem Habitus den adulten Tieren. Eine Ausnahme sind sedentäre Arten, bei denen die Weibchen anschwellen (z. B. *Globodera, Heterodera, Meloidogyne*). Meist werden mehrere Generationen pro Jahr gebildet (*Globodera*: eine Generation/Jahr). Die durchschnittliche Entwicklungsdauer beträgt 6 bis 10 Wochen, bei einigen Arten aber auch nur 2 bis 3 Wochen (z. B. *Ditylenchus dipsaci, Aphelenchoides fragariae*) oder 1 Woche (z. B. *Bursaphelenchus xylophilus*). Pflanzenparasitäre Nematoden sind **obligate Parasiten**, sie sind zur Nahrungsaufnahme auf lebende Pflanzen angewiesen, deren Zellen sie anstechen und aussaugen. **Sedentäre Arten** induzieren in der Pflanze ein Nährzellengewebe (Syncytium, Riesenzellen), von dem sie sich bis zum Abschluss ihrer Entwicklung ernähren. Aus eigener Kraft können sich Nematoden nur über kurze Distanzen fortbewegen (0,5 bis

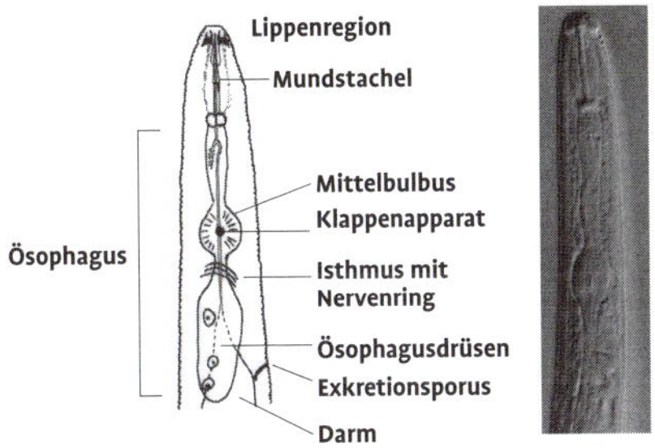

Abb. 38: Vorderer Teil eines pflanzenparasitären Nematoden.

1 m). Die **Ausbreitung** über größere Entfernungen erfolgt über Saat- und Pflanzgut, landwirtschaftliche Maschinen, Wind und Wasser.

> Alle pflanzenparasitären Nematoden haben einen Mundstachel, aber nicht alle Nematoden mit Mundstachel sind pflanzenparasitär.

6.4 Symptome und Schädigung

Schäden entstehen durch Ertragsverluste und qualitative Beeinträchtigungen der Ernteprodukte. Hinzu kommen wirtschaftliche Einbußen durch Erfüllung der Auflagen von Quarantänebestimmungen (z. B. *Globodera pallida, Meloidogyne chitwoodi*). Häufig wird eine Schädigung der Pflanze erst spät erkannt, da pflanzenparasitäre Nematoden überwiegend unterirdische Pflanzenteile befallen und die Symptome meist unspezifisch sind. Folgende Symptome lassen auf einen Nematodenbefall schließen:

- allgemeine Wachstumshemmung, oft nesterweise im Bestand (*Globodera, Heterodera*)
- Vergilbungen durch Störung des Nährstoffhaushaltes (*Meloidogyne*)
- Rotfärbung der Blattspitzen (*Heterodera avenae*) bzw. der Blattspreite (*Aphelenchoides fragariae*)
- Welkeerscheinungen durch Beeinträchtigung des Wassertransportes (*Heterodera, Globodera, Meloidogyne* u. a.)
- nekrotische Läsionen an den Wurzeln *(Pratylenchus)*
- Fäulen *(Ditylenchus dipsaci)*
- Formveränderungen:
  - Gallen an den Wurzeln *(Meloidogyne, Subanguina)*
  - verstärkte Seitenwurzelbildung („Bärtigkeit“, *Heterodera schachtii*)
  - Beinigkeit der Ernteorgane *(Meloidogyne hapla)*
  - Blattverdrehungen und -wellungen *(Ditylenchus dipsaci, Anguina tritici)*,
  - zwiebelartige Verdickungen der Sprossbasis *(Ditylenchus dipsaci)*
  - Vergallung der Samenanlagen („Radekorn“ bei *Anguina tritici, A. agrostis*)

Darüber hinaus können pflanzenparasitäre Nematoden auch indirekt schädigen durch **Übertragung pflanzenpathogener Viren** *(Longidorus, Xiphinema, Paratrichodorus, Trichodorus)* oder durch Schaffung von Eintrittspforten für sekundäre Schaderreger (*Fusarium oxysporum, Verticillium dahliae, Rhizoctonia solani, Ralstonia solanacearum, Clavibacter* spp.).

Wirtschaftliche Schadensschwellen für pflanzenparasitäre Nematoden sind deutlich schwieriger zu definieren als für andere Schaderreger. Ursache hierfür ist die hohe Variabilität der Schadausmaße in Abhängigkeit von Bodenart, Sorte und Nährstoffversorgung der Pflanze. Zuverlässige Schadensschwellenwerte gibt es nur für einige Arten von Zystennematoden. So liegt die Schadensschwelle für *Heterodera schachtii* an Zuckerrüben bei 500 Eiern + Larven pro 100 ml Boden und für *Globodera pallida* bzw. *G. rostochiensis* an Kartoffeln bei 800 Eiern + Larven pro 100 ml Boden.

6.5 Wichtige pflanzenparasitäre Nematoden

Ordnung Tylenchida

Tylenchida
Zur Ordnung Tylenchida gehören die meisten pflanzenparasitären Arten. In der Regel mit typischem Mittelbulbus. Mundstachel innen hohl zum Aufsaugen der Nahrung, an der Basis drei Basalknöpfe. Kutikula fein quer geringelt. Erste Larvenhäutung im Ei. Ekto- und endoparasitisch, Übergang zu festsitzender (sedentärer) Lebensweise der Weibchen.

Heterodera, Globodera (Zystennematoden)

Sie sind die wirtschaftlich bedeutendsten pflanzenparasitären Nematoden in Mitteleuropa. Das zweite Larvenstadium dringt vorzugsweise hinter der Wurzelspitze in die Wurzel ein und wandert **intrazellulär** in die Nähe der Leitgefäße (Abb. 39). An der Parasitierungsstelle wird die Larve sesshaft (sedentär) und induziert ein Nährzellensystem (**Syncytium**), indem die umgebenden Zellen bei teilweiser Zellwandauflösung fusionieren. Das Syncytium versorgt die Nematoden während ihrer weiteren Entwicklung mit Nährstoffen. Mit zunehmender Entwicklungsdauer schwellen die weiblichen Larven stark an und brechen mit dem Hinterende aus der Wurzel heraus, bleiben aber mit dem Kopf im Syncytium verankert. Die parallel gebildeten wurmförmigen Männchen sind mobil und begatten die ca. 1 mm großen Weibchen. Ein Weibchen produziert bis zu 400 Eier, die bei den meisten Arten im Körper verbleiben. Das Weibchen stirbt und die

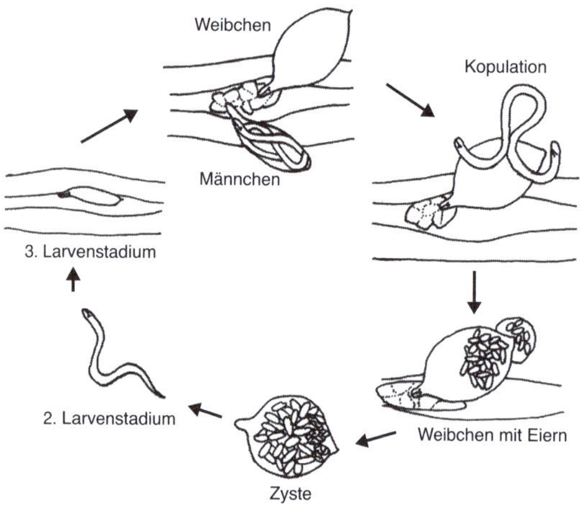

Abb. 39: Entwicklungszyklus von *Heterodera*.

Abb. 40: Zystenformen; von links nach rechts: *Globodera rostochiensis*, *Heterodera schachtii*, *Heterodera avenae*.

zunächst weiße Weibchenhaut verfärbt sich zu einer braunen derbwandigen **Zyste**. In der Zyste können die Eier mehrere Jahre, bei *Globodera* bis zu 20 Jahren, lebensfähig bleiben. Stimuliert durch Wurzelausscheidungen der Wirtspflanzen schlüpfen die Larven und verlassen die schützende Zyste. *Heterodera*-Arten bilden pro Jahr 2 bis 3 Generationen, *Globodera*-Arten eine Generation. Bei *Globodera* spp. schlüpfen die Larven erst nach einer mindestens dreimonatigen Ruhephase (**Diapause**). *Globodera*-Arten produzieren runde Zysten mit einem ausgezogenen Ende (Kopf), *Heterodera*-Arten zitronenförmige Zysten mit zwei Enden (Kopf, Hinterende, Abb. 40).

In Tabelle 13 sind die wirtschaftlich bedeutendsten Zystennematoden in Mitteleuropa aufgeführt. Daneben gibt es weitere Arten, die vereinzelt Schäden an Kulturpflanzen verursachen können, wie z. B. *H. goettingiana* an Erbse, *H. humuli* an Hopfen und *H. carotae* an Möhre.

Tab. 13: Wirtschaftlich bedeutende Zystennematoden in Mitteleuropa.

Wissenschaftlicher Name	Wirtspflanzen
*Globodera rostochiensis** (Gelber Kartoffelzystennematode)	Kartoffel, Tomate, Aubergine u. a. Solanaceae
*Globodera pallida** (Weißer Kartoffelzystennematode)	Kartoffel, Tomate, Aubergine u. a. Solanaceae
Heterodera schachtii (Rübenzystennematode)	Zuckerrübe, Raps, Kohlarten u. a. Chenopodiaceae und Cruciferae
Heterodera betae (Gelber Rübenzystennematode)	Zuckerrübe, Klee
Heterodera avenae (Haferzystennematode)	Getreide u. a. Gramineen
Heterodera filipjevi	Getreide u. a. Gramineen
Heterodera trifolii (Kleezystennematode)	Rot-Klee, Weiß-Klee, Ackerbohne, Erbse, Luzerne
Heterodera cruciferae (Kohlzystennematode)	Kohlarten, Rübsen, Stoppelrüben u. a. Cruciferae

*Quarantäneschaderreger

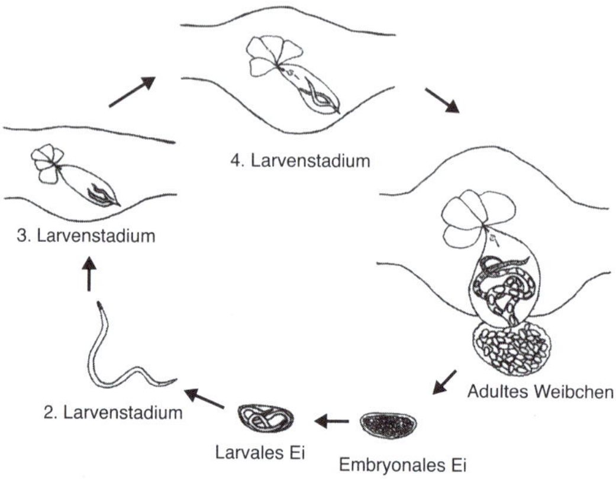

Abb. 41: Entwicklungszyklus von *Meloidogyne.*

Meloidogyne (Wurzelgallennematode)

Der Entwicklungszyklus ähnelt dem der zystenbildenden Nematoden. Das zweite Larvenstadium dringt in die Wurzel ein, durchwandert diese mithilfe des feineren Mundstachels **interzellulär** bis zum Zentralzylinder und induziert dort das Nährgewebe (Abb. 41). Dieses besteht anders als bei Zystennematoden aus vielkernigen **Riesenzellen**, hervorgegangen aus synchronen Kernteilungen ohne Zellwandbildung. Die Larven werden sedentär und schwellen während der folgenden drei Häutungen zu fast kugelrunden, ca. 0,8 mm großen Weibchen an. Parallel schwillt das Wurzelgewebe zu einer Galle an. Jedes Weibchen produziert 300 bis 500 Eier, die in einer gelatinösen Substanz abgelegt werden. Der Entwicklungszyklus dauert 6 bis 8 Wochen. Im Freiland sind 2 bis 4 Generationen pro Jahr möglich, in wärmeren Regionen auch deutlich mehr. Die Vermehrung erfolgt überwiegend **parthenogenetisch**, Männchen treten oft nur bei ungünstigen Ernährungsbedingungen auf, um über die sexuelle Fortpflanzung zur Arterhaltung beizutragen.

Die wirtschaftlich bedeutendsten Arten sind in Tab. 14 dargestellt. In gemäßigten Regionen tritt weiterhin *M. minor* auf (Kartoffeln, Sportrasen). Weltweit gehören die wärmeliebenden Arten *M. arenaria*, *M. incognita* und *M. javanica* zu den wirtschaftlich bedeutendsten pflanzenparasitären Nematoden. In gemäßigten Regionen treten sie im Gewächshaus auf und können erhebliche Schäden an Gemüse und Zierpflanzen verursachen.

Tab. 14: Wirtschaftlich bedeutende Wurzelgallennematoden in Mitteleuropa.

Wissenschaftlicher Name	Wirtspflanzen
Meloidogyne hapla (Nördlicher Wurzelgallennematode)	Möhre, Zwiebel u. a. Gemüsearten, Kartoffel, Zuckerrübe, Leguminosen, Zierpflanzen
M. naasi	Getreide, Gräser, Zuckerrübe, Sportrasen
*M. chitwoodi**	Möhre, Schwarzwurzel u. a. Gemüsearten, Kartoffel, Getreide, Mais, Blumenzwiebeln
*M. fallax**	Möhre, Schwarzwurzel u. a. Gemüsearten, Kartoffel, Getreide, Blumenzwiebeln

*Quarantäneschaderreger

Pratylenchus (Wurzelläsionsnematode)

Pratylenchen sind **wandernde Endoparasiten**. Sie behalten zeitlebens ihre Mobilität und wurmförmige Gestalt. Sowohl Larven als auch adulte Tiere dringen in die Wurzeln von Wirtspflanzen ein und können diese auch jederzeit wieder verlassen. Die Entwicklung vollzieht sich in der Wurzelrinde, Leitgefäße werden in der Regel nicht befallen. Larven und adulte Tiere ernähren sich vom Inhalt der Rindenzellen. Die Weibchen legen ihre Eier im Rindengewebe ab. Frisch geschlüpfte Larven und ältere Tiere verbleiben in der Wurzel oder wandern in den Boden ab, um neue Wurzeln aufzusuchen. Es treten 5 bis 6 Generationen pro Jahr auf. *Pratylenchus*-Arten schädigen die Wirtspflanze durch mechanische Zellzerstörung während ihrer Wanderung im Wurzelgewebe sowie durch Ausscheidung zellwandauflösender Enzyme (Bildung von Läsionen). Häufig tritt ein Sekundärbefall mit pilzlichen oder bakteriellen Schaderregern auf (z. B. *Rhizoctonia solani*, *Fusarium* spp., *Ralstonia solanacearum*). *Pratylenchus*-Arten haben ein sehr breites Wirtpflanzenspektrum. Häufig treten mehrere Arten gleichzeitig auf. Wirtschaftlich bedeutende Arten sind *P. penetrans, P. crenatus, P. neglectus, P. vulnus* und *P. thornei*. Besonders stark geschädigt werden Gemüse, Getreide, Erdbeere und Baumschulpflanzen.

Wandernde Ektoparasiten (Paratylenchus, Rotylenchus, Helicotylenchus, Tylenchorhynchus u. a.)

Diese Nematoden bleiben während ihrer ganzen Entwicklung wurmförmig und leben im Boden. Sie saugen überwiegend an den äußeren Wurzelzellen (*Paratylenchus*, *Tylenchorhynchus*). Arten mit längerem Mundstachel (z. B. *Hemicycliophora* spp.) können auch tiefer gelegene Wurzelzellen anstechen, und Arten mit kräftigem Mundstachel (*Rotylenchus* spp., *Helicotylenchus* spp.) dringen mit der Kopfregion teilweise in das Wurzelrindengewebe ein (ekto-endoparasitisch). Ektoparasitische Nematoden haben in der Regel ein sehr breites Wirtspflanzenspektrum (Gemüse, Getreide, Zierpflanzen, Gehölze). Wirtschaftliche Schäden treten meist nur lokal bei Erreichen sehr hoher Populationsdichten auf (z. B. *Paratylenchus* an Sellerie).

Ditylenchus dipsaci (Stock- und Stängelnematode)

Der Nematode ist 1,0 bis 1,3 mm lang und hat einen kurzen Mundstachel (11 bis 13 μm). Er überwintert im Boden. Über einen Wasserfilm (Tau, nach Niederschlag, Bewässerung) wandert der Nematode außen am Spross hoch und dringt mithilfe des Mundstachels und verschiedener Speichelenzyme in das Parenchym von Stängeln und Zwiebeln ein. Die weitere Entwicklung bis zur Eiablage erfolgt im Sprossgewebe. Ältere Larven wandern in den Boden ab und suchen neue Wirtspflanzen auf. Beim langsamen Eintrocknen verfallen Larven im vierten Entwicklungsstadium in einen scheintoten Zustand (**Anabiose**), in dem sie jahrelang verharren können (z. B. in Samen von Ackerbohne, Erbse). Bei einem Entwicklungszyklus von 3 bis 4 Wochen sind über fünf Generationen pro Jahr möglich. Es gibt zahlreiche Rassen mit unterschiedlicher Wirtspräferenz. Die meisten Rassen bevorzugen schwerere Böden. Das bekannteste Symptom ist eine Wachstumshemmung in Kombination mit übermäßiger Bestockung („Stockkrankheit“ an Getreide, Klee, Luzerne). Schäden treten weiterhin an Zwiebeln (abnorme Verdickung, Verkrümmungen der Blätter, Fäule), Ackerbohne (Verfärbung und Verdrehung des Stängels), Zuckerrüben (Rübenkopffäule) und Mais (Umfallkrankheit) auf. Wirtschaftliche Schäden können erheblich sein und zum Totalausfall der Kultur führen. Für viele Kulturen ist die wirtschaftliche Schadensschwelle sehr gering (1 bis 2 Tiere pro 100 ml Boden). Weitere *Ditylenchus*-Arten von wirtschaftlicher Bedeutung sind *D. destructor* an Kartoffeln, Rüben, Möhren und *D. myceliophagus* an Champignonkulturen.

Aphelenchoides (Blattnematoden)

Aphelenchoiden zählen zu den wandernden Endoparasiten. Sie besiedeln oberirdische Pflanzenorgane, insbesondere Blätter und Samen. Sie sind ca. 0,7 bis 1,2 mm lang mit kleinem Mundstachel (12 µm) und auffällig großem Mittelbulbus. Sie überwintern oberirdisch in befallenen Blättern, vereinzelt auch im Boden. Die Infektion erfolgt durch den Boden bzw. durch andere Pflanzen. Die Tiere wandern in einem Wasserfilm (Tau, Niederschlag, Bewässerung) außen am Stängel zu den Blättern hoch und dringen durch Spaltöffnungen in das Blattgewebe ein. Hierzu benötigen sie etwa 15 bis 30 Minuten. Im Interzellularraum des Mesophylls ernähren sie sich vom Inhalt der Zellen, die sie aussaugen. Blattadern stellen ein schwer zu überwindendes Hindernis für die Nematoden dar, sodass zu Beginn der Infektion befallene Bereiche scharf abgegrenzt sind (typisches Symptom). Die Blattbereiche verfärben sich braun und sterben ab. Mit zunehmendem Befall wird das gesamte Blatt befallen und abgeworfen. Vereinzelt werden auch Blüten bzw. Samen befallen *(A. ritzemabosi)*. Die Entwicklungszeit beträgt 10 bis 14 Tage. Bei Trockenheit verfallen die Tiere in Anabiose und können so mehrere Jahre überdauern. Wirtschaftlich wichtige Arten sind *A. fragariae* (Erdbeere, Zierpflanzen), *A. ritzemabosi* (Erdbeere, Chrysanthemen und andere Zierpflanzen) und *A. composticola* (Champignons).

Bursaphelenchus xylophilus (Kiefernholznematode)

Der Kiefernholznematode ist ein ausgesprochen gefährlicher Schaderreger verschiedener Nadelbäume (Kiefer, Lärche etc.). Unter günstigen Bedingungen (z. B. hohe sommerliche Temperaturen) sterben zuvor gesunde Bäume innerhalb weniger Monate ab. Ganze Nadelwaldgebiete können komplett vernichtet werden. Der Nematode ist ca. 1 mm lang und wird durch verschiedene Bockkäferarten (*Monochamus* spp.) übertragen. Während des Reifefraßes des Käfers dringen die Nematoden durch die verursachten Wundstellen in die Harzkänale des Holzes ein und vermehren bzw. verbreiten sich. Der Generationszyklus ist mit 5 bis 10 Tagen extrem kurz. Die Ausbreitung des Nematoden erfolgt über Holzimporte und Holzverpackungen aus Befallsländern. Im Jahre 1999 wurde der als **Quarantäneschaderreger** eingestufte Schaderreger nach Europa eingeschleppt, wo er seit dem in einem begrenzten Gebiet Portugals auftritt. Trotz intensiver Bekämpfungsmaßnahmen konnte die Ausbreitung des Schaderregers bis heute nicht gestoppt werden. Es besteht die Gefahr einer Verschleppung des Nematoden in andere Länder Europas. Auch Deutschland ist gefährdet, da Wirtspflanzen und Vektor heimisch sind und sich der Nematode unter gemäßigten Klimabedingungen gut vermehren kann.

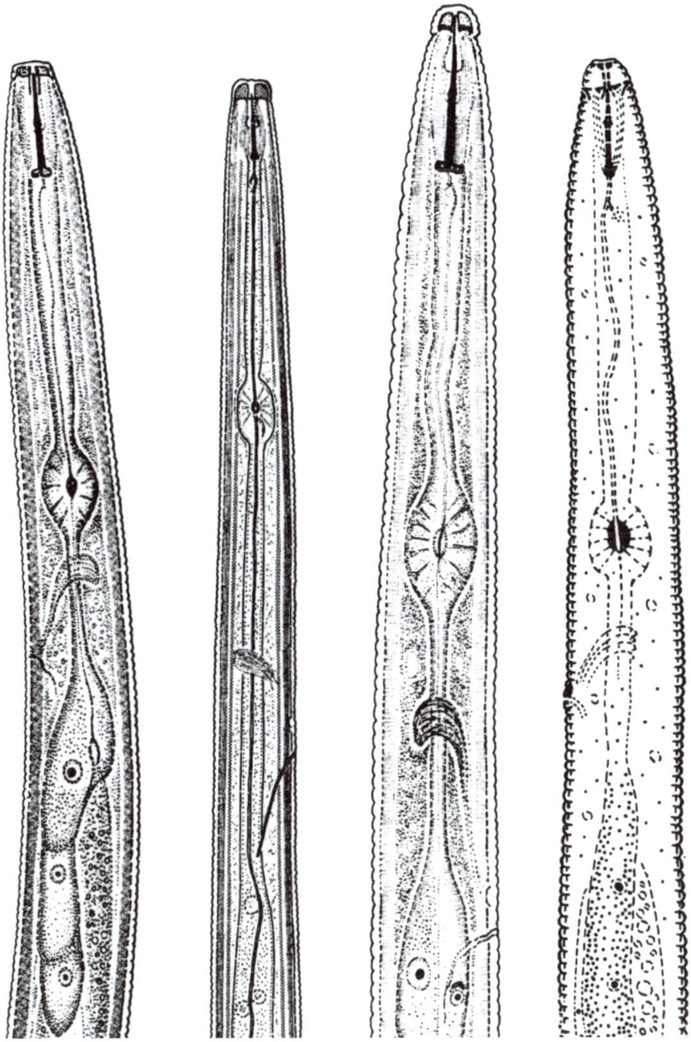

Abb. 42: Kopfregion von *Pratylenchus*, *Ditylenchus*, *Tylenchorhynchus*, *Meloidogyne* (Larve) (von links nach rechts) (*Pratylenchus*, *Ditylenchus*, *Tylenchorhynchus* aus Siddiqi, 2000, *Meloidogyne* aus Mulk, 1976).

Ordnung Dorylaimida

Dorylaimida

Relativ große pflanzenparasitäre Arten (1,5 bis 10 mm) mit langem Mundstachel. Fehlen eines Mittelbulbus, Muskeln zum Aufsaugen der Nahrung befinden sich im Basalbulbus. Kutikula ohne Querringelung. Ausschließlich ektoparasitisch. Einzelne Arten sind Überträger von Pflanzenviren.

Longidorus, Paralongidorus, Xiphinema

Alle pflanzenparasitären Arten dieser Gattungen sind **wandernde Ektoparasiten**. Der lange Mundstachel (100 bis 300 µm) ermöglicht ein Besaugen von Zellen tief im pflanzlichen Gewebe. Die Saugtätigkeit konzentriert sich auf die Wurzelspitzen und kann über einen längeren Zeitraum erfolgen. Infolge der Saugtätigkeit krümmt sich die Wurzelspitze und schwillt zu einer Galle an. Der Nährstoffentzug ist erheblich und kann pro Stunde bis zum vierzigfachen Volumen einer Wurzelspitzenzelle betragen. Die Entwicklungszeit ist deutlich länger als bei anderen pflanzenparasitären Nematoden. Sie liegt für die meisten Arten zwischen 9 Wochen (*L. elegans*) und 6 Monaten (*X. index*), kann aber auch bis zu zwei Jahre betragen (*P. maximus*). Die meisten Arten sind polyphag. Einige Arten übertragen Nepoviren, wie *L. elongatus* (Raspberry ringspot virus, Tomato black ring virus), *P. maximus* (Raspberry ringspot virus), *X. index* (Grapevine fanleaf virus) und *X. diversicaudatum* (Arabis mosaic virus). Die Viren haften im Innern des Mundstachels bzw. in der Mundhöhle an. Mit der Häutung gehen die Viren verloren.

Ordnung: Triplonchida

Triplonchida

Relativ gedrungene Nematoden von 0,6 bis 1,2 mm Länge. Der Mundstachel ist gebogen und massiv. Fehlen eines Mittelbulbus. Kutikula ohne Querringelung. Ausschließlich ektoparasitisch. Einzelne Arten sind Überträger von Pflanzenviren.

Trichodorus, Paratrichodorus

Trichodoren sind **wandernde Ektoparasiten** mit meist großem Wirtspflanzenspektrum (polyphag). Die Tiere saugen überwiegend an, oder dicht hinter der Wurzelspitze. Das Wurzelwachstum wird eingestellt. Feinwurzeln sind bis auf kurze Stoppeln reduziert (‚stubby root nematode'). Die Gattung *Paratrichodorus* unterscheidet sich von *Trichodorus* durch eine geschwollene Kutikula. Häufig vorkommende Arten sind *T. primitivus*, *T. similis*, *T. viruliferus*, *P. pachydermus* und *P. teres*. Die genannten Arten übertragen auch verschiedene Tobraviren (Tobacco rattle virus, Pea early browning virus). Im Kartoffelbau kann Tobacco rattle virus erhebliche Schäden verursachen (**Eisenfleckigkeit**). Die Viren haften an den Wänden der Mundhöhle und werden beim Besaugen an die Pflanzenzelle abgegeben. Während der Häutung werden die Viren abgestoßen. Erst nach dem Saugen an einer virusinfizierten Pflanzenzelle und der Aufnahme neuer Viruspartikeln werden die Tiere wieder infektiös.

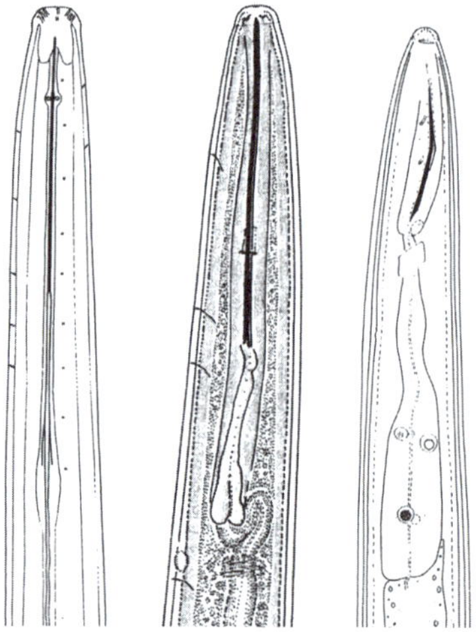

Abb. 43: Kopfregion von *Longidorus*, *Xiphinema*, *Trichodorus* (von links nach rechts) (*Longidorus* aus Rubtsova et. al., 2001, *Xiphinema* aus Siddiqi, 1973, *Trichodorus* aus De Waele et al., 1986).

6.6 Gegenmaßnahmen

Pflanzenparasitäre Nematoden zählen aufgrund ihrer hohen Vermehrungsraten, ihres meist breiten Wirtspflanzenspektrums und der häufig geringen Schadensschwellen zu den schwierig zu bekämpfenden Schaderregern. Die wichtigsten Maßnahmen sind:

- Vorbeugend: gesundes Saat- und Pflanzgut, Vermeiden der Ein- und Verschleppung
- Fruchtfolge: Anbaupause einhalten (z. B. 3 bis 5 Jahre bei Zystennematoden), gezielter Anbau von Nichtwirtspflanzen (z. B. Getreide gegen *M. hapla* und *H. schachtii*, Luzerne gegen *M. chitwoodi*)
- Anbau resistenter Sorten: Resistenzen gibt es u. a. bei Kartoffeln gegen *Globodera rostochiensis* und *G. pallida*, bei Zuckerrüben und Senf gegen *H. schachtii*, bei Ölrettich gegen *H. schachtii* und *M. chitwoodi*, bei Sommergerste und Hafer gegen *H. avenae* und *H. filipjevi*
- Anbau toleranter Sorten zur Ertragssicherung (z. B. bestimmte Kartoffelsorten gegen *Globodera* spp., bestimmte Zuckerrübensorten gegen *H. schachtii*)
- Schwarzbrache: Aushungern der Nematoden durch Freihalten der Fläche von jeglichem Bewuchs; die Brachezeit sollte mindestens 4 Monate betragen
- Anbau von Feindpflanzen (z. B. *Tagetes* gegen *Pratylenchus*)
- Anbau von Fangpflanzen: ausschließlich gegen sedentäre Endoparasiten; Larven dringen in die anfällige Wirtspflanze und werden sedentär; Zerstören der Wirtspflanze (z. B. durch Umbrechen, chemisch) vor Abschluss der Nematodenentwicklung, in der Regel nach ca. 5 Wochen (z. B. Ölrettich gegen *Meloidogyne hapla*)
- Unkrautbekämpfung: eine gute Unkrautunterdrückung ist ganz entscheidend für die Wirkung der oben erwähnten pflanzenbaulichen Maßnahmen, da sich Nematoden an zahlreichen Unkräutern gut vermehren; gilt insbesondere für polyphage Arten wie *Pratylenchus* spp., *M. hapla*, *Trichodorus* spp.
- Physikalische Maßnahmen: Bodendämpfung (Gewächshaus), Warmwasserbehandlung, z. B. von Leguminosensaatgut gegen *Ditylenchus dipsaci* bzw. Erdbeerpflanzgut gegen *Aphelenchoides fragariae*, Solarisation in wärmeren Regionen
- Biologische Bekämpfung mit endoparasitischen Bakterien (z. B. *Pasteuria penetrans*), antagonistischen Bakterien (z. B. *Agrobacterium radiobacter*, *Bacillus firmus*, *Burkholderia cepacia*), nematophagen Pilzen (z. B. *Hirsutella rhossiliensis*), eipathogenen Pilzen (z. B. *Paecilomyces lilacinus*, *Pochonia chlamydosporium*) oder räuberischen Pilzen (z. B. *Arthrobotrys* spp.)
- Chemische Pflanzenschutzmittel: einzig zugelassenes Nematizid in Deutschland ist Nemathorin zur Bekämpfung von Kartoffelzystennematoden (Stand: 2006). Weltweit werden verschiedene Nematizide und Bodenbegasungsmittel eingesetzt (z. B. Aldicarb, Metam-Natrium, Dazomet, Telone, Chloropikrin). Neue nematizide Wirkstoffe (z. B. pilzliche Stoffwechselprodukte) befinden sich in der Zulassung, u. a. als Saatgutbeizung (z. B. Avicta an Baumwolle)

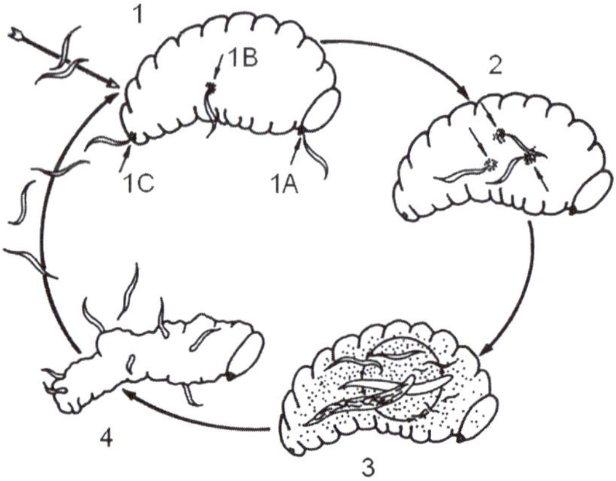

Abb. 44: Entwicklungszyklus von *Heterorhabditis* sp. in einer Larve des Dickmaulrüsslers. 1 = Dauerlarven dringen aus dem Boden durch Körperöffnungen (1A = Anus, 1B = Tracheen, 1C = Anus) in den Wirtsorganismus ein. 2 = Larven setzen symbiontische Bakterien frei (Pfeil), die den Wirt abtöten. 3 = Entwicklung der Nematoden bis zu einer neuen Generation von Dauerlarven. 4 = Dauerlarven verlassen den Wirtskadaver (aus Krieg und Franz, 1989).

6.7 Nematoden als Nützlinge

Entomopathogene Nematoden

Entomopathogene Nematoden werden zur biologischen Bekämpfung der Larvenstadien zahlreicher Insekten (z. B. Dickmaulrüssler, Gartenlaubkäfer, Dungkäfer, Maikäfer, Junikäfer, Maulwurfsgrille, Trauermücke) und von Schmetterlingsraupen (z. B. Wintersaateule, Ypsiloneule) eingesetzt. Hierbei handelt es sich um Nematoden der Gattungen *Steinernema* und *Heterorhabditis* (Ordnung Rhabditida), die in Symbiose mit Bakterien der Gattungen *Xenorhabdus* bzw. *Photorhabdus* leben. Die im Boden lebenden **Dauerlarven** der Nematoden besiedeln den Wirt über natürliche Körperöffnungen (Mund, Anus, Tracheen). Arten der Gattung *Heterorhabditis* können zudem mithilfe eines „Zahns" am Kopfende auch direkt die Kutikula durchdringen. Im Wirt wandern die Nematoden in die Hämolymphe und setzen dort die assoziierten Bakterien frei. Es folgt eine rasche Vermehrung der Bakterien, in deren Folge es zur **Septicaemie** (Blutvergiftung) kommt, die innerhalb von 2 bis 3 Tagen zum Tod des Wirtes führt. Die Nematoden ernähren sich von den Bakterien und dem von ihnen vorverdauten Wirtsgewebe. Nach abgeschlossener Entwicklung verlassen die Nematoden den Wirt und infizieren neue Larven. In einem Engerling können bis zu 300 000 Dauerlarven heranwachsen. Die Wirt-Parasit-Beziehung ist recht spezifisch. Nützlingsfirmen bieten unterschiedliche Arten von *Steinernema* und *Heterorhabditis* für die Bekämpfung verschiedener Schaderreger an (s. Kap. 13.4).

Nematoden zur Schneckenbekämpfung

Der Nematode *Phasmarhabditis hermaphrodita* (Ordnung Rhabditida) wird in der biologischen Bekämpfung von Schnecken eingesetzt. Dauerlarven dieses Nematoden dringen über das Atemloch unterhalb des Mantels in die Schnecken ein. Bakterien werden abgegeben, die die Schnecke zersetzen. Es kommt zu einem typischen Anschwellen des Mantels. Bereits nach wenigen Tagen stellen die Schnecken die Nahrungsaufnahme ein und nach 7 bis 20 Tagen sterben sie. *P. hermaphrodita* wird kommerziell als Molluskizid vertrieben. Die Wirkung richtet sich in erster Linie gegen Nacktschnecken (z. B. Ackerschnecke). Dabei werden junge Tiere besser parasitiert als ältere Tiere.

Fragen zu Kapitel 6

- Wie können pflanzenparasitäre Nematoden entsprechend (a) ihrer Lebensweise und (b) der bevorzugt befallenen Pflanzenorgane eingeteilt werden?
- In welchen Merkmalen unterscheiden sich die Ordnungen Tylenchida und Dorylaimida?

- Welche Funktion hat der Klappenapparat?
- Auf welche Weise können pflanzenparasitäre Nematoden die Pflanze schädigen?
- Welche Möglichkeiten gibt es zur Bekämpfung von pflanzenparasitären Nematoden?
- Auf welche Weise befallen Stock- und Stängelnematoden die Pflanzen und wie schädigen sie?
- Wie unterscheiden sich zystenbildende von gallenbildenden Nematoden (Beispiele, Vorkommen, wirtschaftliche Bedeutung)?
- Nematoden welcher Gattungen können pflanzenpathogene Viren übertragen?
- Auf welche Weise schädigen entomopathogene Nematoden ihren Wirt?

Weiterführende Literatur

Decker, H., 1969: Phytonematologie. VEB Deutscher Landwirtschaftsverlag, Berlin.

Evans, K., D. L. Trudgill und J. M. Webster, 1993: Plant Parasitic Nematodes in Temperate Agriculture. CABI Publishing, Wallingford.

Ferraz, L. C. C. B. und D. J. F. Brown, 2002: An Introduction to Nematodes: Plant Nematology – A Student's Textbook. Pensoft Publishers, Sofia.

Luc, M., R. A. Sikora und J. Bridge, 2005: Plant Parasitic Nematodes in Subtropical and Tropical Agriculture. CABI Publishing, Wallingford.

7 Arthropoden

Arthropoden (Gliederfüßler)
Mit mehr als 1 Million beschriebener Arten der bisher größte Tierstamm. Die Körperlänge reicht von unter 0,1 mm bis 60 cm. Das Außenskelett besteht aus Chitin und wird beim Wachstum regelmäßig abgestoßen und neu gebildet (Häutung). Der Körper ist segmentiert und trägt ursprünglich an jedem Segment ein Paar Gliedmaßen, die recht unterschiedlich ausgebildet sein können (Fühler, Mundwerkzeuge, Laufbeine, Flügel). Zu den Arthropoden zählen Krebse, Spinnen, Tausendfüßler und Insekten.

7.1 Arthropoden als Schaderreger

Knapp ein Drittel aller Arthropoden sind Herbivoren, d. h. sie ernähren sich von Pflanzen bzw. Pflanzenteilen. Doch nur in den wenigsten Fällen ist damit auch ein Schaden verbunden. Weltweit verursachen lediglich einige Hundert Arten wirtschaftliche Schäden an Kulturpflanzen. Die dabei verursachten **Ertragsverluste** sind jedoch beträchtlich und werden auf 18% der Welternte geschätzt, gegenüber 32% Verlusten durch Unkräuter und 15% durch Pilze. In warm-trockenen Regionen sind Insekten häufig die bedeutendsten Schaderreger, wohingegen sie in den gemäßigten Regionen in ihrer Bedeutung hinter Unkräutern und Pilzen rangieren.

Der **Schaden** durch Arthropoden ist immer dann besonders groß, wenn Ernteorgane befallen werden. Kann ein Verlust von Blattfläche durch die Pflanze noch relativ gut kompensiert werden, führt ein Befall des Erntegutes fast immer zu erheblichen Ertragsausfällen. Ein weiterer Faktor ist die Vermehrungsrate der Schaderreger, denn es bedarf einer kritischen Anzahl an Tieren, damit der verursachte Schaden auch wirtschaftlich ins Gewicht fällt. Hinzu kommen die Umweltbedingungen, die in entscheidendem Maße die Populationsdichte einer Tierart bestimmen. Nur wenn all diese Faktoren günstig sind, kommt es zum Schaden. Da sich die Faktoren, insbesondere die Umweltbedingungen (z. B. Klima, Fruchtfolge, Sorte) kontinuierlich ändern, ändert sich auch das Spektrum der Schaderreger. Einzelne Arten gewinnen an Bedeutung (z. B. Maiszünsler, Westlicher Maiswurzelbohrer, Getreideblattläuse), andere Arten verlieren an Bedeutung (z. B. Feldmaikäfer, Reblaus). Im vorliegenden Kapitel werden die phytomedizinisch bedeutendsten Arthropoden beschrieben. Schadbild, wirtschaftliche Bedeutung und Bekämpfung der für Deutschland wichtigsten Arten werden in Kapitel 14 behandelt.

Insekten als Schaderreger
Die Larve eines Kartoffelkäfers frisst etwa 100 cm^2 Blattfläche, die Nachkommen eines Weibchens bei zwei Generationen im Jahr vernichten bis zu 300 Kartoffelstauden oder 150 m^2 Anbaufläche, bei trocken-warmer Witterung und bei einer dritten Generation sogar bis zu 2,5 ha Anbaufläche. Die 1860 nach Europa eingeschleppte Reblaus *Daktulosphaira vitifoliae* (ursprünglich *Phylloxera vastatrix* = „verwüstende Blattvertrocknerin“) vernichtete Millionen Hektar Reben und brachte den Weinbau an den Rand des Zusammenbruchs, ehe reblausresistente amerikanische Pfropfreben die Vernichtung stoppten.

7.2 Systematik phytomedizinisch bedeutender Arthropoden

Stamm	Arthropoda (Gliederfüßler)	
	Klasse	Crustacea (Krebse)
		Ordnung Isopoda (Asseln)
	Klasse	Arachnida (Spinnentiere)
		Ordnung Acari (Milben)
		Ordnung Araneae (Spinnen)
	Klasse	Myriapoda (Tausendfüßler)
	Klasse	Insecta (Insekten, Kerbtiere)
		Ordnung Collembola (Springschwänze)
		Ordnung Saltatoria (Heuschrecken)
		Ordnung Dermaptera (Ohrwürmer)
		Ordnung Blattodea (Schaben)
		Ordnung Isoptera (Termiten)
		Ordnung Thysanoptera (Thripse, Fransenflügler, Blasenfüße)
		Ordnung Heteroptera (Wanzen)
		Ordnung Homoptera (Pflanzensauger)
		Ordnung Planipennia (Netzflügler)
		Ordnung Coleoptera (Käfer)
		Ordnung Hymenoptera (Hautflügler)
		Ordnung Lepidoptera (Schmetterlinge)
		Ordnung Diptera (Zweiflügler)

7.3 Körperaufbau und Lebensweise

Das **Außenskelett** der Arthropoden besteht aus Chitin. Es dient der mechanischen Festigung sowie dem Ansatz der Muskeln und schützt vor Austrocknung und Verletzung. Die äußere Oberfläche ist stark hydrophob und kann nur von apolaren fettlöslichen Substanzen durchdrungen werden. Da die Chitinkutikula nicht dehnbar ist, sind beim Wachstum regelmäßige Häutungen und Neubildungen der Kutikula (Ausscheidungen der Epidermis) nötig. Diese Häutungen sind hormonell gesteuert. Der **Körper** ist segmentiert. Ursprünglich trägt jedes Segment ein Paar Gliedmaßen, die sehr unterschiedlich ausgebildet sein können (Fühler, Mundwerkzeuge, Flügel, Laufbeine). Das **Strickleiternervensystem** besteht aus Ganglienpaaren an der Bauchseite, sowie Ganglien oberhalb (Oberschlundganglion = Gehirn) und unterhalb der Mundöffnung (Unterschlundganglion), die aus der Verschmelzung einzelner Ganglienpaare hervorgegangen sind. Das **Darmsystem** ist einfach gebaut. Die Nahrung wird über Mundöffnung, Schlund und Ösophagus (Kropf) in den Kaumagen geführt. Hier erfolgt die Vorverdauung. Sekrete umfangreicher Speicheldrüsen unterstützen den Nahrungsaufschluss. Im anschließenden Mitteldarm wird die Nahrung verdaut und resorbiert. Zwischen Mittel- und Enddarm befindliche Malpighische Gefäße dienen der Exkretzufuhr, um die Resorption von Wasser und Ionen im Enddarm zu erhöhen. Die **Atmung** erfolgt über Tracheen (Land) oder Kiemen (Wasser), bei kleinen Arthropoden teilweise auch durch Diffusion. In einem Netz feiner Kapillaren versorgen die Tracheen alle Organe mit Sauerstoff. Das **Kreislaufsystem** ist offen, die Hämolymphe (Körperflüssigkeit) umspült alle Organe und transportiert Nährstoffe sowie Endohormone. Die Hämolymphe wird durch ein dorsal gelegenes schlauchförmiges Herz bewegt. Gefäße sind kaum vorhanden. **Fortpflanzung und Entwicklung** erfolgt getrenntgeschlechtlich, Parthenogenese (Jungfernzeugung) ist bei einigen Arten möglich. Jungtiere sind häufig an besondere Lebensbedingungen angepasst und wandeln sich im Verlauf der Häutungen oder im Puppenstadium in die Form adulter Tiere um (Metamorphose).

7.4 Wichtige pflanzenschädliche Arthropoden

7.4.1 Klasse Crustaceae (Krebse)

Die zu den Crustacea zählenden Asseln zeichnen sich durch einen flachen Körper und einen gegliederten Rumpf aus. Verschiedene Landasseln fressen gelegentlich flache Löcher in weiches Pflanzengewebe. Sie können in Gewächshäusern (z. B. an Gurke) oder im Gemüselager Schäden verursachen.

7.4.2 Klasse Arachnida (Spinnentiere)

Spinnentiere haben zwei Paar Mundgliedmaßen (Cheliceren, Pedipalpen), Fühler fehlen. Der Körper ist gegliedert in einen Vorder- und einen Hinterleib (Prosoma und Opisthosoma). Am Prosoma befinden sich **vier Laufbeinpaare**. Der Kopf ist nicht abgesetzt. Phytomedizinisch relevant sind Milben als Schädlinge, sowie Raubmilben und Spinnen als Räuber (Kap. 7.5).

Ordnung Acari (Milben)

Körperaufbau. Milben sind die einzigen phytophagen Vertreter unter den Spinnentieren. Es sind kleine Tiere von meist unter 1 mm Körpergröße. Der Körper ist ungegliedert, doch befindet sich zwischen dem zweiten und dem dritten Beinpaar eine Querfalte. Das erste Larvenstadium hat drei Beinpaare, alle weiteren Stadien und adulte Tiere haben vier Beinpaare. Bei den Mundgliedmaßen sind die Cheliceren zu Stechborsten umgestaltet und die Pedipalpen einfach beinartig oder zu Scheren umgebildet. Einfache Punktaugen dienen der Lichtwahrnehmung. Eine farblose Blutflüssigkeit umspült die Organe, ein Herz fehlt. Die Atmung erfolgt durch röhrenförmige Tracheen oder durch Diffusion. Das Nervensystem besteht aus einem Ober- und einem Unterschlundganglion ringförmig um den Ösophagus, von dem aus Nerven in alle Teile des Körpers führen. Alle phytophagen Milben sind getrenntgeschlechtlich und legen Eier ab. Nach in der Regel drei Nymphenstadien ist die Entwicklung zum adulten Tier abgeschlossen. Unter günstigen Bedingungen haben Milben eine hohe Reproduktionsrate mit mehreren Generationen pro Jahr.

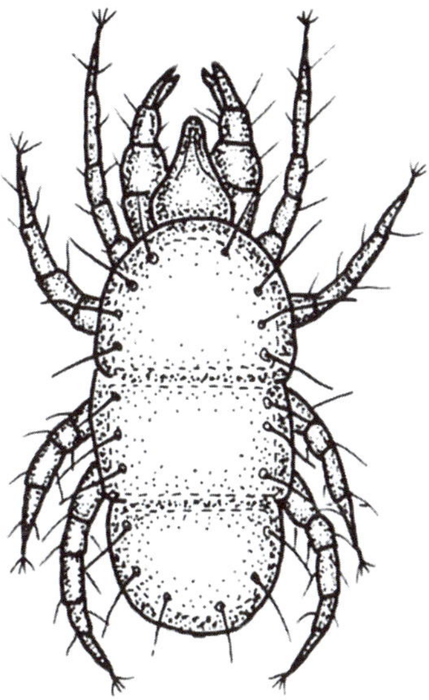

Abb. 45: Habitus einer Spinnmilbe (aus Börner, 1997).

Lebensweise. Anhand der Ernährungsweise unterscheidet man zwischen Destruenten organischer Abfallstoffe, Parasiten von Mensch und Tier, Räubern von Nematoden, Milben, Kleininsekten und Insekteneiern, und phytophagen Arten. Phytophage Arten stechen das Pflanzengewebe von außen an, saugen an einzelnen Zellen und geben Speichelsekrete ab. Die Pflanze reagiert mit Aufhellungen des Blattgewebes am Saugort durch Lufteintritt, Blattflecken, Berostungen, Welkeerscheinungen oder Gallenbildung.

Verbreitung und Populationsentwicklung. Da Milben nicht beflügelt sind, verbreiten sie sich hauptsächlich durch Wind, tierische Vektoren, Menschen oder an Spinnfäden. Warme und trockene Witterung (Gewächshaus) wirkt sich positiv auf die Populationsentwicklung aus, Regen negativ. Wesentlichen Einfluss auf die Populationsdichte haben Prädatoren wie Raubmilben, Florfliegen, Raubwanzen und Coccinelliden (s. Kap. 13.4).

Bekämpfung. Milben sind oftmals ein hausgemachtes Problem, hervorgerufen durch unsachgemäßen Pflanzenschutz. Der Einsatz breit wirksamer Insektizide vernichtet nicht nur die Milben, sondern auch die natürlichen Gegenspieler (Prädatoren). Hinzu kommt eine zunehmende Resistenzbildung gegen diese Wirkstoffe. Zur Bekämpfung eingesetzte Akarizide sollten Raubmilben schonen (s. Kap. 13.7.2.9). Für Dauerkulturen (Obst, Weinbau) und den Unterglasanbau stehen verschiedenste biologische Bekämpfungsverfahren zur Verfügung (s. Kap. 13.4).

Familie Tetranychidae (Spinnmilben)

Ausschließlich Pflanzensauger, ca. 0,5 mm groß; teils intensive Spinntätigkeit mittels Spinndrüsen (umgewandelte Speicheldrüsen) am Kopfende; ausgeprägter Sexualdimorphismus: Männchen kleiner als Weibchen; überwinternde Stadien oft kräftig rot gefärbt („Rote Spinne“); Überwinterung im Ei; teils Virusüberträger (z. B. Barley yellow streak mosaic virus).

- *Tetranychus urticae* (Gemeine Spinnmilbe): polyphag; an Gemüse, Zierpflanzen, Hopfen, Wein, Obst (Hochsommer), Problemschädling unter Glas
- *Tetranychus cinnabarinus*: Weibchen braunrot gefärbt; an Gurke und Tomate im Gewächshaus
- *Panonychus ulmi* (Obstbaumspinnmilbe): wichtiger Schädling an Obst und Wein; überwintert als Ei an Triebenden (Rückschnitt)

Familie Tarsonemidae (Weichhautmilben)
Bis 0,2 mm lang, Körper durch Querfurche in Vorder- und Hinterabschnitt gegliedert; Kutikula wenig chitinisiert (Name!); das letzte Beinpaar des Weibchens ist fadenförmig, das letzte Beinpaar des Männchens zum Greifen des Weibchens umgebildet (**Sexualdimorphismus**).

- *Tarsonemus pallidus* (Erdbeermilbe): polyphag an jungem Pflanzengewebe; Schäden primär an Erdbeere und Zierpflanzen im Gewächshaus

Familie Eriophyidae (Gallmilben)
Sehr kleine Milben (0,1 bis 0,3 mm) mit nur zwei Beinpaaren; Hinterleib wurmförmig verlängert und äußerlich geringelt; erzeugen Gallen (Knospengallen, Hexenbesen); teils Virusüberträger (z. B. Wheat streak mosaic virus).

- *Cecidophyopsis ribis* (Johannisbeergallmilbe): an Schwarzer Johannisbeere; Milben dringen im Frühsommer in Knospenanlagen ein, überwintern dort und induzieren im Frühjahr durch ihre Saugtätigkeit einen vorzeitigen Austrieb und Hypertrophie der Knospen; große wirtschaftliche Bedeutung
- *Eriophyes vitis* (Rebenpockenmilbe): an Wein; pockenartige Erhebung auf der Blattoberseite, Einsenkung an der Blattunterseite mit braunem Filz

Weitere Arten sind *Eriophyes piri* (Birnenpockenmilbe), *Aculus schlechtendali* (Apfelrostmilbe) und *Aculus fockeui* (Pflaumenrostmilbe).

Familie Tyroglyphidae (Wurzelmilben, „Hausmilben“)
Vorratsschädlinge (Futterverderb) von 0,5 mm Größe; abgestreifte Larvenhäute (**Exuvien**) können Schleimhautreizungen (Mensch), Durchfälle mit Todesfolge (Tiere) sowie Verferkeln bei Muttersäuen hervorrufen; pilzfressende Arten vergesellschaftet mit Schimmelpilzen verursachen beim Menschen Allergien und asthmatische Anfälle.

- *Acarus siro* (Mehlmilbe): an bevorrateten Mehlprodukten, Teigwaren, Trockenobst, etc.

7.4.3 Klasse Myriapoda (Tausendfüßler)

Lang gestreckte, gleichartig segmentierte Arthropoden. Jedes Segment trägt ein (Symphyla, Zwergfüßler) oder zwei Beinpaare (Diplopoda, Doppelfüßler). Der Kopf ist mit Fühlern und Mundwerkzeugen versehen. Die Atmung erfolgt über Tracheen. Vermehrung durch Eier, die in den Boden abgelegt werden. Spürbare Schäden in Jahren mit Massenvermehrung (z. B. *Blaniulus guttulatus* an Zuckerrübe, Abb. 46).

Ordnung Diplopoda (Doppelfüßler)

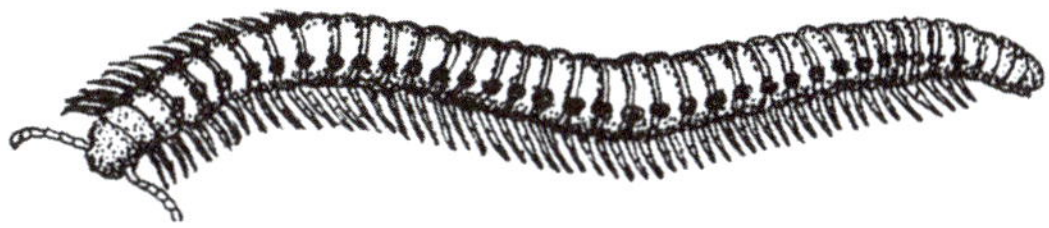

Abb. 46: *Blaniulus guttulatus* (aus Hoffmann und Schmutterer, 1999).

Ernährungsweise überwiegend von abgestorbener organischer Substanz; können bei Trockenheit zur Deckung ihres Feuchtigkeitsbedarfs auf Pflanzenmaterial übergehen; bevorzugte Eindringung und Aushöhlung fleischiger Pflanzenteile; gelegentlich werden auch auflaufende Saaten, Kartoffeln und Gemüsekulturen geschädigt. Wichtige Arten sind *Cylindrojulus teutonicus* (Gemeiner Tausendfuß), *Blaniulus guttulatus* (Gemeiner Tüpfeltausendfuß) und *Polydesmus angustus* (Flacher Tausendfuß).

Ordnung Symphyla (Zwergfüßler)

Kleine, wenige Millimeter große Tiere mit 12 Beinpaaren; als Schädling vor allem in Gewächshäusern, bevorzugt in Nähe des Mauerwerks; Fraß an Haar- und Seitenwurzeln, teils an Stängeln von Radies, Gurken und Tomaten sowie auf dem Boden liegenden Salatblättern. Häufigste Art ist *Scutigerella immaculata* (Gewächshaus-Zwergfüßler).

7.4.4 Klasse Insecta (Insekten, Kerbtiere)

Insekten

Insekten sind die artenreichste Klasse des Tierreichs mit über 950 000 beschriebenen Arten, davon ca. 30 000 in Mitteleuropa. Die Namensgebung stammt vom lateinischen Wort „insecta" = eingeschnitten und verweist auf die Körpergliederung in Kopf, Thorax und Abdomen. In Mitteleuropa auftretende pflanzenschädliche Insekten haben eine Größe von 0,2 mm bis 8 cm.

Körperaufbau. Der Aufbau der Insekten folgt dem Grundbauplan der Arthropoden, ist in vielen Fällen aber deutlich höher entwickelt (Abb. 47). Der Körper adulter Tiere ist in drei Abschnitte segmentiert: **Caput** (Kopf, bestehend aus 6 Segmenten), **Thorax** (Brust, mit den Segmenten Pro-, Meso- und Metathorax) und **Abdomen** (Hinterleib, mit bis zu 11 Segmenten). Das Chitinskelett des Kopfes bildet eine einheitliche Kapsel. Die ursprüngliche Segmentierung ist teilweise noch am Auftreten der Extremitäten zu erkennen. Am ersten Segment sitzt 1 Paar **Antennen** (Fühler) mit zahlreichen Geruchs- und Tastsinnesorganen. Es folgen 3 Paar Mundwerkzeuge, die von einer unpaaren Falte der Kopfkapsel (Oberlippe) überdacht werden. Die Mundgliedmaßen setzen sich zusammen aus **Mandibeln** (Oberkiefer), den **1. Maxillen** (Unterkiefer) und der **2. Maxille** (Unterlippe oder Labium; Abb. 48). Die Grundform bei Insekten sind beißende Mundwerkzeuge mit kräftigen Mandibeln zum Zerkleinern fester Nahrung und mehrgliedrigen Maxillen zum Halten und Transport der Nahrung zur Mundöffnung. Zur Aufnahme flüssiger Nahrung aus Pflanzenzellen bzw. aus den pflanzlichen Leitgefäßen sind stechend-saugende Mundwerkzeuge erforderlich. Hierbei sind die Mandibeln und Maxillen zu dünnen Stechborsten verlängert, die

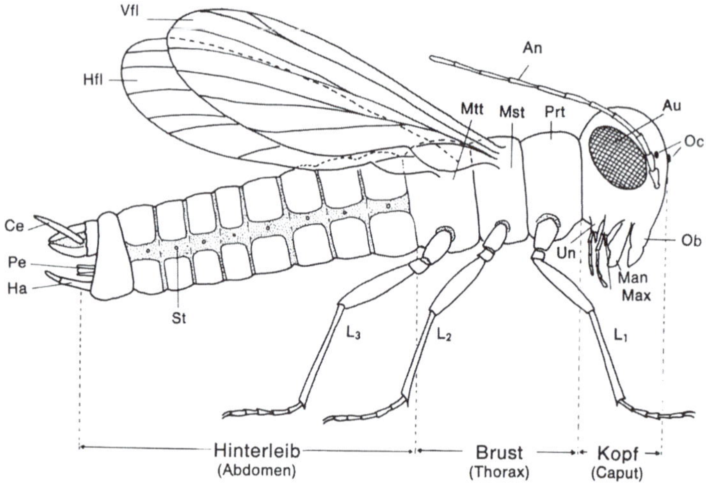

Abb. 47: Morphologie eines geflügelten Insekts. An = Antennen; Au = Auge; Ce = Cercus; Ha = Herpago; Hfl = Hinterflügel; L1, L2, L3 = Laufbeine; Man = Mandibel; Max = Maxille; Mst = Mesothorax; Mtt = Metathorax; Ob = Oberlippe; Oc = Ocellen; Pe = Penis; Prt = Prothorax; St = Stigma; Vfl = Vorderflügel; Un = Unterlippe (aus Börner, 1997).

einen Nahrungskanal und einen Speichelkanal bilden. Als pflanzliche Schaderreger treten vor allem Insekten mit beißend-kauenden und stechend-saugenden Mundwerkzeugen auf. Daneben gibt es Insekten mit leckend-saugenden (Biene) und saugenden (Schmetterling) Mundwerkzeugen.

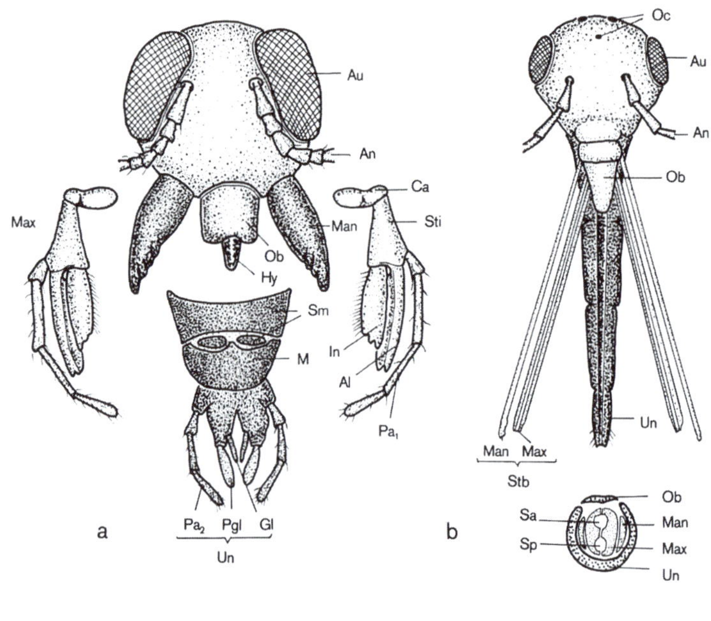

Abb. 48: Mundwerkzeuge der Insekten: a = beißend-kauend, b = stechend-saugend. Al = Außenlade; An = Antenne; Au = Auge; Ca = Cardo; Hy = Hypopharynx; In = Innenlade; M = Mantum; Man = Mandibel; Max = Maxille; Ob = Oberkiefer; Oc = Ocellen; Pa1 = Maxillarpalpen; Pa2 = Labialpalpen; Pgl = Paraglossa; Sa = Saugrohr; Sm = Submentum; Sp = Speichelrohr; Stb = Stechborsten; Sti = Stipes; Ta = Tarsus; Ti = Tibia; Tr = Trochanter; Un = Unterlippe (aus Börner, 1997).

Am Thorax trägt jedes der drei Brustsegmente ein Beinpaar. Die Insektenbeine sind untergliedert in **Coxa** (Hüfte), **Trochanter** (Schenkelring), **Femur** (Schenkel), **Tibia** (Schiene) und **Tarsus** (Fuß) und können je nach Lebensweise der Insekten zu Grabschaufeln (Maulwurfsgrille, Maikäfer), Sammelbeinen (Biene) oder Sprungbeinen (Erdflöhe) umfunktioniert sein. Mit Ausnahme der Collembolen tragen alle adulten pflanzenschädlichen Insekten am Meso- und Metathorax je ein Flügelpaar. Bei den Dipteren befinden sich am Metathorax anstelle der Flügel ein Paar Schwingkölbchen (Halteren). Die **Flügel** stellen Hautausstülpungen dar, die im Falle der Vorderflügel vollständig chitinisiert (Käfer), teilweise chitinisiert (Wanzen) oder häutig (Hautflügler) sein können.

Das **Abdomen** besteht aus maximal 11 Segmenten, die durch weiche Häute miteinander verbunden sind und somit eine hohe Beweglichkeit des Hinterleibs gewährleisten. Am Abdomen adulter Insekten befinden sich keine Extremitäten (Ausnahme: Sprunggabel der Collembolen).

Die **inneren Organe** der Insekten folgen dem Bauplan der Arthropden, sind bei den relativ hoch entwickelten Insekten jedoch oftmals weiterentwickelt; so insbesondere das Nervensystem mit stark vernetzten Ganglienmassen in Kopf und Thorax. Die Komplexaugen gestatten die Wahrnehmung von Form und Farbe. Stark entwickelt sind zudem Geruchs- und Geschmackssinn. Die Fortpflanzungsorgane pflanzenschädlicher Insekten sind für die Produktion hoher Nachkommenzahlen optimiert. Ovarien bestehen teils aus mehreren Eileitern für eine gleichzeitige Ausreifung von Eiern. Weibchen können oftmals Spermien in Samentaschen (Receptacula seminis) speichern und so nach einmaliger Begattung über einen längeren Zeitraum befruchtete Eier ablegen. Die Eiablage (Oviposition) erfolgt vielfach über einen Legebohrer oder Legesäbel.

Fortpflanzung. Phytophage Insekten vermehren sich in der Regel geschlechtlich durch Eier, wobei die Eiablage in, an oder in unmittelbarer Nähe der Wirtspflanze erfolgt. Vielfach wird die Wirtspflanze durch die Eiablage geschädigt (z. B. Blattwespen) und es entstehen Eintrittspforten für sekundäre Schaderreger. Neben der geschlechtlichen Fortpflanzung findet man insbesondere bei Blattläusen und Thripsen auch Jungfernzeugung (**Parthenogenese**) und die Form des Lebendgebärens (**Viviparie**). Die postembryonale Entwicklung verläuft in den einzelnen Insektenordnungen recht unterschiedlich. Man unterscheidet zwischen der unvollständigen Verwandlung (**Hemimetabolie**, z. B. Heuschrecken, Thripse, Blattläuse) und der vollständigen

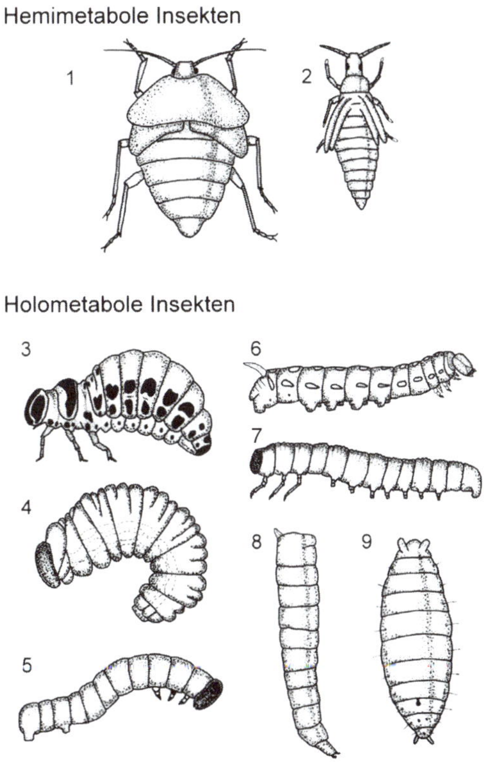

Abb. 49: Schädliche Larvenformen phytophager Insekten: 1 Wanze, 2 Thrips, 3 Blattkäfer, 4 Rüsselkäfer, 5 Schmetterling (Spanner), 6 Schmetterling, 7 Blattwespe, 8 Fliege, 9 Gallmücke (aus Börner, 1997).

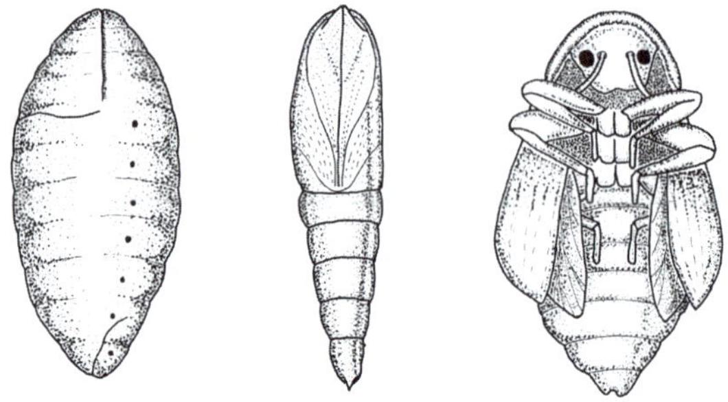

Abb. 50: Puppenformen der Insekten (von links nach rechts): 1 Tönnchenpuppe (Pupa coarctata), 2 Mumienpuppe (Pupa obtecta), 3 freie Puppe (Pupa libera) (aus Börner, 1997).

Verwandlung (**Holometabolie**, z. B. Käfer, Schmetterlinge). Bei der hemimetabolen Entwicklung ähneln die Larven phänotypisch den Imagines und unterscheiden sich von letzteren nur durch ihre geringere Größe, dem Fehlen von Flügeln bzw. dem Fehlen funktionsfähiger Fortpflanzungsorgane (Abb. 49). Sowohl Larve als auch Imago schädigen die Kulturpflanzen in vergleichbarer Weise.

Demgegenüber sind bei der holometabolen Entwicklung die Larven phänotypisch grundverschieden von den Imagines. Neben dem Fehlen von äußeren Geschlechtsorganen, Flügelanlagen und Komplexaugen sind die Larven meist raupen- oder madenartig mit reduzierten Extremitäten und beißenden Mundwerkzeugen (Abb. 49). Den Larven kommt die größte Bedeutung als Pflanzenschädlingen zu. Unter den Imagines verursachen nur einige Käfer, Hautflügler und Schmetterlinge wirtschaftliche Schäden. Die Verwandlung (**Metamorphose**) von der Larve zur Imago erfolgt über ein Ruhestadium, die Puppe. In diesem Stadium kommt es zu einer tiefgreifenden morphologischen und anatomischen Umwandlung der meisten Organsysteme. Es werden folgende Puppentypen unterschieden: freie Puppe (**Pupa libera**, typisch für Coleoptera), Mumienpuppe (**Pupa obtecta**, typisch für Lepidoptera), Tönnchenpuppe (**Pupa coarctata**, typisch für höhere Fliegen) (Abb. 50). Die Überwinterung kann als Ei, Larve, Puppe oder Imago erfolgen.

Entwicklung. Die Entwicklung der Insekten wird durch verschiedene Hormone gesteuert, deren wichtigste das Häutungshormon **Ecdyson** und das **Juvenilhormon** sind. Ecdyson löst die Häutung aus und bewirkt die Verwandlung der Larve zum erwachsenen Tier. Das Juvenilhormon ist gewissermaßen der Gegenspieler zum Ecdyson und hemmt eine vorschnelle Entwicklung zur Imago. Sinkt der Juvenilhormontiter unter einen bestimmten Wert, führt die nächste Häutung bei hemimetabolen Insekten zur Imago und bei holometabolen Insekten zur Verpuppung. Durch künstliche Zufuhr von Hormonen bzw. deren Analoga in modernen Pflanzenschutzverfahren wird die Entwicklung der Insekten gezielt gestört bzw. gehemmt (s. Kap. 13.7.2.8).

Kommunikation. Insekten kommunizieren mit ihren Artgenossen über optische, akustische und chemische Signale. Besonders bedeutsam sind die Pheromone. **Pheromone** sind flüchtige Stoffe, die von einem Individuum abgegeben werden und bei einem anderen Individuum der gleichen Art eine spezifische Reaktion auslösen (Tab. 15). Moderne Pflanzenschutzverfahren nutzen die spezifische Wirkung der Insektenpheromone zur Überwachung und Bekämpfung von Schädlingen (s. Kap. 13.6).

Tab. 15: Funktion der Pheromone bei Insekten.

	Funktion	Beispiel
Sexualpheromone	Auffinden von Geschlechtspartnern	Apfelwickler
Alarmpheromone	Warnen der Artgenossen vor Feinden	Blattläuse
Aggregationspheromone	Anlocken von Artgenossen, um durch gemeinsames Handeln Vorteile zu erlangen	Borkenkäfer
Ablenkungs- und Markierungspheromone	Verhindern von Übervölkerung bzw. Überbelegung eines Brutsubstrates	Kirschfruchtfliege, Buchdrucker
Spurpheromone	Hilfe beim Auffinden von Nahrung	Ameisenstraßen
Sozialpheromone	Synchronisation der sexuellen Reifung aller Individuen eines Schwarmes	Heuschrecken

Verbreitung und Populationsentwicklung. Die überwiegende Zahl der Insekten ist beflügelt und kann sich autonom ausbreiten. Die dabei zurückgelegte Stecke kann beachtlich sein. Zahlreiche Insekten legen mehrere Kilometer zwischen Sommer- und Winterquartier zurück. Die Gammaeule (*Autographa gamma*) dringt jährlich neu von Süd- nach Nordeuropa vor und der Monarchfalter legt bei seiner jährlichen Wanderung von Kanada ins Winterquartier nach Mexiko über 3000 km zurück. Mit Unterstützung von Luftströmungen können noch größere Entfernungen zurückgelegt werden. Den Rekord hält vermutlich die Wüstenheuschrecke *Schistocerca gregaria* mit 4500 km, die ausgehend von ihrer Heimat in Nordafrika an der Ostküste Südamerikas gefunden wurde. Wie Insekten die für lange Wanderungen benötigten Energiereserven bereitstellen, ist noch ungeklärt. Bei Blattläusen reichen die Energiereserven für 3 bis 6 Flugstunden, aber bereits ein Gegenwind von 0,5 m/s kann nicht überwunden werden. Darüber hinaus können Schadinsekten über Pflanzenmaterial, Maschinen und Tiere verschleppt werden.

Bekämpfung. Bekämpfungsmaßnahmen orientieren sich an der unterschiedlichen Lebensweise der Insekten. Von Bedeutung sind vorbeugende Maßnahmen (Pflanzenhygiene, Anbau resistenter Sorten, befallsfreies Saat- und Pflanzgut, s. Kap. 13.2), physikalische Maßnahmen (Schutznetze bzw. -vliese, Absammeln, s. Kap. 13.3), biologische Verfahren (Einsatz von Nutzarthropoden, s. Kap. 13.4), biotechnische Verfahren (Einsatz von Repellents und Attractants, Gentechnologie, s. Kap. 13.6) und chemische Verfahren (Einsatz von Insektiziden, s. Kap. 13.7).

Hemimetabole Insekten

Tab. 16: Ordnungen phytomedizinisch bedeutender hemimetaboler Insekten.

Ordnung	Größe	Mundwerkzeuge	Nahrung	Bedeutung
Collembola (Springschwänze)	sehr klein (0,2–5 mm)	beißend-kauend oder stechend-saugend	faulendes Pflanzenmaterial, Pilze, zarte Pflanzenteile	gelegentlich an Keimlingen schädigend
Saltatoria (Springschrecken, Heuschrecken)	mittelgroß bis groß (35–60 mm)	beißend-kauend	alle Pflanzen und Pflanzenteile (ober- und unterirdisch)	in Europa gering; große Schäden in ariden und subtropischen Gebieten
Dermaptera (Ohrwürmer)	klein bis mittelgroß (9–16 mm)	beißend-kauend	Allesfresser (Pilze, Algen, totes Pflanzenmaterial, Blattläuse, Milben)	schädlich nur bei Massenauftreten; ansonsten Nützlinge (Räuber)
Blattodea (Schaben)	mittelgroß bis groß (13-40 mm)	beißend-kauend	Allesfresser	in wärmeren Klimaten Vorratsschädling; bedeutender Hygieneschädling; in Mitteleuropa nur in Gebäuden
Isoptera (Termiten)	klein bis mittelgroß (10-30 mm)	beißend-kauend	Zellulose (abgestorbene Pflanzenreste, Holz)	in den Tropen/Subtropen bedeutender Schädling an verbautem Holz
Thysanoptera (Fransenflügler)	sehr klein (1–2 mm)	stechend-saugend	Pflanzensaft; Pilze, Pollen, Nektar; Milben, kleine Insekten	Verursacher erheblicher Wachstumsstörungen; Virusüberträger; Nützlinge (Räuber)
Heteroptera (Wanzen)	klein bis groß (5–35 mm)	stechend-saugend	Pflanzensaft; Insekten; Warmblüter	Wuchsstörungen und Verkrüppelungen (durch Saugtätigkeit und Abgabe toxischer Speichelsekrete); Überträger von Viren, Bakterien, Pilzen; Nützlinge (Räuber); Parasiten

Ordnung	Größe	Mundwerkzeuge	Nahrung	Bedeutung
Homoptera (Pflanzensauger)				
Unterordnung: **Cicadina** (Zikaden)	klein bis mittelgroß (4–10 mm)	stechend-saugend	Pflanzensaft (meist Phloem, aber auch Xylem oder Parenchym)	größte Bedeutung in tropischen Gebieten; Virusüberträger
Unterordnung: **Psyllina** (Blattflöhe)	sehr klein (2–4 mm)	stechend-saugend	Pflanzensaft (Phloem)	schädlich nur bei Massenbefall; Überträger von Phytoplasmen
Unterordnung: **Aleyrodina** (Mottenschildläuse)	klein (3–5 mm)	stechend-saugend	Pflanzensaft	größte Bedeutung in den Tropen/Subtropen; in Europa als Gewächshausschädlinge (Bedeutung zunehmend); Virusüberträger
Unterordnung: **Aphidina** (Blattläuse)	sehr klein (2–4 mm)	stechend-saugend	Pflanzensaft (Phloem)	bedeutendste Gruppe der Pflanzenläuse; Virusüberträger
Unterordnung: **Coccina** (Schildläuse)	klein bis mittelgroß (4–10 mm)	stechend-saugend	Pflanzensaft (Phloem, Parenchym)	schädlich vor allem im Obst- und Zierpflanzenbau; wärmeliebend; verursachen Wuchsstörungen; Virusüberträger

7.4.4.1 Ordnung Collembola (Springschwänze)

Bodenlebende, 0,2 bis 5 mm große Insekten. Springschwänze sind feuchtigkeitsliebend. Am vierten Abdominalsegment befindet sich meistens eine Sprunggabel (**Furca**) zur Fortbewegung. Sie ernähren sich überwiegend von faulendem Pflanzenmaterial und Pilzen. Bei Entzug von Alternativnahrung (Unkrautbekämpfung) bzw. bei Massenvermehrung kann eine Schädigung von Sämlingen (z. B. Zuckerrüben) und zarten Pflanzenteilen (häufig in Frühbeeten) erfolgen. Schlecht verrotteter Stallmist, sowie eingearbeitetes Stroh (z. B. Minimalbodenbearbeitung) bzw. Zwischenfrüchte fördern den Befall. In Europa sind über 1500 Arten beschrieben. Differenzierung schädlicher Arten in Blindspringer (Familie Onychiuridae) und Kugelspringer (Familie Sminthuridae). **Blindspringer** sind gestreckt, weißlich, augenlos, nicht springend (Furca rudimentär) und leben in den oberen Bodenschichten. Wirtschaftlich bedeutend sind vor allem Vertreter der Gattung *Onychiurus* (*O. fimatus, O. campatus*). **Kugelspringer** sind kugelig, springend, teils pigmentiert und leben vor allem oberirdisch an niedriger Vegetation.

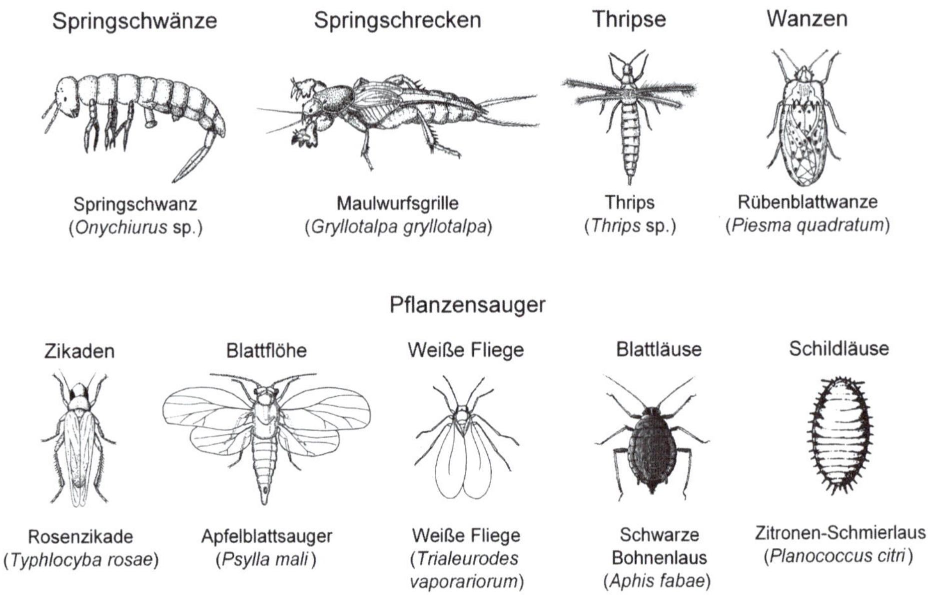

Abb. 51: Hemimetabole Insekten verschiedener Ordnungen (aus Hoffmann und Schmutterer, 1999; Ausnahme: *Trialeurodes vaporariorum* aus Hoffmann et al., 1994).

7.4.4.2 Ordnung Saltatoria (Springschrecken)

Mittelgroße bis große Insekten mit beißend-kauenden Mundwerkzeugen. Insbesondere Kurzfühlerschrecken sind ausgesprochene Pflanzenfresser. Besonders in ariden und subtropischen Gebieten können riesige Schwärme verheerende Verwüstungen anrichten (z. B. Afrikanische Wanderheuschrecke, Wüstenheuschrecke). In Europa selten schädigend an Kulturpflanzen. Man unterscheidet **Langfühlerschrecken** (Fühler körperlang, Unterordnung Ensifera) von **Kurzfühlerschrecken** (Fühler weniger als halbe Körperlänge, Unterordnung Caelifera).

- *Gryllotalpa gryllotalpa* (Maulwurfsgrille): Langfühlerschrecke; bis zu 5 cm lang; Vorderbeine zu charakteristischen Grabwerkzeugen umgewandelt; fingerdicke Gänge dicht unter der Bodenoberfläche; Ernährung von Pflanzenwurzeln, daneben auch Insektenlarven, Regenwürmern und Schnecken; Schädigung der Wurzeln durch Grab- und Fraßtätigkeit; teils auch Fraß an oberirdischen Pflanzenteilen
- *Locusta migratoria* (Europäische Wanderheuschrecke): Kurzfühlerschrecke, bis zu 5 cm lang; in Afrika und Asien starke Vermehrung
- *Schistocerca gregaria* (Afrikanische Wüstenheuschrecke): Kurzfühlerschrecke, bis zu 6 cm lang; in Afrika und Westasien nördlich der Regenwaldzone; bildet riesige Schwärme, die mit dem Wind mehrere 1000 Kilometer pro Generation zurücklegen können; Wechsel von Solitär- in Gregär-(Schwärm)Phase entsteht durch Anreicherung der Luft mit Larvenpheromonen bei bestimmten Populationsdichten

7.4.4.3 Ordnung Dermaptera (Ohrwürmer)

Kleine Insekten mit beißend-kauenden Mundwerkzeugen. Der Körper ist schlank, meist abgeflacht und stark sklerotisiert, die Flügel oft zurückgebildet. Ohrwürmer sind meist Allesfresser.

- *Forficula auricularia* (Gemeiner Ohrwurm): bis zu 16 mm lang; kräftige Zange am Hinterende; lebt von Pilzen, Algen und totem Pflanzenmaterial; als Räuber (z. B. in Apfelanlagen) von Blattläusen, Milben, Blattsaugern und Schmetterlingseiern nützlich; bei Massenauftreten schädlich an Gemüse, Zierpflanzen, halbreifen Samen und Früchten

7.4.4.4 Ordnung Blattodea (Schaben)

Mittel bis große Insekten mit abgeflachtem Körper. Die Flügel werden in Ruhestellung flach nach hinten gelegt. Die Eiablage erfolgt in Paketen. Schaben sind Allesfresser und allenfalls als Vorrats- und Hygieneschädlinge bzw. als Lästlinge von Bedeutung. In Mitteleuropa treten sie nur in Gebäuden auf.

7.4.4.5 Ordnung Isoptera (Termiten)

Termiten sind kleine bis mittelgroße Insekten mit beißend-kauenden Mundwerkzeugen. Termiten bilden hochentwickelte Staaten sowie Kasten bestehend aus Geschlechtstieren, Arbeitern und Soldaten. Nur Geschlechtstiere besitzen Flügel, die nach dem Hochzeitsflug abgeworfen werden. Hauptnahrung ist Zellulose. Schäden entstehen durch Vernichtung von Pflanzen und Ernteprodukten sowie durch Holzfraß (z. B. Bauholz), teils auch durch Eintragen von Blättern und anderen Pflanzenteilen in ihre Baue, um auf ihnen Ambrosiapilze zu züchten. Ihre Bedeutung beschränkt sich auf tropische Gebiete.

7.4.4.6 Ordnung Thysanoptera (Thripse, Fransenflügler)

Sehr kleine (1 bis 2 mm), schlanke Insekten mit stechend-saugenden Mundwerkzeugen. Die schmalen Flügel besitzen einen Saum aus borstenartigen Haaren (daher der Name Fransenflügler). Das letzte Fußglied ist mit einem faltbaren Haftorgan ausgestattet. Die Vermehrung erfolgt überwiegend parthenogenetisch (lebendgebärend). In gemäßigten Breiten sind 2 bis 3 Generationen pro Jahr möglich. Die Überwinterung erfolgt als Vollkerfe im Boden. Thripse sind überwiegend Pflanzensauger, daneben gibt es auch einige räuberische und pilzfressende Arten. Infolge ihrer Saugtätigkeit kommt es zum Absterben von Fruchtknoten, Samenanlagen und Blüten, sowie zu Verdrehungen und Verkrüppelungen der Blätter. In die ausgesaugten Zellen dringt Luft ein (Silberglanz). Ein weiteres Symptom sind schwärzlich glänzende Kotkügelchen. In Mitteleuropa kommen etwa 400 Thripsarten vor.

- *Thrips tabaci* (Zwiebelthrips): sehr schädlich an Tabak und Gemüse (Porree, Zwiebeln, Gurke); Virusüberträger (Tomato spotted wilt virus)
- *Thrips angusticeps* (Ackerthrips): an Getreide, Leguminosen, Kohl, teils auch Rüben und Raps; befallene Pflanzenteile sind verdreht, verkrüppelt bzw. sterben ab
- *Thrips palmi*: polyphag, weltweit der wohl wichtigste Schadthrips; tritt zunehmend auch in Deutschland auf (Gewächshaus); Quarantäneschädling

- Getreidethripse: *Limothrips cerealium* (Unbezahnter Getreidethrips), *L. denticornis* (Bezahnter Getreidethrips), *Stenothrips graminum* (Haferthrips), *Haplothrips aculeatus* (Gemeiner Getreidethrips); an Getreide, Kultur- und Wildgräsern; dunkle Färbung; Wirtspflanzenspektrum ist artspezifisch
- *Frankliniella occidentalis* (Kalifornischer Blütenthrips): polyphag; bedeutender Schädling im Gewächshaus an Gemüse und Zierpflanzen; Virusüberträger (Tomato spotted wilt virus)
- *Frankliniella intonsa*: polyphag, häufigster Blütenthrips in Freiland und Gewächshaus; manchmal schädlich
- *Kakothrips robustus* (Erbsenthrips): polyphag; schädigt vor allem an Erbse und Ackerbohne; überwintert als Larve

7.4.4.7 Ordnung Heteroptera (Wanzen)

Meist mittelgroße (3 bis 7 mm), in wärmeren Regionen auch große Insekten (bis 35 mm) mit stechend-saugenden Mundwerkzeugen. Der Körper ist flach mit breitem Halsschild und dreieckigem Schildchen (**Scutellum**) zwischen den Flügeln. Die Flügelpaare sind verschieden (Name!), der Vorderflügel teils sklerotisiert zum Schutz der Hinterflügel. Meist fünf Larvenstadien. Es gibt Pflanzensauger, Tierparasiten und Räuber. Einige räuberische Arten (z. B. *Orius* spp., *Macrolophus* spp.) werden im Biologischen Pflanzenschutz eingesetzt (s. Kap. 13.4). Pflanzensauger geben teils Speichelsekrete ab, die zu Deformationen und Nekrosen führen. An Abdomen und Metathorax befinden sich häufig Stinkdrüsen, teils erfolgt auch Absonderung von Wehrsekreten (Kontaktgifte) sowie Alarm- und Aggregationspheromonen. Ein bis zwei Generationen pro Jahr.

- *Lygus pratensis* (Gemeine Wiesenwanze): ca. 6 mm lang mit grünlich grauen Deckflügeln und weiß umrandeten Schildchen; schädlich an Obst, Gemüse (Kruziferen) und Futterpflanzen
- *Lygus pabulinus* (Grüne Futterwanze): ca. 6 mm lang, schlank und unifarben hellgrün mit weißlichem Schildchen; schädlich an Obst, Beerensträuchern, Gemüse, Tabak, Zierpflanzen
- *Calocoris norvegicus* (Kartoffelwanze, Zweipunktige Wiesenwanze): bis 7 mm lang, schlank, mit zwei schwarzen Punkten auf dem Halsschild (Name!); Flügeldecken schmutzig gelb-grün; eine Generation; polyphag
- *Piesma quadratum* (Rübenblattwanze): Familie Piesmidae; bis 3,5 mm, lang gestreckt-oval; Oberseite und Vorderflügel mit schwärzlicher Sprenkelung; Überträger der Kräuselkrankheit der Rübe (Beet leaf curl virus)

7.4.4.8 Ordnung Homoptera (Pflanzensauger)

Meist kleine bis mittelgroße Insekten (2 bis 10 mm). Die Vorder- und Hinterflügel (sofern vorhanden) sind gleichartig und häutig und werden in der Ruhe dachartig auf dem Rücken getragen. Die Pflanzensauger sind überwiegend polyphag und zählen zu den bedeutendsten Pflanzenschädlingen. Die meisten Arten produzieren Honigtau. Man unterscheidet fünf Unterordnungen:

- Zikaden (Cicadina)
- Blattflöhe bzw. Blattsauger (Psyllina)
- Weiße Fliegen bzw. Mottenschildläuse (Aleyrodina)
- Blattläuse (Aphidina)
- Schildläuse (Coccina)

Honigtau
Zuckerhaltige Ausscheidungen von Pflanzensaugern (Blattläuse, Weiße Fliege, einige Schildläuse, Blattflöhe und Zikaden). Zur Deckung ihres Proteinbedarfs müssen Pflanzensauger erhebliche Mengen stickstoffhaltiger Verbindungen aus dem Phloemsaft aufnehmen. Der überschüssige Zucker wird nahezu unverdaut ausgeschieden. Chemisch besteht er im wesentlichen aus Frucht-, Trauben- und Rohrzucker. Der Honigtau ist eine wichtige Nahrungsquelle für andere Insekten (z. B. Florfliegen, Schwebfliegen). Ameisen „melken" Blattläuse und schützen diese im Gegenzug vor natürlichen Feinden (z. B. Marienkäferlarven). Waldhonig ist nichts anderes als der von Bienen eingesammelte Honigtau bestimmter Blattlausarten aus Nadelwäldern. Auf Honigtau siedeln sich gerne Schwärzepilze an, was zu einer Verringerung der Assimilationsleistung und damit zu vermindertem Pflanzenwachstum führen kann.

Unterordnung Cicadina (Zikaden)

Ca. 4 mm große Insekten mit stechend-saugenden Mundwerkzeugen. Zikaden schädigen direkt, wie auch als Vektoren von pflanzenpathogenen Viren (z. B. Wheat dwarf virus, Maize streak virus, Potato yellow dwarf virus), Phytoplasmen (z. B. Asternvergilbung, Apfeltriebsucht) und Bakterien (z. B. *Xylella fastidiosa*). Teils lange Stechborsten zum Anstechen des Phloems tief im Pflanzengewebe, dann Saugtätigkeit in Verbindung mit starker Honigtauproduktion. Einige Arten auch Xylem- oder Parenchymsauger. Hinterbeine bei Larven und Adulten meist als Sprungbeine ausgebildet (engl.: ‚leaf hoppers'). Wirtschaftliche Bedeutung vor allem in den Tropen. Giftige Speichelsekrete können bei Massenbefall zur großflächigen Vernichtung ganzer Kulturpflanzenbestände führen. In Mitteleuropa treten bis zu 4 Generationen pro Jahr auf.

- *Philaenus spumarius* (Wiesenschaumzikade): polyphag an krautigen Pflanzen; Larven werden von Schaum umgeben; auffallend, aber wirtschaftlich unbedeutend
- *Empoasca* spp. (Zwergzikaden): an Apfel, Kartoffel, Leguminosen, Gemüse; Phloemsauger; toxische Speichelsekrete führen zu Blattverkrüppelungen und Nekrosen

Unterordnung Psyllina (Blattflöhe, Blattsauger)

Kleine, meist nur 2 bis 4 mm große Insekten mit stechend-saugenden Mundwerkzeugen. Blattflöhe saugen bevorzugt am Phloem junger Pflanzenorgane, dabei starke Honigtauproduktion. Flügel werden in Ruhestellung dachartig auf dem Rücken getragen. Ausgezeichnetes Sprungvermögen. Die Larven sind mit Ausnahme des ersten Larvenstadiums wenig beweglich und haben oft einen sehr beschränkten Wirtspflanzenkreis. Die Überwinterung erfolgt als Imago, bei *Cacopsylla mali* auch als Ei. In der Regel eine Generation pro Jahr.

- *Cacopsylla mali* (Apfelblattsauger): Larven nur an Apfel, Imagos teils auch an anderen Obstgehölzen; wirtschaftliche Schäden nur bei Massenbefall
- *Psylla piri, P. pyricola, P. pirisuga* (Birnenblattsauger): an Knospen,

jungen Trieben und Blättern von Birne; Wuchsdeformationen infolge Saugtätigkeit; Übertragung von Phytoplasmen (z. B. Birnenverfall)

- *Trioza apicalis* (Möhrenblattfloh): an Umbelliferae, insbesondere Möhren; Schäden durch Larven und Imagines vor allem im Frühling

Unterordnung Aleyrodina (Weiße Fliegen, Mottenschildläuse)

Kleine bis winzige Tiere (1 bis 2 mm) mit stechend-saugenden Mundwerkzeugen. Phloemsauger mit intensiver Honigtauproduktion. Flügel und Körper adulter Tiere sind mit **Wachsstaub** bedeckt und erscheinen weiß. Vorder- und Hinterflügel gleich lang und relativ großflächig, in Ruhestellung dachförmig über dem Körper gehalten. Kopf und Hinterleib deutlich vom Thorax abgesetzt. Verankerung der Eier mit kurzem Stiel auf der Blattunterseite. Abweichende Entwicklung (**Allometabolie**): aus den Eiern schlüpfen bewegliche Larven, setzen sich am Wirtspflanzengewebe fest, Beine und Fühler zu Hafthaken reduziert, dann schildlausähnlich mit kräftiger Rückendecke. Das vierte Larvenstadium stellt die Nahrungsaufnahme ein und bildet aus Wachsausscheidungen ein Puparium, in dem die Umwandlung zur Imago erfolgt. Weiße Fliegen sind wärmeliebend. Sie treten in gemäßigten Breiten vorwiegend als Gewächshausschädling auf. Ihre wirtschaftliche Bedeutung nimmt stetig zu.

- *Aleyrodes proletella* (Kohlmottenschildlaus): bis 2 mm, Vorderflügel mit drei dunklen Flecken, 4 bis 5 Generationen/Jahr, Schädling an verschiedenen Kohlarten im Freiland
- *Trialeurodes vaporariorum* (Gewächshausmottenschildlaus): bis 1,5 mm, Flügel flach dachförmig, weltweit verbreitet, sehr polyphag, bedeutender Schaderreger an Gemüse und Zierpflanzen unter Glas, Virusüberträger
- *Bemisia tabaci* (Tabakmottenschildlaus): 0,9 bis 1,1 mm, Flügel steil dachförmig, weltweit verbreitet, sehr polyphag, bedeutender Schaderreger an Gemüse unter Glas, Überträger von mehr als 100 Viren

Unterordnung Aphidina (Blattläuse)

Kleine, meist 2 bis 4 mm große Pflanzenläuse mit stechend-saugenden Mundwerkzeugen. Körper der ungeflügelten Morphen sackförmig, Beine mit 2 Krallen an den Füßen. Die Vorderflügel sind etwas größer als die Hinterflügel. Blattläuse sind mit wenigen Ausnahmen (z. B. Blutlaus, Reblaus) Phloemsauger. Teils intensive Honigtauproduktion. Vertreter der Röhrenläuse tragen auf dem Abdomenende ein Paar Röhrchen (**Siphonen**), aus denen bei Beunruhigung ein wachsartiges Sekret und Pheromone ausgeschieden werden. Blattläuse sind bedeutende Schaderreger aufgrund ihrer intensiven Saugtätigkeit an Pflanzen sowie der Übertragung zahlreicher Viren (z. B. Beet yellows virus, Potato leaf roll virus, Potato virus X, Potato virus Y, Barley yellow dwarf virus).

Der Generationszyklus der Blattläuse ist artspezifisch. Beim **holozyklischen** Entwicklungsgang treten beide Geschlechter auf, wobei Männchen meist erst gegen Ende der Vegetationsperiode erscheinen. Die Überwinterung erfolgt in der Regel als Ei auf dem Hauptwirt. Beim **anholozyklischen** Entwicklungsgang treten nur Jungfern (Exsules) auf und die Vermehrung erfolgt parthenogenetisch durch Lebendgebären (Viviparie). Die Überwinterung erfolgt als Larve und Imago. Unter günstigen Bedingungen (milde

Winter, Gewächshaus) ist bei holozyklischen Arten ein Teil der Klone auch zu anholozyklischer Lebensweise fähig (z. B. *Myzus persicae*, *Sitobion avenae*). Weiterhin unterscheidet man wirtswechselnde Arten (z. B. *Myzus persicae*, *Aphis fabae*) von nicht-wirtswechselnden Arten (z. B. *Sitobion avenae*, *Aphis pomi*).

Die teils komplizierte Entwicklungsbiologie der Blattläuse wird im folgenden am Beispiel der holozyklischen Art *Rhopalosiphum padi* dargestellt (Abb. 52). Aus dem ca. 0,5 mm großen, auf Traubenkirsche überwinterten Ei schlüpft zur Zeit des Knospensprungs die Stammmutter (**Fundatrix**). Diese bringt nach Abschluss ihrer Entwicklung ihrerseits parthenogenetisch und vivipar 40 bis 70 Jungläuse (**Fundatrigenien**) zur Welt. Diese sind in der Regel ungeflügelt. Je nach Witterung treten in der nächsten bzw. übernächsten Generation (ca. Mitte Juni) geflügelte Formen (**Migranten**) auf, die dann zu den Sommer- bzw. Nebenwirten (z. B. Kartoffel, Zuckerrübe) abwandern (Frühjahrsflug). Auf eine geflügelte Generation folgen meist 1 bis 2 ungeflügelte Generationen (**Exsules**). In einer Vegetationsperiode können so bis zu 10 Generationen folgen, wobei ein Wirtswechsel nicht erfolgt. Steigt die Populationsdichte zu sehr an, bzw. verschlechtert sich der Wirtspflanzenstatus, dann entstehen auch geflügelte Formen (**Alate**), die andere Sommerwirte aufsuchen (Sommerflug). Im Herbst werden auf den Sommerwirten ungeflügelte Androparae (Männchenmütter) und geflügelte Gynoparae (Weibchenmütter) gebildet. Aus den **Androparae** entwickeln sich geflügelte Männchen, die dann ebenso wie die **Gynoparae** auf den Winterwirt (Traubenkirsche) übersiedeln. Sobald sich auf dem Winterwirt aus den Gynoparae flügellose Weibchen (Oviparae) entwickelt haben, werden diese von den Männchen begattet. Es folgt die Eiablage an den Knospen. Neben diesem Holozyklus kann in milden Wintern auch ein Anholozyklus ohne Wirtswechsel auftreten, d. h. die Tiere überdauern auf den Nebenwirten als Jungfern (Exsules).

In Mitteleuropa treten etwa 850 Blattlausarten auf, von denen im Folgenden die phytomedizinisch wichtigsten Arten aufgeführt sind.

Familie Aphididae (Röhrenläuse)

Kleine bis winzige Blattläuse mit Siphonen auf dem Abdomen. Größte und wirtschaftlich bedeutendste Familie der Blattläuse.

- *Aphis fabae* (Schwarze Bohnenlaus): 1,5 bis 3 mm; holozyklisch mit Wirtswechsel; Winterwirt: Pfaffenhütchen, Schneeball; ausgesprochen polyphag mit über 400 Sommerwirten; schädlich vor allem an Ackerbohne, Gartenbohne und *Beta*-Rüben; vorwiegend Saugschäden; Übertragung zahlreicher phytopathogener Viren (z. B. Potato leaf roll virus, Beet mild yellows virus, Beet yellows virus, Cucumber mosaic virus)
- *Aphis frangulae* (Faulbaumlaus): anholozyklisch; polyphag, wärmeliebend; schädlich durch Saugtätigkeit an Gurken und Melonen unter Glas, teils auch als Virusüberträger
- *Aphis pomi* (Grüne Apfelblattlaus): holozyklisch ohne Wirtswechsel; Saugtätigkeit an jungen Apfelblättern führt zum Einrollen der Blätter und Wachstumshemmungen, teils Verkrümmung der Früchte
- *Myzus persicae* (Grüne Pfirsichblattlaus); 1,5 bis 2,5 mm; holozyklisch mit Wirtswechsel, in milden Wintern auch anholozyklisch; Winterwirt: Pfirsich und andere *Prunus*-Arten; ausgesprochen polyphag; schädlich

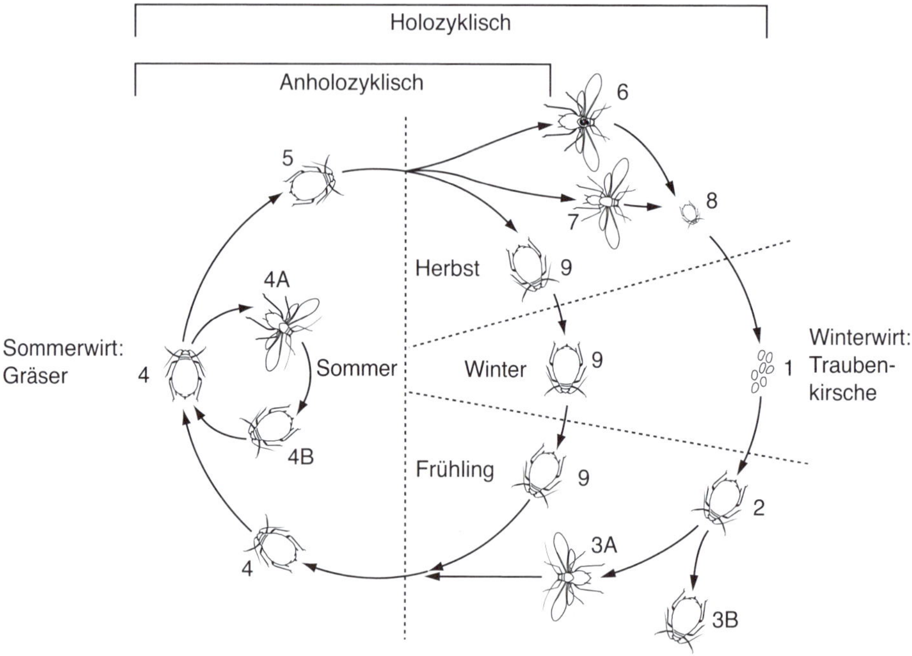

Abb. 52: Entwicklungskreislauf der Blattläuse am Beispiel von *Rhopalosiphum padi*. 1 = Winterei; 2 = Fundatrix (Stammmutter); 3 = Virgines (3A Migrantes, wechseln zum Sommer(=Neben)wirt, 3 B ungeflügelte Virgines auf dem Winter(=Haupt)wirt; 4 = Virgines (Exsules) auf dem Sommerwirt (4A Migrantes wechseln zwischen Sommerwirten, 4B ungeflügelte Virgines auf den Sommerwirten); 5 = Sexupares; 6 = Gynopare; 7 = Männchen; 8 = Ovipare; 9 = Virgines, die in verschiedenen Entwicklungsstadien den Winter über auf dem Sommerwirt verbleiben (verändert nach Hoffmann et al., 1994).

an Kartoffeln, *Beta*-Rüben, Kohlarten, Bohne, Gemüse; Hauptschaden als Überträger von über 150 Virusarten (z. B. Potato leaf roll virus, Turnip yellows virus)

- *Sitobion avenae* (Große Getreideblattlaus): 2 bis 3 mm; holozyklisch ohne Wirtswechsel; Saugschäden an Getreideähren; Virusübertragung (z. B. Barley yellow dwarf virus)
- *Metopolophium dirhodum* (Bleiche Getreideblattlaus): holozyklisch mit Wirtswechsel; Winterwirt: Wild- und Gartenrose; Sommerwirt: alle Getreidearten, Mais; schädlich vor allem durch Saugtätigkeit am Fahnenblatt von Wintergetreide; Virusübertragung (z. B. Barley yellow dwarf virus)
- *Rhopalosiphum padi* (Haferblattlaus): holozyklisch mit Wirtswechsel; Winterwirt: Traubenkirsche, Sommerwirt: alle Getreidearten, Mais; schädlich vor allem an Sommergetreide durch Saugtätigkeit; Virusübertragung (z. B. Barley yellow dwarf virus)

- *Macrosiphum euphorbiae* (Grünstreifige Kartoffelblattlaus): anholozyklisch; sehr polyphag; schädlich vor allem als Virusüberträger an Kartoffeln, *Beta*-Rüben, Ackerbohnen (z. B. Potato virus A, Alfalfa mosaic virus)
- *Brevicoryne brassicae* (Mehlige Kohlblattlaus): holozyklisch ohne Wirtswechsel, in milden Wintern auch anholozyklisch; grauweiße Wachsausscheidungen; schädlich an Raps, Kohl und anderen Kruziferen durch Saugtätigkeit und Verschmutzung der Kohlköpfe mit Honigtau und Wachs; Virusübertragung (z. B. Cauliflower mosaic virus)
- *Acyrthosiphon pisum* (Grüne Erbsenblattlaus): holozyklisch ohne Wirtswechsel bzw. anholozyklisch; schädlich an Erbsen, Ackerbohnen und anderen Fabaceen vor allem durch Virusübertragung (z. B. Bean leaf roll virus)
- *Phorodon humuli* (Hopfenblattlaus): holozyklisch mit Wirtswechsel; Winterwirt: *Prunus*-Arten, Sommerwirt: Hopfen; schädlich durch Saugtätigkeit an Blättern und Dolden; wichtigster Schädling an Hopfen in Mitteleuropa; Übertragung des Hop mosaic virus
- *Cavariella aegopodii* (Gierschblattlaus): holozyklisch mit Wirtswechsel; Winterwirt: Weide; Sommerwirt: Umbelliferen; wichtiger Schädling an Möhren vor allem durch Virusübertragung (z. B. „Möhrenröte" durch Carrot mottle virus, Carrot red leaf virus
- *Brachycorynella asparagi* (Spargelblattlaus): holozyklisch ohne Wirtswechsel; herdartiges Auftreten; an Spargel

Familie Pemphigidae (Blasenläuse)

Vivi-ovipare Blattläuse, Siphonen kurz bzw. fehlend; in der Regel holozyklisch mit Holzgewächsen als Winterwirte; an Sommerwirten Befall der Wurzeln; Ausscheidung fädiger **Wachswolle**.

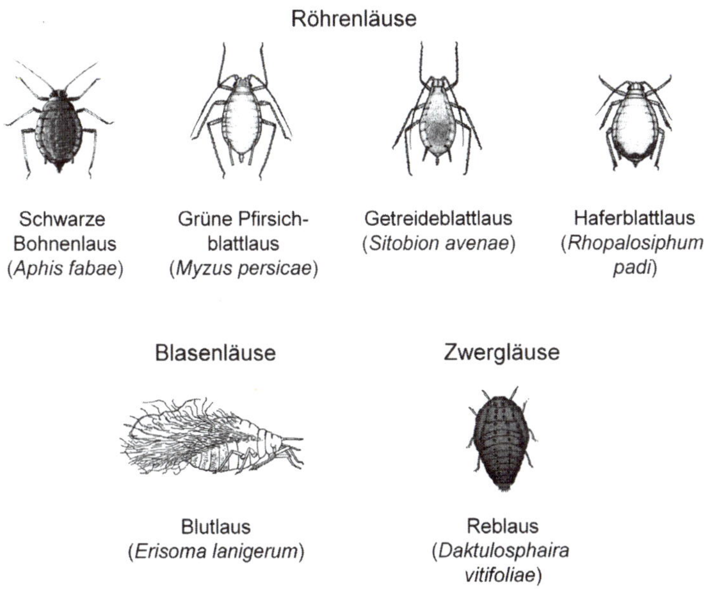

Abb. 53: Vertreter der wichtigsten schädlichen Blattlausfamilien; jeweils ungeflügelte Jungfern (aus Hoffmann und Schmutterer, 1999; Ausnahme: *Erisoma lanigerum* und *Daktulosphaira vitifoliae* aus Faes et al., 1948).

- *Pemphigus bursarius* (Salatwurzellaus): holozyklisch mit Wirtswechsel; Winterwirt: Pappel, Sommerwirt: Salat und andere Kompositen
- *Eriosoma lanigerum* (Blutlaus): anholozyklisch; bis zu 10 Generationen; Überwinterung am Wurzelhals und in Rindenritzen; Parenchymsauger an Apfel; Induktion von Kambialwucherungen (Blutlauskrebs)

Familie Phylloxeridae (Zwergläuse)

Kleine Blattläuse ohne Siphonen; Parenchymsauger an Laubgehölzen, teils Bildung von Gallen; keine Honigtaubildung.

- *Daktulosphaira vitifoliae* (Reblaus): anholozyklisch; Weibchen legen bis zu 800 Eier an die Wurzeln; Gallbildung und Wucherungen an der Wurzel von Weinreben (nur Europäerrebe, nicht Amerikanerrebe): die Reblaus wurde um 1860 aus Amerika eingeschleppt; Quarantäneschaderreger

Unterordnung Coccina (Schildläuse)

Kleine bis mittelgroße Pflanzensauger mit ausgeprägtem Geschlechtsdimorphismus, Männchen sind deutlich kleiner als Weibchen. Weibchen stets flügellos, in mehreren Familien infolge völliger Reduktion der Gliedmaßen unbeweglich festsitzend (z. B. Diaspididae – Deckelschildläuse). Oft mit hartem **Rückenschild** (Name!) bestehend aus der verdickten und gewölbten Rückenkutikula (Lecaniidae = Napfschildläuse) oder Larvenhäuten und Drüsensekreten (z. B. Diaspididae). Nach dem Absterben der Weibchen schützt das Schild die Jungtiere. Männchen frei beweglich mit 1 Paar Flügeln, Hinterflügel stummelartig oder fehlend. Mundwerkzeuge fehlen, somit auch keine Nahrungsaufnahme. Schildläuse sind vorwiegend Phloemsauger, seltener Parenchymsauger. Oft sehr starke Honigtaubildung mit Ameisenbesuch. Fortpflanzung durch Eier, die bevorzugt unter dem Schild abgelegt werden sowie Viviparie (z. B. San-José-Schildlaus). Die Junglarven (**„Krabbler“**) sind frei beweglich und verbreiten sich auf der Wirtspflanze bzw. durch Wind und Tiere auf neue Pflanzen. Ab dem zweiten Stadium werden die Larven sesshaft, die Gliedmaßen gehen bei der nächsten Häutung verloren. Die Reduktion ist bei weiblichen Larven endgültig. Bei männlichen Larven wird sie bei der Häutung zum Männchen wieder rückgängig gemacht. In der Regel mehrere Generationen pro Jahr.

Familie Pseudococcidae (Schmierläuse)

Weibchen mit gut ausgebildeten Beinen, starke Wachsproduktion. Im Freiland bevorzugt auf holzigen Gewächsen, in Gewächshäusern schädlich an Zierpflanzen.

- *Pseudococcus maritimus* (Gewächshausschmierlaus): polyphag an Gewächshauskulturen, vor allem an Zierpflanzen
- *Pseudococcus citri* (Zitronenschmierlaus): polyphag an Gewächshauskulturen, vor allem an Zierpflanzen

Familie Lacaniidae (Napfschildläuse)

Weibchen schwach beweglich, Rücken stark gewölbt; Phloemsauger mit starker Honigtaubildung; polyphag.

- *Pulvinaria regalis* (Wollige Napfschildlaus): bevorzugt an Rosskastanie, Linde und Ahorn; massive Besiedlung der Baumrinde führt zu ästhe-

tischer Beeinträchtigung der Bäume; intensive Honigtaubildung in Verbindung mit Besiedlung der Blätter mit Rußtaupilzen
- *Coccus hesperidum* (Gewächshausschildlaus): Schädling im Gewächshaus und an Zimmerpflanzen; in wärmeren Regionen auch im Freiland

Familie Diaspididae (Deckelschildläuse, Austernschildläuse)

Weibchen unbeweglich; starkes dorsales Schild; höchste Spezialisierung und größte wirtschaftliche Bedeutung unter den Schildläusen; teils Parenchymsauger; toxische Speichelsekrete führen zu Verfärbungen und Wuchsstörungen im Bereich der Saugstelle.

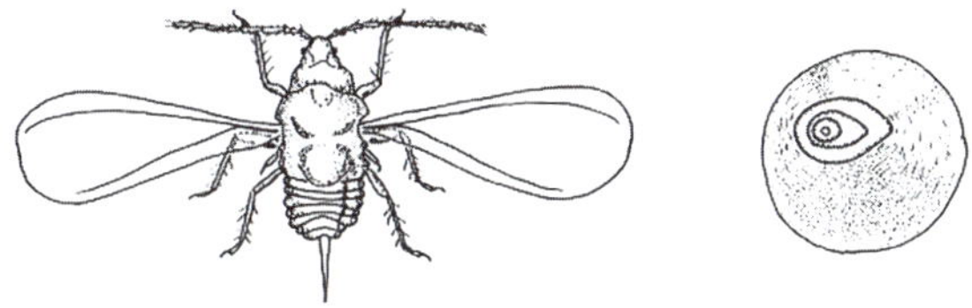

Abb. 54: San-José-Schildlaus (*Quadraspidiotus perniciosus*): Männchen (links) und Schild eines Weibchens (aus Börner, 1997).

- *Quadraspidiotus perniciosus* (San-José-Schildlaus)(Abb. 54): polyphag an zahlreichen Obstbäumen und -sträuchern; befällt Früchte und Rinde und kann bei starkem Befall zum Absterben der Pflanze führen; Quarantäneschaderreger
- *Lepidosaphes ulmi* (Gemeine Kommaschildlaus): 2 bis 4 mm groß, kommaförmig; polyphag an Gehölzen, insbesondere an Obstbäumen

Holometabole Insekten

7.4.4.9 Ordnung Coleoptera (Käfer)

Mit weltweit über 370 000 bekannten Arten sind die Coleopteren die artenreichste Insektenordnung. Chitinpanzer mit deutlicher Dreiteilung: Kopf, Halsschild, Hinterleib. Der Hinterleib wird von dem stark chitinisierten ersten Flügelpaar bedeckt, das zu Deckflügeln (**Elytren**) umgebildet ist und die darunter liegenden Hinterflügel bzw. das Abdomen schützt. Alle Käfer einschließlich Larven haben beißend-kauende Mundwerkzeuge. Larven besitzen typischerweise drei Brustbeinpaare und niemals Bauchfüße. Larven, die bevorzugt im Pflanzeninnern leben, sind oft beinlos (Larven der Rüssel-, Samen- und Borkenkäfer). Die Puppe ist immer eine freie Puppe (**Pupa libera**). Der Entwicklungszyklus dauert zwischen wenigen Wochen (z. B. Speisebohnenkäfer) und mehreren Jahren (z. B. Maikäfer). In der Regel eine Generation pro Jahr. Käfer verursachen unterschiedliche Fraßsymptome: Blattrandfraß (z. B. Blattrandkäfer), Fensterfraß (z. B. Getreidehähnchen), Lochfraß (z. B. Kohlerdflöhe), Kaufraß (z. B. Getreidelaufkäfer), Bohrfraß (z. B. Drahtwurm), Skelettierfraß (z. B. Kartoffelkäfer).

Familie Carabidae (Laufkäfer)

Kleine bis große Käfer mit dunklem oder metallisch glänzendem Körper; oft flugunfähig durch Rückbildung der Hinterflügel; gutes Laufvermögen, häufig nachtaktiv; bedeutsam vor allem als Räuber von Aphiden, Collembolen, Diptereneiern und -puppen, Schnecken (z. B. *Carabus*-, *Bembidion*-Arten): einige Arten phytophag.
- *Zabrus tenebrioides* (Getreidelaufkäfer): 12 bis 16 mm, lang gestreckt oval; mattglänzend schwarz, Unterseite heller; Fühler und Beine rötlichbraun; Halsschild nahezu quadratisch; Larven bis 30 mm lang, hellgelb mit dunkelbraunem bis schwarzem Kopf; Käfer fressen milchreifes

Tab. 17: Ordnungen phytomedizinisch bedeutender holometaboler Insekten.

Ordnung	Größe	Mundwerkzeuge	Nahrung	Bedeutung
Coleoptera (Käfer)	sehr klein bis groß (1–30 mm)	Imagines und Larven beißend-kauend	Pflanzen (ober- und unterirdisch), Aas, Insekten	Schädlinge; teils Nützlinge (überwiegend Räuber, selten Parasiten)
Hymenoptera (Hautflügler)	sehr klein bis groß (0,2–20 mm)	Imagines leckend-saugend oder beißend-kauend; Larven beißend-kauend	Imagines: zuckerhaltige Substanzen, Pollen Larven: Halme, Triebe, Früchte, Blätter, Insekten	Schädlinge; Gallbildung möglich; teils Nützlinge (Räuber und Parasitoide)
Lepidoptera (Schmetterlinge)	klein bis groß (3–60 mm)	Imagines leckend-saugend (selten beißend); Larven beißend-kauend	Imagines: Nektar Larven: alle Pflanzenteile (ober- und unterirdisch)	nur Raupen schädigend
Diptera (Zweiflügler)	klein bis mittelgroß (1–10 mm)	Imagines stechend-saugend oder leckend; Larven beißend oder saugend	Nektar, Pollen, alle Pflanzenteile, Insekten, Kot, Aas, Blut	nur Larven schädigend; Gallbildung; teils Nützlinge (Parasitoide, Räuber)

Getreide; Blattfraß der Larven teils sehr schädlich an jungem Wintergetreide

Familie Silphidae (Aaskäfer)

Mittelgroße, oft abgeflachte Käfer mit kurzen, gekeulten Fühlern; Ernährung überwiegend von Aas (z. B. Totengräber); einige Arten phytophag.

- *Blitophaga opaca* (Brauner Rübenaaskäfer): 9 bis 12 mm, dunkelbraun bis schwarz gefärbt; Larven asselförmig, glänzend schwarz mit gelbem Seitenrand; Käfer verursacht Blattrandfraß, Larven Fenster- und Lochfraß an *Beta*-Rüben und anderen Chenopodiaceen; bei starkem Befall Kahlfraß
- *Blitophaga undata* (Schwarzer Rübenaaskäfer): 11 bis 15 mm, schwarz, Larven asselförmig, ganz schwarz gefärbt; Schadwirkung ähnlich *B. opaca*

Familie Staphylinidae (Kurzflügler)

Kleine bis mittelgroße Käfer, schlank, mit stark verkürzten Deckflügeln; bedeutende Bodenräuber, teils auch auf Pflanzen vorkommend (z. B. *Aleochara*-, *Philonthus*-, *Tachyporus*-Arten).

Familie Scarabaeidae (Blatthornkäfer)

Mittelgroße bis große Käfer; letzte Fühlerglieder fächerartig verbreitert; Larven dick und fleischig (**Engerlinge**), oft in Symbiose mit Bakterien zum Abbau von Zellulose im Darm („Gärkammern").

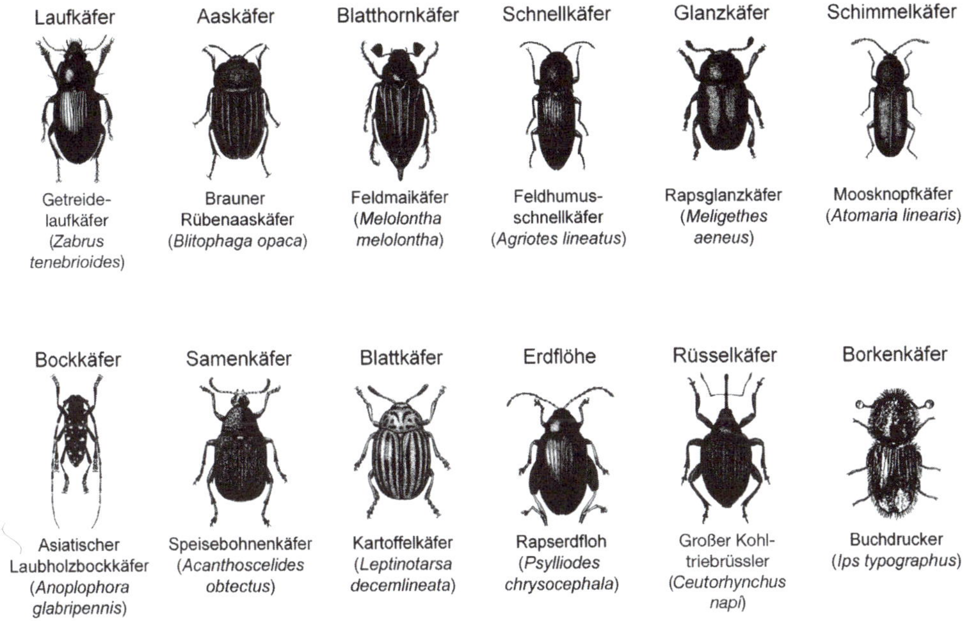

Abb. 55: Vertreter der wichtigsten schädlichen Käferfamilien (aus Hoffmann und Schmutterer, 1999; Ausnahme: *Ips typographus* aus Hoffmann et al., 1994; *Anoplophora glabripennis*: Scheidemann, BBA).

- *Melolontha melolontha* (Feldmaikäfer): etwa 25 mm lang; Deckflügel und Kopf rotbraun gefärbt, Aftergriffel gleichmäßig verschmälert; Larvenentwicklung dauert 3 bis 5 Jahre; ausgesprochen polyphag, Käfer verursachen Blattfraß an Laubbäumen (Forstschädling); Engerlinge bis 65 mm lang; Schädigung der Wurzeln praktisch aller Kulturpflanzen; an Kartoffeln und Rüben zusätzlich Lochfraß
- *Melolontha hippocastani* (Waldmaikäfer): 20 bis 25 mm lang; Deckflügel und Kopf meist schwarz gefärbt, Aftergriffel keulenförmig; Ernährungsweise wie *M. melolontha*
- *Phyllopertha horticola* (Gartenlaubkäfer): 8 bis 11 mm, braune Flügeldecken mit dunklem Saum, Kopf, Schildchen und Beine schwarz; Entwicklungsdauer ein Jahr; Engerlinge weiß und gekrümmt, bis 30 mm lang; Fraß an den Wurzeln von Kulturpflanzen; wirtschaftliche Bedeutung geringer als bei Maikäfer-Engerlingen
- *Amphimallon solstitialis* (Junikäfer): 14 bis 18 mm, gelbbraun mit zotteliger Behaarung am ganzen Körper; Entwicklungsdauer zwei Jahre; ansonsten ähnlich dem Gartenlaubkäfer

Familie Elateridae (Schnellkäfer)

Käfer mittelgroß (9 bis 12 mm), schlank und lang gestreckt; braune bis schwarze Färbung; Flügeldecken verjüngen sich nach hinten zu einer stumpfen Spitze; Käfer können sich aus Rückenlage blitzschnell in Bauchlage zurückschnellen (Name!); Larven (= **Drahtwürmer**) sind bis 2,5 cm lang, goldgelb gefärbt und verfügen über einen harten Chitinpanzer; die Larvenentwicklung dauert 1 bis 5 Jahre, somit bevorzugtes Auftreten auf

Grünland bzw. stark verunkrauteten Ackerflächen; polyphag; Ernährung primär von abgestorbener pflanzlicher Substanz, später auch von lebenden Pflanzen; Neigung zu Massenauftreten mit mehreren hundert Tieren pro Quadratmeter.

- *Agriotes lineatus* (Feldhumusschnellkäfer, Saatschnellkäfer): 8 bis 11 mm, gelbbraun, braun oder schwärzlich gefärbt; Flügel mit hellen und dunklen Längsstreifen; Larven bis 22 mm, gelbbraun mit dunkelbrauner Kopfkapsel; ausgesprochen polyphag; Knollenfraß der Larven an Kartoffeln, Zuckerrübe; häufig schädlich 1 bis 2 Jahre nach Grünlandumbruch bzw. nach Einarbeitung größerer Mengen von Komposten
- *Agriotes obscurus* (Düsterer Humusschnellkäfer): 7 bis 9 mm, matt braunschwarz bis rostbraun; Larven bis 25 mm, gelbbraun mit dunkelbrauner Kopfkapsel; sehr häufig, vor allem auf leichten Böden; ausgesprochen polyphag; schädlich durch Knollenfraß der Larven an Kartoffeln, daneben auch Befall von Getreide, Mais, Klee
- *Agriotes sputator* (Salatschnellkäfer): 6,5 bis 8,5 mm; Larven sind bedeutende Schädlinge an zahlreichen Kultur- und Zierpflanzen; Fraß an unterirdischen und bodennahen Pflanzenteilen; wirtschaftlich nicht so bedeutend wie *A. lineatus* und *A. obscurus*

Familie Nitidulidae (Glanzkäfer)

Kleine Käfer mit gedrungenem Körper; sehr unterschiedliche Ernährungsweise; einige Arten phytophag, häufig in Blüten.

- *Meligethes aeneus* (Rapsglanzkäfer): 1,5 bis 3 mm lang und oval; schwarz; Flügeldecken grünlich bis bläulich schimmernd; Käfer ernähren sich von Pollen, an den sie durch Zerbeißen von Kelch- und Blütenblättern der Knospen gelangen; teils auch Verletzung des Fruchtknotens, sodass Knospen vertrocknen und abfallen; Eiablage in die Knospen; Larven (bis 4 mm) ernähren sich ausschließlich von Pollen, sodass sich die Schoten ungehindert entwickeln können; ab Beginn der Blüte keine Schädigung mehr; Überwinterung als Imago; Käfer reagieren auf Gelb (Gelbschalen für Prognose); schädigend an Raps, Rübsen und anderen Kruziferen

Familie Cryptophagidae (Schimmelkäfer)

Kleine Käfer mit überwiegend saprophager oder mykophager Ernährungsweise; einige Arten phytophag.

- *Atomaria linearis* (Moosknopfkäfer): 1,2 bis 1,7 mm, länglich elliptisch; hellgelb (Jungkäfer) bis braun oder schwarz (Altkäfer); Fraß der Käfer am Hypokotyl von Rübenkeimlingen, Spinat und anderen Chenopodiaceen; Schabe- und Lochfraß an Keim- und Herzblättern

Familie Cerambycidae (Bockkäfer)

Mittelgroße bis große Käfer; schlank, mit teils überkörperlangen nach vorn oder hinten getragenen Fühlern; Käfer ernähren sich von Pollen; Larven ohne Beine (**Maden**); Fraß überwiegend im Holz geschwächter oder toter Bäume; bedeutende Forst- und Holzschädlinge.

- *Cerambyx cerdo* (Großer Eichenbock): Larvenfraß zuerst in der Rinde, später im Holz; bedeutender Eichenschädling
- *Hylotrupes bajulus* (Hausbock): Larvenfraß im Holz toter Nadelbäume;

bedeutender Holzschädling in verbautem Holz (Balken, Leitungsmasten, u. a.)

- *Anoplophora glabripennis* (Asiatischer Laubholzbockkäfer): 2,5 bis 4 cm, schwarz mit bis zu 20 unregelmäßig verteilten weißen Flecken; Larven bis 5 cm, minieren im Kambrium, später im Holz; Bohrspäne an Stammbasis; bis zu 1 cm große Ausfluglöcher; Befall gesunder Bäume; starker Befall führt zum Absterben der Bäume; an Laubbäumen (Ahorn, Rosskastanie, Ulme, Pappel, Weide), teils auch Obstgehölzen (Apfel, Birne, Kirsche); erstes Auftreten in Europa (Österreich) 2001, in Deutschland 2004; Verbreitung vermutlich mit Verpackungsholz; Quarantäneschädling

Familie Bruchidae (Samenkäfer)

Kleine, gedrungene, bis 5 mm große Käfer; meist graubraun gefärbt und oft mit weißen Flecken; Larven beinlos, madenförmig; Entwicklung in Samen, besonders von Leguminosen.

- *Bruchus pisorum* (Gemeiner Erbsenkäfer): 4 bis 5 mm groß; schwarz gefärbt mit weißen Punkten auf den Flügeln; Käfer ernährt sich von Pollen; Eiablage an die jungen Hülsen; Larven fressen sich durch die Hülsen und dringen einzeln in die Samen ein; Larven fressen kreisrunde Höhle bis dicht unter die Samenschale („Fenster"); Käfer nagt kreisrundes Schlupfloch und verlässt Samen; keine Vermehrung im Lager
- *Bruchus rufimanus* (Pferdebohnenkäfer): 3,5 bis 5 mm groß; Aussehen und Entwicklung ähnlich dem Erbsenkäfer, jedoch bevorzugtes Auftreten an Ackerbohne; keine Vermehrung im Lager
- *Acanthoscelides obtectus* (Speisebohnenkäfer): 3 bis 4 mm groß, lang und oval; braun bis schwarz gefärbt mit länglichen Flecken auf der Flügeldecke; Entwicklung ähnlich dem Erbsenkäfer, jedoch meist mehrere Larven pro Samen; Lagerschädling; Vermehrung im Lager, vor allem bei Temperaturen über 18 °C ; mehrere Generationen; schädlich an Busch- und Stangenbohnen, seltener an Erbse

Familie Chrysomelidae (Blattkäfer)

Kleine bis mittelgroße Käfer mit gedrungener Gestalt, fadenförmigen Fühlern und oft prächtig metallischer Färbung; die fast 600 in Mitteleuropa vorkommenden Arten sind überwiegend Pflanzenfresser; gute Flieger.

- *Leptinotarsa decemlineata* (Kartoffelkäfer): 10 bis 12 mm lang, schwarzgelb gestreift, Larven hell- bis dunkelrot, Hinterleib verdickt und gewölbt; meist eine Generation; Käfer überwintert im Boden; Larven und Käfer verursachen zunächst Rand- und Lochfraß, später Skelettier- und Kahlfraß; bedeutender Schaderreger an Kartoffel, daneben auch an Aubergine und anderen Solanaceen
- *Diabrotica virgifera virgifera* (Westlicher Maiswurzelbohrer): 4 bis 7 mm lang, grünlich bis gelblich; auffällige Zeichnung der Deckflügel mit drei dunklen Längsstreifen, die teils verschmelzen können; guter Flieger; weltweit der bedeutendste Maisschädling; einzige *Diabrotica*-Art in Europa; ausgeprägter Wurzelfraß der Larven, Fraß der Käfer an Narbenfäden und Blättern; 1992 erstmals in Jugoslawien aufgetreten, seitdem zunehmende Ausbreitung in Europa; Quarantäneschaderreger
- *Oulema lichenis* (Blaues Getreidehähnchen): 3,5 bis 5 mm lang; gesamter Körper blau bis blaugrün; Deckflügel mit Punktreihen; Larven

stark gewölbt, ca. 4,5 mm lang; Aussehen ähnelt Nacktschnecken; streifiger Fensterfraß an Blattoberfläche durch Larven und Käfer; schädigend an allen Getreidearten, Gräsern und Mais

- *Oulema melanopa* (Rothalsiges Getreidehähnchen): 5 bis 6 mm lang, Flügeldecken blau, grün, seltener schwarz mit deutlichen Punktreihen; Halsschild orangerot; Antennen halb so lang wie Körper; Aussehen der Larven und Schadwirkung wie *O. lichenis*
- *Crioceris asparagi* (Spargelhähnchen): 5 bis 7 mm lang; Körper lackartig glänzend und bunt gefärbt; Larven walzenförmig mit 3 Paar Brustbeinen; Käfer und Larven fressen am Spargelspross
- *Crioceris duodecimpunctata* (Zwölfgepunkteter Spargelkäfer): 5 bis 6,5 mm, leuchtend gelbrot gefärbt mit sechs dunkelblauen bis schwarzen Punkten auf jeder Flügeldecke; Käfer und Larven fressen an allen Pflanzenteilen des Spargels

Unterfamilie Halticinae (Erdflöhe)

Kleine Käfer mit Sprungvermögen; drittes Beinpaar zu Sprungbeinen umgebildet.

- *Psylliodes affinis* (Kartoffelerdfloh): 2 bis 3 mm groß; rötlich braungelbe bis strohgelbe punktierte Flügeldecken mit dunkelbrauner Rückennaht; Kopf schwarzbraun; Fensterfraß der Käfer an Blattober- oder Blattunterseite; an dünnen Blättern auch Lochfraß
- *Psylliodes chrysocephala* (Rapserdfloh): 3 bis 4,5 mm lang, länglich oval, Rückenseite stark gewölbt; Flügeldecken glänzend blau-schwarz mit deutlichen Punktstreifen; springt sehr weit; Larven bis 7 mm lang, schmutzigweiß; Larven verursachen Bohrfraß in Stängeln und Blattstielen, Käfer Lochfraß an Jungpflanzen; schädigend an Winterraps, Winterrübsen
- *Phyllotreta* spp. (Kohlerdflöhe): 2 bis 3 mm groß, überwiegend schwarz gefärbt, artspezifisch teils bläulich bis blaugrün; an Raps, Rübsen, Kohl und anderen Kruziferen; Fraß der Käfer an den Keimlingen sowie Loch-, Fenster- und Minierfraß an den Blättern; Fraß der Larven an Wurzeln und Wurzelhals; z. B. *P. nemorum* (Großer Gelbstreifiger Kohlerdfloh), *P. atra* (Schwarzer Kohlerdfloh), *P. nigripes* (Blauseidiger Kohlerdfloh), *P. undulata* (Gewelltstreifiger Kohlerdfloh)

Familie Curculionidae (Rüsselkäfer)

Kleine (1,3 mm) bis mittelgroße (20 mm) Käfer mit mehr oder weniger stark rüsselartig vorgezogenem Kopf, an dessen Ende die kurzen kauenden Mundwerkzeuge sitzen; Fühler häufig gekniet: erstes Glied stark verlängert, darauf folgt gewinkelt angesetzt die mehrgliedrige Fühlergeißel; Hinterflügel oft rückgebildet; Eiablage in den Boden oder ins Pflanzengewebe; Larven weiß, beinlos, madenförmig, gekrümmt und mit beißend-kauenden Mundwerkzeugen; mit über 50 000 Arten die artenreichste Käferfamilie.

- *Ceutorhynchus pleurostigma* (Kohlgallenrüssler): 2 bis 3 cm, schwarz mit grauen Schuppen; Larven induzieren am Wurzelhals Gallen, in denen sie sich entwickeln; an Raps, Rübsen, Kohl
- *Ceutorhynchus napi* (Großer Rapsstängelrüssler bzw. Großer Kohltriebrüssler): 3 bis 4 mm, schwarz bis blauschwarz mit schuppenartiger Behaarung; Eiablage in Stängel; Larve bis 7 mm, miniert im Stängel; an Raps, Rübsen, Kohl

- *Ceutorhynchus pallidactylus* (Gefleckter Kohltriebrüssler): 2,5 bis 3 mm, schwarz bis blauschwarz mit weißgrauen Schuppen (geflecktes Aussehen); Larven bis 6 mm, weißlich mit braunem Kopf; Fraßgänge in Blattrippen, Blattstielen und Stängeln; schädigend an Raps, Radieschen und anderen Kruziferen
- *Ceutorhynchus picitarsis* (Schwarzer Kohltriebrüssler): 2,5 bis 3,5 mm, schwarz glänzend; Minierfraß der Larven an Raps, Rübsen, Kohl
- *Ceutorhynchus assimilis* (Kohlschotenrüssler): 2,5 bis 3,5 mm, schwärzlich, birnenförmig; Beine und Körper grauweiß behaart; Eiablage durch Bisskanal in die Schoten; Fraßschäden der Larven an den Samen, teils mit Ausbohrloch; bedeutender Schädling an Raps, vor allem als Wegbereiter für die weit stärker schädigende Kohlschotenmücke; befällt auch andere Kruziferen
- *Oprohinus suturalis* syn. *Ceutorhynchus suturalis* (Zwiebelrüssler): 3 mm, schwarz mit weißer Längsbinde; Eiablage in Blattgewebe; Larven nicht behaart; kreisrunde Fraßlöcher im Blattgewebe; an Zwiebel
- *Anthonomus pomorum* (Apfelblütenstecher): Larve in Apfelblütenknospen, Blüten fallen ab; teils bedeutender Apfelschädling
- *Sitona lineatus* (Gestreifter Blattrandkäfer): 3,5 bis 5 mm, schwarz mit hellgrauer bis gelbgrauer Beschuppung; Flügeldecken gestreift; Hauptschaden durch Larvenfraß an Wurzeln und Wurzelknöllchen; halbkreisförmige Fraßstellen der Käfer an den Blatträndern (Blattrandfraß); an Erbse, Ackerbohne, Klee, Luzerne
- *Otiorhynchus ligustici* (Luzernerüssler): 10 bis 14 mm, schwarz mit graubraunen Schuppen und hell metallisch glänzenden Borsten; unregelmäßiger Blattrandfraß bis Kahlfraß durch Käfer; Larven verursachen Fraßgänge und Löcher in Wurzeln; an Leguminosen, vor allem Luzerne und Klee
- *Otiorhynchus sulcatus* (Gefurchter Dickmaulrüssler): polyphag; Wurzelfraß der Larven an Erdbeere und anderen Kulturen; Knospenfraß der Käfer an Weinrebe und Zierpflanzen
- *Sitophilus granarius* (Kornkäfer): bedeutender Lagerschädling an Getreide; Käfer schädigen durch Körnerfraß von außen, Larven durch Aushöhlung der Körner von innen; Käfer und Larven verursachen runde Bohrlöcher; Eiablage, Larvenentwicklung und Verpuppung im Korn

Familie Apionidae (Spitzmäuschen)

1,2 bis 4,5 mm große Käfer; phänotypisch ähnlich den Rüsselkäfern, Antennen jedoch nicht gekniet; früher den Rüsselkäfern zugehörig, inzwischen aber als eigenständige Familie betrachtet; schädigen gelegentlich Knospen, Blüten und Stängel von Leguminosen; Bsp.: *Eutrichapion viciae* (syn. *Apion viciae*), *Eutrichapion vorax* (syn. *Apion vorax*).

Familie Scolytidae (Borkenkäfer)

Käfer bis 2 cm groß; nahe Verwandte der Rüsselkäfer, Kopf vor den Augen nur andeutungsweise verlängert; Körper walzenförmig gedrungen, an das Minieren im Pflanzengewebe angepasst; meist gute Flieger; Larven weiß, beinlos, madenförmig und gekrümmt; kauende Mundwerkzeuge; Käfer dringt zur Eiablage vollständig in die Pflanze ein; Rindenbrüter legen Eier in Nischen entlang eines „Muttergangs“ zwischen Rinde und Holz; Larven fressen typische Larvengänge (z. B. Buchdrucker); Holzbrüter legen Eier ins Holz; Larven ernähren sich von Ambrosiapilzen oder vom Holz; bedeutende Forst- und Holzschädlinge, teils auch Obstschädlinge; zahlreiche Arten, hier nur zwei Beispiele:

- *Scolytus scolytus* (Großer Ulmensplintkäfer): Rindenbrüter; Überträger des Pilzes *Ceratocystis ulmi* (Verursacher des Ulmensterbens)
- *Ips typographus* (Buchdrucker): Rindenbrüter; bedeutendster Borkenkäfer der Fichte

7.4.4.10 Ordnung Hymenoptera (Hautflügler)

Drittgrößte Insektenordnung mit über 100 000 bekannten Arten. Charakteristisch sind zwei Paar häutige Flügel mit deutlicher Äderung. Der Kopf ist vom Thorax abgesetzt und trägt große Seitenaugen. Imagines mit kräftig ausgebildeten Mandibeln. Mundwerkzeuge häufig verlängert und leckend-saugend. Weibchen mit unterschiedlich ausgebildetem Legeapparat. Puppe ist eine freie Puppe, die sich meist in einem von der Larve gesponnenen Kokon befindet. Wirtschaftliche Bedeutung als Schädlinge im Forst (Blatt-, Holzwespen) und Obstbau (Sägewespen), aber auch als Nützlinge (Schlupfwespen, z. B. *Trichogramma*). Weiterhin zählen zu dieser Ordnung Bienen, Hummeln, Wespen und Ameisen. In der Unterordnung Symphyta finden sich überwiegend Pflanzenschädlinge (Abb. 56), in der Unterordnung Apocrita verschiedene Nützlinge (s. Kap. 7.5).

Unterordnung Symphyta (Pflanzenwespen)

Imagines stets ohne Wespentaille. Weibchen legen Eier mit Legebohrer oder Legesäbel in das Pflanzengewebe. Nur Larven verursachen Schäden an Kulturpflanzen. Hierzu haben Larven eine chitinisierte Kopfkapsel mit beißend-kauenden Mundwerkzeugen. Larven freilebend, gallenbildend oder minierend.

Familie Cephidae (Halmwespen)

Schlanke Pflanzenwespen mit langen Fühlern; Brustbeine der Larven stark reduziert, Bauchfüße nicht vorhanden, gekrümmt; Minierfraß in Halmen und Trieben.

- *Cephus pygmaeus* (Getreidehalmwespe): Larve 10 bis 14 mm lang, S-förmig gekrümmt, weiß bis gelblichweiß; Kopfkapsel braun, Beine fehlend; Eiablage in Getreidehalm, Minierfraß und Bohrfraß; überwiegend an Weizen, Roggen, gelegentlich an Gerste

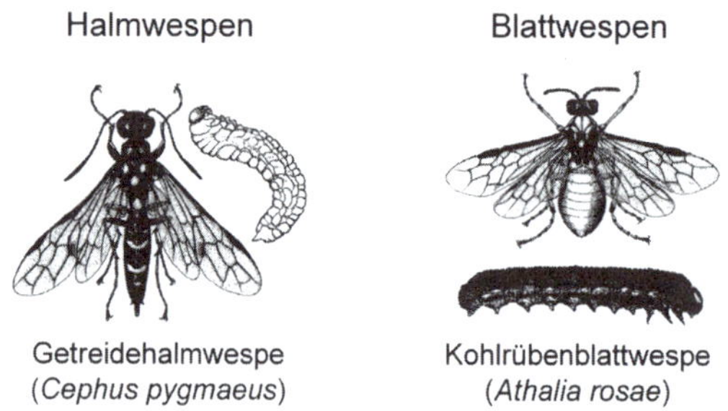

Abb. 56: Vertreter der wichtigsten schädlichen Hautflüglerfamilien; jeweils Vollkerf und Larve (aus Hoffmann und Schmutterer, 1999).

Familie Tenthredinidae (Blattwespen)

Imagines oft bunt gefärbt, bis 10 mm groß. Larven mit 3 Paar Brustbeinen und 6 bis 8 Paar stummelförmigen Bauchfüßen (**Afterraupen**); zwischen Brustbeinen und Bauchfüßen befindet sich nur ein Abdominalsegment ohne Extremitäten; Larven mit jeweils einem deutlichen Punktauge auf beiden Seiten des Kopfes; meist freilebend, teils minierend oder gallenbildend.

- *Athalia rosae* (Kohlrübenblattwespe): Larve 16 bis 18 mm lang; hellgrau bis hellgrün, später dunkelgrün bis schwarz; Kopfkapsel schwarzglänzend; Überwinterung der Larven im Erdkokon; 2 bis 3 Generationen; Loch-, später Skelettierfraß an Blättern; schädigend an Raps, Senf, Kohl, Rettich, Radieschen und anderen Kruziferen
- *Hoplocampa testudinea* (Apfelsägewespe): eine Generation; Minierfraß an Früchten, wobei Miniergänge an reifenden Früchten teils verkorken; später Fraßgänge ins Fruchtinnere; eine Larve kann mehrere Früchte befallen; an Apfel
- *Hoplocampa minuta* (Schwarze Pflaumensägewespe): eine Generation; eine Larve kann mehrere Früchte befallen; an Pflaume und Zwetschen
- *Pteronidea ribesii* (Stachelbeerblattwespe): Blattfraß, zunächst Loch-, später auch Kahlfraß; an Stachel- und Johannisbeeren

Der Unterordnung Symphyta sind weitere Familien mit bedeutenden Schadinsekten zugeordnet, die vor allem im Forst Schäden verursachen: Pamphiliidae (Gespinstblattwespen), Diprionidae (Buschhorn-Blattwespen), Siricidae (Holzwespen).

7.4.4.11 Ordnung Lepidoptera (Schmetterlinge)

Kleine bis große Insekten (3 bis 60 mm) mit 2 Paar großflächigen Flügeln. Flügel mit Schuppen und charakteristischer Zeichnung; bei Tagfaltern nach oben zusammengeklappt, sonst dachförmig gehalten. Mundwerkzeuge leckend-saugend mit einrollbarem Rüssel (verlängerten Maxillen), teils zurückgebildet. Die Metamorphose ist vollständig: Ei, Larve (= **Raupe**), Puppe, Vollkerf (= **Falter**). Die Raupen besitzen eine chitinisierte Kopfkapsel mit beißend-kauenden Mundwerkzeugen, Spinndrüsen an der Unterlippe, 3 Paar Brustbeinen und 5 Paar Bauchfüßen (am 3. bis 6. sowie am letzten Segment). Die Puppe ist eine Mumienpuppe, die teilweise in einem von der Raupe hergestellten Kokon ruht. Die Zahl der Häutungen ist artspezifisch und liegt zwischen 2 und 10, meist jedoch bei 4 oder 5. Die Imagines ernähren sich überwiegend von Nektar, nur die Raupen treten als Pflanzenschädlinge auf. Sie verursachen Fraßschäden an allen Pflanzenteilen, wie z. B. Loch- und Skelettierfraß an Blättern (z. B. Kleiner Frostspanner) oder Bohr- und Minierfraß in Stängeln, Früchten und Blättern (z. B. Maiszünsler, Apfelwickler). Bei Massenvermehrungen häufig Kahlfraß. Viele Arten sind bei Dämmerung oder nachts aktiv (z. B. Eulen, Wickler). Einige Arten führen oft weite Wanderungen durch.

Familie Tineidae (Motten)

- *Tinea granella* syn. *Nemapogon granellus* (Kornmotte): Eiablage an Getreidekorn; Raupenfraß an den Körnern, Körner werden zusammengesponnen; an Getreide, insbesondere Roggen

Familie Lyonetiidae (Miniermotten)

Sehr kleine bis kleine Schmetterlinge mit langen Fühlern. Larven beinlos.

- *Lyonetia clerkella* (Obstbaum-Miniermotte): Eiablage an Blattunterseite; Larven minieren in den Blättern, in deren Mitte eine Kotlinie verläuft; an Apfel, Kirsche

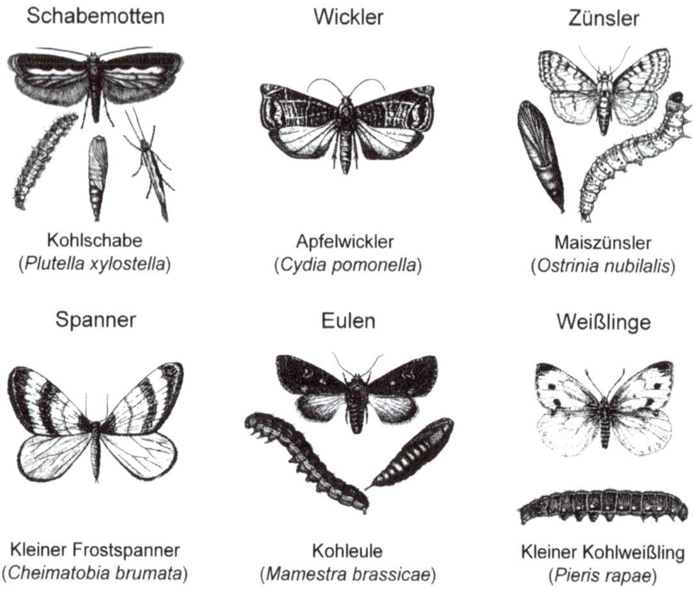

Abb. 57: Vertreter der wichtigsten schädlichen Schmetterlingsfamilien: Falter, teils mit Raupe und Puppe (aus Hoffmann und Schmutterer, 1999; Ausnahme: *C. pomonella* und *C. brumata* aus Hoffmann et al., 1994).

Familie Plutellidae (Schabenmotten)

Kleine Falter (12 bis 30 mm Spannweite); Raupen fressen häufig in lockerem Gespinst.

- *Plutella xylostella* (Kohlschabe, Kohlmotte): Flügelspannweite des Falters bis 17 mm, hell- bis dunkelgrau mit weißlichen Streifen am Hinterrand; lange Fransen an Hinterflügeln; Raupe bis 9 mm lang, anfangs gelblichgrau, später grünlich, schwach behaart; zunächst Minier-, später Fenster- und Lochfraß an den Blättern; weltweit bedeutendster Schädling an Kohl, teils auch an Raps und anderen Kruziferen
- *Acrolepia assectella* (Lauchmotte, Zwiebelmotte): Flügelspannweite des Falters bis 15 mm; Eiablage an Blätter; Raupen bis 13 mm, schmutziggrün bis braun mit feinen Borsten; Minier- und Fensterfraß der Raupen an Lauchblättern und Zwiebelschlotten, Absterben der Herzblätter

Familie Yponomeutidae (Gespinstmotten)

Kleine Schmetterlinge, weißlich. Larven gesellig in Gespinsten.

- *Yponomeuta malinellus* (Apfelbaumgespinstmotte): Eiablage an Äste; Blätter sind mit einem dichten Gespinst überzogen, in dem die Raupen die Blätter skelettieren; an Apfel

Familie Tortricidae (Wickler)

Kleine bis mittelgroße Schmetterlinge mit breiten, fast viereckigen Vorderflügeln. Raupen leben in zusammengesponnenen, „gewickelten“ Blättern oder minieren in Knospen, Blüten, Früchten und Stängeln.

- *Cydia pomonella* (Apfelwickler, „Obstmade“): Eiablage an die Blätter; die rosafarbenen Raupen bohren sich in die Früchte bis zum Kerngehäuse; wichtigster Apfelschädling

- *Cydia funebrana* (syn. *Grapholita funebrana*, Pflaumenwickler): Eiablage an reifende Früchte; Bohrfraß der Raupen in Früchten bis zum Kerngehäuse; an Steinobst, insbesondere Pflaume
- *Cydia nigricana* (Erbsenwickler): Flügelspannweite des Falters 12 bis 15 mm; Eiablage an Blütenblätter; Raupen bis 6 mm, weißlich bis grünlich; Raupe bohrt sich in die jungen Hülsen und frisst am Samen; an Erbse
- *Adoxophyes reticulana* (Apfelschalenwickler): Schabefraß der Raupen an der Apfelschale; Blattgespinste an Früchten; an Apfel, Birne und Steinobst
- *Adoxophyes orana* (Fruchtschalenwickler): graugrüne Raupen in Gespinsten; Minierfraß an Fruchtschale; an Apfel, Birne, Quitte
- *Eupoecilia ambiguella* (Einbindiger Traubenwickler): Gespinste um Blätter, Blüten und Früchte; erste Raupengeneration (**Heuwurm**) frisst Blüten und Knospen, zweite Raupengeneration (**Sauerwurm**) Beeren; bedeutendster Schädling an Weinreben
- *Lobesia botrana* (Bekreuzter Traubenwickler): Lebensweise siehe *E. ambiguella*, bevorzugt warme, trockene Lagen
- *Tortrix viridana* (Eichenwickler): Raupe frisst an Knospen und Blättern bis hin zum Kahlfraß; bedeutender Schädling an Eichen

Familie Pyralidae (Zünsler)

Kleine bis mittelgroße Schmetterlinge, die meist in der Dämmerung bzw. nachts fliegen. Raupen fressen häufig in Gespinsten oder im Innern von Wirtspflanzen.

- *Ostrinia nubilalis* (Maiszünsler): Raupen fressen zunächst äußerlich am Stängel, später im Stängel und in Blättern minierend; bedeutender Maisschädling in wärmeren Regionen (Süddeutschland, Südhessen, Sachsen, Sachsen-Anhalt), Bekämpfung mit dem Eiparasitoiden *Trichogramma brassicae*
- *Evergestis forficalis* (Kohlzünsler): Spannweite 25 mm; im freien Feld mäßig schädigend, in geschützten Lagen teils starker Befall; an Kohlgemüse, Sellerie, Senf, Ölrettich
- *Ephestia kuehniella* (Mehlmotte): Flügelspannweite des Falters 22 mm; Raupen bilden Gespinstgänge in Mehl und anderen Vorräten; bedeutender Vorratsschädling

Familie Lasiocampidae (Glucken)

Mittelgroße bis große Schmetterlinge mit gefiederten Fühlern; Raupen behaart, Verpuppung im Kokon.

- *Malacosoma neustria* (Ringelspinner): spiralig angeordnete Eigelege auf Zweigen; Larven fressen zunächst im Schutz eines selbst hergestellten Gespinstes; starker Fraß an Blättern von Kern-, Stein- und Beerenobst

Familie Geometridae (Spanner)

Falter mit schlankem Körper und großen Flügeln. Bei den Raupen sind nur die letzten beiden Paare als Bauchfüße ausgebildet, dadurch spannerartige Fortbewegung (Name).

- *Cheimatobia brumata* syn. *Operophthera brumata* (Kleiner Frostspanner): Weibchen flugunfähig; Eiablage in Baumkrone; Raupen fressen an Blättern, Blüten, Knospen und Früchten; schädigend an allen Kern- und Steinobstarten mit Ausnahme des Pfirsichs

Familie Noctuidae (Eulen)

Mittelgroße Schmetterlinge mit 30 bis 50 mm Spannweite, oft graubraun gefärbt und dickleibig. Falter sind durchweg Dämmerungs- und Nachtflieger und legen dabei oft weite Wanderungen zurück. Raupen unbehaart, rollen sich bei Gefahr ein.

- *Mamestra brassicae* (Kohleule): Raupen ca. 40 mm, grünlich mit gelben Querstreifen; Blattfraß, Raupen der zweiten Generation dringen tief in den Kohlkopf ein; Verunreinigung mit Kot; polyphag, bedeutender Schädling an Kohl und anderen Kruziferen
- *Agrotis segetum* (Wintersaateule): Raupen werden auch Erdraupen genannt; Fraß an Stängeln, Blättern, Wurzeln und Knollen; polyphag; bedeutender Schädling auf leichten Böden, insbesondere an Getreide, *Beta*-Rübe, Kartoffel, Kohl, Raps und Salat
- *Plusia gamma* syn. *Autographa gamma* (Gammaeule): sehr flugaktiv (Wanderfalter); Raupen mit 3 Paar Bauchfüßen; Loch- und Kahlfraß an den Blättern; polyphag, schädigend z. B. an *Beta*-Rübe, Kartoffel, Kohl, Raps, Leguminosen, Möhre

Familie Lymantriidae (Wollspinner)

Schmetterlinge dicht behaart, Raupen ebenfalls behaart, teils mit Nesselhaaren (Allergiegefahr).

- *Lymantria dispar* (Schwammspinner): Eiablage auf Rinde; lang behaarte Raupen werden mit Wind über große Entfernungen verfrachtet; in manchen Jahren bedeutsam im Forst, seltener in Obstanlagen
- *Euproctis chrysorrhoea* (Goldafter): Eiablage an Blätter; Raupen skelettieren die Blätter und überwintern in einem Gespinst; im Frühjahr Fraß an Blättern, Blüten und Knospen bis hin zum Kahlfraß; an Stein- und Kernobst sowie Laubbäumen

Familie Pieridae (Weißlinge)

Kleine bis mittelgroße Schmetterlinge mit weißen Flügeln (Name). Die Raupen sind kurz behaart.

- *Pieris brassicae* (Großer Kohlweißling): Falter weiß mit schwarzen Punkten in der Mitte der Vorderflügel, 55 bis 65 mm Spannweite; Raupen bis 40 mm, grünlich mit schwarzen Sprenkeln; erste Raupengeneration verbleibt auf Wildpflanzen, zweite Raupengeneration verursacht Schäden an Kulturpflanzen; Loch- und Skelettierfraß an den Blättern; an Kohl und anderen Kruziferen
- *Pieris rapae* (Kleiner Kohlweißling): Falter ähnlich wie *P. brassicae*, aber kleiner (40 bis 50 mm Spannweite); Raupen 25 mm, grün mit gelben Längsstreifen; 3 bis 4 Generationen; Schadwirkung wie *P. brassicae*; einer der wichtigsten Schädlinge an Kohl
- *Pieris napi* (Rapsweißling): Größe und Färbung ähnlich *P. rapae*, jedoch auf Unterseite der Hinterflügel mit dunkel bestäubten Adern; 40 bis 45 mm Spannweite; Raupen bis 30 mm, grün mit zahlreichen weißen Warzen und dunklen Punkten sowie zwei gelben Längsstreifen; 2 Generationen; Schädigung und Wirtsspektrum wie *P. rapae*

Familie Thaumetopoeidae (Prozessionsspinner)

Raupen leben gesellig in Nestern und wandern prozessionsartig (Name) vom Ruheplatz zum Futterplatz in die Baumkronen.

- *Thaumetopoea processionea* (Eichenprozessionsspinner): Spannweite der Falter bis 30 mm; Larven sammeln sich an Stammbasis; leicht ausfallende Gifthaare erzeugen auf der Haut, sowie an Augen und Schleimhäuten schmerzhafte Entzündungen; Forstschädling

7.4.4.12 Ordnung Diptera (Zweiflügler)

Zweitgrößte Ordnung der Insekten mit über 120 000 beschriebenen Arten. Bei den Diptera ist nur das vordere Flügelpaar ausgebildet (Name). Das hintere Flügelpaar ist zu Schwingkölbchen (**Halteren**) umgebildet, die Sinnesorgane enthalten. Kopf frei beweglich mit stechend-saugenden oder leckenden Mundwerkzeugen. Gute Flieger. Ausgezeichneter Seh- und Geruchssinn ermöglicht Eiablage selbst an versteckten Substraten. Pflanzenschäden werden ausschließlich durch die Larven verursacht, die stets fußlos sind (Maden). Da die Larven empfindlich gegenüber Trockenheit sind, halten sie sich bevorzugt an geschützten Stellen auf, wie z. B. unter den Deckspelzen (Weizengallmücke), im Pflanzengewebe (z. B. Kohlschotengallmücke) oder im Boden (z. B. Kohlfliege). Schäden entstehen durch Minierfraß in Blättern (z. B. Rübenfliege), Stängeln (z. B. Spargelfliege), Rüben (z. B. Möhrenfliege) und Früchten (z. B. Mittelmeerfruchtfliege), sowie durch Wurzelfraß (z. B. Wiesenschnake) und Vergallung (z. B. Kohlschotengallmücke). Verschiedene Arten sind bedeutende Parasitoide oder Räuber von Schadinsekten (z. B. Larven der Schweb- und Raupenfliegen).

Unterordnung Nematocera (Mücken)

Dipteren mit fadenförmigen Fühlern, schlankem Körper und langen Beinen. Larven mit überwiegend beißenden Mundwerkzeugen. Puppenstadium ist die Mumienpuppe (Pupa obtecta).

Familie Bibionidae (Haarmücken)

Große, behaarte Mücken. Larven mit chitinisierter Kopfkapsel.

- *Bibio hortulanus* (Gartenhaarmücke): Adulte 8 bis 10 mm lang, Larven primär saprophag, bei Trockenheit teils phytophag; Fraßschäden an unterirdischen Pflanzenteilen von z. B. Getreide, Kartoffel, *Beta*-Rübe und Möhre

Familie Tipulidae (Schnaken)

Mittelgroße bis große Mücken (20 bis 40 mm) mit langen Beinen; Weibchen nicht stechend; Larven walzenförmig mit chitinisierter Kopfkapsel mit beißend-kauenden Mundwerkzeugen.

- *Tipula paludosa* (Wiesenschnake): polyphag, schädigend insbesondere auf Wiesen, Weiden; daneben auch an Kartoffel, Getreide, *Beta*-Rüben

Familie Cecidomyiidae (Gallmücken)

Larven ohne Kopfkapsel, meist gelblich bis rot gefärbt; die Larven der meisten Arten sind phytophag; sie saugen mit spezialisierten Mundwerkzeugen an oder in höheren Pflanzen, oft in Verbindung mit Gallenbildung; einige Arten sind zoophag (Räuber).

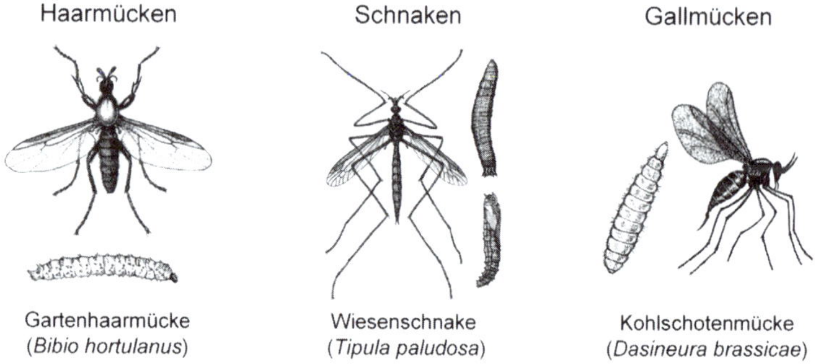

Abb. 58: Vertreter der wichtigsten schädlichen Mückenfamilien: Mücke, teils mit Larve und Puppe (aus Hoffmann und Schmutterer, 1999).

- *Dasineura brassicae* (Kohlschotenmücke): 1,2 bis–1,5 mm; Eiablage in Schoten von *Brassica*-Arten, vor allem über die Fraß- und Einbohrlöcher des Kohlschotenrüsslers. Larven saugen an Schotenwänden und Samen; stark schädigend an Raps
- *Sitodiplosis mosellana* (Orangerote Weizengallmücke): Eiablage in Blüte; Larven saugen am milchreifen Korn; an Weizen, teilweise auch an Roggen, Gerste
- *Contarinia tritici* (Gelbe Weizengallmücke): 1,5 bis 2,5 mm; Eiablage zwischen die Spelzen; Larven saugen am Fruchtknoten; an Getreide
- *Contarinia nasturtii* (Kohldrehherzmücke): 1,5 bis 2 mm; Eiablage an Herzblättern von Kohl und anderen Kruziferen; Larven saugen am Stiel- und Blattgrund
- *Contarinia medicaginis* (Luzerneblütengallmücke): Eiablage in Blütenknospen; Larven saugen an Knospen und induzieren Gallenbildung; an Luzerne
- *Contarinia pisi* (Erbsengallmücke): Eiablage in Blütenknospen und in die Sprossspitze; Larven saugen an den Samen; an Erbse, teils auch Ackerbohne
- *Haplodiplosis marginata* (Sattelmücke): Larven saugen an Stängeln, Bildung sattelförmiger Gallen; an Gräsern und Getreide; vor allem auf schweren, feuchten Böden
- *Mayetiola destructor* (Hessenmücke): Larven saugen am Halm von Gramineen (Weizen, Quecke)
- *Aphidoletes aphidimyza* (Räuberische Gallmücke): Imagines ernähren sich von Honigtau; Eiablage in Blattlauskolonien; Larven saugen Blattläuse aus; polyphag

Unterordnung Brachycera (Fliegen)

Dipteren mit kurzen Fühlern, gedrungenem Körper und kurzen Beinen. Larven ohne Kopfkapsel, nur mit Schlundgerüst und Mundhaken zum Aufreißen der Nahrung. Puppenstadium ist in der Regel die Mumienpuppe.

Familie Agromyzidae (Minierfliegen)

Sehr kleine Fliegen. Larven in Blättern minierend, teils auffällige Schadbilder.

- *Phytomyza atricornis* (Erbsenminierfliege): polyphag

- *Phytomyza gymnostoma* (Porreeminierfliege): teils starke Schäden an Porree und Zwiebel
- *Phytomyza rufipes* (Blumenkohlminierfliege); Larven minieren in Blattstielen und Mittelrippen; an Kohl, Raps
- *Liriomyza bryoniae* (Tomatenminierfliege): im Freiland und im Gewächshaus, polyphag; stark schädigend an Tomate, Gurke, Salat
- *Liriomyza huidobrensis* (Blattadernminierfliege): 1987 in Europa eingeschleppt; extrem polyphag, an fast allen Gemüsekulturen schädigend; Quarantäneschädling
- *Liriomyza nietzkei* (Zwiebelminierfliege): 2 bis 3 mm; Weibchen verursachen punktförmige Verletzungen an Jungpflanzen; Lochfraß durch Larven; Zwiebeln werden meist stärker geschädigt als Porree

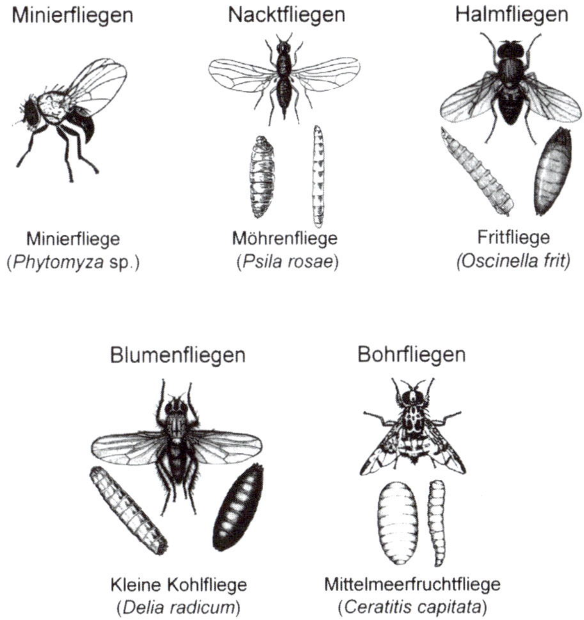

Abb. 59: Vertreter der wichtigsten schädlichen Fliegenfamilien: Fliege, teils mit Larve und Puppe (aus Schmutterer und Hoffmann, 1999; Ausnahme: *Phytomyza* sp. aus Heinze, 1953; Larve und Puppe von *P. rosae* aus Blunck und Riehm, 1958).

Familie Psilidae (Nacktfliegen)

Mittelgroße, schlanke, fast unbehaarte Fliegen.

- *Psila rosae* (Möhrenfliege): 4 bis 5 mm; Eiablage in den Boden in Nähe der Wirtspflanzen; Larvenfraß in Wurzelrinde führt zu rostbraun verfärbten Fraßgängen, insbesondere im äußeren Teil des Rübenkörpers; wichtigster Schädling im Möhrenanbau, daneben auch an Fenchel, Sellerie und Pastinake

Familie Chloropidae (Halmfliegen)

Kleine, unbehaarte Fliegen.

- *Chlorops pumilionis* (Weizenhalmfliege): Larven der ersten Generation minieren im oberen Halmbereich; Larven der zweiten Generation schädigen die Keimlinge früh gesäten Wintergetreides; an Sommergetreide (außer Hafer) und Wintergetreide
- *Oscinella frit* (Fritfliege): Eiablage an der Pflanze; bei Frühjahrs- und Herbstbefall dringen Larven in die Basis der Triebe ein und zerstören Herzblätter (Gelbherzigkeit), bei Sommerbefall Fraß in milchreifen Körnern der Ähren bzw. Rispen; schädlich besonders an Sommergetreide und Mais

Familie Anthomyiidae (Blumenfliegen)

Kleine bis mittelgroße Fliegen (6 bis 10 mm) mit kräftigen Borsten. Imagines ernähren sich überwiegend von Nektar und Pollen, Larven phytophag, saprophag, räuberisch oder parasitisch.

- *Pegomya betae* (Rübenfliege): Larven verursachen blasig aufgetriebene Miniergänge in Blättern; an Chenopodiaceen, insbesondere Zuckerrüben; Schäden vor allem bei Frühbefall
- *Delia radicum* (Kleine Kohlfliege): Eiablage am Wurzelhals; Larven minieren in Wurzelrinde, teils Befall mit Sekundärpathogenen; stark schädigend an Kohl und anderen Kruziferen
- *Delia coarctata* (Brachfliege): Eiablage in den Boden; Larven bohren sich in die Basis von Wintergetreidepflanzen; Vergilben der Herztriebe; in manchen Jahren stark schädigend an Winterweizen, Winterroggen
- *Delia antiqua* (Zwiebelfliege): Eiablage an äußere Blattscheiden oder Zwiebeln; Larven dringen in die Zwiebel ein und verursachen Fäulnis; an Zwiebel, Lauch
- *Delia florilega* und *D. platura* („Bohnenfliegen", „Wurzelfliegen"); Maden minieren in Wurzelhals, Stängeln und Keimblättern der Jungpflanzen; polyphag, z. B. an Bohne, Spinat, Erbse, Kartoffel, Rotklee

Familie Trypetidae (Bohrfliegen)

Mittelgroße, meist auffallend bunt gefärbte Fliegen. Imagines reagieren auf Farben oder Lockstoffe. Larvenfraß in Blüten und Früchten. Verbreitung überwiegend in wärmeren Regionen.

- *Ceratitis capitata* (Mittelmeerfruchtfliege): sehr polyphag; an Früchten; schädigend vor allem an *Citrus*-Arten
- *Rhagoletis cerasi* (Kirschfruchtfliege): Eiablage in unreife Kirschen; Larve miniert in der Nähe des Kerns (Kirschmade)
- *Platyparea poeciloptera* (Spargelfliege): Eiablage am Kopf des Triebes; Larve miniert im Stängel des Spargels

7.5 Arthropoden als Nützlinge

Unter den Arthropoden befinden sich zahlreiche überaus bedeutende Nützlinge von Schaderregern. Viele von Ihnen werden heute von Nützlingszuchtfirmen kommerziell vertrieben und insbesondere im Biologischen Pflanzenschutz im Gewächshaus eingesetzt (s. Kap. 13.4).

Klasse Arachnida (Spinnentiere)

Raubmilben

Räuberische Arten aus der Familie Phytoseiidae, die insbesondere zur Bekämpfung von Spinnmilben im Gewächshaus eingesetzt werden (häufig subtropische Arten); zum Teil größer und deutlich beweglicher als Spinnmilben; optimale Bekämpfung bei 20 bis 30 °C und 65 bis 80% relativer Luftfeuchte.

- *Phytoseiulus persimilis*; ernährt sich ausschließlich von Spinnmilben; Verzehr von durchschnittlich 5 Adulten, 20 Larven oder 20 Eiern pro Tag
- *Neoseiulus californicus*; ernährt sich auch von Pollen, vorbeugende Anwendung möglich
- *Amblyseius cucumeris, A. barkeri*; oligophag; ernährt sich von Spinnmilben und Thripsen

- *Typhlodromus pyri*; winterfest und polyphag; häufigste einheimische Art im Obst- und Weinbau; Etablierung im Freiland möglich

Spinnen

Spinnen sind bedeutende epigäische Raubarthropoden. Sie ernähren sich fast ausschließlich von Insekten. Auf Ackerflächen häufig sind netzbildende Fallensteller (z. B. Baldachinspinnen) mit hohen Populationsdichten (100 Tiere/m^2) selbst in Monokulturen, sowie Wolfsspinnen, laufaktive Jäger ohne Netzbildung und mit zumeist geringerer Populationsdichte als Baldachinspinnen.

Klasse Insecta

Ordnung Heteroptera (Wanzen)

Viele Familien mit räuberischen Arten. Einige Arten aus der Familie der Blumenwanzen sind wichtige Vertilger von Blattläusen, Thripsen und Spinnmilben; bis 5 mm groß, flach.

Ordnung Planipennia (Netzflügler)

Ordnung mit bedeutenden natürlichen Gegenspielern von Schadinsekten. Flügel groß, netzförmig geadert und in der Ruhestellung dachförmig nach hinten angelegt. Adulte ernähren sich von Pollen, Nektar und Honigtau. Larven sind überwiegend räuberisch mit zumeist beißenden Mundwerkzeugen. Mandibeln und Maxillen bilden ein Zangenpaar mit Saugrohr. Die Larven injizieren proteolytische Enzyme in die Beute und saugen die verflüssigte Nahrung auf.

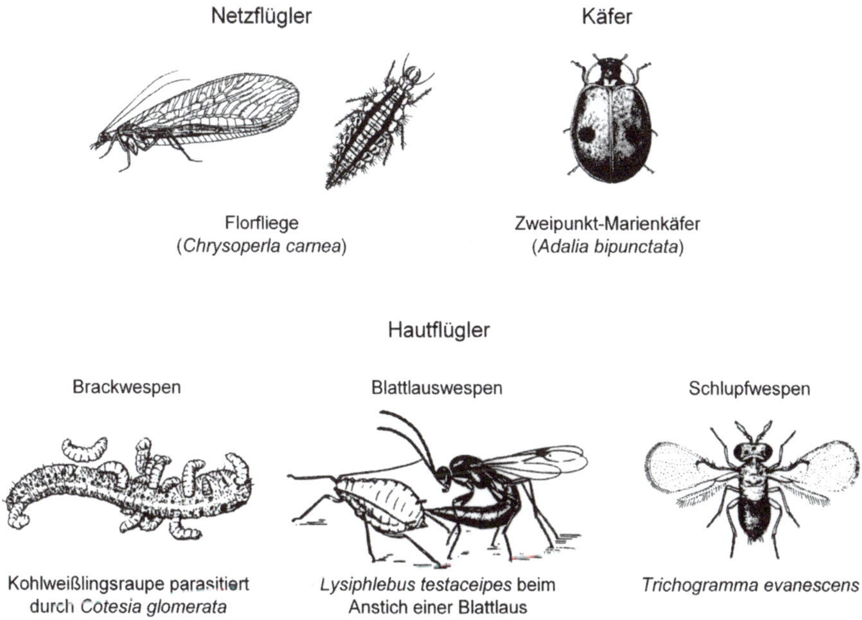

Abb. 60: Nützlinge verschiedener Insektenordnungen (aus Krieg und Franz, 1989).

- *Chrysoperla carnea* (Gemeine Florfliege): die Larven sind bedeutende Räuber von Blattläusen, Insekteneiern und -larven; sie ergreifen die Beute mit ihren zangenartigen Mundwerkzeugen und saugen sie aus; eine Larve kann bis zu 50 Blattläuse pro Tag bzw. bis zu 500 Blattläuse während ihres zwei- bis dreiwöchigen Lebens verzehren

Ordnung Coleoptera (Käfer)

Käfer und Larven der meisten Arten aus der Familie Coccinellidae (Marienkäfer) leben räuberisch von Spinnmilben und Blattläusen, teils sehr spezifisch; Käfer meist klein, kugelig, buntfleckig und mit gutem Flugvermögen.

- *Coccinella septempunctata* (Siebenpunkt-Marienkäfer): polyphag, Blattlausräuber in vielen ackerbaulichen Kulturen
- *Adalia bipunctata* (Zweipunkt-Marienkäfer): polyphag, Blattlausräuber, insbesondere in Hecken und Holzgewächsen
- *Propylaea quatuordecimpunctata* (Vierzehnpunkt-Marienkäfer): polyphag, Blattlausräuber insbesondere in Getreide

Ordnung Hymenoptera (Hautflügler)

Unterordnung Apocrita (Taillenwespen)

Bedeutende Nützlinge von Schadinsekten. Imagines stets mit Wespentaille durch Einschnürung am 2. Abdominalsegment. Eiablage mit Legebohrer in oder an Eier, Larven, Puppen oder Imagines der Wirte (Parasitoide). Larven ernähren sich entweder zunächst von der Hämolymphe des Wirtes und töten diesen erst später ab oder sie entwickeln sich sofort. Larven stets weiß, beinlos (Made) und mit schwach ausgebildeter Kopfkapsel. Mundwerkzeuge stark zurückgebildet. Verpuppung im Wirt oder außerhalb in einem Kokon. Im Folgenden sind einige wichtige Arten genannt. Die von ihnen parasitierten Wirte sind in Kap. 13.4 aufgeführt.

- Familie Ichneumonidae (Echte Schlupfwespen): Schlanke Schlupfwespen mit gestreckten Antennen; Parasitoide primär holometaboler Insekten, teils Sekundärparasitoide; zahlreiche Arten: *Pimpla instigator, P. alternans, Itoplectis maculator, Collyria calcitrator*
- Familie Braconidae (Brackwespen): Larven fast ausschließlich Primärparasitoide von Lepidopterenlarven, Käfern, Dipterenlarven und anderen Insekten; Verpuppung im Kokon neben dem Wirt; bedeutende Nützlinge sind: *Cotesia glomerata, Opius nitidulator, O. pallipes, Dacnusa sibirica*
- Familie Aphidiidae (Blattlauswespen): Bedeutende Parasitoide von Blattläusen; teils hohe Spezialisierung; Verpuppung fast stets in Wirtsmumie; Effizienz der Blattlauswespen wird teils durch Hyperparasiten eingeschränkt; Beispiele für bedeutende Nützlinge: *Aphidius colemani, A. matricaria, A. ervi, Diaeretiella rapae, Lysiphlebus testaceipes*
- Familie Aphelinidae (Zehrwespen): Kleine, gedrungene Wespen; bedeutende Parasitoide von Blatt-, Schild- und Mottenschildläusen, wie z. B. *Aphelinus mali, A. abdominalis, Encarsia formosa, E. perniciosi*
- Familie Trichogrammatidae: Winzige Schlupfwespen, 0,3 bis 0,9 mm groß; Larven einzeln oder zu mehreren in Wirtseiern; polyphag; hohe Parasitierungsraten nach künstlicher Freilassung durch effektives Wirtsfindungsvermögen; z. B. *Trichogramma evanescens, T. brassicae, T. dendrolimi* und *T. cacoeciae*

Ordnung Diptera (Zweiflügler)

Einige Fliegenarten ernähren sich räuberisch bzw. parasitisch von Insekten.

- Familie Syrphidae (Schwebfliegen): Mittelgroße Fliegen mit teils auffälligen Zeichnungen, oft wespenähnlich. Bedeutende Bestäuber von Blüten. Larven meist saprophag, selten phytophag. Larven der Unterfamilie Syrphinae sind Räuber von Blattläusen, z. B. *Episyrphus balteatus*, *Metasyrphus corollae*, *Syrphus ribesii*
- Familie Tachinidae (Raupenfliegen): Dunkle, borstentragende Fliegen; bedeutende Parasitoide der Larven von Schmetterlingen und Blattwespen; z. B. *Compsilura concinnata*

Fragen zu Kapitel 7

- Was sind und wie verbreiten sich Milben?
- Welche Symptome verursachen Milben?
- Wie sind die Mundwerkzeuge bei Insekten aufgebaut?
- Was geschieht während der Metamorphose der Insekten?
- Was ist Honigtau?
- Wie erfolgt die holozyklische Entwicklung bei Blattläusen?
- Welche Arten von Fraßsymptomen verursachen Käfer?
- Warum ist *Diabrotica virgifera virgifera* ein so bedeutender Schädling an Mais?
- Welche Mundwerkzeuge besitzen (a) Schmetterlingsraupen bzw. (b) Schmetterlingsfalter?
- Welche Möglichkeiten der Insektenbekämpfung gibt es?
- Welche Arthropoden spielen als Nützlinge eine Rolle?

Weiterführende Literatur

Böhmer, B. und W. Wohanka, 1999: Farbatlas Krankheiten und Schädlinge an Zierpflanzen, Obst und Gemüse. Verlag Eugen Ulmer, Stuttgart.

Börner, H., 1997: Pflanzenkrankheiten und Pflanzenschutz. Verlag Eugen Ulmer, Stuttgart.

Crüger, G., G. F. Backhaus, M. Hommes, S. Smolka und H.-J. Vetten, 2002: Pflanzenschutz im Gemüsebau. Verlag Eugen Ulmer KG, Stuttgart.

Hoffmann, G. M. und H. Schmutterer, 1999: Parasitäre Krankheiten und Schädlinge an landwirtschaftlichen Nutzpflanzen. Verlag Eugen Ulmer, Stuttgart.

Mohr, H. D. (Hrg.), 2005: Farbatlas Krankheiten, Schädlinge und Nützlinge an der Weinrebe. Verlag Eugen Ulmer, Stuttgart.

Ohnesorge, B., 1991: Tiere als Pflanzenschädlinge. Georg Thieme Verlag, Stuttgart.

Schöber-Butin, B., V. Garbe und G. Bartels, 1999: Farbatlas Krankheiten und Schädlinge an landwirtschaftlichen Kulturpflanzen. Verlag Eugen Ulmer, Stuttgart.

8 Sonstige tierische Schaderreger

8.1 Schnecken

Schnecken (Gastropoda) gehören zu den Weichtieren (Mollusken). Sie bestehen zu 85% aus Wasser und haben ein hohes Feuchtigkeitsbedürfnis. Für ein Leben an Land haben sie spezifische Mechanismen entwickelt, die sie vor Austrocknung schützen (z. B. die kalkhaltige Rückenschale der Gehäuseschnecken). Die **Fortbewegung** erfolgt mittels Wellenbewegungen über eine am vorderen Ende ausgeschiedene Schleimschicht. Die Geschwindigkeit beträgt bis zu 10 cm/min. Schnecken sind **Zwitter**, sie begatten sich gegenseitig. Die runden, hellen Eier werden in kleinen Gelegen von 10 bis 30 Eiern in Erdlöcher oder verrottende organische Substanz abgelegt. Die Überwinterung erfolgt als Ei oder als Schnecke. Schnecken haben ein ausgeprägtes Geruchssystem für eine gezielte Nahrungssuche. Sie sind ausgesprochen polyphag und verzehren sowohl lebende als auch abgestorbene Pflanzenteile. Die pflanzenschädigenden Schnecken zählen zu den Landlungenschnecken. Wirtschaftliche Schäden werden vor allem durch Nacktschnecken verursacht, seltener durch Gehäuseschnecken. Typische Symptome sind Schabe-, Loch- und Blattrandfraß. Mithilfe einer zungenförmigen, mit zahlreichen Zähnchen besetzten Chitinplatte (**Radula**) wird die Nahrung abgeschabt. Eine ausgewachsene Ackerschnecke kann in einer Nacht bis zu 200 cm^2 Kopfsalat vernichten.

Systematik

Stamm Mollusca (Weichtiere)
Klasse Gastropoda (Bauchfüßer)
Ordnung Stylommatophora (Landlungenschnecken)
    Familie Limacidae (Egelschnecken)
    Familie Arionidae (Wegschnecken)
    Familie Helicidae (Schnirkelschnecken)

Familie Limacidae (Egelschnecken)

Nacktschnecken mit schlankem Körper und Atemloch hinter der Mitte des Schildes.

- *Deroceras reticulatum* (Genetzte Ackerschnecke): bis 65 mm lang; gelblichweiß, grau oder rötlich braun gefärbt mit meist dunkler Fleckung und netzartiger Zeichnung; Rückenseite in Körpermitte mit schuppenartigen Schildchen
- *Deroceras agreste* (Graue Ackerschnecke): etwas kleiner als *D. reticulatum*; gelblich weiß bis hellbräunlich gefärbt; dunkle Zeichnung fehlt

Ackerschnecken schädigen vor allem Jungpflanzen von Getreide, Raps, Mais, Rüben, Kartoffeln (besonders Knollen), Salat, Möhre, Kohl und Erdbeere. Unter günstigen Standort- und Klimabedingungen kann der Schaden erheblich sein (Getreide, Raps).

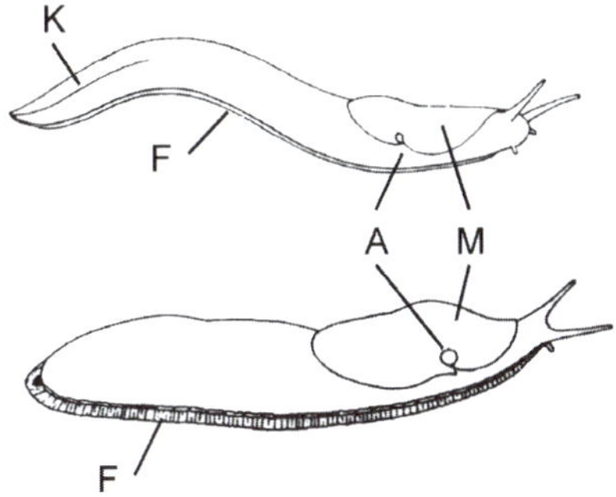

Abb. 61: Nacktschnecken: Egelschnecke (oben), Wegschnecke (unten); A = Atemöffnung, F = Fuß, K = Kiel, M = Mantelschild (verändert nach GODAN, 1979).

Familie Arionidae (Wegschnecken)

Nacktschnecken mit gedrungenem Körper, rundem Rücken und Atemloch vor der Mitte des Schildes.

- *Arion hortensis* (Gartenwegschnecke): ca. 3 cm lang; grau bis dunkelgrau, an den Seiten schwärzlich gefärbt.Die Gartenwegschnecke sowie weitere *Arion*-Arten schädigen durch Fraß an Blättern und Jungpflanzen von Raps, Rüben, Getreide und Gemüse

Familie Helicidae (Schnirkelschnecken)

Die hierunter fallenden Gehäuseschnecken verursachen nur vereinzelt Schäden an Kulturpflanzen. Dank ihres Gehäuses, das als Verdunstungsschutz dient, können sie vorübergehende Trockenperioden besser überstehen als Nacktschnecken und treten von daher auch in höheren Pflanzenbereichen (Weinrebe, Obststräucher) auf. Weinbergschnecken (*Helix*-Arten) sind durch die Bundesartenschutzverordnung geschützt.

Bekämpfung

Die Bekämpfung von Schnecken sollte primär vorbeugend erfolgen. Eine sorgfältige Bodenbearbeitung mit feinkrümeligem Saatbett und Rückverfestigung entzieht den Schnecken notwendige Schlupfwinkel. Eine ausreichende Dränage vermeidet feuchte Stellen, in denen sich Schnecken bevorzugt aufhalten. Die Zuwanderung von Schnecken aus Grünland, Gräben oder Hecken kann durch einen Schneckenzaun verhindert werden. Natürliche Feinde der Schnecken, wie Raubschnecken, größere Carabiden-Arten, Igel, Kröten, Reptilien und Vögel, sollten möglichst gefördert werden. Eine biologische Bekämpfung ist mit Nematoden (*Phasmarhabditis hermaphrodita*) möglich. Die Wirkung richtet sich vor allem gegen Ackerschnecken und weniger gegen Wegschnecken. Im akuten Bedarfsfall können chemische Präparate (Molluskizide) als Streumittel oder Köder (Schneckenkorn) eingesetzt werden. Wirkstoffe sind Methaldehyd, Methiocarb und Eisen-III-phosphat (s. Kap. 13.7.2.11). Die Anwendung dieser Präparate ist auf die tatsächlich von Schnecken geschädigten Bereiche zu begrenzen.

8.2 Wirbeltiere

Wirbeltiere (Vertebraten) besitzen ein festes inneres Skelett mit Wirbelsäule, ein zentrales Nervensystem und einen geschlossen Blutkreislauf. Unter den Wirbeltieren sind vor allem Vögel und Säugetiere phytomedizinisch von Bedeutung. Schäden treten häufig in Verbindung mit zyklischen Massenvermehrungen (z. B. Feldmäuse) oder Schwarmbildung (z. B. Stare, Tauben, Krähen) auf.

Systematik

Stamm Chordata (Chordatiere)
Unterstamm Vertebrata (Wirbeltiere)
Klasse Aves (Vögel)
Ordnung Galliformes (Hühnervögel)
Klasse Mammalia (Säugetiere)
Ordnung Rodentia (Nagetiere)
Ordnung Lagomorpha (Hasenartige)

Klasse Aves (Vögel)

Der Schädlichkeitsstatus der Vögel ist schwer zu erfassen, da sie oft nur zu bestimmten Zeiten (Saat, Ernte) schädigen. Vögel sind zudem polyphag und ändern ihre Nahrungspräferenz während der Entwicklung. So ernähren sich Stare im Frühjahr und Sommer fast ausschließlich von Würmern, Schnecken und Insekten; im Spätsommer bevorzugen sie aber die Samen von Getreide und weiteren Feldfrüchten und können auch im Obst- und Weinbau erhebliche Schäden verursachen. Die durch Vögel verursachten Schäden lassen sich wie folgt zusammenfassen: Aufpicken der Saat von Getreide, Leguminosen und Kruziferen (Fasane, Tauben), Herausziehen von Keimlingen (Fasane, Tauben, Sperlinge, Stare, Krähen), Knospenfraß (Gimpel), Verzehr reifer Früchte bei Kern-, Stein-, Beerenobst und Weinrebe (Stare, Krähen, Drosseln), Verzehr von reifendem Getreide und Ölfrüchten (Stare, Sperlinge, Dohlen) und Verschmutzung des Erntegutes mit Kot (Tauben). Der Vogelfraß ist ausgesprochen verschwenderisch; es wird ein Mehrfaches dessen zerstört, was die Tiere tatsächlich verzehren (Anpicken zahlreicher Früchte, Abknicken von Getreidehalmen).

Die meisten Vögel sind für die Landwirtschaft aber eher von Nutzen, da sie Unkrautsamen, Schadinsekten und Schadnager vertilgen. Die Nützlingsfunktion wird jedoch durch ihr begrenztes Vermehrungspotenzial eingeschränkt; Vögel können auf plötzliche Massenvermehrungen von Schadinsekten oder Nagetieren nicht mit einem entsprechenden Populationszuwachs reagieren. Langfristig kann aber die Bereitstellung von Nisthilfen für Höhlenbrüter (z. B. im Obst- und Weinbau) bzw. Ansitzpfählen für Greifvögel durchaus zu einer nachhaltigen Schädlingsbekämpfung beitragen.

Ordnung Galliformes (Hühnervögel)

Familie Phasianidae (Hühner)

- *Phasianus colchicus* (Fasan): schädigt durch Aufpicken von Körnern (Mais, Gemüse), Fraß von Keimlingen und Jungpflanzen sowie Fraß von Gemüsekulturen (Rosenkohlröschen)

Familie Sturnidae (Stare)

- *Sturnus vulgaris* (Star): bildet nach Abschluss der Brut große Schwärme, die lokal erhebliche Schäden an Obst und Weinbeeren verursachen können; weiterhin Fraß an Keimlingen und Jungpflanzen verschiedenster Kulturen (Gemüse, Getreide, usw.)

Familie Fringillidae (Finkenvögel)

- *Passer domesticus* (Haussperling) und *P. montanus* (Feldsperling): Allesfresser; Fraß an milchreifem und hartreifem Getreide; Weizen und Gerste werden gegenüber Hafer und Roggen deutlich bevorzugt; geschädigt werden auch Salat, Erbsen, Sonnenblumen (Kerne), Raps, ausgesätes Getreide, verschiedene Obstarten und Knospen von Obstbäumen

Familie Columbidae (Tauben)

- *Columba palumbus* (Ringeltaube): größte wirtschaftliche Bedeutung unter den Taubenvögeln; sie ernährt sich von Samen im Boden und von Pflanzen, aber auch von grünen Pflanzenteilen (Raps, Kohl, Klee); im Winter bilden sich Schwärme von bis zu 1000 Tieren und mehr, die an Gemüse (Wirsing, Rosenkohl, Grünkohl, Feldsalat) teils Totalschaden verursachen können; infolge der Verschmutzung durch Kot kommt es zusätzlich zur Qualitätsminderung

Familie Corvidae (Rabenvögel)

- Rabenvögel: *Corvus frugilegus* (Saatkrähe), *C. corone* (Rabenkrähe), *C. cornix* (Nebelkrähe) und *Coleus monedula* (Dohle): Fraß von Getreide- und Maissaatgut nach der Feldbestellung sowie Zerstören von Keimlingen und Jungpflanzen verschiedenster Kulturpflanzenarten; in kalten Wintern teils erhebliche Schäden durch Einfall großer Saatkrähenschwärme; andererseits auch erhebliche Nützlingsfunktion durch Vertilgung von Insekten, Schnecken und gelegentlich Feldmäusen

Familie Anatidae (Entenvögel)

- Wildgänse: *Anser anser* (Graugans), *A. fabalis* (Saatgans), *A. albifrons* (Blässgans), *Branta bernicla* (Ringelgans), *B. canadensis* (Kanadagans), *B. leucopsis* (Weißwangengans) und andere Arten; Fraß von Körnern und Keimlingen sowie Abweiden von Raps, Wintergetreide und Grünland,

Abb. 62: Schädigende Wirbeltiere (aus HOFFMANN und SCHMUTTERER, 1999; Ausnahme: Wanderratte aus OHNESORGE, 1991).

teils Kahlfraß; Tiere zertreten, verdichten und verkoten die Flächen; zunehmende Bedeutung infolge stark angestiegener Bestandsdichten

Klasse Mammalia (Säugetiere)

Pflanzenschädlinge sind fast immer polyphag. Die größten Schäden werden durch Nagetiere (Rodentia) und Hasenartige (Lagomorpha) verursacht, die im folgenden ausführlicher besprochen werden. Daneben können teils auch erhebliche Schäden durch Huftiere (Reh-, Rot- und Schwarzwild) infolge von Fraß, Verbiss und Zertreten auftreten. Nach neueren Untersuchungen (2005) sind 20% des deutschen Waldes durch Wildverbiss geschädigt. Wildschäden in Grenzen zu halten bzw. Schäden finanziell zu ersetzen ist Aufgabe des Jagdpächters (Ausnahme: Wildschäden in Sonderkulturen werden nicht ersetzt).

Ordnung Rodentia (Nagetiere)

Ordnung überwiegend gesellig lebender Säugetiere. Die meisten Arten sind wenig spezialisierte Pflanzenfresser, oft auch Allesfresser. Als Warmblüter sind Nagetiere auch im Winter auf Nahrung angewiesen (Ausnahme: Hamster hält Winterschlaf) und verursachen gerade in dieser Zeit erhebliche Schäden, so durch Verbiss an jungen Obst- und Forstgehölzen. Weiterhin Schädigung durch Verzehr von Samen und Feldfrüchten, Vernichtung von Kulturpflanzen und Anlage ausgedehnter unterirdischer Gangsysteme. Bei einigen Arten auch durch Beschmutzen der Feldfrüchte mit Kot und Urin (besonders im Lager) und Übertragung von Krankheitserregern (hygienische Probleme). Hohe Vermehrungsraten durch frühe Geschlechtsreife und rasche Wurffolge.

Familie Cricetidae (Wühler)

Nagetiere mit gedrungenem, walzenförmigem Rumpf und einem Schwanz kürzer als die halbe Körperlänge. Ohren sind im Fell verborgen und kaum sichtbar. Anlage unterirdischer Gänge. Schäden durch Fraß- und Wühltätigkeit.

- *Arvicola terrestris* (Schermaus, Große Wühlmaus): lebt einzeln in weitläufigen flachen Gangsystemen; überwiegend unterirdische Lebensweise; die ausgeworfenen Erdhaufen unterscheiden sich von Maulwurfshügeln in ihrer flachen und unregelmäßigen Form; Fraß saftiger Wurzeln von Gemüse und Obstgehölzen; besonders schwere Schäden können an jungen Bäumen durch völligen Verlust des Wurzelwerks entstehen
- *Microtus arvalis* (Feldmaus): bedeutender Schädling im Grünland, Obstbau, Gemüsebau (Möhren, Kohlarten) und Ackerbau (Kartoffeln, Zuckerrübe, Getreide, Klee, Futtergräser); Rindenfraß an Stammbasis von Obstgehölzen; Mulch oder Bewuchs bieten Deckung und fördern Befall; unterirdische Gänge meist kurz; oberirdisch verlaufen zwischen den Baueingängen gut sichtbare Laufgänge; ausgeprägte zyklische Vermehrung (alle 3 bis 4 Jahre) in Hauptschadgebieten

Familie Muridae (Langschwanzmäuse)

Nagetiere mit spitz zulaufendem Kopf und einem Schwanz von der Länge des Körpers oder länger. Ohren aus dem Fell hervorragend. Überwiegend Vorratsschädlinge.

- *Mus musculus* (Hausmaus): lokal erhebliche Schäden an Vorräten verschiedenster Art, insbesondere an Getreide
- *Rattus norvegicus* (Wanderratte) und *R. rattus* (Hausratte): in gemäßigten Klimaregionen eng an menschliche Siedlungen gebunden; Bedeutung vor allem als Hygieneschädling (Krankheitsüberträger), zum Teil auch als Vorratsschädling (Getreide, Obst, Gemüse); in den Tropen und Subtropen sind *Rattus*-Arten bedeutende Pflanzenschädlinge (z. B. Ölpalme, Reis, Bambus)

Daneben gibt es eine Reihe weiterer Nagetierarten, die unter günstigen Bedingungen bzw. lokal erhebliche Bedeutung erlangen können. Forstkulturen (Saaten) aber auch Rübensaaten werden gelegentlich durch die Waldmaus (*Apodemus sylvaticus*) geschädigt. Ein typischer Forstschädling ist die Rötelmaus (*Clethrionomys glareolus*), die sich im Winter von Rinde ernährt und Laubbäume bis in mehre Meter Höhe entrindet. Der selten gewordene Hamster (*Cricetus cricetus*) wird vor allem an Getreide, Mais und Leguminosen schädlich. Er trägt bis zu 25 kg Körner als Wintervorrat in seinen Bau. Der Bisam (*Ondatra zibethicus*) wurde von Nordamerika als Pelztier eingeschleppt und besiedelt inzwischen viele europäische Länder flächendeckend. Durch die Anlage von Gängen und Bauten verursacht er Schäden an Deichen.

Ordnung Lagomorpha (Hasenartige)

Unter den Hasenartigen ist vor allem das Wildkaninchen (*Oryctolagus cuniculus*) ein bedeutender Schädling. Es lebt gesellig in Erdbauten, bevorzugt auf leichten Böden, in denen ausgedehnte Gangsysteme angelegt werden können. Es ist überwiegend dämmerungs- und nachtaktiv. Fünf bis sieben Würfe pro Vegetationszeit. Jungtiere sind nach 8 Wochen geschlechtsreif. Geschädigt werden Saaten, Feldfutterpflanzen und Gemüsekulturen. Erhebliche Schäden auch an Obstgehölzen durch Verbiss an den Jungpflanzen.

Bekämpfung

Bei der Abwehr von Schäden durch Wirbeltiere müssen die gesetzlichen Bestimmungen (u. a. Bundesjagdgesetz, Bundesnaturschutzgesetz) berücksichtigt werden. Allgemein gilt, das bis auf wenige Ausnahmen alle Säugetierarten geschützt sind (Bundesartenschutzverordnung). Damit hat die Vorbeugung von Schäden oberste Priorität. Im Einzelfall kann ein Abschuss für jagdbares Wild (z. B. Rabenvögel) erteilt werden bzw. jagdbares Wild entsprechend den rechtlichen Vorgaben bejagt werden. Zum jagdbaren Wild zählen Wildtauben, Fasan, Wildkaninchen, Reh-, Damm-, Rot-, Schwarz-, und Muffelwild.

Als Schutz vor Vogelschäden empfiehlt sich ein Anbau der Kulturpflanzen unter Folie, Kulturschutznetzen oder Vliesen. Netze sollten eine Maschenweite von maximal 30 mm haben und nicht grün oder schwarz gefärbt sein. Sie müssen so angebracht sein, dass sich Vögel, Igel sowie andere Kleinsäuger nicht darin verfangen. Akustische und optische Verfahren (Knallscheuchen, Schussapparate, Abspielen von Warnschreien, Vogelscheuchen, Blinkketten, Greifvogelattrappen, s. Kap. 13.3) haben meist nur eine zeitlich begrenzte Wirkung, da sich die Vögel rasch daran gewöhnen. Die Behandlung von Saatgut mit Repellents (z. B. ätherische Öle, Vergällungsmittel) bietet einen gewissen Schutz gegen Fraß durch Vögel und Kleinnager, ebenso wie das Aufstellen von Sitzstangen für Greifvögel.

Zur Bekämpfung von Scher- und Feldmaus werden neben mechanischen Fallen Köderpräparate und Begasungsmittel eingesetzt. Die Zuwanderung von Schadnagern in Obst- und Gemüseanlagen kann erfolgreich durch Drahtgitter mit einer Maschenweite von 10 mm verhindert werden. Das Drahtgitter sollte mindestens 30 cm tief im Boden vergraben sein, 20 cm über dem Boden herausragen und am oberen Ende rechtwinkelig nach außen abgewinkelt werden, um ein Überklettern zu verhindern. Die Begasung von Gangsystemen mit Kohlenmonoxid ist zeit- und kostenintensiv und für den Anwender nicht ungefährlich. Beim Einsatz von Rodentiziden (Zinkphosphid, Koagulationshemmstoffe, s. Kap. 13.7.2.12) ist darauf zu achten, dass sie sachgerecht ausgebracht werden, sodass keine Nichtzielorganismen geschädigt werden (Legeflinte). Bei Ratten wird in der Praxis eine zunehmende Resistenzentwicklung gegenüber Rodentiziden beobachtet. Im Handel erhältliche Schallwellen- und Vibrationsgeräte erwiesen sich in bisherigen Versuchen als ungeeignet zur Abwehr von Scher- und Feldmäusen.

Dem Schutz von Nichtzielorganismen kommt große Bedeutung zu, er ist bei allen Maßnahmen entsprechend zu beachten. Einerseits aus Gründen des Artenschutzes, andererseits tragen zahlreiche Wirbeltiere (z. B. Vögel) in erheblichem Maße zur Vernichtung von Schadinsekten und Schadnagern bei. Auch insektenvertilgende Arten wie Igel, Spitzmaus und Maulwurf haben eine gewisse Nützlingsfunktion, wenn auch schwerer nachweisbar als bei den Vögeln. Eine Möglichkeit des Schutzes von Nichtzielorganismen ist die Behandlung des mit Pflanzenschutzmitteln behandelten Saatgutes mit grellen abschreckenden Farben.

Fragen zu Kapitel 8

- Wie pflanzen sich Schnecken fort?
- Wie erfolgt die Nahrungsaufnahme der Schnecken?
- Wie viel Salat kann eine ausgewachsene Ackerschnecke in einer Nacht verzehren?
- Welche Möglichkeiten der Schneckenbekämpfung gibt es?
- Auf welche Art und Weise schädigen Vögel Kulturpflanzen?
- Welchen Nutzen haben Vögel für die Landwirtschaft?
- Welche Kulturen werden von der Feldmaus geschädigt?
- Wie können Schadnager bekämpft werden?

Weiterführende Literatur

Godan, D., 1979: Schadschnecken und ihre Bekämpfung. Verlag Eugen Ulmer, Stuttgart.

Hoffmann, G. M. und H. Schmutterer, 1999: Parasitäre Krankheiten und Schädlinge an landwirtschaftlichen Nutzpflanzen. Verlag Eugen Ulmer, Stuttgart.

Ohnesorge, B., 1991: Tiere als Pflanzenschädlinge. Georg Thieme Verlag, Stuttgart.

Schöber-Butin, B., V. Garbe und G. Bartels, 1999: Farbatlas Krankheiten und Schädlinge an landwirtschaftlichen Kulturpflanzen. Verlag Eugen Ulmer, Stuttgart.

9 Unkräuter

„**Unkräuter**" ist ein Sammelbegriff für alle auf Nutzflächen vorkommenden Nichtkulturpflanzen oder Wildpflanzen, der im weitesten Sinne neben den krautartigen Pflanzen auch Gräser oder Gehölzpflanzen umfasst. „Ungras" und mehr noch „Unholz" sind weniger gebräuchlich. Ein generelles Wesensmerkmal von „Unkräutern" ist, dass sie am Ort oder zum Zeitpunkt ihres Auftretens unerwünscht oder wertlos sind, und **Schaden** bewirken, der sich in unterschiedlicher Weise ausprägen kann. Auf landwirtschaftlichen Nutzflächen besteht er meist in der Einschränkung der Produktivität, auf Gleisanlagen und anderen Verkehrsflächen geht es um Behinderung oder Gefährdung des Verkehrs, auf Grünflächen vor allem um die Einschränkung des ästhetischen Werts oder auch der Funktion (Sportrasen). Im weitesten Sinne gehören hierzu auch unerwünschte Pflanzen in Gewässern, wo die Behinderung des Wasserabflusses (Entwässerungsgräben) oder des Schiffverkehrs (Wasserstrassen) die Folge sein kann.

Definition: Unkräuter
Vergesellschaftete Wildpflanzen im Agrarökosystem, die mit den Kulturpflanzen um begrenzt verfügbare Wachstumsfaktoren (Raum, Licht, Wasser und Nährstoffe) konkurrieren und diese dadurch indirekt schädigen.

Die Betrachtung in diesem Kapitel beschränkt sich auf Unkräuter im engeren Sinne, also unerwünschte Pflanzen auf landwirtschaftlichen Nutzflächen. **Schmarotzerpflanzen** stellen einen Grenzfall dar und werden weiter hinten kurz behandelt. Darauf ist auch die nebenstehende **Definition** ausgerichtet, neben der es noch zahlreiche weitere Varianten gibt. Die Erkenntnisse in diesem Bereich stammen überwiegend aus der **Unkrautforschung (Herbologie)**, die sich gezielt mit der Unkrautdynamik auf landwirtschaftlichen Nutzflächen beschäftigt, aber auch aus dem Gesamtgebiet der übergeordneten **Pflanzenökologie**, die sich mit den Gesetzmäßigkeiten der Entwicklung von Wildpflanzenpopulationen auch an natürlichen Standorten befasst. Aufgrund der indirekten Schadwirkung der Unkräuter und der bedeutenden Eingriffsmöglichkeiten bei der Unkrautkontrolle durch ackerbauliche Maßnahmen, befindet sich die Herbologie als **Disziplin** im Übergangsbereich zwischen Phytomedizin und Pflanzenbau.

Auf Ackerflächen in Mitteleuropa kommen etwa 300 Unkrautarten vor, davon etwa 30 besonders häufig (Tab. 18) Unter den biotischen Schaderregern ist die Schadwirkung von Unkräutern am größten. Die Kontrolle des Unkrauts war somit für die Entwicklung des Ackerbaus im feucht-gemäßigten Klima Mitteleuropas eine der wichtigsten Voraussetzungen. Dem Pflug als mechanischem Unkrautbekämpfungsmittel und der dafür erforderlichen Zugkraft kommt in diesem Zusammenhang fundamentale Bedeutung für die Entwicklung des Ackerbaus in unseren Breiten zu. Mit Aufkommen der chemischen Unkrautbekämpfung Mitte des 20. Jahrhunderts hat der Pflug als Mittel der Unkrautbekämpfung stark an Bedeutung verloren. Dadurch ist ein neuer Zielkonflikt entstanden, bei dem es um ein Abwägen zwischen den gegenläufigen Forderungen nach verringertem Herbizideinsatz und erhöhtem Bodenschutz durch Pflugverzicht geht.

Tab. 18: Liste der wichtigsten im Ackerbau Mitteleuropas vorkommenden Unkrautarten.

Ungräser	
Gemeine Quecke	*Agropyron repens*
Acker-Fuchsschwanz	*Alopecurus myosuroides*
Gemeiner Windhalm	*Apera spica-venti*
Flug-Hafer	*Avena fatua*
Taube Trespe	*Bromus sterilis*
Einjähriges Rispengras	*Poa annua*
Schadhirse-Arten	*Echinochloa* spp., *Setaria* spp., *Digitaria* spp., *Panicum* spp.
Unkräuter	
Gemeines Hirtentäschel	*Capsella bursa-pastoris*
Kornblume	*Centaurea cyanus*
Weißer Gänsefuß	*Chenopodium album*
Acker-Kratzdistel	*Cirsium arvense*
Acker-Winde	*Convolvulus arvense*
Gemeiner Windenknöterich	*Fallopia convolvulus*
Franzosenkraut-Arten	*Galinsoga* spp.
Kletten-Labkraut	*Galium aparine*
Taubnessel-Arten	*Lamium* spp.
Echte Kamille	*Matricaria chamomilla*
Einjähriges Bingelkraut	*Mercurialis annua*
Acker-Vergissmeinnicht	*Myosotis arvensis*
Vogel-Knöterich	*Polygonum aviculare*
Ampfer-Knöterich	*Polygonum lapathifolium*
Floh-Knöterich	*Polygonum persicaria*
Acker-Hahnenfuß	*Ranunculus arvensis*
Hederich	*Raphanus raphanistrum*
Gemeines Kreuzkraut	*Senecio vulgaris*
Acker-Senf	*Sinapis arvensis*

9.1 Biologie und Ökologie der Unkräuter

Die **Artenvielfalt** der Wildflora auf landwirtschaftlich genutzten Flächen (auch **Segetalflora** genannt) unterliegt einer Dynamik, die vor allem durch das Klima und die Nutzungsform bestimmt ist. Interessanterweise hält die nacheiszeitliche Rückwanderung von Pflanzenarten nach Mitteleuropa, die nach dem Ende der letzten Eiszeit im Mesolithikum vor etwa 5000 Jahren einsetzte, immer noch an und bewirkt insgesamt eine fortgesetzte Zunahme der Artenzahlen (Abb. 63). Dies betrifft auch die Segetalflora der ackerbaulich genutzten Standorte.

Ein zusätzlicher Effekt in gleicher Richtung ging auch von der **Einführung des Ackerbaus** in Mitteleuropa aus. So sind etwa vier Fünftel der heute vorkommenden Unkrautarten mit Kulturpflanzen aus Kleinasien, Nordafrika oder Asien nach Europa eingeschleppt worden. Die meisten von ihnen sind sehr gut an die Bedingungen des intensiven Ackerbaus angepasst und wären ohne diesen nicht überlebensfähig. Einige Arten, so genannte **obligate Unkräuter**, kommen sogar ausschließlich in der Segetalflora vor (Leindotter, Taumellolch). Interessanterweise hat damit der Mensch mit dem Ackerbau zunächst zu einer Vermehrung der Artenvielfalt in der mitteleuropäischen Segetalvegetation beigetragen. Neben der Einschleppung zum Beispiel mit Saatgut, Pflanzgut, Futtermitteln, Verpackungsmaterialien und anderen Waren sind einige Arten durch den Ackerbau in den letzten 2000 Jahren überhaupt erst entstanden. Beispiele dafür sind Kornrade, Windhalm, Flug-Hafer, Hederich, Acker-Senf oder Acker-Stiefmütterchen. Diese Arten verdanken ihr Entstehen der Koevolution mit Kulturpflanzen, bei der es zu einer **Hybridisierung** zwischen Wild- und Kulturformen oder zwischen eingeschleppten und einheimischen Arten gekommen ist.

Unkräuter

Rauke-Arten	*Sisymbrium* spp.
Schwarzer Nachtschatten	*Solanum nigrum*
Vogel-Sternmiere	*Stellaria media*
Acker-Hellerkraut	*Thlaspi arvense*
Geruchlose Kamille	*Tripleurospermum perforatum*
Efeublättriger Ehrenpreis	*Veronica hederifolia*
Persischer Ehrenpreis	*Veronica persica*
Acker-Stiefmütterchen	*Viola arvensis*

Allerdings hat die seit Mitte der 50er-Jahre einsetzende großflächige **Anwendung von Herbiziden** einige herbizidsensitive Arten zurückgedrängt und mehr oder weniger resistente Arten selektiert, die zudem eine hohe Anpassungsfähigkeit an die jeweiligen Anbaubedingungen aufweisen. Dadurch ist auf langjährig intensiv genutzten Standorten mit konventioneller Unkrautbekämpfung eine weithin relativ homogene, stabile und arten-

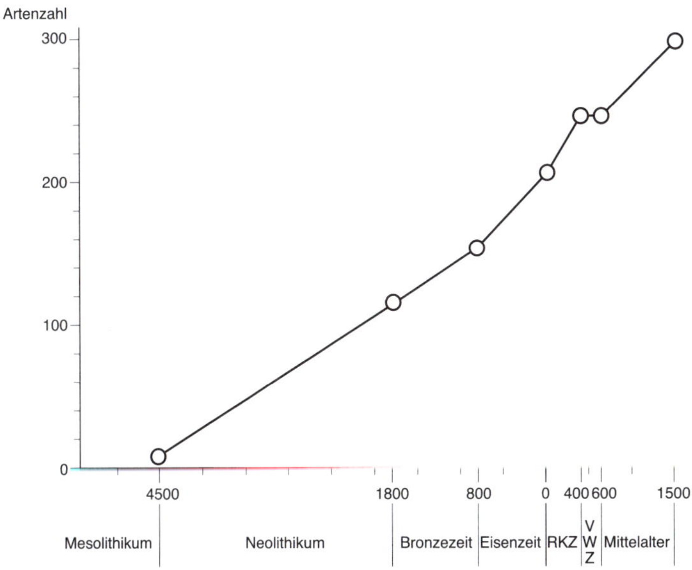

Abb. 63: Anzahl der seit dem Mesolithikum in Mitteleuropa nachgewiesenen Unkrautarten (n. Willerding, 1986).

arme Unkrautflora von Spezialisten entstanden, die eng an die Anbauzyklen, die Bestandsformen der Kulturarten und die Bodenverhältnisse angepasst sind.

Mit der außerhalb Europas seit Jahren großflächig praktizierten Nutzung **herbizidtoleranter (HT-)Sorten** in Verbindung mit dem Einsatz nichtselektiver Herbizide ist durch den möglichen, relativ späten Einsatz (zum Teil nach dem Samenansatz) eher eine Minderung der einseitigen Selektion bestimmter Unkrautarten und der damit verbundenen Artenverarmung zu erwarten.

Die **Einteilung der Unkräuter** richtet sich nach unterschiedlichen Kriterien biologischer und standortspezifischer Art. Bei der Anpassung an bestimmte Standorte sind vor allem Klima-, Nährstoff-, Wasser- und pH-Verhältnisse maßgebend. Hier fungieren spezialisierte Arten auch als sogenannte **Zeigerpflanzen**. Ihre Bedeutung zur Kennzeichnung von ackerbaulichen Standorten ist allerdings abnehmend, da die Wachstumsbedingungen an den meisten Standorten den Optimumsansprüchen der Kulturpflanzen so weit angenähert sind, dass sie sich zum Beispiel hinsichtlich der Nährstoff- und pH-Bedingungen kaum unterscheiden. Daher wird die Zusammensetzung der Segetalflora auf den Anbauflächen hauptsächlich von Klima und Anbausystem (Fruchtfolge, Bodenbearbeitung, Herbizidwahl) bestimmt.

Folgende biologische und ökologische Kriterien können zur Einteilung von Unkräutern herangezogen werden:

Keimung:
Frühjahrskeimer, **Sommerannuelle** → an Sommerungen angepasst (Flug-Hafer, Hederich, Weißer Gänsefuß, Acker-Senf, Hühnerhirse, Windenknöterich)
Sommer- und Herbstkeimer, **Winterannuelle** → an Winterungen angepasst (Acker-Fuchsschwanz, Kletten-Labkraut, Windhalm, Acker-Stiefmütterchen, Vogel-Sternmiere, Einjähriges Rispengras, Hirtentäschel, Acker-Hellerkraut, Persischer Ehrenpreis, Kornblume)
Lichtkeimer (die meisten verbreiteten Unkrautarten)
Dunkelkeimer (nur wenige Arten, z. B. Schwarzer Nachtschatten)

Vermehrung:
Samenunkräuter (die meisten Arten der Segetalflora)
Wurzelunkräuter (Quecke, Giersch, Brennnessel, Acker-Kratzdistel)
Knollen- und Zwiebelunkräuter (Herbstzeitlose, Weinberglauch)

Lebensdauer:
Einjährige (**annuelle**) Arten (Acker-Senf, Kornblume, Vogel-Sternmiere, Windhalm, Acker-Fuchsschwanz ...) → im modernen Ackerbau die überwiegende Form
Zweijährige (**bienne**) Arten (Wilde Möhre, Sumpf-Kratzdistel)
Mehrjährige oder ausdauernde (**perennierende**) Arten (Quecke, Acker-Kratzdistel, Acker-Schachtelhalm, Krauser Ampfer, Huflattich, Acker-Winde)

Standortansprüche:
Kalkliebende Arten (Klatschmohn, Acker-Senf, Acker-Hahnenfuß, Glänzender Ehrenpreis, Kleine Wolfsmilch)

Säureliebende Arten (Acker-Hundskamille, Hederich, Kleiner Sauerampfer)
Nitrophile Arten, nährstoffreiche Standorte (Giersch, Gänsefuß-Arten, Acker-Kratzdistel, Kletten-Labkraut, Franzosenkraut-Arten, Vogel-Sternmiere, Einjähriges Bingelkraut, Taubnessel-Arten, Brennnessel, Acker-Stiefmütterchen, Kamille-Arten)

Die **Vermehrung** der meisten Unkräuter erfolgt **generativ** mittels Samen, die zur Sicherung des Überlebens in zum Teil sehr großer Anzahl gebildet werden (Tab. 19). Eine weitere wichtige Überlebensstrategie ist die ungleichmäßige Keimung nach primärer und sekundärer **Keimruhe**.

Tab. 19: Samenproduktion wichtiger Unkrautarten (nach Diepenbrock et al., 2005).

	Samen/Pflanze
Persischer Ehrenpreis	50–100
Kletten-Labkraut	100–500
Acker-Fuchsschwanz	80–2 000
Weißer Gänsefuß	200–20 000
Gemeiner Windhalm	1 000–2 000
Echte Kamille	1 000–10 000
Vogel-Sternmiere	2 000–20 000
Franzosenkraut-Arten	5 000–30 000

Primäre Keimruhe tritt unmittelbar nach der Samenreife ein. Sie gibt dem Embryo Zeit zur Reife, ist genetisch gesteuert und damit artspezifisch. Sie verhindert, dass frische Samen vorzeitig auskeimen und damit verloren gehen. Die **sekundäre Keimruhe** ist umweltabhängig, weist aber sowohl zwischen als auch innerhalb der Unkrautarten eine hohe Variabilität auf. Dadurch kommt es auch bei günstigen Keimbedingungen nie zum Auskeimen der gesamten Samenmenge, sondern immer nur zur Entwicklung eines relativ kleinen Teils der Nachkommen. Würden die Samen allesamt synchron keimen, wäre die Art angesichts der ackerbaulichen Maßnahmen gegen Unkräuter erheblich gefährdet. Die hohe Variabilität im Keimverhalten geht bei manchen Unkrautarten mit einem ausgeprägten **Samenpolymorphismus** einher. Beispiele sind Weißer Gänsefuß sowie einige Knöterich- und Wicken-Arten. **Samenpolymorphismus und verzögerte Keimung stellen daher die wichtigsten Strategien der Unkräuter zur Erhaltung ihrer Population dar.** Sie sind das Ergebnis einer langjährigen Anpassung an die Anbautechnik und die Lebensbedingungen der Ackerbaustandorte.

Als Folge hoher Reproduktionsraten und verzögerter Keimung kommt es zur Ansammlung erheblicher Mengen von Unkrautsamen im Boden, auch **Diasporen** bzw. **Diasporenbank** genannt. Bei Untersuchungen der Diasporenbank in der Ackerkrume (0 bis 25 cm) wurden Samenmengen zwischen 10000 und über 300000 pro m² gefunden. Für die potenzielle Verunkrautung ist jedoch die **Lebensdauer** der Samen entscheidender als deren Anzahl. Sie hängt wiederum von der artspezifischen Keimruhe

Tab. 20: Keimfähigkeit von Unkrautsamen nach Überdauerung im Boden (nach Börner, 1995).

	Jahre	% Keimfähigkeit
Gemeines Hirtentäschel	7	53
Weißer Gänsefuß	20	32
Kletten-Labkraut	3	61
Flug-Hafer	10	71
Acker-Fuchsschwanz	4	22

bzw. Dormanz und den chemisch-physikalischen Bedingungen ab. Letztere haben einen erheblichen Einfluss auf die Überlebensraten von Unkrautsamen. Trockene, kühle und nährstoffarme Bodenverhältnisse können die Lebensdauer wesentlich verlängern. Energiereiche (ölhaltige) Samen können dabei besonders lange überdauern. Daneben spielt die Morphologie des Samens, insbesondere die Widerstandsfähigkeit und Wasserdurchlässigkeit der Samenschale eine Rolle (Tab. 20).

Für die **Auslösung der Keimung** spielt die **Temperatur** in unseren Breiten eine überragende Rolle, da bis auf kurze Trockenphasen stets genügend Feuchtigkeit im Boden verfügbar ist. Mit der Temperaturabhängigkeit der Keimung ist artspezifisch festgelegt, in welcher Jahreszeit die Unkrautentwicklung beginnt, ob es sich also um Wärme- oder Kältekeimer handelt.
Bei vielen Unkrautarten kann die Keimruhe durch **Licht** aufgehoben und die Keimung ausgelöst werden. Allerdings unterliegt die vermutlich im Phytochromsystem verankerte Lichtempfindlichkeit der Samen großen individuellen Schwankungen, auch innerhalb einer Art, wodurch die Strategie der verzögerten Keimung erhalten bleibt. Darüber hinaus schwankt die Lichtempfindlichkeit mit den Jahreszeiten und der Stickstoffversorgung. Für die Wirksamkeit scheinen jedoch kurze Lichtphasen auszureichen. Diese Zusammenhänge haben auch zu Überlegungen geführt, den Unkrautdruck durch Bodenbearbeitung bei Dunkelheit zu vermindern.

Die **Verbreitung von Unkrautsamen** erfolgt fast ausschließlich passiv. Dafür kommen verschiedene Mechanismen in Frage. Die drei wichtigsten Formen der Verbreitung sind:

- Windausbreitung (**Anemochorie**): Samen mit großer Oberfläche oder Behaarung (Acker-Kratzdistel, Huflattich)
- Ausbreitung durch Tiere (**Zoochorie**): Samen entweder resistent gegen Verdauung (durch Vögel, Nagetiere, Insekten; z. B. Schwarzer Nachtschatten, Acker-Stiefmütterchen) oder mit Haft- oder Klebeigenschaften ausgestattet (Hahnenfuß, Kletten-Labkraut, Acker-Vergissmeinnicht, Flug-Hafer)
- Ausbreitung durch den Menschen (**Anthropochorie**): wahrscheinlich wichtigste Form der Verbreitung, sowohl über große Entfernungen (Einschleppungen durch Handels- und Transporttätigkeit) als auch über kurze Distanzen (Verschleppung mit Bearbeitungsgeräten, Verteilung beim Mähdrusch)

Während einjährige Unkrautarten ausschließlich auf die generative Vermehrung angewiesen sind, besitzen die meisten mehrjährigen Arten eine **vegetative Vermehrung.** Sie werden oft auch als **Wurzelunkräuter** bezeichnet, obwohl sie in der Regel zusätzlich auch Samen bilden können. Voraussetzung für die vegetative Vermehrung ist die

- Speicherung von Reservestoffen in unterirdischen Organen und die
- Bildung von Pflanzenorganen, die zur vegetativen Vermehrung geeignet sind.

Die Vielfalt vegetativer Verbreitungsorgane ist groß. **Knollen** und **Zwiebeln** spielen bei Ackerunkräutern praktisch keine Rolle. Oberirdische **Kriechtriebe** (Gemeines Rispengras) und ober- bzw. unterirdische **Ausläufer** oder **Stolonen** (oberirdisch: Kriechender Hahnenfuß; unterirdisch: Gemeine Quecke) können bei Störungen durch Bodenbearbeitung selbstständig weiter wachsen. Das Gleiche gilt für **Rhizome** und **Wurzelsprosse**, die allerdings in deutlich größere Tiefen vordringen können und bei verschiedenen mehrjährigen Unkrautarten (Rhizome: Wasser-Knöterich, Acker-Schachtelhalm, Huflattich; Wurzelsprosse: Acker-Kratzdistel, Acker-Winde, Acker-Gänsedistel, Pfeilkresse) entscheidend an der Verbreitung beteiligt sind.

9.2 Interaktionen zwischen Unkräutern und Kulturpflanzen

Unkräuter sind in den meisten Fällen **indirekte Schaderreger** von Kulturpflanzen. Die Hauptschadwirkung von Unkräutern entsteht durch **Konkurrenz mit der Kulturpflanze** um Wachstumsfaktoren, wodurch der Lebensraum und die Ressourcen, die die Kulturpflanze benötigt, stark begrenzt werden können. Allein durch die Konkurrenzwirkung kann schon eine erhebliche Ertragsreduktion eintreten. In extremen Fällen kommt es zusätzlich zu erheblichen **Erntebehinderungen** (Druschbehinderung, Besatzerhöhung, Abreifeverzögerung), durch die die Ertragsverluste weiter vergrößert werden oder der Bestand im äußersten Fall überhaupt nicht mehr beerntet werden kann und aufgegeben werden muss.

Die wesentlichen Ressourcen, um die zwischen Unkräutern und Kulturpflanzen Konkurrenz entstehen kann, sind Licht, Wasser, Nährstoffe und Standraum.

Die Nutzung von **Licht** und **Standraum** hängen miteinander zusammen, da die Nutzung des oberirdischen Standraums in erster Linie durch die Verfügbarkeit von Licht begrenzt ist. Arten mit hoher Standraumkonkurrenzkraft sind zugleich gute Lichtkonkurrenten und umgekehrt. Die Lichtausnutzung eines Bestandes wird durch den **Blattflächenindex** bestimmt, der lichtabsorbierenden Gesamtoberfläche des Bestandes bezogen auf eine Flächeneinheit Boden. Bei optimaler Lichtausnutzung erreichen Feldfrüchte einen maximalen Blattflächenindex zwischen 3 und 5. Darüber kommt es zu massiven Konkurrenzeffekten auf Kosten der jeweils weniger konkurrenzstarken Art. Für die Unkrautunterdrückung ist daher die schnelle Bodenbedeckung durch die Kulturpflanze von entscheidender Bedeutung. Hierin können sich je nach Wuchstyp auch die Sorten einer Kulturpflanzenart deutlich unterscheiden.

Auch bezüglich der Faktoren **Wasser** und **Nährstoffe** wird die Konkurrenzkraft einer Art von

- Verfügbarkeit und
- Aneignungsvermögen

bestimmt, obgleich sie – im Gegensatz zum Licht – gespeichert werden können. Konkurrenz um Wasser und Nährstoffe hängen eng miteinander zusammen, da die Aufnahme von Nährstoffen und Wasser gemeinsam und fast vollständig über die Wurzeln erfolgt. Dementsprechend sind **Wurzelwachstum** und **Nährstoffeffizienz**, die eng miteinander zusammen hängen, von ausschlaggebender Bedeutung für die Durchsetzungsfähigkeit am Standort. Dies gilt besonders bei guter Wasser- und Nährstoffverfügbarkeit, wie sie an den leistungsfähigen Ackerbaustandorten der gemäßigten Breiten vorherrscht. Die schnelle Erschließung des Wurzelraumes und die effiziente Nährstoffaufnahme sind Eigenschaften, auf die auch bei der **Sortenzüchtung** Einfluss genommen werden kann. Nährstoffeffizienz bezieht sich dabei vor allem auf den Stickstoff und dort sowohl auf die Effizienz bei der Aufnahme als auch bei der Umsetzung in Wachstum und Biomasse. Andere Einflussmöglichkeiten bestehen in der **Düngeführung**. Zurückhaltende Versorgung in der Jugendphase fördert die Durchwurzelung und schafft ein leistungsfähigeres Wurzelsystem. Auf Standorten mit schlechter Nährstoffversorgung verschärft sich die Konkurrenzsituation. Unter ariden Anbaubedingungen kann zusätzlich die **Trockenstressresistenz** der Kulturpflanze gegenüber dem Unkraut konkurrenzwirksam werden. Allerdings nimmt hier generell die Unkrautproblematik aufgrund der Steuerungsfähigkeit durch die Bewässerung und die ungünstigen Auflaufbedingungen für Unkrautssamen ab.

Konkurrenz und Schadwirkungen durch Unkräuter
In den weltweit wichtigsten Kulturpflanzen haben Unkräuter unter den biotischen Schadfaktoren die mit Abstand größte Bedeutung vor Insekten und Pathogenen. Der Hauptschadeffekt ist indirekt und besteht in Konkurrenz, die bei mangelnder Unkrautkontrolle zu Totalverlusten führen kann. In produktiven Kulturpflanzenbeständen spielt die Lichtkonkurrenz die überragende Rolle. Konkurrenz um Wasser und Nährstoffe hat nur an unterversorgten oder ariden Standorten Bedeutung.

Die **Konkurrenzwirkung** von Unkräutern in einem Kulturpflanzenbestand lässt sich als Ertragsverlust je Unkrautpflanze und m^2 messen. Diese Größe ist im wesentlichen von drei Faktoren abhängig, nämlich

- der Konkurrenzkraft der Unkrautart,
- der Konkurrenzfähigkeit der Kulturpflanze und
- den Bodenverhältnissen.

So verursacht eine Pflanze Kletten-Labkraut in Winterweizen etwa den dreifachen Ertragsverlust einer Kamille oder Vogel-Sternmiere. Andererseits ist Winterweizen gegen die gleichen Unkrautarten etwas konkurrenzstärker als Wintergerste. Schließlich ist die Schadwirkung der Unkrautarten auf dem schlechteren Sandstandort deutlich höher als auf Löss. Das deutet auf ein relativ besseres Nährstoffaneignungsvermögen der Unkräuter auf armen Böden hin, wohingegen dies auf fruchtbaren Standorten umgekehrt ist (Tab. 21). Das Wissen um solche dichteabhängigen und artspezifischen Ertragseffekte wird in aufwändigen, mehrjährigen Unkrautdichteversuchen im Feld erarbeitet und ist wesentliche Grundlage für die Ableitung von **Unkraut-Schadensschwellen** und die Entwicklung von **Prognosemodellen** in der Unkrautbekämpfung.

Unkrautart	Wintergerste		Winterweizen	
	Sand	Löss	Sand	Löss
Kletten-Labkraut	30	15	20	15
Kamille-Arten	8	4	8	4
Vogel-Sternmiere	8	6	8	6
Knöterich-Arten	5	3	5	3
Gänsedistel-Arten	4	3	4	3
Acker-Hellerkraut	4	2	4	2
Acker-Vergissmeinnicht	4	2	4	2
Acker-Stiefmütterchen	3	2	3	2
Ehrenpreis-Arten	2	1,4	2	1

Tab. 21: Konkurrenzwirkung von Unkrautarten in Wintergerste und Winterweizen in Abhängigkeit von der Bodengüte (in kg/ha Ertragsverlust je Unkrautpflanze/m²; nach Pallutt, 1992).

Von weitaus geringerer Bedeutung sind insgesamt die **direkten Schadwirkungen** von Unkräutern. Interessant ist das Phänomen der **Allelopathie**, bei der das Wachstum der Kulturpflanze auf direktem, biochemischem Weg durch natürliche Phytotoxine beeinträchtigt wird. Dies kann etwa durch wachstumshemmende Wurzelausscheidungen oder flüchtige Verbindungen, die vom Spross abgegeben werden, geschehen. Bedeutender ist jedoch der vor allem in den wärmeren Anbauzonen vorkommende

Tab. 22: Unkräuter als alternative Wirte für Krankheitserreger und Schädlinge.

Schaderreger	Unkräuter als Wirte
Virosen	
Rübenvergilbung (Beet yellows virus, BYV)	Kruziferen wie Acker-Senf, Hederich, Kreuzkraut-Arten, Mohn (Vektor: *Myzus persicae, Aphis fabae)*
Gelbverzwergungsvirus der Gerste (BYDV)	Ungräser (Gemeine Quecke, Gemeine Hühnerhirse)
Pilzkrankheiten	
Kohlhernie	Kruziferen (Acker-Senf, Hederich)
Sclerotinia	Nachtschatten-Arten und kruzifere Unkräuter
Schwarzbeinigkeit, Halmbruch an Getreide	Gemeine Quecke und andere Gräser
Falscher Mehltau an Raps	Wege-Rauke, Hirtentäschel (?)
Roggenbraunrost	Gemeine Ochsenzunge (Zwischenwirt)
Schädlinge	
Zysten-Nematoden (*Heterodera, Globodera)*	Nachtschatten-Arten, kruzifere Unkräuter
Wandernde Wurzelnematoden (*Pratylenchus)*	Nachtschatten-Arten, Gemeines Hirtentäschel, Kreuzkraut-Arten, Acker-Stiefmütterchen und zahlreiche Ungräser
Rapsglanzkäfer, Rapserdfloh, Rüsselkäfer	Acker-Senf, Acker-Hellerkraut, Hirtentäschel

Parasitismus, bei dem so genannte parasitische Unkrautarten bestimmte Wirtspflanzen ähnlich einem Pathogen befallen und sich direkten physiologischen Zugang zu den Nährstoffen und Assimilaten des Wirts verschaffen. Bekannte Beispiele sind der chlorophyllfreie Schmarotzer Kleeseide (*Cuscuta* sp.) an Hopfen, Wurzelschmarotzer wie die vor allem in wärmeren Klimaten vorkommende farblose Sommerwurz (*Orobranche* sp.) an Leguminosen und Korbblütlern, oder das wurzellose Zauberkraut (*Striga* sp.), welches die Wurzeln von Getreidearten parasitiert. In den gemäßigten Breiten sind die grünblättrigen Misteln (*Viscum* sp.) vor allem an bestimmten Laubbäumen ein bekanntes Erscheinungsbild.

Zu den direkten Schadwirkungen sind schließlich auch negative Wirkungen durch rankende und windende Unkrautarten wie Windenknöterich, Acker-Winde oder Kletten-Labkraut zu zählen. Sie können allein durch die **mechanisch-physikalische Beeinträchtigung** zu Wachstumsstörungen bei der Kulturpflanze führen.

Weitere Probleme können durch die Rolle von Unkräutern als **Zwischen- bzw. Alternativwirte für Pathogene und Schädlinge** entstehen. Hierzu gibt es zahlreiche Beispiele wie in der nebenstehenden Übersicht dargestellt ist (Tab. 22).

Ein weiterer Aspekt der Unkrautbekämpfung ist die **Folgeverunkrautung**, die sich vor allem aus der Samenbildung bei unterlassener oder unzureichender Unkrautunterdrückung ergibt und die oben genannten Schadeffekte mittel- und langfristig mit sich bringen kann.

Abgesehen von ihrer Schadwirkung können Unkräuter jedoch auch verschiedene **positive Wirkungen** haben. Beispiele sind ihre **ökologischen Funktionen**, die jedoch im Einzelfall mit den Produktionszielen in Einklang stehen müssen. So können Unkräuter **Habitate für Nützlinge** sein, sie bereichern die **Bienenweide** oder haben **landschaftsästhetische und naturräumliche Effekte**, die positiv empfunden werden. Um diesen Funktionen gerecht zu werden, gibt es staatlich unterstützte Förderprogramme, wie die **Ackerrandstreifenförderung**, die das Auslassen von Herbizidbehandlungen auf einem Saumbereich am Feldrand unterstützt, in erster Linie, um damit den Fortbestand gefährdeter Arten zu sichern, aber auch aus landschaftsästhetischen Gründen.

Fraglich im Sinne der ökonomischen Zielsetzungen des Anbauers sind dagegen Effekte einer tolerierten Unkrautbedeckung zur Verminderung der Evapotranspiration durch Beschattung auf den **Wasservorrat** im Boden. In der Praxis haben sich diese Effekte häufig nicht nachweisen lassen oder waren sogar gegenläufig (Beispiel: Rebzeilenbegrünung im Weinbau). Ähnlich sind potenziell positive Wirkungen durch die **N-Fixierung** von Unkrautleguminosen einzuschätzen, die sich in der jeweiligen Kultur jedoch in der Bilanz negativ auswirken.

Die Verbreitung und Etablierung von bestimmten Unkrautarten in den verschiedenen Ackerbausystemen beruht auf speziellen Formen der **Anpassung an die jeweilige Kultur -bzw. Anbautechnik**. So haben bestimmte Formen der Produktionstechnik zur Selektion spezifisch angepasster Unkrautpopulationen geführt. Beispiele sind in der folgenden Übersicht dargestellt.

Einfluss moderner Produktionstechnik auf Verunkrautung und Unkrautartenselektion

N-Düngung (Tab. 23)

- Selektion gare- und nährstoffliebender (besonders nitrophiler) Arten
- Förderung kletternder Arten durch höhere Bestandsdichten

Fruchtfolge

- Förderung annueller Arten durch regelmäßige Bodenbearbeitung
- Förderung von Gräsern durch getreidelastige Fruchtfolgen (Acker-Fuchsschwanz, Windhalm, Flug-Hafer)
- Förderung sommerannueller (Frühjahrskeimer) Arten in Sommergetreide und winterannueller (Herbstkeimer) in Wintergetreide

Sortenwahl

- Förderung der Verunkrautung durch kurzstrohige Getreidesorten, Sorten mit geringerer Bodenbedeckung (erektile Blattstellung, kleine, schmale Blattspreiten) oder Sorten mit langsamer Jugendentwicklung

Herbizideinsatz

- starke Artenselektion (→ Rückgang von Klatschmohn, Kornblume, Acker-Senf durch Wuchsstoffherbizide)
- Selektion wenig sensitiver Arten (→ Schadhirse-Arten, Acker-Fuchsschwanz, Trespe-Arten, ausdauernde Arten)
- Selektion herbizidresistenter Genotypen, z. B. Atrazin-Resistenz bei Schadhirse-Arten, Weißer Gänsefuß, Vogel-Sternmiere und Franzosenkraut-Arten in Mais, IPU-Resistenz bei Acker-Fuchsschwanz

Reduzierte Bodenbearbeitung

- generell verstärkter Unkrautbesatz in klassischen „Hackfrüchten" wie Mais, Kartoffel, Rübe, durch Minimalbodenbearbeitung oder Direktsaat
- Zunahme ausdauernder, herbizidinsensitiver Unkräuter, wie Acker-Kratzdistel, Acker-Gänsedistel, Acker-Winde, Gemeine Quecke

Mähdrusch und Saatgutreinigung

- späte Ernte führt zu verstärkter Aussamung der Unkräuter (viele annuelle Arten)
- durch Häcksler Verbreitung von flugfähigen Samen (Windhalm, Kamille-Arten)
- Eliminierung großsamiger Arten durch Saatgutreinigung (Roggentrespe, Kornrade)

Frühe Saatzeiten

- Förderung der Frühkeimer durch unzureichende Auflaufzeiten vor der Saatbettbereitung (Acker-Fuchsschwanz, Flug-Hafer, Hohlzahn-Arten)

Tab. 23: Häufigkeit von Unkrautarten in Getreide in Abhängigkeit von der N-Düngung (verändert nach Menck und Behrendt, 1974).

Unkrautart	Häufigkeit in Prozent	
	< 50 kg N/ha	> 100 kg N/ha
Neutrale Arten		
Gemeines Hirtentäschel	32	36
Gemeiner Erdrauch	37	27
Knöterich-Arten	33	31
Ehrenpreis-Arten	32	38
Nitrophile Arten		
Kletten-Labkraut	23	42
Taubnessel-Arten	24	43
Acker-Vergissmeinnicht	25	42
Vogel-Sternmiere	29	49
Acker-Stiefmütterchen	16	42

Der Zusammenhang zwischen Anbautechnik und dem Auftreten bestimmter Unkrautarten ist zum Teil sehr ausgeprägt und bietet daher Ansatzpunkte für eine **indirekte Unkrautkontrolle** (s. Kap. 13.2). Allerdings lassen es vielfach die bestehenden produktionstechnischen und arbeitswirtschaftlichen Zwänge nicht zu, diese Möglichkeiten auszuschöpfen, zumal auch eine umfangreiche Palette wirksamer Herbizide zur Verfügung steht (s. Kap. 13.7.3).

Fragen zu Kapitel 9

- Was versteht man unter „Unkräutern" und in welchen Wirtschaftsbereichen des Menschen können sie Schäden verursachen?
- Wodurch wird die Zusammensetzung der Segetalflora an einem Standort bestimmt?
- Auf welche indirekte und direkte Weise können Unkräuter Kulturpflanzen schädigen?
- Was versteht man unter Konkurrenz und welche Konkurrenzeffekte sind auf gut versorgten gegenüber armen Standorten von Bedeutung?
- Wovon ist die Konkurrenzwirkung von Unkräutern abhängig, wie ermittelt man sie und wofür ist dieses Wissen von Bedeutung?
- Welche positiven Wirkungen können Unkräuter haben?
- Auf welche Weise vermehren und verbreiten sich Unkräuter?
- Auf welche Weise haben sich Unkräuter an das Wachstum auf Ackerbaustandorten angepasst und welches sind dabei die wichtigsten Überlebensstrategien?
- Welche ackerbaulichen Maßnahmen bieten Ansatzpunkte für eine indirekte Unkrautkontrolle?

Weiterführende Literatur

Börner, H., 1995: Unkrautbekämpfung. Gustav Fischer Verlag, Jena.

Diepenbrock, W., F. Ellmer und J. Léon, 2005: Ackerbau, Pflanzenbau und Pflanzenzüchtung. Verlag Eugen Ulmer, Stuttgart.

Willerding, M., 1986: Zur Geschichte der Unkräuter Mitteleuropas. K. Wachholz Verlag, Neumünster.

Zwerger, P. und H. U. Ammon, 2002: Unkraut – Ökologie und Bekämpfung. Verlag Eugen Ulmer, Stuttgart.

10 Interaktionen zwischen Pflanzen und Schaderregern

Der Begriff Schaderreger wird hier als Oberbegriff für alle biotischen Ursachen wirtschaftlicher Schäden an Kulturpflanzen gesehen. Man unterscheidet im Allgemeinen zwischen **Pathogenen** (Viren, Bakterien, Pilze), die Krankheiten auslösen, **Schädlingen** (Arthropoden, Schnecken, Wirbeltiere), die Schäden verursachen und **Unkräutern**, die bei Überschreiten bestimmter Dichten ertragsmindernd wirken. Eine **Erkrankung** führt meist zu gravierenden Veränderungen des Wirtsstoffwechsels und zur Zerstörung der organisierten Zellstrukturen (s. Kap. 10.1). Eine **Schädigung** bezeichnet die Zerstörung pflanzlichen Gewebes infolge der Fraß- oder Saugtätigkeit von Schädlingen (s. Kap. 10.2). Pflanzenparasitäre Nematoden nehmen eine Zwischenstellung ein. Einerseits schädigen sie die Pflanze durch Saugtätigkeit, andererseits produzieren sie Enzyme und Wuchsstoffe, die typische Krankheitssymptome verursachen (z. B. Chlorosen, Nekrosen, Welken).

Als Folge des Zusammentreffens von Schaderreger und Pflanze kommt es zu einer Erkrankung bzw. Schädigung der Pflanze, wenn

- die Pflanze gegenüber dem Schaderreger anfällig ist (Wirtspflanze),
- der Schaderreger zum Angriff auf die Pflanze befähigt ist und
- er zum geeigneten Zeitpunkt auf die Pflanze trifft (**Koinzidenz**).

Die Interaktion zwischen einem virulenten Schaderreger und einer anfälligen Wirtspflanze wird als **kompatibel** bezeichnet, die zwischen einem avirulenten Schaderreger und einer resistenten Pflanze als **inkompatibel**. Die Erkrankung bzw. Schädigung einer Pflanze wird zusätzlich durch die vorherrschenden Umweltbedingungen (z. B. Temperatur, Feuchtigkeit) und den Entwicklungszustand der Pflanze (z. B. Alter, Gewebefestigkeit) beeinflusst. Dies gilt sowohl für den Infektionserfolg als auch die Schwere der Krankheit bzw. Schädigung. Darüber hinaus beeinflussen die Umweltfaktoren in erheblichem Maße die Interaktion zwischen Pflanze und Schaderreger (Abb. 64).

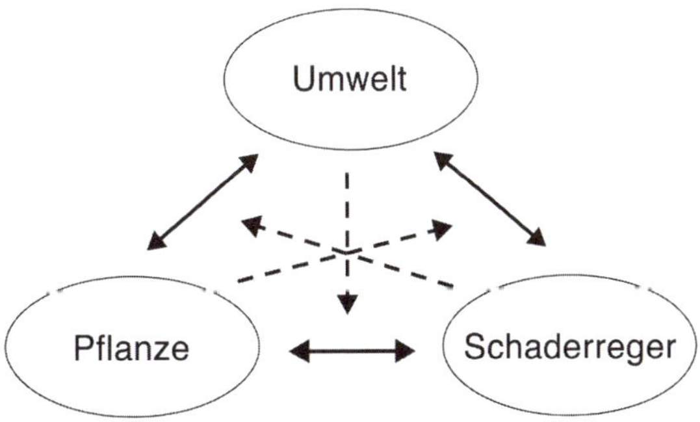

Abb. 64: Einfluss der Umwelt auf die Interaktion von Pflanze und Schaderreger.

10.1 Entstehung von Krankheiten

Die meisten Pflanzen besitzen eine Basisresistenz (**Nichtwirtsresistenz**) gegen die Mehrheit der Pathogene. Das bedeutet, dass eine Pflanze in der Regel nur von wenigen spezialisierten Pathogenen befallen werden kann. Bei der Entstehung von Krankheiten (Pathogenese) lassen sich verschiedene Phasen unterscheiden:

Infektionszeit
Zeitspanne vom Beginn des Angriffs eines Erregers auf den Wirt bis zum Erreichen eines stabilen parasitischen Verhältnisses. Makroskopisch sichtbare Krankheitssymptome treten während dieser Phase in der Regel noch nicht auf.

Inkubationszeit
Zeitspanne von der Infektion bis zum Auftreten der ersten Symptome. Werden trotz Infektion keine Symptome ausgebildet, spricht man von einer latenten Infektion.

Latenzzeit
Zeitspanne von der Ankunft einer Vermehrungseinheit auf der Oberfläche eines anfälligen Wirtes bis zur erneuten Sporulation. Sie bestimmt die Anzahl der Krankheitszyklen während einer Vegetationsperiode.

Sporulationsdauer
Zeitspanne, während der eine Einheit eines erkrankten Gewebes Keime erzeugt und ausstreut. Die neugebildeten Sporen oder sonstigen Infektionspartikel bilden das sekundäre Inokulum, das zu sekundären Infektionen führen kann.

10.1.1 Befall und Penetration in die Pflanze

Bevor Pathogene in die Pflanze eindringen, müssen zunächst Sporen auf der Pflanzenoberfläche keimen. Dafür sind über einen ausreichenden Zeitraum günstige Temperatur- und Feuchtigkeitsbedingungen erforderlich. In manchen Fällen benötigen die Sporen auch exogene Nährstoffe (z. B. Blatt- und Wurzelausscheidungen, Stoffwechselprodukte anderer Mikroorganismen in der Phyllo- oder Rhizosphäre).

Bereits kurz nachdem ein Erreger die Pflanzenoberfläche erreicht hat, finden erste **Erkennungsreaktionen** statt. Vom Weizenbraunrost ist bekannt, dass die auskeimende Hyphe den Wirt an der artspezifischen Topografie der Blattoberfläche erkennt. Dadurch erfolgt ein gerichtetes Hyphenwachstum auf die Stomata zu, durch welche der Rostpilz eindringt. Bei den meisten Pathogenen sind die Vorgänge bei den ersten Erkennungsreaktionen allerdings noch weitgehend ungeklärt.

Die Penetration von Pathogenen in die Pflanze erfolgt entweder durch Eintrittspforten wie Wunden oder natürliche Öffnungen (z. B. Stomata, Lentizellen, Hydathoden, Nektarien, s. Abb. 65) oder direkt durch die in-

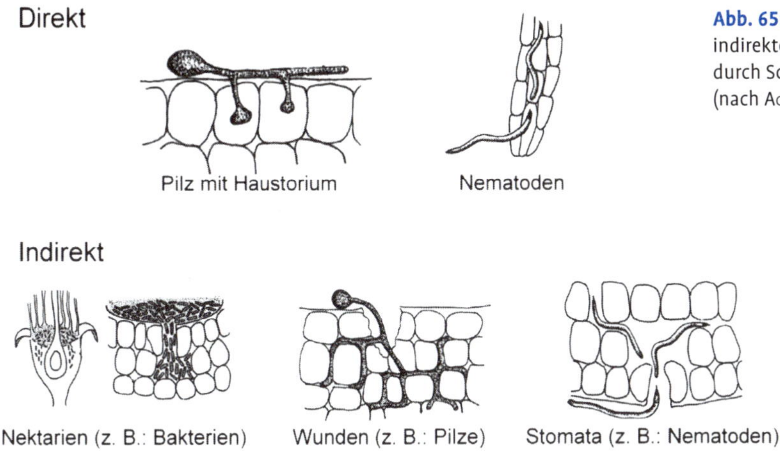

Abb. 65: Direkte und indirekte Penetration durch Schaderreger (nach Agrios, 1988).

takte Oberfläche. Viren und Bakterien sind strikt auf Eintrittspforten angewiesen, wohingegen Pilze, Nematoden und parasitische Blütenpflanzen auch direkt in das Pflanzengewebe eindringen können. Wunden sind deshalb bevorzugte Eintrittsstellen, weil sie freien Zugang zu den Nährstoffen der Pflanze bieten. Wunden entstehen während des normalen Wachstums durch Reibung der Wurzeln an Bodenpartikeln bzw. Durchbrechen von Seitenwurzeln, sowie durch biotische (z. B. Pilze, Insekten, Nematoden) und abiotische Faktoren (z. B. Hagel, Frost, Kulturmaßnahmen). Eine erfolgreiche Penetration führt nicht zwangsweise auch zu einer Erkrankung der Pflanze. Hierzu sind weitere Faktoren erforderlich, wie Ausbreitung und Vermehrung des Schaderregers und/oder Bildung zellwandabbauender Enzyme oder Toxine (s. u.). Für die verschiedenen Gruppen von Pathogenen ergeben sich folgende Eindringungswege.

Viren können nicht aktiv in das Pflanzengewebe eindringen. Sie sind auf Wunden oder Vektoren (z. B. Pilze, Nematoden, Milben, Insekten) angewiesen. Der Infektionsprozess ist ausführlich in Kap. 3.5 beschrieben. **Bakterien** dringen über Wunden, natürliche Öffnungen und nicht-kutinisierte Zellen (z. B. Wurzelhaare) ein (s. Kap. 4.3). Bewegliche Bakterien können mithilfe ihrer Geißeln aktiv durch entsprechende Öffnungen ins Gewebe einwandern. Bei diesen Arten korreliert die Pathogenität häufig mit deren Aktivität. Voraussetzung sind ein ausreichender Feuchtigkeitsfilm und entsprechende Temperaturen (z. B. 18 bis 23 °C für *Erwinia amylovora*). **Pilze** können ebenso wie Bakterien über natürliche Öffnungen (z. B. *Plasmopara viticola, Puccinia graminis*) und Wunden (z. B. *Fusarium oxysporum, Nectria galligena, Botrytis cinerea*) in die Pflanze eindringen. Bei den meisten Pilzen jedoch erfolgt die Penetration mittels Infektionshyphe und Penetrationskeil durch die intakte Pflanzenoberfläche. Hierzu bilden sie an der Spitze ihrer Keimschläuche zunächst verbreiterte Haftscheiben (**Appressorien**), mit denen sie sich an der pflanzlichen Oberfläche anheften, und die als Nährstoffreservoir für den Erreger dienen (Abb. 66). Bei der mechanischen Penetration der Infektionshyphe dienen die Appressorien als Widerlager, um die zum Teil auftretenden hohen Drücke von bis zu 7 at zu ermöglichen. Nach dem Eindringen in die lebende Wirtszelle bilden einige obligat biotrophe Pilze ein sogenanntes **Haustorium** (Abb. 67), das der Nährstoffaufnahme dient. Die Aufnahme von Nährstoffen kann zwar auch über interzellulär oder intrazellulär wachsende Hyphen erfolgen, ist aber nicht so effizient.

Haustorium
Von obligat biotrophen Pilzen gebildetes spezialisiertes Organ zur Nährstoffaufnahme aus lebenden Pflanzenzellen. Auf der Zelloberfläche wird von einer Hyphe ausgehend ein Seitenzweig, die Haustorienmutterzelle, gebildet. Von dieser dringt der Pilz mittels einer Penetrationshyphe in die Wirtszelle ein. Die Penetrationshyphe durchdringt die Zellwand und stülpt das Plasmalemma ein, ohne es zu beschädigen. In der Wirtszelle entsteht ein verzweigtes Organ, das Haustorium. Echte Mehltaupilze bilden ihr Haustorium ausschließlich in der Epidermiszelle, alle anderen Pilze hauptsächlich im Mesophyll.

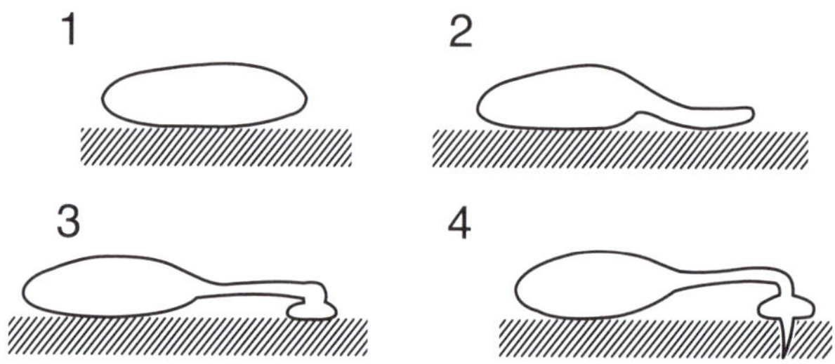

Abb. 66: Penetration von Echtem Mehltau: 1 = ungekeimte Konidie, 2 = Keimschlauch, 3 = Appressorium, 4 = Penetrationskeil (aus Schlösser, 1997).

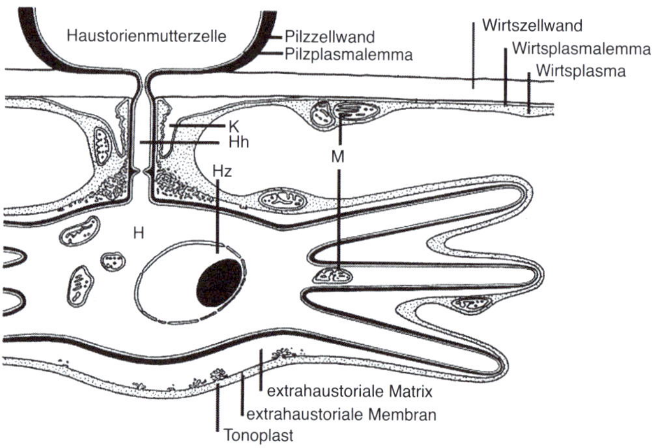

Abb. 67: Schema eines Haustoriums von Echtem Mehltau: H = Haustorienkörper, Hh = Haustorienhals, Hz = Haustorienzellkern, K = Kragen, M = Mitochondrien (aus Hoffmann et al., 1994).

Für die Penetration und Ausbreitung in der Pflanze setzen Pathogene verschiedene zellwandauflösende **hydrolytische Exoenzyme** ein. Diese spalten und lösen die hochmolekularen Zellwandbestandteile der Pflanze (z. B. Zellulose, Pektin, Lignin) bzw. deren Zellinhaltsstoffe (z. B. Proteine, Kohlenhydrate, DNA) auf und dienen neben der Wegbereitung der Infektion auch der Versorgung des Pathogens mit Substrat (Tab. 24). Viren können derartige Enzyme nicht bilden, da sie keinen eigenen Stoffwechsel besitzen.

Tab. 24: Enzymausstattung von Pathogenen.

Enzym	Substrat in der Pflanze	Bakterien	Pilze	Nematoden
Kutinasen	Kutin (Kutikula)	X	X	–
Pektinasen	Pektin (Mittellamelle)	X	X	X
Zellulasen	Zellulose (Zellwand)	X	X	X
Hemizellulasen	Hemizellulose (Zellwand)	X	X	–
Lignasen	Lignin (Zellwand)	X	X	–
Proteasen, Amylasen, Lipasen, Phospholipidasen	Proteine, Kohlenhydrate, Fette etc.	X	X	X

Zellwandabbauende Enzyme sind nicht auf Pathogene beschränkt, sondern treten auch bei Saprophyten auf. Als Pathogenitätsfaktoren sind sie daher allein nicht maßgeblich.

10.1.2 Besiedlung des Wirtsgewebes

Nach dem erfolgreichen Eindringen in die Pflanze können Pathogene die Pflanze auf unterschiedliche Art und Weise besiedeln. Ursache des unterschiedlichen Besiedlungsverhaltens sind einerseits schaderregerspezifische Ansprüche an das Substrat, andererseits Abwehrreaktionen der Wirtspflanze. Man unterscheidet folgende Besiedlungsformen:

- **Lokale Besiedlung**: Häufigste Form der Besiedlung. Die Pathogene breiten sich in der Pflanze nicht bzw. nur wenig aus. Der Symptombereich ist meist identisch mit dem Ausbreitungsbereich des Erregers. Hierunter fallen Erreger von Blattflecken (z. B. *Pseudomonas syringae* pv. *lacrymans*, *Cercospora beticola*)
- **Systemische Besiedlung**: Die Pathogene breiten sich vom Infektionsort

mehr oder weniger über die gesamte Pflanze aus, entweder interzellulär in parenchymatischem Gewebe oder im Leitgewebe (Phloem, Xylem). Im letzteren Fall können Welken auftreten. Einige Pathogene besiedeln die Pflanze latent und induzieren erst in einem bestimmten Wachstumsstadium Symptome (z. B. *Erwinia carotovora* subsp. *carotovora*, *Fusarium culmorum*, *Tilletia caries*, *Pyrenophora graminea*, *Verticillium* spp., *Fusarium oxysporum*)

- **Spezifische Besiedlung**: Die Pathogene besiedeln nur bestimmte pflanzliche Gewebe oder Organe. Hierzu zählen Tracheobakteriosen (z. B. *Clavibacter michiganensis* subsp. *michiganensis*) bzw. Tracheomykosen (z. B. *Verticillium dahliae*) oder Pathogene an Blüten und Früchten (z. B. *Ustilago nuda*, *Claviceps purpurea*)
- **Unspezifische Besiedlung**: Die Pathogene befallen wahllos und undifferenziert alle möglichen Pflanzenteile (z. B. *Phytophthora infestans*, *Botrytis cinerea*)
- **Intrazelluläre Besiedlung**: Eindringen des Schaderregers in die lebende Zelle und Verbreitung von Zelle zu Zelle (z. B. Viren, Bakterien, einige Pilze wie *Plasmodiophora brassicae*, *Synchytrium endobioticum*)
- **Interzelluläre Besiedlung**: Der Schaderreger besiedelt den Interzellularraum, dringt aber nicht in die Pflanzenzelle ein. Häufig in Verbindung mit Auflösung der Mittellamelle (z. B. Bakterien, Pilze, Nematoden). Einige Bakterien und Pilze bilden Toxine, die die Permeabilität der Wirtszellmembran zerstören und zum Austritt von löslichen Zellinhaltsstoffen führen (z. B. *Pseudomonas syringae*). Manche Pilze können die Nährstoffaufnahme aus der Pflanzenzelle über Haustorien bewerkstelligen (z. B. *Plasmopara* spp., *Puccinia* ssp.). Die Ernährung der Nematoden erfolgt über spezifische Nährzellensysteme (z. B. *Globodera* spp., *Meloidogyne* spp.)
- **Pertotrophe Besiedlung**: Nach der Infektion werden vom Pathogen Stoffe abgegeben, die die Wirtszellen abtöten und damit erst die weitere Besiedlung ermöglichen (z. B. *Botrytis cinerea*)

Nach der Besiedlung der Pflanze erfolgt bei einer kompatiblen Interaktion das Wachstum und die Vermehrung des Pathogens. Kommt es trotz Anwesenheit des Schaderregers zu keiner Symptomausprägung, spricht man von **latenter Infektion**. In den meisten Fällen werden aber über kurz oder lang Symptome gebildet. Vielfach wird die Symptomausprägung durch verschiedene Stoffwechselprodukte der Pathogene induziert. Hierbei können **Pathotoxine** eine wichtige Rolle spielen, die von Bakterien und zahlreichen pertotrophen Pilzen gebildet werden und noch in sehr geringen Konzentrationen die Wirtspflanze schädigen. Die meisten Pathotoxine sind für Warmblüter ungiftig. Es finden sich hierunter aber auch einige Mykotoxine (z. B. DON, Nivalenol; s. Kap. 11.1.3). Man unterscheidet zwischen **wirtsspezifischen** und **wirtsunspezifischen** Pathotoxinen (Tab. 25). Während wirtsspezifische Toxine nur von wenigen Pilzarten gebildet werden (z. B. *Alternaria* spp., *Cochliobolus* spp.), sind wirtsunspezifische Pathotoxine weit verbreitet. Ihre Wirkung ist recht vielseitig. So beeinträchtigen sie die Funktion von Plasmamembranen, die mitochondriale Atmung, sowie den Wasser- und Hormonhaushalt. Einige Pathotoxine wirken als „**Phototoxine**“ und entfalten ihre toxische Wirkung erst durch

Licht. Dabei werden mithilfe der Lichtquanten toxische Sauerstoffradikale gebildet, die dann die Pflanzenzellen abtöten. Beispiele für Phototoxine sind das Cercosporin von *Cercospora beticola* oder Rubellin B von *Ramularia collo-cygni*. Pathotoxine können auch pflanzliche Abwehrreaktionen unterdrücken. Andererseits binden einige Pathotoxine an Rezeptoren auf der Plasmamembran und steuern somit die Erkennungsreaktion zwischen Wirt und Pathogen.

Tab. 25: Pathotoxine (Auswahl).

Toxin	Schaderreger	Wirtspflanze	Symptom
wirtspezifisch			
AM-Toxin	*Alternaria alternata*	Apfel	nekrotische Flecken
AF-Toxin	*Alternaria alternata*	Erdbeere	nekrotische Flecken
HV-Toxin (Victorin)	*Cochliobolus victoriae*	Hafer	nekrotische Blattflecken
HMT- oder T-Toxin	*Cochliobolus heterostrophus**	Mais	Chlorose
wirtsunspezifisch			
Phaseolotoxin	*Pseudomonas syringae* pv. *phaseolicola*	Bohne	chlorotische Blattflecken
Amylovorin	*Erwinia amylovora*	Apfel	nekrotische Flecken
Fusarinsäure	*Fusarium oxysporum* f. sp. *lycopersici*	Tomate	Welkeerscheinungen
Cercosporin	*Cercospora beticola*	Zuckerrübe	Blattnekrosen

* *C. heterostrophus* Rasse T führte 1970 an Mais zur vollständigen Erntevernichtung in den USA

Extrazelluläre Polysaccharide (**EPS**) sind Schleimstoffe mit hohem Molekulargewicht, die in Kapseln einiger phytopathogener Bakterien (z. B. *Erwinia amylovora*, *Ralstonia solanacearum*) vorkommen. Sie schützen einerseits das Bakterium vor Austrocknung und verhindern andererseits die Erkennung des Bakteriums durch die Wirtspflanze und damit die Induktion pflanzlicher Abwehrreaktionen. Darüber hinaus können extrazelluläre Polysaccharide aufgrund ihrer hohen Viskosität die Tüpfel der Zellwand oder das Lumen von Gefäßen verschließen, wodurch es zu Welkeerscheinungen kommt (Tracheobakteriosen).

Harpine sind hitzestabile extrazelluläre Proteine einiger Bakterien (z. B. *Erwinia amylovora*, *Pseudomonas syringae*). Sie sind das Produkt des hrp-Gens, dass die hypersensitive Reaktion und die Pathogenität steuert. In anfälligen Wirtspflanzen führen Harpine zu einer irreversiblen Schädigung der Semipermeabilität von Zellmembranen. Lösliche Zellinhaltsstoffe treten aus und dienen dem Pathogen zur Ernährung. In inkompatiblen Wirt-Pathogen-Systemen lösen sie eine Hypersensitivitätsreaktion aus (z. B. Tabak, Tomate, Bohne), die das Pathogen unterdrückt. Diese Funktion macht man sich heute zu Nutze, indem man Harpin als Pflanzenstärkungsmittel (z. B. Messenger®) einsetzt.

Phytohormone steuern wesentliche Phasen der Pflanzenentwicklung wie Keimung, Jugendentwicklung, Blüte und Reife. Verschiedene Pathogene bilden Phytohormone bzw. verstärken oder hemmen die Produktion pflanzeneigener Phytohormone. Die Folge sind Wachstumsanomalien wie Stauchung, Verzwergung, abnormes Längenwachstum, Gallen, Krebs oder Hexenbesen. Neben den in Tab. 26 genannten Phytohormonen kommt der Abscisinsäure bei der Symptomausprägung eine Bedeutung zu. Hohe Gehalte fördern die Kallosedeposition.

Tab. 26: In Verbindung mit Schaderregerbefall auftretende Phytohormone und deren Funktion.

Phytohormon	Schaderreger	Mangel	Überschuss
Auxin (z. B. Indol-3-Essigsäure, IES)	*Ralstonia solanacearum, Phytium ultimum**	vorzeitiger Blattfall, Verzwergung	verzögerte Lignifizierung, erhöhte Atmung, Thyllenbildung
Gibberellin	*Fusarium moniliforme**, *F. graminearum**	Stauchung	Internodienverlängerung
Zytokinin	*Agrobacterium tumefaciens**, *Pyrenopeziza brassicae**	vorzeitige Seneszenz	Entwicklung von Hexenbesen, Gallen
Ethylen	*Pseudomonas syringae*, *Fusarium* spp.	reduzierte Wundheilung	Epinastie

* Phytohormon wird vom Pathogen gebildet

Einige Pathogene (z. B. *Puccinia graminis* f. sp. *tritici*, *Mycosphaerella pinodes*) bilden so genannte **Suppressoren**, die pflanzliche Abwehrmechanismen unterdrücken, so z. B. durch Blockade der Rezeptoren für Elicitoren. Ein Beispiel hierfür ist *Puccinia graminis* f. sp. *tritici*. Der von diesem Pathogen gebildete Suppressor reagiert mit der Zellmembran der Wirtspflanze und verhindert die Bindung des Glykoprotein-Elicitors und damit eine Aktivierung von PAL (s. Kap. 10.3.2). Bei *M. pinodes* beeinflussen die Suppressoren die ATPase-Aktivität in der Zellmembran des Wirtes und damit, zumindest kurzfristig, die Fähigkeit der Zelle, sich zu verteidigen.

10.1.3 Auswirkungen des Pathogenbefalls

Der Ausbruch einer Krankheit wird am Auftreten der ersten makroskopisch sichtbaren Symptome erkennbar (s. Kap. 11.1.1). Meist noch vor der Entstehung sichtbarer Symptome kommt es durch den Pathogenbefall zu Veränderungen wichtiger Lebensprozesse der Pflanze. Hierzu gehören Photosynthese, Atmung, sowie Synthesen im Primär- und Sekundärstoffwechsel. Damit laufen parallel zu den äußeren Zeichen einer Krankheit im Inneren der Pflanze zahlreiche Prozesse ab, die oft schon lange vor Auftreten der ersten Symptome beginnen und die Ermittlung des Krankheitsbeginns erschweren.

Photosynthese. Bei der Photosynthese wird CO_2 unter Ausnutzung der Lichtenergie und der Spaltung von Wasser in energiereiche Biomasse (Kohlenhydrate) überführt. Die Photosyntheseleistung hängt ab von zahlreichen Faktoren wie dem Entwicklungszustand der Pflanze, der Verfügbarkeit von Wasser, Nährstoffen und CO_2 sowie den Licht- und Temperaturverhältnissen. Schaderreger vermindern in der Regel die Photosyntheseleistung. Kurzfristig kann es auch zu einer lokalen Erhöhung der Photosyntheseleistung kommen, wie z. B. bei Getreide nach Befall mit Rost- oder Mehltau in Form von sogenannten „Grünen Inseln" am Infektionsort oder bei virusbedingten Mosaiksymptomen in Form dunkelgrüner Blattbereiche.
Die Verminderung der Photosyntheseleistung durch Schaderreger kann auf vielfältige Weise erfolgen:

- Zerstörung von photosynthetisch aktivem Gewebe (z. B. Blattflecken, vorzeitige Seneszenz)
- gehemmte Entwicklung von photosynthetisch aktivem Gewebe (Blattdeformationen, Blattverkleinerungen)
- ungünstige Orientierung der Blätter zum Licht (z. B. Starrtracht bei Rhizomania)
- Degeneration der Chloroplasten
- Reduzierung des Chlorophyllgehaltes
- Hemmung photosynthetisch aktiver Enzyme durch Pathotoxine (z. B. Tabtoxin, Tentoxin)
- gestörter Schließmechanismus der Stomata und verminderte CO_2-Aufnahme
- unkontrollierter Wasserverlust durch Zerstörung von Kutikula und Epidermis
- Besiedlung oder Verschmutzung von photosynthetisch aktivem Gewebe (z. B. Schwärzepilze nach Honigtaubefall)

Atmung. Die Atmung ist der entscheidende Prozess zur Bereitstellung der notwendigen Energie für alle ablaufenden Lebensvorgänge. Die im Verlauf der biologischen Oxidation frei werdende Energie wird größtenteils als Adenosintriphosphat (ATP) bereit gestellt und im Stoffwechsel verwertet.

Verlauf der biologischen Oxidation:

1. **Glykolyse** (Zytoplasma): Glukose wird in Pyruvat überführt. Das Pyruvat wandert in die Mitochondrien
2. **Oxidative Decarboxylierung** des Pyruvats (Mitochondrienmatrix): Das Pyruvat wird dehydriert (Bildung von NADH + H^+) und decarboxyliert (Abspaltung von CO_2). Der resultierende Acetylrest wird an Coenzym A gebunden (Acetyl-Coenzym A bzw. aktivierte Essigsäure)
3. **Citratzyklus** (Mitochondrienmatrix): Vollständiger Abbau der angelieferten C_2-Körper unter stufenweiser Abspaltung von Wasserstoff und CO_2 bei gleichzeitiger Bildung von reduziertem Coenzym
4. **Endoxidation** in der Atmungskette (Mitochondrienmembran): Vereinigung des abgespaltenen Wasserstoffs mit Sauerstoff unter stufenweiser Freisetzung der Energie in Form von ATP

In erkrankten oder geschädigten Pflanzengeweben kann Glukose auch anaerob im Pentose-Phosphat-Zyklus abgebaut werden.

Nach Pathogenbefall zeigt sich in der Regel eine **erhöhte Atmung**. Auf diese Weise werden der Pflanze Energie und Nährstoffe bereit gestellt, um auf den Schaderregerbefall mit Abwehrmaßnahmen zu reagieren. Die zusätzlichen Nährstoffe können teilweise auch von Schaderregern genutzt werden. Erfolgt die erhöhte Atmung über einen längeren Zeitraum, werden Reservestoffe übermäßig verbraucht und nicht benötigte Stoffwechselprodukte reichern sich an. Die Ursachen einer erhöhten Atmung lassen sich wie folgt zusammenfassen:

- Atmung des Parasiten selbst
- erhöhte Plasmaströmung, Mehrverbrauch von ATP, NADPH und anderen energiereichen Verbindungen durch erhöhte Biosynthesen
- vermehrter Stofftransport (metabolic sink)
- erhöhte Enzymaktivitäten durch Verlust der Kompartimentierung (Membranschädigungen)
- erhöhte Aktivität von Oxidasen (Polyphenoloxidasen, Peroxidasen) infolge der Biosynthese von sekundären Stoffwechselprodukten
- Entkopplung der oxidativen Phosphorylierung vom Elektronentransport in der Atmungskette (Anreicherung von ADP), z. B. durch Pathotoxine

Resistente Pflanzensorten zeigen gegenüber anfälligen Sorten sowohl einen schnelleren Anstieg der Atmung (Abwehrmechanismen werden sofort aktiviert) als auch eine schnellere Rückkehr zum Normalstatus.

Verlagerung von Nährstoffen. Durch Schaderregerbefall kann der Transport von Nährstoffen und Assimilaten erheblich beeinträchtigt werden. So können Virusinfektionen zur Stärkeakkumulation führen (z. B. Cherry leaf roll virus). Die Stärke wird aufgrund kollabierter Phloemzellen nicht abtransportiert oder durch Hemmung der stärkeabbauenden Enzyme nicht abgebaut. Auch nach Befall mit Rost- und Mehltaupilzen kann es zu einer Akkumulation von Photosyntheseprodukten im infizierten Gewebe kommen. Die Nährzellensysteme pflanzenparasitärer Nematoden stellen einen derart starken Sink dar, dass sie von der Pflanze auf Kosten der eigenen Entwicklung bevorzugt mit Assimilaten versorgt werden.

Sekundärstoffwechsel. Pertotrophe Pathogene induzieren Schlüsselenzyme des Sekundärstoffwechsels wie Phenylalanin-Ammonium-Lyase (PAL) oder Peroxidasen, die eine wichtige Rolle in pflanzlichen Abwehrreaktionen spielen (s. Kap. 10.3). Dabei kommt es häufig auch zur Bildung von Ethylen. Ethylen ist ein Seneszenzinduktor und induziert ebenfalls Enzyme des Sekundärstoffwechsels. Hierzu zählen die Induktion von PAL (Shikimat-Weg) und die damit verbundenen Synthesen von Lignin, Phytoalexinen, Melanin, Phytohormonen und anderen Polyphenolen (Braunfärbung).

Permeabilität. Zellmembranen umschließen das Zytoplasma und grenzen es gegen die Zellwand ab. Die Funktionsfähigkeit der Biomembranen ist essentiell für sämtliche Lebensprozesse der Zelle. Daran beteiligt sind neben zahlreichen Enzymen auch Proteine, die membrangebunden sind und als Rezeptoren für Phytohormone, Pathotoxine und Elicitoren dienen. Bei einer Störung der Membranpermeabilität kommt es zu Elektrolytverlusten, reduzierter Mineralstoffaufnahme, erhöhtem Wasserverlust und schließlich zum Zelltod. Eine wichtige Rolle spielen bei Pathogenbefall Sauerstoffradikale, die durch verschiedene pflanzliche Oxidasen oder phototoxische Pathotoxine (s. Kap. 10.1.2) gebildet werden und die Membranen in kurzer Zeit irreversibel schädigen. Ähnliche Schäden können auch durch den Angriff pektolytischer Enzyme des Erregers entstehen.

Transkription und Translation. Nach Pathogenbefall werden häufig erhöhte RNA-Gehalte festgestellt, insbesondere in frühen Infektionsphasen bzw. bei Inkompatibilität. Dies deutet auf eine verstärkte Genexpression und Neusynthese von Substanzen hin, die mit pflanzlichen Abwehrmechanismen verbunden sind. Virusinfektionen wiederum führen zu einer Hemmung oder Modifizierung wirtseigener RNA-Polymerase bzw. sie induzieren die Bildung pflanzeneigener Nukleotide für den Aufbau eigener Nukleinsäuren. Biotrophe Pathogene können eine erhöhte Proteinsynthese induzieren, die ihrer eigenen Ernährung dient.

Wasserhaushalt. Durch Krankheiten wird der Wasserhaushalt der Pflanze nachhaltig beeinflusst. Ist das Wurzelsystem geschädigt oder in seiner Funktionsfähigkeit beeinträchtigt, ist auch die Wasseraufnahme der Pflanze gestört. In einigen Fällen reagiert die Pflanze auf die Zerstörung der Wurzeln mit verstärkter Seitenwurzelbildung (z. B. nach Nematodenbefall), um die Wurzelverluste zu kompensieren, doch gelingt dies nicht immer. Tracheobakteriosen und -mykosen beeinflussen in erheblichem Maße die Funktion des Xylems und damit den Wasser- und Nährstofftransport in oberirdische Pflanzenteile. Die Folge sind Chlorosen und Welken. Ursache können Welketoxine sein, die Bildung viskoser Glykopeptide oder Polysaccharide oder die Bildung von Thyllen. Ferner beeinflussen Pathogene auch die Wasserabgabe, indem sie den Öffnungszustand der Stomata und damit die Transpirationsrate beeinflussen (z. B. Falsche und Echte Mehltaupilze, Rostpilze). Beschädigungen der Kutikula (z. B. Rostpilze) können zudem die Transpiration erhöhen.

10.2 Entstehung von Pflanzenschäden durch tierische Schaderreger

Für die Entstehung von Pflanzenschäden durch Schädlinge müssen bestimmte Voraussetzungen erfüllt sein:

- der Schädling muss in der Lage sein, die Wirtspflanze zu erkennen und aufzufinden. Dabei hilft ihm seine gute Eigenbeweglichkeit
- die Nahrungsqualität muss für den Schädling geeignet sein
- es muss eine ausreichend hohe Populationsdichte vorhanden sein
- die Wirtspflanze reagiert auf den Schädlingsbefall mit Ertragsminderung.

Erkennen und Auffinden der Wirtspflanze

Schädlinge sind mit mehr oder weniger leistungsfähigen Sinnesorganen zur Wahrnehmung optischer, physikalischer und chemischer Reize ausgestattet. Mithilfe dieser Sinnesorgane erkennen sie die Wirtspflanze, orientieren sich zu ihr hin und finden die für sie geeigneten Saug-, Fraß- oder Eindringungsorte. Voraussetzung hierfür ist das Erkennen ganz bestimmter Reize (Schlüsselreize), auf die Schädlinge mit vorprogrammierten Verhaltensweisen (z. B. Suchverhalten) reagieren können. Weiterhin sind auch der Entwicklungsstand des Schädlings, seine Ernährungssituation (Hunger), sowie verschiedene Umweltfaktoren entscheidend. Neben optischen und visuellen Reizen (Farbe, Form) kommt vor allem den chemischen Reizen (Geruch, Geschmack) besondere Bedeutung zu. Flüchtige Schlüsselreize, die einen Schädling anlocken, werden **Attractant** genannt. Sie sind bedeutsam für die Fernorientierung zum Habitat (Pflanzenbestand) bzw. für die Nahorientierung zur einzelnen Pflanze. Abweisende Schlüsselreize können eine Pflanze auch vor Befall schützen und werden **Repellent** genannt. Hat das Tier die Pflanze erreicht, so müssen weitere Verhaltensweisen in der Reiz-Reaktionskette ausgelöst werden, damit die Wirtserkennung und Wirtsakzeptanz erfolgen kann. Hier spielen Tastreize (z. B. Behaarung) und kontaktchemische Schlüsselreize, die zumeist auf sekundären Pflanzeninhaltsstoffen beruhen, eine Rolle. Es wird unterschieden zwischen Reizen, die eine Ansiedlung des Schädlings fördern (**Arrestant**) und solchen, die sie verhindern (**Deterrent**). Darüber hinaus gibt es **‚feeding incitants‘** (Fraßauslöser), die den Probebiss oder Probeanstich auslösen und **‚feeding stimulants‘** (Fraßanreger), die die eigentliche Nahrungsaufnahme auslösen. Für die Nahrungsaufnahme sind dann vor allem geschmackliche Reize erforderlich (Pflanzeninhaltsstoffe wie z. B. Zucker, Aminosäuren). Neben dem Auffinden der Wirtspflanze und der Nahrungsaufnahme steuern die verschiedenen Reize auch den Ort der Eiablage.

Wirtssuche bei Blattläusen. Die Fernorientierung geflügelter Blattläuse erfolgt ausschließlich über optische Reize. Die Tiere landen auf jeder Oberfläche, die Licht geeigneter Wellenlänge (z. B. gelb, grün) reflektiert. Nach der Landung lösen optische und chemische Reize den Probestich aus. Ist die geschmackliche Prüfung zufriedenstellend, erfolgt die endgültige Nahrungsaufnahme des Phloemsaftes.

Nahrungsqualität der Wirtspflanze. Die essentiellen Nährstoffe für Schädlinge (z. B. Kohlenhydrate, Aminosäuren, Vitamine) sind in Pflanzen allgemein vorhanden und reichen allein nicht aus, um die Anfälligkeit einer Wirtspflanze zu erklären. Teilweise ist es das Verhältnis der Nährstoffe zueinander oder der Gehalt bestimmter Nährstoffe, die eine Wirtspflanze für den Schädling attraktiv machen. Hinzu kommen sekundäre Pflanzeninhaltsstoffe (z. B. Flavonoide, Senfölglykoside), die als fraßauslösende Stoffe eine wichtige Rolle spielen. In der Regel wird die Nahrungsqualität durch einen Probebiss bzw. Probestich überprüft. Für Blattläuse scheinen Stickstoffverbindungen (z. B. Gehalt an löslichen N-Verbindungen bzw. bestimmten Aminosäuren) bei der Wirtswahl von besonderer Bedeutung zu sein. So benötigt z. B. *Myzus persicae* für den Grundstoffwechsel Histidin, Methionin und Isoleucin. Das weitere Wachstum korreliert positiv mit den Gehalten an Asparagin, Methionin und Glutamin bzw. wird gehemmt durch hohe Gehalte an γ-Aminobuttersäure. Zur Deckung ihres Proteinbedarfs müssen Blattläuse und andere Pflanzensauger erhebliche Mengen stickstoffhaltiger Verbindungen aus dem Pflanzensaft aufnehmen. Der überschüssige Zucker wird nahezu unverdaut als Honigtau ausgeschieden.

Enzymausstattung von Schädlingen. Der Speichel pflanzenparasitärer Nematoden enthält Pektinasen und Zellulasen zur Auflösung der Zellwand und erleichtert endoparasitischen Nematoden damit die inter- bzw. intrazelluläre Ausbreitung in der Pflanze. Weiterhin enthält der Speichel von Nematoden Proteasen, Phenole, Wachstumshormone, Aminosäuren und sonstige Stoffe, die bei der Wirtserkennung, dem Nahrungsaufschluss und der Induktion spezifischer Nährgewebe wichtige Funktionen übernehmen. Stechend-saugende Insekten produzieren Pektinasen und eine Reihe weiterer Stoffe, die das Eindringen der Mundwerkzeuge in das Pflanzengewebe sowie die Nahrungsaufnahme erleichtern. Einige holzfressende Insekten wie Termiten und die Larven der Bockkäfer sowie parasitische Blütenpflanzen besitzen Zellulasen für den Aufschluss der pflanzlichen Zellulose.

10.3 Pflanzliche Abwehrmechanismen

In den meisten Fällen löst Schaderregerbefall, auch wenn er zu einer kompatiblen, d. h. erfolgreichen Besiedlung des Wirts führt, verschiedene Formen von Abwehrreaktionen bei der Pflanze aus. Grundsätzlich wird unterschieden zwischen **strukturellen Barrieren**, die den Schaderreger beim Eindringen und/oder der Ausbreitung in der Pflanze behindern und **biochemischen Mechanismen**, bei denen Substanzen gebildet werden, die für den Schaderreger toxisch sind oder dessen Wachstum in der Pflanze hemmen. Abwehrstoffe können entweder schon vor dem Angriff des Schaderregers in der Pflanze vorhanden sein (**präinfektionell, präformiert**) oder durch diesen induziert werden (**postinfektionell, induziert**). Im letzteren Falle muss die Pflanze Signale des Schaderreger erkennen. Dies erfordert entsprechende Erkennungsmechanismen. Zahlreiche Schaderreger (z. B. Bakterien, Pilze, Nematoden) geben während der Besiedlung der Wirtspflanze verschiedene unspezifische **Elicitoren** (z. B. Toxine, Fettsäuren, Peptide, Glykoproteine, Proteasen, Lipopolysacharide) an die unmittelbare Umgebung ab. Häufig fungieren auch die beim Pathogenangriff sowohl von der Pflanze als auch vom Schaderreger freigesetzten Zellwandfragmente, als Elicitoren. In anderen Wirt-Schaderreger-Beziehungen werden vom Schaderreger spezifische Elicitoren abgegeben, wie die Produkte von Genen für Avirulenz (avr) oder Hypersensitivität (hrp). Durch Bindung der Elicitoren an spezielle Rezeptoren am Plasmalemma der Wirtszelle erkennt die Wirtspflanze den Schaderregerangriff und aktiviert Abwehrmechanismen (**Elicitor-Rezeptor-Modell**). Über Signalketten und Transkriptionsfaktoren werden Gene aktiviert, deren Genprodukte entweder selbst abwehrrelevant sind oder an der Neubildung von abwehrrelevanten Stoffwechselprodukten beteiligt sind. Die Zeit, in der die Pflanze einen Schaderreger erkennt und ihre Abwehrmechanismen aktiviert, entscheidet darüber, ob es zum Befall kommt, bzw. wie gut sich der Schaderreger entwickeln kann. Einige Mechanismen stehen der Pflanze unmittelbar zur Verfügung und wirken innerhalb von Minuten bis wenigen Stunden (z. B. der ‚oxidative burst', Quervernetzung von Zellwandproteinen = Extensine, Kallosedeposition). Andere Mechanismen, insbesondere solche, die auf einer Genaktivierung und Synthese neuer Substanzen basieren, benötigen mehrere Stunden bis Tage bis zu ihrem Wirksamwerden (z. B. induzierte Resistenz, PR-Proteine, Lignifizierung, Bildung von Phytoalexinen).

Elicitoren sind Substanzen, die in sehr geringen Konzentrationen pflanzliche Abwehrreaktionen hervorrufen, wie z. B. Hypersensitivität oder Phytoalexinbildung. Sie können abiotischen (z. B. Salze von Schwermetallen, UV-Strahlung, Ozon, Kälte) oder biotischen (z. B. Harpine) Ursprungs sein.

10.3.1 Strukturelle Barrieren

Präinfektionell

- **Kutikula**. Eine intakte Kutikula schützt die Pflanze vor Befall mit Viren und Bakterien. Je nach Dicke der Kutikula kann die Penetration durch Pilze verhindert bzw. erschwert sein. Eine Wachsschicht auf der Kutikula von Blättern und Früchten erzeugt eine wasserabweisende Oberfläche und beeinträchtigt die Ausscheidung von Nährstoffen, sodass beispielsweise Pilze nicht keimen und Bakterien sich nicht vermehren können. Ferner wirkt die Einlagerung von pilzhemmenden Substanzen in die Kutikula einer Infektion mit Pilzen entgegen (z. B. Apfel, Tabak).

- **Zellwand**. Eine erhöhte Einlagerung von Lignin und Kieselsäure in die Zellwände von Epidermiszellen erschwert die Penetration durch Pilze bzw. einen Befall durch Insekten (z. B. Stängelbohrer). Auch durch die rasche Einlagerung von Glykoproteinen (z. B. Extensine) in die Zellwand wird ein wirkungsvoller Schutz vor Pilzbefall erreicht. Dickwandige Zellen, wie z. B. Xylemzellen oder Sklerenchymzellen der Blattadern, können einer weiteren Ausbreitung von Schaderregern entgegen wirken.
- **Stomata** und **Lentizellen**. Anzahl, Verteilung, Größe, Morphologie, Lokalisation und Öffnungszustand von Stomata bzw. Lentizellen können mitentscheidend sein, ob und inwieweit sie Schaderregern als Eintrittspforte dienen können. So ist beispielsweise der Befall von Maissorten mit *Puccinia sorghi* proportional zur Stomatadichte; die Resistenz von Weizensorten gegen *Puccinia graminis* (Schwarzrost) steht in Zusammenhang mit dem späten Öffnen der Stomata.
- **Behaarung der Pflanzenoberfläche**. Haare sind in der Regel wasserabweisend und begünstigen eine trockene Oberfläche, sodass sich Pathogene nur schlecht entwickeln können. Je nach Dichte und Form können sie ein erhebliches Hindernis für Schädlinge darstellen. Drüsenhaare bilden klebrige Substanzen, die Insekten festhalten bzw. Toxine oder Repellentien freisetzen.
- **Beschaffenheit von Pflanzenstängel und Wurzel**. Markausgefüllte Stängel bestimmter Weizensorten verhindern beispielsweise den Befall mit der Getreidehalmwespe. Dickwandige Rhizodermis- sowie Endodermiszellen oder ein kompakter Mantel aus ektotropher Mykorrhiza schützen vor Nematodenbefall.
- **Farbe, Form, Stellung von Pflanzen oder einzelnen Organen**. Blattläuse bevorzugen beispielsweise gelbliche oder grüne Blätter; der Baumwollkapselkäfer landet ungern auf schmalen, abgespreizten Hochblättern.

Postinfektionell

- **Korkzellen**. Die Bildung von bis zu mehreren Lagen von Korkzellen (Korkschicht) stoppt die weitere Invasion des Pathogens sowie die Diffusion von Pathotoxinen (Abb. 68). Ferner wird der Zufluss von Wasser und Nährstoffen von gesundem zu befallenem Gewebe unterbrochen.
- **Abschlussgewebe**. Durch Auflösung der Mittellamelle (Abzissionsschicht) werden befallene Blattpartien aus dem Zellverband herausgelöst und fallen heraus (z. B. Schrotschusseffekt durch *Stigmina carpophila*). Dadurch wird eine vollkommene Abgrenzung des Pathogens erreicht.
- **Thyllen**. Sackartige, pflanzliche Einstülpungen in die Xylemgefäße (Abb. 68). Thyllen werden von angrenzenden, parenchymatischen Zellen des Xylems gebildet. Je nach Zahl und Größe der Thyllen werden die Gefäße partiell oder komplett verstopft und eine weitere Ausbreitung des Pathogens unterbunden.
- **Gummiartige Substanzen**. In den Interzellularräumen und in den Zellen rund um den Befallsort werden gummiartige Substanzen aus Polysacchariden gebildet und führen zur Abkapselung des Pathogens (z. B. *Pseudomons syringae* pv. *morsprunorum* an Steinobst; *Phytophthora citrophthora* an Citrus).
- **Papillen**. Deposition von Kallose am Infektionsort an der Innenseite der

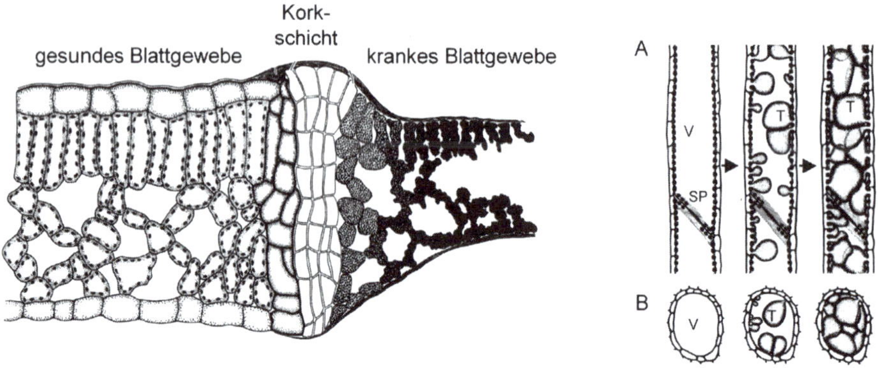

Abb. 68: Bildung einer Korkschicht (links) und Bildung von Thyllen (rechts, A = Längsschnitt, B = Querschnitt, SP = Siebplatten, T = Thyllen, V = Vakuole (nach Agrios, 1988).

Zellwand. Sie zählt zu den ersten strukturellen Veränderungen der pflanzlichen Zellwand nach Schaderregerbefall. Die Bildung von Papillen erfolgt innerhalb von Minuten nach einer Verwundung bzw. innerhalb von 2 bis 3 Stunden nach einem Pathogenbefall. Neben Kallose enthalten die Papillen Lignin, Protein, Zellulose und Suberin. Entscheidend ist der Zeitfaktor: Nur eine schnelle Papillenbildung ist effektiv und kann durch Zellwandverstärkung die Eindringung des Schaderregers verhindern.

- **Zellwand**. Durch Anschwellen bzw. Verdickung der Zellwand wird der Schaderreger abgewehrt. Dies kann auf folgende Art und Weise geschehen:
  - Anhäufung von Zellulose mit eingelagerten phenolischen Substanzen (z. B. Lignin). Die Zellwandfestigkeit wird erhöht und bietet sogar Schutz vor enzymatischen Angriffen. Die Diffusion von Nährstoffen nach außen sowie von Pathotoxinen in die Zelle wird verhindert. Sekundärmetabolite der Ligninsynthese können zudem toxisch für den Schaderreger sein
  - Bildung eines amorphen, fibrillären Materials, welches bei inkompatiblen Wirt-Parasitbeziehungen das Pathogen einschließt und dessen Vermehrung verhindert
  - Bildung großer Mengen von Zellwandproteinen in Form von netzartigen hydroxyprolinreichen Glykoproteinen (z. B. **Extensin**), die zu einer starken Quervernetzung und Polymerisierung führen
- **Granuläres, dichtes Zytoplasma**. Nach Schaderregerbefall kommt es im Zytoplasma zur Bildung zahlreicher partikulärer Strukturen sowie einer Vergrößerung der Zellkerne bis zum 30fachen Volumen. Die Zellkerne wandern zum Penetrationsort und das Zytoplasma verdichtet sich. Damit einher geht ein Zerfall von Pilzmyzel.
- **Hypersensitive Reaktion** (**HR**). Eine HR ist eine schnell ablaufende (z. B. 30 bis 150 Minuten bei *Phytophthora infestans* an Kartoffel) Überempfindlichkeitsreaktion der Wirtszelle nach Infektion mit einem inkompatiblen Schaderreger. Der Ablauf der HR ist wie folgt: erhöhte Respiration, erhöhte Zytoplasmaströmung, Erscheinen granulärer Substanzen im Zytoplasma, Verfärbung der Zellen, Auflösung des Zellkerns, Zerstörung der Zellmembranen und schließlich Absterben der Zelle (Abb. 69).

Damit wird der Nährstofftransport zum Pathogen sowie die Ausbreitung des Pathogens unterbunden und das Pathogen stirbt ab. Die sichtbare Folge einer HR sind scharf umgrenzte Nekrosen. Zusätzlich stellt die HR ein Signal für die Pflanze zur Auslösung weiterer Abwehrmechanismen dar (z. B. Bildung von Salicylsäure, Phytoalexinen sowie anderen signalinduzierenden Stoffen, Induktion von PR-Proteinen).

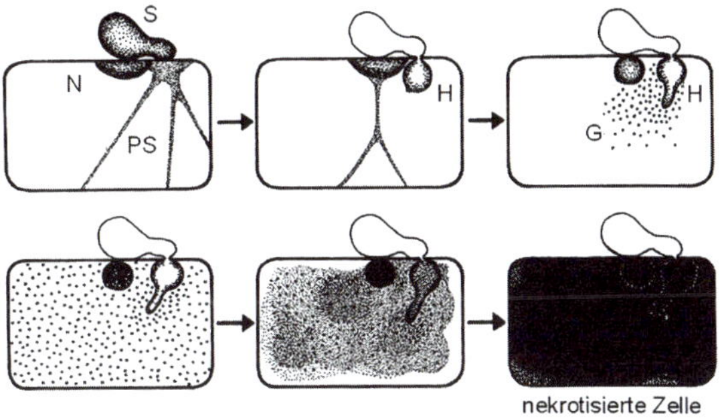

Abb. 69: Hypersensitive Reaktion: G = Granuläres Material, H = Hyphe, N = Nukleus, PS = Plasmastrang, S = Spore (nach Agrios, 1988).

10.3.2 Biochemische Abwehrmechanismen

Präinfektionell

- **Toxische oder abschreckende Stoffe.** Hierbei handelt es sich um natürlich vorkommende Pflanzeninhaltsstoffe, die auf den Schaderreger abschreckend oder toxisch wirken. Sie treten vorzugsweise in jungen Blättern und Früchten auf, wie zum Beispiel:

Substanz	Wirkungsweise
Phenolische Inhaltsstoffe, z. B. Hydrochinon, Chlorogensäure, Tannine (Gerbstoffe)	Fraßhemmer binden und denaturieren in unspezifischer Weise Proteine, Fraß- und Verdauungshemmer für Schädlinge
Alkaloide, z. B. Nikotin (Tabak)	Neurotoxin mit unspezifischer Wirkung
Pyrethrum (Chrysanthemum-Arten)	Neurotoxin für Schädlinge
Azadirachtin (Neembaum)	Schreckstoff und Fraßhemmer für beißend-kauende Insekten
Flavonoide	Schreckstoff und Fraßhemmer
Terpenoide, z. B. Gossypol (Baumwolle)	Schreckstoff und toxische Wirkung
Terpene	Schreckwirkung für Borkenkäfer

Zu den abschreckenden Stoffen zählen auch **Allomone**. Dies sind chemische Botenstoffe, die von einem Organismus abgegeben werden und auf Individuen einer anderen Art abschreckend wirken. Ein bekanntes Beispiel ist Sinigrin, ein sekundärer Pflanzeninhaltsstoff von Kruziferen, der auf verschiedene Blattlausarten (z. B. *Aphis fabae, Acyrthosiphon pisum*) abschreckend wirkt. Im Laufe ihrer Koevolution mit der Pflanze haben einige Schaderreger diesen pflanzlichen Abwehrmechanismus durchbrochen und nutzen Sinigrin zur spezifischen Erkennung ihrer Wirtspflanze (z. B. *Pieris rapae, Brevicoryne brassicae*). Aus einem Allomon wurde somit ein **Kairomon**, ein Botenstoff, der dem Empfänger Vorteile bringt.

- **Enzyme und Enzyminhibitoren**. Hohe natürliche Gehalte an z. B. Glukanasen und Chitinasen können durch raschen Abbau pilzlicher Zellwände einen Anfangsbefall teilweise verhindern. Sie haben vor allem aber Bedeutung als PR-Proteine (siehe postinfektionelle Mechanismen). Zu den Enzyminhibitoren zählen z. B. Polygalakturonase-hemmende Proteine (‚**p**oly**g**alacturonase **i**nhibiting **p**roteins', PGIP). Polygalakturonase ist eine Pektinase, die von zahlreichen Bakterien und Pilzen während der Pathogenese ausgeschieden wird. Die zu den Gerbstoffen zählenden Proanthocyanidine (PA) kommen in vielen Pflanzenarten natürlicherweise vor. Sie binden sehr effektiv extrazelluläre Enzyme von Schaderregern. Viren sind für ihre Vermehrung auf Unterstützung durch die Pflanze angewiesen. Bildet die Pflanze bestimmte Proteinase-Inhibitoren, können virale Proteine nicht in funktionelle Proteine gespalten werden und die Pflanze ist vollständig resistent. Dieser Zustand wird in der Virologie als Immunität bezeichnet.
- **Phytoanticipine**. Niedermolekulare Verbindungen des pflanzlichen Sekundärstoffwechsels mit toxischer oder abschreckender Wirkung auf Schaderreger. Sie liegen in der Regel als Glykoside in der Vakuole vor. Nach Zerstörung der Zelle werden sie aktiviert und die wirksamen Komponenten werden freigesetzt. Es werden verschiedene Verbindungen unterschieden:
  1. **Cyanogene Glykoside**. Nach Zerstörung der Zellmembran gelangen hydrolytische Enzyme in Kontakt mit zunächst nicht toxischen Glykosiden und setzen dann toxische Blausäure (HCN) frei
  2. **Glucosinolate (Senföle)**. Ester der Isothiocyansäure, die als Glykoside in den Vakuolen von Kruziferen vorliegen. Nach Verletzung der Vakuolen werden sie von Myrosinase zu dem flüchtigen toxischen Isothiocyanat abgebaut. Diesen Mechanismus nutzt man heute z. B. in der biologischen Bodendämpfung (s. Kap. 13.4)
  3. **Saponine**. Größte Gruppe der sekundären Pflanzeninhaltsstoffe mit fungizider Wirkung. Sie haben eine Steroid-ähnliche Grundstruktur, die mit den Sterolen der Plasmamembran interagieren können und diese porös machen (Zerstörung der selektiven Permeabilität). Zu den Saponinen zählen Tomatin in Tomate und Avenacin in Hafer

Postinfektionell

- **‚Oxidative burst'**. Der ‚oxidative burst' gehört neben der Bildung von Stickoxiden zu den ersten Abwehrreaktionen einer Pflanze. Hier werden – meist ausgelöst durch Elicitoren – reaktive Sauerstoffspezies wie das Superoxidanion (O_2^-), Wasserstoffperoxid (H_2O_2) und/oder das Hydroxylradikal (OH^-) freigesetzt, die die Pflanze auf verschiedene Weise schützen: a) direkte Abtötung von Schaderregern im Apoplasten, b) Auslösung der Hypersensitiven Reaktion infolge ihrer zell- bzw. membranschädigenden Wirkung, c) Bereitstellung von H_2O_2 als Substrat für den schnellen Einbau von Proteinen und Lignin in Zellwände, wodurch diese schwerer zu penetrieren sind, und d) Entstehen eines endogenen Signals für die induzierte Resistenz (s. Kap. 10.3.3).

- **PR-Proteine**. PR-Proteine (‚**p**athogenesis **r**elated') sind zwar konstitutiv in der Pflanze vorhanden, ihre Aktivität wird nach Schaderregerbefall aber deutlich gesteigert. PR-Proteine haben ein relativ geringes Molekulargewicht von 10 bis 40 kDa, sind beständig bei niedrigen pH-Werten sowie in Gegenwart von Proteasen und liegen in basischer (Vakuole) bzw. saurer (extrazelluläre Matrix) Form vor. Bisher wurden 14 Familien von PR-Proteinen (PR-1 bis PR-14) beschrieben. Zu den bekanntesten PR-Proteinen zählen Glukanasen (z. B. PR-2) und Chitinasen (z. B. PR-3), die das in den Zellwänden der Pilze enthaltene Glukan und Chitin abbauen. Andere sind Inhibitoren von Polygalacturonasen, mit denen Schaderreger die pflanzliche Zellwand angreifen, oder von Proteinasen (z. B. PR-6), mit denen Schaderreger Proteine für ihre Ernährung aufschließen. **Defensine**, kleine cysteinreiche Proteine mit pilzhemmender Wirkung, gehören ebenfalls hierzu wie zahlreiche weitere, oftmals noch nicht näher charakterisierte Proteine.
- **Enzyme und Enzyminhibitoren**. Durch die erhöhte Aktivität z. B. von Polyphenoloxidasen und Peroxidasen werden Phenole zu stärker toxischen **Chinonen** oxidiert und es kommt zu einer vermehrten Polymerisation phenolischer Substanzen zu **ligninartigen Verbindungen**. Durch die verstärkte Lignifizierung wird die Zellwand mechanisch widerstandsfähiger. Ihre Anfälligkeit für enzymatischen Abbau wird vermindert, die Translokation von Wasser und Nährstoffen zum Pathogen wird erschwert, und die Verlagerung von Pathogenenzymen und -toxinen zum Wirt wird beeinträchtigt. Andererseits kann die Pflanze auf Schaderregerbefall mit Hemmung der Pathogenenzyme reagieren (z. B. Hemmung der pektolytischen Enzyme von *Botrytis cinerea* durch Proanthocyanidine in Erdbeere, Protease-Inhibitoren). Einige dieser Enzyminhibitoren können auch konstitutiv vorhanden sein und den Schaderregerbefall von Beginn an unterbinden.
- **Phytoalexine**. Eine erhöhte Aktivität der **Phenylalanin-Ammonium-Lyase** (**PAL**) führt u. a. zur Bildung von phenolischen Inhaltsstoffen, von denen sich auch verschiedene **Phytoalexine** ableiten. PAL stellt ein Schlüsselenzym für die Produktion der Ausgangsstoffe dieser Abwehrstoffe dar. Phytoalexine wirken an der Resistenzausprägung von Pflanzen mit. Sowohl die Synthesegeschwindigkeit als auch die Menge der Phytoalexine am Ort des Befalls entscheiden über ihre antimikrobielle Wirksamkeit. Die Phytoalexine entkoppeln vermutlich primär die oxidative Phosphorylierung und stören die Membranintegrität, sodass es zu einer allgemeinen Störung membrangebundener Funktionen kommt.

Phytoalexine sind niedermolekulare sekundäre Inhaltsstoffe, die von Pflanzen nach Induktion durch Pathogene, Verletzungen oder andere Stressoren gebildet werden, und in ihrer antimikrobiellen Wirkung unspezifisch sind. Eine Pflanzenart kann verschiedene Phytoalexine produzieren, die in der Regel eine breite Wirkung gegen verschiedene Schaderreger haben (Ausnahme: keine Wirkung gegen Viren!). Toxische Konzentrationen liegen im Bereich von 10^{-6} bis 10^{-4} M. Phytoalexine werden hauptsächlich von Dikotyledonen gebildet und sind spezifisch für bestimmte Pflanzenarten (z. B. Pisatin in Erbsen, Phaseolin in Bohnen, Betavulgarin in Zuckerrüben). Ihre Synthese erfolgt örtlich und zeitlich begrenzt und unterliegt Umwelteinflüssen. Ein Transport in andere Pflanzenteile findet nicht statt. Chemisch sind sie von sehr unterschiedlicher Natur.

10.3.3 Formen der Resistenz

Als **Resistenz** bezeichnet man die Fähigkeit einer Pflanze, den Befall und die Besiedlung durch einen Schaderreger zu verhindern oder zu begrenzen. Der Schaderreger kann sich nicht vermehren. Mit der Resistenz nicht zu verwechseln ist die Toleranz. Unter **Toleranz** versteht man die Fähigkeit einer Pflanze, auf Schaderregerbefall oder die Einwirkung abiotischer Schadfaktoren mit geringeren Ertragseinbußen zu reagieren als eine empfindliche Pflanze. Anders ausgedrückt, die tolerante Pflanze produziert trotz Vermehrung des Schaderregers einen normalen Ertrag. Das Gegenteil von Resistenz ist **Anfälligkeit** und das Gegenteil von Toleranz **Empfindlichkeit**.

Bei der Resistenz unterscheidet man grundsätzlich zwischen **vererbter Resistenz** und **erworbener Resistenz**. Die vererbte Resistenz lässt sich weiterhin unterteilen in Nicht-Wirtsresistenz und Wirtsresistenz. **Nicht-Wirtsresistenz** wird auch als Basisresistenz bezeichnet, d. h. der Schaderreger „erkennt" eine potenzielle Wirtspflanze nicht bzw. kann die Resistenzfaktoren dieser Pflanzenart nicht überwinden. Demgegenüber liegt der **Wirtsresistenz** eine Basiskompatibilität zugrunde, d. h. der Schaderreger verfügt grundsätzlich über die notwendigen Pathogenitätsfaktoren, um die Wirtspflanze zu befallen. Aufgrund besonderer genetischer Eigenschaften (**Resistenzgene**) kommt es bei bestimmten Genotypen (Sorten) der Wirtspflanze jedoch nicht zum Befall. Die Wirtsresistenz äußert sich als vertikale oder horizontale Resistenz (Tab. 27).

Die **vertikale Resistenz** (auch differenzielle oder spezifische Resistenz) richtet sich gegen einen oder wenige Pathotypen des Schaderregers. Sie baut auf der **Gen-für-Gen-Hypothese** auf und wird monogen oder oligogen vererbt. Ihr Wirkungsgrad ist hoch, andererseits ist diese Resistenz instabil hinsichtlich resistenzbrechender Pathotypen, da sie nur von einem bzw. wenigen Genen gesteuert wird. Phänotypisch äußert sich die vertikale Resistenz in der Regel als eine Hypersensitivitätsreaktion der Wirtspflanze.

Die **horizontale Resistenz** (auch generelle oder unspezifische Resistenz) richtet sich gegen alle Individuen einer Schaderregerart. Sie wird polygen vererbt. Die Resistenzhöhe ist weniger stark ausgeprägt als bei der vertikalen Resistenz und unterliegt Schwankungen in Abhängigkeit verschiedener Umweltfaktoren (Abb. 70). Phänotypisch äußert sie sich u. a. in einer verzögerten Entwicklung des Schaderregers (z. B. reduzierte Sporenproduktion, erhöhte Infektions- und Latenzzeiten).

Die für die vertikale Resistenz grundlegende **Gen-für-Gen-Hypothese** wurde ursprünglich 1940 von H. H. Flor von Versuchen mit Leinrost *(Melampsora lini)* hergeleitet. Flor fasste seine Hypothese in folgenden Aussagen zusammen:

- Es gibt eine rassenspezifische Resistenz
- Sie beruht auf einzelnen Resistenz(R)-Genen im Wirt, zu denen es korrespondierende Avirulenz(AVR)-Gene im Pathogen gibt (‚Gen-für-Gen-Interaktion')
- R-Gene können durch gezielte Mutation/Züchtung in Wirtssorten erzeugt werden, AVR-Gene befinden sich in unbestimmter Zahl in der Pathogenpopulation (es wird spekuliert, dass sie ursprünglich die Funktion von Pathogenitätsgenen hatten, im Laufe der Koevolution aber durch Anpassung der Wirtspflanze zu Avirulenzfaktoren wurden)
- R-Gene und AVR-Gene sind komplementär und vererben sich dominant
- Die Gen-für-Gen-Inkompatibilität (Resistenz) wird als Hypersensitive Reaktion exprimiert. Mittlerweile konnte für einige Wirt-Schaderreger-Beziehungen die Gen-für-Gen-Hypothese auf molekulargenetischer Ebene bewiesen werden; für viele weitere Pathosysteme wird eine solche angenommen

Tab. 27: Charakterisierung von vertikaler und horizontaler Resistenz.

Eigenschaft	Vertikale Resistenz	Horizontale Resistenz
Genetische Determinierung	monogen/oligogen	polygen
Genwirkung	entweder/oder „qualitativ"	additiv „quantitativ"
Spezifität	rassenspezifisch	artspezifisch
Korrespondenz zwischen Wirts- und Pathogengenen	ja	nein
Dauerhaftigkeit	instabil, temporär	stabil, permanent
Auswirkung auf Epidemie	verhindert oder verschiebt Beginn	bremst Anstieg
Umweltabhängigkeit	gering	groß
Wirkungsgrad	hoch, meist vollständig	partiell

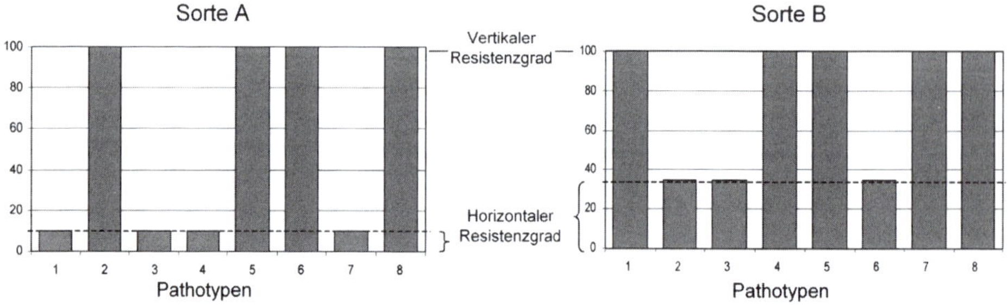

Abb. 70: Grad der vertikalen und horizontalen Resistenz zweier Sorten gegenüber acht Pathotypen eines Schaderregers.

Erworbene Resistenz

Erworbene Resistenz (auch induzierte Resistenz) bezeichnet die genetisch nicht verankerte Widerstandsfähigkeit einer Pflanze. Sie kann durch biotische und abiotische Faktoren ausgelöst werden, wobei die Resistenzinduktoren selbst keinen unmittelbaren Einfluss auf den Schaderreger haben. Je nach Induktor wirkt die Resistenz lokal oder systemisch. Zwischen Induktion und Wirksamwerden der Resistenz liegt eine Zeitspanne von einigen Stunden bis zu mehreren Tagen. Die erworbene Resistenz wirkt quantitativ und ist unspezifisch. Sie bietet keinen vollständigen Schutz, sodass stets ein Restbefall bleibt. Im Gegensatz zur Immunität bei Warmblütern, die lebenslang wirksam ist, ist die Wirkungsdauer der induzierten Resistenz begrenzt, weshalb man auch von **Prämunität** spricht.

Die erworbene Resistenz ist weitgehend erregerunspezifisch, d. h. sie richtet sich gegen verschiedene Schaderreger inklusive Nematoden und Insekten. Die Wirksamkeitsdauer ist in der Regel auf wenige Wochen befristet, sodass für einen erfolgreichen Schutz der Pflanze über die gesamte Wachstumsperiode oftmals eine wiederholte Applikation erforderlich ist. In der Regel besteht keine Dosis-Wirkungs-Beziehung, doch kann durch wiederholte Induktion das Resistenzniveau bis zu einem gewissen Grad gesteigert werden (additive Wirkung). Nach Blüte und Fruchtansatz ist eine Resistenzinduktion in der Regel nicht mehr möglich.

Die **Resistenzinduktion** kann durch verschiedene biotische und abiotische Faktoren erfolgen:

- Vorinokulation mit einem Pathogen (z. B. Viren, *Colletotrichum lagenarium*, *Blumeria graminis*)
- Lokalinfektion mit einem nekrosebildenden Pathogen (Tobacco necrosis virus, *Pseudomonas lachrymans*, *Colletotrichum lindemuthianum*)
- Inokulation mit apathogenen Erregerstämmen (z. B. *Fusarium oxysporum*), inkompatiblen Rassen (*Pseudomonas syringae* pv. *lachrymans* an Nichtwirtspflanzen) bzw. schwach virulenten Virusstämmen (z. B. Tobacco mosaic virus)
- Inokulation mit pilzlichen Endophyten (z. B. Mykorrhiza)
- Inokulation mit Bakterien (z. B. *Bacillus subtilis*, *Pseudomonas fluorescens*, *Rhizobium etli* und verschiedenen ‚**p**lant **g**rowth **p**romoting **r**hizobacteria', **PGPR**)

- Vorbehandlung mit mikrobiellen Metaboliten (z. B. *Bacillus subtilis*), mikrobiellen Genprodukten (z. B. Harpin), pflanzlichen Extrakten (z. B. *Reynoutria sachalinensis*) sowie signalinduzierenden Substanzen (z. B. Salicylsäure, Dichloroisonikotinsäure, Benzothiadiazol, ungesättigte Fettsäuren)

Verschiedene Resistenz-Induktoren sind als Pflanzenstärkungsmittel zugelassen (z. B. *Bacillus subtilis*, *Reynoutria*-Extrakt, Harpin).

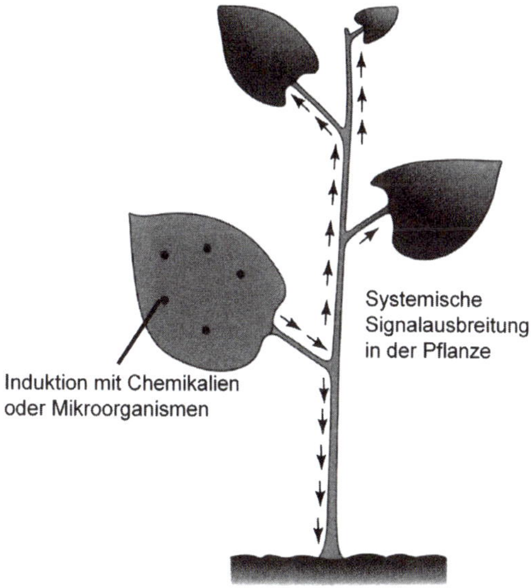

Abb. 71: Wirkungsweise der Erworbenen Resistenz (aus Agrios, 2005).

Je nach Induktor und den resultierenden biochemischen Veränderungen in der Pflanze wird teilweise unterschieden zwischen ‚**s**ystemic **a**cquired **r**esistance' (**SAR**) und ‚**i**nduced **s**ystemic **r**esistance' (**ISR**).

Systemic acquired resistance (**SAR**). Die Induktion von SAR erfolgt durch eine lokale nekrotische Läsion (z. B. Pathogenbefall). Charakteristisch für SAR ist die Anreicherung von PR-Proteinen (z. B. PR-1, PR-2, PR-5) in den entfernt gelegenen Pflanzenbereichen. Darüber hinaus wird die Pflanze insgesamt sensibilisiert und reagiert auf einen nachfolgenden Schaderregerbefall deutlich schneller mit entsprechenden Abwehrreaktionen als eine nicht induzierte Pflanze (z. B. Kallosebildung, Lignifizierung). Als Signalmolekül spielt die Salicylsäure eine zentrale Rolle; ihre Funktion für die Resistenzinduktion ist aber noch nicht bis ins letzte Detail geklärt. Darüber hinaus beeinflusst Salicylsäure auch die Expression pflanzlicher Resistenzgene. Hohe Salicylsäuregehalte führen zu einer hohen Expression von Resistenzgenen. Kartoffel- und Reissorten mit einem hohen Resistenzgrad gegenüber *Phytophthora infestans* bzw. *Magnaporthe oryzae* weisen einen hohen Salicylsäuregehalt auf.

Induced systemic resistance (**ISR**). Klassischerweise spricht man von ISR, wenn die Resistenzinduktion durch Rhizosphärebakterien erfolgt. Diese Differenzierung ist aber nicht mehr aufrecht zu halten, da inzwischen auch für einige Rhizosphärebakterien die Induktion von SAR gezeigt wurde. Ähnlich zu SAR ist auch nach ISR die Pflanze sensibilisiert und kann auf einen nachfolgenden Schaderregerbefall schneller reagieren. Im Gegensatz zu SAR kommt es jedoch nicht zur Anreicherung von PR-Proteinen und zu erhöhten Salicylsäuregehalten. Für die Induktion der Resistenz sind, zumindest in einigen Systemen, Jasmonsäure und/oder Ethylen von zentraler Bedeutung. Neben ihrer Signalfunktion wirken Jasmonsäure und Ethylen auch direkt auf den pflanzlichen Stoffwechsel. So aktiviert Jasmonsäure beispielsweise Gene, die Protease-Inhibitoren kodieren, wodurch die Pflanze sich vor Insektenbefall schützen kann, oder Gene, die mit der Bildung von Phytoalexinen assoziiert sind. Ethylen induziert bestimmte PR-Proteine und Vorstufen von Phytoalexinen und Lignin.

Sowohl bei SAR als auch bei ISR wird die Aktivierung der Abwehrmechanismen zentral über das pflanzliche Gen npr1 gesteuert. Die Wirkung von SAR und ISR kann additiv sein; ein erhöhter Gehalt an npr1 Transkripten ist damit jedoch nicht verbunden.

Für eine mögliche praktische Nutzung der erworbenen Resistenz im Pflanzenschutz kommt den **chemischen Resistenzinduktoren** eine besondere Bedeutung zu. Am Beispiel der Salicylsäure konnte gezeigt werden, dass bei äußerlicher Applikation auf Kulturpflanzen diese resistent wurden. Eine kommerzielle äußerliche Anwendung von Salicylsäure ist indes schwierig, da sie zum einen nicht mit ausreichender Effizienz in die Pflanze verlagert wird und sie andererseits bereits bei Konzentrationen geringfügig oberhalb der Resistenzinduktion phytotoxisch ist. Neben der Salicylsäure induzieren auch Derivate von Isonikotinsäure und Benzothiadiazol Resistenz, wobei letztere als ‚plant activator' kommerziell angewendet werden. Von Resistenzinduktoren hat man sich neue Möglichkeiten für den Pflanzenschutz versprochen, und an deren Entwicklung entsprechend intensiv gearbeitet. Es ist jedoch zu bedenken, dass Resistenzinduktoren die Pflanze erhebliche Energie kosten, da die Pflanze selbst für die Pathogenabwehr aufkommen muss. In der Praxis hat sich dies als ungünstig für die Ertragsbildung erwiesen. Deshalb können Resistenzinduktoren, selbst bei gleichwertiger Bekämpfungsleistung, mit modernen Fungiziden ertraglich nicht konkurrieren.

10.4 Einfluss von Umweltfaktoren auf Schaderreger und Kulturpflanzen

Sieht man einmal von den abiotischen Schadfaktoren ab (s. Kap. 2), so ist die Voraussetzung für eine Erkrankung oder Schädigung der Pflanze ihre Anfälligkeit gegenüber einem bestimmten Schaderreger. Der Grad der Anfälligkeit hängt ab von der genetisch verankerten Widerstandsfähigkeit der Pflanze (= **Disposition**) sowie dem Entwicklungsstadium der Pflanze und den Umweltbedingungen, die auf die Pflanze eingewirkt haben (= **Prädisposition**). Die Prädisposition hat entscheidende Bedeutung für Schaderreger, die auf eine vorhergehende Schädigung oder Schwächung der Pflanze angewiesen sind (sekundäre Schaderreger). Umweltfaktoren beeinflussen aber nicht nur die Prädisposition der Pflanze, sondern auch die Interaktion von Kulturpflanze und Schaderreger.

Temperatur. Generell verläuft die Krankheitsentwicklung bei optimaler Temperatur für den Schaderreger und suboptimaler Temperatur für die Pflanze am schnellsten. Kurzzeitig hohe oder niedrige Temperaturen verzögern das Wachstum und erhöhen die Anfälligkeit der Pflanzen für Schaderregerbefall. Durch Kälte gestresste Pflanzen besitzen eine verringerte Widerstandskraft. So befällt der Schneeschimmelerreger (*Microdochium nivale*) das Wintergetreide nur bei Temperaturen unter 8 bis 10 °C, die *Typhula*-Fäule der Gerste benötigt 2 bis 7 °C. Starker Frost kann bei gleichzeitiger Trockenheit zu Rissen in der Rinde von Obstbäumen führen, die als Eintrittspforte für Schaderreger dienen (z. B. Obstbaumkrebs). Das Temperaturmaximum der meisten Pflanzen liegt bei 30 bis 40 °C, was in gemäßigten Klimaregionen nur selten überschritten wird. Oftmals reichen aber bereits lang anhaltende hohe Temperaturen, um die Widerstandsfähigkeit der Pflanze zu schwächen, insbesondere, wenn zugleich Wassermangel und Lichtüberfluss auftreten. Hohe Temperaturen können auch die Funktion von Resistenzgenen beeinflussen (z. B. Inaktivierung des Mi-Gens für Resistenz von Tomate gegen *Meloidogyne incognita* ab 28 °C). Auf Seiten des Schaderregers gibt die Minimaltemperatur häufig den Epidemiebeginn vor und die Optimaltemperatur steuert die Befalls- und Epidemieentwicklung. Die Temperaturbereiche können für verschiedene Entwicklungsphasen des Schaderregers unterschiedlich sein. Darüber hinaus kann die Temperatur auch die Pathogenität des Schaderregers beeinflussen (z. B. temperaturabhängige Bildung von Enzymen und Toxinen) bzw. das Auftreten von Symptomen (z. B. Maskierung von Virussymptomen bei Temperaturen über 30 °C). Ganz entscheidenden Einfluss hat die Temperatur auf die Entwicklungszeit von Schaderregern. So beträgt die Entwicklungszeit des Rübenzystennematoden *Heterodera schachtii* bei 18 °C insgesamt 57 Tage und bei 29 °C gerade einmal 23 Tage. Auch die Flugaktivität von Schädlingen ist temperaturabhängig. Moosknopfkäfer und Rapsglanzkäfer fliegen bei > 15 °C, Getreideblattläuse vom Winter- auf den Sommerwirt erst ab Temperaturen von 16 °C.

Die **optimale Temperatur** für die Krankheitsentwicklung kann von den Optimaltemperaturen von Pathogen und Wirtspflanze abweichen. *Thielaviopsis basicola* (Schwarze Wurzelfäule an Tabak) wächst z. B. am besten bei 22 bis 28 °C, während Tabak Temperaturen von 28 bis 29 °C bevorzugt. Dennoch treten die stärksten Krankheitssymptome bei 17 bis 23 °C auf. Die Begründung liegt in dem schlechten Wachstum und Abwehrvermögen der Wirtspflanze bei niedrigen Temperaturen, sodass das Pathogen selbst bei suboptimalen Bedingungen noch relativ stark schädigen kann.

Feuchtigkeit. Feuchtigkeit tritt auf in Form von Tau, Regen, Hagel, Schnee, sowie Bewässerung und Beregnung. Lang andauernde, sowie zu hohe oder zu geringe Feuchtigkeit verzögert das Pflanzenwachstum und prädisponiert die Pflanze für den Befall mit Schaderregern. Die meisten Pilze benötigen für die Infektion eine hohe **relative Luftfeuchte** (z. B. 100% rH für Keimung von Rostpilzen) bzw. lang andauernde Blattnässe (z. B. 8 bis 10 Stunden bei Falschen Mehltaupilzen). Auch Insekten bevorzugen hohe relative Luftfeuchten, reagieren aber eher empfindlich auf Nässe. Bei **Taubildung**, hervorgerufen durch Kondensation gasförmigen Wassers bei Blatttemperaturen unterhalb der Umgebungstemperatur (z. B. hohe Temperaturunterschiede zwischen Tag und Nacht), tritt Wasser auch auf der Blattunterseite auf. Tau fördert Schadorganismen, die für ihre Entwicklung bzw. für das Eindringen in die Pflanze auf Wasser angewiesen sind (z. B. *Pseudomonas syringae*, *Cercospora beticola*, *Ditylenchus dipsaci*). **Platzregen** kann die Standfestigkeit der Kulturpflanzen beeinträchtigen, zu Lager führen und Keimpflanzen verschlämmen. **Spritzwasser** infolge von Regen bzw. Beregnung fördert die Verbreitung von Schaderregern (z. B.

Septoria spp., Nematoden), kann aber auch zu einer Schädigung pilzlicher Strukturen führen (z. B. Konidienträger von Mehltaupilzen). **Bewässerung** begünstigt in der Regel die Entwicklung bodenbürtiger Schaderreger und sorgt für deren Verbreitung mit dem Bewässerungswasser im Bestand. **Staunässe** führt zu Sauerstoffmangel im Boden, das Wurzelgewebe wird geschwächt. Eine Folge kann der Befall mit Wurzelfäuleerregern sein, die in gut durchlüfteten Böden keine Schäden verursachen würden (z. B. *Pythium, Phytophthora*). **Hagel** verursacht Wunden, die von sekundären Schaderregern als Eintrittspforte genutzt werden. Unter **Schnee** ist die Temperatur oftmals höher als über der Schneedecke und es kommt zur Anreicherung von CO_2 bis zu pflanzenschädigenden Konzentrationen, die allerdings von den Schadpilzen toleriert werden. Bei gleichzeitigem Lichtmangel wird die Widerstandskraft z. B. von Getreide so stark vermindert, dass es zum Befall mit Schwächeparasiten kommt (z. B. Schneeschimmel, *Typhula*-Fäule). **Trockenheit** führt in der Regel zu einer Hemmung von Schadorganismen, die auf Feuchtigkeit angewiesen sind. Bakterien können die Wirtspflanze nicht besiedeln, bereits erfolgte Pilzinfektionen kommen zum Stillstand bzw. die Sporulation der Pilze wird unterbunden (z. B. Falsche Mehltaupilze). Andererseits kann Trockenheit die Pflanze für einen Schaderregerbefall auch prädisponieren. Chronischer Wassermangel kann Virusbefall fördern. Bei Wassermangel sind die löslichen Zellinhaltsstoffe aufkonzentriert und Phloemsauger (z. B. Blattläuse) werden gefördert.

Wind. Starker Wind verursacht an den Pflanzen Wunden, die Pathogenen als Eindringungspforte dienen können. Wunden entstehen auch durch Windbruch, Aneinanderreiben von Pflanzen bzw. Pflanzenteilen sowie durch Abrieb umherfliegender Sandpartikel. Wind trägt in erheblichem Maße zur Verbreitung von Schaderregern bei und beeinflusst somit die Entwicklung von Pflanzenkrankheiten. Ein Langstreckentransport mit dem Wind ist für zahlreiche Viren, Bakterien, Pilze und einige Nematoden überliefert (z. B. Uredosporen der Rostpilze, Zysten von Zystennematoden). Andere Schaderreger bzw. deren Vermehrungsstrukturen trocknen bei einem längeren Aufenthalt im Wind aus und sterben ab (z. B. Basidiosporen, Planosporangien, freilebende Nematodenstadien). Durch das beschleunigte Abtrocknen von Pflanzenoberflächen kann Wind die Entwicklung von Pflanzenkrankheiten hemmen. Dies gilt insbesondere für Krankheiten durch Bakterien und Pilze, die für eine erfolgreiche Infektion eine bestimmte Blattnässedauer benötigen (z. B. *Pseudomonas syringae*, Falsche Mehltaupilze).

Luftverunreinigungen. Luftschadstoffe als abiotische Schadfaktoren wurden ausführlich in Kap. 2.4 behandelt. Darüber hinaus beeinflussen Luftschadstoffe die Interaktion Pflanze – Schaderreger. Generell reduzieren Luftschadstoffe die Vitalität von Pflanzen, sodass Schwächeparasiten begünstigt werden. Durch Veränderungen der Blattoberflächen bzw. Auswaschung von Kationen und organischen Anionen wird die saprophytische und parasitische Phyllosphärenflora beeinflusst. Insgesamt sind die Befunde jedoch recht uneinheitlich. So erhöht **Ozon** zum Beispiel das Auftreten bestimmter nicht obligater Pathogene (z. B. *Pyrenophora* spp., *Botrytis cinerea*) und reduziert andererseits die Vermehrung einiger obligater

Schaderreger (z. B. Brandpilze). Durch Bakterien verursachte Blattflecken fallen bei erhöhten Ozonkonzentrationen häufig kleiner aus. **Stäube** auf Blattoberflächen reduzieren die Photosyntheserate und schwächen somit die Pflanze. **SO_2** und **NO_x** können über eine Erhöhung der freien Aminosäuren die Entwicklung von Blattläusen fördern.

Licht. Sowohl Lichtmangel als auch Lichtüberfluss können Krankheitsprozesse hemmen oder fördern. Suboptimale Lichtverhältnisse schwächen die Pflanze und erhöhen ihre Anfälligkeit gegenüber Schaderregern. Eine geringe Lichtintensität erhöht beispielsweise die Anfälligkeit von Pflanzen für Virusinfektionen, verzögert jedoch die Virusvermehrung. Dies führt dazu, dass in lichtärmeren Jahreszeiten bzw. in Gewächshäusern die Symptomausprägung gehemmt und der Virusbefall „maskiert" wird. In Gewächshauskulturen fördert Lichtmangel den Befall mit pilzlichen Schwächeparasiten (z. B. *Botrytis cinerea*). Bei ausreichendem Licht steigt der Assimilatgehalt von Pflanzen und erhöht damit auch die Attraktivität für Phloemsauger und biotrophe Pilze. Licht beeinflusst auch die Öffnung der Stomata und damit die Attraktion von Planosporen, die Bildung von Infektionshyphen sowie das Eindringen von stomatainvasiven Bakterien und Pilzen. Intensive Sonneneinstrahlung kann **Sonnenbrand** bzw. Brennflecken verursachen. Praktische Bedeutung haben die sogenannten physiologischen Blattflecken der Gerste (PLS-Flecken), die auf Lichtunverträglichkeit bestimmter Sorten zurückzuführen sind und zu starker Nekrotisierung der Blattfläche führen können (s. Kap. 2.1). Die Sporulation von Pilzen ist vielfach lichtabhängig. So setzen Falsche Mehltaupilze ihre Sporangien nur im Dunkeln frei, wohingegen Brandsporen von *Tilletia* spp. nur bei Licht keimen. Bei Schädlingen zeigt sich ein starker Einfluss des Lichtes auf ihre Aktivität, Orientierung, Entwicklung und Fortpflanzung (z. B. Traubenwickler: Nahrungsaufnahme zwischen 19 und 23 Uhr, Begattung 2 bis 6 Uhr, Eiablage 12 bis 23 Uhr). Verschiedene Schaderreger sind dämmerungs- bzw. nachtaktiv (z. B. verschiedene Zünsler- und Eulen-Arten der Schmetterlinge), da sie dann weniger gefährdet sind. Der Eintritt in die Diapause wird bei verschiedenen Schaderregern der gemäßigten Klimabereiche oft durch die abnehmende Tagesdauer bestimmt.

Boden und Nährstoffversorgung. Die verschiedenen Bodenfaktoren (z. B. pH-Wert, Bodenart, Bodenfeuchte, Gehalt an organischer Substanz, Bodenflora und -fauna), wie auch die Nährstoffversorgung der Pflanze können in teils erheblichem Maße die Interaktion zwischen Pflanze und Schaderreger beeinflussen. Hohe Gehalte an leicht zersetzbarer organischer Substanz im Boden begünstigen saprophytische Mikroorganismen und drängen so häufig Pathogene zurück. **Nährstoffmangel** oder **-überschuss** beeinflussen den Stoffwechsel der Pflanze und damit auch die Förderung bzw. Hemmung eines Schaderregerbefalls. In der Regel wirkt sich eine unzureichende Nährstoffversorgung förderlich auf perthotrope Erreger aus (z. B. *Pseudomonas syringae, Erwinia amylovora, Altenaria alternata, Cochliobolus victoriae*), eine optimale Nährstoffversorgung förderlich auf Viren, Falsche und Echte Mehltaupilze und Rostpilze. Übermäßige N-Düngung führt meist zu einer Förderung von Schädlingen, insbesondere von saugenden Insekten (z. B. Blattläusen). Da Schaderreger der Pflanze Nährstoffe entziehen, kann bei niedrigem Schadniveau eine Ausgleichsdüngung die Schadwirkung kompensieren bzw. zeitlich verzögern. Niedrige **pH-Werte** wiederum fördern den Befall mit *Fusarium* spp. und Kohlhernie, wohingegen Kartoffelschorf bei pH-Werten unter 5,2 nicht auftritt. Leichte Standorte mit guter Bodendurchlüftung sind vorteilhaft für die meisten Nematodenarten. Letztendlich hat auch der **Bodenbewuchs** einen Einfluss auf die Schaderreger. So legt z. B. die Brachfliege (*Delia coarctata*) ihre Eier bevorzugt in unvollständig bedeckten Boden. Schnellkäfer und Schnaken lieben dicht bewachsene Böden. Insgesamt fördert Bodenbewuchs die Biodiversität sowie die natürlichen Gegenspieler, begünstigt aber auch das Auftreten von Feldmäusen und Nacktschnecken.

Fragen zu Kapitel 10

- Unter welchen Voraussetzungen kommt es zu einer Erkrankung bzw. Schädigung der Pflanze?
- Auf welche Weise dringen Pathogene in Pflanzen ein?
- Was ist ein Haustorium?
- Welche Funktionen haben Pathotoxine?
- Was versteht man unter pertotropher Besiedlung?
- Wie erfolgt die Wirtssuche bei Blattläusen?
- Welche Funktion haben die im Speichel von Nematoden enthaltenen Substanzen?
- Mithilfe welcher struktueller Barrieren schützt sich die Pflanze vor einem Schaderregerbefall?
- Welche biochemischen Abwehrmechanismen werden als erste nach einem Schaderregerbefall aktiviert?
- Was sind Phytoalexine und was unterscheidet sie von Phytoanticipinen?
- Worin unterscheiden sich horizontale und vertikale Resistenz?
- Wie lässt sich in der Pflanze Resistenz induzieren und welche Formen induzierter Resistenz können unterschieden werden?
- Welche Bedeutung hat Stickstoff für den Befall der Pflanze mit Schaderregern?

Weiterführende Literatur

Agrios, G. N., 2005: Plant Pathology, 5. Auflage. Elsevier Academic Press, San Diego.

Börner, H., 1997. Pflanzenkrankheiten und Pflanzenschutz. Verlag Eugen Ulmer, Stuttgart.

Hartleb, H., R. Heitefuss und H.-H. Hoppe. (Hrg.), 1997: Resistance of Crop Plants Against Fungi. Gustav Fischer Verlag, Jena, Stuttgart.

Hoffmann, G. M., F. Nienhaus, H.-M. Poehling, F. Schönbeck, H. C. Weltzien und H. Wilbert, 1994: Lehrbuch der Phytomedizin, 3. Auflage, Blackwell Wissenschafts-Verlag, Berlin.

Ohnesorge, B., 1991: Tiere als Pflanzenschädlinge. Georg Thieme Verlag, Stuttgart.

Schlösser, E., 1997: Allgemeine Phytopathologie, 2. Auflage. Georg Thieme Verlag, Stuttgart.

Strange, R. N., 2003: Introduction to Plant Pathology. Verlag John Wiley & Sons, Chichester.

11 Auswirkungen von Schaderregerbefall auf die Wirtspflanze

11.1 Krankheitserscheinungen und Beschädigungen

11.1.1 Symptomatologie

Einzelne Veränderungen an Pflanzen werden als **Symptome**, die gemeinsame Ausprägung der für eine bestimmte Erkrankung typischen Symptome als **Syndrom** bezeichnet. In einzelnen Fällen sind die Symptome derart charakteristisch, dass der Schaderreger nach ihnen benannt wurde (z. B. Tabakmosaikvirus, Gelbverzwergungsvirus, Brandpilze, Rostpilze). Häufig findet man Übergangsstadien zwischen Symptomen (z. B. Chlorose/Welke, Flecken/Nekrosen). Grundsätzlich unterscheidet man zwischen lokalen Symptomen, die auf die Infektionsstelle begrenzt sind und systemischen Symptomen, die einzelne Organe oder die gesamte Pflanze betreffen. Symptome lassen sich weiterhin unterteilen in Welken, Farbveränderungen, Formveränderungen, Absterbe-Erscheinungen, mechanische Gewebezerstörungen und Ausscheidungen. Die häufigsten Symptome und deren Schadursachen sind in Tab. 28 zusammengefasst.

11.1.2 Quantitative und qualitative Schäden

Bei der Erkrankung bzw. Schädigung von Pflanzen wird zwischen einer Verringerung der Quantität des Ernteproduktes und einer Verminderung der Qualität des Erntegutes unterschieden. Pflanzenschäden lassen sich weiterhin untergliedern in partielle Schäden bzw. Totalausfall und direkte bzw. indirekte Schäden (Tab. 29). Das Ausmaß eines Pflanzenschadens wird entscheidend vom Infektionszeitpunkt beeinflusst und ist in der Regel umso höher, je früher der Befall erfolgt. Eine auffällige bzw. starke Symptomausprägung muss aber nicht unbedingt ein Indikator für schwerwiegende Ertragsverluste sein. Daneben bestimmt der Ort des Auftretens einer Gewebezerstörung die zu erwartenden Verluste. So zeigt eine nekrotische Läsion an einem Blatt kaum Auswirkungen auf die Pflanze, während eine nekrotische Läsion gleicher Größe an einem Getreidehalm erhebliche Folgen hat (z. B. Kümmerkorn) infolge einer verringerten Wasser- und Nährstoffversorgung des oberhalb der Läsion liegenden Pflanzenteiles.

Tab. 28: **Symptome und deren Schadursachen.**

Schadursachen **Symptome**	**Beschreibung**	**Abiotische Faktoren**	**Viren**	**Phytoplasmen**	**Bakterien**	**Pilze**	**Nematoden**	**Milben/Insekten**
Welken	Erschlaffen und Herabhängen von Pflanzenteilen infolge von Turgorverlust	X			X	X	X	X
Farbveränderungen								
Chlorosen	hellgrüne, gelbliche bis weiße Verfärbung von Pflanzenteilen hervorgerufen durch verminderte Bildung bzw. Degeneration von Chloroplasten und/oder Chlorophyll	X	X	X		X		
Vergilbung	mehr oder weniger einheitliche Gelbfärbung von Interkostalbereichen oder Blattadern; im Auflicht erkennbar	X	X					
Dunkelgrünfärbung	Blattbereiche erscheinen in einem dunkleren Grün als Umgebung; u. U. mit blauen Tönen; hervorgerufen durch vermehrte Bildung von Chloroplasten und/oder Chlorophyll		X					
Rotfärbung	rötlich bis violette Verfärbung von Pflanzenteilen; hervorgerufen durch erhöhte Anthocyanbildung	X	X	X				
Flecken	verfärbte, abgegrenzte Gewebebereiche; teils als Strichelung oder Streifung	X	X		X	X		
Ringflecken	chlorotische, konzentrische Ringe oder Bänder im Interkostalbereich von Blättern und an Früchten		X					

Schadursachen Symptome	Beschreibung	Abiotische Faktoren	Viren	Phytoplasmen	Bakterien	Pilze	Nematoden	Milben/Insekten
Tüpfel, Sprenkel	winzige, punktförmige chlorotische und rötliche Flecken		X					X
Scheckung	diffuse chlorotische Fleckung		X			X		
Aufhellung	partielle Verfärbung; nur im Durchlicht erkennbar		X					
Adernbänderung	gelblich bis dunkelgrün verfärbte Bereiche entlang der größeren Blattadern		X					
Gelbnetz	Gelbfärbung der Adern		X					
Mosaik	Blattbereiche mit mindestens drei unterscheidbaren Farbabstufungen (dunkelgrün, grün, gelbgrün bis gelb oder weiß)		X					
Buntstreifigkeit der Blüten	streifen- oder strichelförmige, weißliche bzw. gelbliche Verfärbung der Blüten		X					
Vergrünung der Blüten	Chloroplastenbildung in Blüten			X				
Schorf	Flecken auf Blättern und Früchten von olivgrüner bis braunschwarzer Verfärbung mit diffusem Rand; rissige Läsionen; Epidermis stirbt ab und reißt auf					X		
Rost	verschieden gefärbte Pusteln mit oft chlorotischer Randzone					X		

Schadursachen Symptome	Beschreibung	Abiotische Faktoren	Viren	Phytoplasmen	Bakterien	Pilze	Nematoden	Milben/Insekten
Formveränderungen								
Zwergwuchs (Nanismus)	sämtliche Pflanzenzeile sind in ihrem Wuchs reduziert; hervorgerufen durch Verringerung der Zellgröße und/oder Zellzahl (Hypoplasie) bzw. vollständige Hemmung der Zellbildung (Atrophie)		X	X		X	X	
Stauchung	Internodienverkürzung; im Extremfall Rosettenbildung; Blätter sitzen am Stängelgrund dicht gedrängt		X	X		X	X	
Etiolierung	verstärktes Längenwachstum; hervorgerufen durch Lichtmangel	X						
Verbänderung	bandförmig abgeflachte Stängelpartien			X				
Hexenbesen	vorzeitiger Austrieb von Seitenknospen und Aufhebung der apikalen Dominanz			X		X		X
Gallen	Gewebewucherungen in Anwesenheit eines Schaderregers					X	X	X
Tumore	Gewebewucherungen; durch Schaderreger induziert, danach autonome Weiterentwicklung		X		X			
Epinastien	Herabhängen oder Krümmen der Blätter nach unten		X					
Starrtracht	nach oben stehende Blätter		X					

Schadursachen Symptome	Beschreibung	Abiotische Faktoren	Viren	Phytoplasmen	Bakterien	Pilze	Nematoden	Milben/Insekten
Blattrollen	Einrollen der Blätter meist parallel zur Mittelrippe, oft verbunden mit Assimilatstau (Blattknacken, Sprödigkeit)		X			X		X
Verbeulung, Kräuselung, blasige Auftreibungen, Verdrehungen	ungleichmäßiges Wachstum von Pflanzengeweben nach Verfärbungen oder Absterbe-Erscheinungen		X			X		X
Umrissveränderungen (Schmal-, Faden-, Fächerblättrigkeit etc.)	deformiertes Blattwachstum infolge von Wuchsstörungen		X					
Kleinblättrigkeit	reduziertes Blattwachstum durch Wuchsstörung	X	X	X				
Enationen	blattähnliche Bildungen blattunterseits im Bereich der Adern		X					
Phylloidie	Blütenverlaubung, d. h. alle Blüteneile sind blattartig verändert			X				
Triebverkrümmungen	hervorgerufen durch Störung im Wuchsstoffhaushalt der Pflanze oder infolge von Nekrosen		X	X		X		X
Zweig- und Stammveränderungen	wulstartige Schwellungen, Eindellungen, Rindenrissigkeit bzw. -schuppigkeit, unregelmäßiges Dicken- und Längenwachstum		X	X		X		

Schadursachen **Symptome**	**Beschädigung**	**Abiotische Faktoren**	**Viren**	**Phytoplasmen**	**Bakterien**	**Pilze**	**Nematoden**	**Milben/Insekten**
Frucht- und Samenverformungen	Kleinfrüchtigkeit, unvollkommene Samenentwicklung und Deformationen infolge von Verfärbungen und Absterbe-Erscheinungen	X	X	X	X	X	X	X
Wurzeldeformationen	Verformungen (Beinigkeit) bzw. verstärkte Seitenwurzelbildung (Bärtigkeit)	X	X		X		X	X
Absterbeerscheinungen								
Nekrosen (Lokalläsionen, Adern-, Blatt-, Stängel-, Frucht-, Wurzelnekrose)	scharf abgegrenzte, hell- bis dunkelbraun verfärbte, abgestorbene Gewebebereiche; hervorgerufen durch Anhäufung oxidierter phenolischer Verbindungen	X	X	X	X	X	X	X
Schrotschusskrankheit	Löcher im Blattgewebe durch Herausfallen toten Gewebes		X			X		
Fäulen (Nass-, Weich- oder Trockenfäule)	ineinander fließende nekrotische Flecken oder abgestorbene Zellen nach Auflösung der Mittellamellen; teils in Verbindung mit Flüssigkeitsaustritt				X	X		
Vertrocknung, Verdorren	irreversible Welke	X	X	X	X	X	X	X
Vertrockneter Blattrand	Absterben des Blattrandes infolge verstärkter Transpiration	X						

Schadursachen Symptome	Beschreibung	Abiotische Faktoren	Viren	Phytoplasmen	Bakterien	Pilze	Nematoden	Milben/Insekten
Abwerfen von Organen	Blatt-, Nadel- oder Fruchtfall durch vorzeitige Seneszenz; Störung des Abscisinsäuregehaltes	X	X	X	X	X	X	X
Mechanische Gewebezerstörungen								
Gewebeverlust	Verlust von Pflanzenbereichen bzw. ganzen Pflanzenteilen; inklusive Fraßschäden	X						X
Zerreißungen	Aufreißen von Gewebebereichen (z. B. Früchte)	X						
Ausscheidungen								
Gummosis	Umwandlung von Zellsubstanzen (Gefäßbestandteile, Holz- und Bastfasern) in gummiartige Stoffe (z. B. an Steinobst und Citrus)	X	X		X	X		X
Harzfluss	Austritt von Harz aus Harzgängen	X						
Bakterienschleim	bestehend aus extrazellulären Polysacchariden und Wasser				X			
Honigtau	klebrige, glänzende Auflagerungen; durch Besiedlung mit Schwärzepilzen häufig dunkel gefärbt							X

Tab. 29: Formen von Pflanzenschäden und deren Ursache.

Pflanzenschaden	Ursache	Beispiele
Quantitativer Schaden	allgemein schlechte Wachstumsbedingungen; Ernteprodukte sind in Größe und Anzahl verringert	Reduzierung der Assimilationsfläche durch Blattschaderreger (z. B. *Pseudomonas syringae, Phytophthora infestans*, Insekten); Reduzierung der Wasser- und Nährstoffaufnahme durch Wurzelschaderreger (z. B. *Rhizoctonia solani*, Nematoden)
Qualitativer Schaden	physiologische und biochemische Veränderungen im pflanzlichen Stoffwechsel; Bildung mikrobieller Stoffwechselprodukte; Farbveränderungen des Erntegutes	verringerte Rohproteingehalte in Getreide nach Befall mit *Fusarium* spp.; verringerter Zuckergehalt in Zuckerrüben nach Befall mit Beet mosaic virus, Beet yellows virus oder *Cercospora beticola*; Mykotoxine in Getreide, Mais; Cucumber mosaic virus an Gurke
Partieller Schaden	Schädigung einzelner Pflanzenteile bzw. Vernichtung einzelner Partien des Erntegutes	hierunter fallen die meisten Schaderreger, z. B. Barley yellow dwarf virus an Gerste, *Erwinia amylovora* an Apfel, *Blumeria graminis* an Getreide, Nematoden, Insekten
Totalausfall	Absterben der gesamten Pflanze bzw. Zerstörung aller zu erntenden Pflanzenteile	Citrus tristeza virus an Citrus; *Clavibacter michiganensis* subsp. *michiganensis* an Tomate; Verursacher von Keimlingskrankheiten (z. B. *Olpidium, Pythium, Phoma*)
Direkter Schaden	Befall des Erntegutes	Cucumber mosaic virus an Gurke, *Botryotinia fuckeliana* an Erdbeere, *Fusarium* spp. an Weizen, *Ditylenchus dipsaci* an Zuckerrübe, *Psylla mali* an Apfel
Indirekter Schaden	Befall nicht beernteter Pflanzenteile, deren Schädigung sich auf Quantität und/oder Qualität des Erntegutes auswirkt	Barley yellow dwarf virus an Gerste, *Pseudomonas syringae* an Zuckerrübe; *Blumeria graminis* an Getreide, *Globodera rostochienis* an Kartoffel, *Ostrinia nubilalis* an Mais

11.1.3 Nachernteschäden

Nachernteschäden sind krankheitsbedingte Schäden, die nach der Ernte während des Transports, der Vermarktung, oder der Lagerung auftreten.

Fruchtfäulen

Bei Fruchtfäulen erfolgt die Infektion durch den Schaderreger meist unmittelbar vor oder während der Ernte. Die Widerstandsfähigkeit der befallenen Früchte reicht zunächst aus, die Entwicklung des eingedrungenen Erregers zu unterdrücken, sodass keine Symptome erkennbar sind. Mit zunehmendem zeitlichen Abstand von der Ernte nimmt die Widerstandsfähigkeit der Früchte ab und die Schaderreger können sich entwickeln, vermehren und im Gewebe ausbreiten. Infolge des Schaderregerbefalls stirbt das pflanzliche Gewebe ab und es kommt zur Fäule. Diese äußert sich je nach Schaderreger und Konsistenz der Frucht als Nass-, Weich- oder Trockenfäule. Die Zeit von der Ernte bis zur Symptomausprägung kann zwischen einem Tag und mehreren Monaten variieren. Beispiele für einige bedeutende Fruchtfäulen sind in Tab. 30 dargestellt.

Mykotoxine

Mykotoxine sind pilzliche Stoffwechselprodukte, die bereits in sehr geringen Mengen an Mensch und Tier toxische Wirkungen der verschiedensten Art hervorrufen können (z. B. Funktionsstörungen an Galle, Leber, Niere und Verdauungstrakt, sowie karzinogene und neurotoxische Wirkungen). Mykotoxine gehören verschiedenen chemischen Stoffklassen an. Sie sind recht stabil und werden durch Erhitzen nicht zerstört.

Von den über 400 bekannten Mykotoxinen treten nur wenige in Kulturpflanzen auf und sind damit phytopathologisch von Bedeutung. Bei der Mykotoxinbildung in Kulturpflanzen bzw. in deren Ernteprodukten (Nahrungs-, Futtermittel) unterscheidet man zwischen:

- **Primärkontamination**: Nahrungs- bzw. Futtermittel sind von Toxinbildnern befallen. In Getreide werden Mykotoxine entweder vor der Ernte (z. B. durch *Fusarium*) oder bei unsachgemäßer Lagerung nach der Ernte (z. B. durch *Aspergillus*, *Penicillium*) gebildet
- **Sekundärkontamination**: verarbeitete Nahrungsmittel werden von Schimmelpilzen (z. B. *Aspergillus*, *Penicillium*) befallen, die Mykotoxine bilden (Pilzbefall häufig optisch erkennbar)
- **Carry over**: Übergang der Mykotoxine von kontaminierten Futtermitteln über Lebensmittel tierischer Herkunft auf den Menschen

Besonders häufig sind Mykotoxine in Schalenfrüchten (z. B. Erdnuss, Kaffee, Mohn, Pistazien, Sesam) und Körnerfrüchten (z. B. Getreide, Mais, Ölsaaten) enthalten. Feuchte Klimabedingungen begünstigen die Mykotoxinbildung. Mykotoxine können bereits vor der Ernte im Feld gebildet

Schaderreger	**Frucht**	**Infektionszeitpunkt**	**Zeitpunkt des Schadens**
Glomerella cingulata	Banane	Blüte	Nachreife, Markt
Botryotinia fuckeliana	Erdbeere	Blüte	Fruchtreife, Transport, Markt
Choanephora cucurbitarum	Kürbis, Gurke	Blüte	Lager, Markt
Erwinia carotovora pv. *carotovora*, *E. carotovora* pv. *atroseptica*, *Phytophthora infestans*, *Fusarium solani* var. *coeruleum*	Kartoffel	im Boden, bei der Ernte	Lager
Rhizoctonia carotae	Möhre	vor der Ernte	Lager
Pezicula malicorticis	Apfel	vor der Ernte	Lager
Sclerotinia fructigena, *Penicillium expansum*, *Diaporthe perniciosa* (*Phomopsis mali*)	Apfel	vor der Ernte	Lager, Markt
Gloeosporium album, *G. fructigenum*, *G. perennans*	Apfel	vor der Ernte	Lager
Mucor piriformis	Kern- und Steinobst	nach der Ernte	Kühllager
Rhizopus stolonifer	Tomate (großer Wirtskreis)	nach der Ernte	Transport, Markt
Colletotrichum coccodes	Tomate	vor der Ernte	Transport, Markt
Penicillium italicum, *Diaporthe citri* (*Phomopsis citri*)	Citrus	vor und nach der Ernte	Transport, Lager, Markt
Botrytis aclada	Zwiebel	vor und nach der Ernte	Lager

Tab. 30: Nachernte-fruchtfäulen (verändert nach Schlösser, 1997).

werden, entstehen jedoch häufiger erst bei zu feuchter Lagerung, wenn äußerlich anhaftende Pilze in die Früchte eindringen. Einer sachgemäßen Lagerung landwirtschaftlicher Produkte kommt bei der Vermeidung hoher Mykotoxingehalte daher besondere Bedeutung zu. Die Höchstmengen für Mykotoxine in Speisegetreide, Getreideerzeugnissen und Teigwaren liegen laut Mykotoxinhöchstmengenverordnung für z. B. Deoxynivalenol bei 500 µg/kg und für Zearalenon bei 50 µg/kg, für Säuglings- und Kleinkindernahrung entsprechend bei 100 µg/kg bzw. 10 µg/kg. Für Mutterkorn in Nahrungsmitteln liegt der zulässige Grenzwert bei 0,05% Gewichtsanteil. Bezüglich der Bedeutung von Mykotoxinen in Nahrungsmitteln ergibt sich für Deutschland eine insgesamt zufriedenstellende

Situation. Nennenswerte Probleme traten in den vergangen Jahren nur bei Getreide und Kartoffeln in einzelnen Jahren und in bestimmten Regionen auf.

Tab. 31: Auftreten von Mykotoxinen in ausgewählten Kulturpflanzen.

Mykotoxin	Schaderreger	Kulturpflanze
Aflatoxine (z. B. Aflatoxin B1)	*Aspergillus*	Getreide, Leguminosen, Erdnuss
Ochratoxine	*Aspergillus, Penicillium*	Getreide, Mais, Reis
Trichothecene (z. B. T-2-Toxin, Trichothecin, Nivalenol, Deoxynivalenol)	*Fusarium, Myrothecium, Trichoderma, Trichothecium, Stachybotrys*	Getreide (Weizen)
Zearalenon	*Fusarium graminearum*	Getreide (Weizen)
Fumonisine	*Fusarium moniliforme, F. proliferatum, F. verticilliodes*	Mais
Ergotamin	*Claviceps purpurea*	Getreide (Roggen)

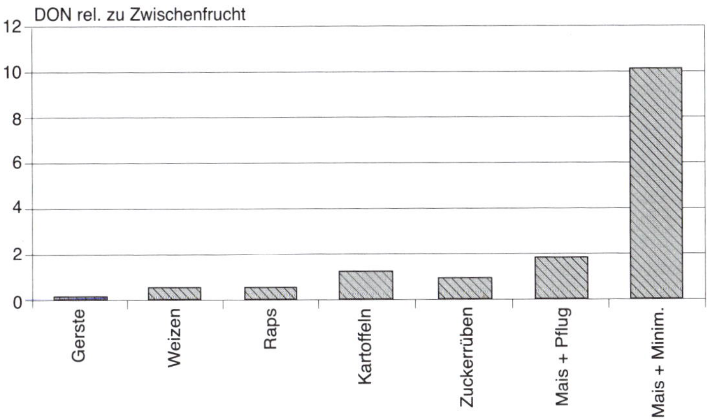

Abb. 72: Einfluss von Vorfrucht und Bodenbearbeitung auf den Deoxynivalenol-Gehalt in Winterweizen (1993 bis 1996) (aus Beck und Lepschy, 2000).

11.1.4 Visuelle Schäden

Visueller Schaden
Schaderreger bzw. deren Ausscheidungen sind auf dem Ernteprodukt visuell zu erkennen. Eine Schädigung des darunter liegenden Gewebes tritt nicht auf bzw. ist nur geringfügig. Die Früchte werden aber von den Konsumenten weniger akzeptiert, sodass sich ihr Marktwert beträchtlich verringert.

Visuelle Schäden stellen eine Sonderform der qualitativen Schäden dar, bei denen sich die Schadwirkung einzig und allein in einer geringeren visuellen Attraktivität des Ernteproduktes äußert. Beispiele für optische Schäden sind:

- Schorf auf Äpfeln durch *Venturia inaequalis*
- Schwarzpockigkeit auf Kartoffelknollen durch *Thanatephorus cucumeris*
- Sklerotien von *Rhizoctonia solani* auf Kartoffelknollen
- Kot der Raupen von Schadlepidopteren (z. B. *Pieris rapae, Plutella xylostella*) und Vögeln (z. B. Tauben) auf Blattgemüse
- Anwesenheit einzelner Schaderreger auf Gemüse (z. B. Blattläuse)

Eine völlige Abwesenheit von Schaderregern bzw. deren Symptomen ist, sofern überhaupt möglich, nur durch intensive Pflanzenschutzmaßnahmen zu erreichen. Dies bedeutet nicht nur hohe Produktionskosten, sondern in der Regel auch höhere Belastungen für Mensch und Umwelt durch erhöhten Pflanzenschutzmitteleinsatz. Konsumenten haben sich heute an das Bild uniformer und makellos aussehender Früchte im Supermarkt gewöhnt. Die damit einhergehenden Konsequenzen sind ihnen in der Regel nicht bewusst. Wünschenswert wäre hier sicherlich eine entsprechende Aufklärung der Verbraucher in Verbindung mit einer Änderung der Handelsklassen, die die innere Qualität der Ernteprodukte gegenüber der äußeren Qualität stärker in den Vordergrund rückt.

11.2 Erfassung von Ertragsverlusten

Ertragsverlust: Der Ertragsverlust ergibt sich aus der Differenz von erzielbarem und aktuellem Ertrag. Der erzielbare Ertrag stellt den unter sachgerechter Ausnutzung aller produktionstechnischen Möglichkeiten erreichbaren Ertrag dar. Der aktuelle Ertrag bezeichnet den tatsächlich erzielten Ertrag.

Für eine wirtschaftliche Pflanzenproduktion ist es entscheidend, die ertragslimitierenden Faktoren zu kennen, zu bewerten und ihnen gegebenenfalls vorzubeugen bzw. sie zu beseitigen. Dabei kommt der Bewertung von Ertragsverlusten besondere Bedeutung zu, denn an dem zu erwartenden Ertragsverlust orientiert sich der erforderliche bzw. notwendige Aufwand. Dies gilt insbesondere für die durch Schaderreger verursachten Ertragsverluste und der sich daran orientierenden Intensität von Pflanzenschutzmaßnahmen.

Für die Bewertung bzw. Quantifizierung von Ertragsverlusten durch Schaderreger wurden theoretische Modelle entwickelt, die allgemein angewendet werden können, oder spezifisch sind für ganz bestimmte Schaderreger-Wirt-Kombinationen. Grundlage dieser Modelle sind einerseits aktuelle Befallsdaten, andererseits **Befalls-Verlust-Relationen** der jeweiligen Schaderreger-Wirt-Kombinationen. Im Allgemeinen wird mit zunehmendem Befall auch der Ertragsverlust zunehmen. Je nach Schaderreger-Wirt-Kombination kann der Verlauf der Befalls-Verlust-Relation recht unterschiedlich sein (Tab. 32).

Tab. 32: Befalls-Verlust-Relationen.

Befalls-Verlust-Relation	**Erläuterung**	**Grafische Darstellung**
linear	Ertragsverlust ist direkt proportional dem Befall z. B.: *Ustilago nuda* an Getreide	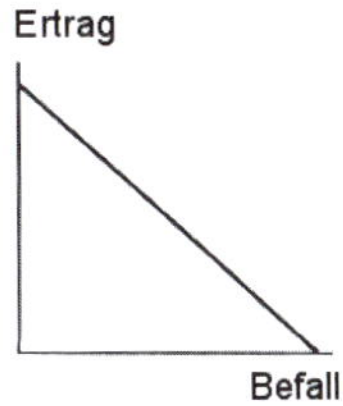
sigmoid	bei geringem Befall keine Ertragsverluste (Kompensationswachstum), dann mit steigendem Befall lineare Ertragsminderung, bei Höchstbefall bleibt ein Restertrag erhalten (häufigste Beziehung) z. B.: *Blumeria graminis* an Getreide	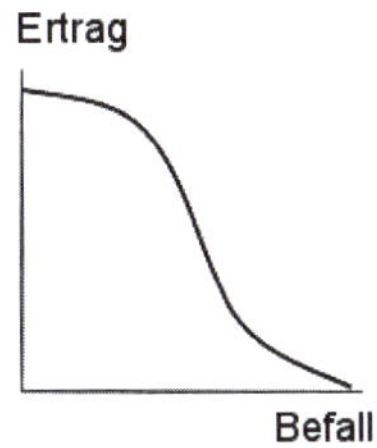
	bereits bei geringem Befall hohe Ertragsverluste z. B. Cucumber mosaic virus an Gurke	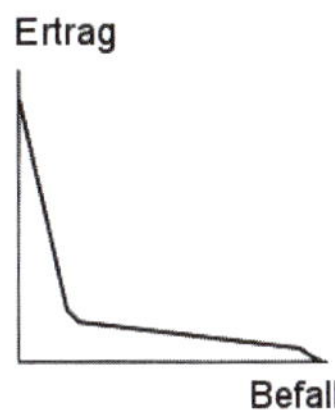
logarithmisch	mit zunehmendem Befall steigt der Ertragsverlust exponentiell z. B.: Weiße Fliege an Tomate	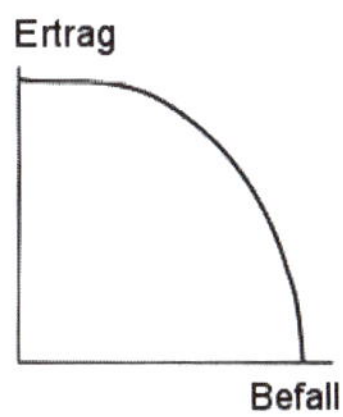
	geringer Befall erhöht den Ertrag (aufgrund physiologischer Veränderungen bzw. Kompensationswachstum wie verstärkte Seitenwurzelbildung), weitere Befallszunahme über Schadschwelle führt zu exponentiellen Ertragsverlusten z. B.: *Heterodera schachtii* an Zuckerrübe	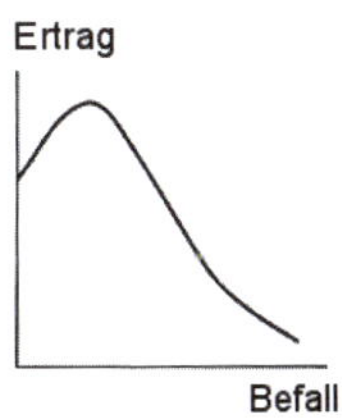

Der aktuelle Befall wird anhand von Stichproben an Einzelpflanzen, Versuchsparzellen mit graduellem Befallsunterschied oder mittels Fernerkennung großräumiger Anbaugebiete ermittelt. Die Quantifizierung des Befalls erfolgt anhand zähl- bzw. messbarer Parameter (Tab. 33) oder anhand einer **Bonitierung** der Schadsymptome. In letzterem Fall werden Boniturklassen von 1 bis 4 oder 0 bis 9 gebildet, wobei der niedrigste Wert immer Befallsfreiheit und der höchste Wert die maximale Befallsausprägung wiedergibt.

Tab. 33: Parameter zur Quantifizierung eines Schaderregerbefalls.

Befallsdichte	durchschnittliche Infektionsdichte einer Schaderregerart oder durchschnittliche Anzahl von Schaderregern einer Art pro Pflanze, Pflanzenorgan oder Flächeneinheit
Befallshäufigkeit	Anteil befallener Pflanzen in einer Stichprobe
Befallsstärke	Anteil befallenen Pflanzengewebes in %
Befallsintensität	Befallshäufigkeit plus Befallstärke

Basierend auf den aktuellen Befallsdaten und den entsprechenden Befalls-Verlust-Relationen erfolgt dann die Berechnung der zu erwartenden Ertragsverluste. Die am häufigsten eingesetzten Modelle sind:
Critical-Point-Modell: Regression von Ertrag und Befallsintensität zu einem ertragsrelevanten Entwicklungszeitpunkt. Anwendung findet dieses Modell für Situationen, in denen die Ertragsverluste sehr stark von einem kritischen Entwicklungsstadium der Pflanze abhängen und der Ertragsverlust proportional der Befallsintensität in diesem Stadium ist (linearer Verlauf).
Multiple-Point-Modell: Zu mehreren Zeitpunkten während der Befallsentwicklung wird die Befallsintensität ermittelt. Für einen jeden Zeitpunkt wird der Koeffizient Ertrag/Befallsintensität ermittelt und mit dem Zuwachs an Befall multipliziert. Die Einzelwerte werden aufaddiert und ergeben den Ertragsverlust in Prozent. Dieses Modell berücksichtigt die Befallsentwicklung über die Zeit und führt insbesondere bei nicht proportionalen Befalls-Verlust-Relationen zu einer genaueren Aussage.
AUDPC-Modell: Anhand von mindestens zwei (besser: mehreren) Zeitpunkten wird der Befallsverlauf ermittelt, aus der sich dann die Fläche unter der Befallsverlaufkurve (**a**rea **u**nder **d**isease **p**rogress **c**urve, AUDPC) ergibt. Sodann wird der Ertrag auf das Integral der AUDPC bezogen. Dieses Modell berücksichtigt insbesondere die Befallsdauer und bildet deshalb die Befalls-Verlust-Relation meist am genauesten ab.

Für die Erstellung von **Befalls-Verlust-Relationen** sind aufwändige Feldversuche erforderlich, in denen der Befall des betreffenden Schaderregers ausreichend abgestuft werden muss, damit eine exakte Ernteermittlung erfolgen kann. Praktische Anwendung finden Befalls-Verlust-Relationen bei der Festlegung von **Schadensschwellen**.

Schadensschwellen markieren den Punkt, an dem der zu erwartende Ertagsverlust gleich hoch ist wie die Kosten einer Pflanzenschutzmaßnahme zur Bekämpfung des jeweiligen Schaderregers. Es ist somit der Punkt, ab dem eine Pflanzenschutzmaßnahme wirtschaftlich lohnend wird. Die **Schadensschwelle** wird in Befallsparametereinheiten angegeben (Schaderreger/m^2 oder Pflanze, % Befall) und ist abhängig von den Bekämpfungskosten (Mittelkosten, Ausbringung), dem Marktpreis des Ernteprodukts und dem Ertragsniveau.

Die **biologische Schadensschwelle** kennzeichnet den Schaderregerbefall, ab dem es überhaupt zu einer Pflanzenschädigung kommt. Die **Bekämpfungsschwelle** liegt aus praktischen Erwägungen (Sicherheitsdenken) unterhalb der **wirtschaftlichen Schadensschwelle**. Der gezielte Pflanzenschutz versucht sich diesem Schwellenwert bei seinen Bekämpfungsentscheidungen so weit als möglich anzunähern. Schadensschwellen finden in einfachen Schadensschwellensystemen oder komplexen Prognosesystemen Verwendung, die in Kap. 13.2.2 näher behandelt werden.

Bei gleichzeitigem Auftreten verschiedener Schaderreger wird die **Multiple Regressionsanalyse** verwendet. Schwierigkeiten bei der Bestimmung von Ertragsverlusten ergeben sich insbesondere bei Wechselwirkungen zwischen verschiedenen Schaderregern und Ertragskompensationsprozessen, sowie hohen Variabilitäten von Befallszeitpunkt, Befallsart und jährlichem Ertragsniveau. Die mithilfe der oben beschriebenen Modelle ermittelten Daten können somit immer nur eine ungefähre Schätzung der tatsächlich auftretenden Ertragsverluste darstellen.

11.3 Positive Auswirkungen von Wirt-Pathogen-Beziehungen

In einigen wenigen Fällen ist die Schadwirkung eines Schaderregers durchaus erwünscht (z. B. wirtschaftlich genutzter Schmuckwert von Zierpflanzen) bzw. führt zu positiven Nebenwirkungen (z. B. Qualitätsverbesserung) (Tab. 34). Ein allgemeiner Nutzen ergibt sich ferner bei *Claviceps purpurea*, wo die im Mutterkorn enthaltenen Alkaloide von der pharmazeutischen Industrie genutzt werden oder bei *Ustilago zeae* (Maisbeulenbrand), dessen noch weiße Wucherungen in Mittelamerika in gebratenem Zustand ein geschätztes Nahrungsmittel darstellen.

Fragen zu Kapitel 11

- Welche Farbveränderungen werden durch Viren verursacht?
- Was sind Gallen bzw. Tumoren und durch welche Schaderreger werden sie verursacht?
- Welche Formen von Pflanzenschäden gibt es?
- Mit welchen Parametern kann der Befall mit Schaderregern quantifiziert werden?
- Durch welche Schaderreger werden Fruchtfäulen ausgelöst?
- Was sind Mykotoxine, welche Gefahr geht von ihnen aus und wie ist die Mykotoxinproblematik in Deutschland zu bewerten?

Tab. 34: Positive Auswirkung von Wirt-Pathogen-Beziehungen.

Wirt-Pathogen-Beziehung	Positive Auswirkung
Abutilon-Pflanzen + Abutilon mosaic virus	Mosaiksymptome an den Blättern
Tulpen + Tulip breaking virus	Buntstreifigkeit der Tulpenblüten
Opuntien + Phytoplasmen	attraktiver Hexenbesen
Weizen + Barley yellow dwarf virus	erhöhte Rohproteingehalte und verbesserte Sedimentationswerte infolge erhöhten Assimilateinbaus durch eine verringerte Kornzahl/Ähre und kleinere Körner
Weizen + *Gaeumannomyces graminis, Phaeosphaeria nodorum*	erhöhte Protein- und Klebergehalte in Weizenkörnern
Weinrebe + *Botryotinia fuckeliana*	bei Spätbefall von Weinbeeren entsteht die sogenannte Edelfäule; der Most aus edelfaulen Trauben ist die Grundlage für oftmals hochprämierte Weine wie Beeren- und Trockenbeerenauslese oder Eiswein

- Welche Rolle spielen visuelle Schäden für die Pflanzengesundheit?
- Welche Arten von Befalls-Verlust-Relationen gibt es und welche Bedeutung haben sie im praktischen Pflanzenschutz?
- Was versteht man unter einer Schadensschwelle und wie wird sie ermittelt?
- Wie erfolgt die Bestimmung von Ertragsverlusten?
- Welche positiven Auswirkungen können Wirt-Pathogen-Beziehungen haben?

Weiterführende Literatur

Agrios, G. N., 2005: Plant Pathology, 5. Auflage, Elsevier Academic Press, San Diego.

Hoffmann, G. M., F. Nienhaus, H.-M. Poehling, F. Schönbeck, H. C. Weltzien und H. Wilbert, 1994: Lehrbuch der Phytomedizin, 3. Auflage, Blackwell Verlag, Berlin.

Schlösser, E., 1997: Allgemeine Phytopathologie, 2. Auflage. Georg Thieme Verlag, Stuttgart.

Strange, R. N., 2003: Introduction to Plant Pathology. John Wiley & Sons, Chichester.

12 Vermehrung und Ausbreitung von Schaderregerpopulationen

Wie alle Lebewesen bilden auch Schaderreger, seien es mikrobielle oder tierische Formen, Populationen, deren Größe und räumliche Verbreitung variieren. Ausmaß und Ursachen dieser zahlenmäßigen und räumlichen Veränderungen von Schaderregerpopulationen sind Gegenstand der **Epidemiologie** und **Populationsdynamik**.

Herleitung und Aufgabenfelder der Epidemiologie und Populationsdynamik

Die Epidemiologie leitet sich von der Humanmedizin ab. Innerhalb der Phytomedizin beschreibt die Epidemiologie den Verlauf von Krankheiten und die Ausbreitung von Pathogenpopulationen in Arealen von Pflanzenbeständen. Analog dazu beschäftigt sich die Populationsdynamik mit Veränderungen einer Population von Tieren in Bezug zu Raum und Zeit. Populationsdynamik und Epidemiologie sind Teil der Populationsökologie.

Betrachtungsebene sowohl der Epidemiologie wie auch der Populationsdynamik ist die **Population** und die von ihr ausgehende Schadwirkung.

Unter einer **Population** versteht man alle Organismen einer Art in einem Lebensraum (Habitat). Wichtigstes Kennzeichen der Population ist der Genaustausch zwischen ihren Mitgliedern. Populationen verschiedener Arten in einem Habitat bilden zusammen eine **Biozönose**. Die auf verschiedene Lebensräume verteilten Populationen einer Art ergeben das **Verbreitungsgebiet** einer Art.

Für die Schadensentstehung ist die Gesamtzahl bzw. -masse der in einem bestimmten Zeitraum und Areal auftretenden Schaderreger entscheidend. Damit kommt der Entwicklung der Schaderregerpopulation und deren Einflussfaktoren entscheidende Bedeutung zu.

In der Phytomedizin bezieht sich **die Epidemiologie strikt auf Erreger von Pflanzenkrankheiten** (Pilze, Bakterien, Viren), während sich die **Populationsdynamik mit tierischen Schaderregern** (Insekten, Milben) beschäftigt. Diese

Unterscheidung basiert auf grundsätzlichen Unterschieden zwischen beiden Schaderregergruppen. So unterliegen Schadpilze anderen Gesetzen der Vermehrung und Ausbreitung als Insekten, deren Population aus zahlenmäßig definierten Individuen besteht. Der Fähigkeit von Pathogenen, ungünstige Bedingungen durch Bildung von Dauerstadien zu überstehen, steht bei Insekten zusätzlich die Möglichkeit der Abwanderung gegenüber.

Die Unterschiedlichkeit im Verhalten von Pathogen- und Schädlingspopulationen schlägt sich auch in der differenzierten Terminologie nieder (Tab. 35).

Tab. 35: Begriffliche Differenzierungen zwischen Pathogenen und Schädlingen im Hinblick auf Vermehrung und Ausbreitung.

	Pathogene	Schädlinge
Fachgebiet	Epidemiologie	Populationsdynamik
Schadenstyp	Krankheit	Befall, Schaden
Eine Generation je Saison	monozyklisch	univoltin
Mehrere Generationen je Saison	polyzyklisch	plurivoltin

12.1 Epidemiologie der Pflanzenkrankheiten

Unmittelbarer Gegenstand der Epidemiologie ist die Analyse von Epidemien. Begrifflich versteht man unter einer **Epidemie** in der Phytomedizin etwas anderes als in der Humanmedizin. Während in der Humanmedizin eine Epidemie ein ungewöhnliches, gehäuftes Auftreten einer Krankheit ist, versteht man in der Phytomedizin unter einer Epidemie jegliche Krankheitsentwicklung in einem Pflanzenbestand ab dem Sichtbarwerden der ersten Befallssymptome. Eine **Endemie** bezeichnet demgegenüber einen regelmäßig, aber nur mit geringer Intensität auftretenden Befall. Endemischer Befall kann allerdings bei plötzlichen Veränderungen zum Beispiel der Umweltbedingungen in eine Epidemie übergehen.

Bei einer **Pandemie** breitet sich der Erreger weltweit aus und löst zunächst meist heftige Epidemien aus, die im Lauf der Zeit meist in Endemien übergehen, wenn es zur Adaptation der Wirtspflanzen an das Pathogen kommt oder der Mensch durch Züchtung neuer Sorten oder direkte Pflanzenschutzmaßnahmen eingreift. Beispiele für Pandemien sind die großen Seuchenzüge des 19. und 20. Jahrhunderts, wie die Ausbreitung des Falschen Rebenmehltaus von Amerika nach Europa, des Kaffeerosts nach Ceylon, der Krautfäule nach Irland, des Blauschimmels an Tabak in Europa und USA oder der Blattdürre an Mais in USA. Jüngstes Beispiel ist die Ausbreitung des Sojabohnenrostes nach Nordamerika.

Für die epidemische Entwicklung einer Krankheit sind drei Faktorengruppen verantwortlich, nämlich **Umweltfaktoren**, Resistenzeigenschaften der **Wirtspflanze** und Pathogenitätseigenschaften des **Erregers**. Sie bilden das so genannte „Krankheitsdreieck“ (Abb. 73).

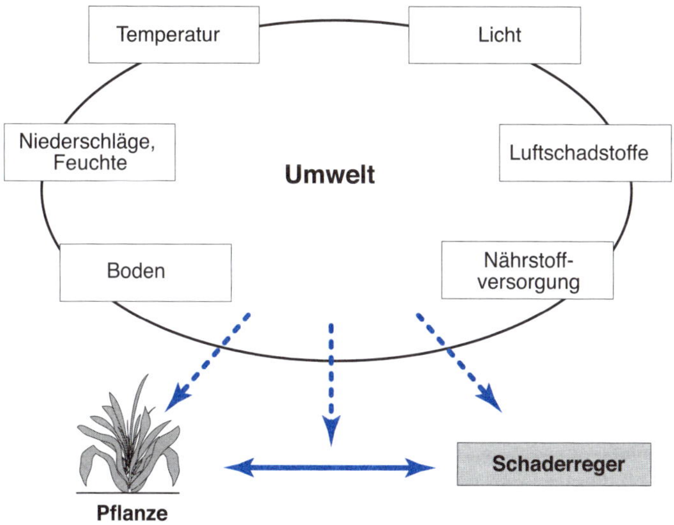

Abb. 73: Epidemiebeeinflussende Faktoren im Krankheitsdreieck bestehend aus Umweltbedingungen, Pathogeneigenschaften und Anfälligkeit bzw. Resistenz der Wirtpflanze.

Auf Seiten des **Erregers** sind **Ausgangsinokulum**, **Vermehrungspotenzial**, **Mobilität** und **Aggressivität** bzw. **Virulenz** die entscheidenden Determinanten des Epidemieverlaufs. Das Ausgangsinokulum ist entweder schon auf der Fläche vorhanden, wo es überdauert hat, oder es gelangt mit dem Saat- oder Pflanzgut auf die Fläche oder fliegt aus der Umgebung zu. Für Verlauf und Stärke einer Epidemie ist der Zeitpunkt des Erstbefalls oft bedeutender als die Ausgangsinokulummenge. Die Ausbreitungsfähigkeit hängt maßgeblich vom **Vermehrungspotenzial** und der **Mobilität** des Erregers ab. Bei **monozyklischen** Pathogenen erfolgt nur eine Infektionswelle, wodurch sich die Krankheitsentwicklung meist auf eine Zunahme der Befallsstärke beschränkt. Bei **polyzyklischen** Erregern werden in einer Abfolge von mehreren sich meist überlappenden Generationen Sporen gebildet, die zu Neuinfektionen führen. Dies hat meist einen exponentiellen Anstieg der Befallsintensität zur Folge.

Folgende Phasen in der Pathogenentwicklung sind für die Dynamik des Epidemieverlaufs von Bedeutung:

Infektionszeit: Zeit vom Beginn der Infektion bis zum Erreichen eines stabilen parasitischen Verhältnisses

Inkubationszeit: Zeit von der Infektion bis zum Auftreten erster Symptome

Latenzzeit: Zeit zwischen Infektion und Reproduktion (Sporulation)

Die **Mobilität** von Sporen ist sehr stark erregerspezifisch (Tab. 36). Pathogene mit besonders hoher Mobilität sind Roste. Uredosporen von Rostpilzen können sich über viele hundert bis mehrere tausend Kilometer ausbreiten und dabei durch Turbulenzen bis in mehrere tausend Meter Höhe transportiert werden. Eine mittlere Mobilität (einige hundert Meter bis wenige Kilometer) besitzen viele Blattfleckenerreger, Brände und echte Mehltaupilze. Weniger mobil sind Erreger, deren Verbreitung von Regen bzw. Regenspritzern abhängig ist und nur Distanzen von einigen Metern erreicht. Weitgehend immobil sind bodenbürtige Schaderreger, die vor allem durch die Bodenbearbeitung und befallenes Pflanzenmaterial verschleppt werden. Die großräumige epidemische Ausbreitung von Pflanzenkrankheiten ist Gegenstand der **Geophytopathologie**.

Mobilität	Beispiele	Ausbreitungsdistanzen
Sehr hoch	Polyzyklische windbürtige Pathogene (Rostpilze)	100 bis > 1000 km
Hoch	Polyzyklische Pathogene mit weniger gut flugfähigen Sporen (*Pyrenophora, Cercospora, Ramularia, Leptosphaeria, Venturia*, Brände, Echter und Falscher Mehltau)	Einige 100 m bis wenige km
Mittel	Pathogene, die zur Verbreitung Regen brauchen (*Septoria, Rhynchosporium*) und monozyklische Erreger (*Sclerotinia*)	10 bis 100 m
Gering	Bodenbürtige Pathogene (*Rhizoctonia, Polymyxa, Sclerotium*)	Wenige m

Tab. 36: Mobilität und mögliche Ausbreitungsdistanzen von Pflanzenpathogenen innerhalb einer Anbausaison.

Schließlich ist auf Erregerseite noch die **Aggressivität** und die **Virulenz** bedeutsam, da sie die Geschwindigkeit der Besiedlung des Wirtsgewebes, insbesondere die Latenzzeit und Intensität der Sporulation bestimmen. Aggressivität spielt bei nekrotrophen Erregern eine Rolle, da hier quantitative Aspekte zum Beispiel hinsichtlich der Menge ausgeschiedener Exoenzyme oder der Geschwindigkeit des Keimschlauchwachstums von Bedeutung sind. Aggressivere Stämme können unter gegebenen Umweltbedingungen schneller in das Wirtsgewebe eindringen, zur Sporulation übergehen und einen neuen Epidemiezyklus beginnen. Die Virulenz bestimmt bei rassebildenden Pathogenen (s. Kap. 10.3.3) wie Mehltau oder Rost die Kompatibilität zur Wirtspflanze und damit maßgeblich die Sporulationsrate und -geschwindigkeit.

Umweltfaktoren bestimmen den Epidemieverlauf in allen Phasen auf maßgebliche Weise. Der Zusammenhang zwischen Umweltfaktoren und der Aktivität von Pathogenen wurde bereits in Kap. 10.4 eingehend behandelt. Auch für den Epidemieverlauf sind vor allem Temperatur und Feuchte bedeutend, beginnend mit der Aktivierung des Ausgangsinokulums, insbesondere, wenn hierfür Wachstumsvorgänge (Fruchtkörperreifung, Sporulation) erforderlich sind. Während Wind und Regen vor allem für die physische Ausbreitung verantwortlich sind, ist die Temperatur die wichtigste Determinante der Pathogenentwicklung. Sie bestimmt alle Wachstumsvorgänge und somit auch Infektion (Penetration), Besiedlung und Sporulation. Einige Pathogene benötigen zusätzlich Mindestzeiten mit kontinuierlicher Blattnässe (Falsche Mehltaupilze, Kartoffelkrautfäule, Apfelschorf, *Septoria*-Blattflecken an Weizen, *Rhynchosporium* an Gerste). Andere bedürfen für bestimmte Zeit zumindest einer hohen relativen Luftfeuchtigkeit (Echter Mehltau, *Pyrenophora*-Arten an Getreide). Optimale Temperaturen können dabei den Blattnässe- oder Luftfeuchtebedarf teilweise kompensieren und damit reduzieren (Abb. 74).

Der dritte entscheidende Faktor für die Epidemieentwicklung ist die Anfälligkeit der **Wirtspflanze**. Diese ist einerseits von inneren Eigenschaften wie Resistenz, andererseits von der durch Umweltbedingungen geprägten Prädisposition abhängig. Die Grundlagen der genetisch determinierten Resistenz wurden schon besprochen (s. Kap. 10.3). Quantitative Resistenz führt zu einer Verlangsamung der Epidemieentwicklung, da Infektion und Latenzzeit verzögert sind. Auch kann die Sporulationsrate reduziert, und dadurch die epidemische Ausbreitung gehemmt sein. Im Getreide nennt man Sorten, die in dieser Weise die Epidemie polyzyklischer Erreger bremsen, zum Beispiel gegenüber Rost auch ‚slow rusting' oder gegenüber Mehltau ‚slow mildewing varieties'. Ein anderes Beispiel ist der nebenstehende Vergleich der *Phytophthora*-Epidemie bei zwei Kartoffelsorten mit unterschiedlicher Feldresistenz. Die Epidemieentwicklung zeigt dabei den für Pflanzenkrankheiten meist typischen sigmoiden Verlauf (Abb. 75).

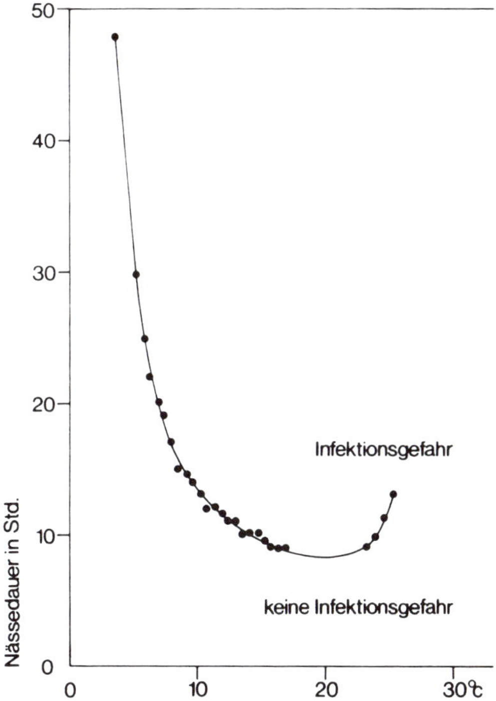

Abb. 74: Blattnässebedarf von *Venturia inaequalis* (Apfelschorf) in Abhängigkeit von der Temperatur. Optimale Temperaturen bei der Infektion können den Blattnässebedarf teilweise kompensieren und dadurch reduzieren (aus Hoffmann et al., 1994).

Darüber hinaus kann sich die Anfälligkeit mit der Pflanzenentwicklung und in Abhängigkeit von Umweltfaktoren erheblich ändern. Mit der Pflanzenentwicklung können Phänomene wie stadienspezifische Anfälligkeit (z. B. Keimlings- und Jungpflanzenbefall), Altersresistenz oder Altersanfälligkeit verbunden sein. Von den Umweltfaktoren steuern vor allem die Temperatur und die Wasser- und Nährstoffversorgung die Krankheitsbereitschaft der Pflanze (s. Kap. 10.4).

12.2 Populationsdynamik tierischer Schaderreger

12.2.1 Grundlagen der Abundanzdynamik

Die Betrachtungsweise der Populationsdynamik setzt zählbare Individuen voraus und bezieht sich deshalb auf tierische Schadorganismen. In der Phytomedizin ist hierbei nicht nur die Dynamik von Schädlingspopulationen, sondern auch die der Nützlinge von Interesse. Im Mittelpunkt stehen die Populationsdichte und die Art und Ursachen ihrer Veränderung. In der Regel sind die Populationsdichten von Phytophagen so niedrig, dass sie unter der für die Schädigung kritischen Schwelle bleiben. Erst die plötzliche Massenvermehrung führt zum Schaden und macht Maßnahmen des Pflanzenschutzes erforderlich.

Die **Populationsdichte** oder auch **Abundanz** bezeichnet die mittlere Anzahl

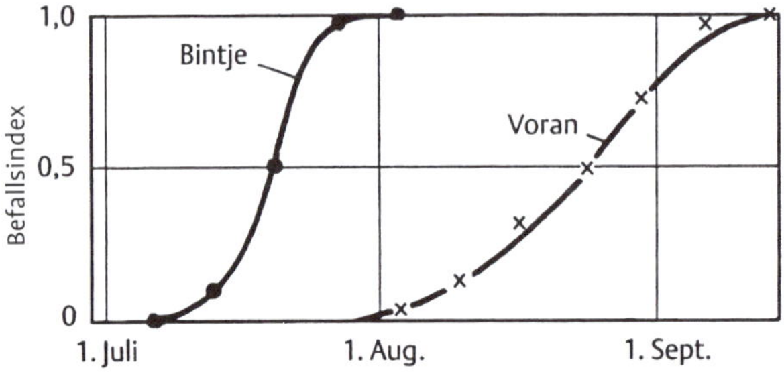

Abb. 75: Epidemieverlauf der Krautfäule (*Phytophthora infestans*) auf der anfälligen Sorte Bintje im Vergleich zur epidemieverzögernden Kartoffelsorte Voran mit quantitativer Resistenz. Zu erkennen ist der typisch sigmoide Befallsanstieg, wie er bei der epidemischen Entwicklung von Krankheiten meist auftritt. Der Epidemiebeginn ist um 3 Wochen und der Epidemiehöhepunkt um mehr als 4 Wochen gegeneinander verschoben. Der Epidemieanstieg ist flacher in der weniger anfälligen Sorte, erreicht aber am Ende das gleiche Niveau wie in der anfälligen Sorte (nach VAN DER PLANK, aus HEITEFUSS, 2000).

von Organismen pro Flächen- oder Raumeinheit. Sie ist von Bedeutung für die Kennzeichnung kritischer Dichten und zur Festlegung von Schadensschwellen.

Die **Dispersion** bezeichnet dagegen die räumliche Verteilung der Organismen in einem Habitat oder auf einer Fläche. Die Dispersion ist meist inhomogen. Sie kann **regelmäßig**, **zufällig** oder **geballt** sein. Von der Dispersion kann auf Befallsquellen (Herde) geschlossen werden. Randbefall deutet auf Zuflug oder Zuwanderung von benachbarten Feldern hin. Geballter Befall deutet auf bodenbürtige Herde hin. Zufällig und damit gleichmäßig verteilter Befall deutet auf windbürtigen großräumigen Befall von außen oder eine schnelle windbürtige Ausbreitung im Bestand hin.

Ein weiteres formales Merkmal einer Population ist der **Altersaufbau (Altersverteilung, Ätilität)**, das heißt der Anteil verschiedener Entwicklungsstadien an der Population. Der Altersaufbau kann für die Bewertung des Schadpotenzials große Bedeutung haben, da er für das Überleben der Population mitunter eine sehr große Rolle spielt. So ist eine Population mit heterogener Altersverteilung meist widerstandsfähiger gegen wechselhafte Umwelteinflüsse und kann schneller auf diese reagieren. In dieser Hinsicht spielt auch die **Sexualität** eine wichtige Rolle, da sie das Vorkommen und die Häufigkeit bestimmter Sexualstadien (parthenogetische, geschlechtliche) und damit die Reproduktionsfähigkeit kennzeichnet.

Funktionale Merkmale einer Population werden nicht punktuell, sondern in Bezug auf Zeiträume beschrieben. Die **Fruchtbarkeit (Fertilität)** gibt die Nachkommenszahl eines Weibchens in einer Zeiteinheit wieder und bestimmt damit die **Reproduktionsrate**. Die **Sterblichkeit (Mortalität)** ist dagegen der Verlust von Individuen durch Tod und wird als Sterblichkeitsrate in Beziehung zur Gesamtpopulation ausgedrückt.

Abb. 76: Typische Phasen der Abundanzdynamik von *Aphis fabae* an Zuckerrüben (aus HOFFMANN et al., 1994).

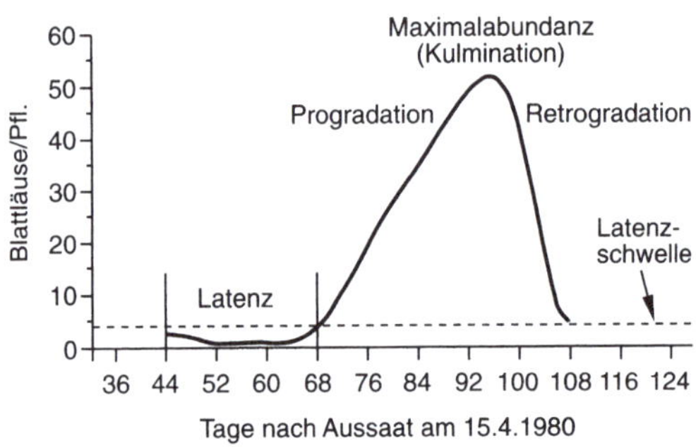

Die **Abundanzdynamik** bezeichnet die **temporären Dichteschwankungen** einer Population. Abundanzzunahmen verlaufen meist in mehreren typischen aufeinander folgenden Phasen. Ein typischer **Populationsverlauf** ist in der nebenstehenden Graphik am Beispiel der Schwarzen Bohnenlaus *(Aphis fabae)* dargestellt (Abb. 76). Er besteht aus folgenden Phasen:

Latenzphase:	neu eingewanderte Individuen verteilen sich, vermehren sich aber noch nicht (Nahrungssuche, Probestiche etc.)
Gradation:	maximale Vermehrungsrate (r_m)
Kulmination:	Vermehrungsrate geht gegen Null
Retrogradation:	Population bricht zusammen, z.B. wegen Substraterschöpfung, Antagonistengradation oder Übervölkerung

Für das **Wachstum von Populationen** werden in Abhängigkeit von der Abundanzdynamik verschiedene **Wachstumsfunktionen** gebraucht. Die einfachste Form der Zunahme einer Population liegt in einer Abfolge von differenzierbaren, d. h. **simultanen Generationen**. Hierbei kommt es zu einer sprunghaften Veränderung der Populationsdichte von Generation zu Generation. Um diese zu beschreiben, verwendet man den **Vermehrungskoeffizienten q**, der wie folgt definiert ist:

$q = N_1/N_0$ oder

$N_1 = N_0 \times q$

N_0, Dichte der Ausgangspopulation

N_1, Dichte der nächsten Generation

Beispiel: Bei q = 1,1 wächst die Population innerhalb einer Generation von 100 auf 110 Individuen.

Bei konstantem q gilt nach n Generationen: $N_n = N_0 \times q^n$

Die Folge ist ein exponentielles Wachstum der Population, welches besonders bei hohem q (ungebremste Entwicklung) zur „Bevölkerungsexplosion" führt,

Bsp. $N_1 = N_0 \times 1{,}1 = 110$

$N_2 = N_1 \times 1{,}1 = 121$

usw.

Beispiele für diese Form des Populationswachstums sind **univoltine** Schädlinge wie Kartoffelkäfer oder Stängelrüssler im Raps (eine Generation pro Jahr) oder **plurivoltine** Schädlinge mit homogenem Altersaufbau wie Rapsglanzkäfer und Maiszünsler mit zwei Generationen pro Jahr, oder Kohlfliege und Fritfliege mit 3 Generationen pro Jahr.

Die Entwicklung einer Population wird auch mit sogenannten **Lebenstafeln** (Tab. 37) dargestellt. Im nebenstehenden Beispiel der Lebenstafel einer Schmetterlingsart beträgt der Vermehrungskoeffizient 0,52, die Population geht also zurück.

Meist aber verläuft die Vermehrung nicht schubweise in simultanen Generationen, sondern es liegt ein **heterogener Altersaufbau** in der Population vor, was für die Art erhebliche Überlebensvorteile hat. Bei **plurivoltinen** Schädlingen ist dies besonders häufig der Fall, z. B. bei Blattläusen oder Spinnmilben. Dabei ist immer nur ein Teil der Population gerade in einem vermehrungsfähigen Stadium. In einem solchen Fall spricht man von der **Vermehrungsrate r,** die ein **kontinuierliches Wachstum** der Population beschreibt, also ein Wachstum ähnlich dem Individualwachstum.

In diesem Fall ergibt sich eine **Differentialfunktion des Wachstums**, da ja die Vermehrung von der Anzahl der sich gerade reproduzierenden Individuen abhängt, deren Zahl ständig ansteigt.

$$\frac{N - N_0}{t - t_0} = rN_0$$

Tab. 37: Lebenstafel eines Schmetterlings.

Entw. stadium	Anzahl	Abgang	Überlebensrate Abschnitt	Überlebensrate gesamt	Ursachen
Eier	1000	190	0,81	0,81	Parasiten, Prädatoren
Junglarven	810	664	0,18	0,146	Zerstreuung
Altlarven	146	125	0,14	0,021	Parasiten, Pilze
Puppen	21	7	0,66	0,014	Parasiten, Prädatoren
Adulte	14	7	0,50	0,007	Prädatoren, Tod
verbleibende Falter	7				
davon M	3				
und W	4				
Eier	515				

Vermehrungskoeffizient $q = N_n/N_0 = 0{,}52$ Fertilität fx = 515/4 = 128,8 Eier/Falter

Differentialbildung: $$\frac{dN}{dt} = rN$$

wobei N, Individuenzahl bzw. Biomasse der Population
r, Wachstumsrate der Population
t, Zeitspanne

Die Gleichung besagt, dass die Populationsentwicklung proportional zur Wachstumsrate und der Größe der jeweiligen Population ist.

Durch logarithmische Transformation lässt sich die Größe einer Population zum Zeitpunkt t bzw. die Wachstumsrate r bestimmen **(Wachstum einer Population bei ungestörten Bedingungen,** z. B. *in vitro*):

$$\ln N = \ln N_0 + r \times t$$
$$N_t = N_0 \times e^{rT}$$

Hohe Fruchtbarkeit und insbesondere eine kurze Generationsdauer bewirken einen hohen Faktor r, der das Populationswachstum entscheidend beeinflusst. In der Wirklichkeit eines Ökosystems gibt es aber selten ein konstantes r, da es aufgrund der begrenzten **Kapazität K** des Habitats beim Wachstum der Population sogenannte **dichteabhängige Faktoren** gibt, die das Populationswachstum begrenzen.

Dichteabhängig sind Faktoren, die mit zunehmender Population zunehmend begrenzend (negativ) wirken. Sie bewirken eine negative Rückkopplung, also eine Selbstbegrenzung des Populationswachstums. Dies erfolgt beispielsweise durch innerartliche Konkurrenz um Nahrung oder Raum,

durch zunehmende Krankheiten oder Verluste durch Parasitoide und Räuber. **Dichteunabhängige Faktoren** wären demgegenüber Witterungseinflüsse, ein unbegrenztes Nahrungsangebot oder polyphage Feinde.
Je stärker sich N an K annähert desto stärker geht r gegen Null. Es ergibt sich als Korrekturfaktor eines **kapazitätsbegrenzten Populationswachstums**

dN (dt) = r × N × (K–N/K)

(Verhülst-Pearl-Gleichung; Abb. 77)

Es entsteht die typische **sigmoide Wachstumskurve**, die in vielen Wachstumsprozessen erkennbar ist, z. B. beim Zellwachstum in Fermenterkulturen oder auch bei der Besiedlung von neuen Lebensräumen durch eine eingewanderte Organismenart. Typisches Kennzeichen ist jeweils eine **kapazitätsabhängige** Entwicklung.

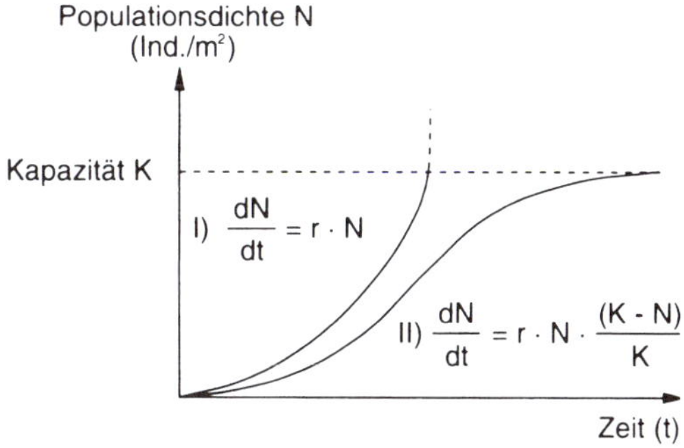

Abb. 77: Zunahme einer Population bei ungehindertem (Funktion I) bzw. bei kapazitätsbegrenztem (Funktion II) Wachstum (aus Hoffmann et al., 1994).

Aus dem Wachstumsmodell der Verhülst-Pearl-Gleichung leiten sich unterschiedliche Besiedlungsstrategien ab, die sogenannte **r-Strategie** und die **K-Strategie.** **r-Strategen** setzen ihre Energie für hohe Nachkommenszahlen ein, überschwemmen den Lebensraum und nehmen dabei hohe Verlustraten in Kauf. Sie sichern den Bestand ihrer Art durch stets ausreichende Überlebendenzahlen aus einer großen Anzahl von Nachkommen. Sie entwickeln sich weitgehend dichteunabhängig. Beispiele dafür sind Blattläuse, die sich hemimetabol und vivipar mit großem r vermehren, oder Heuschrecken und Schwammspinner, ebenso Bodenpilze wie *Pythium* oder *Mucor* als schnelle Pionierbesiedler mit hohem r aber geringer Konkurrenzkraft.

K-Strategen setzen dagegen auf Kapazitätserweiterung. Sie sind ausgesprochene **Spezialisten** und sichern sich durch spezielle Eigenschaften abgesonderte Nischen, in denen sie wenig oder nicht behelligt werden. Meist besitzen sie auch ausgeprägte Abwehrmechanismen, um diese Nischen zu verteidigen. Ihre Entwicklung ist dichteabhängig, da die Nischenkapazität begrenzt ist. Beispiele sind Halophyten, Xerophyten, Parasitoide, bodenbürtige Pathogene mit der Wirtspflanze als Nische, wie *Fusarium*-Arten, *Gaeumannomyces graminis*, *Plasmodiophora brassicae* und *Polymyxa*-Arten.

12.2.2 Ursachen von Populationsschwankungen

Schwankungen von Populationsdichten und deren Ursachen sind von besonderem Interesse für die Phytomedizin, da sie meist Ausgangspunkt für das Entstehen von Pflanzenschäden sind. Für die Zunahme bzw. Abnahme einer Population sind verschiedene Ursachen verantwortlich:

Dichtezunahme: Geburt und Vermehrung (Fertilität) bzw. Zuwanderung

Dichteabnahme: Sterben (Mortalität) bzw. Abwanderung

Demnach sind **Fruchtbarkeit, Sterblichkeit** und **Mobilität** die drei Hauptstellgrößen der Populationsentwicklung. Änderungen der Populationsdichte

(Anzahl Individuen, Eier) von einer Generation zur nächsten bezeichnet man als **Fluktuation**, während unter **Oszillation** die Dichteschwankungen innerhalb einer Generation zu verstehen sind, wie zum Beispiel durch Eiverluste oder Larvenmortalität.
Für Dichteschwankungen, die sich als Oszillation, Fluktuation und Gradation ausdrücken, sind im Wesentlichen drei Faktorenkomplexe verantwortlich:

Requisiten → **dichteabhängig** Nahrungsangebot, Refugien
Umweltfaktoren → **dichteunabhängig** (Witterung)
Gegenspieler → **meist dichteabhängig**

Requisiten sind spezielle materielle Anforderungen eines Organismus an seinen Lebensraum, z. B. lebende Nahrung (Wirte, Beute), unbelebtes Substrat, Schlupfwinkel, Eiablageplätze, Überwinterungsplätze. Die Ansprüche an Requisiten sind je nach Art und Lebensstadium (Larve, Adulte) qualitativ und quantitativ unterschiedlich.
Der **Requisitenbedarf** bzw. der **Ausnutzungsgrad** von Requisiten ist abhängig von

- der Beweglichkeit bzw. dem **Suchvermögen** der Art; sehr bewegliche oder „erfahrene" Arten, die über leistungsfähige Sinnesorgane verfügen, nutzen ihre Requisiten besser aus als weniger suchfähige Arten,
- der **Populationsdichte**; je höher die Dichte, desto stärker werden die vorhandenen Requisiten genutzt (Abb. 78).

Daraus folgt, dass bei plötzlich dezimierter Population, z. B. durch Applikation eines Insektizids, die Zahl ungenutzter Requisiten stark ansteigt. Wenn dabei möglicherweise zusätzlich die Feindpopulation dezimiert worden ist, steigt die Vermehrungsrate der Restpopulation überproportional an. Dies erklärt die in der Praxis manchmal beobachtete schnelle Erholung von Schädlingspopulationen.

Bei uneffizientem Suchvermögen tritt **relativer Requisitenmangel** ein, d. h. es sind genug Requisiten vorhanden, sie werden aber nicht hinreichend ausgenutzt. Dem gegenüber steht der **absolute Requisitenmangel**, bei dem die in einem Lebensraum vorhandenen Requisiten für die Population einfach nicht mehr ausreichen. In der Natur reguliert der Requisitenmangel eine übermäßige Zunahme der Populationen. Ist eine Art in einem Jahr übermäßig stark aufgetreten, kommt es im Folgejahr durch Requisitenmangel meist zu einem massiven Rückgang. In der Landwirtschaft liefert der Mensch durch erneuten Anbau von Wirts- und Nahrungspflanzen stets wieder neue Requisiten.

Abb. 78: Abhängigkeit des Ausnutzungsgrades von Requisiten von der Populationsdichte. Mit zunehmender Populationsdichte nimmt der Anteil ungenutzter Requisiten ab und ihr Ausnutzungsgrad zu.

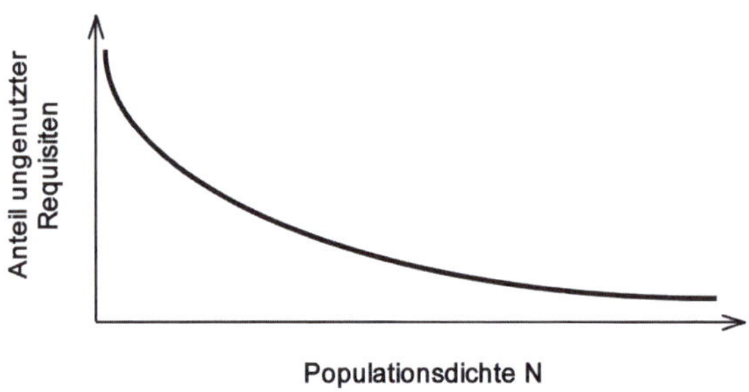

Die **Witterung** ist ein dichteunabhängiger Faktor. Hauptsächliche Bedeutung haben Temperatur und Feuchte. In kühl-gemäßigten Breiten sind die **Temperaturen** zu Beginn der Vegetationsperiode im Herbst oder Frühjahr besonders wichtig, wenn nicht entscheidend, für den Beginn des Populationsaufbaus. Temperaturentwicklung und Tageslänge im Herbst sind Auslöser für Überwinte-

rungsmechanismen. Bei einem langen warmen Herbst kann dieser ausbleiben und die Population ist bei plötzlich einsetzendem Frost gefährdet. **Regen** ist meist ein dramatisches Ereignis für viele Insekten. Im Boden droht Erstickungsgefahr (Collembolen, Erdflöhe, Ameisen etc.) und auf den Pflanzen droht Abwaschung oder Erschlagen durch Tropfen (Spinnmilben, Blattläuse).
Neben den Requisiten und der Witterung sind Feinde oder **Gegenspieler** (Antagonisten) die dritte wichtige Ursache von Populationsschwankungen.

> Unter **Antagonismus** versteht man jegliche Störung oder Hemmung von Lebensvorgängen einer Organismenart durch eine andere.

Antagonismen kennt man auch gegenüber Pathogenen. Dazu zählen Konkurrenz, Antibiose, Parasitierung (z. B. Mykoparasitismus) oder auch die Resistenz der Wirtspflanze.
Antagonisten von Schädlingen können sein:

- **Parasiten**: Entwicklung auf Kosten des Wirts, ohne ihn abzutöten
- **Parasitoide**: Parasitierung (meist durch Eiablage) und Abtötung des Wirts
- **Insektenpathogene**: Krankheitserreger von Insekten
- **Prädatoren**: Räuber, töten ihre Beute sofort

Ebenso wie direkt wirksame Antagonisten sind die indirekt antagonistischen **Konkurrenten meist dichteabhängige Regulationsfaktoren**. Neben den Requisiten bewirken sie die asymptotische Abflachung von Wachstumskurven und das Ende einer Gradation (s. Abb. 77). Besonders wirksam ist die **innerartliche Konkurrenz**, da sie sich auf die gleichen Requisiten (Nahrung, Raum) bezieht. Dies kann bremsend auf die Populationsentwicklung wirken, diese aber niemals grundsätzlich gefährden. Demgegenüber kann **zwischenartliche Konkurrenz** zur völligen Verdrängung einer Art aus einem Habitat oder gar zu ihrer Ausrottung führen. Abgesehen von Krankheitsepidemien ist die interspezifische Konkurrenz die für das Überleben einer Population gefährlichste Form von Antagonismus. Sie übertrifft darin auch die regulierende Wirkung von Räuber-Beute-Beziehungen, da die Population des Räubers immer der Population der Beuteorganismen folgt (Nachführeffekt) und dadurch immer eine Lag-Phase in der Reaktion entsteht. Aus diesem Grund kann eine Beutepopulation durch Räuber niemals vollständig ausgerottet werden, da der Räuber unterhalb einer bestimmten Beutedichte nicht mehr lebensfähig ist und daher stets vor den Beuteorganismen zugrunde geht.

Fragen zu Kapitel 12

- Was versteht man unter den Begriffen Epidemiologie und Populationsdynamik und wie werden sie gegeneinander abgegrenzt?
- Wie definiert und differenziert man die Begriffspaare Population und Biozönose, sowie Habitat und Verbreitungsgebiet?
- Was ist unter den Begriffen Endemie, Epidemie und Pandemie zu verstehen (Beispiele)?

- Welche Faktoren bestimmen im „Krankheitsdreieck“ Entstehung und Verlauf von Epidemien?
- Was versteht man unter Infektionszeit, Inkubationszeit und Latenzzeit?
- Mit welchen verschiedenen Wachstumsfunktionen kann die Zunahme von Populationen beschrieben werden und wo finden Sie Anwendung?
- Welches sind die typischen Phasen in der Abundanzentwicklung einer Population?
- Durch welche Faktoren werden Dichteschwankungen von Populationen bestimmt?
- Was sind dichteabhängige bzw. dichteunabhängige Faktoren der Populationsschwankungen?
- Welche Formen von Antagonismus können unterschieden werden und welche relative Bedeutung haben sie für die Populationsentwicklung?

Weiterführende Literatur

Kranz, J., 1996: Epidemiologie der Pflanzenkrankheiten, Verlag Eugen Ulmer, Stuttgart.

Ohnesorge, B., 1991: Tiere als Pflanzenschädlinge. Ökologische Grundlagen des Schädlingsbefalls an Kulturpflanzen, 2. Aufl., Thieme Verlag, Stuttgart.

Campbell, C. L., L. V. Madden, 1990: Introduction to Plant Disease Epidemiology, Wiley, New York.

13 Pflanzenschutz

13.1 Nachweis und Identifizierung von Schadursachen (Diagnosemethoden)

Diagnose: Das Erkennen und Benennen einer Krankheit oder Beschädigung sowie die Bestimmung ihrer abiotischen oder biotischen Ursachen.

Die richtige Diagnose von Schadursachen ist Voraussetzung für eine wirksame Pflanzenschutzmaßnahme. Einige Schadursachen haben sehr **spezifische Symptome** und sind relativ einfach zu diagnostizieren (Wurzelgallen → *Meloidogyne* spp., Sklerotien → *Sclerotinia* spp., Rostpusteln → Rostpilze). Andere Schadursachen haben eher **unspezifische Symptome** (z. B. Chlorosen, Wuchsdepressionen) und erfordern aufwändige Untersuchungen für die Diagnose. Oftmals ist erst durch das Zusammenspiel verschiedener Informationen, angefangen von der Beschreibung der Standortfaktoren, über Symptomatologie bis hin zur Auswertung von Laborergebnissen eine sichere Diagnose möglich (Abb. 79). Generell gilt, je mehr Informationen vorliegen, umso schneller und sicherer ist die Diagnose. Hinzu kommt, dass Pflanzen häufig von mehr als einem Schaderreger befallen werden und dass nicht alle beobachteten Schaderreger die primäre Ursache eines Schadens, sondern nur die Folge eines Befalls sind (sekundäre Schaderreger, saprophytische Besiedlung erkrankter Gewebe).

Abb. 79: Übersicht der Verfahren für den Nachweis und die Identifizierung von Schadursachen.

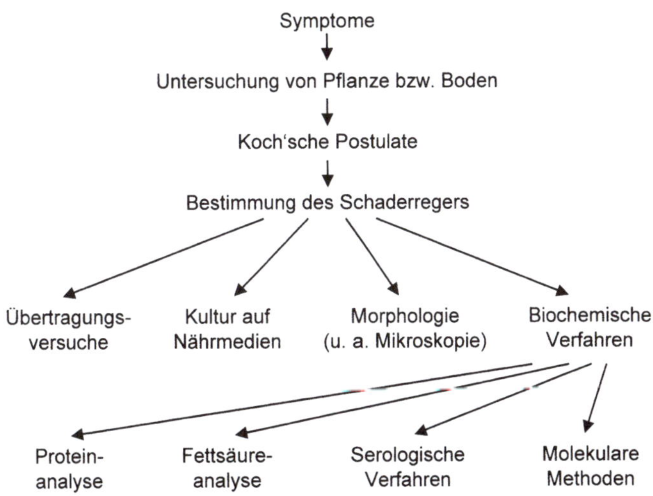

Pflanzenpathogene (Viren, Bakterien, Pilze) müssen zum eindeutigen Nachweis ihrer Pathogenität die **Koch'schen Postulate** erfüllen:

1. Der Erreger muss an allen erkrankten Pflanzen vorkommen
2. Der Schaderreger ist aus dem erkrankten Pflanzenteil zu isolieren, zu beschreiben und auf seine Reinheit zu prüfen
3. Nach künstlicher Inokulation mit dem reinen Schaderreger müssen an zuvor gesunden Pflanzen die gleichen Symptome auftreten wie sie die ursprünglich erkrankte Pflanze gezeigt hat
4. Aus dem nach künstlicher Inokulation erkrankten Pflanzenteil muss der Schaderreger reisoliert werden können
5. Der reisolierte Schaderreger muss mit dem inokulierten identisch sein

Charakterisierung der Standortfaktoren

Eine möglichst genaue Charakterisierung des Standorts und des Kulturpflanzenbestandes erleichtern die Diagnose. Hierzu zählen Kenntnisse über die Verteilung der erkrankten oder beschädigten Pflanzen im Bestand (z. B. gleichmäßig, nesterweise, am Rand), die Vorfrüchte, Kulturmaßnahmen, Beschaffenheit des Bodens, Bodenart, pH-Wert, Wasser- und Nährstoffverhältnisse, Topographie (z. B. Mulden), Exposition, Nachbarschläge und Nähe zu Industrieanlagen.

Untersuchung der Pflanze

Die Einzelpflanze wird auf die An- bzw. Abwesenheit von Schadorganismen bzw. deren Symptome untersucht (s. Kap. 11.1.1). Im einfachsten Fall ist der Schaderreger äußerlich auf der Pflanze zu erkennen und kann direkt bestimmt werden (z. B. zahlreiche tierische Schaderreger, parasitische Blütenpflanzen). In manchen Fällen muss aber die Entwicklung der Tiere bis zum Schlüpfen des identifizierbaren Stadiums im Klimaraum verfolgt werden. Teilweise sind die für einen Schaderreger typischen Strukturen direkt makroskopisch erkennbar und zuzuordnen (z. B. Sporenlager von Rostpilzen, Sklerotien von *Sclerotinia*, Bakterienschleim, Blattrandfraß). Ist kein Schaderreger anzutreffen, bzw. ist dieser mikroskopisch klein oder befindet sich im Pflanzengewebe, muss er erst isoliert werden.

Zum Nachweis mikrobieller Schaderreger im Pflanzengewebe wird das befallene Gewebe in eine **feuchte Kammer** (z. B. Petrischale mit feuchtem Papiertuch) gegeben, um die Bildung von Bakterienschleim oder das Auswachsen von pilzlichem Myzel und Konidienträgern zu induzieren. Zum Nachweis pflanzenparasitärer Nematoden wird das Pflanzengewebe z. B. auf einen **Baermann-Trichter** ausgelegt. Kleinschneiden bzw. Auseinanderziehen des Pflanzengewebes erleichtern bei einigen Nematodenarten das Auswandern der Tiere. Nach Anfärbung (z. B. mit Säurefuchsin) können Nematoden auch direkt im Pflanzengewebe nachgewiesen werden. Schadarthropoden lassen sich in der Regel recht einfach durch Aufschneiden des Pflanzengewebes nachweisen. Einbohrlöcher, Deformationen und Wuchsanomalien können bei der Suche nach dem Befallsherd hilfreich sein. Im Pflanzenbestand können Schadarthropoden mit Saugapparaten bzw. durch Abstreichen und Auffangen mit dem Kescher oder Klopftrichter erfasst werden. Schaderreger im Luftraum werden mit **Fallen** (z. B. Sporenfallen für Pilze; Farb-, Licht-, Saug- und Pheromonfallen für Schadarthropoden) ermittelt.

Pflanzenpathogene werden zunehmend direkt im Pflanzengewebe nachgewiesen (siehe serologische und molekulare Verfahren). Eine Pflanzenanalyse kann die Diagnose unterstützen. Mit ursprünglich zur chemischen Analyse der Pflanze auf Makro- und Mikronährstoffe entwickelten Methoden lassen sich auch bestimmte abiotische Schadfaktoren (z. B. Nährstoffmangel, Immissionsschäden) nachweisen. Auch Toxine von Schaderregern (z. B. *Fusarium*-Toxine) werden mit der Pflanzenanalyse erfasst. Die Untersuchungen werden von spezialisierten Instituten durchgeführt (z. B. **L**andwirtschaftliche **U**ntersuchungs- und **F**orschungs**a**nstalt = **LUFA**).

Untersuchung des Bodens

Bodenbürtige Schaderreger können unmittelbar aus dem Boden nachgewiesen werden. Die Art der Probenahme sowie die erforderliche Probenmenge richten sich nach dem Schaderreger (z. B. Verteilung im Feld, Besatzdichte). Bakterien und Pilze werden in der Regel durch Ausstreichen einer Bodensuspension auf spezifische Nährmedien isoliert. Die Extraktion pflanzenparasitärer Nematoden beruht im wesentlichen auf deren Größe (z. B. Nasssiebverfahren), spezifischen Gewicht (z. B. Flotationsverfahren) und Aktivität (z. B. Baermann-Trichter). Schadarthropoden werden mittels Handauslese im Feld oder Labor, Trocken- bzw. Nasssiebverfahren sowie Austreibung aktiver Tiere mittels Wärme, Austrocknung und Licht extrahiert. Vereinzelt werden auch Köder- bzw. Fangpflanzen zum Nachweis von Schaderregern im Boden eingesetzt (z. B. Pilze, Nematoden). Letztendlich können auch die Ergebnisse einer Bodenanalyse (z. B. Bodenart, pH-Wert, Versorgungszustand mit Makro- und Mikronährstoffen) zur Aufklärung abiotischer und biotischer Schadfaktoren entscheidend beitragen.

Übertragungsversuche

Übertragungsversuche dienen zum Nachweis der Infektiosität eines Schaderregers bzw. zur Bestimmung seines Wirtskreises. Die Übertragung auf **Indikatorpflanzen** erfolgt mechanisch, durch Pfropfung oder mithilfe von Vektoren (z. B. Blattläusen, *Cuscuta*-Arten). Bei Viren verwendet man in der Regel Pflanzenpresssaft, bei Bakterien und Pilzen Zell- bzw. Sporensuspensionen. Nach entsprechender Inkubation werden die entstehenden Symptome ausgewertet. Die Differenzierung von Pathovaren (Bakterien) bzw. Rassen (Pilze, Nematoden) erfolgt durch Testung auf geeigneten Wirtspflanzen (**Differentialwirte**).

Kultur auf Nährmedien

Die meisten phytopathogenen Mikroorganismen können auf künstlichen Nährböden kultiviert werden (Ausnahme: obligate Schaderreger). Entweder wird erkranktes Pflanzengewebe direkt bzw. nach vorheriger Oberflächendesinfektion (Unterdrückung saprophytischer Mikroorganismen) auf dem Nährboden ausgelegt, oder das Pflanzengewebe wird mazeriert und dann auf dem Nährgewebe ausgestrichen. Bakterienschleim oder pilzliche Strukturen können mit einer Impföse auch direkt auf Nährmedien ausgestrichen werden. Durch Zugabe selektiv wirkender Hemmstoffe (z. B. Antibiotika, Fungizide) konnen unerwünschte Mikroorganismen unterdrückt werden. Die auswachsenden Mikroorganismen werden in Reinkultur gebracht und können dann anhand morphologischer Merkmale oder mit biochemischen und molekularen Verfahren bestimmt werden. Für einige phytopathogene Mikroorganismen gibt es Selektivnährmedien, die die Isolierung und Bestimmung der Schaderreger erleichtern (z. B. für *Clavibacter michiganensis* subsp. *michiganensis*, *Pseudomonas viridiflava*, *Gaeumannomyces graminis* var. *tritici*). Viele Pilze bilden erst nach Inkubation unter Licht aus dem langwelligen UV-Bereich (‚Schwarzlicht') Dauersporen, die für eine Identifizierung Voraussetzung sind.

Proteinanalyse

Alle Organismen verfügen über ein typisches Proteinmuster. Dieses Proteinmuster ist spezifisch für die jeweilige Art, teilweise auch für bestimmte Unterarten oder Rassen. Somit erlaubt die Proteinanalyse eine Charakterisierung, Klassifizierung und Identifizierung von Schaderregern. Das am häufigsten angewendete Verfahren ist die eindimensionale **Polyacrylamidgelelektrophorese** (**PAGE**). Hierbei werden die löslichen Proteine und Polypeptide der Schaderreger extrahiert und in einem elektrischen Feld aufgetrennt. In Abhängigkeit von der Stärke des elektrischen Feldes, sowie der Nettoladung, Größe und Form der Proteine entsteht ein typisches Bandenmuster. Da das Proteinmuster eines Organismus von zahlreichen Faktoren (z. B. Entwicklungsstand, Ernährung) beeinflusst wird, ist eine hohe Standardisierung des Verfahrens Voraussetzung für den Erfolg der Diagnose. Dies gilt insbesondere für das physiologische Stadium des Schaderregers; bei phytopathogenen Bakterien und Pilzen zusätzlich auch für das Anzuchtmedium und die Anzuchtbedingungen. Die elektrophoretische Proteinbestimmung ist ein sehr sensitives Verfahren und vergleichbar mit molekularen Verfahren. Weitere Verfahren der Proteinanalyse mit teils erhöhter Nachweisgenauigkeit sind Isoelektrische Fokussierung und zweidimensionale PAGE.

Fettsäureanalyse

Ähnlich den Proteinen ist auch das Spektrum der Fettsäuren charakteristisch für verschiedene Arten und kann somit zur Identifizierung eingesetzt werden. In der Diagnose wird die Fettsäureanalyse insbesondere bei Bakterien, teilweise auch bei Pilzen eingesetzt. Die meisten Fettsäuren bestehen aus 9 bis 20 Kohlenstoffatomen und befinden sich in den Zellmembranen. Die Fettsäuren werden extrahiert, methyliert und im Gaschromatographen analysiert. Ein Gaschromatograph besteht aus Säule, Säulenofen, Probengeber, einer Quelle für Trägergas und einem Detektor. Mit steigenden Temperaturen von 170 bis 270 °C werden zunächst die einfach aufgebauten Fettsäuren flüchtig, passieren mithilfe des Trägergases die Säule, werden dort aufgetrennt und dann beim Austritt von einem Flammenionisationsdetektor (FID) erfasst. Je höher die Anzahl an Kohlenstoffatomen, Doppelbindungen und funktionellen Gruppen einer Fettsäure, desto höher die erforderliche Temperatur bis zur Verflüchtigung. Durch Vergleich des entstehenden Fettsäureprofils mit Standards und Bibliotheken kann der Schaderreger identifiziert werden. Wie bei der Proteinanalyse ist auch bei der Fettsäureanalyse eine hohe Standardisierung hinsichtlich Entwicklungsstand des Schaderregers, Anzuchtmedium und Anzuchtbedingungen Voraussetzung für den Erfolg des Nachweises.

Lichtmikroskopie

Die Lichtmikroskopie ist das Standardverfahren der morphologischen Charakterisierung mikrobieller und tierischer Schaderreger (z. B. Pilze, Nematoden, Arthropoden). Untersucht wird entweder der Schaderreger selbst (nach vorheriger Isolierung) oder Strukturen des Schaderregers auf befallenem Pflanzengewebe. Für Pflanzengewebe gilt, dass Schaderreger häufig in der Übergangszone von gesundem zu befallenem Gewebe verstärkt auftreten, sodass diese Bereiche bevorzugt zu untersuchen sind. Bei Schaderregern, die bevorzugt im Innern des Pflanzengewebes auftreten, werden **Handschnitte** angefertigt, teils auch **Semidünnschnitte**. Für letztere ist allerdings zuvor die Fixierung und Einbettung des Pflanzengewebes erforderlich. Der Schaderreger selbst kann dann anhand seiner morphologischen Merkmale wie Größe, Aufbau, Anwesenheit typischer Strukturen, etc. anhand von Bestimmungsschlüsseln charakterisiert werden. Je nach Schaderreger wird mit 40 bis 1000facher Vergrößerung gearbeitet. Spezielle lichtmikroskopische Verfahren können die Diagnose erleichtern. So hat sich für die Bestimmung von Nematoden die **Interferenzkontrastmikroskopie** bewährt. Dabei wird das Licht durch ein Prisma in zwei gleichwertige Strahlen gespalten, durch Objektiv, Objekt und Kondensor geschickt und dann durch ein zweites Prisma wieder vereinigt. An Grenzen von Objekten mit unterschiedlichen Brechungsindices oder unterschiedlicher Dicke entsteht ein Interferenzkontrast. Das Bild wirkt reliefartig bzw. plastisch, und bestimmte morphologische Merkmale sind besser zu erkennen. Die **Fluoreszenzmikroskopie** nutzt Substanzen, die an bestimmte Oberflächenstrukturen der Schaderreger binden, Strahlung einer bestimmten Wellenlänge (UV-Strahlung) absorbieren und diese dann als schwächere Strahlung in Form einer sichtbaren Fluoreszenz wieder abgeben. Bei der **Immun-Fluoreszenzmikroskopie** werden mono- oder polyklonale Antikörper mit einem Fluoreszenzfarbstoff konjugiert. Die Antikörper binden spezifisch an den Schaderreger und nach entsprechender Anregung durch UV-Licht fluoresziert der Fluoreszenzfarbstoff. Der Nachweis der Schaderreger kann in Tropfenpräparaten, Handschnitten von frischem Pflanzenmaterial oder Semidünnschnitten von eingebettetem Pflanzengewebe erfolgen. Fluoreszenzfarbstoffe unterscheiden sich in ihrem Absorptions- und Emissionsspektrum, d. h. sie erfordern passende Filterkombinationen.

Beispiele für Fluoreszenzfarbstoffe:

- **Fluorescein**: bindet an Zelloberflächen und weist Bakterien nach
- **Fluorochrome** (z. B. 4'-6'-Diamidino-2-Phenylindol = DAPI): reagieren spezifisch mit DNA-Akkumulationen und lassen Zellkerne und Phytoplasmen in zellkernfreien Siebzellen fluoreszieren
- **Fluorescein Isothiocyanat** (**FITC**): kann an Antikörper konjugiert werden und Viren oder Bakterien nachweisen

Antisera für die Immunfluoreszenz werden vor allem für den Nachweis phytopathogener Bakterien kommerziell vertrieben.

Makroskopische Objekte (z. B. Arthropoden) werden mit dem **Stereomikroskop** untersucht. Dieses besteht im Prinzip aus zwei getrennten Durchlichtmikroskopen, die in einem definierten Winkel auf das Präparat gerichtet sind und dadurch einen stereoskopischen Effekt erzielen. Die räumliche Struktur von Objekten lässt sich damit besonders gut untersuchen. Die Beleuchtung erfolgt von unten oder von oben, die maximale Vergrößerung liegt in der Regel bei 100.

Elektronenmikroskopie

In der Diagnostik wird die **Transmissionselektronenmikroskopie** vor allem zum Nachweis von Viren und Phytoplasmen eingesetzt, da diese aufgrund ihrer geringen Größe in Pflanzenpresssaft oder in Gewebeschnitten mit anderen Verfahren zwar nachgewiesen, aber nicht dargestellt werden können. Daneben können auch durch abiotische oder biotische Schadursachen ausgelöste zytologische Veränderungen in Pflanzen nachgewiesen werden (z. B. Desintegration bzw. Reduzierung der Thylakoide in den Chloroplasten sowie verstärkte Akkumulation von Tanninen bei erhöhter Ozonbelastung, Plasmodesmenerweiterung oder ‚pinwheels' bei Virusbefall).

Bei der Transmissionselektronenmikroskopie werden im Vakuum Elektronen durch Hochspannung bis 100000 Volt beschleunigt. Die dabei entstehenden Wellenlängen sind etwa 5 Zehnerpotenzen kleiner als die des sichtbaren Lichtes. Daraus ergibt sich eine Auflösung von 0,3 nm, was eine 100 bis 1000fache Steigerung gegenüber der Lichtmikroskopie bedeutet. Der Elektronenstrahl wird durch magnetische oder elektrische Felder auf das Objekt gelenkt. Je nach Dicke und Dichte des durchstrahlenden Objektes werden die Elektronen verschieden stark gestreut, sodass eine entsprechende Intensitätsverteilung im Elektronenbild wiedergegeben wird. Diese wird auf einem Leuchtschirm oder einer fotografischen Platte abgebildet. Voraussetzung für die Elektronenmikroskopie ist eine spezielle Präparation des Objektes (Negativkontrastpräparat). Feinmaschige Netzobjektträger aus Kupfer oder Nickel werden mit Polyvinylformal (z. B. ‚Formvar') befilmt und anschließend zur Erhöhung der Stabilität des Films mit Kohle bedampft. Auf diesen Film wird das Objekt (z. B. Viren in Pflanzenextrakten, Bakterien in Pufferlösungen) angeheftet und anschließend mit Schwermetallsalzen (z. B. Uranylacetat) kontrastiert. Das Kontrastmittel dringt in die Hohlräume des Präparates ein und bleibt in den feinsten Vertiefungen ihrer Oberflächen haften. Da das Kontrastmittel strahlendicht ist, entstehen Partien von geringer und größerer Strahlendurchlässigkeit.

Abb. 80: Bakterium, markiert mit kolloidalem Gold (aus Quadt und Kloepper, 1996).

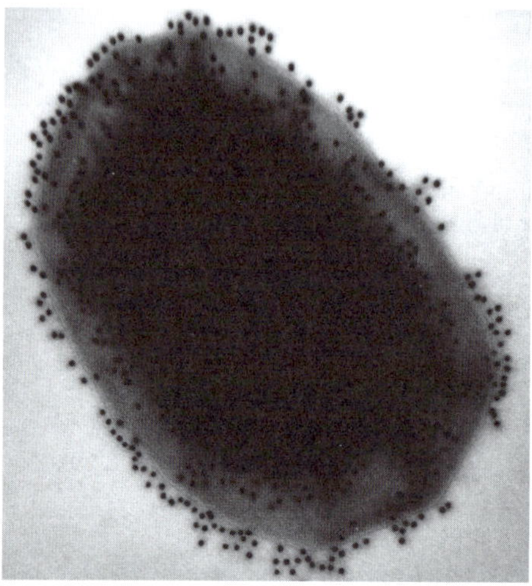

Die Elektronenmikroskopie ermöglicht die ultrastrukturelle Charakterisierung von Pathogenen. Bei morphologisch identischen Schaderregern (z. B. einigen Viren) reicht dies für eine eindeutige Diagnose aber nicht aus. Hier setzt die **Immun-Elektronenmikroskopie** (**ISEM**) an, bei der Antikörper spezifisch an die passenden Pathogene binden. Die Antikörper können zusätzlich mit einem elektronendichten Marker (z. B. kolloidales Gold, Abb. 80) konjugiert werden, wodurch die Erkennung im Elektronenmikroskop vereinfacht wird. Auf diese Weise können z. B. morphologisch identische, aber serologisch unterschiedliche Viren differenziert werden. Man unterscheidet folgende Verfahren:

- **Tropfpräparat**: Pathogene binden am Objektträger und werden kontrastiert
- **ISEM**: Antikörper binden am Objektträger und binden anschließend spezifisch die passenden Pathogene; Kontrastierung
- **Dekoration**: „Sandwich" aus Antikörper-Pathogen-Antikörper bindet am Objektträger; Kontrastierung

Die **Raster-Elektronenmikroskopie** wird weniger in der Diagnose als vielmehr in der Grundlagenforschung eingesetzt. Bei diesem Verfahren wird ein Elektronenstrahl rasterförmig über das Präparat bewegt und so die Oberfläche abgebildet.

Serologische Verfahren

Serologische Verfahren beruhen auf einer Antigen-Antikörper-Reaktion. Sie zeichnen sich durch eine hohe Sensitivität und Spezifität aus und ermöglichen einen hohen Probendurchsatz.

Antigene sind Substanzen, welche in Wirbeltieren die Bildung von Antikörpern auslösen und spezifisch mit diesen reagieren. Die wichtigsten natürlichen Antigene sind Proteine mit Determinanten (Molekülgruppen) unterschiedlicher Spezifität (Epitope). **Antikörper** sind Substanzen, die in Wirbeltieren nach entsprechendem Kontakt mit einem Antigen gebildet werden und spezifisch mit diesem reagieren (Antigen-Antikörper-Komplex). Antikörper sind Globuline (Immunglobuline, Ig), die vor allem aus Blutserum gewonnen werden (Antiserum). Antigene lösen die Bildung verschiedener Immunglobuline aus. Für die Diagnostik sind zwei Klassen besonders wichtig: IgM tritt unmittelbar nach Infektion auf und ist für mehrere Wochen aktiv; IgG (Hauptglobulin im Serum) tritt nach ca. 4 Tagen auf und ist über mehrere Jahre, z. T. lebenslang, verfügbar. Ein Gemisch aus Antikörpern, die gegen verschiedene Epitope gerichtet sind, bezeichnet man als **polyklonale Antikörper**. **Monoklonale Antikörper** werden aus autonom replizierenden Zellen gewonnen und reagieren mit ein- und derselben antigenen Determinante, d. h. einem einzigen Epitop. Monoklonale Antikörper sind spezifischer als polyklonale Antikörper, ihre Sensitivität gegenüber Erregerpopulationen ist aber meist geringer.

Zur Herstellung von Antikörpern (Immunglobuline G, IgG) wird eine vorgereinigte Antigensuspension in ein Wirbeltier (z. B. Kaninchen, Mäuse, Hühner, zur Massenproduktion auch Pferde und Ziegen) injiziert. Die Injektionen erfolgen intravenös (Ohrvene), intramuskulär (Schenkel) oder intraperitoneal (Bauchfell) in mehrtägigem Abstand innerhalb mehrerer Wochen. Nach der notwendigen Zeit erfolgt die Blutabnahme vom immunisierten Tier. Die Erythrozyten werden vom Serum durch niedertourige Zentrifugation abgetrennt. Das Serum wird bei −20 °C eingefroren, gefriergetrocknet oder nach Zusatz von Konservierungsmitteln (Na-Azid, Glycerin) bei 4 °C aufbewahrt. Es kann jahrelang genutzt werden. Eine Alternative zu den Wirbeltier IgG aus Serum sind IgY Antikörper aus dem

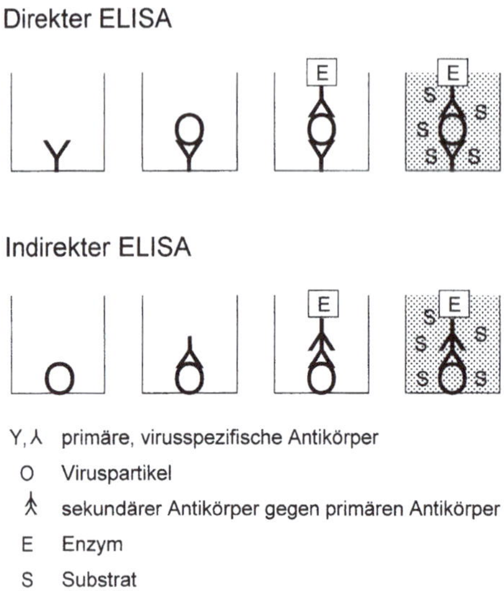

Abb. 81: Schematische Darstellung des direkten und indirekten ELISA.

Eigelb von Hühnereiern. Sie sind nicht nur gleichermaßen geeignet, sondern können auch mit weniger Aufwand in größerer Menge gewonnen werden als IgG aus Serum. In der Diagnose werden Antikörper in verschiedenen serologischen Tests eingesetzt.

Enzyme **l**inked **i**mmuno-**s**orbant **a**ssay (**ELISA**). Die Stärken des ELISA liegen in dem geringen Bedarf an Antiserum, der quantitativen Erfassung des Schaderregers und der Automatisierbarkeit des Verfahrens. Beim **direkten ELISA** (‚**D**ouble **A**ntibody **S**andwich', **DAS**-ELISA) werden in einem ersten Schritt nichtmarkierte Antikörper an eine feste Trägeroberfläche (z. B. Mikrotiterplatten aus Kunststoff) adsorbiert (Abb. 81). Dann wird die zu testende Suspension zugegeben und eventuell vorhandene Schaderreger-Antigene binden an die adsorbierten Antikörper. Der Komplex wird gewaschen und danach mit einer Lösung aus enzymmarkierten Antikörpern inkubiert, wobei sich die Antikörper an freie Determinanten des Antigen-Antikörper-Komplexes anlagern. Ein häufig an Antikörper konjugiertes Enzym ist alkalische Phosphatase, das nach Zusatz eines geeigneten Enzymsubstrates (z. B. p-Nitrophenylphosphat) mit der Abspaltung des Phosphats beginnt, was in einer messbaren Gelbfärbung sichtbar wird. Beim **indirekten ELISA** werden erst die Antigene an die Trägeroberfläche adsorbiert und dann lässt man schaderregerspezifische Antikörper mit diesen reagieren. Im nächsten Schritt werden Antikörper zugegeben, die in anderen Wirbeltieren gegen die schaderregerspezifische Antikörper produziert wurden (z. B. Ziegen-Antikörper gegen Kaninchen-Antikörper). Diese sogenannten sekundären Antikörper sind wiederum mit einem Enzym gekoppelt. Der Komplex wird gewaschen und nach Zugabe von Substrat erfolgt die Farbreaktion. Die gemessene Menge der Enzymaktivität ist proportional dem Gehalt an spezifischen Antikörpern in der Probe. ELISA-Kits zum Nachweis der wirtschaftlich bedeutendsten Phytopathogene (Viren, Bakterien, Pilze) und einiger Nematoden (z. B. *Globodera rostochiensis*, *G. pallida*) sind kommerziell erhältlich.

Tissue print immunobinding assay und Dot Blot. Das Verfahren beruht auf der Bindung von Proteinen und Nukleinsäuren an Membranen aus Nitrozellulose oder Nylon. Dabei wird zunächst entweder Pflanzengewebe (Tissue Print) oder Pflanzensuspension (Dot Blot) auf die Membranen gepresst bzw. getropft. Nach Blockierungs- und Waschschritten wird die Membran (Blot) mit einer Lösung aus spezifischen, enzymmarkierten Antikörpern inkubiert. Nach Zugabe eines geeigneten Substrates erfolgt bei positiver Reaktion eine Farbreaktion auf der Membran, die Pathogene spezifisch diagnostiziert und zusätzlich im Pflanzengewebe lokalisiert.

Lateral Flow Test. Dieses Verfahren wird als Kit angeboten und ermöglicht die schnelle Bestimmung (2 bis 3 min) von Schaderregern auf dem Feld. Ein symptomatisches Blatt bzw. Teile des Blattes werden in eine Extraktionsflasche mit Puffer und darin gelösten Antikörpern, die an blaue Latexperlen adsorbiert sind, gegeben und geschüttelt. Bei Vorliegen des vermuteten Schaderregers wird dieser von den Antikörpern spezifisch gebunden. Die Lösung wird dann in die Kaverne eines Teststreifens getropft und die Schaderreger-Antikörper-Latexperlen-Komplexe diffundieren in eine Membran. In dieser Membran befinden sich zwei Linien mit Antikörpern. Die erste Linie enthält wiederum spezifische Antikörper gegen den Schaderreger; diesmal jedoch gegen andere Epitope. Kommt es erneut zu einer Antigen-Antikörper-Reaktion, so ist dies anhand einer blauen Linie zu erkennen, die durch die blauen Latexperlen hervorgerufen wird (Abb. 82). Die zweite Linie enthält Antikörper gegen die an die Latexperlen adsorbierten Antikörper (= sekundäre Antikörper) und dient als Kontrolle für das Funktionieren des Tests. Der Lateral Flow Test wird derzeit für Viren (z. B. Beet necrotic yellow vein virus, Cucumber mosaic virus, Tomato mosaic virus, Plum pox virus, Potato virus A und Y), Bakterien (z. B. *Erwinia amylovora*, *Ralstonia solanacearum*) und Pilze (z. B. *Phytophthora* spp., *Pythium* spp., *Rhizoctonia* spp.) angeboten.

Weitere serologische Verfahren, die zur Diagnose eingesetzt werden, sind u. a. Agar-Doppeldiffusionstest (Präzipitationstest, Ouchterlony), Immunfluoreszenzmikroskopie, Immunelektronenmikroskopie (ISEM), Immunelektrophorese (IE), Immunocapture-RT-PCR.

Molekulare Methoden

Diagnosemethoden basierend auf der Analyse von Nukleinsäuren ermöglichen eine genaue Identifizierung des Schaderregers unabhängig von dessen Entwicklungsstand und von Umwelteinflüssen. Mit Einführung der Polymerase-Kettenreaktion (**P**olymerase **c**hain **r**eaction, PCR) vor 20 Jahren erlebte die molekulare Diagnose einen raschen Aufschwung und wird heute für zahlreiche Schaderreger eingesetzt (z. B. Viren, Bakterien, Pilze, Nematoden). PCR-Verfahren analysieren bestimmte Gensequenzen von z. B. ribosomaler RNA (rRNA) oder mitochondrialer DNA (mtDNA). Der jeweils erste Schritt ist die Extraktion der DNA von zuvor aus Pflanze oder Boden isolierten Schaderregern.

Polymerase-Kettenreaktion (PCR). Die PCR wurde 1987 von Kary B. Mullis entwickelt und ermöglicht die enzymatische Herstellung millionenfacher Kopien von bestimmten Nukleotidsequenzen in vitro. Durch diesen als Amplifikation bezeichneten Vorgang können auch sehr geringe Mengen von DNA analysiert werden. Für die PCR braucht man neben dem Ausgangsmaterial (template), eine thermostabile DNA-Polymerase, zwei passende Oligonukleotidprimer, Puffer und eine PCR-Maschine (Thermocycler).

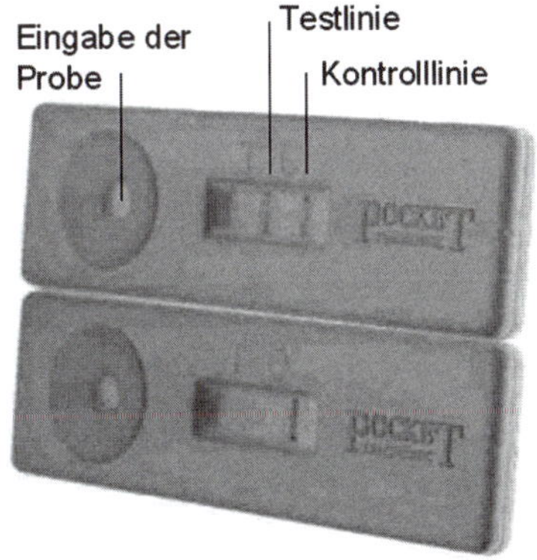

Abb. 82: Lateral Flow Test mit positivem Nachweis (oben) und negativem Nachweis (unten) (Werkbild: Pocket Diagnostic).

Die drei Reaktionsschritte einer PCR

Denaturierung: Bei etwa 90 bis 94 °C werden die beiden Stränge der Template-DNA aufgeschmolzen und es entstehen einzelne einsträngige DNA-Moleküle.

Annealing: Primer-Hybridisierung an die einzelnen Stränge der DNA bei ca. 50 bis 55 °C (die Oligonukleotide lagern sich an komplementäre Sequenzen an und leiten auf diesem Weg die Amplifikation des dazwischen gelegenen Sequenzabschnittes ein).

Elongation: Die thermostabile DNA-Polymerase synthetisiert vom 3'-Ende der Primer ausgehend den Gegenstrang bis wieder eine doppelsträngige DNA vorliegt (verwendet wird vor allem die hitzestabile Taq-Polymerase aus dem thermophilen Bakterium *Thermus aquaticus* mit einem Temperaturoptimum von 72 bis 74 °C).

Der Zyklus wird wiederholt, bis ausreichend DNA vorliegt, in der Regel 30 bis 35-mal. Darüber hinaus nimmt die Vermehrungsrate je Zyklus rapide ab.

Die Qualität der PCR wird insbesondere durch die Spezifität der Primer bestimmt. Die PCR ist in erster Linie ein rein qualitatives Nachweisverfahren. Da es sich jedoch grundsätzlich um eine exponentielle Vermehrung von DNA handelt, ist eine Quantifizierung durchaus möglich (**Quantitative PCR**). In der Realität wird die DNA aber nur während der mittleren Zyklen exponentiell vermehrt, weshalb zur besseren Quantifizierung ein externer (Coamplifikation eines anderen Gens aus der Template-DNA) oder interner Standard (definierte Menge eines Standardtemplates mit hoher Ähnlichkeit des eigentlichen Templates; kompetitive PCR) zugegeben wird. Eine Weiterentwicklung der quantitativen PCR ist die **Real-time quantitative-PCR** mit der die amplifizierte DNA-Menge kontinuierlich erfasst werden kann.

Die Analyse der PCR-Produkte erfolgt durch deren gelelektrophoretische Auftrennung. Es entstehen spezifische Bandenmuster, mit deren Hilfe Pathogene identifiziert werden können. In manchen Fällen sind weitere Hybridisierungstechniken (Southern Blot, Dot Blot) für den Nachweis von Homologien eines bestimmten PCR-Produktes zu einer gesuchten Sequenz erforderlich (s. u.). PCR-Kits inclusive Primer, Puffer und den jeweiligen Kontrollen werden für zahlreiche Schaderreger (Viren, Phytoplasmen, Bakterien, Pilze, Nematoden) kommerziell angeboten.

Multiplex PCR. Die Multiplex-PCR ermöglicht den Nachweis eines oder mehrerer Schaderreger in einem einzigen PCR-Test. Anwendungsbeispiele sind der Nachweis verschiedener Schadorganismen in Pflanzenextrakten bzw. in Bodensuspensionen. Voraussetzung ist, dass artspezifische Primer vorliegen und sich die amplifizierten Fragmente später zuordnen lassen, sei es über unterschiedliche Längen der Fragmente oder über eine entsprechende Fluoreszenzmarkierung. Weiterhin sollten die Primer eine ähnliche Schmelztemperatur aufweisen und keine homologen Sequenzen enthalten. Je mehr Primerpaare kombiniert werden (meist 5 bis 10, aber auch bis zu 100 machbar), desto höher sind die Anforderungen an die Optimierung von Primern und PCR-Bedingungen.

Reverse-Transkriptase-PCR (**RT-PCR**). Mithilfe der RT-PCR können RNA-Sequenzen spezifisch amplifiziert werden. Die RT-PCR beginnt mit der Erstellung einer für die RNA komplementären DNA (cDNA), die dann als Template für die PCR dient. Die Synthese der cDNA erfolgt mit Polymerasen, den reversen Transkriptasen. Eine Weiterentwicklung der RT-PCR ist die **Immunocapture-RT-PCR**. Hierbei werden die Schaderreger (z. B. Viren) zuerst immunologisch an die Wände von Extraktionsgefäßen gebunden, um dann mittels RT-PCR nachgewiesen zu werden.

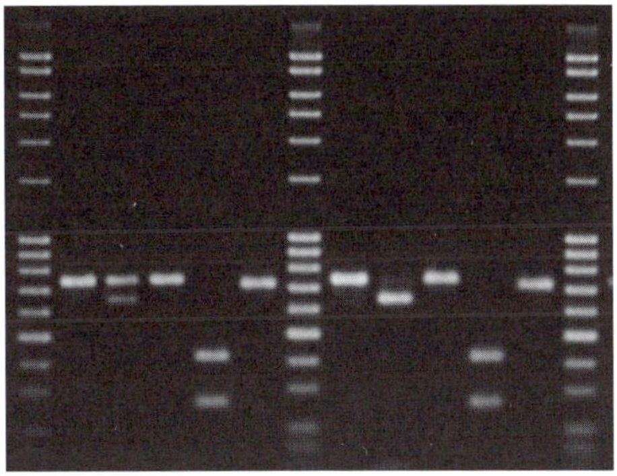

Abb. 83: DNA-Bandenmuster von *Meloidogyne chitwoodi* nach RFLP-Analyse mit verschiedenen Restriktionsenzymen (BBA Münster).

RFLP-Analyse (**Restriction Fragment Length Polymorphism**). Das PCR-Produkt kann zur weiteren Charakterisierung in Fragmente aufgespalten werden. Die Aufspaltung erfolgt mit Restriktionsenzymen (genauer: Restriktionsendonukleasen). Restriktionsenzyme erkennen mit hoher Präzision zwischen vier und acht Basenpaare in einem DNA-Strang und schneiden die DNA an genau definierten Stellen. Die Fragmente lassen sich dann in der Elektrophorese darstellen (Abb. 83).

Southern Blot. Ziel des Southern Blots ist es, DNA-Fragmente von Schaderregern, die zuvor mittels Gelelektrophorese entsprechend ihrer Länge getrennt und dann auf einer Membran fixiert wurden, mit markierten Sonden zu hybridisieren und so spezifisch nachzuweisen (in vitro-**Hybridisierung**). Die Übertragung auf die Membran kann entweder durch Elektrophorese erfolgen oder indem man ein größeres Volumen Puffer mithilfe saugfähigen Papiers durch das Gel saugt und so die DNA aus dem Gel auf die Membran überträgt. Mit dem gleichen Prinzip kann man auch RNA (**Northern Blot**) oder Proteine (**Western Blot**) auf Membranen übertragen.

Die Vor- und Nachteile molekularer und serologischer Verfahren sind in Tab. 38 gegenübergestellt. Je nach Schaderreger bzw. zu untersuchendem Pflanzengewebe wird man unterschiedliche Verfahren vorziehen. Die in der Diagnose von Schaderregern am häufigsten eingesetzten Verfahren sind in Tab. 39 zusammengefasst. Gut zu erkennen ist die abnehmende Anzahl an Diagnoseverfahren mit zunehmender Größe der Schaderreger.

Tab. 38: Vor- und Nachteile molekularer Methoden und serologischer Verfahren.

Verfahren	Vorteile	Nachteile
Molekulare Methoden	• unabhängig vom Phänotyp • hohe Sensitivität • hohe Geschwindigkeit • Automatisierbarkeit • Spezifitätsebene einstellbar • geeignet für Erreger ohne Proteinhülle	• aufwändige Methodenentwicklung • hohe Analysenkosten (für die Routinediagnose oft noch zu teuer)
Serologische Verfahren	• etabliert • preisgünstig • Nachweis virulenzrelevanter Produkte möglich • Automatisierbarkeit	• abhängig vom Phänotyp • Erreger ohne Proteinhülle werden nicht erfasst • geringere Sensitivität

Tab. 39: Bedeutende Diagnoseverfahren für verschiedene Schaderregergruppen.

Viren	Bakterien	Pilze	Nematoden	Arthropoden, Schnecken, Wirbeltiere
Symptomatologie	Symptomatologie	Symptomatologie	Symptomatologie	Symptomatologie
Indikatorpflanzen	Lichtmikroskopie	Lichtmikroskopie	Indikatorpflanzen	Lichtmikroskopie
Elektronenmikroskopie	Selektivnährmedien	Selektivnährmedien	Lichtmikroskopie	
			Proteinanalyse	
Serologie (ELISA, Fluoreszenzmikroskopie, Präzipitationstest, Tissue Print Immunobinding Assay, Dot Blot, Lateral Flow Test)	Serologie (ELISA, Fluoreszenzmikroskopie, Lateral Flow Test)	Serologie (ELISA)	Molekularbiologie (PCR, RFLP)	
		Proteinanalyse		
	Proteinanalyse	Molekularbiologie (PCR, RFLP)		
		Proteinanalyse		
Molekularbiologie (PCR, RT-PCR, Immunocapture-RT-PCR, Hybridisierung)	Molekularbiologie (PCR, RFLP)			
	Fettsäureanalyse			

Fragen zu Kapitel 13.1

- Was bedeutet Diagnose?
- Worin bestehen die Koch'schen Postulate?
- Wozu werden Indikatorpflanzen eingesetzt?
- Zum Nachweis welcher Schaderreger werden Köder- bzw. Fangpflanzen eingesetzt?
- Welche licht- bzw. elektronenmikroskopischen Nachweisverfahren gibt es?
- Worauf beruht das Prinzip serologischer Verfahren und welche Anwendungsformen haben eine Bedeutung?
- Was ist der Unterschied zwischen polyklonalen und monoklonalen Antikörpern?
- Wie funktioniert der Lateral Flow Test?
- Wie funktioniert die Polymerase-Kettenreaktion?
- Welche molekularen Verfahren werden zur Diagnose von Bakterien eingesetzt?

Weiterführende Literatur

Agrios, G. N., 2005: Plant Pathology, 5. Auflage, Elsevier Academic Press, San Diego.
Häder, D.-P. und M. Häder, 1993: Moderne Labortechniken. Georg Thieme Verlag, Stuttgart.
Hoffmann, G. M., F. Nienhaus, H.-M. Poehling, F. Schönbeck, H. C. Weltzien und H. Wilbert, 1994: Lehrbuch der Phytomedizin, 3. Auflage, Blackwell Verlag, Berlin.
Mülhardt, C., 2003: Der Experimentator: Molekularbiologie/Genomics, 4. Auflage. Spektrum Akademischer Verlag, Heidelberg.
Narayanasamy, P., 2001: Plant Pathogen Detection and Disease Diagnosis, 2. Auflage. Marcel Dekker, New York.
Singh, U. S. und R. P. Singh, 1995: Molecular Methods in Plant Pathology. CRC Press, Boca Raton.
Spaar, D., H. Kleinhempel und R. Fritsche: 1984: Diagnosemethoden. Springer-Verlag, Berlin.
Wilson, K. und K. H. Goulding, 1991: Methoden der Biochemie, 3. Auflage. Georg Thieme Verlag, Stuttgart.

13.2 Integrierter Pflanzenschutz

Die Idee und Definition des „Integrierten Pflanzenschutzes (IPS)“ geht auf eine Empfehlung der FAO aus den sechziger Jahren zurück, als man im aufkommenden Boom der Anwendung chemischer Pflanzenschutzmittel begann, auch die Grenzen und Risiken einer einseitigen Pflanzenschutzmittelanwendung zu erkennen. Aus diesen Empfehlungen abgeleitete Handlungsrichtlinien fanden erstmals 1986 Eingang in das Pflanzenschutzgesetz, wo es in § 2 a Abs. 1 PflSchG heißt: „Pflanzenschutz darf nur nach guter fachlicher Praxis durchgeführt werden. ... Zur guten fachlichen Praxis gehört, dass die Grundsätze des integrierten Pflanzenschutzes (IPS) und der Schutz des Grundwassers berücksichtigt werden.“ In ähnlicher Weise hat die europäische Gemeinschaft den Grundsatz des integrierten

Pflanzenschutzes in der EU/EWG-Richtlinie „(91/414/EWG)" zu ihrer Zielsetzung erklärt.

Die allgemein akzeptierte **Definition** sieht den Integrierten Pflanzenschutz als **Kombination von Verfahren, bei denen unter vorrangiger Berücksichtigung von biologischen, biotechnischen, anbau- und kulturtechnischen Möglichkeiten die Anwendung chemischer Pflanzenschutzmittel auf das notwendige Maß beschränkt wird.** Nach dem Willen des Gesetzgebers soll der **IPS als Leitbild einer „guten fachlichen Praxis**" dienen.

Aufgrund der Vielfalt an Produktionsverfahren in der Pflanzenproduktion, ihrer standortspezifischen und betriebswirtschaftlichen Abhängigkeit und der daraus folgenden Erfordernis, dem Landwirt ein flexibles Handeln zu ermöglichen, haben die Grundsätze des IPS bislang keinen gesetzlich bindenden, sondern einen empfehlenden Charakter. Im Rahmen der Kopplung von EU-Flächenbeihilfen an Agrarumweltmaßnahmen (**Cross Compliance**) besteht jedoch die Möglichkeit, einzelnen Elementen des IPS einen gesetzlich verbindlichen Charakter und damit insgesamt mehr Gewicht zu geben.

Die drei wesentlichen Aspekte des Handelns im Rahmen des Integrierten Pflanzenschutzes sind

- die Abstimmung (Integration) aller **wirtschaftlich**, **ökologisch** und **toxikologisch** vertretbaren Methoden aufeinander,
- die Anwendung **vorbeugender Maßnahmen** und **Ausnutzung natürlicher Regelungsmechanismen**, um Schaderreger unterhalb der wirtschaftlichen Schadensschwelle zu halten und
- die Begrenzung der Anwendung chemisch-synthetischer Präparate auf das unbedingt **notwendige Maß mithilfe zielgerichteter Verfahren (Schadensschwellenmodelle, Prognosesysteme).**

Die Instrumente des Integrierten Pflanzenschutzes sollen im Folgenden näher beschrieben und vor allem hinsichtlich ihrer praktischen Relevanz unter den gegenwärtigen Rahmenbedingungen der landwirtschaftlichen Produktion bewertet werden.

13.2.1 Vorbeugende Maßnahmen

Durch die intensive phytomedizinische Forschung in den vergangenen Jahrzehnten konnten die vielfältigen quantitativen Beziehungen zwischen anbautechnischen Maßnahmen der Produktionsverfahren und dem Auftreten bzw. der Schadwirkung von Pathogenen und Schädlingen weitgehend aufgeklärt werden. Mittlerweile liegt umfangreiches Wissen darüber vor, welche Maßnahmen sich in welcher Weise auf bestimmte Schaderreger auswirken. Dennoch erfordert das komplex bestimmte Handeln des Landwirts bei der Gestaltung von Pflanzenschutzmaßnahmen zwingend einen Abwägungsprozess, bei dem phytosanitäre Erfordernisse nur ein Aspekt unter vielen sind.

Die Möglichkeiten der Einflussnahme auf das Schaderregerauftreten im Sinne einer vorbeugenden Handlungsweise sind vielfältig und betreffen fast alle Entscheidungen, die vor oder während der Anbausaison im Rahmen eines pflanzlichen Produktionsverfahrens getroffen werden müssen. Zu den grundsätzlich in Frage kommenden Maßnahmen, die hinsichtlich eines integrierten Handlungskonzepts im Pflanzenschutz betrachtet werden müssen, zählen:

- Vermeidung phytomedizinisch problematischer **Fruchtfolgen**
- Standortgerechte **Bodenbearbeitung**
- Anpassung des **Aussaattermins**
- Wahl resistenter **Sorten**
- Bedarfsgerechte **Düngung** (insbesondere bezüglich N und einigen Spurennährstoffen)
- Gezielte Anwendung chemisch-synthetischer Präparate nach Bekämpfungs- bzw. **Schadensschwellen**, gegebenenfalls unter Nutzung von Experten- oder Prognosesystemen
- Maßnahmen zur Förderung oder Schonung von **Nutzorganismen**
- Nutzung **biologischer Bekämpfungsverfahren**

13.2.1.1 Fruchtfolge

Ein Beispiel für das komplexe Handlungsmuster und den daraus resultierenden Zielkonflikt ist die Gestaltung der **Fruchtfolge**, die nicht nur phytomedizinisch, sondern auch betriebswirtschaftlich von weitreichender Bedeutung ist.

Die **Kriterien für die Gestaltung der Fruchtfolge (FF)** sind komplex und umfassen weit mehr als nur phytosanitäre Aspekte. Aus betrieblicher Sicht ergibt sich in etwa die folgende Reihung von Faktoren, geordnet nach Priorität, die die Fruchtfolge bestimmen:

- Deckungsbeitrag der Kultur (am Standort erzielbarer Ertrag, Produktpreis, Produktionskosten)
- Ertragssicherheit
- Ansprüche an die Faktorausstattung
- Kontingente bzw. Beihilfen
- Vorhandensein von ‚abnehmender Hand'
- Vorfruchtwert, Selbstverträglichkeit, Nachfruchtgefährdung
- Erosionsgefährdung
- Phytosanitäre Begrenzungen (Unkrautprobleme, Fruchtfolgekrankheiten und -schädlinge)
- Umweltauflagen und Umweltwirkungen

Die wirtschaftliche Situation der Betriebe ist maßgeblich für die in den letzten Jahrzehnten erfolgte **Einengung der Fruchtfolgen** verantwortlich, die zu einem hohen Anteil von Wintergetreide (Winterweizen, Wintergerste) und einer starken Zunahme des Anbaus von Winterraps und Mais geführt hat. Als Folge davon treten einige früher unbedeutende Schaderreger mit hoher Intensität auf und erfordern den regelmäßigen Einsatz von Pflanzenschutzmitteln. Phytosanitäre Aspekte werden erst dann zu bestimmenden Faktoren in der Fruchtfolgegestaltung, wenn Bekämpfungsmöglichkeiten fehlen und das Schadpotenzial des betreffenden Schaderregers den Anbau gefährdet. Beispiele sind bei zu enger Fruchtfolge in Kartoffeln und Zuckerrüben die zystenbildenden Nematoden wie der Rübenzystennematode (*Heterodera schachtii*) und die Kartoffelzystennematoden (*Globodera* spp.). Zu nennen sind hier auch die Rizomania in Zuckerrüben, Fußkrankheiten bei Körnerleguminosen und die Fusariumproblematik in Weizen.

Unter den im Ackerbau dominierenden Schaderregern sind heute die Mehrzahl mehr oder weniger direkt als Folge der eingeengten Fruchtfolgen anzusehen und werden daher auch als **Fruchtfolgekrankheiten oder -schädlinge** bezeichnet. Dabei handelt es sich meist um bodenbürtige Schaderreger mit einer hohen Wirtsspezialisierung und der Fähigkeit zur Bildung von Dauerstadien im Boden, die auf der Fläche verbleiben und dort mindestens eine Vegetationsperiode überdauern können. Beispiele der wichtigsten Fruchtfolgekrankheiten sind in der nebenstehenden Übersicht zusammengefasst (Tab. 40).

Tab. 40: Phytosanitäre Fruchtfolgewirkungen.

Fruchtfolgesituation	Phytomedizinische Folgen
Mais nach Mais (mit reduzierter Bodenbearbeitung	Starkes Auftreten von Fusarium-Fäule und Stängelälchen; Probleme mit mehrjährigen Unkräutern
Mais vor Weizen (mit reduzierter Bodenbearbeitung	Ährenfusarium in Weizen durch *Fusarium graminearum* (Mykotoxine); jedoch Mais günstig bezüglich Halmbruch und Schwarzbeinigkeit
Weizen nach Weizen mit reduzierter Bodenbearbeitung	Starkes Auftreten von *Pyrenophora tritici-repentis* (‚DTR'-Blattdürre)
Weizen nach Weizen od. Gerste nach Gerste	Starke Förderung von Mehltau und Blattfleckenerregern (*Septoria, Pyrenophora*)
Rapsanteil größer 33%	Probleme mit bodenbürtigen SE (*Sclerotinia, Verticillium, Plasmodiophora*); erhöhte Schneckengefahr
Raps zusammen mit Sonnenblumen, Erbsen	Probleme mit *Sclerotinia*
Rübenanteil in der Fruchtfolge größer als 33%	Anreicherung von *Heterodera schachtii* und *Ditylenchus dipsaci* (Rübenkopfnematode); erhöhte Gefahr von Wurzelbrand und Rizomania (*Polymyxa betae*-BNYVV)
Raps und Rüben in einer Fruchtfolge	Anreicherung von *Heterodera schachtii*; hohe Herbizidkosten durch Ausfallraps
Rapsanteil größer als 33%	Zunahme von *Sclerotinia, Verticillium* und Kohlhernie; Probleme mit kruziferen Unkräutern (Raukearten etc.), Kohlfliege, Rapserdfloh, Stängelrüssler
Erbsenanteil größer als 20%	Selbstverträglichkeitsprobleme durch Auflauf-, Fuß- und Welkekrankheiten, Stängelälchen
Kartoffelanteil größer als 33%	Erhöhte Virus- und Nematodengefahr; ebenso *Rhizoctonia*, Schorf; jedoch Kartoffeln mit hohem Vorfruchtwert für alle Kulturpflanzen
Hoher Wintergetreideanteil	Problemunkräuter (Ackerfuchsschwanz, Windhalm); Schädlinge (Blattläuse, Gallmücke, Sattelmücke, Fritfliege)

Auch **Unkrautprobleme** können eine direkte Konsequenz der Fruchtfolge sein. Beispiele sind das verstärkte Auftreten von Ackerfuchsschwanz und Windhalm in Fruchtfolgen mit hohem Wintergetreideanteil, Probleme mit Hirsearten in Mais oder mit kruziferen Unkräutern (Rauke-Arten etc.) in Raps.

Das Auftreten flugfähiger **Schädlinge** lässt sich aufgrund ihrer Mobilität durch Fruchtfolgemaßnahmen auf einer spezifischen Fläche nur dann steuern, wenn dieselben Maßnahmen auch auf den umliegenden Feldern einer Region ergriffen werden. Es müssen hierbei die **ortsgebundenen** von den **regionalen Fruchtfolgeeffekten** unterschieden werden. Ortsgebundene Fruchtfolgeeffekte betreffen die sich unmittelbar auf einer Fläche akkumulierenden und weitgehend immobilen Dauerstadien von Schaderregern, wie zum Beispiel pilzliche Dauerstadien. Sie reagieren meist direkt auf Änderungen der Fruchtfolge auf der betroffenen Fläche. Für das Auftreten windbürtiger Pathogene oder flugfähiger Schadinsekten ist jedoch auch der Anteil einer Kulturpflanze in einer Anbauregion bedeutend. Ist beispielsweise der Rapsanteil in einer Region sehr hoch, kommt es durch Zuflug von Inokulum oder Insekten auch auf solchen Einzelflächen zu erhöhtem Befall, auf denen der Raps vielleicht nur einen geringen Anbauanteil hat (**Inseleffekt**). Beispiele für solche regionalen Fruchtfolgeschädlinge sind Blattläuse im Getreide, Kohlfliege, Stängelrüssler und Rapsglanzkäfer im Raps, Fritfliege in Getreide und Mais und die Rübenfliege. Beispiele für windbürtige Pathogene sind vor allem Rost, aber auch Mehltau und verschiedene konidienbildende Blattfleckenerreger.

Enge Fruchtfolgen können also auf zwei unterschiedlichen Skalenebenen einen erhöhten Schaderregerdruck bewirken, einmal aufgrund der zeitlichen Anbauhäufigkeit auf der spezifischen Anbaufläche und darüber hinaus durch den hohen Anbauanteil einer Kulturpflanzenart innerhalb einer Anbauregion.

13.2.1.2 Bodenbearbeitung und Aussaattermin

Bereits vor der Aussaat kann das Auftreten verschiedener Krankheiten und Schädlinge durch die Art der **Bodenbearbeitung** in erheblicher Weise gesteuert werden. Kostendruck und Förderprogramme zum Bodenschutz haben in den letzten Jahren zu einer deutlichen **Reduzierung der Bodenbearbeitungsintensität** geführt, wobei insbesondere die wendende Bodenbearbeitung mittels **Pflug** als kosten- und eingriffsintensivste Maßnahme vielfach entfallen ist. Technische Neuerungen bei Drillmaschinen und leistungsfähiges Saatgut ermöglichen auch eine zunehmende Anwendung von **Direktsaatverfahren**. Da zahlreiche Schädlinge und Krankheitserreger in den oberen Bodenschichten überdauern, hat der Verzicht auf den Pflug weitreichende Konsequenzen für den Pflanzenschutz. Hinzu kommt, dass die unkrautregulierende Wirkung entfällt. Den **Vorteilen** der reduzierten Bodenbearbeitung wie verbesserter Bodenstruktur, erhöhter Aktivität des Bodenlebens, besserer Wasserführung und Wasserkapazität, besserem Erosionsschutz und geringerer Kosten stehen zum Teil gravierende **Nachteile** hinsichtlich des Schaderregerauftretens gegenüber, die durch erhöhten Pflanzenschutzmitteleinsatz ausgeglichen werden müssen. Dies betrifft vor allem den Herbizid-, aber auch den Fungizideinsatz. Dennoch setzt sich unter betriebswirtschaftlichen Gesichtspunkten der Plugverzicht immer mehr durch, da die dadurch ermöglichte Kostenersparnis die vermehrten Pflanzenschutzkosten übersteigt.

Für die zum Teil dramatische **Zunahme von Pilzkrankheiten** in Anbausystemen mit reduzierter Bodenbearbeitung ist das Zusammentreffen von eingeengten Fruchtfolgen mit dem Verbleib von inokulumtragenden Pflanzenresten an der Bodenoberfläche verantwortlich. Durch die verlangsamte Rotte der organischen Restsubstanz an der Bodenoberfläche wird auch die Überdauerung der Pathogene verlängert, da diese an das Vorhandensein organischer Trägersubstanz gebunden ist. Hinzu kommt die für den Befall günstige räumliche Nähe von Inokulum zur nachfolgend auflaufenden Kultur. Drastische Beispiele für solche Effekte sind die Fusariumarten, die für die Ährenfusariose verantwortlich sind und die Blattdürre *(Pyrenophora tritici-repentis)* in Weizen. Beide Krankheiten werden maßgeblich durch strohbürtiges Inokulum initiiert und können daher durch gründliche Eliminierung von Ernteresten weitgehend kontrolliert werden. Weitere Beispiele finden sich in Tab. 41.

Tab. 41: Einfluss nicht-wendender Bodenbearbeitung auf wichtige Krankheiten und Schädlinge im Ackerbau im Vergleich zu wendender Bodenbearbeitung.

Krankheiten	
Ährenfusariosen (*Fusarium graminearum, F. culmorum*)	++
DTR-Blattdürre (*Pyrenophora tritici-repentis*)	++
Blattflecken (*Septoria tritici*)	+
Rhynchosporium-Blattflecken (*R. secalis*)	+
Spelzenbräune (*Septoria nodorum*)	+
Netzfleckenkrankheit (*Pyrenophora teres*)	+
Schwarzbeinigkeit (*Gaeumannomyces graminis*)	+/–
Halmbruchkrankheit (*Oculimacula yallundae, O. acuformis*)	–
Echter Mehltau (*Blumeria graminis*)	–
Wurzelbrand ZR (*Pythium* sp., *Aphanomyces* sp., *Phoma betae u. a.*)	–
Schädlinge	
Maizünsler (*Ostrinia nubilalis*)	++
Kohlfliege (*Delia radicum*)	++
Brachfliege (*Delia coarctata*)	++
Drahtwurm (*Agriotes lineatus*)	+*)
Ackerschnecken (*Deroceras* sp.)	+*)
Rapserdfloh (*Psylliodes chrysocephala*)	+/–
Nematoden	+/–

– Abnahme; + Zunahme; +/– keine Veränderung; *) in Verbindung mit Rückverfestigung des Bodens nach dem Pflügen

Auch bei einigen wichtigen im Boden überdauernden **Schädlingen** können mit der Bodenbearbeitung deutliche Effekte auf die Populationsentwicklung und Schadwirkung erzielt werden. So werden durch das mit dem Pflügen verbundene tiefe Vergraben Schädlinge wie Kohlfliege, Brachfliege, Maiszünsler oder Gallmücken dezimiert. Beim Maiszünsler kann der Effekt durch intensives Häckseln der Maisreste noch verstärkt werden. Flache und lockernde Bodenbearbeitung erhöht die Mortalität von Eiern und Larven des Rapserdflohs. Durch intensive Stoppelbearbeitung können Drahtwürmer und Schnecken zurückgedrängt werden.

Tab. 42: **Einfluss früher bzw. später Saattermine auf das Auftreten von Schaderregern in wichtigen Ackerkulturen.**

Kulturpflanze	Frühe Aussaat	Späte Aussaat
Wintergetreide	– verstärkter Herbstbefall mit Mehltau und Blattfleckenerreger – erhöhtes Risiko durch Auswinterung (Schneeschimmel) durch zu üppige Bestände – verstärkter Befall mit parasitärem Halmbruch – erhöhter Befall mit Blattläusen und Virosen (BYDV, WDV) – erhöhter Befall mit Fritfliege und Hessenmücke – erhöhter Unkrautdruck	– erhöhte Gefährdung durch Brachfliege – bessere Möglichkeit der mechan. Unkrautregulierung
Sommergetreide	– erhöhter Befall mit Fritfliege und Getreidezystennematoden	
Raps	– erhöhter Befall mit Kohlfliege und virusübertragenden Blattläusen – Gefahr der Auswinterung durch zu weit entwickelte Bestände	– verminderte Gefährdung durch den Rapserdfloh – erhöhter Befall mit Falschem Mehltau
Zuckerrübe	– vermindertes Risiko durch Rübenzystennematoden, Virusübertragung durch Blattläuse (Altersresistenz) und Rübenfliege	– verringertes Risiko durch Moosknopfkäfer und Collembolen, da Jugendentwicklung zügiger

Insgesamt wirft die reduzierte Bodenbearbeitung einen erheblichen **Zielkonflikt zwischen Bodenschutz und Pflanzenschutz** auf, der nur durch flexible Gestaltung der Bodenbearbeitung, etwa durch den Wechsel zwischen Pflügen und pflugloser Bestellung (‚rational tillage') und ein gezieltes Strohmanagement entspannt werden kann.

Auch bezüglich des **Aussaattermins** haben sich in den letzten Jahren aufgrund betriebswirtschaftlicher Erwägungen Tendenzen entwickelt, die gravierende phytosanitare Auswirkungen haben. Während der Aussaattermin bei Sommergetreide, Winterraps, Zuckerrüben, Körnerleguminosen oder Mais durch pflanzenbauliche oder witterungsbedingte Faktoren weitgehend vorgegeben ist, besteht bei der Wintergetreideaussaat ein relativ großer Spielraum. Besonders bei Winterweizen hat sich in der Praxis eine Vorverlagerung des Aussaattermins als positiv für den erzielbaren Ertrag herausgestellt, da das Ertragspotenzial der Sorten besser ausgeschöpft werden kann. Die wichtigsten phytosanitären Nachteile, die sich aus der früheren Aussaat ergeben, sind

- erhöhter Unkrautdruck durch ungenügende mechanische Beseitigung von Ausfallgetreide und Unkräutern (Arbeitsspitzen bei der Bestellung)
- erhöhtes Auswinterungsrisiko durch zu üppige Bestände (Schneeschimmel, Frostschäden)
- erhöhtes Befallsrisiko für Blattkrankheiten
  - „grüne Brücken" für Mehltau (WW, WG)
- günstige Infektionsbedingungen für Blattfleckenerreger (*Septoria tritici* WW; *Drechslera teres* WG; *Pyrenophora tritici-repentis* WW) durch unzureichende Stoppelbearbeitung und Stroheinarbeitung
- erhöhter Befall mit parasitärem Halmbruch (WW, WG)
- erhöhter Befall mit tierischen Schaderregern: Blattläuse und Übertragung von Viren im Herbst (Barley yellow dwarf virus = BYDV an WG), Fritfliege (WW)

Weitere Effekte des Aussaattermins in wichtigen Ackerkulturen sind in der Tabelle 42 zusammengefasst.

13.2.1.3 Sortenwahl

Eines der wichtigsten Instrumente des vorbeugenden Pflanzenschutzes ist der **Anbau resistenter bzw. weniger anfälliger Sorten**. Besonders die Verbesse-

Tab. 43: Krankheitsanfälligkeit, Ertragseinstufung und Mehltau-Resistenzgene im Sortiment mehrzeiliger Wintergersten nach der Beschreibenden Sortenliste des Bundesortenamts (2006), geordnet nach der Anfälligkeit für Mehltau (Auswahl).

Sorte	Verm.fl. [ha]	Mehltau	Netzflecken	Rhynchosp.	Zwergrost	Gelbmosaik	Kornertrag	Resist. gen(e)
Traminer	323	2	5	4	2	1	8	U
Naomie	1907	2	3	4	3	1	8	U
Candesse	1728	3	6	4	4	1	8	Ra
Stephanie	439	3	5	3	4	1	8	Sp
Merlot	3303	3	5	4	2	1	9	Sp
Carola	111	3	6	4	2	1	8	U
Landi	724	3	7	5	6	1	6	U
Theresa	7327	3	5	4	5	1	8	Sp
Lomerit	5212	5	4	4	6	1	9	keine
Ludmilla	674	6	5	5	4	9	8	Sp
Franziska	5493	6	5	4	5	1	8	Bw, Ra

Mehltauresistenzgene: U = unbekannter Herkunft, Ra = Ragusa (Mlra), Sp = Spontaneum (Mla6, Mla14), Bw = Borwina (Ml(Bw)); Einstufung von Ertrag und Anfälligkeit von 1 = gering bis 9 = hoch

rung der **Resistenz gegen Schadpilze und Viren** spielt in der Sortenzüchtung eine große Rolle, auch wenn sie oftmals in der Bedeutung hinter den auf Ertrag ausgerichteten Zuchtzielen rangiert. Dagegen hat die Verbesserung der **Schädlingsresistenz** in der konventionellen Züchtung bislang nur eine relativ geringe Bedeutung. Sie beschränkt sich weitgehend auf die Resistenz gegenüber zystenbildenden Nematoden. Biotechnologische Ansätze allerdings, bei denen Gene aus *Bacillus thuringiensis* zur Endo-Toxinproduktion in Sorten eingeschleust wurden, haben zu sehr wirksamen Resistenzen auch gegen Fraßinsekten geführt und außerhalb Europas inzwischen weite Verbreitung vor allem in Mais- und Baumwollsorten gefunden (s. Kap. 13.6).

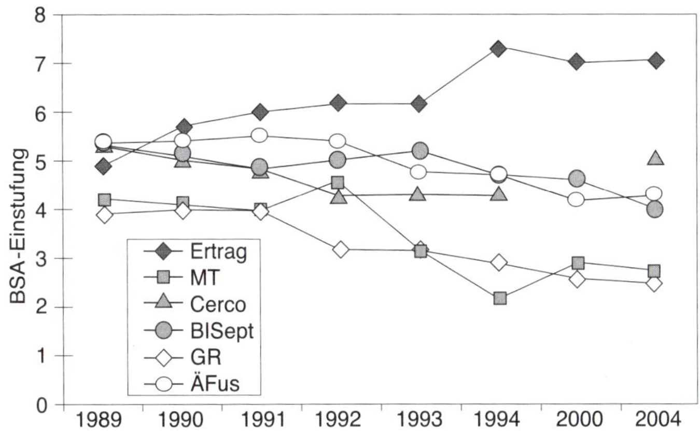

Abb. 84: Veränderung von Ertragsfähigkeit und Krankheitsanfälligkeit neu angemeldeter Winterweizensorten nach Einstufung durch das Bundessortenamt (BSA) zwischen 1989 und 2004 (Zeitachse gerafft; MT = Mehltau; Cerco = Halmbruch; BlSept = Blattseptoria; GR = Gelbrost; AFus = Ährenfusariose; Einstufungen von Ertrag und Anfälligkeit von 1 = gering bis 9 = hoch).

Die unterschiedlichen Ausprägungsformen der Resistenz gegen Pathogene und deren genetische Grundlagen wurden bereits in Kap. 10.3.3 näher erörtert. Bei der Nutzung von Sortenresistenz im IPS geht es um die beiden Formen von vererbter Resistenz, der genetisch spezifischen, **vertikalen** und der genetisch breiten, **horizontalen Resistenz**. Beide Resistenztypen werden in Sorten genutzt, wobei dies in der Praxis unterschiedliche Konsequenzen hat.

Bei Anmeldung einer neuen Sorte beim **Bundessortenamt** wird in der Regel eine Einstufung ihrer Anfälligkeit (von 1 bis 9) gegenüber einem spezifischen Spektrum wichtiger Schaderreger vorgenommen. Diese Charakteristika werden in der sogenannten **Beschreibenden Sortenliste** veröffentlicht, auf die der Landwirt bei der Sortenwahl zurückgreifen kann. Im nebenstehenden Beispiel sind einige Eigenschaften von Wintergerstesorten aufgeführt (Tab. 43). Es ist deutlich zu erkennen, dass zum Beispiel gegen Mehltau erhebliche Unterschiede in der Anfälligkeit zwischen den Sorten bestehen. Bei anderen Blattkrankheiten wie der Netzfleckenkrankheit und gegenüber *Rhynchosporium*-Blattflecken ist die Variabilität dagegen klein, das heißt hier existieren kaum wirksame Resistenzen. Gegen das Gelbmosaikvirus gibt es entweder völlige oder keine Resistenz, ausgedrückt durch die Einstufungen 1 oder 9, es handelt sich also um eine typische qualitative Resistenz.

Anhand der Sortenlisten kann man im Rückblick über mehrere Jahre den Züchtungsfortschritt bei den verschiedenen Kulturpflanzenarten hinsichtlich der Verbesserung der Krankheitsresistenz verfolgen. Beim Winterweizen zeigt sich dabei ein kontinuierlicher Fortschritt besonders bei der Resistenz gegenüber Mehltau, Rost und in schwächerem Maße auch gegenüber *Septoria* und Ährenfusarium. Zur gleichen Zeit ist die mittlere Ertragseinstufung deutlich angestiegen (Abb. 84).

Während die auf spezifischen Resistenzgenen (sogenannten Majorgenen) beruhende vertikale Resistenz zunächst sehr erfolgreich war, wurde nach längerer Nutzung in der Praxis deutlich, dass sich die Pathogenpopulationen schnell anpassen und damit die Resistenz überwinden können. Um die spezifische Resistenz dennoch möglichst lange nutzen zu können, ist daher ein Resistenzgenmanagement erforderlich, bei welchem durch **Sortenwechsel** oder **Sortenkombination** der Selektionsdruck auf die Pathogene vermindert wird. Hierzu wurden zum Beispiel für den Getreidemehltau regionale und überregionale Erhebungen zum Rassenspektrum des Erregers (‚**Rassen- oder Virulenzmonitoring**') durchgeführt. Damit kann man abschätzen, welche Resistenzgene in einer Anbauregion noch wirksam sind und mit welchen man aussetzen sollte.
Weitere **Strategien zur Stabilisierung und Erhaltung von Sortenresistenzen** sind:

- Verwendung möglichst stabiler (evtl. nur mittelstark wirksamer) Resistenzgene
- Anhäufung mehrerer spezifisch wirksamer Resistenzgene in einer Sorte (‚gene piling', ‚gene pyramiding'; ‚multi-line-varieties')
- Lenkung der Anwendung spezifischer Resistenzgene:
  - Verteilung in der Fläche: Anbauzonen mit begrenztem Anteil resistenter Sorten; gezielter Anbau von ‚multi-line-varieties' bzw. Sortenmischungen
  - zyklischer Sortenwechsel bezüglich der verwendeten Resistenzgene; wichtigste Voraussetzung: Identifizierung der auftretenden Pathogenrassen (räumlich/zeitlich) durch Rassen- oder Virulenz-Monitoring, sowie Kenntnis der Resistenzgene in den Sorten
- Kombination von rassenspezifischer (vertikaler) mit rassenunspezifischer (horizontaler) Resistenz in einer Sorte

Trotz der Gefahr der Anpassung spielen spezifische Resistenzgene in vielen Kulturpflanzen eine wichtige Rolle. Beispiele für die nachhaltige Nutzung vertikaler Resistenzen im Ackerbau sind:

Getreide	Mehltau, Rost, (Blattfleckenerreger), Gelbmosaikvirus
Rüben	Wurzelbärtigkeit (*Rizomania*), Rübenzystennematode (resistente Zwischenfrüchte)
Kartoffeln	Kartoffelzystennematode, Virosen
Raps	Wurzelhals- und Stängelfäule (*Phoma lingam*), Kohlhernie
Mais	Maiszünsler.

Eine sehr wirksame, aber in der Praxis aufgrund der Probleme bei der Vermarktung des Ernteguts wenig genutzte Strategie ist der Anbau von **Sortenmischungen**. Sortenmischungen können Gemische von Sorten mit unterschiedlichen Wuchstypen, Resistenzgenen oder quantitativen Resistenzgraden sein. Bei geeigneter Kombination, die meist in Dreiermischung erfolgt, hat sich in vielen Versuchen gezeigt, dass die Befallsstärke in der Mischung deutlich unter dem arithmetischen Mittel der Einzelsorten liegt. Ursache ist die breitere Resistenz aufgrund von Resistenzgenkombinationen sowie Filter- und Verdünnungseffekte im Bestand, wodurch die Sporenvermehrung und Sporenausbreitung gebremst wird.

Spezifische **Schädlingsresistenzen** können bei Kartoffel- und Zuckerrübensorten gegen zystenbildende Nematoden in der Praxis genutzt werden. Gegenüber den beiden Arten des Kartoffelzystennematoden *Globodera rostochiensis* und *G. pallida* mit seinen jeweils 5 bzw. 3 Pathotypen/Virulenzgruppe (Ro1-5, Pa 1-3) existieren entsprechende resistente Sorten, die in der Bundessortenliste ausgewiesen sind. Resistente Sorten unterdrücken die Vermehrung der entsprechenden Pathotypen des Nematoden entweder partiell oder vollkommen. Durch ein Resistenzgenmonitoring muss durch Bodenprobenuntersuchungen allerdings regelmäßig die Pathotypenzusammensetzung erfasst und mit angepasster Sortenwahl darauf reagiert werden.

Demgegenüber ist die aus verschiedenen Wildrübenarten (*Beta procumbens, B. webbiana, B. maritima*) eingekreuzte Resistenz von Zuckerrüben gegenüber *Heterodera schachtii* monogen ($Hs1^{pro1}$) und qualitativ (z.B. Paulina) oder multigen und quantitativ wirksam (z.B. Pauletta). Während im ersten Fall die Selektion von Pathotypen experimentell nachgewiesen wurde, führte die multigene Resistenz bisher nicht zur Selektion von Pathotypen. Moderne nematodenresistente Sorten sind tolerant und erreichen auch unter schwachen Befallsbedingungen gleiche Erträge wie die Vergleichssorten. Eine ähnliche Form von quantititativer Nematodenresistenz wird auch in Zwischenfrüchten wie Ölrettich oder Senf eingesetzt.

13.2.1.4 Düngung

Der Ernährungszustand der Pflanze bestimmt nicht nur in entscheidender Weise Wachstum, Entwicklung und Ertrag, sondern auch die Anfälligkeit gegenüber Schaderregern. Anders als bei Mensch oder Tier gilt bei der Pflanze jedoch, dass ein guter Ernährungszustand die Anfälligkeit für Krankheiten und Schädlinge meist erhöht und nur in ganz seltenen Fällen wird eine erhöhte Anfälligkeit bei Mangelernährung festgestellt. Einige Aspekte des Zusammenhangs zwischen Nährstoffversorgung und Krankheitsbereitschaft wurden bereits in Kap. 10.4 besprochen.

Die Schadenswahrscheinlichkeit kann durch Mineraldüngung auf folgende Weisen beeinflusst werden,

- durch Veränderung des pH-Werts im Boden,
- durch physiologische bzw. morphologische Veränderungen der Pflanze,
- durch veränderten Bestandsaufbau (z. B. höhere Bestandsdichte) und ein verändertes Mikroklima und
- durch Beeinflussung des Auftretens von Nährstoffmangelkrankheiten.

Auf nährstoffbedingte Mangelkrankheiten soll hier nicht weiter eingegangen werden, sie wurden bei den abiotischen Schadursachen bereits kurz behandelt (Kap. 2) und sind ansonsten Bestandteil des Fachs Pflanzenernährung. Der **pH-Wert** des Bodens ist durch Düngung mit physiologisch sauer oder alkalisch wirkenden Düngemitteln in einem gewissen Umfang beeinflussbar. Dünger basierend auf Nitratstickstoff erhöhen den pH-Wert im Boden und fördern z. B. Kartoffelschorf (*Streptomyces scabies*) und *Gaeumannomyces graminis* bei Weizen, Dünger basierend auf Ammoniumstickstoff dagegen *Plasmodiophora brassicae*, *Fusarium* spp. und *Scleroti-*

um rolfsii. Die Ursache liegt im Effekt der jeweiligen Düngemittel auf den pH-Wert im Boden. Ammonium (NH_4^+) wird von der Pflanze im Austausch mit H^+ aufgenommen, wodurch es in der Wurzelumgebung zu einer Absenkung des pH-Werts kommt und säureliebende Pathogene gefördert werden. Im Kartoffelbau weiß man, dass auch eine überzogene Kalkung das Auftreten des bakteriellen Kartoffelschorfs (*Streptomyces scabies*) erhöhen kann. Andererseits fördert Versauerung durch unzureichende Kalkung wiederum das Auftreten von Kohlhernie (*Plasmodiophora brassicae*) in Kohlarten und Raps.

Von allen Düngenährstoffen hat **Stickstoff** mit Abstand den größten Einfluss auf das Schaderregerauftreten und die Schadenswahrscheinlichkeit. Durch erhöhe Stickstoffdüngung werden verschiedene physiologische und morphologische Parameter der Pflanze verändert, die in direkter Beziehung zur Anfälligkeit stehen. Man muss dabei physiologische Effekte auf die Einzelpflanze von denen unterscheiden, die auf einer veränderten Bestandesdichte beruhen (Abb. 85). **Physiologische und morphologische Parameter der Anfälligkeit, die von der Stickstoffdüngung beeinflusst werden, sind**:

- Erhöhte Gehalte an löslichen N-Verbindungen (Aminosäuren, Amide, Ammonium, Peptide)
- Erhöhter Proteingehalt → erhöhte Photosyntheseaktivität → erhöhte Assimilatgehalte
- Verzögerte Seneszenz, verlängerte Assimilationsphase
- Weicheres, großzelligeres Gewebe mit größeren Interzellularen und dünneren Zellwänden
- Schwächere Lignifizierung (geringere Phenolgehalte), Verkieselung oder Kutinisierung der Zellwände

Bei den Wirkungen der N-Düngung auf Schaderreger müssen **direkte und indirekte Effekte** unterschieden werden. Die höheren Gehalte an löslichen Stickstofffraktionen bewirken die direkte Förderung besonders von biotrophen Pilzen, wie Mehltau und Rost, Kraut- und Knollenfäule bei Kartoffeln, sowie saugenden Insekten wie Blattläusen, Thripsen und Nematoden. Auf Epidemie- bzw. Populationsebene verstärkt sich dieser unmittelbare Effekt noch, indem die Lebensspanne, in der die Pflanze mit hoher Aktivität assimiliert, verlängert ist und damit den Schaderregern über einen längeren Zeitraum ein hohes Assimilatangebot zur Verfügung steht. Dadurch kann sich die Anzahl von Vermehrungszyklen bei polyzyklischen bzw. plurivoltinen Schaderregern erhöhen. Da Stickstoff zusätzlich die Bestandesdichte fördert, kommt noch der indirekte Effekt eines für Schaderreger günstigeren Mikroklimas hinzu. Das kann im Getreide auch nekrotrophe Blattfleckenerreger fördern, obwohl sie durch die physiologisch induzierte Juvenilität des Gewebes eigentlich nicht gefördert werden.

Aufgrund dieser direkten und indirekten Effekte ist die Stickstoffdüngung zur maßgeblichen Stellschraube für die Krankheitsbereitschaft von Ackerkulturen geworden. Die erheblichen Ertragssteigerungen der vergangenen Jahrzehnte, die maßgeblich dem Einsatz der mineralischen N-Düngung zu verdanken sind, haben somit zugleich die Abhängigkeit von leistungsfähigen Pflanzenschutzmitteln erhöht.

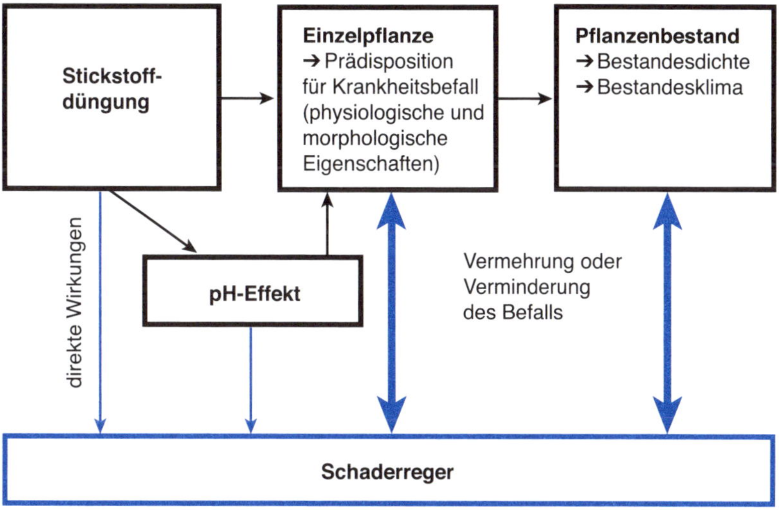

Abb. 85: Mögliche Wege der Einflussnahme der N-Düngung auf das Schaderregerauftreten. Zu unterscheiden sind direkte und indirekte Effekte der N-Düngung auf das Schaderregerauftreten. Ein Beispiel für direkte Effekte ist der Einsatz von Kalkstickstoff, bei dem im Boden unter Reaktion mit Wasser das biozid wirksame Cyanid entsteht, welches bodensterilisierend wirkt. Auch durch den pH-Effekt bestimmter Düngemittel können bestimmte bodenbürtige Pathogene gefördert oder gehemmt werden. Die Hauptwirkung entfaltet Stickstoff über die Pflanze, entweder durch Beeinflussung abwehrrelevanter Eigenschaften oder durch Veränderung des Mikroklimas im Bestand.

Im Vergleich zum Stickstoff sind die beiden anderen Hauptnährstoffe **Phosphor** und **Kalium** von untergeordneter Bedeutung für die Krankheitsbereitschaft. Beide wirken jedoch bei guter Versorgung eher günstig auf die Abwehrbereitschaft der Pflanze. Phosphor ist ein essentielles Element in Membranen und bei Energieumwandlungsprozessen. Eine gute P-Versorgung wirkt daher für die Widerstandskraft der Pflanze insgesamt stabilisierend und kann zum Beispiel bei Weizen die Abwehrkraft gegenübe Schwarzbeinigkeit verbessern. Kalium hat eine festigende Wirkung auf das Gewebe und stabilisiert dadurch zum Beispiel den Getreidehalm gegen Halmbruch und Lager. Einen Überblick gibt Tab. 44.

Tab. 44: Effekte der Mineraldüngung und weiterer Nährstoffe sowie des pH-Werts auf die Prädisposition der Pflanze für Pathogene.

- **N-Düngung**: bestimmend für Gehalte an löslichen N-Verbindungen, Wachstum und Alterung; dadurch maßgeblicher Einfluss besonders auf biotrophe Pathogene (Mehltau, Rost) und saugende Schädlinge wie Blattläuse, Thripse, Spinnmilben, Nematoden; zu unterscheiden sind direkte physiologische Effekte und indirekte Effekte durch Erhöhung der Bestandesdichte
- **pH** ca. 7,0 fördert Kartoffelschorf, reduziert aber Kohlhernie; pH-Regulierung durch Kalkung (pH-Erhöhung) oder versauernde Dünger (z. B. Ammoniumsulfat gegenüber Ammoniumnitrat)
- **Kali-Düngung**: K ist essentiell bei der Photosynthese (Cofaktor der Pyruvatkinase) und der Osmoregulation in Zellen, Schließzellen; erhöht (mechanische) Widerstandsfähigkeit der Pflanzen (Halmstärkung gegen Halmbruch in Getreide, Widerstandsfähigkeit gegen Rost- und Mehltaubefall)
- **P-Düngung**: P ist essentiell für Energieumwandlungsprozesse (Kinasen) und in Membranen (LPL); dennoch relativ geringe Wirkung auf Abwehrbereitschaft; angemessene Versorgung senkt eher die Schadenswahrscheinlichkeit
- **S-Düngung**: wichtig bei Kulturpflanzen mit hohem Schwefelbedarf (Raps, Kohlarten) aufgrund verminderter S-Immissionen; erhöht Resistenz gegenüber Schadpilzen, weil an verschiedenen Resistenzkomponenten (Glucosinolate, Defensin, Camalexin, Thionine) beteiligt
- **Kalzium**: stabilisiert Pektate der Mittellamellen und Zellwände, Faktor der Membranfunktion u. a. bei Signalketten; Mangel erhöht Anfälligkeit gegen Grauschimmel (*B. cinerea*)
- **Silizium, Silikate**: können Befall mit Getreidemehltau, Getreideblattläusen, Fritfliege oder Maiszünsler vermindern
- **Mangan** wirkt toxisch auf *Streptomyces scabies* (Kartoffelschorf); Mn, Fe, Zn sind beteiligt als Cofaktoren in Oxidoreduktasen im antioxidativen System zur Abwehr von biotisch oder abiotisch induziertem oxidativem Stress

Unter den **Spurennährstoffen** sind dagegen einige an spezifischen Faktoren der Krankheitsresistenz beteiligt. Für die Stabilisierung der Zellwände spielen **Kalzium** und **Silizium** eine Rolle. So wird durch erhöhte Kalziumgaben die Anfälligkeit gegenüber bestimmten Schadpilzen wie dem Grauschimmel *(Botrytis cinerea)*, oder den bakteriellen Weichfäulen (*Erwinia* spp.) der Kartoffel vermindert. Silizium erhöht durch stärkere Verkieselung der Zellwände die Widerstandskraft von Getreide gegen Echten Mehltau und Blattläuse. In neuerer Zeit hat der **Schwefel** eine erhöhte Bedeutung erlangt. Bei Mangel können verschiedene Komponenten der Abwehr von Pathogenen geschwächt werden und damit steigt die Anfälligkeit. Dies ist bei Raps für verschiedene Pathogene bekannt und unterstreicht die Bedeutung der Schwefeldüngung. **Eisen**, **Mangan** und

Zink sind Bestandteile lebenswichtiger Oxidoreduktasen und damit verantwortlich für die Entgiftung schädlicher Sauerstoffradikale. Bei Mangel kommt es zur Schwächung des antioxidativen Systems und erhöhter Anfälligkeit für biotischen und abiotischen Stress.

13.2.2 Maßnahmen des gezielten Pflanzenschutzes

Neben den vorbeugenden Maßnahmen sind direkte Bekämpfungsverfahren wesentliche Elemente des integrierten Pflanzenschutzes. In der Praxis handelt es sich dabei in überwiegender Weise um chemische Pflanzenschutzmaßnahmen, im Obst- und Weinbau spielen auch biotechnische Verfahren (Pheromonfallen etc.) eine Rolle und in ganz seltenen Fällen können auch biologische Pflanzenschutzmittel eingesetzt werden. Um im Sinne des Pflanzenschutzgesetzes und der guten fachlichen Praxis den Einsatz chemischer Pflanzenschutzmittel auf das **notwendige Maß** zu begrenzen, stehen verschiedene Instrumente zur Verfügung, die in den letzten Jahren kontinuierlich verbessert wurden und deren konsequente Nutzung zu erheblichen Einsparungen im Pflanzenschutz beitragen kann.
Solche **Instrumente des gezielten Chemischen Pflanzenschutzes** sind:

- **Diagnose und Befallserfassung**: Methoden zur Erfassung des aktuellen Befalls, als Voraussetzung für die Nutzung von Schadensschwellen- und Expertensystemen
- **Schadensschwellen**: Ökonomische Bewertung des aktuellen Befalls und Ableitung von Bekämpfungsschwellen oder Bekämpfungsrichtwerten
- **Expertensysteme**: Epidemieorientierte, schadensschwellenbasierte Risikobewertung als Entscheidungshilfe unter Einbeziehung des Witterungsverlaufs (ProPlant, IPS-Systeme)
- **Prognosesysteme**: Komplexe, computerbasierte Simulationsmodelle, die mittels biologisch begründeter Algorithmen auf der Basis von Witterungsverlauf und schlagspezifischen Risikofaktoren die Befallsentwicklung berechnen; eventuell Kopplung mit Schadensschwellen zur Unterstützung einer ökonomisch begründeten Entscheidungshilfe (PASO-Modelle, z. B. SIMPHYT, SIMCERC, CERCBET, SkleroPro u. a.) (Tab. 45)
- **Mittelwahl**: Berücksichtigung von Wirkungsspektrum, aktuell auftretendem Schaderregerspektrum, sowie von ökologischen Kriterien (Abbaubarkeit/Persistenz; Selektivität; Nützlings- und Bienenschonung)
- **Anwendungstechnik**: Teilflächenbehandlung (GPS-gesteuert; Rand- oder Bandbehandlung; Bildanalyse/Unkrautkartierung)

Der entscheidende Schritt zur Realisierung eines gezielten Pflanzenschutzmitteleinsatzes ist die Abkehr von einer starren Behandlung nach dem Kalender, die die aktuelle Bekämpfungswürdigkeit außer Acht lässt. Eine gezielte, das heißt risiko- und schadensbezogene Behandlung setzt jedoch erhebliche Sachkenntnis und darüber hinaus Vorhersageinstrumente voraus, die mit hinreichender Zuverlässigkeit und vertretbarem Bedienungsaufwand die zu erwartende Schadenshöhe einschätzen. Solche Instrumente sind in den letzten Jahren zunehmend verbessert worden. Zu den wichtigsten und effektivsten derartigen Instrumenten gehören **Entscheidungshilfesysteme**, entweder auf Basis von Expertensystemen oder Prognosemodellen.

Tab. 45: Übersicht der gegenwärtig in Deutschland verfügbaren wetterdatenbasierten Prognosesysteme für Schaderreger im Acker-, Obst-, Wein- und Gemüsebau mit dem jeweiligen Grad der Praxisreife (Stand 2006).

Schaderreger, Krankheit	Kultur	Modell	Praxisreife
Parasitärer Halmbruch	Weizen Roggen Triticale	SIMCERC	++ ++ (+)
Mehltau	Weizen Gerste	SIMERY	(+) (+)
Septoria-Blattflecken	Weizen	SIMSEPT	(+)
Ährenfusarium	Weizen	FUS-OPT	(+)
Braunrost	Weizen, Gerste	PUCREC	+
Blattläuse	Weizen, Gerste	SIMLAUS	(+)
Krautfäule	Kartoffeln	SIMPHYT	++
Kartoffelkäfer	Kartoffeln	SIMLEP	++
Cercospora-Blattflecken	Zuckerrübe	CERCBET	++
Mehltau	Zuckerrübe	ERYBET	(+)
Sclerotinia	Raps	SkleroPro	++
Blauschimmel	Tabak	SIMPEROTA	(+)
Zwiebelfliege	Zwiebel, Schnittlauch	DELANT	++
Möhrenfliege	Möhren, Sellerie	PSILA	++
Kohlfliege	versch. Kruziferen	DELIA	++
Falscher Mehltau	Zwiebel	ZWIPERO	+
Apfelsägewespe	Apfel	HOPLOSUM	++
Feuerbrand	Apfel	FEURBRA, MARYBLYT, BIS95	++
Apfelschorf	Apfel	Versch. Modelle (DWD, PSD)	+
Falscher Rebenmehltau	Weinrebe	VitiMeteo u.a.	+
Traubenwickler	Weinrebe	Versch. Modelle der PSD	+

Praxisreife: (+) = Modell in Entwicklung; + = Modell in Praxiseinführung; ++ = Modell in Praxisanwendung; DWD = Deutscher Wetterdienst; PSD = Pflanzenschutzdienst der Länder

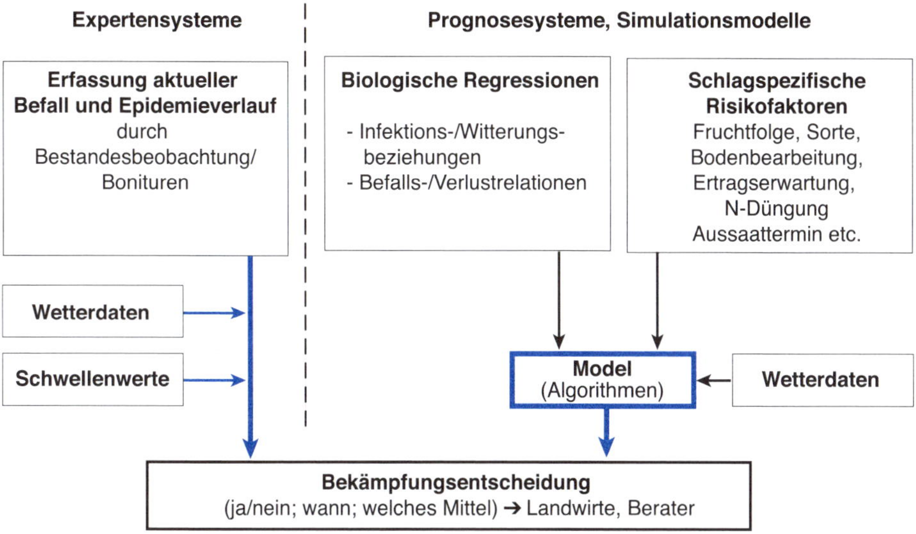

Abb. 86: Expertensysteme, Prognosesysteme und Simulationsmodelle im Pflanzenschutz: Konzepte und Input-/Outputparameter. Es bestehen grundsätzliche Unterschiede in Funktionalität und Komplexitätsgrad. Expertensysteme basieren wesentlich auf der Erfassung von aktuellem Befall und Epidemieverlauf und arbeiten mit erfahrungsabgeleiteten Schwellenwerten. Wetterdaten werden meist global zu Risikowetterlagen aufsummiert. Prognosesysteme auf der Basis von Simulationsmodellen besitzen einen Rechenkern bestehend aus Algorithmen, die die mathematische Beziehung von Infektions- bzw. Befallsvorgängen mit Witterungsdaten und schlagspezifischen Faktoren darstellt. Hinzu kommen Befalls-Verlustrelationen zur ökonomischen Bewertung des zu erwartenden Ertragsverlustes, die eine schadensbezogene Entscheidung ermöglichen. Prognosesysteme kommen in der Regel ohne Befallserhebungen aus.

Die verfügbaren Systeme besitzen einen unterschiedlichen Komplexitätsgrad. Nach ihrem Aufbau können vier Systemtypen unterschieden werden:

- **Schadensschwellensysteme**
- **Expertensysteme**
- **Negativprognosen**
- **Prognosemodelle** (Simulationsmodelle).

Typische Merkmale der verschiedenen Entscheidungshilfen, ihre Vor- und Nachteile sind in der folgenden Übersicht zusammengefasst (Tab. 46). Im Wesentlichen unterscheiden sie sich in Bezug auf Art und Umfang der erforderlichen Eingabeparameter und in der Art, wie diese Parameter in eine Empfehlung umgesetzt werden. Auch in der Systemaussage bestehen Unterschiede, die von einer einfachen Behandlungsempfehlung bis zur detaillierten Empfehlung von **Behandlungsnotwendigkeit** (basierend auf einer ökonomischen Bewertung), **Behandlungstermin**, **Mittelwahl** und **Aufwandmenge** reichen.

Tab. 46: Typische Merkmale der verschiedenen Typen von Entscheidungshilfen im Pflanzenschutz mit ihren Vor- und Nachteilen.

Merkmal	Schadschwellensystem	Expertensystem	Negativprognose	Prognosemodell
Grundcharakteristika	Bekämpfungsempfehlung bei Überschreiten bestimmter Befallswerte	Komplexere Entscheidungshilfe auf Basis von Expertenwissen, Schwellenwerten und Wetterdaten	Berechnung des Zeitraums, in welchem kein bekämpfungswürdiger Befall auftritt auf Basis von Risikosummenmodellen	Berechnung der Befallsentwicklung und der zu erwartenden Schadenshöhe mit biologisch begründeten Algorithmen
Bedarf an Boniturdaten	hoch	sehr hoch	keine	keine
Einbeziehung von Wetterdaten	nein	ja	ja	ja
Bedarf an Rechnerleistung	keiner	gering	hoch	sehr hoch
Zeitbedarf für Prognoseerstellung	mittel-hoch	hoch	gering	gering
Stärken	einfache Handhabung, geringe Kosten; Schulungseffekt beim Anwender	für viele Schaderreger anwendbar; relativ kostengünstig; verbessert Wissensstand der Anwender	Genauigkeit; Risikofreiheit; geringer Aufwand für den Anwender	hohe Komplexität und Genauigkeit der Empfehlung; hoher Nutzerkomfort
Schwächen	Treffgenauigkeit relativ gering bzw. Sicherheitsspielraum relativ groß (Vorsorgeprinzip), dadurch nur begrenzte Ausnutzung der Einsparpotenziale; relativ hoher Zeitaufwand		aus biologischen Gründen nur bei begrenzter Zahl von Schaderregern anwendbar	hohe Entwicklungskosten; nicht bei allen Schaderregern anwendbar
Beispiele	Bekämpfungsschwellen in Getreide, Raps, Zuckerrüben	IPS-Weizen-/Gerstensysteme, Pro-Plant-Systeme, CERCBET	Phytophthora-Negativ-Prognose, Apfelschorf-Prognose	SIMPHYT, SIMCERC, SkleroPro

Mit den Entscheidungshilfen soll der Landwirt bei einer bestimmten Pflanzenschutzentscheidung unterstützt werden. Die hierfür in den verschiedenen Kulturen zur Verfügung stehenden Verfahren sind in den letzten Jahren erheblich verbessert und zahlreicher geworden. Maßgeblichen Anteil daran hat eine in den neunziger Jahren durchgeführte Evaluation aller in Deutschland vorhandenen Modellansätze. Modelle mit vorhandener oder in Aussicht stehender Praxisreife wurden in dem Projekt ‚PASO' (Prognose agrarischer Schadorganismen) zusammengeführt. Seit Mai 2003 existiert eine Internetplattform unter der Bezeichnung **ISIP** (**I**ntegrierte **S**ysteme **i**n der **P**flanzenproduktion), auf der alle praxisreifen Prognosemodelle sowie umfangreiche weitere Beratungsdienste für den Landwirt und Berater abrufbar sind. Der Stand der verfügbaren Prognosemodelle ist in Tabelle 45 zusammengefasst. Besondere Bedeutung in der Praxis haben derzeit die Modelle zur Krautfäulebekämpfung in Kartoffeln (SIMPHYT), zur Halmbruchprognose in Winterweizen und Winterroggen (SIMCERC), sowie das Cercospora-Schadensschwellenmodell in Zuckerrübe (CERCBET). Viel versprechend sind neue Modelle wie SkleroPro zur Blütenbehandlung in Winterraps oder zur Risikovorhersage bezüglich Ährenfusarium in Winterweizen.

Auffällig ist, dass unter den aufgelisteten Modellen kein Prognosesystem zur **Unkrautbekämpfung** zu finden ist. Obwohl es hier viel versprechende Ansätze zum Beispiel für den Herbizideinsatz in Wintergetreide und Winterraps gibt, haben sich solche Verfahren in der Praxis bislang nicht durchsetzen können. Ein Grund könnte die relativ arbeitsaufwändige qualitative und quantitative Erfassung der Verunkrautung sein, die die meisten Landwirte und Berater nicht leisten können. Dennoch sind auch im Bereich Herbizidanwendung erhebliche Einsparpotenziale möglich, die durch die Anwendung von Prognosesystemen realisiert werden könnten.

Hinsichtlich der Modellaussage können Terminprognosen und Befalls- bzw. Schadensprognosen unterschieden werden. Bei **Terminprognosen** liegt der Schwerpunkt der Aussage in der optimalen Terminierung von Spritzfolgen in Bezug auf die epidemische Entwicklung des multizyklischen Erregers (SIMPHYT, CERCBET).

Bei **Schadensprognosen** geht es um Schaderreger, die nicht an jedem Standort und in jedem Jahr **bekämpfungswürdig** sind, und damit um die Entscheidung, ob überhaupt eine Bekämpfung erforderlich und vor allem lohnend ist. Ein Beispiel ist die Bekämpfung von Halmbruch in Getreide (SIMCERC). Beim Prognosemodell für die Blütenbehandlung gegen *Sclerotinia* in Raps (SkleroPro) handelt es sich um eine kombinierte Termin- und Schadensprognose.

Die Höhe der mit Prognosemodellen **erzielbaren Einsparungen** an Pflanzenschutzmitteln ist bei Systemen, die die Bekämpfungswürdigkeit vorhersagen, besonders groß, da es hier um eine „Ja-oder-Nein-Entscheidung" geht. Sie können beim Halmbruch in Weizen oder *Sclerotinia* in Raps bei 20 bis 50% und darüber liegen. Die Einsparungen durch optimale Terminierung von Spritzfolgen sind dagegen meist geringer, wenn auch immer noch beachtlich, zumal hier noch der Aspekt der Schonung der von Resistenz bedrohten Wirkstoffe hinzukommt.

Fragen zu Kapitel 13.2

- Was versteht man unter ‚Integriertem Pflanzenschutz‘ und welche wesentlichen Handlungsweisen sind damit verbunden?
- Welche vorbeugenden Maßnahmen können zur Verminderung der Schadenswahrscheinlichkeit im Pflanzenschutz ergriffen werden?
- Nach welchen Kriterien richtet sich in der Praxis die Gestaltung der Fruchtfolge und unter welchen Umständen spielen dabei phytosanitäre Aspekte eine Rolle?
- Welche Schaderreger werden durch eingeengte Fruchtfolgen besonders gefördert und welche biologischen Gründe lassen sich dafür anführen?
- Was versteht man unter ortsgebundenen gegenüber regionalen Fruchtfolgeeffekten hinsichtlich des Schaderregerauftretens (Beispiele)?
- Welche phytosanitären Folgen hat die reduzierte Bodenbearbeitung, insbesondere der Verzicht auf den Pflug?
- Welche Beweggründe gibt es für die Vorverlegung der Aussaattermine beim Wintergetreide und welche Folgen ergeben sich daraus für das Auftreten von Schaderregern?
- Welchen Einfluss hat die Düngung, insbesondere die Stickstoffdüngung auf das Schaderregerauftreten und welche Mechanismen liegen diesen Zusammenhängen zugrunde?
- Welche Vor- und Nachteile hat die Nutzung von Sorten mit spezifischen Resistenzgenen gegenüber quantitativer Resistenz und welche Konsequenzen ergeben sich daraus für den praktischen Anbau?
- Welche Instrumente für eine gezielte Anwendung von chemischen Pflanzenschutzmitteln stehen der Praxis zur Verfügung?
- Welche charakteristischen Unterschiede (Vor- und Nachteile) bestehen zwischen Schadensschwellen- und Expertensystemen sowie Prognosemodellen?

Weiterführende Literatur

Heitefuss, R., 2000: Pflanzenschutz, 3. Auflage, Thieme Verlag, Stuttgart.

Diercks, R. und R. Heitefuss (Hrsg.), 1990: Integrierter Landbau, Verlagsunion Agrar, München.

Meinert, G. und A. Mittnacht, 1992: Integrierter Pflanzenschutz, Verlag Eugen Ulmer, Stuttgart.

Wahmhoff, W., 2000: Integrierter Rapsanbau, Erich Schmidt Verlag, Berlin.

13.3 Physikalische Maßnahmen

Physikalische Maßnahmen umfassen alle mechanischen, thermischen, akustischen und optischen Verfahren zur Fernhaltung von Schaderregern bzw. zu deren Bekämpfung. Sie werden überwiegend vorbeugend eingesetzt. Für die direkte Bekämpfung von Schaderregern haben sie eher eine geringe Bedeutung, sieht man einmal von der mechanischen bzw. thermischen Unkrautbekämpfung ab.

Mechanische Verfahren

Mechanische Verfahren umfassen sowohl die direkte Vernichtung des Schaderregers als auch seine Fernhaltung. Die bedeutendsten mechanischen Verfahren sind:

- Fernhalten tierischer Schaderreger durch Zäune, Mauern und Hecken (z. B. Wirbeltiere), Kulturschutznetze oder -vliese (z. B. Möhrenfliege, Kohlfliege), Leimringe (z. B. Frostspanner) und Fanggürtel (z. B. Apfelwickler)
- Mechanische Unkrautbekämpfung mit Striegel, Grubber und Pflug; große Bedeutung im ökologischen Landbau
- Absammeln der Schaderreger (z. B. Schnecken, Raupen, Käferlarven) von Pflanzen und deren Vernichtung durch Zertreten oder Zerdrücken; Bedeutung allenfalls auf kleineren Flächen oder bei Spezialkulturen
- Herausschneiden und Vernichtung befallener Pflanzenteile (z. B. Triebspitzen bei Befall mit Apfelmehltau *Podosphaera leucotricha*, Triebe und Knospen an Pfirsich bei Befall mit Kräuselkrankheit *Taphrina deformans*, Fruchtmumien an Pflaume bei *Monilinia*-Befall)
- Rodung und Vernichtung erkrankter Kulturen bei starkem Befall bzw. Auftreten bedeutender Quarantäneschaderreger (z. B. *Ralstonia solanacearum* an Kartoffel)
- Bodenbearbeitung mit rotierenden Bearbeitungsgeräten, schweren Walzen und Pflug gegen Bodenschädlinge (z. B. Engerlinge, Erdraupen, Larven des Maiszünslers)
- Einsatz von Fallen zur Bekämpfung von Schadnagern (z. B. Wühlmäuse im Obstbau)
- Jagd von Wirbeltieren (z. B. Wildtauben, Fasan, Wildkaninchen, Feldhase, Rehwild) innerhalb der Möglichkeiten des Bundesjagdgesetzes.

Thermische Verfahren

Diese Verfahren basieren auf der Empfindlichkeit der Schadorganismen gegenüber hohen Temperaturen. Bereits ab 50 °C werden zahlreiche pflanzenparasitäre Nematoden und einige Oomyceten abgetötet. Temperaturen von 60 bis 70 °C sind tödlich für die meisten phytopathogenen Bakterien und Pilze sowie Schnecken und Temperaturen über 80 °C töten die restlichen Schaderreger einschließlich Unkräutern ab. Nur einige Dauerstadien von Bakterien sowie hitzetolerante Viren oder Unkrautsamen können Temperaturen bis 100 °C überdauern. Tiefe Temperaturen von 2 bis 6 °C (Kühlung) verhindern bzw. verzögern die Entwicklung von Schaderregern und haben somit eine große Bedeutung bei der Bekämpfung von Schaderregern im Nacherntebereich, d. h. während Transport und Lagerung (z. B. von Kartoffeln, Gemüse, Obst).

Bodendämpfung. Bei diesem Verfahren wird der Boden mit feuchter Wärme (Dampf) behandelt. Temperatur und Dämpfzeit richten sich nach der Temperaturempfindlichkeit der vorhandenen Schaderreger. Für die meisten bodenbürtigen Pilze, Nematoden, Bodeninsekten und Unkräuter reichen 50 bis 60 °C für 20 Minuten. Für *Fusarium oxysporum* und *Verticillium dahliae* beträgt die erforderliche Temperatur mind. 70 °C und für TMV 90 °C. Die Bodendämpfung erfolgt in Dämpfbehältern (z. B. Elektrodämpfkammern) oder direkt im Boden durch spezielle Einrichtungen:

- Dämpfhaube: Ausbringen des Dampfes unter Leichtmetallhauben; Entseuchungstiefe 15 bis 20 cm
- Dampffolie: Einblasen von Dampf unter allseits befestigte Folie; Entseuchungstiefe 25 bis 30 cm
- Dämpfegge/Dämpfpflug: Einleitung des Dampfes über Zinken und Schare, die mit 5 bis 20 m/h durch den Boden gezogen werden; Entseuchungstiefe 30 bis 40 cm
- Unterdruckdämpfung: Dampfeinbringung unter Folie; in einem tief verlegten Röhrensystem wird Unterdruck erzeugt, der den heißen Dampf in tiefere Bodenschichten zieht; Entseuchungstiefe 40 bis 50 cm.

Durch Abdecken des Bodens nach der Dämpfung können hohe Temperaturen über mehrere Stunden gehalten werden. Aufgrund des hohen technischen Aufwands können nur begrenzte Bodenmengen entseucht werden, sodass die Bodendämpfung vor allem für Gewächshausböden, Saatbeete und Anzuchterden eingesetzt wird. Teilweise erfolgt eine rasche Wiederbesiedlung des Bodens mit Schaderregern aus tieferen Bodenschichten (z. B. Nematoden) bzw. durch Eintrag von außen (z. B. pathogene Pilze), die sich dann aufgrund fehlender Gegenspieler rasch vermehren können.

Abflammen. Das Abflammen der Bodenoberfläche mit Propangasbrennern ist eine wirkungsvolle Maßnahme gegen Samenunkräuter (Wurzelunkräuter werden nicht ausreichend erfasst) und wird vor allem im ökologischen Gemüsebau intensiv eingesetzt. Man unterscheidet zwischen Flächenabflammung (z. B. Vorauflauf bei Gemüse), Bandabflammung (zwischen den Reihen, z. B. Mais) oder selektivem Abflammen innerhalb der Reihen. Das Abflammen des Bodens kann bis kurz vor Auflaufen der Kulturpflanzen (z. B. Möhren, Zwiebeln) erfolgen. Bei Kartoffeln beugt ein Abflammen des Krautes vor der Ernte Knollenerkrankungen vor und erleichtert die Ernte. Der Energieeinsatz ist insgesamt hoch.

Solarisation. Abdecken des feuchten Bodens mit einer lichtdurchlässigen Polyethylenfolie für 4 bis 8 Wochen. Licht dringt durch die Folie und bewirkt eine Temperaturerhöhung gegenüber der Umgebungstemperatur. Unter günstigen Bedingungen können 60 °C in den oberen 5 cm und 40 °C in 20 cm Tiefe erreicht werden. Teils sehr gute Wirkung gegen bodenbürtige Schaderreger (z. B. *Verticillium* spp., *Fusarium* spp., *Phytophthora* spp., Nematoden). Insgesamt jedoch geringe Tiefenwirkung und meist rasche Wiederbesiedlung durch mobile Schaderreger aus tieferen Bodenschichten (z. B. Nematoden). Solarisation kann im Freiland und im Gewächshaus angewendet werden, ist aber auf Regionen mit intensiver Sonneneinstrahlung beschränkt.

Thermotherapie. Die Thermotherapie mit ihren verschiedenen Variationen (z. B. Warmwasser-, Heißwasser-, Warmluftbehandlung) wird zur Abtötung von pathogenen Schaderregern in Samen und Vermehrungspflanzgut eingesetzt (z. B. Virusfreimachung von Stecklingen, gegen *Ditylenchus dipsaci* in Leguminosensamen und Blumenzwiebeln). Das Prinzip beruht auf der höheren Temperaturempfindlichkeit der Schaderreger gegenüber der Pflanze. Der Grenzbereich ist teilweise jedoch recht eng und bereits geringe Temperaturabweichungen können zu Pflanzenschäden führen (z. B. verzögerte Keimung, Triebstauchungen, Blattvergilbungen, Brechen oder Verlängern des Ruhezustandes von vegetativen Pflanzenteilen).

Abb. 87: Abflammgerät zur Unkrautbekämpfung im Einsatz (Foto: Florian Rau, Ökoring Niedersachsen).

Frostschutzberegnung. Die Frostschutzberegnung stellt einen wirksamen Schutz der Pflanzen (z. B. Obst-, Gemüsebau) gegen Spätfröste im Frühjahr dar (s. Kap. 2). Die Schutzwirkung beruht auf der Wärmeabgabe des Wassers beim Gefrieren (80 kcal/l). Im Pflanzengewebe sinken die Temperaturen nicht unter −0,5 bis −1,0 °C und liegen damit über dem Gefrierpunkt des Pflanzengewebes (ca. −2,0 °C). In der Praxis wird ein sicherer Frostschutz bis −8 °C Außentemperatur erreicht. Die Beregnung erfolgt mit Langsamregnern und muss bis zum völligen Abtauen der Pflanzen fortgesetzt werden. Mögliche Nachteile sind das Abbrechen eisbelasteter Äste und Triebe, Vernässung schwerer Böden und Auswaschung von Nährstoffen.

Sonstige Verfahren

Trocknung. Durch Trocknung von Ernteprodukten wird den Schaderregern das zum Leben benötigte Wasser entzogen. So bietet die Trocknung von Getreide auf 12% Restfeuchte einen guten Schutz vor Befall mit phytopathogenen Schaderregern. Zum Schutz vor Befall mit Bakterien und Pilzen sollten fleischige Früchte (z. B. Erdbeeren, Pfirsiche) erst nach Abtrocknen der Oberfläche geerntet werden. Bei vollständiger Trocknung von Früchten ist eine langfristige Konservierung und Lagerung möglich (z. B. Weintrauben, Aprikosen, Pflaumen).

Abb. 88: Großflächige Solarisation (Foto: Anonym).

Akustische Verfahren. Sie werden ausschließlich gegen Vögel eingesetzt. Am weitesten verbreitet sind Knallschreckgeräte. Um den Gewöhnungseffekt durch die Vögel und die Beläs-

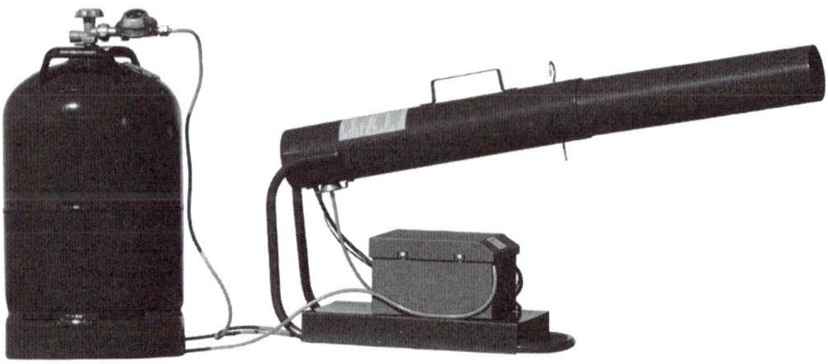

Abb. 89: Stationäres elektronisches Knallschreckgerät mit 3fach Schuss (Foto: Werkbild Purivox).

tigung der Anwohner gering zu halten, sollten Sensor-gesteuerte Geräte (z. B. Lichtschrankensystem) verwendet werden, die nur knallen, wenn sich Vögel auf dem Feld niederlassen. Eine weitere Maßnahme ist das Abspielen von Klage- und Warnschreien aus Lautsprechern. Die Vögel gewöhnen sich in der Regel jedoch recht schnell an diese Verfahren, sodass sie in zeitlichen Abständen durch andere Verfahren zu ersetzen sind.

Optische Verfahren. Zur Abwehr von Vögeln werden Vogelscheuchen, Flatterbänder aus Alufolie oder CD's und Greifvogelattrappen eingesetzt. All diese Verfahren wirken meist nur kurzfristig. Saatgutfärbung bietet einen gewissen Schutz gegen Vogelfraß, solange Alternativnahrung zur Verfügung steht. Zur Früherkennung und Bekämpfung verschiedener Schadinsekten werden farbige Leimtafeln eingesetzt (z. B. **Gelbtafeln** gegen Weiße Fliegen, geflügelte Blattläuse, Trauermücken, Minierfliegen, **Blautafeln** gegen Thripse).

Bestrahlung. Ein vielversprechendes Verfahren ist die Elektronenbehandlung bzw. Elektronenbeizung. Das Prinzip der Elektronenbeizung beruht auf der desinfizierenden Wirkung niederenergetischer Elektronen. Die Elektronen dringen in die Samenschale ein und führen zu einer wirkungsvollen Bekämpfung von Schaderregern auf bzw. in der Samenschale (z. B. *Tilletia* spp.). Der Embryo sowie Schaderreger im Samen (z. B. *Fusarium* spp., *Ustilago* spp.) werden von den Elektronen jedoch nicht erfasst. Die Elektronenbeize ist praktisch für alle Saatgutarten einsetzbar. Mit mobilen Geräten wird die Saatgutbehandlung vor Ort durchgeführt. Das Saatgut kann bedenkenlos gelagert werden, Restmengen von Getreide können verfüttert werden. Das Verfahren ist zulassungsfrei und kann auch im ökologischen Landbau eingesetzt werden. Daneben eignen sich auch zahlreiche andere Strahlen (z. B. Infrarotstrahlen, Ultraviolettstrahlen, Ultraschall, Hochfrequenzstrahlen) zur Bekämpfung von Schaderregern. Schwierigkeiten bei der Entwicklung großtechnischer Anlagen stehen einer breiten Anwendung in der Praxis aber meist entgegen. Aber auch durch Herausfiltern bestimmter Wellenlängen, wie sie z. B. für die Sporulation von pathogenen Pilzen erforderlich sind, ist eine Bekämpfung möglich (z. B. Abdeckung von Gewächshäusern mit Vinylfolien, die Wellenlängen < 390 nm absorbieren).

Abb. 90: Einsatz von Farbtafeln zur Prognose von Schaderregerbefall (aus Crüger et al., 2002).

Fragen zu Kapitel 13.3

- Welche physikalischen Verfahren im Pflanzenschutz gibt es und wie ist ihre jeweilige praktische Bedeutung einzuschätzen?
- Welche Temperaturen sind bei der Bodendämpfung für eine ausreichende Abtötung der Schaderreger erforderlich?
- Worauf beruht die Solarisation, wo wird sie eingesetzt und welche Schaderreger können damit getroffen werden?
- Wie funktioniert die Frostschutzberegnung und welchen Einsatzbereich hat sie?
- Welche Vor- und Nachteile hat die Bodendämpfung?
- Welche akustischen und optischen Verfahren werden zur Vogelabwehr eingesetzt?
- Gegen welche Schaderreger wirkt die Elektronenbeizung?
- Welche mechanischen Pflanzenschutzverfahren gibt es?

Weiterführende Literatur

Crüger, G., G. F. Backhaus, M. Hommes, S. Smolka und H.-J. Vetten, 2002: Pflanzenschutz im Gemüsebau. Verlag Eugen Ulmer, Stuttgart.

Heitefuss, R., 2000: Pflanzenschutz. Georg Thieme Verlag, Stuttgart.

Hoffmann, G. M., F. Nienhaus, H.-M. Poehling, F. Schönbeck, H. C. Weltzien und H. Wilbert, 1994: Lehrbuch der Phytomedizin, 3. Auflage, Blackwell Verlag, Berlin.

Meyer, E., F. Emschermann, J. Frahm, F.-W. Maier-Bode, H. Heddergott und H. Thiede, 2006: Taschenbuch des Pflanzenarztes. Landwirtschaftsverlag, Münster.

13.4 Biologischer Pflanzenschutz

> **Biologischer Pflanzenschutz** ist die durch den Menschen gesteuerte Nutzung von Organismen (einschließlich Viren) und deren Leistungen zum Schutz von Pflanzen gegenüber Belastungen durch biotische und abiotische Faktoren.

Natürliche Feinde von Schaderregern sorgen dafür, dass sich schädigende Populationsdichten von Schaderregern in den allermeisten Fällen erst gar nicht aufbauen können. Dieses natürliche Potenzial der Selbstregulation stößt aber auf gewisse Grenzen, so z. B. in intensiven Anbauverfahren, die eine Massenvermehrung der auf die jeweilige Kulturart spezialisierten Schaderreger ermöglichen. Ziel des Biologischen Pflanzenschutzes ist es, natürlich vorhandene Nutzorganismen zu erhalten und zu fördern bzw. Schaderreger durch den Einsatz von Nutzorganismen zurückzudrängen. Neben diesem klassischen Ansatz wird heute vielfach auch die Nutzung natürlicher Reaktionen und Verhaltensweisen von Schaderregern (Biotechnische Verfahren, s. Kap. 13.6) sowie die Nutzung pflanzeneigener Schutzmechanismen gegenüber biotischen und abiotischen Schadfaktoren (Induzierte Resistenz, Pflanzenstärkung, s. Kap. 13.5) dem Biologischen Pflanzenschutz zugeordnet. Zum Biologischen Pflanzenschutz im weiteren

Sinne zählt auch die Nutzung suppressiver Böden. In **suppressiven Böden** (krankheitsunterdrückende Böden) können sich bestimmte Schaderreger nicht bzw. nur schlecht entwickeln. Suppressive Böden sind beschrieben für bakterielle (z. B. *Streptomyces scabies*) und pilzliche Schaderreger (z. B. *Phytophthora* spp., *Fusarium* spp., *Pythium* spp., *Gaeumannomyces* spp.) sowie für pflanzenparasitäre Nematoden (z. B. *Heterodera avenae*, *Radopholus similis*). Die Suppressivität ist biologischen Ursprungs (antagonistische Mikroorganismen) und kann durch Einmischen in einen anfälligen Boden übertragen werden.

Der Biologische Pflanzenschutz hat in den letzten Jahren kontinuierlich an Bedeutung gewonnen. Er wird erfolgreich im Geschützten Anbau (z. B. Gemüse, Zierpflanzen) sowie im Obst-, Wein- und Gemüsebau praktiziert, teilweise auch im Ackerbau (z. B. *Trichogramma evanescens* gegen den Maiszünsler, *Coniothyrium minitans* gegen *Sclerotinia* spp.). Der Biologische Pflanzenschutz basiert auf verschiedenen Gruppen von Nutzorganismen (Tab. 47).

Tab. 47: Gruppen von Nutzorganismen.

Räuber (Prädatoren)	ernähren sich im Laufe ihres Lebens von mehreren Beutetieren, die sie zuvor getötet haben; Räuber sind in der Regel größer als ihr Wirt
Parasitoide	legen ihre Eier in oder an den Wirt, die Nachkommen ernähren sich vom Wirt und töten ihn; Parasitoide sind in der Regel kleiner als ihr Wirt
Parasiten	leben in oder an einem Wirt und entziehen ihm Nährstoffe ohne ihn jedoch abzutöten
Pathogene (Krankheitserreger)	infizieren den Wirt und führen zur Schwächung bzw. zum Tod des Wirtes
Antagonisten	natürlich auftretende saprophytische Gegenspieler (Bakterien, Pilze) von phytopathogenen Schaderregern
Nützlinge	tierische Gegenspieler von tierischen Schaderregern

Biologische Bekämpfungsverfahren tragen dazu bei, die möglichen Gefahren durch Rückstände und Nebenwirkungen chemischer Pflanzenschutzmittel zu vermindern, die Biozönose zu schonen und die Resistenzselektion von Schaderregern gegenüber chemischen Wirkstoffen zu verringern. Bei plötzlich auftretenden Massenvermehrungen von Schadorganismen bzw. bei Schaderregern mit sehr niedrigen Schadensschwellen kann der Biologische Pflanzenschutz in der Regel wenig ausrichten.

Einsatz von Nützlingen

Durch Erhaltung und Förderung von Nützlingen kann in den meisten Fällen einer Massenvermehrung von Schaderregern vorgebeugt werden. In der Praxis ist dies z. B. durch die Anlage von Hecken, Ackerrandstreifen,

Aufstellen von Nisthilfen für Vögel oder den Einsatz nützlingsschonender Pflanzenschutzverfahren möglich (z. B. Anwendung selektiv wirkender Pflanzenschutzmittel, Teilflächenapplikation, Behandlung nach Prognosemodellen). Ist eine Erhaltung oder Förderung von Nützlingen durch präventive Maßnahmen nicht möglich, bzw. sind Nützlinge natürlicherweise nicht vorhanden (z. B. bei eingeschleppten Schaderregern), so können Nützlinge auch gezielt ausgebracht werden. Dies gilt auch für Nützlinge, die aufgrund klimatischer Bedingungen nicht persistieren oder für den Fall, dass die Effizienz natürlicher Gegenspieler aufgrund ungenügender räumlicher und zeitlicher Synchronisation bzw. geringer Vermehrungsraten nicht ausreicht. Bei dem **Overkill-Verfahren** (‚innundative release strategy') wird ein Überangebot an Nützlingen der aufkommenden Schädlingspopulation entgegengesetzt, sodass eine mögliche Schädigung bereits im Keim erstickt wird.

In Deutschland werden seit 1977 *Trichogramma*-Schlupfwespen zur Bekämpfung des Maiszünslers eingesetzt und seit den 1980er Jahren werden verschiedene Nützlinge produziert und kommerziell vertrieben. Heute gibt es allein in Deutschland über 20 Nützlingsanbieter. Der Einsatz von Nützlingen erfolgt überwiegend in Gewächshauskulturen und kann dort 100% der Pflanzenschutzmaßnahmen ausmachen (z. B. Tomate, Gurke). Aber auch im Freiland, beim Vorratsschutz und der Innenraumbegrünung werden Nützlinge zunehmend eingesetzt. Der weitaus größte Teil der in Deutschland angebotenen Nützlingsarten sind heimische Arten. In Gewächshäusern werden zusätzlich einige nichtheimische wärmeliebende Arten eingesetzt. Diese Arten können im Freiland in der Regel nicht überwintern, wodurch eine dauerhafte Ansiedlung ausgeschlossen wird. Es gibt jedoch Ausnahmen, wie die Neueinbürgerung der Schlupfwespe *Prospaltella perniciosi* zur Bekämpfung der nach Europa eingeschleppten San José-Schildlaus (*Quadraspidiotus perniciosus*). Aus **Naturschutzgründen** ist die Neueinbürgerung von Nutzorganismen nur möglich, wenn eine Verdrängung einheimischer Arten bzw. sonstige negative Auswirkungen auf das Ökosystem ausgeschlossen werden können. Der Einsatz von Nützlingen ist bisher nicht zulassungs- oder genehmigungspflichtig. Für das Ausbringen nichtheimischer Arten ist die Naturschutzbehörde zuständig. Entsprechende Anträge sind vom jeweiligen Anwender zu stellen. Im Handel werden derzeit verschiedene Nematoden und Arthropoden als Nützlinge angeboten (Tab. 48).

Nematoden. Nematoden werden sowohl zur Bekämpfung von Käferlarven und Schmetterlingsraupen (z. B. *Steinernema* spp., *Heterorhabditis* spp.), als auch zur Bekämpfung von Nacktschnecken (*Phasmarhabditis hermaphrodita*) eingesetzt (s. Kap. 6.7). Die Massenproduktion der Nematoden erfolgt in Fermentern, die Applikation in der Regel über den Boden (ca. 500 000 Larven/m^2). Für eine gute Wirkung sind Bodentemperaturen über 12 °C und eine ausreichende Bodenfeuchtigkeit erforderlich. Verfahren zur Blattapplikation von Nematoden befinden sich in der Entwicklung. Nematoden sind maximal sechs Wochen haltbar und sollten nicht auf Vorrat gekauft werden.

Tab. 48: In Deutschland und Nachbarländern gehandelte Nützlinge (Auswahl).

Nützling	Schaderreger
Parasiten	
Insektenparasitische Nematoden	
Heterorhabditis bacteriophora	Larven von Dickmaulrüsselkäfer, Raupen der Wurzelbohrer (*Hepialus*), Engerlinge des Gartenlaubkäfers
Heterorhabditis megidis	Larven von Dickmaulrüsselkäfer und anderen wurzelfressenden Insektenlarven
Steinernema carpocapsae	Larven von Dickmaulrüsselkäfer und anderen wurzelfressenden Insektenlarven, Maulwurfgrillen
Steinernema feltiae	Larven von Trauermücken und Haarmücken
Schneckenparasitische Nematoden	
Phasmarhabditis hermaphrodita	Nacktschnecken (*Deroceras*, *Agriolimax* u. a.)
Parasitoide	
Parasitische Hymenopteren	
Anagrus atomus	Zikaden-Eier
Anagyrus fusciventris	Woll- und Schmierläuse
Anisopteromalus calandrae	Brotkäfer (*Stegobium paniceum*), Tabakkäfer (*Lasioderma serricorne*)
Aphelinus abdominalis	Blattläuse (ab 14 °C)
Aphidius spp.	Blattläuse
Coccophagus licymnia, *C. scutellaris*	Schildläuse (*Coccus*, *Saissetia*)
Dacnusa sibirica	Minierfliegen (*Liriomyza* u. a.)
Diaeretiella rapae	Mehlige Kohlblattlaus
Diglyphus isaea	Minierfliegen (*Liriomyza* u. a.)
Encarsia formosa	Weiße Fliege
Encyrtus lecaniorum	Schildläuse (*Saissetia hemisphaerica*)
Eretmocerus californicus, *E. eremicus*, *E. mundus*	Weiße Fliege (*Bemisia* spp. u. a.)
Habrobracon hebetor	Dörrobstmotte (*Plodia interpunctella*) und Mehlmotten (*Ephestia* spp.)
Lariophagus dinstinguendus	Kornkäfer (*Sitophilus* spp.), Brotkäfer (*Stegobium paniceum*), Tabakkäfer (*Lasioderma serricorne*)
Leptomastidea abnormis	Woll- und Schmierläuse

Nützling	Schaderreger
Leptomastix dactylopii	Woll- und Schmierläuse
Lysiphlebus testaceipes	Blattläuse (*Aphis*-Arten) (ab 23 °C)
Metaphycus flavus, M. helvolus	Schildläuse
Microterys flavus, M. nietneri	Schildläuse
Pseudaphycus maculipennis	Woll- und Schmierläuse
Thripobius semiluteus	Thripse
Trichogramma brassicae	Verschiedene Raupen
Trichogramma dendrolimi, T. cacoeciae	Apfel- und Fruchtschalenwickler, Erbsenwickler, Pflaumenwickler
Trichogramma evanescens	Maiszünsler, Schadschmetterlinge, vorratsschädliche Motten
Venturia canescens	Dörrobstmotte (*Plodia interpunctella*) und Mehlmotten (*Ephestia* spp.)
PRÄDATOREN	
Raubmilben	
Amblyseius cucumeris, Amblyseius barkeri	Thripse
Iphiseius degenerans	Thripse
Neoseiulus californicus	Spinnmilben (u. a. *Tetranychus urticae*)
Hypoaspis aculeifer, H. miles	Thripspuppen an der Bodenoberfläche
Phytoseiulus persimilis	Spinnmilben (u. a. *Tetranychus urticae*)
Mesoseiulus longipes	Spinnmilben
Räuberische Thripse	
Franklinothrips vespiformis	Thripse
Räuberische Dipteren	
Aphidoletes aphidimyza	Blattläuse
Episyrphus balteatus	Blattläuse
Feltiella acarisuga	Spinnmilben
Räuberische Netzflügler (Florfliege)	
Cryptolaemus montrouzieri	Woll- und Schmierläuse
Adalia bipunctata	Blattläuse
Chilocorus nigritus	Schildläuse

Nützling	**Schaderreger**
Coccinella septempunctata	Blattläuse
Delphastus pusillus	Weiße Fliege
Rhyzobius (= Lindorus) lophantae	Schildläuse, Woll- und Schmierläuse
Stethorus punctillum	Spinnmilben
Raubwanzen	
Orius spp.	Thripse (z. B. *Frankliniella*)
Macrolophus caliginosus, M. pygmaeus	Spinnmilben, Weiße Fliege
Anthocoris nemoralis	Blattsauger (*Psyllidae*)
Picromerus bidens	Raupen

Abb. 91: Parasitierung der Getreideblattlaus *Sitobion avenae* durch die Schlupfwespe *Aphidius uzbecistanikus*: Eiablage in *S. avenae* (links), frisch geschlüpfte Schlupfwespe verlässt Mumie von *S. avenae* (rechts) (Fotos: Urs Wyss, Institut für Phytopathologie der Universität Kiel).

Arthropoden. Bei den Nutzarthropoden unterscheidet man zwischen Räubern und Parasitoiden; bei den Parasitoiden weiterhin nach dem parasitierten Stadium zwischen Ei-, Larven-, Puppen- und Imaginalparasitoiden. **Parasitoide** zeichnen sich durch hervorragende Sinnesleistungen beim Aufsuchen ihrer Wirte aus. Viele Parasitoide haben ein sehr spezifisches Wirtsspektrum. Bedeutende Parasitoide findet man bei den Schlupf-, Gall- und Erzwespen (Hymenoptera, Abb. 91) und den Raupenfliegen (Diptera) (s. Kap. 7.5, sowie Tab. 48). **Räuberische Nutzarthropoden** sind meist größer als ihre Beutetiere und gut beweglich. Sie benötigen für ihre Entwicklung stets mehrere Beutetiere, die sie aussaugen oder fressen. So verzehrt die Raubmilbe *Phytoseiulus persimilis* täglich bis zu 5 ausgewachsene Spinnmilben oder 20 Larven und eine Larve der Florfliege *Chrysoperla carnea* bis zu 50 Blattläuse. Die meisten Prädatoren sind we-

Abb. 92: Räuberischer Marienkäfer (*Adalia bipunctata*) vertilgt eine Kartoffelblattlaus (*Aulacorthum solani*) (Foto: Urs Wyss, Institut für Phytopathologie der Universität Kiel).

nig spezialisiert. Die wichtigsten Prädatoren findet man bei den Milben, Fliegen, Wanzen und Käfern (Abb. 92, Tab. 48). Nutzarthropoden werden überwiegend im Gewächshaus eingesetzt (verschiedenste Kulturen, Abb. 93), zunehmend aber auch im Freiland (z. B. *Trichogramma evanescens*, Abb. 94, *Chrysoperla carnea*, *Phytoseiulus persimilis*).

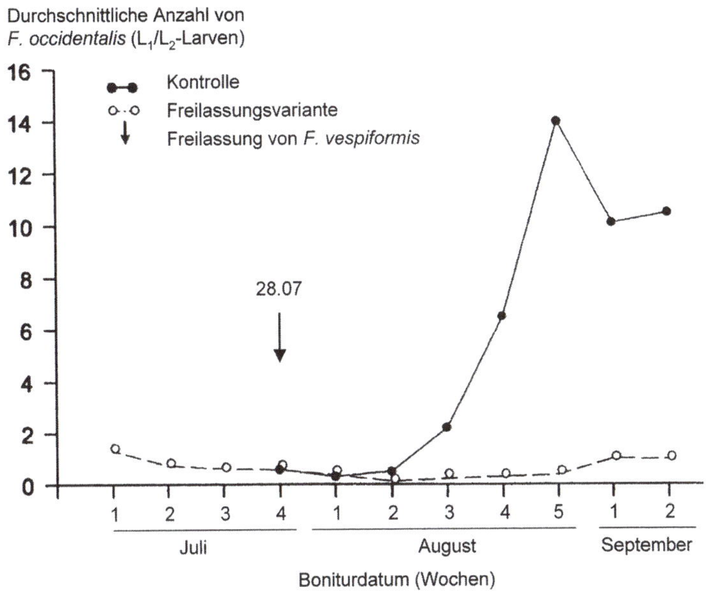

Abb. 93: Populationsentwicklung von *Frankliniella occidentalis*-Larven an *Euphorbia milii*-Blüten nach der Freilassung von 10 *Franklinothrips vespiformis*-Weibchen/m² in einem Gartenbaubetrieb im Jahr 2000 (Zegula et al., 2003).

Biologische Pflanzenschutzmittel

> Präparate, die Mikroorganismen (z. B. Viren, Bakterien, Pilze) mit direkter Wirkung gegen einen Schadorganismus enthalten, müssen als Pflanzenschutzmittel zugelassen werden. Falls die Mikroorganismen keine direkte Wirkung auf den Schadorganismus haben, können sie als Pflanzenstärkungsmittel gelistet und vertrieben werden.

Biologische Pflanzenschutzmittel sind laut Pflanzenschutzgesetz (PflSchG) ebenso Pflanzenschutzmittel wie chemisch-synthetische Pflanzenschutzmittel. Im Detail gibt es einige Unterschiede, die vor allem die biologische Herkunft des Wirkstoffs berücksichtigen (EU-Richtlinie 91/414/EWG über das Inverkehrbringen von Pflanzenschutzmitteln). Insgesamt machen biologische Pflanzenschutzmittel derzeit etwa 1% des gesamten Weltmarkts an Pflanzenschutzmitteln aus, was einem Marktvolumen von 300 Millionen Euro entspricht (Europa: 10 Millionen Euro). Verschiedene natürlich vorkommende Erreger von Infektionskrankheiten (z. B. Viren, Bakterien, Pilze) sind als Wirkstoff biologischer Pflanzenschutzmittel zu-

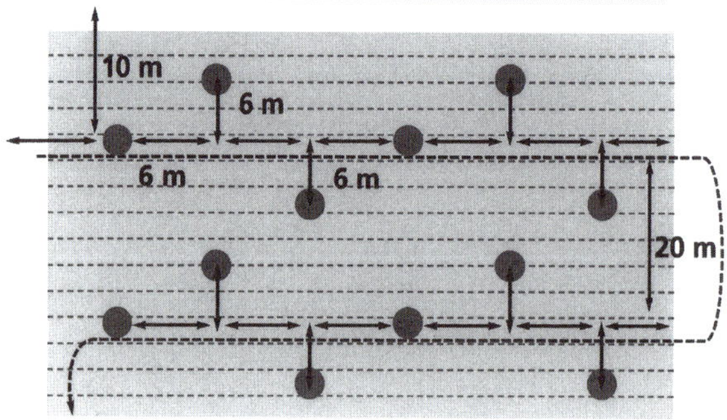

Abb. 94: Ausbringung von *Trichogramma* in Mais: Trichosafe®-Kugel (oben) und Ausbringschema (unten). Alle 6 m wird eine Kugel auf den Boden in der Reihe geworfen (100 Kugeln/ha) (Foto: BIOCARE Gesellschaft für Biologische Schutzmittel mbH, Einbeck).

gelassen (Tab. 49). Diese Krankheitserreger zeichnen sich durch eine hohe Wirtsspezifität aus, sodass die Gefahr von Nebenwirkungen auf Nichtzielorganismen gering ist. Die Ausbringung biologischer Pflanzenschutzmittel erfolgt mit normalen Pflanzenschutzgeräten. Die Lagerfähigkeit der Präparate reicht von wenigen Wochen (z. B. *Coniothyrium minitans*) bis hin zu mehreren Jahren (z. B. *Bacillus thuringiensis*). Trotz intensiver Forschungsbemühungen in den vergangen Jahren ist die Anzahl biologischer Pflanzenschutzmittel noch immer sehr gering. Die Ursachen hierfür reichen von einer oftmals unbefriedigenden Wirkungssicherheit in der Praxis über schwierige Massenproduktion und Formulierung bis hin zur geringen Lagerfähigkeit des Präparates. Nachteilig wirken sich ferner die im Rahmen der Wirkstoffprüfung und Zulassung anfallenden hohen Kosten (s. Kap. 13.9), die Dauer des Prüfungsprozesses und der relativ kleine Markt für die häufig sehr spezifischen Wirkstoffe aus. Insbesondere kleine und mittelständische Betriebe sind damit in der Regel überfordert.

Viren. Von den ca. 1000 bisher bekannten Insektenviren zählen 60% zu den Baculoviren. **Baculoviren** wurden bisher ausschließlich bei Arthropoden gefunden, weshalb sie für den Biologischen Pflanzenschutz geradezu prädestiniert sind. Man findet sie vor allem in Insekten der Ordnung Lepidoptera, sowie Hymenoptera und Diptera. Die einzelnen Vertreter zeichnen sich durch eine sehr hohe Wirtsspezifität aus. Die in Einschlusskörpern eingebetteten Viren werden oral aufgenommen. Durch Vermehrung im Darmepithel oder in anderen Körperorganen werden befallene Zellen zerstört und

Wirkstoff	Zielorganismus	Kultur
Viren		
Apfelwickler-Granulosevirus	Apfelwickler	Kernobst
Schalenwickler-Granulosevirus	Schalenwickler	Kernobst
Bakterien		
Bacillus thuringiensis ssp. *aizawai*	z. B. freifressende Schmetterlingsraupen, Raupen von Kohlweißling, Kohlmotte, Kohlschabe, Kohleule, Maiszünsler, Traubenwickler	Gemüse, Steinobst, Kernobst, Beerenobst, Mais, Weinrebe, Zierpflanzen
Bacillus thuringiensis ssp. *tenebrionis*	Larven von Kartoffelkäfer	Kartoffel, Aubergine
Bacillus thuringiensis ssp. *kurstaki*	z. B. freifressende Schmetterlingsraupen, Schwammspinner, Goldafter, Maiszünsler, Traubenwickler	Gemüse, Steinobst, Kernobst, Weinrebe, Zierpflanzen, Forstgehölze
Pilze		
Coniothyrium minitans	*Sclerotinia* spp.	versch. Ackerkulturen (Raps, Sonnenblume, Kartoffel, Gemüse, Tabak), Zierpflanzen

Tab. 49: In Deutschland zugelassene Biologische Pflanzenschutzmittel (Stand: 2006).

der Wirt stirbt. In der Familie Baculoviridae unterscheidet man zwei Genera: Nucleopolyhedrovirus (**Kernpolyederviren**) und Granulovirus (**Granuloseviren**). Die Einschlusskörper der Kernpolyederviren sind groß, polyederförmig und enthalten bis zu 100 Virionen, die der Granuloseviren sind kleiner und enthalten nur ein Virion. Die Einschlusskörper schützen die Viren vor Umwelteinflüssen und ermöglichen deren Überdauerung über mehrere Jahre bis zur nächsten Massenvermehrung des Wirtes. Die in Deutschland zugelassenen Anwendungen sind in Tab. 49 aufgeführt. Weltweit werden noch das Indische Mehlmotten-Granulosevirus zur Bekämpfung von Arthropoden und in Australien Myxomatose-verursachende Viren zur Bekämpfung von Kaninchen eingesetzt.

Bakterien. Unter den biologischen Pflanzenschutzmitteln kommt dem insektenpathogenen Bakterium *Bacillus thuringiensis* (B. t.) die größte Bedeutung zu. Dieser sporenbildende *Bacillus* wurde erstmals 1909 in Thürin-

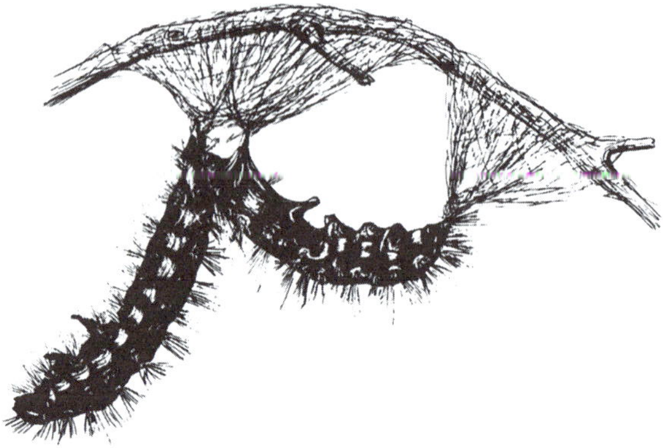

Abb. 95: Nach Infektion mit Kernpolyederviren abgestorbene Schwammspinnerraupe (aus OHNESORGE, 1991).

gen aus Raupen von Mehlmotten isoliert. Die Wirkung von *B. thuringiensis* beruht auf der Bildung von **Delta-Endotoxinkristallen** (komplexe Eiweißkörper). Diese werden von den Insekten oral aufgenommen. Im Darm werden die Kristalle enzymatisch gespalten und es entsteht das biologisch aktive Toxin. Dieses bindet an spezielle Rezeptoren im Darm des Insektes. Es kommt zur Porenbildung und später zur Zellauflösung, die letztendlich zum Tod des Insekts führt. Man kennt über 30 Unterarten mit unterschiedlichem Wirtsspektrum. Neben den in Deutschland zugelassenen Anwendungen (Tab. 49) darf *B. thuringiensis* ssp. *israelensis* gemäß § 6 a PflSchG zur Bekämpfung von Trauermückenlarven im eigenen Betrieb selbst hergestellt werden. In verschiedenen Ländern werden weitere Bakterien als Pflanzenschutzmittel eingesetzt und zwar zur Bekämpfung von Bakterien (z. B. *Agrobacterium radiobacter* gegen *A. tumefaciens*, *Pseudomonas fluorescens* gegen *Erwinia amylovora*), Pilzen (z. B. *Bacillus licheniformis*, *B. pumilus*, *Pseudomonas aureofaciens*, *P. chlororaphis*, *Streptomyces griseoviridis* und *S. lydicus* gegen bodenbürtige Pilze), Nematoden (z. B. *Bacillus firmus*) und Insekten (z. B. *Nosema locustae* gegen Heuschrecken).

Abb. 96: Parasitierung des Gefurchten Dickmaulrüsslers durch *Beauveria bassiana* (Foto: Anonym).

Pilze. Seit 1997 ist in Deutschland *Coniothyrium minitans* als Fungizid zur Bekämpfung von *Sclerotinia* spp. zugelassen. Zuvor war bereits von 1994 bis 2003 der insektenpathogene Pilz *Metarhizium anisopliae* zur Bekämpfung von *Otiorhynchus sulcatus* (Gefurchter Dickmaulrüssler) in Deutschland zugelassen. *M. anisopliae* darf heute nach § 6 a PflSchG zur Anwendung im eigenen Betrieb selbst hergestellt werden. Weltweit gehört dieser Pilz zu den am meisten angewendeten biologischen Insektiziden. Ebenfalls nach § 6 PflSchG kann *Chondrostereum purpureum* als herbizider Wirkstoff zur Bekämpfung der Amerikanischen Traubenkirsche eingesetzt werden. International sind zahlreiche weitere Pilze zur Bekämpfung von Pilzen (z. B. *Gliocladium catenulatum*, *G. virens* gegen bodenbürtige Pilze, apathogene *Aspergillus flavus*-Stämme gegen *A. flavus*), Nematoden (z. B. *Paecilomyces lilacinus* oder *Pochonia chlamydosporium* gegen *Meloidogyne* spp. u. a. pflan-

zenparasitäre Nematoden), Insekten (z. B. *Beauveria bassiana,* Abb. 96, u. a. gegen Milben, Blattläuse, Schmierläuse, Käfer, Weiße Fliegen und Thripse, *Paecilomyces fumosoroseus* gegen saugende Insekten, *Lecanicillium lecanii* gegen Weiße Fliege) und Unkräutern (z. B. *Alternaria destruens* gegen *Cuscuta*, *Colletotrichum gloeosporioides* gegen *Aeschynomene virginica*, *Phytophthora palmivora* gegen *Morrenia adorata*) zugelassen.

Verleihung des Deutschen Umweltpreises 2002 für die Entwicklung eines biologischen Fungizids

Am 27. Oktober 2002 erhielt Dr. Peter Lüth von der PROPHYTA GmbH aus den Händen des damaligen Bundespräsidenten Johannes Rau den mit 500 000 Euro höchstdotierten Umweltpreis Europas. Die Deutsche Bundesstiftung Umwelt (DBU) würdigte damit die Leistungen Dr. Lüths auf dem Gebiet der Entwicklung und Herstellung biologischer Pflanzenschutzmittel. *Coniothyrium minitans* ist das erste biologische Fungizid zur Bekämpfung phytopathogener Pilze in Deutschland. Es wird inzwischen weltweit sehr erfolgreich im Gartenbau (z. B. Salat) und in der Landwirtschaft (z. B. Raps) zur Bekämpfung von *Sclerotinia* eingesetzt und kann zu einer erheblichen Verringerung des Einsatzes chemisch-synthetischer Fungizide beitragen.

Höhere Pflanzen

Der Einsatz höherer Pflanzen zur biologischen Bekämpfung von Schaderregern konzentriert sich auf wenige Beispiele. Verschiedene Pflanzen eignen sich zur Bekämpfung pflanzenparasitärer Nematoden. Das bekannteste Beispiel ist der Einsatz von Tagetes (z. B. *Tagetes patula*, *T. erecta*) als **Feindpflanze** von *Pratylenchus* spp. Das Wirkungsprinzip beruht auf dem Vorhandensein von Tertiophenen in den Wurzeln, die beim Eindringen der Nematoden durch pflanzeneigene Peroxidasen oxidiert werden und die Nematoden abtöten. Im weitesten Sinne kann auch der Anbau **resistenter Sorten** eine biologische Bekämpfung darstellen. Bei Zysten- und Wurzelgallennematoden dringen die Larven in die resistenten Pflanzen ein. Infolge der spezifischen Resistenzreaktion kollabiert das Nährzellengewebe bzw. es bleibt klein und die Tiere verhungern. Der Anbau **resistenter Zwischenfrüchte** (z. B. verschiedene Ölrettich- und Gelbsenfsorten) stellt ein etabliertes Bekämpfungsverfahren für *Heterodera schachtii* dar. Bereits 1891 propagierte Julius Kühn das **Fangpflanzenverfahren**, d. h. „Würmer durch geeignete Nährpflanzen gleichsam einzufangen, um sie dann durch Zerstörung derselben zu vernichten". Besonders geeignet sind anfällige Pflanzen mit einer raschen und intensiven Wurzelentwicklung im Jugendstadium (z. B. Ölrettich, Rübsen). Nur so ist gewährleistet, dass möglichst viele Nematoden in die Wurzeln eindringen, bevor die Pflanzen rechtzeitig vor Abschluss der Nematodenentwicklung (nach ca. 4 bis 5 Wochen) umgebrochen werden. Das Fangpflanzenverfahren eignet sich ausschließlich zur Bekämpfung sedentärer Nematoden (z. B. Zysten- und Wurzelgallennematoden).

Ein recht junges Verfahren ist die **biologische Bodendämpfung** bzw. **Biofumigation**. Das Konzept der biologischen Bodendämpfung basiert auf dem Anbau von Gründüngungspflanzen mit hohen Gehalten an Senfölglykosiden. Bei Zerstörung der Pflanzenzellen werden die Senfölglykoside durch gewebeeigene Myrosinase in Senföl (Isothiocyanat), Glucose und Schwefelsäure gespalten. Die eigentliche Wirkung gegen bodenbürtige Schaderreger geht von den Isothiocyanaten aus. Senfölglykoside treten in den verschiedensten Pflanzenteilen fast aller Kruziferen auf. Besonders hohe Konzentrationen findet man in Sareptasenf (*Brassica juncea*) und Senf (*Sinapis alba*), wobei es jedoch erhebliche Sortenunterschiede gibt. Für eine optimale biologische Bodendämpfung sollten die Gründüngungspflanzen zur Blüte fein gehäckselt (nur aus zerstörten Zellen werden Glucosinolate und Myrosinasen freigesetzt) und unmittelbar in den Boden eingearbeitet werden. Um ein zu rasches Entweichen der gasförmigen Isothiocyanate zu verhindern, sollte der Boden ausreichend bewässert, gewalzt bzw. mit Folie abgedeckt werden. Die Wirkung der biologischen Bodendämpfung richtet sich gegen zahlreiche bodenbürtige Bakterien, Pilze und Nematoden sowie gegen Unkräuter (Tab. 50). Umgekehrt fördert die biologische Bodendämpfung bestimmte Bodenorganismen, so auch Antagonisten (z. B. *Trichoderma* spp.). Damit stellt die biologische Bodendämpfung eine wirksame Alternative zu chemischen Verfahren dar.

Tab. 50: Wirkungsspektrum der biologischen Bodendämpfung.

Erregergruppe	Schaderreger	Anmerkung
Bakterien	*Ralstonia solanacearum*	
Pilze	*Pythium* spp., *Rhizoctonia solani*, *Sclerotinia minor*, *Verticillium dahliae*	primär wird wachsendes Myzel geschädigt; Dauerstadien (z. B. Sklerotien) werden nicht erfasst
Nematoden	*Pratylenchus neglectus*, *Tylenchulus semipenetrans*	bei Einsatz resistenter Sorten auch gegen *Meloidogyne* spp., *Heterodera schachtii*
Unkräuter	verschiedene	primär gegen keimende Unkräuter

Erhöhung der Widerstandsfähigkeit von Pflanzen

Eine weitere Möglichkeit, Kulturpflanzen vor biotischen oder abiotischen Schadfaktoren zu schützen, besteht in der Aktivierung ihrer natürlichen Widerstandsfähigkeit. Diese Vorgehensweise unterscheidet sich grundsätzlich von genetischen Veränderungen, wie sie bei der Resistenzzüchtung eingesetzt werden (s. Kap. 13.6). Die bedeutendsten Verfahren zur Erhöhung der Widerstandsfähigkeit von Pflanzen sind die Prämunität und Induzierte Resistenz. Beide Verfahren eröffnen neue Wege der Bekämpfung, insbesondere von Schaderregern, die mit anderen Verfahren nicht oder nur unvollständig erfasst werden, wie verschiedene Viren, Bakterien, Pilze und Nematoden.

Prämunität (‚cross protection'). Das Wirkungsprinzip der Prämunität wird primär gegen Viren als Schaderreger eingesetzt. Es basiert darauf, dass Pflanzen, die mit einem schwach virulenten Virusstamm systemisch infiziert wurden, vor einer späteren Infektion mit stark schädigenden Stämmen des gleichen oder eines verwandten Virus geschützt sind. Prämunität beruht vermutlich auf der Konkurrenz der Viren um bestimmte Strukturen in der Wirtszelle, wie z. B. der Absättigung bestimmter Rezeptoren. Die Prämunität wirkt spezifisch und kann an vegetative Nachkommen weitergegeben werden. In der Praxis wird die Prämunisierung sowohl im Gewächshaus als auch im Freiland eingesetzt (z. B. gegen Tobacco mosaic virus an Tomate, Zucchini yellow mosaic virus an Zucchini). Einem breiten Einsatz der Prämunisierung stehen aber verschiedene Nachteile entgegen. So stellen prämunisierte Bestände Virusquellen dar und Pflanzenschäden können bei Mischinfektion mit anderen Viren verstärkt werden.

Induzierte Resistenz. Die induzierte Resistenz im Allgemeinen kann sowohl durch biotische als auch abiotische Stoffe ausgelöst werden und richtet sich meist unspezifisch gegen verschiedenste Schadursachen. Die Ursachen und Wirkungsweisen der induzierten Resistenz wurden in Kap. 10.3.3 behandelt. Zu den Verfahren des Biologischen Pflanzenschutzes zählt man die induzierte Resistenz, wenn diese durch Applikation von Mikroorganismen bzw. mikrobiellen oder pflanzlichen Stoffwechselprodukten ausgelöst wird. Besonders intensiv untersucht wurde in der Vergangenheit die Resistenzinduktion durch Bakterien (z. B. *Bacillus subtilis*, *Pseudomonas fluorescens*, *Rhizobium etli*, verschiedene endophytische Bakterien) und Mykorrhizapilze. Da die Wirkung der induzierten Resistenz unspezifisch ist, d. h. sich nicht unmittelbar gegen den Schaderreger richtet, werden entsprechende Produkte in Deutschland als Pflanzenstärkungsmittel gelistet (z. B. Messenger®, Milsana®, Neudo-Vital®, s. Kap. 13.5).

Fragen zu Kapitel 13.4

- Worin unterscheiden sich Parasiten von Parasitoiden?
- Welche Nützlinge werden zur Bekämpfung von (a) Blattläusen, (b) Weiße Fliege, (c) Spinnmilbe und (d) Maiszünsler eingesetzt?
- Wie ist der Einsatz von Nützlingen rechtlich geregelt?
- Was versteht man unter einem suppressiven Boden?
- Gegen welche Schaderreger werden Granuloseviren eingesetzt?
- Wie ist die Wirkungsweise von *Bacillus thuringiensis*?
- Welche Anwendungen sind für *Bacillus thuringiensis* in Deutschland zugelassen?
- Wie heißt der fungizide Wirkstoff, der zur biologischen Bekämpfung von *Sclerotinia* zugelassen ist?
- Wie funktioniert die biologische Bodendämpfung?
- Was ist das Wirkungsprinzip der Prämunität?

Weiterführende Literatur

Crüger, G., G. F. Backhaus, M. Hommes, S. Smolka und H.-J. Vetten, 2002: Pflanzenschutz im Gemüsebau. Verlag Eugen Ulmer, Stuttgart.
Frankenhuizen, A., H. Stigter, 2002: Schädliche und nützliche Insekten und Milben an Kern- und Steinobst. Verlag Eugen Ulmer, Stuttgart.
Heitefuss, R., 2000: Pflanzenschutz – Grundlagen der praktischen Phytomedizin. Georg Thieme Verlag, Stuttgart.
Hoffmann, G. M., F. Nienhaus, H.-M. Poehling, F. Schönbeck, H. C. Weltzien und H. Wilbert, 1994: Lehrbuch der Phytomedizin, 3. Auflage, Blackwell Verlag, Berlin.
Krieg, A. und J. M. Franz, 1989: Lehrbuch der biologischen Schädlingsbekämpfung. Parey Verlag, Berlin.
Philipp, W.-D., 1988: Biologische Bekämpfung von Pflanzenkrankheiten. Verlag Eugen Ulmer, Stuttgart.
Schmutterer, H. und J. Huber, 2005: Natürliche Schädlingsbekämpfungsmittel. Verlag Eugen Ulmer, Stuttgart.

13.5 Pflanzenstärkungsmittel

Pflanzenstärkungsmittel (§ 2 PflSchG): Stoffe, die ausschließlich dazu bestimmt sind,

- die Widerstandsfähigkeit von Pflanzen gegen Schadorganismen und Krankheiten zu erhöhen,
- Pflanzen vor nichtparasitären Beeinträchtigungen zu schützen (z. B. Mittel zur Verminderung der Wasserverdunstung, Frostschutzmittel),
- an abgeschnittenen Zierpflanzen außer Anbaumaterial angewendet zu werden (z. B. Frischhaltemittel für Schnittblumen).

Seit der gesetzlichen Definition im Jahr 1986 wurden über 350 Pflanzenstärkungsmittel (Stand: 2006) beim **Bundesamt für Verbraucherschutz und Lebensmittelsicherheit (BVL)** gelistet (www.bvl.bund.de) und stehen damit für den Einsatz in Landwirtschaft, Gartenbau oder Forst zur Verfügung. Die Abgrenzung zwischen Pflanzenstärkungsmitteln und Pflanzenschutzmitteln ist nicht immer ganz einfach. Grundsätzlich dienen Pflanzenstärkungsmittel ausschließlich der Erhöhung der Widerstandsfähigkeit der Pflanze gegenüber Schadorganismen, d. h. sie haben keine direkte Schutzwirkung gegen Schadorganismen. Für das Inverkehrbringen von Pflanzenstärkungsmitteln müssen bestimmte Voraussetzungen erfüllt sein (Tab. 51).

Tab. 51: Voraussetzungen für das Inverkehrbringen von Pflanzenstärkungsmitteln gemäß § 31 Pflanzenschutzgesetz.

- Bei bestimmungsgemäßer und sachgerechter Anwendung treten keine schädlichen Auswirkungen auf, insbesondere nicht auf die Gesundheit von Mensch und Tier, das Grundwasser und den Naturhaushalt
- Aufnahme in die Liste des Bundesamtes für Verbraucherschutz und Lebensmittelsicherheit (BVL, www.bvl.bund.de)
- Kennzeichnung entsprechend den Vorschriften des Pflanzenschutzgesetzes (§ 31, 31 a)

Das BVL entscheidet innerhalb von vier Monaten über die Aufnahme in die Liste der Pflanzenstärkungsmittel. Es trifft seine Entscheidung im Benehmen mit dem Bundesinstitut für Risikobewertung (BfR) hinsichtlich schädlicher Auswirkungen auf die Gesundheit von Mensch und Tier, dem Umweltbundesamt (UBA) hinsichtlich schädlicher Auswirkungen auf den Naturhaushalt und der Biologischen Bundesanstalt für Land- und Forstwirtschaft (BBA) hinsichtlich anderer schädlicher Auswirkungen im Sinne des § 31 Abs. 1 Nr. 1 PflSchG. Eine offizielle und geregelte Prüfung der Wirksamkeit, wie für Pflanzenschutzmittel vorgeschrieben, erfolgt nicht, sodass jeder Anwender seine eigenen Erfahrungen machen muss. Pflanzenstärkungsmittel dürfen wie Pflanzenschutzmittel nur durch Personen mit der erforderlichen Sachkenntnis abgegeben werden.

Entsprechend ihrer stofflichen Grundlage lassen sich Pflanzenstärkungsmittel in verschiedene Kategorien einteilen:

- Mittel auf organischer Basis (z. B. Pflanzenextrakte, Fettsäuren, ätherische Öle, Wachse, Algenpräparate)
- Mittel auf anorganischer Basis (z. B. Gesteinsmehle, anorganische Salze)
- Mittel auf mikrobieller Basis (Tab. 52)
- Homöopathika und Bioenergetika
- Frischhaltemittel (Schnittblumen)

Die Wirkungsweise der Pflanzenstärkungsmittel ist entsprechend ihres heterogenen Ursprungs vielfältig. Die wichtigsten Wirkungsweisen sind: Erhöhung der pflanzeneigenen Widerstandsfähigkeit (z. B. Induzierte Resistenz), Förderung von Bewurzelung, Wachstum und Blütenbildung, Ertragssteigerung, Förderung des Bodenlebens und Aktivierung vorhandener Nähr- und Inhaltsstoffe. Bei sachgerechter Anwendung kann sich ein **Nutzen** ergeben in Form gesünderer und besser wachsender Pflanzen, geringerer Ausfälle, erhöhter Blütenbildung sowie einer Reduzierung des Chemischen Pflanzenschutzes.

Da Pflanzenstärkungsmittel keine direkte Wirkung gegen Schaderreger haben, müssen sie vorbeugend eingesetzt werden. Häufig sind mehrere Applikationen erforderlich. Aufgrund der damit verbundenen hohen Kosten liegen die Anwendungsbereiche für Pflanzenstärkungsmittel vor allem bei hochwertigen Kulturen (Zierpflanzen, Gemüse), im ökologischen Landbau, sowie in der Deckung von Bekämpfungslücken in sonstigen Kulturen.

Tab. 52: In Deutschland gelistete Pflanzenstärkungsmittel auf mikrobieller Basis (Stand: 2006).

Wirkstoff	Schaderreger, gegen die die pflanzliche Widerstandsfähigkeit erhöht ist	Kultur
Bakterien		
Bacillus subtilis (z. B. Phytovit, Rhizoplus, FZB 24)	*Fusarium, Pythium, Rhizoctonia, Streptomyces, Verticillium, Erwinia*	Kartoffeln, Gemüse, Erdbeeren, Zierpflanzen, Obstgehölze
Pseudomonas sp. (z. B. Proradix)	*Pythium, Rhizoctonia*	Kartoffeln, Gemüse, Zierpflanzen
Pilze		
Pythium oligandrum (z. B. Polyversum)	*Alternaria, Botrytis, Leptosphaeria, Sclerotinia*	Gemüse, Getreide, Zierpflanzen
Trichoderma harzianum, T. koningii, T. polysporum (z. B. Trichogard, Trichodex)	*Botrytis, Fusarium, Phytophthora, Pythium, Rhizoctonia, Sclerotinia, Verticillium*	Gemüse, Zierpflanzen
Sonstige		
Extrakt aus *Fusarium oxysporum* f. sp. *cyclaminis* (z. B. Fusaresist)	*Fusarium*	Cyclamen

Fragen zu Kapitel 13.5

- Wie unterscheiden sich Pflanzenschutzmittel von Pflanzenstärkungsmitteln?
- Wie ist das Inverkehrbringen von Pflanzenstärkungsmitteln rechtlich geregelt?
- In welche Kategorien können Pflanzenstärkungsmitteln eingeteilt werden?
- Welche bakteriellen Pflanzenstärkungsmittel gibt es?

Weiterführende Literatur

Homepage: Biologische Bundesanstalt für Land- und Forstwirtschaft (www.bba.bund.de).

Homepage: Bundesamt für Verbraucherschutz und Lebensmittelsicherheit (www.bvl.bund.de) – aktuelle Liste der Pflanzenstärkungsmittel.

Terhoeven-Urselmans, A., 2004: Pflanzenstärkungsmittel für den Zierpflanzenbau, Organic Eprints 4235.

13.6 Biotechnische und gentechnische Verfahren im Pflanzenschutz

In **biotechnischen Verfahren** werden natürliche Reaktionen der Schädlinge auf bestimmte physikalische oder chemische Reize von ihrer natürlichen Bedeutung für den Organismus „zweckentfremdet" und für die Schaderregerbekämpfung genutzt.

Biotechnische Verfahren nutzen geeignete, meist natürlich oder naturidentische Wirksubstanzen, um Schädlinge von Kulturpflanzen abzuhalten (Repellents), sie an bestimmte Stellen zu locken (Attractants) oder ihr Verhalten durch Pheromone bzw. ihre Entwicklung durch Wachstumsregulatoren zu beeinflussen. Weiterhin zählen hierzu alle Maßnahmen, die zur Verbesserung der Resistenz von Pflanzen beitragen, insbesondere Verfahren der Gentechnologie. Einige Autoren zählen zu den biotechnischen Verfahren auch Farb- oder Lichtfallen (s. Kap. 13.3).

Repellents (Abschreckstoffe)

Als Repellents werden Naturstoffe (z. B. ätherische Öle) sowie synthetische Stoffe eingesetzt. Anwendungsbeispiele sind die Behandlung von Jungpflanzen mit Wildverbissmitteln sowie die Saatgutbehandlung von Mais, Getreide und großkörnigen Leguminosen mit Vergällungsmitteln zur Abwehr von Krähen und Fasanen.

Attractants (Lockstoffe)

In der Natur ermöglichen Attractants den olfaktorisch und chemotaktisch orientierten Organismen das Auffinden der Nahrung. Bereits geringste Konzentrationen können von Insekten wahrgenommen werden. Im Pflanzenschutz nutzt man Attractants, um Schadinsekten an bestimmte Futterstellen zu locken und sie dann durch beigemischte Insektizide zu töten. Als besonders geeignet erweisen sich in der Praxis verschiedene Eiweißhydrolysate und synthetische Attractants wie Methyleugenol, Anisylaceton und Trimedlure (Chlormethylcyclohexancarbonsäure-butylester) zur Anlockung von Mittelmeerfruchtfliege, Orientalischer Fruchtfliege und Tropischer Melonenfliege.

Pheromone (Botenstoffe)

Pheromone sind Substanzen, die von Individuen einer Art ausgeschieden werden und nach Wahrnehmung oder Aufnahme durch Artgenossen diese zu entsprechenden Reaktionen veranlassen.

Pheromone dienen der Kommunikation zwischen Lebewesen einer Art. Entsprechend ihrer Wirkung unterscheidet man:
- **Sexualpheromone**: Anlockung und Auffinden des Geschlechtpartners
- **Aggregationspheromone**: Auslösen von Massenansammlungen

- **Alarmpheromone**: veranlassen Artgenossen zur Flucht
- **Markierungspheromone**: z. B. Markierung bereits zur Eiablage benutzter Pflanzenteile
- **Sozialpheromone**: Steuerung der Entwicklung staatenbildender Arten

Im Pflanzenschutz werden derzeit ausschließlich Sexual- und Aggregationspheromone eingesetzt. An der Nutzung abschreckender oder fraßinhibierender Alarmpheromone zur Bekämpfung von Blattläusen bzw. von Markierungspheromonen zum Schutz von Früchten vor Befall mit Schadlepidopteren wird gearbeitet. Die Vorteile des Pheromoneinsatzes liegen in dessen selektiver Wirkung, geringer Wirkstoffkonzentration und meist punktueller Anwendung. Schwierigkeiten bestehen häufig noch bei der optimalen Dosierung und Verteilung der Pheromone, da die Wirkung meist auf ganz bestimmte Konzentrationen beschränkt ist. Die Entwicklung synthetischer Pheromone ist noch nicht zufriedenstellend gelöst.

Sexualpheromone werden von kopulationsbereiten weiblichen Insekten abgesondert und führen zur Anlockung des Partners. Die Wirkung ist artspezifisch und die Sexualpheromone werden über weite Entfernungen wahrgenommen. Sexualpheromone werden im Pflanzenschutz auf vielfältige Weise eingesetzt:

- Überwachung der Flugaktivität von Schadinsekten mittels Lockstofffallen (z. B. Apfelwickler, Traubenwickler, Lauchmotte)
- Massenfang von Schadlepidopteren (hohe Fallendichte erforderlich)
- Verwirrungsmethode: Aufstellen gleichmäßig verteilter Pheromonquellen verhindert Orientierung der Männchen zu den Weibchen; benachbarte Anlagen sollten einbezogen werden (z. B. Traubenwickler, Erbsenwickler)

Aggregationspheromone werden von bestimmten Käferarten gebildet und führen zu Massenansammlungen von Imagines, in deren Folge Abwehrmechanismen befallener Pflanzen überwunden werden können und es zu einer starken Schädigung kommt (z. B. Borkenkäfer, Baumwollkapselkäfer). Im Pflanzenschutz werden Aggregationspheromone z. B. in Köderfallen zur Bekämpfung von Borkenkäfern im Forst eingesetzt. Ein weiteres Verfahren ist die Behandlung von Fangbäumen mit Aggregationspheromonen in Kombination mit einer nachfolgenden Insektizidbehandlung.

Autozidverfahren (Selbstvernichtungsverfahren)

Bei diesem Verfahren werden die Männchen von Schadinsekten durch biologisch aktive Bestrahlung (z. B. Röntgenstrahlen, radioaktives Kobalt-60) oder Chemikalienanwendung (z. B. Tepa, m-Xylohydrochinon) sterilisiert und in die Schaderregerpopulation eingeschleust. Die Dosierung ist oft schwierig, zumal sie die Begattungsaktivität der Männchen nicht beeinflussen darf. Für eine gute Wirkung sollte ein möglichst großes Übergewicht der sterilisierten Männchen gegenüber den fertilen Weibchen bestehen. Das Verfahren wird erfolgreich zur Bekämpfung der Zwiebelfliege eingesetzt.

Wachstumsregulatoren

Während der Entwicklung von Insekten wird das harte Chitinskelett mehrmals abgestreift und erneuert. Die Häutungen werden durch verschiedene Wachstumshormone (Endohormone) gesteuert:

- **Gehirnhormone**: Veranlassen die Abgabe der Häutungshormone. Die Synthese erfolgt in den neurosekretorischen Zellen des Gehirns. Hierbei handelt es sich vermutlich um Polypeptide.
- **Häutungshormone**: Auslösung der Häutung und damit Verwandlung der Larve zur Imago. Die Bildung der Häutungshormone erfolgt in den Prothoraxdrüsen. Häutungshormone sind steroide Verbindungen (α-Ecdyson und β-Ecdyson).
- **Juvenilhormone**: Hemmung der vorschnellen Entwicklung zur Imago und damit Gegenspieler vom Häutungshormon. Die Synthese des Hormons (Terpenverbindungen) erfolgt in einer Anhangdrüse des Gehirns *(Corpora allata)*. Es sind drei Juvenilhormone bekannt: JH I, JH II und JH III.

Häutungshormone führen in hohen Dosen zum Absterben von Larven und Puppen und in geringen Dosen zu einer beschleunigten Häutung und damit zu nicht lebensfähigen Larven. Häutungshormone treten nicht nur in Insekten, sondern in weitaus größeren Konzentrationen auch in Pflanzen auf (z. B. Farne, Gymnospermen). Die Extraktion von Häutungshormonen aus Pflanzen ist möglich, doch liegen bis heute keine praxisreifen Anwendungen vor.

Die natürlich vorkommenden **Juvenilhormone** sind aufgrund ihrer geringen Spezifität und geringen Haltbarkeit für den praktischen Pflanzenschutz ungeeignet. Dies gilt auch für Substanzen mit Juvenilhormon-Aktivität, wie man sie z. B. in den ätherischen Ölen höherer Pflanzen findet. Diese wirken erst auf das letzte Larvenstadium, sodass eine Schädigung der Pflanzen unvermeidlich ist.

Die größte Bedeutung für den Pflanzenschutz haben **Wachstumsregulatoren**, die in die Chitinsynthese und den Chitinabbau eingreifen (s. Kap. 13.7.2.8). Hierbei handelt es sich um synthetische Verbindungen, die als Insektizide zugelassen sind. So hemmt z. B. der Wirkstoff Fenoxycarb das Juvenilhormon und verhindert die Weiterentwicklung der Larven des Fruchtschalenwicklers oder der Eier von Apfel- und Traubenwickler. Tebufenozide führen zu einer permanenten Häutung der Larven und deren Absterben. Darüber hinaus gibt es weitere Wirkstoffe, die erfolgreich eingesetzt werden. Bei mehrjähriger Anwendung besteht die Gefahr der Resistenzbildung seitens der Schadinsekten.

Maßnahmen zur Verbesserung der Resistenz in Kulturpflanzen

> **Resistenz** ist die grundsätzliche Befähigung eines Organismus, den Angriff eines potenziellen Schaderregers bis zu einem bestimmten Grad abzuwehren oder der Wirkung eines schädigenden Agens zu widerstehen.

Die Mehrheit der Kulturpflanzen ist vor den meisten Schaderregern dauerhaft geschützt. Entweder sind sie nicht attraktiv für den Schaderreger oder sie besitzen eine natürliche Widerstandsfähigkeit (= Resistenz). Gemeint ist hier die genetisch verankerte Widerstandsfähigkeit, die es im Hinblick eines verbesserten Pflanzenschutzes weiter zu optimieren gilt. Maßnahmen zur Verbesserung der nicht genetisch bedingten Widerstandsfähigkeit wurden bereits in Kap. 13.4 behandelt.

Der Anbau resistenter Sorten stellt häufig die einfachste, sicherste, preiswerteste, umweltfreundlichste und manchmal auch einzig mögliche Maßnahme zur Vermeidung von Ertragsverlusten dar. Je nach Resistenztyp (vertikal – horizontal, s. Kap. 10.3.3) kann die pflanzliche Resistenz von virulenten Schaderregern mehr oder weniger schnell überwunden werden und es kommt zum Befall. Die in der Vergangenheit oft einseitig ausgerichtete Züchtung von Kulturpflanzen auf Ertrags- und Qualitätseigenschaften führte häufig zum Verlust spezifischer Resistenzen gegen Schaderreger, die man heute wieder mit erheblichem Aufwand aus Wildformen einzukreuzen versucht. Resistenzen gegen Schaderreger liegen gegenüber verschiedenen Viren, Bakterien, Pilzen, Nematoden und Insekten vor.

Die Nutzungsdauer einer resistenten Sorte ist umso größer, je geringer das Auftreten virulenter Rassen auf Seiten der Schaderreger ist. Virulente Individuen können natürlicherweise vorhanden sein oder durch Mutation oder Rekombination entstehen. Die Gefahr des Auftretens resistenzbrechender Pathotypen ist besonders groß bei vertikaler Resistenz, da nur ein Resistenzgen überwunden werden muss. Um einer Brechung der Resistenz entgegenzuwirken bzw. dies zu verzögern, bieten sich verschiedene Maßnahmen des **Resistenzmanagements** an:

- Kombination des Anbaus resistenter Sorten mit anderen Pflanzenschutzmaßnahmen zur Verminderung des Infektionsdruckes
- Rotation von Sorten mit unterschiedlichen Resistenzgenen
- Kombination verschiedener Resistenzgene in Sortenmischungen
- Anbau von Refugien mit anfälligen Pflanzen zur Minderung des Selektionsdrucks

Gentechnische Verfahren zur Verbesserung der Resistenz in Kulturpflanzen

Die Gentechnik eröffnet neue Wege für die gezielte Verbesserung der Widerstandsfähigkeit von Kulturpflanzen gegenüber Schaderregern und abiotischen Schadfaktoren. Möglich ist dies durch die gentechnische Übertragung von Resistenzgenen in Kulturpflanzen. Diese Übertragung erfolgt über Artgrenzen hinweg und erweitert somit grundlegend die Möglichkeiten der klassischen Resistenzzüchtung. Bei Dikotylen erfolgt die Übertragung der Gene überwiegend mithilfe von **Agrobacterium tumefaciens**, in dessen Plasmid die Fremd-DNA mithilfe von Restriktionsenzymen eingepasst wurde. Durch Infektion der Wirtspflanze mit *A. tumefaciens* wird die Fremd-DNA gemeinsam mit bakterieneigener DNA in das Genom der Wirtspflanze überführt. Andere Methoden der DNA-Übertragung sind PEG-Fusion, Elektroporation oder Partikel-Kanone. Unter den verschiedenen gentechnischen Ansätzen zur Verbesserung der Resistenz können hier nur einige der bedeutenderen Verfahren vorgestellt werden.

Pflanzliche Resistenzgene. Im Jahr 1992 wurde mit dem Gen Hml aus Mais erstmals ein Resistenzgen gegen einen pflanzlichen Schaderreger (*Cochliobolus carbonum*) isoliert. Fünf Jahre später wurde aus Zuckerrüben das erste Resistenzgen ($Hs1^{pro\text{-}1}$) gegen einen tierischen Schaderreger (*Heterodera schachtii*) kloniert (Abb. 97). Bis heute sind zahlreiche weitere Resistenzgene gegen verschiedene Schaderreger hinzugekommen. Die Übertragung von Resistenzgenen in Kulturpflanzen ist aber nicht immer ganz einfach. Das Resistenzgen kann dabei abgeschaltet, am falschen Ort zur falschen Zeit exprimiert werden oder auch unerwünschte Nebenwirkungen entfalten.

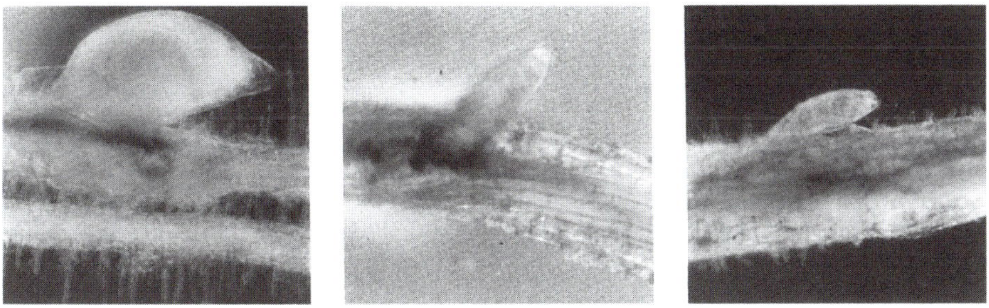

Abb. 97: Entwicklung von *Heterodera schachtii* an Zuckerrübe. Normale Entwicklung an einer anfälligen Sorte (links), gestörte Entwicklung an einer konventionell gezüchteten resistenten Sorte (Mitte) bzw. einer transgenen resistenten Linie (rechts) (aus Cai et al., 1997).

Schaderregereigene Gene. Das Konzept der schaderregereigenen Gene (**‚Pathogen Derived Resistance‘**, **PDR**) wurde 1985 von Sanford und Johnston entwickelt. Es wird derzeit überwiegend zur Bekämpfung von Virosen eingesetzt. So werden z. B. virale RNA-Sequenzen in DNA transkribiert und als Negativinformation im zu transkribierenden DNA-Strang untergebracht. Die DNA-Sequenzen werden über einen Klonierungsvektor (z. B. *Agrobacterium*, *Caulimoviren*) in einer Protoplasten- oder Gewebekultur der entsprechenden Zielpflanzenart in deren Genom inseriert.

Bekanntestes Beispiel ist die Übertragung von Genen, die die Bildung von Virus-Hüllproteinen exprimieren. Bereits 1986 konnte gezeigt werden, dass durch Expression des Hüllproteins von TMV in transgenem Tabak die Pflanzen gegenüber einem nachfolgenden Befall mit diesem Schaderreger resistent waren. Die Bildung bzw. Anwesenheit des Hüllproteins in der Pflanze verhindert die Virusvermehrung. Dieses Verfahren wurde inzwischen an zahlreichen Kulturpflanzen gegen verschiedene Viren erfolgreich eingesetzt (z. B. Zuckerrübe – Beet necroctic yellow vein virus). Weitere Beispiele zur Erzeugung transgener Resistenz gegenüber Viren beruhen auf der Übertragung von DNA mit folgender Funktion:

- **DNA mit Kapsidprotein-Code** (translatierbar oder nicht translatierbar); zwei Hypothesen für Resistenz: a) das Vorhandensein des transgenen Kapsidproteins im Zytoplasma einer Pflanzenzelle stört das Gleichgewicht zwischen Abbau und Aufbau von eindringenden Virionen zugunsten des Aufbaus, sodass das Uncoating unterbunden wird; oder b) vorhandene Rezeptoren oder spezielle Uncoatingstellen können durch das transgen exprimierte Kapsidprotein bereits vor Eintritt der Virusinfektion blockiert sein. Vermutlich werden beide Resistenztypen in einer transformierten Pflanze erzeugt

- **DNA mit Information für defektes Transportprotein**; Resistenz durch Störung der viralen Transportprozesse und dadurch eine verhinderte Ausbreitung des infizierenden Virus (Risiko einer Transportkomplementierung bei Mischinfektionen durch „Helferviren"!)
- **DNA mit Information für Replikase**; Hypothesen für Resistenz: a) die defekten transgenen Replikasemoleküle können an den Replikationsstartpunkt der viralen RNA binden und dadurch die Replikation durch virale Replikase verhindern; b) die transgenen fehlerhaften Replikasemoleküle assoziieren mit viralen Replikasen zu funktionsuntüchtigen Replikationskomplexen
- **DNA mit Helferprotein-Information**
- **DNA mit Information für Satellitenviren**, Satelliten-RNA, defekter interferierender RNA; Hintergrund: Pflanzliche RNA-Viren können außer der genomischen RNA auch sekundäre RNA enthalten, die für keine essentiellen Gene des jeweiligen Virus kodieren. Da diese häufig den Verlauf der Virusreplikation stören (Konkurrenz um Replikationsstellen), bezeichnet man sie auch als Kompetitor-RNA. Dabei kann es in anderen Virus-Wirt-Kombinationen aber zur Verstärkung der Symptome kommen
- **DNA mit Ribozym-Information**

Eines der vielversprechendsten Verfahren basierend auf schaderregereigenen Genen ist das **Gene Silencing** (**Genstummschaltung**). Es wird unterschieden zwischen **T**ranskriptional **G**ene **S**ilencing (**TGS**), das die Synthese von RNA verhindert und **P**ost**t**ranskriptional **G**ene **S**ilencing (**PTGS**), bei der RNA abgebaut wird. Die Wirkung beider Ansätze ist identisch, die zugrunde liegenden Mechanismen jedoch unterscheiden sich grundlegend. PTGS wurde ursprünglich als ein unzureichender bzw. unvorhersehbarer Nebeneffekt nach Einführung von Transgenen in Pflanzen beschrieben. Dieses natürliche Abwehrsystem von Pflanzen gegenüber Viren und DNA-Transposons macht man sich heute zu Nutze. DNA-Transposons sind DNA-Sequenzen, die innerhalb eines Genoms verschiebbar sind (springende Gene) und die das Potenzial zur Zerstörung eines Genoms haben. Um zu überleben, muss die Pflanze die Transposons unter Kontrolle behalten. Nach neuesten Erkenntnissen beruht die transgene Resistenz auf einer Erkennung spezifischer viraler Doppelstrang RNA, die während der Replikation zumindest aller RNA-Viren auftritt. Diese dsRNA induziert ein RNA-Degradationssystem. Durch den RNA-Abbau schützt sich die Pflanze vor Virusinfektionen. Man vermutet, dass die mRNA an den Zellkernporen sofort erkannt und bei Verlassen des Zellkerns zerstört wird, was zur Genstummschaltung führt. Interessanterweise kann sich PTGS systemisch in Pflanzen ausbreiten (von Zelle zu Zelle sowie durch Siebzellen).

Die **dsRNA** kann man aber auch auf ganz andere Art und Weise nutzen. Werden Pflanzen äußerlich mit dsRNA behandelt, sind sie vor Befall mit pflanzenpathogenen Viren (z. B. Pepper mild mottle virus, Tobacco etch virus, Alfalfa mosaic virus) geschützt. Die dsRNA wird von der Pflanze aufgenommen und stört ebenfalls über Gene Silencing die Entwicklung der Viren. Die Mechanismen sind noch nicht vollständig geklärt, doch handelt es sich in jedem Falle um eine interessante Alternative zur Erzeugung transgener Pflanzen. Dabei können dsRNAs, die gegen verschiedene Viren gerichtet sind, in einer einzigen Formulierung appliziert werden, sodass eine multiple Resistenz erzeugt wird. Die dsRNA kann großtechnisch von Bakterien in Fermentern produziert werden; eine Aufreinigung ist nicht unbedingt erforderlich, da bereits die Rohextrakte über eine ausreichende Wirkung verfügen. Durch Ausbringung defekter dsRNAs kann sogar die bei transgenen Pflanzen vielfach befürchtete Neukombination von Genen umgangen werden. Die Erwartungen an dieses Verfahren als ein preisgünstiges und umweltfreundliches biotechnisches Pflanzenschutzverfahren sind hoch. Bis zur Praxiseinführung muss das Verfahren aber noch weiter optimiert werden.

Antisense. In der pflanzlichen Zelle wird eine Nukleinsäure exprimiert, die komplementär zu einer vorhandenen RNA ist. Beide Nukleinsäuren hybridisieren. Dadurch wird die Replikation, Transkription und/oder Translation des von der RNA kodierten Proteins gehemmt. Diese Technik scheint für die Bekämpfung einiger DNA-Viren recht vielversprechend (z. B. Inaktivierung der Replikase durch antisense-RNA). DNA-Viren benötigen für ihre Vermehrung das Enzym Replikase. Replikase trennt die beiden Stränge der Doppelhelix und führt zu Einzelsträngen. Fehlt die Replikase, kommt es zu keiner Vermehrung der Viren. Die Bildung der Replikase erfolgt durch die Pflanze. Die Bauanleitung hierfür ist verschlüsselt in dem dafür zuständigen Gen und wird mithilfe der mRNA in den Ribosomen übersetzt. Die Struktur der mRNA ist dabei komplementär zur DNA-Sequenz des Gens für Replikase (bzw. identisch mit dem Sense-Strang dieser DNA). Hier setzt die Gentechnik an. Damit die Bauanleitung gar nicht erst in die Ribosomen gelangen kann, wird ein künstliches Gen (cDNA) eingeschleust, dessen mRNA zu der mRNA der Replikase gegenläufig ist. Die beiden mRNA's lagern sich aneinander (hybridisieren). Die neu gebildeten RNA-Doppelstränge sind biologisch inaktiv und das entsprechende Genprodukt wird nicht gebildet.

Plantibodies. Antikörper gegen pflanzliche Schaderreger werden für die Diagnostik routinemäßig in Wirbeltieren produziert (s. Kap. 13.1). Werden die Gene für diese schaderregerspezifischen Antikörper isoliert und in Pflanzen exprimiert, wird das resultierende Genprodukt als Plantibody bezeichnet. Vergleichbar den Antikörpern im Wirbeltierorganismus lagern sich die Plantibodies in der Pflanze an bestimmte Oberflächenstrukturen des Schaderregers an und hemmen dessen Mobilität bzw. stören die Wirt-Schaderreger-Beziehung (z. B. Plantibodies gegen Artichoke mottle crinkle virus, Beet necrotic yellow vein virus, *Globodera rostochiensis*). Trotz beachtlicher Fortschritte bei der Optimierung dieses Verfahrens beschränkt sich die Wirkung der Plantibodies bisher auf eine Verzögerung der Krankheitsentwicklung.

Gene für die Bildung von Bacillus thuringiensis-Toxinen. Gentechnisch besonders intensiv bearbeitet wird *Bacillus thuringiensis* (B. t.). Im klassischen Pflanzenschutz werden B. t.-Präparate seit langem zur Bekämpfung von Lepidopterenlarven im Obst- und Gemüsebau eingesetzt. Die Wirkung beruht auf bakteriellen Toxinkristallen (s. Kap. 13.4). Durch Übertragung des Gens für die Bildung der Endotoxinkristalle ist es gelungen, gegenüber Schädlingen resistente Pflanzen zu produzieren. Hierbei handelt es sich um einen systemischen Schutz der gesamten Pflanze. Großflächig angebaut wird derzeit u. a. transgener Mais zur Bekämpfung des Maiszünslers *(Ostrinia nubilalis)* und transgene Baumwolle zur Bekämpfung des Baumwollkapselwurms *(Helicoverpa armigera)* und anderer Lepidopterenlarven. Um aufgrund des erhöhten Selektionsdrucks die Gefahr einer Resistenzentwicklung auf Seiten des Schaderregers zu reduzieren, zielen neuere Arbeiten darauf ab, mehrere Resistenzgene gegen einen Schaderreger in die Pflanze einzubringen. Im praktischen Anbau sollte zusätzlich ein Resistenzmanagement betrieben werden, d. h. resistente und nicht resistente Sorten sollten alternierend angebaut werden. Eine zukünftige Strategie könnte auch die Kombination von Genen für B. t.-Toxine mit Wirkung gegen verschiedene Schaderreger sein.

Gene für die Bildung von Enzyminhibitoren (Protease, α-Amylase). Ziel dieser Strategie ist es, Gene in der Pflanze zu exprimieren, deren Genprodukte nach Aufnahme durch tierische Schaderreger den Nahrungsaufschluss im Darmtrakt verhindern. Der Schaderreger verhungert. Als besonders vielversprechend erscheinen Enzyminhibitoren von Proteasen und Amylasen. Ein besonders breites Wirkungsspektrum haben Proteaseinhibitoren. Sie unterdrücken z. B. die Vermehrung pflanzenparasitärer Nematoden, verhindern die Sporenkeimung und das Myzelwachstum von *Alternaria alternata* und bewirken eine Resistenz der Pflanze gegen verschiedene Lepidopteren.

Gene für chitinolytische Aktivität und Bildung von Abwehrstoffen. Durch Expression des Gens für Chitinase (z. B. aus *Serratia marcescens*) in der Pflanze kommt es zu einem Abbau des in pilzlichen Zellwänden vorhandenen Chitins und die Pflanze ist vor Pilzbefall geschützt. Eine weitere Möglichkeit ist die Expression von Genen, die in der Pflanze Abwehrstoffe gegen Schaderreger bilden, wie z. B. Phytoalexine. So konnte aus Erdnuss das Gen für Stilbensynthase isoliert werden, das die Synthese des Phytoalexins Resveratrol steuert. Nach Übertragung dieses Gens auf Tabak, Tomaten und Kartoffeln zeigten diese Pflanzen eine erhöhte Resistenz gegen *Botrytis cinerea* bzw. *Phytophthora infestans*.

Herbizidtoleranz. Bezogen auf die Anbaufläche genetisch veränderter Organismen (GVO's) kommt Pflanzen mit Toleranz gegen nichtselektive Nachauflaufherbizide derzeit die größte Bedeutung zu. Herbizidtolerante Pflanzen wurden 2005 weltweit auf 81 Mio ha angebaut, was in etwa 80 % der Anbaufläche transgener Pflanzen entspricht. Im großflächigen Anbau befinden sich derzeit herbizidtolerante Sorten von Sojabohne, Mais, Raps und Baumwolle. Die Toleranz dieser Sorten richtet sich hauptsächlich gegen die herbiziden Wirkstoffe Glyphosat (z. B. Roundup) und Glufosinat (z. B. Basta), allerdings existiert auch Resistenz gegen Sulfonylharnstoffe, Benzonitrile und Imidazolinon.

Glyphosat hemmt in der Pflanze die Enolpyruvylshikimat-3-(EPSP)-Synthetase. Im weiteren Verlauf kommt es infolge der Anreicherung von Shikimisäure bei gleichzeitiger Verminderung von Phenylalanin und Tyrosin zu Membranstörungen, die zum Zelltod führen. Herbizidtoleranz wurde durch Übertragung eines Gens aus *Escherichia coli* bzw. *Agrobacterium* *tumefaciens* Stamm CP4 für herbizidresistente EPSP-Synthetase in die Pflanze erzielt. Durch Übertragung eines zweiten bakteriellen Gens, das den Abbau des Glyphosats regelt, konnte die Wirkung noch weiter verbessert werden. Sorten mit Glyphosphat-Toleranz befinden sich u. a. für Baumwolle, Mais und Zuckerrüben im Anbau.

Glufosinat hemmt in der Pflanze die Glutaminsynthetase und damit einen essentiellen Schritt der Synthesekette von Nitrat über Ammonium zu Aminosäuren. Infolge der Anreicherung von Ammoniak kommt es zum Absterben des Pflanzengewebes. Die Herbizidtoleranz beruht auf dem Gen für Phosphinotricin-Acetyl-Transferase (PAT), das aus *Streptomyces hygroscopicus* isoliert wurde. PAT bewirkt durch Acetylierung des Glufosinats dessen Inaktivierung. Glufosinat-tolerante Sorten werden bei Mais, Zuckerrüben und Raps angebaut. Neben der transgen erzeugten Herbizidtoleranz gibt es auch Sorten mit konventionell erzeugter Herbizidtoleranz, die aber von geringerer wirtschaftlicher Bedeutung sind. Im konventionellen Fall erfolgte die Selektion von Herbizidtoleranz nach chemisch induzierter Mutation. Sie richtet sich gegen Sulfonylharnstoffe und Imidazolinon und findet z. B. bei Baumwolle, Sojabohne, Raps, Mais und Weizen Verwendung.

Öffentliche Akzeptanz. Der Anbau gentechnisch veränderter Kulturpflanzen (GVO) ist in einigen Ländern (z. B. USA, Kanada, Argentinien, Brasilien, China) bereits weit fortgeschritten. In anderen Ländern, so vor allem in Deutschland und den anderen EU-Ländern, ist der GVO-Anbau weiterhin umstritten bzw. er wird strikt abgelehnt. Die Ablehnung ist häufig grundsätzlicher Natur und weniger fachlich begründet. Bürokratische Hürden, insbesondere aber Schadenersatzregelungen zu Lasten des Anbauers, haben den GVO-Anbau in Deutschland trotz des grundsätzlichen Bekenntnisses zur Koexistenz konventioneller und gentechnisch erzeugter Sorten bislang in der Praxis verhindert. Dabei bietet die Nutzung gentechnisch erzeugter Krankheits- und Schädlingsresistenzen bzw. herbizidtoleranter Sorten eine Reihe von Vorteilen. Bekämpfungslücken könnten geschlossen und die Anwendung chemischer Pflanzenschutzmittel stark vermindert oder ganz vermieden werden. Mögliche Auswirkungen wären neben einer erhöhten Ertragssicherheit und geringerer Umweltbelastung auch eine verbesserte Lebensmittelsicherheit. Voraussetzung ist aber, dass mögliche Risiken eines Anbaus gentechnisch veränderter Kulturpflanzen ausgeschlossen werden. Dies bedarf einer intensiven fachlichen Prüfung. Daten zur Produktsicherheit, Auskreuzung von Resistenzgenen, Resistenzentwicklung der Schaderreger, Wirkung auf Nichtzielorganismen oder Einfluss auf die Biodiversität sind in zahlreichen mehrjährigen Feldversuchen in den vergangenen Jahren in großem Umfang erarbeitet worden und haben keine besonderen oder unvertretbaren Risiken des GVO-Anbaus ergeben. Aufgrund der relativ günstigen Produktions- und Einkommenssituation europäischer Landwirte im Vergleich zu Landwirten weniger begünstigter Anbauregionen ist die Notwendigkeit der Nutzung wirtschaftlicher Vorteile des GVO-Anbaus in Europa noch relativ gering. Auch ist dem mit Lebensmitteln überversorgten Verbraucher die Einführung der GVO-Technologie schwer zu vermitteln. Die vielfältigen Möglichkeiten zur nachhaltigen Verbesserung der Resistenz gegen Schaderreger durch gentechnische Methoden werden aber auf längere Sicht Eingang auch in die europäische Landwirtschaft finden und sich im Rahmen des Integrierten Pflanzenschutzes etablieren.

Fragen zu Kapitel 13.6

- Was versteht man unter Repellents und Attractants?
- Welche Gruppen von Pheromonen kennt man und welche Funktionen haben sie?
- Zu welchem Zweck werden Sexualpheromone im Pflanzenschutz eingesetzt?
- Wie funktioniert das Autozidverfahren?
- Wo werden bei Insekten die Häutungshormone gebildet?
- Welche Methoden existieren zur Verbesserung der Wirtspflanzenresistenz und welche Verfahren sind am aussichtsreichsten?
- Gegen welche herbiziden Wirkstoffe gibt es genetisch veränderte herbizidtolerante Kulturpflanzen und auf welchem Mechanismus beruht diese Toleranz?
- Was sind Plantibodies?

Weiterführende Literatur

Agrios, G. N., 2005: Plant Pathology, 5. Auflage. Elsevier Academic Press, San Diego.

Börner, H., 1997: Pflanzenkrankheiten und Pflanzenschutz. Verlag Eugen Ulmer, Stuttgart.

Crüger, G., G. F. Backhaus, M. Hommes, S. Smolka und H.-J. Vetten, 2002: Pflanzenschutz im Gemüsebau. Verlag Eugen Ulmer, Stuttgart.

Drews, G., G. Adam und C. Heinze, 2003: Molekulare Pflanzenvirologie. Springer Verlag, Berlin.

Hoffmann, G. M., F. Nienhaus, H.-M. Poehling, F. Schönbeck, H. C. Weltzien und H. Wilbert, 1994: Lehrbuch der Phytomedizin, 3. Auflage, Blackwell Verlag, Berlin.

von Tiedemann, A. und F. Feldmann, 2006: Biotechnologie – Innovationsmotor für den Pflanzenschutz. Schriftenreihe der Deutschen Phytomedizinischen Gesellschaft, Heft 8. Verlag Eugen Ulmer, Stuttgart.

13.7 Chemische Pflanzenschutzmittel

Vermutlich seit den Anfängen des Ackerbaus hat der Mensch unter Krankheiten und Schädlingen an Kulturpflanzen sowie unter Unkräutern gelitten. Erst mit der technischen Revolution der Neuzeit ist es gelungen, in den Besitz von wirksamen chemischen Pflanzenschutzmitteln zu gelangen, um die Ernten und damit eine der wichtigsten Lebensgrundlagen zu sichern. Zusammen mit der Einführung der mineralischen Düngung und der Entwicklung von leistungsfähigen Sorten haben chemische Pflanzenschutzmittel entscheidenden Anteil an den beträchtlichen Ertrags- und Qualitätsfortschritten, die in der Landwirtschaft im zurückliegenden Jahrhundert erzielt werden konnten.

Trotz zunehmender Kenntnisse über die befallsfördernden Bedingungen und verbesserter Resistenz der Sorten kann im konventionellen Anbau auf den chemischen Pflanzenschutz nur um den Preis erheblich geringerer bzw. unsicherer Erträge verzichtet werden. In vielen Fällen trifft dies auch für die Qualität zu. Chemische Pflanzenschutzmittel haben insofern eine besondere Rolle erlangt, als häufig erst durch ihren sachgerechten Einsatz das Ertragspotenzial einer Sorte oder eines Standorts ausgeschöpft werden kann. Zusammen mit den vorbeugenden Maßnahmen gehört der chemische Pflanzenschutz deshalb zum festen Inventar des integrierten Pflanzenschutzes. Neben dem Ziel des Schutzes der Pflanzen vor Krankheiten und Schädlingen, führen besonders bei der Herbizidanwendung auch Wirtschaftlichkeitsaspekte zur Bevorzugung des Pflanzenschutzmitteleinsatzes gegenüber mechanischen Methoden der Unkrautkontrolle. Hinzu kommen ökologische Vorteile hinsichtlich des Bodenschutzes.

Wie der nebenstehende kurze Abriss der **Geschichte des chemischen Pflanzenschutzes** zeigt, begann der feldmäßige Einsatz von chemischen Pflanzenschutzmitteln erst in der zweiten Hälfte des 19. Jahrhunderts, als erste wirksame Präparate verfügbar wurden. Entscheidender Auslöser dieser epochalen neuen Entwicklung war die Einschleppung verschiedener Schaderreger nach Europa, die zu katastrophalen Missernten und der Bedrohung ganzer Produktionszweige führten. Den Auftakt machte die Krautfäuleepidemie 1845 in Irland, die durch die Vernichtung der für die Bevölkerung lebenswichtigen Kartoffel den Hungertod und die Emigration von Millionen von Iren nach sich zog. Die nächste Katastrophe nahm 1878 im Weinbau ihren Anfang, nachdem der hoch aggressive Falsche Rebenmehltau mit Pflanzgut von Amerika nach Frankreich eingeschleppt wurde. Anders als bei der Krautfäuleepidemie konnte im Weinbau jedoch das Schlimmste abgewendet werden. Mit der Entdeckung der fungiziden Wirkung von Kupferkalkbrühe durch den französischen Botaniker Millardet begann 1885 die praktische Anwendung chemischer Pflanzenschutzmittel. Parallel dazu begann man, Schwefelkalkbrühe gegen Echte Mehltaupilze im Obst- und Weinbau einzusetzen.

Für andere Kalamitäten kam die Entwicklung von Pflanzenschutzmitteln allerdings zu spät. So konnte die Vernichtung der Kaffeeplantagen von Ceylon bis Malaysia durch den eingeschleppten Kaffeerost nicht verhindert werden.

Die Entwicklung von Insektiziden und Herbiziden war zunächst weniger erfolgreich und toxikologisch weitaus kritischer als bei Fungiziden. Ihr verbreiteter Einsatz setzte sich erst nach dem zweiten Weltkrieg durch die Entwicklung mindergiftiger bzw. in der Wirksamkeit verbesserter Substanzen durch. Seitdem hat mit den großen Fortschritten in der chemisch-synthetischen Industrie auch die Wirkstoffentwicklung für den Pflanzenschutz eine äußerst dynamische Entwicklung genommen, deren Ende noch nicht absehbar ist. Moderne Präparate, wie von der Landwirtschaft und den Zulassungsbehörden heute gefordert, zeichnen sich durch ein breites Profil äußerst günstiger Eigenschaften bezüglich Toxikologie, Ökotoxikologie und Wirksamkeit aus (s. Kap. 13.9) und sind in dieser Hinsicht mit den Präparaten aus den Anfängen des chemischen Pflanzenschutzes nicht zu vergleichen.

Meilensteine in der Geschichte des chemischen Pflanzenschutzes

seit ca. 1800	Systematische Testung anorganischer Beizen gegen Brände
1810	Einführung von Kupfersulfat-Beize gegen Weizensteinbrand
1885	Einsatz von Kupferkalkbrühe (Bordeauxbrühe) zur Bekämpfung des Falschen Mehltaus an Weinrebe
1885	Einsatz von Nikotin und Bleiarsenat als Insektizide im Obst-, Wein- und Kartoffelbau
1913	Organische Quecksilberbeize gegen Steinbrand und Schneeschimmel
ca. 1940	Einführung von Phosphorsäureestern (E 605, Parathion), sowie von Wuchsstoffherbiziden
1942	Einführung von DDT als Insektizid
1948	2,4 D, erstes selektives Herbizid
ca.1950	Dithiocarbamate (Maneb, Mancozeb), erste organische Fungizide
1959	Einführung von Wachstumsregulatoren (CCC) im Getreidebau
1966	Carboxin, erstes systemisches Fungizid (Beizmittel gegen Flugbrände)
ab 1972	Verbot der Anwendung von DDT, sowie von Blei-, Arsen-, Quecksilber- und Cadmiumverbindungen in der BR Deutschland
1974	Einführung der synthetischen Pyrethroide (Permethrin)
1976	Triazole als systemische Fungizide gegen Echten Mehltau und Rostpilze
1979	Erstes systemisches Fungizid gegen Oomycetes (Metalaxyl)
1987	Übertragung von Herbizidtoleranzgenen in Mais und Sojabohne
1990	Anwendungsverbot für Trockenbeizen
1993	Einführung von Strobilurinen

Vor dem Hintergrund der stark verbesserten Ernährungs- und Versorgungslage in den entwickelten Ländern nach dem zweiten Weltkrieg, die ohne Zweifel mit den Fortschritten des chemischen Pflanzenschutzes eng verbunden ist, haben sich aber auch **Besorgnis und Kritik** an den möglichen ungewollten Wirkungen des Pflanzenschutzmitteleinsatzes breit gemacht. Einer zunehmend urban geprägten und der landwirtschaftlichen Produktion entfremdeten Bevölkerung fällt es schwer, eine sachgerechte Abwägung zwischen **Nutzen und Risiken des chemischen Pflanzenschutzes** vorzunehmen. Da es um Nahrungsmittel und damit um eines der sensibelsten Güter geht, sind Ängste vor gesundheitlicher Beeinträchtigung nahe liegend. Hinzu kommen Befürchtungen bezüglich toxischer Nebenwirkungen auf die Umwelt. Insgesamt haben diese Vorbehalte zur Etablierung des umfangreichsten Prüf- und Zulassungssystems geführt, welches für chemisch-synthetische Stoffe in Deutschland existiert. Die strengen Standards der Zulassung haben ohne Zweifel in den letzten Jahrzehnten zu einer substantiellen weiteren Senkung von Anwender-, Verbraucher- und Umweltrisiken geführt. Damit ist der chemische Pflanzenschutz zu einer der sichersten modernen Technologien überhaupt geworden. Die Tatsache, dass es bei der gegenwärtigen Praxis der Anwendung von Pflanzenschutzmitteln keinerlei nachweisbare gesundheitliche Beeinträchtigungen der Verbraucher gibt, unterstreicht zwar den Erfolg der strengen gesetzlichen Regelungen, hat aber die Vorbehalte in der Bevölkerung gegenüber dem chemischen Pflanzenschutz nicht völlig ausräumen können.

‚Silent Spring' – stiller Frühling durch Pflanzenschutzmittel?

Im September 1962 veröffentlichte die amerikanische Zoologin und Autorin **Rachel Carson** (**1907–1964**) ihr Buch *‚Silent Spring'*, in dem sie den bedenkenlosen Einsatz von Insektiziden, insbesondere DDT, in der Landwirtschaft und zur Stechmücken- und Malariabekämpfung in Wohngebieten anprangerte und für den Rückgang verschiedener Vogelarten verantwortlich machte. Das Buch erregte großes Aufsehen und schuf erstmals ein Bewusstsein für mögliche Nebenwirkungen chemischer Pflanzenschutzmittel auf Nichtzielorganismen. Es war die Geburtsstunde der Umweltbewegung und veranlasste den damaligen Präsidenten John F. Kennedy dazu, erstmals Gesetze zum Umweltschutz zu erlassen. Für die Anreicherung von Wirkstoffen in der Nahrungskette war DDT aufgrund seiner hohen Persistenz das erste typische Beispiel. Die Folge waren dünnere Eierschalen bei Wildvögeln und eine Gefährdung besonders der letzten Glieder der Nahrungskette, den Raubfischen oder Raubvögeln. Der Vorwurf Carson's allerdings, DDT sei krebserregend, ließ sich trotz umfangreicher, jahrzehntelanger Studien nicht bestätigen. Im Gegenzug wurde Carson vorgeworfen, mit ihrer Anklage gegen DDT zum weltweiten Wiederaufflammen der Malaria beigetragen zu haben. Rachel Carson starb im Alter von 56 Jahren an Brustkrebs.

Der **Weltumsatz an Pflanzenschutzmitteln** liegt seit Jahren wenig verändert bei etwa 30 Mrd US$. Mengenmäßig machen Herbizide mit knapp der Hälfte des Gesamtumsatzes an Pflanzenschutzmitteln den größten Anteil aus, gefolgt von Insektiziden und Fungiziden mit jeweils einem Drittel bzw. einem Fünftel des Marktanteils. Der Rest entfällt auf Wachstumsregler. In den kühl-gemäßigten Klimaregionen Europas haben Fungizide aufgrund des starken Infektionsdrucks durch pilzliche Pathogene eine weitaus größere Bedeutung und machen mehr als ein Drittel des Gesamtumsatzes an Pflanzenschutzmitteln aus, während Insektizide eine relativ geringere Bedeutung haben (Tab. 53).

Der Einsatzschwerpunkt von Pflanzenschutzmitteln liegt in Regionen mit intensiver Landwirtschaft. Diese finden sich in den entwickelten Ländern Nordamerikas, Europas und Asiens, wo mehr als zwei Drittel der Gesamtproduktion an Pflanzenschutzmitteln eingesetzt werden, der größte Teil davon in Europa. In der kleinbäuerlichen Subsistenzlandwirtschaft Afrikas und Lateinamerikas dagegen ist der Pflanzenschutzmitteleinsatz

Tab. 53: Aufteilung des Pflanzenschutzmittelmarkts (in %) nach Wirkungsbereichen (Umsatz, 2001 bzw. 2004) in der EU und weltweit.

	EU 25 (2004)	Welt (2001)
Herbizide	41%	44%
Fungizide	38%	19%
Insektizide	18%	28%
Sonstige	3%	9%

Quellen: EPA-Report 2001, USA; Industrieverband Agrar, Frankfurt 2005

Tab. 54: Absatz von Pflanzenschutzmitteln nach Regionen (2004).

Welt	32,2 Mrd US $
Davon:	
Europa	*28%*
Nordamerika	*23%*
Asien (inkl. Japan), Ozeanien	*25%*
Lateinamerika	*20%*
Afrika	*4%*

Quelle: Industrieverband Agrar, Frankfurt 2005

gering, wobei in Lateinamerika derzeit hohe Zuwachsraten zu verzeichnen sind (Tab. 54).

Die **Klassifizierung chemischer Pflanzenschutzmittel** erfolgt nach unterschiedlichen Eigenschaften. Diese beschreiben ihre Einsatzmöglichkeiten und Zweckbestimmung und sind Bestandteil der mit der Zulassung erteilten Anwendungsindikation. Die wichtigsten Klassifizierungsmerkmale sind nachfolgend aufgeführt.

Zielorganismen:
- Pilze (Fungizide)
- Unkräuter, Ungräser (Herbizide)
- Insekten (Insektizide, Repellents, Sexuallockstoffe, Chemosterilantien)
- Milben (Akarizide)
- Nematoden (Nematizide)
- Schnecken (Molluskizide)
- Nager (Rodentizide)
- Vögel und Wild (Repellents, Vergrämungsmittel)
- Kulturpflanze (Wachstumsregulatoren)

Kulturpflanze:
Mittel zur Anwendung im
- Ackerbau
- Gemüsebau
- Obstbau
- Zierpflanzenbau
- Weinbau
- Forst
- und in Sonderkulturen

Wirkungsart:
- protektiv (vorbeugende Wirkung)
- kurativ (Unterdrückung des Pathogens zur Heilung der Kulturpflanze)

- eradikativ (vollständige Vernichtung des Pathogens)
- locosystemisch (Mittel dringt nur in Organe oder Organteile ein, die mit ihm unmittelbar Kontakt erhalten haben)
- systemisch (Mittel wird von Wurzel- oder Sprossorganen aufgenommen und über das Leitgefäßsystem verteilt)
- Kontaktgift (Berührungsgift)
- Fraßgift (wird nach dem Fraß im Magen oder Darm wirksam)
- Atemgift (wirkt über Atemorgane)
- selektiv (nur gegen bestimmte Krankheiten oder Schädlinge wirksam)
- breitwirksam (gegen diverse Krankheiten oder Schädlinge wirksam)
- Totalherbizid (gegen alle Pflanzen wirksam)

Anwendungsort:
- Freiland
- unter Glas
- im Lager
- oberirdische Behandlung
- Bodenbehandlung

Anwendungszeit:
- vor der Saat
- vor dem Auflaufen
- nach dem Auflaufen
- Winterspritzmittel
- Voraustriebspritzmittel
- Vorblütespritzmittel
- Nachblütespritzmittel
- Nacherntespritzmittel

Giftigkeit und Gefahrenklasse:
- sehr giftig (T+)
- giftig (T)
- gesundheitsschädlich (Xn)
- reizend (Xi)
- ätzend (C)
- leicht entzündlich (F)
- hoch entzündlich (F+)

Chemische Struktur:
- Fungizide: anorganische, metallorganische Verbindungen; organische Verbindungen etc.
- Insektizide: chlorierte Kohlenwasserstoffe, phosphororganische Verbindungen, Carbamate, Nitroguanidine, natürliche Insektizide und synthetische Analoga (z. B. Pyrethroide etc.
- Herbizide: Triazine, Wuchsstoffmittel, Harnstoffderivate, Sulfonylharnstoffe etc.

Ausbringungsform:
- Stäubemittel (Wirkstoffgehalt ca. 1 bis 10%, Streckmittel Gesteinsmehl, Talkum)
- Streumittel, Granulate (Wirkstoffe auf körnigen Trägerstoffen, Wirkstoffgehalt 5 bis 10%; bei Herbiziden, Bodenentseuchungsmitteln bis 99%)
- Spritz-, Gieß-, Tauchmittel (flüssige, emulgierbare, dispergierbare, pulverförmige oder tablettierte Konzentrate; Anwendung in wässrigen Konzentrationen von 0,01 bis 20%)

- flüssige Zubereitungen (zur unverdünnten Ausbringung)
- Saatgutbehandlungsmittel (Feucht- und Nassbeizmittel; Zusätze bei Saatgutpillierung, -inkrustierung und -puderung)
- spezielle Zubereitungen: Aerosole, Räucher-, Schwel- und Ködermittel, Pasten

13.7.1 Fungizide einschließlich Wirkstoffe gegen Oomyceten

Haupteinsatzbereiche von Fungiziden sind wachsende Pflanzenbestände. Daneben spielen sie als Wirkstoffe bei der Beizung oder Pillierung von Saatgut eine wichtige Rolle. Der Praxis stehen hochwirksame, pflanzen- und umweltverträgliche Präparate zur Verfügung, die auch hinsichtlich Anwender- und Verbraucherschutz höchsten Anforderungen genügen. Dies macht Fungizide allerdings auch zu relativ teuren Produktionsmitteln, deren Einsatz schon aus diesem Grund mit großer Sachkunde zielgerichtet und maßvoll erfolgen muss. In dieser Hinsicht kommt Experten- und Prognosesystemen eine zunehmende Bedeutung zu (s. Kap. 13.2.2). Aufgrund der spezifischen Schaderregersituation unterscheiden sich fungizidintensive Kulturen wie Getreide, Kartoffel, Raps, Weinrebe, Apfel, Hopfen und Gemüsearten von relativ fungizid-extensiven Arten wie Mais und Zuckerrübe. Im Extremfall kann die Anwendungshäufigkeit von Fungiziden wie in Kartoffeln bei mehr als 10 oder im Apfelanbau sogar bei mehr als 20 Behandlungen pro Saison liegen.

Interessanterweise befinden sich unter den **Wirkorten (Targets)** der Fungizide sowohl pilzspezifische als auch allgemeine Stoffwechselvorgänge (s. Tab. 55). Dies unterstreicht, dass für die Selektivität von Pflanzenschutzmitteln nicht allein der Wirkort, sondern häufig Aufnahme-, Transport- und Metabolisierungsraten wichtiger sind (s. Kap. 13.8.4). Beispiele für pilzunspezifische Targets sind die Atmungskette, Nukleinsäuresynthese, Zellteilung und Signaltransduktion. Pilzspezifisch sind dagegen Ergosterolbiosynthese, Chitinsynthese, Melaninsynthese und Synthese von Aminosäuren, die nur in pilzlichen Organismen vorkommen (Tab. 56).

Moderne Fungizide zeichnen sich durch ein breites **Wirkungsspektrum** gegenüber den wichtigsten relevanten Pathogenen, sowie eine schnelle und zum Teil lang anhaltende Wirkung aus. Um bestimmte Wirkprofile zu erreichen, werden meist Wirkstoffkombinationen eingesetzt. Dabei werden in der Regel Wirkstoffe mit unterschiedlichen Wirkmechanismen kombiniert, um die Gefahr der Resistenzentwicklung zu vermindern, die ein zunehmendes Problem im modernen Pflanzenschutz ist.

Im Folgenden werden die wichtigsten fungiziden **Wirkstoffgruppen** mit den wichtigsten Wirkstoffen in der chronologischen Reihenfolge ihrer Einführung entsprechend der Übersicht in Tabelle 55 dargestellt. Wichtigstes Ordnungskriterium ist dabei die chemische Gruppenzugehörigkeit, weil diese maßgeblich für die Einführung der jeweiligen Präparate ist und häufig auch das Einsatzgebiet (**Indikation**) bestimmt. Zusätzlich werden einige neuere Wirkstoffe aus verschiedenen chemischen Gruppen nach ihrer Hauptindikation zusammengefasst. Namen von Präparaten werden nur in Ausnahmefällen genannt, da sie meist kurzfristigen Änderungen unterliegen. Der Schwerpunkt der Darstellung liegt

Tab. 55: Entwicklung wichtiger Fungizidgruppen.

Jahr der Einführung	Wirkstoffgruppen und Wirkstoffe	Indikationen	Wirkorte	Bemerkungen
	Anorganische Fungizide			
seit 1720	**Kupferverbindungen**	Falscher Mehltau, Kraut- u. Knollenäule der Kartoffel	zahlr. Wirkorte	protektiv; zunächst als Getreidebeizmittel
1885	„Bordeauxbrühe“	Falscher Mehltau Weinrebe		
seit 1841	**Schwefelverbindungen**	Echter Mehltau Obst-, Weinbau	zahlr. Wirkorte	protektiv
seit 1913	Quecksilberverbindungen	vor allem Getreide beizmittel	zahlr. Wirkorte	protektiv; Anwendungsverbot!
	Organisch-synthetische Fungizide			
1931	**Dithiocarbamate** Tetramethylthiuramdisulfid (TMTD), Mancozeb, Maneb, Zineb	Rüben- u. Leguminosenbeizmittel, Spritzmittel gegen Falschen Mehltau, Kraut- u. Knollen-Fäule u.a.	zahlr. Wirkorte Hemmung essentieller Enzymfunktionen	protektiv; sehr breites Wirkungsspektrum, weltweit verwendet
1966	**Carboxanilide** Carboxin, Oxycarboxin, Fenfuran, Methuroxam	erste organisch-system. Fungizide, Getreidebeizmittel	Atmungskette, Hemmstoffe der Bernsteinsäure-dehydrogenase (Komplex II)	systemisch; nur gegen Basidiomyceten (Brand-, Rostpilze)
1968	**Benzimidazole** Benomyl, Carbendazim, Thiophanatmethyl, Thiabendazol, Fuberidazol	breit wirksam, im Ackerbau vor allem gegen Halmbruch u. als Getreidebeizmittel	Hemmung der Kernteilung, reagieren mit ß-Tubulin und hemmen Aufbau der Mikrotubuli	systemisch; Lücke bei Oomyceten, rasche Entstehung von Fungizidresistenz
1976	**Dicarboximide** Vinclozolin, Iprodion, Procymidone	vor allem gegen Sclerotinia- u. Botrytis-Arten, im Ackerbau und Weinbau; auch als Getreidebeizmittel	nicht genau lokalisiert, Bildung toxischer Sauerstoffradikale	protektiv oder locosystemisch

Fortsetzung Tab. 55.

Jahr der Einführung	Wirkstoffgruppen und Wirkstoffe	Indikationen	Wirkorte	Bemerkungen
	Organisch-synthetische Fungizide			
1976	**Triazole** Triadimefon, Triademinol, Propiconazol, Bitertanol, Flusilazol, Tebuconazol, Epoxiconazol, Prothioconazol	breit wirksam, Bekämpfung von Getreidemehltau, Getreiderosten, Blattfleckenerregern, Getreidebeizmittel, Obstkrankheiten	Ergosterol-biosynthese (Demethylierungs-inhibitoren, Sterol C_{14}-Demethylase)	systemisch oder locosystemisch, Lücke bei Oomyceten
	Imidazole Imazalil, Prochloraz	Getreidebeiz- u. spritzmittel, breit wirksam, u. a. gegen Halmbruch u. Rapskrankheiten	Ergosterol-biosynthese (Demethylierungs-inhibitoren, Sterol C_{14}-Demethylase)	systemisch oder locosystemisch, Lücke bei falschem Mehltau u.a.
	Pyrimidine Nuarimol, Fenarimol	Obstkrankheiten, Beizmittel Getreide	Ergosterol-biosynthese (Demethylierungs-inhibitoren, Sterol C_{14}-Demethylase)	breit wirksam, systemisch
	Morpholine Fenpropimorph	vor allem gegen Getreidemehltau u. Getreideroste	Ergosterol-biosynthese ($\triangle^{14}$-Reduktase, $\triangle^{8}$-$\triangle^{7}$-Isomerase)	systemisch, Lücke bei falschem Mehltau u.a. Oomyceten
	Piperazine, Pyridine Triforine, Pyrifenox	v. a. gegen Mehltau, Apfelschorf, Fruchtfäulen, Rost	Ergosterol-biosynthese (Sterol C_{14}-Demethylase)	erstes system. Fungizid mit DMI-Wirkmodus
1979	**Phenylamide** (Acylalanine) Metalaxyl, Furalaxyl	enges Wirkungsspektrum vor allem gegen Falschen Mehltau u. Kraut-u. Knollenfäule	Hemmung der RNA-Biosynthese	erste system. Fungizide gegen Oomyceten, rasche Ausbildung von Fungizidresistenz

Fortsetzung Tab. 55.

Jahr der Einführung	Wirkstoffgruppen und Wirkstoffe	Indikationen	Wirkorte	Bemerkungen
1993	**Strobilurine** Azoxystrobin, Kresoxim-methyl, Trifloxystrobin Picoxystrobin, Pyraclostrobin, Fluoxastrobin, Dimoxystrobin	sehr breit wirksam, z.B. gegen Echten Mehltau, Rostpilze, teilweise auch gegen Oomyceten	Atmungskette, Komplex III-Blockade (QoI)	locosystemisch mit Depotwirkung; starke Fungizidresistenzbildung
seit 1995	neue Wirkstoffe verschiedener Verbindungsklassen mit Schwerpunkt **Getreidepathogene, Oomyceten** und Wirkorten in der Atmungskette (Cyazofamid, Fluazinam, Boscalid, Silthiofam), Signaltransduktion (Phenylpyrrole, Quinoxyfen), Zellwand- (Iprovalicarb) und Aminosäuresynthese (Anilinopyrimidine)			

auf Wirkstoffen, die derzeit in Deutschland zugelassen sind, jedoch werden auch solche nicht mehr zugelassenen Wirkstoffe genannt, die eine besondere Bedeutung hatten oder noch in Regionen außerhalb Deutschlands von Bedeutung sind.

13.7.1.1 Anorganische und metall-organische Fungizide

Zu den ältesten und am längsten eingesetzten Fungiziden in der Landwirtschaft gehören **Kupferverbindungen**. Erstmalig wurde Kupfer 1885 in großflächigem Maßstab in Form von Kupferkalkbrühe ($[Cu(OH)_2]_x \times CaSO_4$ ‚Bordeauxbrühe‘) eingesetzt, um den nach Frankreich eingeschleppten Falschen Rebenmehltau zu bekämpfen. Der Erfolg dieser ersten umfangreichen chemischen Pflanzenschutzmaßnahme war die Geburtsstunde des chemischen Pflanzenschutzes. Aufgrund seiner guten Wirkung und relativ günstigen toxikologischen Eigenschaften wird Kupfer bis heute in der Landwirtschaft eingesetzt, vor allem im ökologischen Anbau. Schwerpunkte des Einsatzes sind der Obst-, Wein- und Kartoffelbau. Wirksam ist das zweiwertige Kupferion, welches nach Aufnahme durch die Sporen die Proteinsynthese und damit die Keimung blockiert. Aufgrund der vielfältigen Eingriffsorte des

Tab. 56: Wirkorte (‚targets') von Fungiziden im pilzlichen Organismus und ihre relative Bedeutung in der Praxis.

Wirkort	Relative Bedeutung
Ergosterolbiosynthese	++++
Atmungskette	+++
Aminosäuresynthese	++
Biosynthese von Nukleinsäuren	+
Zellteilung	+
Signaltransduktion	+
Chitinbiosynthese	(+)
Zellwandsynthese (Oomycota)	(+)
Melaninsynthese	(+)
unspezifische Wirkmechanismen	++

Kupfers in den pilzlichen Metabolismus, sind bis heute trotz langjähriger intensiver Anwendung keinerlei Resistenzen aufgetreten.

Ein Problem der Anwendung von Kupfer ist die Anreicherung im Boden bei langjährigem Einsatz. Diesem Problem versucht man durch verbesserte Formulierung und Begrenzung der zugelassenen Aufwandmenge zu begegnen. Zum Einsatz kommen daher heute entweder **Kupferoxychlorid** ($CuCl_2 \times 3\,Cu(OH)_2$) oder **Kupferhydroxid** ($Cu(OH)_2$). Sie ermöglichen durch die feinere Verteilung auf der Pflanzenoberfläche eine Reduktion des Kupferanteils um mehr als die Hälfte. Zusätzlich verbessert sich damit auch der **chemotherapeutische Index**, das heißt der Abstand von wirksamer zu phytotoxischer Dosis.

Wirkungsweise von Kupfer

- ausschließlich protektiv wirksam, es muss eine ausreichende Menge von Cu^{++}-Ionen von den keimenden Sporen aufgenommen werden; Selektivität für Pilze beruht auf geringerer Aufnahme in die Pflanzenzelle (geringe Wasserlöslichkeit)
- Blockade verschiedener Enzymreaktionen bei Pilzen durch hohe Bindungsaffinität an Amino- und Carboxyl-Gruppen (‚multi site inhibitor')

Wirkstoffe und Indikationen

- zugelassen sind Kupferoxychlorid ($CuCl_2 \times 3\,Cu(OH)_2$) oder Kupferhydroxid ($Cu(OH)_2$)
- Einsatz vor allem gegen Oomyceten wie *Phytophthora infestans* in Kartoffel und Tomate (ökologischer Anbau), Falscher Mehltau in Rebe und Hopfen, sowie verschiedene Mykosen im Obstbau, Erdbeere, Spargel und Sellerie

Besondere Eigenschaften, Zulassungssituation

- kann zur Behebung von Kupfermangel der Pflanze beitragen
- Teilwirkung gegen Bakteriosen wie *Xanthomonas* in Tomate und Paprika und Feuerbrand *(Erwinia amylovora)* im Kernobstbau
- chemotherapeutischer Index nicht sehr günstig; Gefahr von Phytotox-Schäden bei kühl-feuchtem Wetter, z. B. Berostung der Früchte, Wuchshemmung
- trotz langjähriger Anwendung keine Resistenzprobleme
- Zulassung im ökologischen Anbau
- Rücknahme der Zulassung wird erwogen aufgrund hoher Persistenz und Akkumulation im Boden

Auch **Schwefel** ist ein altes, seit langem eingesetztes Fungizid und wird ähnlich wie Kupfer aufgrund seiner günstigen Eigenschaften (geringe Warmblütertoxizität), aber auch wegen seines geringen Preises immer noch in der Landwirtschaft verwendet. Schwefelpräparate können durch Stäuben (elementarer Schwefel), Verdampfen (Gewächshäuser) oder Spritzen (Netzschwefel) ausgebracht werden. Netzschwefel ist eine technische Aufbereitungsform, bei der durch feine Vermahlung von elementarem Schwefel eine spritzfähige Suspension hergestellt werden kann. Sein Haupteinsatzgebiet ist die Bekämpfung von Echtem Mehltau im Obst-, Wein- und Gemüsebau, besonders auch im ökologischen Anbau.

Wirkungsweise von Schwefel

- als elementarer S wirksam; Wirkungsmodus und -targets unklar; lipophile Aufnahme durch die Pilzzellwand

- vermutlich kompetitiver H_2-Akzeptor an der Atmungskette und Bildung von toxischem H_2S

Indikationen

- Einsatz als sogenannter „Netzschwefel“ vor allem gegen Rost- und Echte Mehltaupilze (Rebenmehltau); in Verdampfern häufig in Gewächshäusern eingesetzt
- die akarizide Nebenwirkung wird im Obstbau genutzt

Besondere Eigenschaften, Zulassungssituation

- geringe Humantoxizität; bei Wärme/Hitze eventuell phytotoxisch
- kann zur Behebung von Schwefelmangel der Pflanze beitragen
- geringer Preis und trotz langjähriger Anwendung keine Resistenzprobleme

Organische Zinnverbindungen sind aufgrund ihrer hohen Warmblütertoxizität in Deutschland seit 2001 nicht mehr zugelassen. Der zuletzt eingesetzte Wirkstoff war das Fentinhydroxid (Brestan). Die fungitoxische Komponente war die Triphenylzinn-Gruppe (TPT). Einsatzbereiche waren die Krautfäulebekämpfung in Kartoffeln und die Bekämpfung von Blattkrankheiten in Zuckerrüben. TPT hemmt die oxidative Phosphorylierung in der Atmungskette und hat günstige Nebenwirkungen auf das Pflanzenwachstum.

Unter den **Organophosphorverbindungen** hat **Aluminium-Fosetyl** (Mikal, Aliette) als systemisches Fungizid vor allem gegen Falsche Mehltaupilze und *Phytophthora* sp. Bedeutung erlangt. Der Wirkungsmodus ist nicht genau geklärt. Vermutet werden eine Resistenzinduktion in der Pflanze (Phytoalexine) und die Bildung von fungizider phosphoriger Säure. Al-Fosetyl kann protektiv und kurativ eingesetzt werden, besitzt eine gute systemische Verteilung in der Pflanze und zwar sowohl in akro- wie basipetaler Richtung. Daher hat es auch als eines der ganz wenigen Fungizide eine gute Wirkung gegen bodenbürtige *Phytophthora*-Arten. Schwerpunkt des Einsatzes sind Kulturen in den Subtropen und Tropen wie Citrus, Avocado und Ananas, wobei die basipetale Wirkung zum Teil durch Stamminjektion unterstützt wird.

Ein ganz anderes Wirkungsspektrum besitzen **Tolclophos-methyl** (Knollenbehandlung bei Kartoffel gegen *Rhizoctonia*) und **Pyrazophos** (Echter Mehltau, Gerste). Pyrazophos hat allerdings keine praktische Bedeutung mehr.

13.7.1.2 Thiocarbamate und Thiurame

Diese Wirkstoffgruppen enthalten einige seit vielen Jahrzehnten eingesetzte wichtige Wirkstoffe mit breiter fungizider Wirksamkeit. Vertreter dieser Verbindungsklassen weisen auch herbizide, insektizide und akarizide Eigenschaften auf. Die fungiziden Wirkungen richten sich sowohl gegen Ascomyceten, Basidiomyceten, Deuteromyceten wie auch Oomyceten und zeichnen sich durch eine besonders gute Pflanzenverträglichkeit aus.

Am ältesten ist das **Thiram** oder **TMTD** (Tetramethylthiuramdisulfid) aus der Gruppe der Thiurame, welches 1937 erstmals zur Bekämpfung des Apfelschorfs im Obstbau eingesetzt wurde und damit eine Alternative zur bis dahin üblichen Anwendung von Schwefelkalkbrühe darstellte.

Eine davon abgeleitete Verbindung ist das **Metiram**, welches gegen eine breite Palette von Pilzkrankheiten im Obst-, Gemüse- und Weinbau zugelassen ist.
Wirkstoffe aus der Gruppe der **Thiocarbamate** sind durch ein Zink- oder Mangan-Ion im Molekül gekennzeichnet. Wichtigste derzeit eingesetzte Wirkstoffe sind **Mancozeb** und **Propineb**. Wie bei den Thiuramen liegt ein ‚multi-site'-Wirkungsmodus vor, der zur Hemmung verschiedener Enzymkomplexe führt. Dies ist auch der Grund für die trotz langjähriger intensiver Anwendung bislang ausgebliebenen Resistenzprobleme. Im Obstbau schätzt man die hohe Pflanzenverträglichkeit, durch die eine verbesserte Blatt- und Fruchtausfärbung erreicht werden kann. Haupteinsatzbereiche sind Obstbau, Weinbau und Kartoffel. Allerdings besteht eine Wirkungslücke gegen Echte Mehltaupilze.

Wirkungsweise von Thiocarbamaten und Thiuramen
- protektiv
- ‚multi-site'-Inhibitoren des pilzlichen Stoffwechsels, insbesondere Inaktivierung von Protein-SH-Gruppen und Bildung von Metallchelaten

Wirkstoffe und Indikationen
- sehr breites Wirkungsspektrum; **Thiram (TMTD)**: Saatgutbehandlung gegen Auflaufkrankheiten (*Pyrenophora*-, *Pythium*-, *Fusarium*-, *Rhizoctonia*-Arten); Apfelschorf, Grauschimmel; **Mancozeb** (Dithane), **Propineb** (Antracol), **Metiram** (Polyram): Blatt- u. Fruchtbehandlung (Obst, Reben, Kartoffel, Gemüse) gegen Apfelschorf, Falsche Mehltaupilze, Krautfäule (aber nicht gegen Echten Mehltau); akarizide Nebenwirkung

Besondere Eigenschaften, Zulassungssituation
- sehr gute Pflanzenverträglichkeit (besonders Mancozeb, Propineb); zusätzlich Verbesserung der Blatt- u. Fruchtausfärbung sowie des Wachstums; sehr geringe Neigung zur Resistenzbildung

13.7.1.3 Carboxanilide

Die zu dieser Gruppe gehörenden Wirkstoffe Carboxin und Oxycarboxin leiteten mit ihrer Einführung 1966 eine neue Ära in der Fungizidentwicklung ein, da sie von Blättern und Wurzeln aufgenommen und mit dem Transpirationsstrom akropetal in der Pflanze verbreitet werden. Durch ihre hohe Selektivität für Basidiomyceten war und ist ihr Haupteinsatzbereich die Bekämpfung von Brand- und Rostpilzen vor allem im Getreidebau. Mit Carboxinbeizung war es erstmals möglich, auch die tiefer im Korn lokalisierten Erreger der Flugbrände und der Streifenkrankheit wirkungsvoll zu erfassen. Dadurch konnte auf die bislang zum Teil praktizierte, schwer handhabbare und nicht immer wirkungssichere Heißwasserbeizung verzichtet werden. Carboxanilide sind die erste moderne Fungizidgruppe mit einem hochspezifischen Wirkort („single site inhibitor').

Wirkungsweise von Carboxaniliden
- systemisch, Aufnahme über Wurzel, Samen, Blatt, akropetaler Transport
- kompetitive Hemmung der Succinat-Dehydrogenase am Komplex II der Atmungskette („single site inhibitor'; s. Abb. 100; S. 318)

Wirkstoffe und Indikationen
- v. a. gegen samenbürtige Basidiomyceten (Brandpilze), Nebenwirkung gegen Ascomyceten am Samen (*Pyrenophora*, *Cochliobolus*); **Carboxin**

(Vitavax): Saatgutbehandlung Getreide, etc.; ersetzte Heißwasserbeizung; **Oxycarboxin** (Plantvax): Blattbehandlung Getreide, Kaffee, Bohnen, Gemüse, Zierpflanzen; **Fenfuram** (Panoctin): Beizmittel gegen Flugbrand, Schneeschimmel, Streifenkrankheit der Gerste

Besondere Eigenschaften, Zulassungssituation

- erste systemische Fungizide (1966); erstmals tief im Samen sitzende Pilzinfektionen bekämpfbar; trotz langjähriger weltweiter Anwendung bisher praktisch keine Resistenzerscheinungen

13.7.1.4 Benzimidazole

Mit dieser 1968 eingeführten Wirkstoffgruppe kam eine weitere Gruppe systemischer Fungizide auf den Markt, die allerdings über ein deutlich breiteres Wirkungsspektrum als die Carboxanilide verfügte. Neu waren nicht nur die geringe erforderliche Wirkkonzentration und der Wirkort (Hemmung der Zellteilung), sondern auch das Prinzip der **Wirkstoffaktivierung** (‚prodrugs'). Hierbei hat der applizierte Wirkstoff keine oder nur eine geringe fungizide Wirkung und wird erst nach Aufnahme im Pilzstoffwechsel in die eigentlich fungizide Komponente umgewandelt. Dieses Prinzip ist inzwischen auch von verschiedenen Herbiziden und Insektiziden bekannt. Im Fall von **Benomyl** und **Thiophanat-methyl** ist die im Pilz freigesetzte fungizide Komponente das **Carbendazim** (Methylbenzimidazolcarbamat, MBC). Carbendazim wird auch direkt als Fungizidwirkstoff eingesetzt. Bemerkenswert zur Zeit der Markteinführung war die überragende systemische Wirkung sowohl in der Pflanze wie auch im Samen.

Benomyl zeigte zunächst eine hohe Wirksamkeit auch gegen den schwer bekämpfbaren Grauschimmelerreger *(Botrytis cinerea)* und wurde daher besonders im Obst-, Wein- und Gemüsebau eingesetzt. Schon nach wenigen Jahren jedoch ließ die Wirkung dramatisch nach, da sich resistente *Botrytis*-Stämme durchgesetzt hatten. Da diese **Resistenzentwicklung** aufgrund der hohen Fitness der selektierten Stämme stabil und irreversibel war (s. Kap. 13.8.5), musste die Zulassung von Benomyl bereits 1976 wieder zurückgenommen werden.

Die ersten Benzimidazole wurden überwiegend in der Saatgutbeizung eingesetzt. Mit **Thiabendazol** und **Fuberidazol** konnten die wichtigsten samenbürtigen Erreger wie Fusarien, Schneeschimmel und Brände gut erfasst und damit die toxikologisch äußerst bedenkliche Anwendung von Quecksilberbeizmitteln abgelöst werden. Weitere Einsatzbereiche sind Nacherntebehandlung von Südfrüchten, Knollen und Zwiebeln (Zierpflanzenbau).

Durch das Aufkommen neuerer systemischer Wirkstoffe ist die Bedeutung der Benzimidazole stark zurückgegangen. Einsatzschwerpunkte sind noch die Saatgut- und Nacherntebehandlung sowie spezielle Indikationen im Ackerbau (Halmbruchbekämpfung).

Wirkungsweise von Benzimidazolen

Benomyl seit 1968; sehr große Wirkungsbreite gegen alle Pilzklassen; systemisch, kurativ u. protektiv wirksam; Aufnahme über Spross und Wurzel; Transport über Xylem, sowie von Zelle zu Zelle; fungizide Verbindung ist MBC = Methylbenzimidazolcarbamat (MBC), wird durch Wirkstoffaktivierung nach Umwandlung von Benomyl oder Thiophanat-methyl im Pilz freigesetzt (‚pro-drugs'); Bindung an ß-Tubulin unterbindet die Zellteilung („Mitosegift"; ‚single site inhibitor').

Wirkstoffe und Indikationen
(**Benomyl**: nicht mehr zugelassen); **Carbendazim** (Derosal, Harvesan, Sportak): Blatt-, Halm-, Ährenbehandlung Getreide, Reis gegen Halmbruch, Echten Mehltau, *Pyricularia;* **Thiophanat-methyl** (Cercobin, Konker): Nacherntebehandlung Citrus, Obst, Bananen; Brandpilze, *Sclerotinia, Fusarium, Rhizoctonia*; **Thiabendazol** (Tecto): Beizmittel in Getreide gegen Fusarium u. Schneeschimmel, Brände; Knollen- und Zwiebelbehandlung (Zierpflanzen); **Fuberidazol** (Voronit): Beizmittel gegen *Fusarium* u. Schneeschimmel; Ersatz von Hg-Beizen.

Besondere Eigenschaften, Zulassungssituation
Sehr gute Pflanzenverträglichkeit, Wachstumsstimulation der Pflanze durch zytokininartige Effekte; hohe Gefährdung durch Resistenzentwicklung; ovizide Nebenwirkung gegen Spinnmilben; Wirkungslücke gegen Oomyceten.

13.7.1.5 Dicarboximide

Zeitlich parallel zu den Benzimidazolen wurde in den 60er-Jahren in Japan eine Wirkstoffgruppe entdeckt, die eine hochspezifische Wirksamkeit gegen *Botrytis* besaß. Aus der anschließenden Wirkstoffentwicklung gingen drei bedeutende Wirkstoffe hervor, nämlich **Iprodion**, **Vinclozolin** und **Procymidone**. Sie kamen gerade rechtzeitig in den Handel, um Benomyl zu ersetzen, welches durch Resistenzentwicklung gegen Grauschimmel in kurzer Zeit unwirksam geworden war. Aufgrund der variablen Genetik von *Botrytis* stellte sich jedoch auch gegenüber Dicarboximiden nach wenigen Jahren **Fungizidresistenz** ein. Im Unterschied zu Benomyl handelte es sich jedoch nicht um eine stabile, sondern eine reversible, durch genetisches ‚shifting' entstandene Resistenz, der durch alternierenden Wirkstoffeinsatz begegnet werden kann. Daher sind Dicarboximide weltweit bis heute im Einsatz, in Deutschland spielen sie aber nur noch eine untergeordnete Rolle.

Wirkungsweise von Dicarboximiden
- Spezifische Wirkung gegen *Botrytis* und verwandte Arten (*Monilinia, Sclerotinia*); protektiv-locosystemisch; Ersatz von Benomyl.
- Wirkungsmodus nicht ganz geklärt; vermutlich Bildung toxischer Sauerstoffradikale durch Hemmung von membrangebundenen Oxidoreduktasen.

Wirkstoffe und Indikationen
- Spezifische „Botrytizide"; wirksam gegen *Botrytis cinerea* (Reben, Erdbeeren, Steinobst, Raps etc.), *Monilinia* (Fruchtfäulen Obstbau), *Sclerotinia*-Arten (Raps, Buschbohnen, Salat).
- Vinclozolin und Procymidone ohne Zulassung; **Iprodion** (Rovral, Verisan) noch verbreitet im Acker- und Gemüsebau gegen *Sclerotinia* und *Botrytis* im Einsatz.

13.7.1.6 Hemmstoffe der Ergosterolbiosynthese

Die Ergosterolbiosynthese ist ein pilzspezifischer Wirkort, da sich das pilzliche Ergosterol von den Sterolen bei Pflanzen (ß-Sitosterol, Stigmasterol) und Tieren (Cholesterol) unterscheidet. Ergosterol ist ein essentieller Bestandteil der pilzlichen Membranen. Eine Hemmung der Synthese von Ergosterol führt zur schnellen Hemmung jeglicher Wachstumsvorgänge z. B. von Myzel oder Infektionshyphen. Die Sporenkeimung wird dagegen meist nicht sofort blockiert, da Sporen offenbar eine gewisse Menge an

Reservesterolen besitzen, die zunächst aufgebraucht werden können (Abb. 98; S. 317).

Die Ergosterolbiosynthese ist der bei weitem wichtigste Angriffspunkt von Fungiziden überhaupt. Hemmstoffe der Synthese von Ergosterol gehören verschiedenen chemischen Wirkstoffgruppen an. Aufgrund ihres Wirkungsmodus werden sie allgemein auch als **SBI** („sterole biosynthesis inhibitors") bezeichnet. Für die Hemmung der Ergosterolsynthese sind insgesamt mindestens **drei Eingriffsorte** bekannt, nach denen die einzelnen Vertreter der SBI unterschieden werden.

Die bei weitem bedeutendste Gruppe der SBI sind die sogenannten **Demethylaseinhibitoren** oder **DMI**. DMI blockieren die C_{14}-Demethylase in den Mikrosomen, die einen wichtigen Zwischenschritt der Ergosterolsynthese katalysiert. Wichtigste Vertreter der DMI sind die **Triazole**, **Imidazole**, **Pyrimidine** und **Piperazine**.

Die zweite Gruppe der SBI, die **Morpholine** und **Spiroketalamine**, greifen an zwei späteren Stellen der Ergosterolsynthese ein, nämlich an der Δ^{14}-Reduktase und an der Δ^{8}- Δ^{7}-Isomerase. Wichtig für den praktischen Einsatz ist, dass aufgrund der unterschiedlichen Wirkorte keine Kreuzresistenz zwischen DMI und Morpholinen besteht, obwohl beide Gruppen die Synthese von Ergosterol blockieren.

Ein dritter Eingriffsort (C_4-Demethylierung) liegt bei dem neuen Wirkstoff **Fenhexamid** vor, der eine hohe spezifische Wirkung gegen *Botrytis* aufweist.

Der erste Wirkstoff mit DMI-Wirkungsmodus war das 1969 eingeführte **Triforine** aus der Gruppe der Piperazine. Es wies eine zur damaligen Zeit überlegene Wirksamkeit als systemisches Fungizid gegen Echten Mehltau, Apfelschorf, Rostpilze und verschiedene Blattfleckenerreger auf und wurde auch in der Nacherntebehandlung erfolgreich eingesetzt.

Die bis heute größte Bedeutung haben aber Wirkstoffe aus der Gruppe der **Triazole** (Azolwirkstoffe) erlangt (Tab. 57). Ihre überlegene Wirksamkeit, Wirkungsbreite und hohe Verträglichkeit für die Kulturpflanze und für Nichtzielorganismen, sowie die bislang gut beherrschbare Resistenzentwicklung, die auf einem reversiblen ‚shifting' beruht (s. Kap. 13.8.5), haben Triazolfungizide zu den weltweit am meisten eingesetzten Pilzbekämpfungsmitteln gemacht. Einige der über 20 eingesetzten Wirkstoffe sind seit Langem auch mit Erfolg in der Human- und Tiermedizin zur Bekämpfung von Mykosen im Einsatz. Durch weitere Wirkstoffsuche werden immer wieder neue Azolwirkstoffe gefunden, die noch bessere Wirksamkeitseigenschaften besitzen und die älteren ersetzen.

Tab. 57: Wichtige Triazolfungizide (DMI) und ihre Indikationen.

Wirkstoffe, Präparate	Kulturpflanzen	Indikationen
Triadimenol (Baytan, Bayfidan, Matador)	Saatgutbehandlung	*Ustilago* (Flugbrand), *Tilletia* (Steinbrand), *Pyrenophora*, *Septoria*, Schneeschimmel; Mehltau, Rost
Propiconazol (Gladio)	Getreide	breit wirksam gegen Blattpathogene
Bitertanol (Baycor, Sibutol)	Getreide, Obstbau, Bananen, Erdnüsse	Saatgutbeizung (Schneeschimmel etc.); Schorf, Echter Mehltau, *Monilinia*, *Mycosphaerella* etc.
Flusilazol (Capitan, Harvesan)	Getreide, Obstbau	breit wirksam gegen Blattpathogene, Halmbruch, Schorf, Echter Mehltau, *Monilinia*
Tebuconazol (Folicur)	Getreide	breit wirksam gegen Blattpathogene, Ährenfusarium (auch als Wachstumsregler in Raps)
Metconazol (Caramba)	Obstbau, Raps	Apfelmehltau, Rost, *Botrytis*, *Sclerotinia*, *Phoma*; (auch als Wachstumsregler)
Cyproconazol (Alto, Sportak Delta, Radius)	Getreide, Obstbau	Mehltau, Rost, *Septoria*, *Rhynchosporium*, Apfelmehltau, Rost, *Nectria*
Epoxiconazol (Opus, Juwel)	Getreide	breit wirksam gegen Blatt- und Ährenpathogene
Difenoconazol (Bardos, Spyrale)	Zuckerrüben	breit wirksam gegen Blattpathogene (*Cercospora*, Mehltau, *Ramularia*)
Fluquinconazol (Jokey)	Getreide	Erstes Beizmittel gegen Schwarzbeinigkeit an Weizen
Prothioconazol (Proline, Fandango)	Getreide, Raps	breit wirksam gegen Halmbruch, Netzflecken, *Rhynchosporium*, Mehltau, Rost, *Septoria*, DTR, *Fusarium*, *Sclerotinia*

Der ‚Azol-Effekt' – zur wachstumsregulierenden Wirkung von Fungiziden
Besonders bemerkenswert ist die positive Wirkung der Triazole auf das Pflanzenwachstum, der sogenannte **Azol-Effekt**. Triazole sind damit neben den Benzimidazolen die zweite Fungizidgruppe mit ausgeprägten positiven Nebenwirkungen auf die Physiologie der Pflanze.
Zu den wichtigsten wachstumsfördernden Wirkungen von Triazolen auf die Kulturpflanze gehören:
- Förderung der Chlorophyllsynthese
- Erhöhung der Zytokiningehalte
- Unterdrückung der Ethylensynthese → Seneszenzverzögerung
- Verstärkung der Wachsschicht
- Verstärkung der Zellwände (Hemmung des Zelllängenwachstums)
- Erhöhung der Blattdicke (kompaktes Gewebe)
- Reduktion der Stängelstreckung
- Erhöhung des Wurzel-/Sprossverhältnisses

Diese Effekte sind der Grund dafür, warum Ertragssteigerungen zum Beispiel im Getreide auch dann erzielt werden, wenn der Pilzbefall sehr gering und eigentlich nicht ertragsschädigend ist. Ursache ist die verzögernde Wirkung auf die Seneszenz, die zu dem sogenannten **‚Greening'-Effekt** führt und die Dauer der Assimilationsphase verlängert. Aufgrund ihrer pflanzenphysiologischen Eigenschaften werden Triazole auch als **Wachstumsregler** eingesetzt. Beispiele sind Tebuconazol oder Metconazol, die bei Herbstanwendung in Raps durch ihre stauchende Wirkung die Winterhärte der Pflanzen erhöhen.

Neben Triforine (Piperazine) haben unter den weiteren DMI-Fungiziden besonders **Fenarimol** (Pyrimidine), **Imazalil** und **Prochloraz** (beides Imidazole) praktische Bedeutung erlangt. Fenarimol wird gegen ein breites Spektrum von Pilzpathogenen vor allem im Obst- und Kleingartenbereich eingesetzt. Imazalil ist immer noch ein Standardwirkstoff in Beizmischungen bei Gerste gegen die Streifenkrankheit und Prochloraz war über viele Jahre ein Standardwirkstoff im Getreide zur Bekämpfung von Fuß-, Blatt- und Ährenkrankheiten. Bemerkenswert ist der Einsatz von Prochloraz in Champignonkulturen gegen pilzliche Parasiten (Tab. 58).

Morpholine wurden in den siebziger Jahren speziell zur Mehltaubekämpfung im Getreide entwickelt. Wie die Triazole verteilen sie sich systemisch in der Pflanze und können dadurch sowohl protektiv wie auch kurativ eingesetzt werden. Es besteht jedoch aufgrund anderer Eingriffsorte in die Ergosterolbiosynthese keine Kreuzresistenz mit Triazolen. Allerdings ist die Pflanzenverträglichkeit deutlich schlechter als bei den Triazolen und bei Überdosierung können Probleme durch Phytotoxizität auftreten. **Tridemorph** und **Fenpropimorph** sind seit vielen Jahren zur Mehltau- und Rostbekämpfung im Getreide im Einsatz. Tridemorph wird bei uns nicht mehr eingesetzt, hat aber noch Bedeutung in tropischen Kulturen. Das gegen Echten Getreidemehltau spezifische und hochwirksame **Fenpropidin** gehört zur neueren Generation von Morpholinen und besitzt eine gute Pflanzenverträglichkeit. Nachdem es zur massiven Resistenzentwicklung von Ge-

Wirkstoffe, Präparate	Kulturpflanzen	Indikationen
Piperazine:		
Triforine[1)] (Saprol, Tarsol)	Gerste	Echter Mehltau
	Gurken	Echter Mehltau
	Kernobst	Schorf, Echter Mehltau
	Johannis-, Stachelbeeren	Amerikanischer Stachelbeermehltau
Pyrimidine:		
Fenarimol (Rubigan, Paral, Saprol)	Kernobst	Echter Mehltau, Schorf
	Rosen	Echter Mehltau, Sternrußtau
	Zierpflanzen	Echte Mehltaupilze, Roste
	Hopfen	Echter Mehltau
Imidazole:		
Imazalil (Aagrano)	G (Beizmittel)	Streifenkrankheit
Prochloraz (Sportak, Octave, Stefes Fungi)	G, W, R	Halmbruchkrankheit, Rhynchosporium, Netzflecken, Blatt- und Spelzenbräune
	Raps	*Sclerotinia sclerotiorum*
	Champignon	Weichfäule (*Mycogone*), Trockenfäule (*Verticillium fungicola*)

1) zzt. ohne Zulassung in Deutschland; G = Gerste, W = Weizen, R = Roggen

Tab. 58: Weitere DMI-Fungizide aus verschiedenen Wirkstoffgruppen und ihre Indikationen.

treidemehltau gegen Strobilurine gekommen ist, kommt dem Fenpropidin als Baustein im Resistenzmanagement im Getreide eine zentrale Bedeutung zu. Den gleichen Eingriffsort wie Morpholine besitzt der relativ neue Wirkstoff **Spiroxamine** (Spiroketalamine). Spiroxamine besitzt eine breite, protektive und kurative Wirkung gegen Schadpilze im Getreide und fördert in Mischpräparaten zusätzlich die Aufnahme der anderen Wirkstoffe in die Pflanze (Tab. 59).

13.7.1.7 Strobilurine und weitere Hemmstoffe der Atmungskette

Strobilurine sind spezifische **Hemmstoffe der Atmungskette** (‚single site inhibitors'). Der **Wirkungsmechanismus** besteht in der Blockade der mitochondrialen Atmungskette in der Pilzzelle am sogenannten **Komplex III**. Dieser Komplex besteht aus einer Cytochrom bc1-Untereinheit, die auf der Mitochondrienmembran lokalisiert ist und zwei Bindestellen, eine innere und eine äußere, für das energieanliefernde Ubihydrochinon besitzt. Für eine funktionstüchtige Energieproduktion müssen beide Bindestellen frei sein. Wirkstoffe vom Typ der Strobilurine, sowie **Famoxadone** und **Fenamidone** blockieren die äußere Andockstelle. Deshalb nennt man diese Klasse von Fungizidwirkstoffen auch ‚**QoI**' oder ‚**quinone outside inhibitors**'. Dieser völlig neue Wirkmechanismus hatte bei der Einführung der Strobilurine den großen Vorteil, dass keinerlei Gefahr von Kreuzresistenzen mit irgendeinem anderen gängigen Fungizid bestand (Abb. 100; S. 318).

Wirkstoffe, Präparate	Kulturpflanzen	Indikationen
Morpholine:		
Tridemorph 1) (Calixin, Colt)	W, R	Mehltau (wirksam auch gegen Rost)
	G	Mehltau, Netzflecken, *Rhynchosporium*,
	Banane	Sigatoka (*Mycosphaerella*)
Fenpropimorph (Corbel, Juwel Top)	W, G, R	breit wirksam gegen Blatt- und Ährenpathogene (Mehltau, Rost, *Septoria*, *Rhynchosporium*)
Fenpropidin (Zenit M, Agent)	W, G, R	speziell wirksam gegen Mehltau (auch gegen Stämme mit Resistenz gegenüber anderen Fungiziden)
Spiroketalamine:		
Spiroxamine (Pronto Plus)	W, G	kurative Wirkung gegen Mehltau, Rost, *Rhynchosporium*, Ährenfusarien

1) zzt. ohne Zulassung in Deutschland; G = Gerste, W = Weizen, R = Roggen

Tab. 59: Wichtige SBI-Fungizide aus der Gruppe der Morpholine und Spiroketalamine und ihre Indikationen.

Strobilurine – von der Natur kopierte Wirkstoffe

Strobilurine sind die neueste unter den großen Fungizidwirkstoffklassen und kamen erst 1996 auf den Markt. Ihre Leitstruktur basiert auf fungiziden Naturstoffen, dem Strobilurin A aus dem Kiefernzapfenrübling *(Strobilurus tenacellus)* und dem Oudemansin aus *Oudemansiella mucida*, die unabhängig voneinander entdeckt und zu Wirkstoffpatenten geführt wurden. Durch Stabilisierung der UV-sensiblen Ausgangsmoleküle konnten Wirkstoffe mit kaum für möglich gehaltenen Wirkungsverbesserungen gegenüber den bis dahin besten Fungiziden synthetisiert werden. Dazu gehörte vor allem die enorme Wirkungsbreite, die neben Ascomyceten, Basidiomyceten und Deuteromyceten auch Oomyceten umfasste, die lange Wirkungsdauer und die erst später entdeckten überaus positiven physiologischen Effekte auf die Kulturpflanze (‚Greening-Effekt').

Strobilurine werden aufgrund der **quasisystemischen** Verteilung auf und in der Pflanze protektiv eingesetzt. Man spricht auch von einer **Wirkstoffdepotbildung**. Durch die Hemmung der Energieanlieferung in Form von ATP wird die Sporenkeimung sehr schnell gehemmt (Abb. 98). Das Wirkungsspektrum der Strobilurine ist äußerst breit und umfasst alle wichtigen Krankheiten im Getreide-, Obst-, Wein-, Gemüse- und Zierpflanzenbau. Wirkungsschwerpunkte sind Rostpilze und Blattfleckenerreger. Auch gegen Echten Mehltau und Oomyceten bestand anfangs eine gute Wirkung (Abb. 99). Einzelne Wirkstoffe wie das Azoxystrobin haben es auf Zulassungen in über 80 Kulturen gebracht. **Famoxadone** und **Fenamidone** haben ein spezifischeres Wirkungsspektrum, welches auf die Bekämpfung von Oomyceten ausgerichtet ist (Tab. 60).

Wirkstoffe, Präparate	Indikationen
Azoxystrobin (Amistar, Ortiva)	Blattkrankheiten Getreide (außer *Rhynchosporium*)
Kresoxim-methyl (Juwel, Discus)	Blattkrankheiten Getreide, Reben (Echter Mehltau, *Phomopsis*), Obstbau (Echter Mehltau, Schorf)
Trifloxystrobin (Stratego, Twist, Flint)	in Getreide gegen alle wichtigen Schadpilze
Picoxystrobin (Acanto)	in Getreide gegen alle wichtigen Schadpilze
Pyraclostrobin (Opera, Optimo, Duanti)	in Getreide gegen alle wichtigen Schadpilze
Fluoxastrobin (Fandango)	in Getreide gegen alle wichtigen Schadpilze
Dimoxystrobin (Swing Gold) (Cantus flüssig)	in Getreide gegen alle wichtigen Schadpilze in Winterraps gegen *Sclerotinia, Alternaria, Phoma*
Metominostrobin[2)]	
Oryzastrobin[2)]	

[1)] Weitgehende Resistenz besteht bei Echtem Mehltau und *Septoria tritici*
[2)] zzt. ohne Zulassung in Deutschland

Tab. 60: Wichtige Strobilurine[1)] und ihre ursprünglichen Indikationen.

Der Wendepunkt für den Strobilurineinsatz kam bereits 1998, als in England erste strobilurinresistente Stämme von *Mycosphaerella graminicola* gefunden wurden. Es stellte sich heraus, dass es sich um eine **disruptive Resistenzentwicklung** (s. Kap. 13.8.5) handelte, welche der ‚worst case' in der Wirkstoffentwicklung ist, weil sie meist nicht reversibel ist. Sie beruht auf der Selektion von dauerhaft durch Mutation insensitiv gewordenen Stämmen, die zugleich eine hohe kompetitive Fitness besitzen und daher nicht wieder verdrängt werden. Inzwischen ist die Strobilurinresistenz auch auf molekularer Ebene charakterisiert. Sie beruht auf zwei Punktmutationen von Aminosäuren am Cytochrom bc1. Bei der G143A-Mutation ist ein Alanin durch ein Glycin und bei der F129L ein Leucin durch ein Phenylalanin ausgetauscht. Dadurch kann der Wirkstoff die äussere Bindestelle am Komplex III nicht mehr blockieren. Inzwischen wurde Resistenz bei mindestens sechs wichtigen Pathogenen festgestellt, darunter der Echte Mehltau, gegen den keine Wirksamkeit mehr besteht.

Unter den neueren Fungizidwirkstoffen finden sich einige **weitere Hemmstoffe der Atmungskette** (Abb. 100). Neben dem bereits genannten äußeren (QoI) Eingriffsort am Cytochrom bc1 des Komplex III, ist die Blockade der innen liegenden Bindestelle des Ubihydrochinons ein weiteres Target, zum Beispiel beim oomycetenspezifischen **Cyazofamid**. Man spricht des-

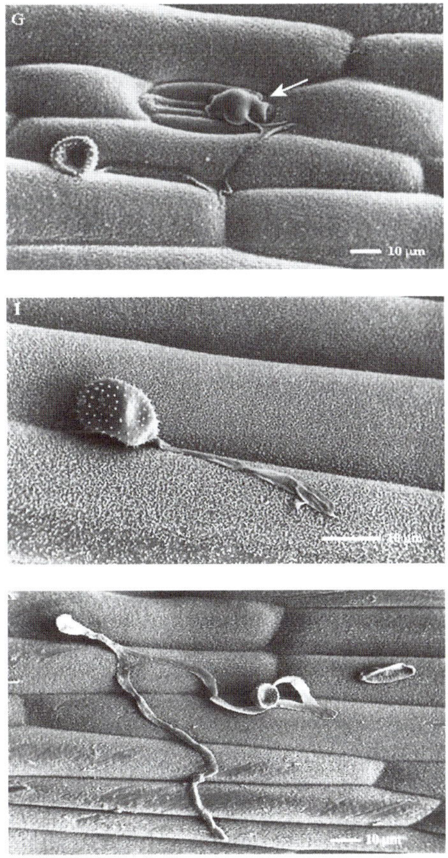

Abb. 98: Effekt eines Strobilurins (Kresoxim-methyl, Mitte) und eines Triazols (Epoxiconazol, unten) auf die Keimung von Braunrostsporen (*Puccinia recondita*) auf Weizen. In der unbehandelten Kontrolle (oben) findet der Keimschlauch zu einer Spaltöffnung und bildet dort das Appressorium. Kresoxim-methyl führt zu frühem Abbruch der Keimung, da die notwendige Energie nicht nachgeliefert werden kann. Triazole blockieren das Keimschlauchwachstum erst relativ spät, allerdings kommt es zu ungerichtetem Wachstum (aus Deising et al., 2002).

halb auch von einem ‚QiI' oder ‚quinone inside inhibitor'. Analog zu den bereits besprochenen Carboxaniliden hemmt **Boscalid**, ein neuer Wirkstoff gegen Ascomyceten im Acker-, Gemüse- und Weinbau, die Succinatdehydrogenase am Komplex II.

Fluazinam und Silthiofam greifen in die **ATP-Synthese** am Ende der Atmungskette ein. **Fluazinam**, ein Wirkstoff mit Schwerpunkt in der Oomycetenbekämpfung, hemmt die oxidative Phosphorylierung, den entscheidenden Schritt, bei dem das in der Redoxkette aufgebaute elektrochemische Potenzial der Mitochondrienmembran zur Bildung von ATP genutzt wird. Diese auch als **„Entkoppler"** bezeichneten Wirkstoffe verursachen durch ihre ionophoren Eigenschaften den Zusammenbruch des Membranpotenzials. Dagegen hemmt **Silthiofam** die letzte Phase der mitochondrialen Energiebereitstellung, nämlich die für die Ausschleusung von ATP aus den Mitochondrien verantwortlichen **ATP-Translokasen**. Silthiofam besitzt spezielle Wirkung gegen die Schwarzbeinigkeit *(Gaeumannomyces graminis)* und wird als Beizmittel (Latitude) bei Weizen und Triticale eingesetzt.

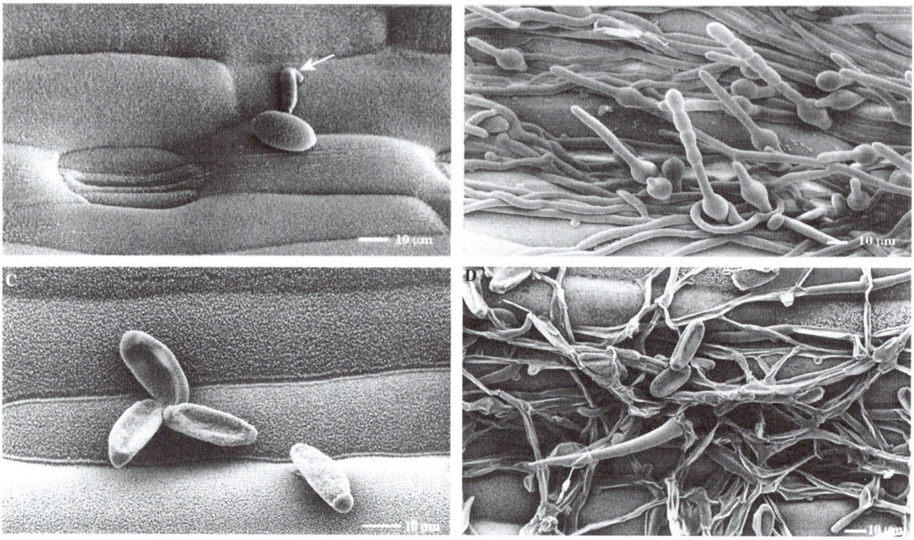

Abb. 99: Präinfektionelle (unten links) und postinfektionelle (unten rechts) Wirkung von Kresoxim-methyl auf den Getreidemehltau (*Blumeria graminis*) im Vergleich zur unbehandelten Kontrolle (oben). Durch Unterbindung der ATP-Nachlieferung unterbleibt die Keimschlauchbildung bzw. Konidienproduktion weitgehend (aus Deising et al., 2002).

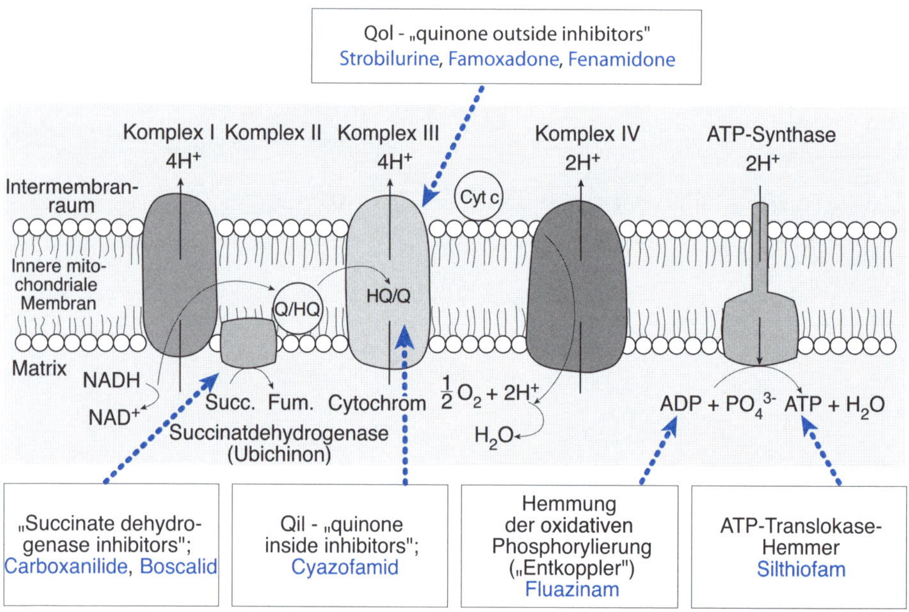

Abb. 100: Übersicht über Eingriffsorte von Fungizidwirkstoffen in die Atmungskette von Pilzen.

13.7.1.8 Anilinopyrimidine, Phenylpyrrole und weitere Wirkstoffe

Der Wirkort der **Anilinopyrimidine** ist ein pilzspezifischer Syntheseschritt ausgehend von Cystathion hin zum L-Methionin. Mit diesem neuartigen Wirkungsmechanismus haben die Wirkstoffe aus dieser Gruppe erhebliche Bedeutung für das Resistenzmanagement im Getreide- und Obstbau erlangt, da keine Kreuzresistenz mit den dort überwiegend eingesetzten Wirkstoffen aus der Gruppe der SBI oder Strobilurine besteht. **Cyprodinil** ist vollsystemisch und zeichnet sich durch eine hervorragende Wirkung gegen den Halmbrucherreger im Getreide (Unix, Radius) aus. Daneben wird es als Mischungspartner in Getreidebeizen (Solitär) sowie im Obst-, Wein- und Gemüsebau (Switch) eingesetzt.

Pyrimethanil und **Mepanipyrim** sind ebenfalls Hemmstoffe der Methionin-Synthese, blockieren zusätzlich aber noch die Enzymsekretion bei Pilzen. Dadurch können die bei der Infektion wichtigen zellwandabbauenden Exoenzyme nicht wirksam werden. Pyrimethanil wird ähnlich wie Cyprodinil in Getreidebeizmitteln (Rubin) und im Obst- und Weinbau gegen Schorf, Echten Mehltau und *Botrytis* (Scala, Vision) eingesetzt.

Wirkstoffe aus der neueren Gruppe der **Phenylpyrrole** weisen einen interessanten und ganz andersartigen Wirkungsmechanismus auf. Ihre fungizide Wirkung entsteht durch Störung der **Signalkettenregulation** (MAP-Kinasen) bei Pilzen. Dadurch werden die Aktivierung regulatorischer Proteine und damit wichtige Signale für die Genexpression blockiert. Als Folge davon kann sich das Pathogen auf dem Wirt nicht mehr normal entwickeln. Zwei Wirkstoffe aus dieser Gruppe sind derzeit zugelassen. Sie kommen ausschließlich als Beizmittel zum Einsatz. **Fenpiclonil** (Galbas, Pyrol, Larin, Arena) wird in Weizen und Roggen gegen Schneeschimmel und Steinbrand bzw. Stängelbrand verwendet. Ähnlich ist die Indikation für **Fludioxonil** (Atlas, Maxim, Arena C), welches auch eine gute Wirkung gegen *Septoria*, *Pyrenophora* und *Fusarium culmorum* hat.

Eine eigene heterozyklische Verbindung ist das mehltauspezifische **Quinoxyfen** (Fortress). Der erst 1998 eingeführte Wirkstoff entfaltet seine spezifische fungizide Wirkung ähnlich wie Phenylpyrrole durch Störung der **Signaltransduktion** in der keimenden Mehltauhyphe. Betroffen sind hier allerdings nicht die MAP-Kinasen, sondern die durch das G-Protein (GTP) vermittelte Signalübertragung. Unterbunden werden dadurch offenbar Signale, welche die Appressorienbildung und damit den Penetrationsvorgang in die Epidermis auslösen. Dadurch wächst der Keimschlauch wahllos auf der Blattoberfläche bis die Energiereserven der Mehltaukonidie erschöpft sind. Entsprechend diesem Wirkungsmechanismus besteht bei Quinoxyfen eine ausschließlich **protektive** Wirkung und der rechtzeitigen (präinfektionellen) Applikation kommt somit entscheidende Bedeutung zu. Obwohl auch gegenüber Quinoxyfen erste resistente Mehltaustämme gefunden wurden, spielt dieser Wirkstoff als Baustein im Resistenzmanagement eine wichtige Rolle.

Weitere noch in der Markteinführung befindliche Wirkstoffe mit Schwerpunkt in der Bekämpfung von Echtem Mehltau sind das **Metrafenon** (protektiv u. kurativ, quasisystemisch) und **Proquinazid** (protektiv mit langer Dauerwirkung, quasisystemisch). Sie zeichnen sich durch völlig neue, im Einzeln noch nicht geklärte Wirkmechanismen aus und besitzen vermutlich keine Kreuzresistenz mit einem der bisherigen Fungizide.

Im Rahmen des Resistenzmanagements bekommen aber auch ältere Wirkstoffe wieder Bedeutung, sofern sie alternative oder mehrere Wirkorte besitzen und keine toxikologischen Bedenken bestehen, wie das **Chlorthalonil** (Bravo, Pugil), ein protektiver Wirkstoff für den Einsatz gegen verschiedene Blattpathogene im Getreide.

Eine weitere gesonderte Wirkstoffgruppe sind die **Melaninsynthesehemmer**, die allerdings für Kulturpflanzen der gemäßigten Breiten bislang keine praktische Bedeutung erlangt haben (Bsp. Tricyclazol). Durch Hemmung der Melaninsynthese kann die Funktion von Appressorien bei bestimmten Pathogenen außer Kraft gesetzt werden. Beispiele sind das Maispathogen *Colletotrichum graminicola* oder der Erreger der Reisblattbräune *Pyricularia oryzae*.

13.7.1.9 Wirkstoffe zur Bekämpfung von Oomyceten

Aufgrund der von echten Pilzen stark abweichenden Biologie und ihrer großen wirtschaftlichen Bedeutung als Pflanzenpathogene, stellt die Entwicklung von Wirkstoffen gegen Oomyceten eine eigene und ganz besondere Herausforderung für die Pflanzenschutzmittelindustrie dar. Aus Gründen der Vereinfachung und da es sich im Sprachgebrauch so eingebürgert hat, wird der Begriff „Fungizide“ im Folgenden auch für die Mittel zur Bekämpfung von Oomyceten verwendet.

Das erste erfolgreich gegen Oomyceten eingesetzte Fungizid war **Kupfer**, insbesondere in Form von Kupferkalkbrühe im Weinbau gegen den Falschen Rebenmehltau oder gegen die Kartoffelkrautfäule. Der Einsatz von Kupferpräparaten im konventionellen Anbau hat nur noch geringe Bedeutung, im ökologischen Anbau ist er dagegen wichtig. Auch die ersten organischen Fungizide gegen Oomyceten, die **Dithiocarbamate**, sind schon lange im Einsatz und sind mit ihrem ‚multi site' Wirkmodus wichtige Elemente im Resistenzmanagement. Allerdings können sie nur protektiv eingesetzt werden.

Die Einführung der ersten Wirkstoffgruppe mit **systemischen** Eigenschaften, der **Phenylalanine** (Acylanine), war daher ein großer Durchbruch. Bedeutung erlangt haben **Metalaxyl** und **Oxadixyl** (Tab. 61). Der ‚single site' Wirkmechanismus beruht auf einer Blockade des Einbaus von Uridin in die ribosomale RNA, wodurch die Proteinsynthese gestört wird. Die Wirkungsweise ist protektiv und kurativ und der Einsatzschwerpunkt liegt in der Bekämpfung von Falschem Mehltau an zahlreichen Kulturpflanzen und *Phytophthora infestans* in Kartoffeln. Aufgrund des hochspezifischen molekularen Wirkorts sind bereits nach wenigen Jahren der Anwendung **resistente** Stämme aufgetreten. Durch Begrenzung auf zwei Anwendungen pro Saison und Wirkstoffwechsel mit nicht kreuzreagierenden Wirkstoffen kann allerdings eine ausreichende Sensitivität der Pathogenpopulationen aufrechterhalten werden.

Durch die Fähigkeit zu **basipetalem** Transport im Symplasten der Pflanze hat das schon bei den metallorganischen Fungiziden besprochene **Aluminium-Fosetyl** (Mikal, Aliette) einen besonderen Einsatzbereich in der Bekämpfung bodenbürtiger Oomyceten in den Tropen und Subtropen (s. o.).

Eine Reihe von neueren Wirkstoffen gegen Oomyceten ist **teilsystemisch** und kann somit protektiv und kurativ eingesetzt werden. Zwei

Tab. 61: Wirkstoffe zur Bekämpfung von Oomyceten.

Wirkstoffe, Präparate	Kulturpflanzen	Pathogene
Kupfer, Dithiocarbamate (Mancozeb, Propineb)	unspezifische Breitbandfungizide mit Wirkung auch gegen Oomycetes, besonders *Pythium*, *Phytophthora* und Falsche Mehltaupilze	
Metalaxyl (Ridomil)	Kartoffel, Tabak, Hopfen, Gemüse	Falscher Mehltau; *Phytophthora infestans*
Al-Fosetyl*) (Aliette, Mikal)	Reben, Hopfen Zierpflanzen, Citrus Avocado, Ananas	Falscher Mehltau *Phytophthora cinnamomi, P. parasitica*
Cymoxanil (Ciluan, Aktuan)	Reben, Hopfen, Kartoffel	Falscher Mehltau; *Phytophthora infestans*
Hymexazol (Tachigaren)	Zuckerrüben	Pillierungszusatz gegen Auflaufkrankheiten (*Pythium, Aphanomyces*)
Dimetomorph (Acrobat)	Raps Kartoffel	Falscher Mehltau; als Saatgutbeizmittel (DMM-Beize) Krautfäule
Propamocarb (Tattoo)	Kartoffel, Tomate Gemüse, Salat,	*P. infestans*, Falscher Mehltau, *Pythium, Phytophthora cactorum*
Fluazinam (Shirlan)	Kartoffel	Krautfäule
Cyazofamid (Ranman, Mildicut)	Kartoffel Weinrebe	Krautfäule Falscher Mehltau
Famoxadone (Tanos)	Kartoffel, Tomate Gurke, Weinrebe	*P. infestans* Falscher Mehltau
Fenamidone (Gemini)	Kartoffel	Krautfäule
Zoxamide (Electis)	Kartoffel Weinrebe	Krautfäule Falscher Mehltau
Iprovalicarb (Melody)	Weinrebe	Falscher Mehltau

*) zzt. in Deutschland ohne Zulassung

Wirkstoffe mit nicht genau geklärtem Wirkmodus sind **Cymoxanil** und **Hymexazol**. Während Cymoxanil als Spritzmittel in Reben, Hopfen und Kartoffeln eingesetzt wird, wird Hymexazol als Pillierungszusatz bei Zuckerrüben verwendet. Ebenfalls einen Schwerpunkt in der Saatgutbeizung hat **Dimetomorph** (DMM-Beize) in Raps gegen Frühbefall mit Falschem Mehltau. **Propamocarb** ist ein wichtiger kurativer Baustein in der Krautfäule-Bekämpfung in Kartoffeln.

Vier neuere Wirkstoffe gegen Oomyceten mit Schwerpunkt Krautfäulebekämpfung in Kartoffeln greifen an verschiedenen Stellen in die **Atmungskette** ein (s. Kap. 13.7.1.7; Abb. 100). **Fluazinam** ist ein protektiv wirksames Kontaktmittel und hemmt die oxidative Phosphorylierung. **Cyazofamid** blockiert am Komplex III die innere Andockstelle für Ubihydrochinon (QiI) und zeichnet sich durch besonders hohe Regenfestigkeit aus. **Famoxadone** und **Fenamidone** blockieren die nach außen gerichtete Reaktionsseite des Komplex III (QoI). Sie werden protektiv eingesetzt, besitzen aber durch eine translaminare Verteilung eine erhöhte Wirkungsdauer. Wichtig ist ihre gute Wirksamkeit gegen phenylamidresistente Pathogenstämme.

Zoxamide ist ein Mitosehemmer und bindet kovalent an ß-Tubulin. Es ist synergistisch mit Mancozeb, protektiv mit ausgeprägter Depotbildung in der Epidermis und besitzt ebenfalls hohe Regenfestigkeit. Das systemische **Iprovalicarb** hemmt die Zellwandsynthese der Oomyceten. Sein Wirkungsschwerpunkt sind die Falschen Mehltaupilze.

13.7.2 Insektizide und weitere Wirkstoffe gegen tierische Schaderreger

Vom Weltumsatz an Schädlingsbekämpfungsmitteln, der bei etwa 8 Milliarden US$ liegt, entfallen etwa 10% auf Mittel gegen Milben, 30% auf Mittel gegen saugende und 50% auf beißende Insekten. Unter den beißenden Insekten machen in der Schadwirkung Schmetterlingsarten (Lepidoptera) mehr als zwei Drittel aus und sind somit vor den Käfern (Coleoptera) weltweit die mit Abstand wichtigste Schädlingsgruppe.

Wie bei den Fungiziden ist das leitende Merkmal bei der Einteilung der insektiziden Wirkstoffe die chemische Gruppenzugehörigkeit und der daraus folgende Wirkungsmechanismus (Tab. 62). Nur weniger als 5% der derzeit eingesetzten Insektizidwirkstoffe greifen in Entwicklungsvorgänge bei Insekten ein (Hormonanaloga, Chitinbiosynthesehemmer), der weitaus größte Teil ist **neurotoxisch** und stört an verschiedenen Stellen die Nervenreizleitung.

Für den **Eingriff von Insektiziden in die Reizleitung des Nervensystems** sind mehrere Wirkorte bekannt. Während die Reizleitung innerhalb einer Nervenzelle auf elektrischem Wege erfolgt, sind für den Übergang eines Reizes von einer Nervenzelle zur nächsten über interzelluläre Kontaktstellen (**Synapsen**) chemische Substanzen wirksam, die sogenannten **Neurotransmitter**. Ein Beispiel für einen Neurotransmitter ist **Acetylcholin**. Diese Substanz wird an der präsynaptischen Membran der Nervenzelle freigesetzt und bindet reversibel an spezifische Rezeptoren in der postsynaptischen Membran der benachbarten Nervenzelle. Hierdurch wird das Signal übertragen und für die Dauer der Bindung aufrechterhalten. Die Abschaltung des Reizes erfolgt, indem Acetylcholin durch das Enzym Acetylcholin-Esterase zu Acetat und Cholin hydrolysiert wird (Abb. 101).

Tab. 62: Entwicklung, Einsatzgebiete und Wirkorte wichtiger Insektizidgruppen.

Jahr der Entwicklung/ Einführung	Wirkstoffe, Eigenschaften und Anwendungsschwerpunkte	Insektizider Wirkort
1870 – 1910	Einsatz von Bleiarsenat, Nikotin, Blausäure oder Kalkarsenat gegen Schädlinge im Ackerbau sowie Obst- und Weinbau	vielfältige Wirkorte
1935	**Chlorierte Kohlenwasserstoffe**; DDT (1942), Lindan (1945), Thiodan (1956); sehr persistente, wasserunlösliche Substanzen; geringe Warmblütertoxizität aber Anreicherung in der Nahrungskette; teilsystemisch; Einsatz im Acker-, Gemüse-, Obst und Weinbau gegen beißende Insekten, Wirkungslücke gegen Spinnmilben; in Deutschland seit 1971 (DDT) bzw. 1998 (Lindan) nicht mehr zugelassen	Neurotoxin; Hemmung der Reizleitung in den Nerven fasern (Natriumkanal-Modulatoren) sowie Hemmung verschiedener Enzymsysteme
1937	**Phosphorsäureester**; Parathion (E605, 1948), Metasystox (1957), Dimethoat; hohe Warmblütertoxizität (außer Malathion); bienengefährlich und fischgiftig, schnelle Aufnahme in die Pflanze, dadurch zum Teil gute systemische Wirkung; breite Wirkung gegen beißende und saugende Insekten und Spinnmilben	Neurotoxin; Hemmung der Acetylcholin-Esterase
1947	**Carbamate**; Carbofuran (Curaterr), Methiocarb (Mesurol), Pirimicarb (Pirimor); schnell abbaubare Substanzen; warmblütertoxisch; Verbindung mit insektizider, fungizider und herbizider Wirkung; Einsatz als Kontakt- und Fraßgift gegen beißende Insekten; Carbofuran und Pirimicarb translaminar, letzteres mit Wirkung gegen saugende Insekten (Blattläuse), nützlings- und bienenschonend, keine Wirkung gegen Spinnmilben	Neurotoxin; Hemmung der Acetylcholin-Esterase
1950	**Natürliche und synthetische Pyrethroide**; abgeleitet von pflanzlichen Pyrethrinen (Pyrethrum aus Blütenblättern von *Chrysanthemum*); Permethrin (1974); Cyfluthrin (1980); breite Wirksamkeit gegen saugende und beißende Insekten sowie Milben; hohe insektizide Kontaktwirkung, Aufwandmengen < 20 g/ha; nicht nützlingsschonend, z. T. bienenungefährlich; geringe Warmblütertoxizität, aber fischgiftig; Einsatz auch gegen Hausungeziefer	Neurotoxin; Hemmung der Reizleitung in den Nervenfasern (Natriumkanal-Modulatoren)

Jahr der Entwicklung/ Einführung	Wirkstoffe, Eigenschaften und Anwendungsschwerpunkte	Insektizider Wirkort
1950	**Weitere natürliche Insektizide**; Azadirachtin (Neem, Samenextrakt aus *Azadirachta indica*), Abamectin (Metabolit von *Streptomyces avermitilis*), Spinosad (Metabolit von *Saccharopolyspora spinosa*); breite Wirksamkeit vor allem gegen beißende Insekten, Abamectin (Vertimec) zugelassen gegen saugende Insekten und Milben in Gemüse, Hopfen und Zierpflanzen	vielfältige Wirkorte; Neem: Wachstums- und Metamorphosehemmer; Abamectin: Neurotoxin, Chloridkanal-Modulator; Spinosad: Neurotoxin, Antagonist der Acetylcholin-Rezeptoren
1991	**Neonicotinoide** (Nitroguanidine); Imidacloprid (1994; Gaucho, Confidor), Thiacloprid der (Calypso), Clothianidin (Poncho), Thiamethoxam (Cruiser); neue Wirkstoffklasse mit neuem Wirkungsmechanismus; vielfältiger Einsatz als vollsystemische Spritz-, Gieß- und Beizmittel gegen beißende und saugende Insekten; keine Wirkung gegen Milben; geringe Warmblütertoxizität	Neurotoxin, Antagonist der Acetylcholin-Rezeptoren
seit 1995	**Phenylpyrazole**; neuer Wirkmechanismus; Fipronil: Wirkung gegen beißende Insekten, Hausungeziefer und Tierparasiten; weltweiter Einsatz aber noch nicht in Deutschland	Neurotoxin; Hemmung der Reizleitung in den Nervenfasern (Chloridkanal-Modulator)
	Pyridin-azomethine; Pymetrozin (Plenum); neuer Wirkungsmechanismus gegen saugende Insekten (Phloemsauger); Einsatz im Acker-, Gemüse- u. Zierpflanzenbau	Lähmung des Stech- und Saugvorgangs
	Insektenwachstumsregulatoren; acylierte Harnstoffe (Chitinbiosynthese-Hemmer): Diflubenzuron (Dimilin), Juvenilhormon-Analoga: Fenoxycarb (1995, Insegar), Tebufenozid (1998, Mimic); Hydroxyecdysone (Häutungshormon-Analoga): Methoxyfenozide (1996, Runner); Wirkungsschwerpunkt gegen Lepidopteren im Obst-, Weinbau, Forst und im Kleingartenbereich; nützlingsschonend; keine Wirkung gegen saugende Insekten	Störung der Insektenentwicklung

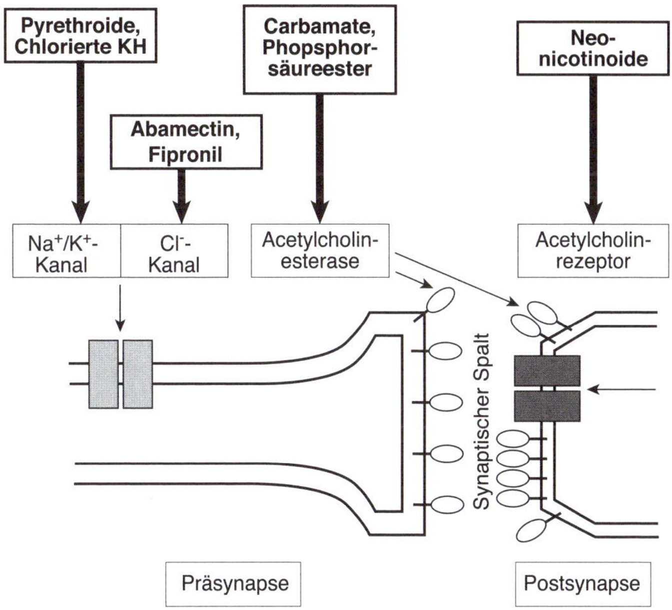

Abb. 101: Eingriffsorte neurotoxischer Insektizide in die Nervenreizleitung von Nervenfasern und bei der synaptischen Reizübertragung (verändert n. Bayer, 2004).

Die Nervenreizleitung kann durch die **Aktivierung bzw. Blockierung der Acetylcholin-Rezeptoren** oder aber durch **Hemmung der Acetylcholin-Esterase** gestört werden. Erstgenannter Wirkmechanismus liegt z. B. bei den Neonicotinoiden (Imidacloprid, Chlothianidin) vor, während Carbamate (Methiocarb, Pirimicarb) und Phosphorsäureester (Parathion, Dimethoat) **Acetylcholin-Esterase-Hemmer** sind. Ein dritter Wirkmechanismus besteht in der Störung der Funktion der **Ionenkanäle in den Nervenzellmembranen**. Ihre Funktion ist für die Reizleitung in den Nervenfasern verantwortlich, indem durch den Ein- oder Ausstrom von Ionen der Wechsel zwischen Aktions- und Ruhepotenzial geregelt wird. Hierbei werden **Na^+/K^+-Kanäle** und **Cl^--Kanäle** unterschieden. Hemmstoffe der Na^+/K^+-Kanäle (**Natriumkanal-Modulatoren**) sind Pyrethroide (Deltamethrin, Beta-Cyfluthrin) und chlorierte Kohlenwasserstoffe (DDT, Lindan). Beispiele für **Chloridkanal-Modulatoren** sind Abamectin und Phenylpyrazole (Fipronil). Wirkstoffe, die an unterschiedlichen Stellen in die Nervenreizleitung eingreifen, sind in der Regel untereinander nicht kreuzresistent.

Insektizide werden als **Fraß-**, **Kontakt-** oder **Atemgifte** vom Insekt aufgenommen. Einige Insektizide werden auch von der Pflanze aufgenommen und **systemisch** über das Xylem und zum Teil auch das Phloem in den Pflanzenorganen verteilt. Insektizide Granulate und Beizmittel können von der Wurzel aufgenommen werden und lang anhaltend wirken. Auf diese Weise werden auch minierende oder an nicht getroffenen Stellen saugende Insekten erfasst. Die schnelle Aufnahme von Insektiziden durch die Pflanze vermindert auch die Schädigung nützlicher Insekten. Schließlich ist die Wirkung systemischer Insektizide auch weniger witterungsabhängig.

Trotz der ähnlichen Funktion des Nervensystems bei Insekten und Warmblütern kann die Warmblütertoxizität von neurotoxischen Insektiziden aufgrund unterschiedlicher Metabolisierungsraten (Malathion) oder Abweichungen in den Bindungsstellen (Imidacloprid) um den Faktor 1000 oder mehr geringer sein als im Insekt. Dennoch sind Insektizide hinsichtlich der Warmblütertoxizität als die kritischste Wirkstoffgruppe anzusehen. Dagegen bestehen kaum Schwierigkeiten bezüglich der Selektivität gegenüber Pflanzen, da Pflanzen kein Nervensystem besitzen.

13.7.2.1 Chlorierte Kohlenwasserstoffe

Mit den gegen Ende des zweiten Weltkriegs aufgekommenen chlorierten Kohlenwasserstoffen standen erstmals hochwirksame und für Warmblüter mindertoxische Insektizide mit breiter Wirkung zur Verfügung. **DDT** (Dichlordiphenyltrichloräthan), der erste verfügbare Wirkstoff, wurde dementsprechend breit und anfangs ziemlich bedenkenlos eingesetzt, nicht nur in der Landwirtschaft, sondern vor allem auch als Hygienemittel gegen Parasiten von Mensch und Tier. Eine erhebliche Bedeutung hat DDT bei der weltweiten Bekämpfung der Überträger von Malaria erlangt, die damit erstmals wirkungsvoll zurückgedrängt werden konnte.

In Bezug auf andere Eigenschaften entsprechen chlorierte Kohlenwasserstoffe aber nicht mehr den heutigen Anforderungen. Es handelt sich um überwiegend persistente Substanzen, die sich durch ihre gute Fettlöslichkeit im Organismus und damit in der Nahrungskette anreichern. Durch die hohe Persistenz lässt sich DDT trotz des bereits seit 1972 in Deutschland bestehenden Anwendungsverbots immer noch nachweisen. **Lindan** (γ-HCH), welches gegen beißende Insekten in der Land- und Forstwirtschaft (Borkenkäferbekämpfung) eingesetzt wurde, ist seit 1998 nicht mehr zugelassen. Deutlich günstigere Eigenschaften hat **Endosulfan** (Thiodan), welches bienenungefährlich und nützlingsschonend ist, aber derzeit in Deutschland keine Zulassung besitzt.

13.7.2.2 Phosphororganische Verbindungen (Phosphorsäureester)

Mit den Phosphorsäureestern kamen nach 1945 Insektizide auf den Markt, die in vielfältiger Weise den bisherigen Wirkstoffen überlegen waren. Die Aufnahme erfolgte hauptsächlich als Kontakt- und Fraßgift, zum Teil auch als Atemgift. Zu den günstigen Eigenschaften gehörte die gute und schnelle Wirkung sowohl gegen beißende als auch saugende Insekten und Milben, die schnelle Abbaubarkeit in der Umwelt und die hohe Systemizität in der Pflanze. Dagegen weisen Phosphorsäureester als Acetylcholin-Esterase-Hemmer (s. o.) aber eine hohe Toxizität gegenüber Warmblütern, Bienen und Fischen auf. Phosphorsäureester wirken als **‚pro-drugs'** (s. Kap. 13.8.4), das heißt sie werden erst im Insekt in die eigentlich insektizide Komponente umgewandelt.

Parathion-äthyl (E 605 forte) ist das am meisten eingesetzte Insektizid aus dieser Gruppe, aber in Deutschland aufgrund der hohen akuten Toxizität für Säuger ($LD_{50/Ratte}$ = 2 mg/kg) nicht mehr zugelassen. Dagegen weist das ebenfalls nicht mehr zugelassene **Malathion** mit einer $LD_{50/Ratte}$ von 1400 bis 2800 mg/kg deutlich günstigere Toxizitätseigenschaften auf. **Demeton-S-methylsulfoxid** (Metasytox R) wird von Wurzel oder Blatt schnell aufgenommen und hatte Bedeutung im Ackerbau, Obstbau und Forst. **Methamidophos** (Tamaron) findet noch verbreitet Anwendung gegen beißende und saugende Insekten und Milben, vor allem in Kartoffeln, Gemüse und Zierpflanzen. **Dimethoat** (Perfekthion, Bi 58 u. a.) zeichnet sich ähnlich wie Malathion durch geringe Warmblütertoxizität aus und wird vor allem im Kleingartenbereich gegen Blatt- und Schildläuse eingesetzt.

13.7.2.3 Carbamate

Carbamate stören in ähnlicher Weise wie die Phosphorsäureester die Nervenreizleitung zwischen Nervenzellen durch Hemmung der Acetylcholin-Esterase. Es handelt sich um sehr kurzlebige, zum Teil jedoch hochtoxische Substanzen. In dieser Gruppe finden sich Wirkstoffe mit insektizider, fungizider und herbizider Aktivität. Einsatzbereich sind sowohl beißende wie saugende Insekten, gegen die Wirkung als Fraß- und Kontaktgift besteht.

Carbofuran hat als Streugranulat (Carbosip) Bedeutung vor allem in Zuckerrüben gegen den Moosknopfkäfer, in Mais gegen die Fritfliege und bei Zierpflanzen gegen Trauermücken und Dickmaulrüßler. **Methiocarb** (Mesurol) besitzt neben der insektiziden auch eine molluskizide Wirkung und wird in Ködergranulaten gegen Schnecken (Mesurol) und als Repellent zur Wildschadenverhütung eingesetzt. Als Insektizid kommt es vor allem im Kleingarten- und Zierpflanzenbereich zum Einsatz. **Pirimicarb** (Pirimor) ist ein wasserdispergierbares Granulat mit translaminarer Verteilung und Wirkung speziell gegen Blattläuse an zahlreichen Kulturen im Ackerbau, Gemüsebau und Forst. Günstig ist seine Einstufung als nützlingsschonend und nicht bienengefährlich.

13.7.2.4 Synthetische Pyrethroide

Die **synthetischen Pyrethroide** sind von den pflanzlichen Pyrethrinen (s. Kap. 13.7.2.7) abgeleitete Kontaktinsektizide. Sie haben durch eine Reihe sehr interessanter Eigenschaften eine große Bedeutung im Pflanzenschutz erlangt. Hierzu gehört die enorm hohe insektizide Wirkung, die noch bei Aufwandmengen < 20 g/ha vorhanden ist, die breite Wirksamkeit, sowie die geringe Persistenz und Warmblütertoxizität. Einige Pyrethroide sind nicht bienengefährlich, die meisten aber fischgiftig. Ihr Wirkmechanismus besteht ähnlich dem DDT in der Störung der Natriumkanäle in den Membranen der Nervenfasern.

Haupteinsatzbereiche für **Permethrin** (Ambush) sind saugende Insekten im Hausgarten und an Zierpflanzen sowie der Vorratschutz. **Deltamethrin** (Decis), **Lambda-Cyhalothrin** (Karate) und **Beta-Cyfluthrin** (Bulldock) haben ihren Einsatzschwerpunkt gegen beißende und saugende Insekten im Ackerbau (Getreide, Raps, Kartoffel). Letzteres hat auch als Beizmittel im Getreide (Contur), Raps (Chinook) und als Pillierungszusatz in der Zuckerrübe (Poncho) bedeutende Einsatzbereiche gegen Schädlinge am Sämling und der jungen Pflanze. **Esfenvalerate** (Sumicidin), welches im Obst- und Weinbau gegen Apfel- bzw. Traubenwickler eingesetzt wurde, hat keine Zulassung mehr.

13.7.2.5 Neonicotinoide (Nitroguanidine)

Neonicotinoide (oder auch Chloronicotinyle) sind eine neue Wirkstoffklasse mit einem neuen neurotoxischen Wirkungsmechanismus, der die Reizleitung an den **Acetylcholin-Rezeptoren** der postsynaptischen Membran unterbricht. Die Leitstruktur besitzt Analogien zu Nikotin und dem Gift aus dem Pfeilgiftfrosch. Präparate auf Basis der Neonicotinoide sind in Deutschland seit 1994 auf dem Markt. Mit Wirkstoffen aus dieser Gruppe, die inzwischen weltweit zu den am meisten eingesetzten Insektiziden gehören, können Resistenzen gegenüber allen anderen Wirkstoffgruppen überwunden werden.

Wirkstoffe aus dieser neuen Gruppe zeichnen sich durch eine hohe Systemizität in der Pflanze, eine gute Aufnahme auch über die Wurzel und ein breites Wirkungsspektrum als Fraß- und Kontaktgift gegen saugende und beißende Insekten aus. Die Wirkung tritt sehr schnell ein und hält über einen längeren Zeitraum an. Sehr gute Erfolge werden beim Einsatz als Bodeninsektizid sowie als Beiz- und Pillierungszusatz erzielt. Hinzu kommt eine günstige Einstufung als mindertoxisch für Warmblüter.
Imidacloprid, der erste und zur Zeit bedeutendste Wirkstoff dieser Gruppe, ist zur Gieß- und Spritzanwendung (Confidor) in zahlreichen Kulturen zugelassen. Hinzu kommen bedeutende Anwendungsbereiche als Beizmittelzusatz von Raps (Chinook), Getreide (Glasur) oder als Pillierungszusatz bei Zuckerrüben (Gaucho, Imprimo, Akteur, Montur) und Gemüsesämereien. **Thiacloprid** (Calypso) wird als Spritzmittel im Gemüsebau und Obstbau eingesetzt. Neuere Wirkstoffe sind **Clothianidin** als Beizmittel in Mais (Poncho), Raps (Elado) oder Getreide (Smaragd) und das Konkurrenzprodukt **Thiamethoxam** als Beizmittel in Raps und Mais, sowie als Pillierungszusatzbeize in Zuckerrübe (Cruiser).

13.7.2.6 Insektizide mit neuen Wirkmechanismen

Sowohl **Phenylpyrazole** (insbesondere Fipronil) wie auch die natürlichen **Avermectine** (Abamectin; s. Kap. 13.7.2.7) stören die **Chloridkanäle** in Nervenzellen. Darin unterscheiden sie sich von den bereits erwähnten Natriumkanal-Modulatoren, den Pyrethroiden und DDT. Dabei blockiert **Fipronil** die durch den Neurotransmitter γ-Aminobuttersäure (GABA) regulierten Chloridkanäle, wohingegen **Avermectine** (Abamectin) die Funktion der durch Glutamat gesteuerten Kanäle stören. Fipronil findet in der Landwirtschaft gegen Coleopteren, bestimmte Lepidopteren, Reiszikaden und Thripse breite Verwendung, bislang aber nicht in Deutschland. Allerdings wird es in der Tiergesundheit gegen Zecken und Flöhe, im Haushaltsbereich gegen Schaben und im Holzschutz gegen Termiten eingesetzt.

Einen ganz anderen und neuen Wirkungsmechanismus, der im Einzelnen aber noch nicht ganz aufgeklärt ist, besitzt das 1994 eingeführte **Pymetrozine** (Plenum). Die Wirkung entsteht durch Lähmung des Stech- und Saugvorgangs bei Phloemsaugern, wodurch die Tiere keine Nahrung mehr aufnehmen können. Einsatzbereiche sind saugende Insekten in Kartoffeln, Gemüse, Hopfen, Erdbeere und Zierpflanzen, wobei sich die kurzen Wartezeiten günstig auswirken.

13.7.2.7 Natürliche Insektizide

Die Gewinnung von Insektiziden aus pflanzlichen Rohstoffen ist eine alte Tradition. Eines der ältesten natürlichen Insektizide ist das aus Tabakblättern gewonnene und vor allem im Weinbau eingesetzte **Nikotin**. Aufgrund seiner kurzen Wirkungsdauer, vor allem aber wegen der hohen akuten Säugertoxizität ist es schon seit vielen Jahren nicht mehr in Gebrauch. Ebenfalls hochtoxisch ist **Rotenon** aus der Wurzel tropischer Schmetterlingsblütler, welches bis etwa 1940 zu den wichtigsten natürlichen Insektiziden zählte.

Dagegen spielen **Pyrethrine** aus dem Blütenextrakt von *Chrysanthemum* sp. aufgrund ihrer günstigen Abbau- und Toxizitätseigenschaften bis heute im Haushalt und Vorratsschutz eine wichtige Rolle. Noch wichtiger ist aber, dass sie den Anstoß für die Entwicklung der synthetischen Pyrethroide gegeben haben (s. Kap. 13.7.2.4). Aufgrund der natürlichen Herkunft pflanzlicher Insektizide besteht nur eine geringe Gefahr dauerhafter Rückstände. Auch das toxikologische Profil ist meist sehr günstig. Pyrethrine sind ausgesprochene **Kontaktgifte** mit sehr schneller Wirkung, die durch Synergisten wie Piperonylbutoxid oder Sesamöl, die selbst nicht insektizid sind, noch deutlich gesteigert werden kann.

Azadirachtin (Neem), gewonnen aus dem Samenextrakt des Neem-Baums (*Azadirachta indica*), hat breite insektizide und akarizide Wirkungen vor allem gegen beißende, aber auch gegen saugende Schädlinge. Es wirkt auf vielfältige Weise, hauptsächlich als sogenanntes ‚**antifeedant**', sowie als **Wachstums- und Metamorphosehemmer**. Schwerpunkte der Anwendung sind der gärtnerische Bereich, Baumschulen, sowie Obst- und Gemüsebau. Wie die Pyrethrine ist Neem allerdings aufgrund der großen Wirkungsbreite nützlingsschädigend.

Auch **mikrobielle Insektizide** zählen in die Kategorie natürlicher Wirkstoffe. Das bereits erwähnte **Abamectin** ist ein Metabolit von *Streptomyces avermitilis* und stört als Neurotoxin die Funktion der Chloridkanäle an den Membranen der Nervenfasern. Abamectin (Vertimec) ist zugelassen gegen saugende Insekten und Milben in Gemüse, Hopfen und Zierpflanzen. **Spinosad** ist eine Mischung der Naturstoffe Spinosyn A und D, die 1980 aus der Strahlenpilzart *Saccharopolyspora spinosa* erstmals isoliert wurden. Spinosad (Conserve) zeichnet sich durch ein günstiges ökotoxikologisches Profil aus und wird zur Bekämpfung von Lepidopteren, Thripsen und Coleopteren im Zierpflanzenbau eingesetzt.

13.7.2.8 Insektenwachstumsregulatoren

Wirkstoffe aus dieser Gruppe besitzen keine neurotoxische Wirkung, sondern hemmen entweder die Chitinsynthese oder haben hormonelle Effekte auf die Insektenentwicklung. Das Wirkungsspektrum ist relativ eng und betrifft in erster Linie Schadlepidopteren. **Acylierte Harnstoffe** wie das **Diflubenzuron** (Dimilin) sind Chitinbiosynthese-Hemmer, die als Fraßgift aufgenommen werden müssen. Das toxikologische Profil von Diflubenzuron ist sehr günstig. Haupteinsatzbereiche sind die Bekämpfung freifressender Lepidopteren (Wickler) und Blattwespen im Obstbau und Forst, wo die Ausbringung gegebenenfalls aus der Luft erfolgt. In den USA wurde Diflubenzuron in großem Umfang in Baumwolle eingesetzt.

Methoxyfenozide (Runner) ist ein Hydroxyecdyson und bewirkt als **Häutungshormon**-Analogon eine **verfrühte Häutung** des Insekts, wodurch es zugrunde geht. Der Haupteinsatzbereich liegt derzeit im Obst- und Weinbau gegen Wicklerarten.

Die Wirkstoffe **Fenoxycarb** und **Pyriproxyfen** sind **Juvenilhormon-Analoga.** Sie blockieren den Übergang beispielsweise vom letzten Larvenstadium zum adulten Insekt. **Fenoxycarb** ist als Insegar gegen Wickler und Blattsauger in Kern- und Steinobst zugelasssen.

13.7.2.9 Akarizide

Die Bekämpfung von Milben spielt eine besondere Rolle im Obst-, Garten- und Zierpflanzenbau. Sehr häufig sind Probleme mit Milbenbefall eine Folge anderer Pflanzenschutzmaßnahmen, bei denen die Auswirkung auf die Milbenentwicklung nicht beachtet wurde. Beispiele sind die Schädigung der Populationen von natürlichen Gegenspielern durch breit wirksame Insektizide oder der Wechsel auf Insektizide (oder auch Fungizide), die keine akarizide Nebenwirkung besitzen.

Akarizide Nebenwirkungen sind bei einigen Insektiziden und Fungiziden bekannt. Bei Schwefel und den Thiocarbamaten, besonders Mancozeb und Propineb, hat man die akarizide Nebenwirkung vor allem im Obstbau ausgenutzt. Umgekehrt besitzen einige Akarizide eine Nebenwirkung gegen den Echten Mehltau, vermutlich wegen der ähnlichen Anforderungen beider Organismengruppen hinsichtlich der Fettlöslichkeit der Wirkstoffe.

Von den Insektiziden weisen einige, wie zum Beispiel die Phosphorsäureester, die Pyrethroide und das Abamectin, sehr ausgeprägte akarizide Wirkungen auf, während andere wie die Carbamate, Neonicotinoide und die Wachstumsregulatoren gegen Milben völlig wirkungslos sind und bei starker Anwendung das Auftreten von Milben verschärfen können. Ein weiteres Problem ist, dass bei den Milben relativ schnell Resistenzen gegen die verschiedenen Insektizide entstanden sind. Für die Milbenbekämpfung hat man deshalb **Spezialakarizide** entwickelt, die diese Lücke schliessen sollen, aber gegen Resistenzbildung auch nicht sicher sind. Die Wirkungsmechanismen der Akarizide sind weitgehend unbekannt.

Die derzeit zugelassenen Akarizide haben ihren Einsatzschwerpunkt im Obst- und Weinbau, sowie bei Zierpflanzen. **Spirodiclofen** (Envidor) wird in Kernobst, Beerenobst und an Weinreben gegen Spinnmilben und Blattsauger eingesetzt. **Chlofentezin** (Apollo) eignet sich zur Bekämpfung von Spinnmilben im Obst-, Wein- und Zierpflanzenbau.

Etwas weiter ist der Einsatzbereich von **Fenpyroximat** (Kiron) und **Hexythiazox** (Ordoval) gegen Milben und Zikaden in Gemüse, Kernobst, Weinbau, Hopfen, Beerenobst und Zierpflanzen. Als weitere einfachere Mittel sind **Kaliseife** und **Mineralöle** im Obst- und Gartenbau zugelassen.

13.7.2.10 Nematizide

Mehr noch als bei den Milben müssen Probleme mit Nematoden als Ergebnis von Bewirtschaftungsfehlern angesehen werden. Das Auftreten von Nematoden ist in besonderer Weise von der Fruchtfolge bestimmt und damit hat man ein äußerst wirksames vorbeugendes Steuerungsinstrument zur Nematodenkontrolle in der Hand. Darüber hinaus sind aufgrund der starken toxikologischen und vor allem ökotoxikologischen Bedenken, die bezüglich der großflächigen Anwendung von nematiziden Bodenbehandlungsmitteln bestehen, chemische Pflanzenschutzverfahren gegen Nematoden sehr stark eingeschränkt worden. Dem in bestimmten Ackerbaukulturen – wie Kartoffeln oder Zuckerrüben – bestehenden besonderen Nematodenrisiko begegnet man sowohl mit angemessenen Anbaupausen als auch dem Anbau nematodenresistenter bzw. -toleranter Sorten.

Viele der früher gängigen Bodenentseuchungsmittel sind in Deutschland nicht mehr zugelassen. Der bekannteste Wirkstoff ist **Methylbromid**, welches eine breite biozide Wirkung gegen Bodenorganismen hat und weltweit trotz international vereinbarter Anwendungsverbote immer noch verbreitet im Einsatz ist, besonders in der hochintensiven kalifornischen Landwirtschaft im Westen der USA. Der internationale Bann der Methylbromidanwendung beruht aber in erster Linie nicht auf ökotoxikologischen Bedenken, sondern auf der möglichen Schädigung der stratosphärischen Ozonschicht durch die flüchtigen Bromidionen.

Dazomet, Ethoprophos und **Metam-Natrium** sind weitere Nematizide mit Einsatzschwerpunkt in Baumschulen und im Kartoffelbau, die nicht mehr zugelassen sind. Abgesehen von ökotoxikologischen Bedenken, gab hierbei auch die mitunter unzureichende Wirkung bei gleichzeitig hohen Kosten den Ausschlag.

Das derzeit einzige noch im Kartoffelbau zugelassene Nematizid ist **Fosthiazate** (Nemathorin), ein Streugranulat für den Einsatz bei Spätkartoffeln vor dem Pflanzen, welches auf der gleichen Fläche nur einmal in vier Jahren eingesetzt werden darf, aber relativ schonend für Bodenarthropoden und Spinnen ist.

13.7.2.11 Molluskizide

Die Zunahme der reduzierten Bodenbearbeitung hat besonders in Jahren mit feuchter Witterung zu einem verstärkten Auftreten von Nacktschnecken im Ackerbau geführt, die den Einsatz von direkten Bekämpfungsmitteln vor allem zum Schutz der Jungpflanzen vor Schneckenfraß erforderlich macht. Es stehen mehrere gut wirksame molluskizide Wirkstoffe zur Verfügung, die als Streugranulate ausgebracht werden und ihre Wirkung als Fraß- und Kontaktgifte entfalten. Hinzu kommt teilweise eine Lockwirkung, die den Wirkungsgrad noch erhöhen kann. Die Ausbringung kann mit dem Granulatstreuer erfolgen, Abstandsauflagen zu Gewässern sind allerdings streng zu beachten.

Metaldehyd (Metarex, ProLimax) ist das derzeit am meisten eingesetzte Molluskizid und hat einen großen Anwendungsbereich im Acker- und Gartenbau, einschließlich Haus- und Kleingarten. Es ist schädlich für Wirbeltiere, schont jedoch wichtige Nutzarthropoden wie Laufkäfer, Kurzflügler und Spinnen. **Methiocarb** (Mesurol) besitzt ein ungünstigeres Ökotoxprofil, da es schädigende Nebenwirkungen auf Nutzarthropoden und Gewässerorganismen hat und daher Abstandsauflagen eingehalten werden müssen. **Fe-III-phosphat** (Ferramol) ist in Raps, Gemüse, Beerenobst und Zierpflanzen zugelassen und aufgrund seines Chemismus das Molluskizid mit den geringsten Nebenwirkungen auf Nichtzielorganismen, allerdings auch einer im Vergleich zu den organischen Wirkstoffen deutlich geringeren Wirksamkeit.

13.7.2.12 Rodentizide

Rodentizide, also Präparate zur Bekämpfung von Nagetieren wie Mäusen und Ratten, weisen naturgemäß eine hohe akute Warmblütertoxizität auf und erfordern dementsprechend beim Einsatz einen besonders sorgsamen Umgang. Haupteinsatzbereiche von Rodentiziden sind der Vorratsschutz und die Wühl- und Feldmausbekämpfung im Ackerbau, Grünland, Obst-, Gartenbau und Forst. Der Einsatz der Mittel erfolgt meist als Köder- oder Inhalationsgifte.

Antikoagulantien (Warfarin, Difenacoum) haben ihren Einsatzschwerpunkt als Ködergifte im Vorratsschutz gegen Hausmaus, Wander- und Hausratte. **Zinkphosphid** wird als Wirkstoff in Giftködern wie Giftweizen gegen Feldmäuse eingesetzt. **Aluminiumphosphid** setzt in Gängen bei Kontakt mit Bodenfeuchtigkeit giftigen Phosphorwasserstoff frei und wird vor allem gegen Wühlmäuse eingesetzt. **Calciumcarbid** setzt in Gängen bei Kontakt mit Feuchtigkeit giftiges Acetylen frei und ist auch als **Repellent** wirksam zur Vergrämung von Maulwürfen. Eine Rückwanderung auf die behandelte Fläche ist beim Einsatz von Repellentien allerdings einzukalkulieren.

13.7.3 Herbizide

Unkräuter sind weltweit die mit Abstand wichtigsten Schaderreger in der Pflanzenproduktion. Dies ist umso bemerkenswerter, als Unkräuter keine direkten Schäden oder Krankheiten an den Kulturpflanzen verursachen können, sondern ihre Schadwirkung auf indirektem Wege vor allem durch **Konkurrenzeffekte** oder **Erntebehinderungen** eintritt. Mit etwa 30% liegt das Schadpotenzial bei Unkräutern etwa doppelt so hoch wie bei Krankheiten und um ein Drittel höher als bei Schädlingen (bezogen auf die 8 weltweit wichtigsten Nutzpflanzen). Der überwiegende Teil der Schäden kann jedoch durch den Einsatz von Herbiziden vermieden werden, woraus sich die große Bedeutung der Herbizide als den wichtigsten Pflanzenschutzmitteln erklärt.

Bezogen auf die über viertausendjährige Geschichte des Ackerbaus stehen wirksame Herbizide erst seit relativ kurzer Zeit zur Verfügung, nämlich seit den vierziger Jahren des vorigen Jahrhunderts. Bis dahin war der Landwirt auf die unkrautregulierende Wirkung der **Bodenbearbeitung** angewiesen. Hierbei kam dem **Pflug** für die Entwicklung der Landwirtschaft seit jeher eine herausragende Bedeutung zu. Die verfügbare Zugkraft für den Pflug war lange Zeit der begrenzende Faktor für die Ausweitung der Anbauflächen, was wesentlich in der Notwendigkeit einer sicheren Unkrautkontrolle begründet war. Bis heute stehen Bodenbearbeitung und Herbizideinsatz in einem Zielkonflikt, der sich im Spannungsfeld von Wirtschaftlichkeit, Effizienz, Bodenschutz und Umweltbelastung vollzieht. Für die **Einteilung der Herbizide** bieten sich verschiedene Kriterien an, die mit dem Einsatzbereich, der Wirkungsweise oder der chemischen Verwandtschaft zusammen hängen (Tab. 63).

Tab. 63: Einteilungsmöglichkeiten von Herbiziden.

Anwendungstermin	Vorsaat, Vorauflauf, Nachauflauf (VS, VA, NA)
Hauptindikationen	Gräserherbizide, Herbizide gegen dikotyle Unkräuter
Aufnahme	Blatt- und Bodenherbizide
Wirkungsweise	Kontaktherbizide, systemische Herbizide
Selektivität	nicht-selektive (Totalherbizide), selektive Herbizide
Chemische Struktur	Harnstoffderivate, Triazine, Carbamate etc.
Wirkungsmechanismus (Target)	Photosynthese, Atmung, Fettsäuresynthese etc.

Tab. 64: Eingriffsorte, Zielpflanzen und Aufnahmewege der wichtigsten Herbizidwirkstoffe.

Herbizidgruppe (Wirkstoffe)	Wirkorte in der Pflanze	Zielpflanzen	Aufnahme
Harnstoffderivate (Isoproturon)	Photosynthese (PS II)	Dikotyle und Gräser	Boden/Wurzel
Triazine, Triazinone (Terbuthylazin, Metamitron)	Photosynthese (PS II)	Dikotyle (Gräser)	Boden/Wurzel
Biscarbamate (Phenmedipham)	Photosynthese (PS II)	Dikotyle	Blätter
Benzonitrile, Heterozyklen (Bromoxynil, Bentazon)	Photosynthese (Hill-Reaktion)	Dikotyle	Blätter
Diphenylether (Aclonifen, Bifenox)	Chlorophyllsynthese	Dikotyle	Wurzel + Blatt
Bipyridile (Paraquat, Deiquat)	Photosynthese (PS I)	Nichtselektiv	Blätter
Diflufenican, Clomazone	Carotinoidsynthese	Dikotyle (Gräser)	Hypokotyl, Wurzeln + Blatt
Sulfonylharnstoffe (Amidosulfuron, Rimsulfuron, …)	Synthese verzweigter Aminosäuren (ALS-Hemmer)	Dikotyle und Gräser	Blätter (Wurzeln)
Organo-P-Verbindungen (Glyphosate, Glufosinat)	Aminosäuresynthese	Nichtselektiv	Blätter (z. T. systemisch)
Dinitroaniline (Pendimethalin), Carbetamid	Mitose	Dikotyle und Gräser	Boden/Wurzel
Propionsäurederivate, Cyclohexenone	Fettsäuresynthese (ACCase-Inhibitoren)	Gräser	Blätter
Thiocarbamate (Triallat, Prosulfocarb)	Fettsäuresynthese (Synthese langkettiger Fettsäuren)	Gräser (Dikotyle)	Boden/Wurzel
Wuchsstoffherbizide (Phenoxycarbonsäuren, Pyridinderivate)	Auxinstoffwechsel	Dikotyle	Blätter (Wurzeln)
Chloracetamide (Metazachlor, Dimethachlor …)	Zellteilung, Zellstreckung (?)	Gräser (Dikotyle)	Wurzeln, Hypokotyl

Pflanzen bieten eine Reihe von spezifischen Eingriffsorten, die sich aufgrund des grundsätzlich verschiedenen Stoffwechsels und Aufbaus deutlich von anderen Organismen unterscheiden. Dadurch ist insbesondere die Toxizität gegenüber Warmblütern und den meisten anderen tierischen Organismen bei Herbiziden überwiegend unkritisch. Probleme können jedoch durch **Phytotoxizität** entstehen. Ein weiterer zu beachtender Bereich ist die **Kontamination des Grundwassers** durch die Einwaschung und Versickerung insbesondere von Bodenherbiziden im Herbst und Frühjahr. Trotz der geringen Giftigkeit sind Herbizide immer wieder die Hauptkontaminanten, die zur Überschreitung des strengen, nicht toxikologisch, sondern aus Vorsorgegründen festgelegten Trinkwassergrenzwertes von 0,1 µg/l führen. Zur Vermeidung dieser Probleme wurden in den vergangenen Jahren besonders versickerungsgefährdete, persistente Wirkstoffe nicht mehr zugelassen (z. B. Triazine) und die verbliebenen kritischen Mittel mit Anwendungsbeschränkungen oder -verboten in Trinkwassergewinnungsgebieten (W-Auflage) bewehrt.

Gegenwärtig sind mehr als 30 **herbizide Wirkorte** (‚targets') experimentell bestätigt, von denen etwa zwei Drittel wirtschaftliche Bedeutung haben (Tab. 64). Die meisten und wichtigsten Eingriffsorte von Herbiziden liegen in den Chloroplasten, wo die **Photosynthese** an verschiedenen Stellen auf direkte oder indirekte Weise gehemmt werden kann. Unter den weiteren Stoffwechselvorgängen, die durch Herbizide gehemmt werden, haben noch die **Aminosäuresynthese**, die **Fettsäuresynthese**, die **Zellteilung** und der **Phytohormonhaushalt** eine Bedeutung. Herbizide müssen über die Wurzel oder das Blatt aufgenommen und lokal oder systemisch in der Pflanze verteilt werden. Praktisch alle Herbizide setzen für das Zustandekommen der Wirkung einen **aktiven Stoffwechsel** voraus. Daraus ergeben sich Anwendungsbeschränkungen für bestimmte Temperaturbereiche und Saisonabschnitte.

Die folgende Darstellung der wichtigsten Herbizidgruppen folgt im Wesentlichen dem **Kriterium Wirkmechanismus**. Weitere wichtige Kriterien, die innerhalb der Gruppen genannt werden, sind Zielpflanzen, Einsatzbereiche und Aufnahmewege. Aufgrund der Vielzahl der Präparate und Wirkstoffe und des raschen Fortschritts im Herbizidbereich beschränkt sich die Darstellung auf die wichtigsten Gruppen mit den am meisten etablierten Wirkstoffen und deren Einsatzschwerpunkten. Einen Überblick gibt die Tabelle 65.

13.7.3.1 Hemmstoffe der Photosynthese

Für Herbizide sind drei Eingriffsorte in die Photosynthese bekannt, die **Hill-Reaktion**, die **Photophoshorylierung am Photosystem II** und der **Elektronentransport am Photosystem I**. Hinzu kommt als indirekter Mechanismus die **Hemmung der Chlorophyllsynthese** (Abb. 102). Zu den **Photophosphorylierungs-Inhibitoren** gehören die Harnstoffderivate, Triazine, Triazinone und Biscarbamate. Sie blockieren den nichtzyklischen Elektronentransport von Photosystem II zu Photosystem I und unterbinden so die lebenswichtige Energiegewinnung bei der Photophosphorylierung, bei der normalerweise ATP gebildet wird. Folge ist eine schnelle energetische Erschöpfung der betroffenen Pflanzen, die zur Einstellung aller Wachstums- und Lebensvorgänge führt.

Tab. 65: Entwicklung wichtiger Herbizidgruppen.

Jahr der Einführung	Wirkstoffgruppen u. Wirkstoffe	Indikationen (Anwendungsschwerpunkte)	Bemerkungen
1900	**Natriumchlorat**	Streu- oder Gießmittel für Nichtkulturland	Totalherbizid, in Deutschland nicht zugelassen
1905	**Calciumcyanamid**	als Vor- und Nachauflaufherbizid	N-Dünger
seit 1938	**Phenolderivate** DNOC, Dinosebacetat, Dinoterb	Nachauflaufherbizid in Getreide und anderen Kulturen	„Ätzmittel" auch als Winterspritzmittel gegen Spinnmilben im Obstbau, in Deutschland nicht mehr zugelassen
seit 1944	**„Wuchsstoffe"** 2,4-D, MCPA, Dichlorprop, Fluroxypyr	Nachauflaufherbizide zur Bekämpfung dikotyler Unkräuter in Getreide	führen als Auxinanaloga zu Ungleichgewichten im Phytohormonhaushalt empfindlicher Pflanzen
seit 1951	**Harnstoffderivate** Chlortoluron, Methabenzthiazuron, Isoproturon	zahlreiche Indikationen, die genannten Beispiele: Vor- u. Nachauflaufherbizide zur Bekämpfung von Gräsern (WH, AF) in Getreide	Hemmstoffe der Photosynthese, die genannten Beispiele: Bodenherbizide
seit 1954	**Thiocarbamat** EPTC, Cycloat, Triallat	Vorsaatherbizide zur Bekämpfung von Gräsern in zahlreichen Kulturen	flüchtig, Einarbeitung in Boden notwendig
seit 1955	**Triazine u. Triazinone** Atrazin, Metamitron	zahlreiche Indikationen, die genannten Beispiele: Vor- u. Nachauflaufherbizide in Mais (Atrazin) und Rüben (Metamitron)	Hemmstoffe der Phytosynthese, Atrazin in Deutschland verboten (Grundwasserkontamination!)
seit ca. 1960	**Benzonitrile u. Heterozyklen** Ioxynil, Bentazon, Chloridazon	Nachauflaufherbizide in Getreide, Zuckerrüben; gegen Dikotyle	Hill-Inhibitoren
seit ca. 1970	**Bipyridile** Paraquat, Deiquat	Nichtselektive NA-Herbizide	Bildung toxischer Radikale durch Abfangen von e^- am PSII

Jahr der Einführung	Wirkstoffgruppen u. Wirkstoffe	Indikationen (Anwendungsschwerpunkte)	Bemerkungen
1971	**Biscarbamate** Phenmedipham, Desmedipham	Nachauflaufherbizide im Rübenbau zur Bekämpfung dikotyler Unkräuter	Hemmstoffe der Photosynthese
1971	**Glyphosat**	Nichtselektives Nachauflaufherbizid, Nichtkulturland, Queckenbekämpfung	systemische Verteilung, hemmt Biosynthese aromatischer AS
seit 1975	**Aryloxypropionsäuren u. Cyclohexenone** Diclofopmethyl, Fluazifopbutyl, Sethoxydim	Nachauflaufherbizide zur Bekämpfung von Gräsern vor allem in dikotylen Kulturen	hohe Selektivität zwischen Gräsern und dikotylen Kulturen Hemmstoffe der Acetyl-CoA-Carboxylase (Fettsäurebiosynthese)
1980	**Diphenylether** Bifenox, Fluoroglycofenethyl	Kontaktherbizide bevorzugt gegen Dikotyle in Getreide und Hackfrüchten	Hemmung der Porphyrinsynthese (Chlorophyllsynthese)
1981	**Glufosinat**	Nichtselektives Nachauflaufherbizid, Nichtkulturland, unter Gehölzen	Kontaktwirkung, keine systemische Verteilung, Hemmstoff der Glutaminsynthase
seit 1985	**Sulfonylharnstoffe** Metsulfuron, Trifensulfuron, Tribenuron und weitere	Nachauflaufherbizide zur Bekämpfung dikotyler Unkräuter überwiegend in Getreide, Mais, Rüben	in sehr geringen Aufwandmengen (ca. 10–40 g/ha) wirksam, Hemmstoffe der Acetolactat-Synthase (Biosynthese verzweigter AS)

Harnstoffderivate (Phenylharnstoffe) leiten sich vom Harnstoff ab. Sie kamen um 1950 auf und haben seitdem zentrale Bedeutung vor allem als Bodenherbizide in Wintergetreide mit breiter Wirksamkeit gegen mono- und dikotyle Unkräuter; sehr preisgünstig, aber aufgrund von Resistenzentwicklungen von geringerer Bedeutung und inzwischen durch neue, bessere Wirkstoffe ersetzt; Aufnahme über **Wurzel und/oder Blätter**; guter systemischer Transport im Xylem bis in die Sprossspitze; Hemmung des Elektronentransports am PS II der Photosynthese (Photophosphorylierung); Einsatz im Vorauflauf- und Nachauflaufverfahren; geringe physiologische Selektivität → Hauptmechanismus ist die Positionsselektivität (Platzierung in oberen Bodenschichten); bei Überdosierungen oder Fehlanwendungen → Gefahr von Phytotox-Schäden; auch als Totalherbizide eingesetzt (Diuron).

Isoproturon (auch IPU; Arelon, Tolkan) wird eingesetzt im Vor- und Nachauflauf gegen Gräser und Dikotyle im Wintergetreide; seit etwa 1997

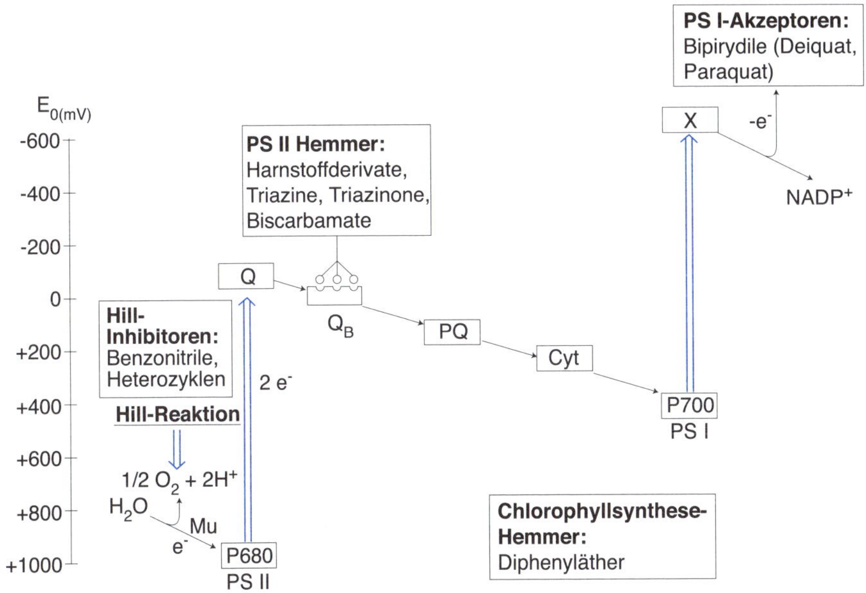

Abb. 102: Direkte und indirekte Eingriffsorte von Herbiziden in die Photosynthese. PS II u. PS I = Photosystem II und I; Q = primärer Elektronenakzeptor im PS II; Q_B = Bindeprotein; PQ = Plastochinon; Cyt = Cytochrom; X = Elektronenakzeptor im PS I; P680 und P700 = Reaktionszentren der beiden Photosysteme mit jeweiligen Chlorophyllformen.

Wirkungsverluste gegen Ackerfuchsschwanz und Windhalm. Anwendungsbeschränkungen auf Sand- und Tonböden. **Diuron** ist ein Totalherbizid (oft kombiniert mit Glyphosat) im Obstbau u. a. Sonderkulturen, zum Freihalten von Baumscheiben.

Methabenzthiazuron (Tribunil) und **Chlortoluron** (Dicuran) hatten einen ähnlichen Einsatzbereich wie IPU, sind aber nicht mehr im Handel.

Triazine, Triazinone

Triazine in Deutschland seit 1955, Triazinone seit 1971 im Einsatz; Wirkung gegen Dikotyle und Ungräser (außer ausdauernde Arten); Aufnahme vor allem über die **Wurzel**; akropetaler Transport im Xylem; Hemmung des Elektronentransports am PSII der Photosynthese (Photophosphorylierung); Selektivität beruht auf schnellerer Metabolisierung in Kulturpflanzen (isolierte Chloroplasten weisen keine Sensitivitätsunterschiede auf); hohe Persistenz und Versickerungsgefahr im Boden, dadurch Grundwassergefährdung.

Atrazin und **Simazin** wurden hauptsächlich in Mais gegen Dikotyle und Hirsearten eingesetzt. Aufgrund von Grundwassergefährdung und Resistenzen sind sie in Deutschland nicht mehr zugelassen. Weniger umweltbelastend sind **Terbuthylazin** (Gardoprim) und **Terbutryn** (Igran, Hora) als Atrazinnachfolger im Mais und im Getreide.

Metamitron (Goltix) hat den Einsatzschwerpunkt in *Beta*-Rüben gegen Dikotyle im Vor- und Nachauflauf mit Wirkung hauptsächlich über den Boden. **Metribuzin** (Sencor) wird gegen Dikotyle und *Poa*-Arten im Nachauflauf in Kartoffeln, Spargel, Tomate eingesetzt. Weltweit liegt der Haupteinsatzbereich in Soja (USA) und Kartoffeln.

Biscarbamate

in Deutschland seit 1968 zugelassen (Phenmedipham; Desmedipham seit 1971); Einsatz im Nachauflauf gegen Dikotyle vor allem in Zuckerrüben; Aufnahme vor allem über die **Blätter**; Hemmung des Elektronentransports am PS II der Photosynthese (Photophosphorylierung); Selektivität beruht auf schnellerer Metabolisierung, oft in Verbindung mit verminderter Aufnahme in unempfindlichen Pflanzen; im Boden schnelle Metabolisierung durch Mikroorganismen.

Desmedipham (Betanal) ist ein langjähriges Standardherbizid gegen Dikotyle zum Einsatz im Nachauflauf in Rüben. **Phenmedipham** (Betanal Progress) hat neben Rüben Einsatzbereiche in Erdbeere, Spinat, Rote Bete und Zierpflanzen.

Benzonitrile und Heterozyklen (Hill-Inhibitoren)

Sie hemmen die ‚Hill-Reaktion' der Photosynthese, bei der unter dem vom Photosystem II ausgehenden Elektronensog Wasser gespalten wird. Da dieser Prozess lichtabhängig ist, spricht man auch von der **Photolyse** des Wassers. Durch Hemmung der Photolyse wird die Photosynthese insgesamt blockiert mit ähnlichen Folgen wie bei der Blockade der Elektronentransportkette am PS II. Unter den Hill-Inhibitoren sind einige wichtige und erfolgreiche Wirkstoffe mit Einsatzschwerpunkt gegen dikotyle Unkräuter vor allem in Getreide, Mais und Zuckerrübe. Da Mittel aus dieser Gruppe ausschließlich **blattaktiv** sind, erfolgt der Einsatz im Nachauflauf.

Von den Benzonitrilen haben **Ioxynil** (Azur) und **Bromoxynil** (Certrol) im Nachauflaufeinsatz in Winter- und Sommergetreide gegen Dikotyle Bedeutung. Bei den Heterozyklen sind **Bentazon** (Artett, Basagran) und **Pyridat** (Lentagran) seit vielen Jahren in Mais, zum Teil auch in weiteren Hackfrüchten in Anwendung. **Chloridazon** (Pyramin) bedeutete einen Durchbruch in Zuckerrüben in den sechziger Jahren und wurde schnell zum Standard als Nachauflaufherbizid im Rübenbau. Es war das erste Herbizid mit physiologisch bedingter Selektivität (Metabolisierung in der Kulturpflanze).

Diphenylether (Aclonifen, Bifenox)

Hemmung der Synthese von Chlorophyll (Hemmung der Protoporphyrinogen-Oxidase), es sind also im weiteren Sinne auch Hemmstoffe der Photosynthese. In Deutschland sind sie seit 1980 im Einsatz. Die Wirkstoffaufnahme erfolgt über Wurzeln und Blätter bei einer geringen Mobilität in der Pflanze (Kontaktwirkung). Im Boden erfolgt eine starke Sorbtion an Bodenteilchen und ein schneller Abbau. Der Einsatzbereich ist ähnlich wie bei den übrigen Hill-Inhibitoren und richtet sich gegen dikotyle Unkräuter in Getreide, Mais und Hackfrüchten, die allerdings aufgrund der Bodenwirkung auch im Vorauflauf bekämpft werden können.

Bipyridile (= Bipyridine)
Als **alternative Elektronenakzeptoren** fangen sie am **Photosystem I** Elektronen ab und übertragen sie auf Sauerstoff (Abb. 102). Dadurch geht der Pflanze die Energie für die Bildung von $NADPH_2$ verloren, vor allem aber entstehen toxische **Sauerstoffradikale**, die zum raschen Zelltod führen. Bipyridile sind unselektiv und werden daher als **Totalherbizide** eingesetzt. Sie haben eine relativ hohe Warmblütertoxizität und werden im Boden sehr schnell an Tonminerale sorbiert und inaktiviert (geringe Auswaschungsgefahr). Durch den langsamen Abbau besitzen sie eine relativ hohe Persistenz. Dagegen sind sie bienen- und nützlingsschonend. Bipyridile sind ausschließlich **blattaktiv**. Der Einsatzbereich von **Paraquat** (Gramoxone) liegt im Weinbau und in Baumschulen (Freihalten von Wegen, Plätzen, Baumscheiben), von **Deiquat** (Reglone) in der Krautabtötung bei Pflanzkartoffeln zur Verhinderung der Virusabwanderung in die Knollen und der Abreifebeschleunigung (Sikkation) in anderen Kulturen zur Erleichterung der Ernte.

13.7.3.2 Hemmstoffe der Carotinoidbiosynthese (Bleichherbizide)
Carotinoide spielen eine wichtige Rolle als Radikalfänger beim Schutz der Chlorophylle vor Photooxidation. Die Synthese der Carotinoide kann an zwei Stellen durch Herbizide blockiert werden. Durch Mangel an Carotinoiden kommt es unter Starklicht zur Chlorophyllzerstörung, wodurch die Pflanzen ausbleichen. Man spricht daher bei dieser Herbizidgruppe auch von den „**Bleichherbiziden**". Da man inzwischen noch weitere Wirkstoffe verschiedener chemischer Herkunft mit Bleichwirkung gefunden hat, deren Wirkmechanismus aber nicht genau geklärt ist, werden auch diese in diesem Abschnitt behandelt.

Haupteinsatzbereich der Bleichherbizide ist die Bekämpfung von Dikotylen in Getreide, Mais und Raps. Da sie sowohl **boden-** wie **blattaktiv** sind, kann der Einsatz im Vorauflauf und Nachauflauf erfolgen. Beispiele für Wirkstoffe mit nachgewiesener Hemmwirkung auf die Carotinoidsynthese sind **Diflufenican** (Bacara, Fenikan, Herold) und **Amitrol**. Diflufenican ist ein bewährtes Herbizid zum Einsatz in Getreide gegen dikotyle Problemunkräuter. Amitrol wird in Kombination mit Diuron als Totalherbizid eingesetzt. Ein neuerer Standardwirkstoff im Raps ist **Clomazone** (Cirrus, Brasan) zur Bekämpfung von dikotylen Unkräutern im Vor- und Nachauflaufverfahren. Der genaue Wirkmechanismus von Clomazone ist nicht bekannt.

Weitere neuere Wirkstoffe mit Eingriffsort in die Carotinoidbiosynthese sind **Sulcotrione** (Mikado) und **Mesotrione** (Callisto). Ihr Einsatzbereich ist die Unkrautbekämpfung im Nachauflauf in Mais. Mesotrione ist abgeleitet von einem Wurzelinhaltsstoff des australischen Zylinderputzerstrauchs und erst seit 2001 auf dem Markt.

13.7.3.3 Hemmstoffe der Aminosäuresynthese
Unter den Aminosäurehemmstoffen haben die **Sulfonylharnstoffe** die mit Abstand größte Bedeutung erlangt. Die Einführung der Sulfonylharnstoffe stellte einen großen technologischen Entwicklungssprung in der Herbizidentwicklung dar, was die Verträglichkeit für Kulturpflanze und Umwelt und die Relation von Dosis und Wirkung betrifft. Ihr Einsatzschwerpunkt ist die Bekämpfung von dikotylen Unkräutern und Gräsern in Getreide, Mais, Rüben und Kartoffeln.

Wirkort der Sulfonylharnstoffe ist die **Acetolactat-Synthase (ALS)**, ein Schlüsselenzym bei der Synthese der verzweigten Aminosäuren Leucin, Isoleucin und Valin, weshalb man auch von **ALS-Hemmern** spricht. Die Wirkstoffaufnahme erfolgt vor allem über die Blätter, in geringerem Maß auch durch die Wurzel, mit Transport und Verteilung in Phloem und Xylem. Die schnell einsetzende Wirkung besteht in allgemeinen Wachstumsstörungen, Chlorosen und Anthocyanbildung. Die Selektivität beruht auf schneller Metabolisierung in unempfindlichen Pflanzen. Sulfonylharnstoffe benötigen für die volle Wirkung Aufwandmengen von nur 10 bis 40 g/ha. Ihr Abbau im Boden erfolgt rasch auf mikrobiellem Weg. Dennoch kommt es aufgrund der hohen Wirksamkeit selbst geringer Mengen gelegentlich zu Nachbauproblemen (z. B. in Rüben).

Die Zahl der zugelassenen Sulfonylharnstoffe ist groß. Durch Wirkstoffkombinationen können vielfältige Indikationen ermöglicht und ein breites Wirkungsspektrum in der jeweiligen Anwendungskultur erzielt werden. Wichtige Beispiele für den Einsatz in Getreide sind **Metsulfuron** (Gropper, Ciral), **Amidosulfuron** (Hoestar), **Tribenuron** (Pointer), **Iodosulfuron** (Atlantis) und **Flupyrsulfuron** (Lexus), **Rimsulfuron** (Cato) in Mais und Kartoffeln und **Triflusulfuron** (Debut) in Rüben.

Zwei weitere neuere ALS-Hemmer aus der Gruppe der Triazolpyrimidine sind **Florasulam** (Primus) und **Metasulam** (Tacco) mit Einsatz im Wintergetreide (Nachauflauf Frühjahr) ähnlich wie Sulfonylharnstoffe.

Die zweite Herbizidgruppe mit Eingriffsort in die Aminosäuresynthese sind die **Totalherbizide Glyphosat** und **Glufosinat**. Die zu den Organophosphorverbindungen gehörenden Wirkstoffe sind ausschließlich **blattaktiv**. Eine Aufnahme über die Wurzel wird durch sofortige Sorbtion an Bodenteilchen verhindert. In Bezug auf den Nachbau bestehen dadurch keine Probleme. Hinsichtlich der Aufnahme und Verteilung in der Pflanze bestehen zwischen den beiden Wirkstoffen deutliche Unterschiede.
Glyphosat und Glufosinat sind die beiden weltweit wichtigsten Herbizide. Ihre große Verbreitung verdanken sie vor allem der Entwicklung von Kulturpflanzensorten mit **gentechnisch erzeugter Herbizidresistenz** gegen den jeweiligen Wirkstoff (s. Kap. 13.6). Damit haben sich seit einigen Jahren völlig neue Möglichkeiten der Herbizidkontrolle auch für ein Totalherbizid in der stehenden Kultur ergeben. Von der Gesamtanbaufläche mit gentechnisch veränderten Pflanzen im Jahr 2005 (90 Mio ha) entfielen 80% auf herbizidtolerante Sorten. Davon nimmt die Sojabohne den dominierenden Anteil ein, gefolgt von Mais, Raps und Baumwolle.

Glyphosat (Round up) wird seit 1971 in der landwirtschaftlichen Praxis eingesetzt. Es blockiert die EPSP-Synthase und unterbindet damit die Synthese der aromatischen Aminosäuren Tryptophan, Phenylalanin und Tyrosin. Glyphosat wird sehr gut systemisch, auch basipetal, in der Pflanze verteilt und eignet sich somit auch zur Bekämpfung von Wurzelunkräutern wie Quecke. Zulassungen existieren für den Einsatz in Baumschulen, Obstanlagen, auf Wegen und Plätzen, zur Queckenbekämpfung und Sikkation. Glyphosat-resistente Sorten besitzen zusätzliche EPSP-Synthase, die durch das Herbizid nicht gehemmt wird.

Glufosinat (Basta) kam 1981 in den Handel und unterbindet durch Hemmung der Glutaminsynthethase die Bildung von Glutaminsäure. Zusätzlich kommt es zur Anreicherung von toxischen Ammoniakkonzentrationen in den Zellen. Glufosinat verteilt sich lediglich locosystemisch und bekämpft nur die Pflanzen, deren grüne Teile bei der Behandlung getroffen werden. Der Einsatzbereich ist, abgesehen von der fehlenden Queckenwirkung, ähnlich wie der von Glyphosat. Glufosinat-resistente Sorten enthalten ein aus einem Bodenbakterium stammendes Gen (*pat*-Gen), welches den Wirkstoff durch Acetylierung inaktiviert.

13.7.3.4 Hemmstoffe der Zellteilung (Carbamate, Dinitroaniline)

Mitosehemmer aus der Gruppe der Carbamate und Dinitroaniline sind typische **Bodenherbizide** mit überwiegender Wirkung auf die Wurzel. Als Folge der Behandlung stagniert das Wurzelwachstum, bei letzteren kommt es zum typischen Anschwellen der Wurzelspitzen. Ein Wirkstofftransport in höhere Pflanzenteile findet nicht statt. Nach Umbruch kann es wegen des langsamen Abbaus in der nachfolgenden Kultur zu Schäden kommen, ebenso bei starken Niederschlägen durch Einwaschung in die Wurzelzone der Kulturpflanze.

Carbetamid (Pradone) bekämpft im Nachauflaufeinsatz in Raps und Leguminosen dikotyle Unkräuter und Ungräser. Unter den Dinitroanilinen haben zwei Wirkstoffe Bedeutung erlangt. **Trifluralin** (Elancolan, Treflan) wird in Raps und Wintergetreide gegen Dikotyle und Ungräser entweder im Verfahren der Vorsaateinarbeitung (5 bis 10 cm) oder im Vorauflauf eingesetzt. **Pendimethalin** (Stomp, Malibu) ist ein breit eingesetztes Vor- und Nachauflaufherbizid in Getreide, Mais, Leguminosen, Sonnenblume, Spargel und Gemüse. Wirkungslücken der Dinitroaniline bestehen bei Kamille-Arten und Kletten-Labkraut.

13.7.3.5 Hemmstoffe der Fettsäurebiosynthese

Die Fettsäuresynthese wird durch Herbizide an zwei Stellen gestört. Ein früher Eingriffspunkt ist die **Acetyl-CoA-Carboxylase** (ACCase), die von Wirkstoffen aus der Gruppe der **Aryloxypropionsäurederivate** und **Cyclohexenone** gehemmt wird. **ACCase-Inhibitoren** sind seit 1975 auf dem Markt und haben ihren Schwerpunkt in der Gräser- und Hirsebekämpfung in Getreide und dikotylen Kulturen. Es handelt sich um ausschließlich **blattaktive** Herbizide mit akropetalem Transport in den Blättern. Die toxikologischen und ökotoxikologischen Eigenschaften (schneller Abbau im Boden bei geringer Mobilität) sind relativ günstig. Die Selektivität für monokotyle Pflanzen beruht auf der stärkeren Bindung an den molekularen Wirkort und die schnellere Metabolisierung in dikotylen Pflanzen. Dennoch ist auch ein Einsatz in Getreide möglich, wobei hier **Safener** (s. Kap. 13.8) zum Einsatz kommen, um phytotoxische Schäden zu vermeiden.

Unter den Aryloxypropionsäurederivaten hatte **Diclofop** (Illoxan) Bedeutung bei der Gräserbekämpfung in zahlreichen dikotylen Kulturen und Getreide. **Clodinafop** (Fusilade) ist ein Standardherbizid zur Ungräserbekämpfung in dikotylen Kulturen wie Rüben, Raps, Kartoffel und Leguminosen. Einige Wirkstoffe aus dieser Gruppe können in Getreide nur mithilfe von Safenern eingesetzt werden. Zwei Beispiele sind **Fenoxaprop** (Ralon Super, Safener: Mefenpyr) und **Clodinafop** (Topik, Safener: Cloquintocet).

Von den Cyclohexenonen hat **Cycloxydim** (Focus Ultra) die meiste Verbreitung erlangt. Es dient der Ungrasbekämpfung in Rüben, Raps, Kartoffeln, Mais, Salat.

Thiocarbamate greifen an einem späteren Punkt in die Fettsäuresynthese ein und blockieren durch **Hemmung von Elongasen** die Kettenverlängerung von 18 auf 20 C-Atome. Dadurch wird die Synthese langkettiger Fettsäuren unterdrückt, die im Lipidstoffwechsel etwa beim Aufbau von Fetten, Wachsen und von Suberin benötigt werden. Anders als bei den ACCase-Hemmern erfolgt die Aufnahme der Thiocarbamate über Wurzel und Hypokotyl. Es handelt sich bei dieser Gruppe also um Bodenherbizide. Auch das Wirkungsspektrum ist breiter und richtet sich gegen Dikotyle und Gräser in Getreide, Rüben, Leguminosen. Selektivität besteht durch schnellere Metabolisierung und geringere Aufnahme in unempfindlichen Pflanzen. Auch Thiocarbamate zeichnen sich durch geringe Mobilität im Boden und schnellen Abbau (Halbwertszeit 6 bis 30 Tage) aus.

Einen besonders großen Einsatzbereich hat **Prosulfocarb** (Boxer) gegen Ungräser und dikotyle Unkräuter in Getreide, Rüben, Sonnenblume, Kartoffeln, Leguminosen, Gemüsekulturen und Kräutern. Ein spezielles Rübenherbizid mit Wirkung gegen zweikeimblättrige Unkräuter ist **Ethofumesat** (Tramat), welches auch im Kräuteranbau eingesetzt werden kann.

13.7.3.6 Herbizide mit Auxinwirkung (Phenoxy- und heterozykl. Carbonsäuren)

Die Entdeckung der Wirkungsanalogie synthetischer α-Naphthylessigsäure (NES) zu natürlichem Auxin (IES, 3-Indolylessigsäure) führte Ende der dreißiger Jahre zur Entwicklung der ersten selektiven Herbizide gegen dikotyle Unkräuter. Aufgrund ihrer auxinähnlichen Wirkung werden davon abgeleitete Herbizide auch als **„Wuchsstoffherbizide"** bezeichnet. Es handelt es sich dabei um Herbizide mit ausschließlicher **Wirkung gegen dikotyle Unkräuter** nach Aufnahme über das **Blatt** und die **Wurzel**.

Herbizide als chemische Kampfmittel

Die ersten beiden Wirkstoffe, die praktische Bedeutung erlangten, waren das **MCPA** (3-Methyl-4-chlorphenoxyessigsäure) und das **2,4-D** (2,4-Dichlorphenoxyessigsäure), die fast zeitgleich zwischen 1941 und 1945 in England (bei ICI) und in den USA (am Boyce-Thompson-Institut) entwickelt wurden. 2,4-D wurde 1946 unter der Handelsbezeichnung „U46" als das erste selektive Herbizid in Deutschland eingeführt. Es folgte die Weiterentwicklung zum **2,4,5-T** (2,4,5-Trichloressigsäure), welches im Vietnamkrieg (1961 bis 1975) zweifelhafte Berühmtheit erlangte, wo es zusammen mit 2,4-D zur Entlaubung des Dschungels eingesetzt wurde („**Agent Orange**"). Aufgrund technischer Unreinheit enthielt es Dioxin und stellte so zusätzlich eine direkte Gefährdung der Bevölkerung dar. Aus toxikologischen Gründen ist 2,4,5-T inzwischen als Herbizid nicht mehr zugelassen.

Wuchsstoffherbizide sind Derivate der **Phenoxycarbonsäuren.** Ihre Aufnahme erfolgt über Wurzeln und Blätter. In der Pflanze substituieren sie vermutlich die natürliche IES, werden wie Auxin im Phloem der Pflanze transportiert und lösen dabei auxinähnliche, aber von der Pflanze nichtkontrollierte Wuchsstoffwirkungen aus. Folgen sind Verkrümmungen (**Epinastien**), Anschwellen der Chloroplasten und Verlust der Zellkompartimentierung, die zum Erliegen des Wachstums und schließlich zum Absterben führen. Für das Eintreten der Wirkung ist Wachstum erforderlich, das heißt hohe Belichtung, ausreichende Temperaturen und Wasserversorgung.

Gründe für die selektive Wirkung gegen Dikotyle sind der erschwerte Zugang zum Phloem bei Monokotylen durch die sklerenchymatische Ummantelung dieses Leitgewebes, sowie das Fehlen eines IES-empfindlichen Kambiums. Einsatzbereich der Wuchsstoffherbizide ist die Bekämpfung zweikeimblättriger Unkräuter in Getreide einschließlich ausdauernder Arten (Ackerkratzdistel, Ackerwinde). Der Grund dafür, dass Wuchsstoffherbizide immer noch in der Landwirtschaft und im Gartenbau eingesetzt werden, liegt in einigen günstigen Eigenschaften wie dem schnellen Abbau in der Pflanze, wodurch keine Nachbauprobleme entstehen und in ihrem relativ geringen Preis.

2,4-D und **MCPA** sind Wirkstoffe in zahlreichen Herbiziden, die in Winter- und Sommergetreide, auf Grün- und Weideland oder auf Rasenflächen gegen Dikotyle eingesetzt werden. Zur Verbreiterung oder Verbesserung der Wirkung werden häufig Mischpräparate eingesetzt, die mehrere verschiedene Wuchsstoffe enthalten. Weitere Beispiele sind **Dicloprop** (Duplosan DP, Basagran) und **Mecoprop** (Duplosan KV) mit besonderer Wirkung gegen Kletten-Labkraut und Vogelmiere.

Eine neuere Wirkstoffgruppe mit Wuchsstoffwirkung sind die ab 1975 eingeführten **Heterozyklen** als Weiterentwicklung der Wuchsstoffherbizide. Zu den heterozyklischen Carbonsäuren zählen die Pyridinderivate und die Chinolincarbonsäurederivate.

Pyridine werden seit 1977 eingesetzt. Die Wirkstoffe werden über die Blätter aufgenommen und basipetal im Phloem bis in die Wurzel, sowie akropetal zu den Vegetationspunkten transportiert. Der phytotoxische Eingriff in den Wuchsstoffhaushalt erfolgt durch ungeregelte Stimulierung der RNA- und Proteinsynthese. Selektivität entsteht durch Immobilisierung und Metabolisierung in unempfindlichen Pflanzen. Günstig ist der schnelle Abbau durch Mikroorganismen im Boden (Halbwertszeiten 5 bis 46 Tage), wodurch es kaum zur Verlagerung in tiefere Bodenschichten kommen kann.

Clopyralid (Lontrel) wird in Rüben, Mais, Erdbeeren und Kräutern eingesetzt. In Getreide, Mais, Gemüsekulturen, sowie auf Wiesen und Weiden kommt **Fluroxypyr** (Starane) zum Einsatz, mit besonders guter Wirkung gegen Klettenlabkraut.

Chinolincarbonsäurederivate werden vor allem über die Wurzel aufgenommen (Bodenwirkung). Sie stimulieren die Ethylensynthese und bewirken dadurch eine Störung des IES-Haushalts, mit der Folge von Stauche, Blattepinastie und Anthocyanbildung. Einsatzbereiche des wichtigsten Vertreters aus dieser Gruppe, **Quinmerac**, sind die Vor- und Nachauflaufanwendung in Rüben (Rebell) und in Raps (Butisan), zumeist in Kombinationspräparaten.

13.7.3.7 Weitere Herbizide

Unter den weiteren Herbiziden sind besonders die **Chloracetamide** zu nennen, eine Wirkstoffgruppe mit nicht genau geklärtem Wirkmechanismus. Wahrscheinlich handelt es sich um ‚multi-site' Inhibitoren, die in verschiedene wichtige Prozesse wie die Zellteilung, Zellstreckung, Lipidsynthese und Lignifizierung eingreifen. Chloracetamide werden als **Bodenherbizide** (Aufnahme über Wurzeln, Hypokotyl, Koleoptile) gegen Gräser und Dikotyle eingesetzt. Sie bewirken ein schnelles Absterben der Unkräuter noch vor dem Auflaufen. Selektivität besteht durch raschere Metabolisierung in Kulturpflanzen. Die Umwelteigenschaften sind günstig, es erfolgt ein schneller mikrobieller Abbau (Halbwertszeiten 2 bis 15 Wochen). Bekämpfungslücken bestehen allerdings bei ausdauernden Unkrautarten wie Ackerwinde, Ackerkratzdistel, Pfeilkresse, Huflattich, Quecke.

Metazachlor (Butisan, Nimbus) und **Dimethachlor** (Brasan) werden meist in Kombinationspräparaten mit Quinmerac oder Clomazone zur Unkraut- und Ungrasbekämpfung in Raps und Kohlgemüsearten eingesetzt. Eine Wirkungslücke besteht bei Kletten-Labkraut. Metolachlor (Dual Gold) wurde in Mais zur Hirsebekämpfung eingesetzt.
Chemisch verwandt mit den Chloracetamiden und mit ähnlichem Aufnahmemodus und ähnlicher Wirkungsweise versehen sind die **Oxyacetamide**. Von praktischer Bedeutung ist der Wirkstoff **Flufenacet** (Cadou, Herold, Malibu) für den Vorauflaufeinsatz im Getreide gegen Windhalm, Acker-Fuchsschwanz und Vogelmiere.

13.7.4 Wachstumsregler

Wachstumsregler greifen, ähnlich wie die bereits besprochenen Wuchsstoffherbizide, in den Phytohormonhaushalt der Pflanze ein, jedoch ohne sie zu schädigen. Nach dem Pflanzenschutzgesetz werden sie als Pflanzenschutzmittel eingestuft, die dazu bestimmt sind, Lebensvorgänge der Pflanzen zu beeinflussen, ohne ihrer Ernährung zu dienen.

Wachstumsregler existieren in großer Zahl und dienen generell der Veränderung von spezifischen Pflanzeneigenschaften wie Qualität, Standfestigkeit, Stressresistenz und Reifungsabläufen. Sie werden auch als Dormanzbrecher und für die chemische Hybridisierung eingesetzt.

Pflanzenwachstumsregler – vom Menschen seit Jahrhunderten genutzt

Die Geschichte der Verwendung von Wachstumsreglern reicht weit zurück. Eine der ältesten Formen der Nutzung ist die Reifebeschleunigung mit Ethylengeneratoren wie zum Beispiel Olivenöl bei Feigen im Mittleren Osten vor mehr als 2000 Jahren oder das in China praktizierte Abbrennen von Räucherstäbchen bei gelagerten Früchten. Mit der Entwicklung synthetischer Auxine ergaben sich auch erstmals Möglichkeiten einer gezielten und sehr wirksamen Beeinflussung von Wachstumsvorgängen. Eine der ersten Anwendungen, die sich daraus ergab, waren Bewurzelungsmittel bei der Stecklingsvermehrung. Mit den um 1950 entdeckten Gibberellinen gelang die Verbesserung der Fruchtentwicklung bei Zitrus, Beerenobst, Kern- und Steinobst und die Induktion von Parthenocarpie bei Tafeltrauben. Der Durchbruch im Getreidebau gelang 1960, mit der Entdeckung der halmstauchenden Wirkung von Chlormequat-chlorid (auch Cycocel oder CCC; 1966 Einführung im Weizenanbau) und von Ethephon (1977 Einführung im Gerstenanbau). Beide Wirkstoffe haben bis heute große Bedeutung.

Der Einsatz von sogenannten „Halmverkürzern" war ein wesentlicher Faktor für die in den letzten vierzig Jahren realisierten, erheblichen Ertragszuwächse im Getreidebau. Aus der Halmverkürzung ergeben sich mehrere entscheidende technologische Vorteile, unter anderem eine

- Erhöhung des Niveaus der N-Düngung, eine
- Verringerung von Biomasseverlusten durch Lager und eine
- Verbesserung der Druschfähigkeit bzw. Verringerung von lagerbedingten Druschverlusten

Chlormequat-chlorid (Cycocel, CCC) hemmt die Gibberellinsäuresynthese und damit die Zellstreckung und vor allem die Zellteilung. CCC muss relativ frühzeitig eingesetzt werden, um schon die Bildung neuer Halmzellen bei der Halmstreckung zu verhindern. Neben der Reduktion des Halmlängenwachstums, wird die Stabilität des Halms durch intensivere Einlagerung von Lignin und Hemizellulose erhöht. CCC zeigt schon ab 8 °C eine gute Wirkung. Der Einsatz erfolgt vor allem in Weizen und Roggen, in Kombinationspräparaten auch in Gerste, in der Regel gesplittet zusammen mit den Fungizidapplikationen im Frühjahr.

Chlorethylphosphonsäure (Camposan, Terpal = Ethephon) wird in der Pflanze zu Ethylen umgesetzt, welches die Gibberellinsynthese und den Auxintransport hemmt. Dadurch wird vor allem die Zellstreckung vermindert. Der Einsatz von Etephon erfolgt etwas später als der von CCC. Für eine gute Wirkung werden optimale Wachstumsbedingungen und mindestens 12 bis 15 °C benötigt. In Kombination mit CCC verlängert sich der Einsatzzeitraum und verringert sich der Wärmeanspruch. Haupteinsatzkulturen sind Gerste, Triticale und Roggen. Kombinationspräparate von Etephon und CCC werden auch in Weizen eingesetzt.

Trinexapac-ethyl (Moddus) hemmt ebenfalls die Gibberellinsynthese und reduziert dadurch die Internodienstreckung. Ab 10 bis 12 °C erfolgt eine rasche Aufnahme über das Blatt und ein akropetaler Transport in meristematisches Gewebe. Moddus weist einen längeren Einsatzzeitraum als CCC und Camposan auf und kann daher flexibler eingesetzt werden. Temperaturansprüche und optimaler Anwendungszeitpunkt liegen zwischen denen von CCC und Ethephon. Einsatzbereich sind alle Getreidearten, Gräser und Winterraps.

Der neu in Weizen und Gerste zugelassene Wachstumsregler Medax, bestehend aus den beiden Wirkstoffen **Mepiquat-Chlorid** und **Prohexadion-Calcium**, hemmt ebenfalls die Gibberellinsynthese und zeichnet sich durch einen besonders weiten Temperaturbereich (5–22 °C) und lange Wirkungsdauer aus. Neben der Verkürzung und Verdickung des Halms wird das Wurzelwachstum gefördert.

Fragen zu Kapitel 13.7

- Nach welchen Gesichtspunkten können Pflanzenschutzmittel bzw. deren Wirkstoffe eingeteilt und unterschieden werden?
- An welchen Stellen greifen Fungizide in den pilzlichen Stoffwechsel ein (Beispiele)?
- Welche molekularen Wirkorte gibt es bei Pilzen in der Atmungskette und der Ergosterolbiosynthese (Beispiele)?
- Was versteht man unter SBI, DMI, QoI, QiI?
- Welche Vor- bzw. Nachteile haben ‚multi site inhibitors' gegenüber ‚single site inhibitors'?
- Welche besonderen Anforderungen stellt die Bekämpfung von Oomyceten und welche Eigenschaften haben entsprechende Wirkstoffe?
- Was versteht man unter ‚prodrugs' (Beispiele)?
- An welchen Wirkorten greifen Insektizide in den Stoffwechsel der Zielorganismen ein?
- Nach welchen Eigenschaften können Insektizide eingeteilt und differenziert werden?
- Was sind Insektenwachstumsregulatoren und welche Einsatzbereiche haben sie?
- Was sind Akarizide und Molluskizide und wo werden sie eingesetzt (Beispiele)?
- Welche Möglichkeiten und Probleme bestehen bei der chemischen Bekämpfung von Nematoden?
- Was sind Rodentizide und wo werden sie eingesetzt (Beispiele)?
- An welchen Stellen greifen Herbizide in den Stoffwechsel von Pflanzen ein (Beispiele)?
- Welche speziellen Eingriffsorte in der Photosynthese sind für Herbizide bekannt und wo werden solche Herbizide vorwiegend eingesetzt?
- Was versteht man unter Wuchsstoffherbiziden, welcher Wirkmechanismus liegt vor und wo werden sie eingesetzt?
- Was sind herbizidtolerante Sorten, wie werden sie erzeugt und welche Rolle spielen sie in der Landwirtschaft?
- Was sind Wachstumsregler, wie ist ihre Wirkungsweise (Beispiele) und welche wesentlichen Funktionen haben sie in der Pflanzenproduktion?

Weiterführende Literatur

Anonym, 2000: Wirkstoffe in Pflanzenschutz- und Schädlingsbekämpfungsmitteln. BLV Verlagsgesellschaft, München.
Börner, H., 1995: Unkrautbekämpfung, Gustav Fischer Verlag, Jena.
Börner, H., 1997: Pflanzenkrankheiten und Pflanzenschutz, 7. Auflage, UTB, Verlag Eugen Ulmer, Stuttgart.
Heitefuss, R., 2000: Pflanzenschutz, 3. Auflage, Thieme Verlag, Stuttgart.
Hock, B. und E. F. Elstner (Hrsg.), 1995: Schadwirkungen auf Pflanzen, 3. Auflage, Spektrum Akademischer Verlag, Heidelberg.
Hock, B., C. Fedtke und R. R. Schmidt, 1995: Herbizide, Thieme Verlag, Stuttgart.
Stenersen, J., 2004: Chemical Pesticides – Mode of Action and Toxicology. CRC Press, Boca Raton, Florida.
Zwerger, P., H. U. Ammon, 2002: Unkraut – Ökologie und Bekämpfung. Verlag Eugen Ulmer, Stuttgart.

13.8 Anwendung von Pflanzenschutzmitteln

Ziel der Anwendung von chemischen Pflanzenschutzmitteln ist es, bei der Ausbringung nur die für die gewünschte Wirkung erforderliche Wirkstoffmenge zum richtigen Zeitpunkt an oder in den Zielorganismus (Pilz, Insekt, Unkraut etc.) zu bringen. Ist die Wirkstoffmenge zu gering, zu schlecht verteilt oder wird sie zum falschen Zeitpunkt oder unter ungeeigneten Witterungsbedingungen appliziert, bleibt die Wirkung aus. Ist die Wirkstoffmenge zu hoch oder gelangt das Mittel nicht an den beabsichtigten Zielort, besteht die Gefahr der Schädigung der Kulturpflanzen oder Kontamination der Umwelt. Formulierung, Applikationstechnik und Wirkstoffaufnahme sind daher für den umweltschonenden Einsatz und die Wirksamkeit chemischer Pflanzenschutzmittel fast ebenso bedeutend wie die Wirkstoffeigenschaften selbst.

13.8.1 Formulierung

Unter der **Formulierung eines Pflanzenschutzmittels** versteht man die Kombination des Wirkstoffs mit Zusatzstoffen (Additive), welche die Handhabung, Aufnahme und Wirksamkeit verbessern. Diese Additive oder Formulierungshilfsstoffe sind ein wichtiger Teil der Herstellung von Pflanzenschutzmitteln, unterliegen der Zulassung und sind meist ebenso patentrechtlich geschützt wie der Wirkstoff selbst. Ihre Bedeutung wird daraus erkennbar, dass viele Wirkstoffe ihre Wirksamkeit erst durch die Formulierung entfalten können. Hauptziele der Formulierung sind:

- die Gewährleistung der erforderlichen Handels- und Transporteigenschaften,
- die Gewährleistung technischer Anwendbarkeit und
- die optimale Ausnutzung der biologischen Potenz des Wirkstoffs

Durch die Formulierung werden Wirkstoffe also erst handhabbar, lagerfähig und anwendbar. Die für den Anwender wichtigste Aufgabe der Formulierung ist die Sicherstellung der Wirksamkeit. Die in dieser Hinsicht an die Formulierung gestellten Anforderungen sind vielfältig. Hierzu gehört die Verbesserung folgender Faktoren:

- Anlagerung an die Pflanze (Retention)
- Belagsverteilung auf der Pflanze
- Aufnahme in die Pflanze oder den Zielorganismus (Penetration)
- Verteilung in der Pflanze (systemische Wirkung)
- Regenfestigkeit
- Kulturpflanzenverträglichkeit
- UV-Stabilität

Um dies zu erreichen, werden bei der Formulierung von chemischen Pflanzenschutzmitteln meist folgende **Zusatzstoffe** eingesetzt:

Trägerstoffe: fest: Talk, Bentonit, Kaolin, Kieselgur, Kalk; flüssig: organische Lösungsmittel, Mineralöle, Wasser

Hilfsstoffe: oberflächenaktive Tenside; Löslichkeitsvermittler mit hydrophiler bzw. lipophiler Wirkung

Emulgatoren, Stabilisatoren: überführen bzw. halten wasserunlösliche Wirkstoffe in feiner Verteilung (Gelatine, Kasein, Albumin, u. a.); Hilfsstoffe, Emulgatoren, Stabilisatoren sorgen als Netzmittel für gute Verteilung auf der Pflanzenoberfläche, außerdem werden Haftmittel (‚stickers‘) zur besseren Haftfähigkeit und Regenbeständigkeit eingesetzt (PVC, Ligninsulfosäure)

Safener: erhöhen die Kulturpflanzenverträglichkeit und spielen bei einigen Herbiziden eine Rolle (antidots, siehe auch Kap. 13.7.3.5)

13.8.2 Applikationstechnik

Das bei weitem wichtigste Applikationsverfahren für Pflanzenschutzmittel ist das Spritzen. Dieser Bedeutung entsprechend hat es in den letzten Jahren große Fortschritte in der **Spritzentechnik** gegeben. Durch den Einsatz von computergesteuerten Dosiereinrichtungen und moderner Düsentechnik ist eine äußerst verteilungsgenaue Spritzmittelapplikation heute großflächig und in nahezu jedem Gelände möglich. Neben der exakten Ausbringung und hohen Schlagleistung sind besonders die Neuentwicklungen von **abtriftarmer Düsen- und Spritzentechnik** erwähnenswert, die für den Schutz von Gewässern und Saumbiotopen vor unerwünschten Einträgen von großer Bedeutung sind.
Die besten Resultate erzielen derzeit sogenannte **Injektordüsen**, die mit der unter Druck ausströmenden Spritzflüssigkeit über spezielle seitliche Öffnungen Nebenluft ansaugen, mit der die Spritztröpfchen zu kleinen Bläschen aufgepumpt werden. Mithilfe dieser einfachen Technik kann die Abtriftneigung erheblich reduziert und zugleich die Verteilung auf der Zielfläche deutlich verbessert werden. Eine weitere Minderung der Abtrift kann durch Luftunterstützung der Spritzen erreicht werden, wobei der Spritzstrahl von einem vertikal nach unten gerichteten Gebläse unterstützt wird, der den Spritzkegel vor Seitenwinden abschirmt und das Mittel in den Pflanzenbestand drückt.

Es werden folgende **oberirdische Applikationsverfahren** unterschieden:

Spritzen, Sprühen: Präparate werden in Wasser gelöst, suspendiert, emulgiert und über Düsen mit entsprechenden Geräten ausgebracht; Teilchengröße Spritzen > 150 µm, Sprühen 50 bis 200 µm

Nebeln: Verteilung durch Drift mit der Luftbewegung (wenig gerichtet); Teilchengröße: < 50 µm (Feinnebel < 10 µm, Aerosol < 1 µm); weitgehend auf geschlossene Räume sowie Insektizide und Akarizide begrenzt

Stäuben: Feinverteilung trockener Fertigpräparate; Teilchengröße: < 60 µm; relativ hoher Mittelaufwand; Kulturen in ariden Gebieten, unter Glas, Einzelpflanzenbehandlung

Räuchern: Feinverteilung fester Teilchen (< 20 µm) in der Luft; Rauch entsteht beim Erhitzen oder Verbrennen von Räuchermitteln; vielfach Wirkung als Gas; Anwendung im Boden oder geschlossenen Räumen

Begasen: Anwendung von Wirkstoffen in der Gasphase (auch durch Verdampfen oder Anzünden; Anwendung im Vorratsschutz, bei Bodenentseuchung)

Die **Saatgutbehandlung** gehört zu den Verfahren im chemischen Pflanzenschutz mit dem günstigsten Verhältnis zwischen Aufwandmenge und Wirkungsgrad. Vielfach wird mit wenigen g pro ha eine völlige Krankheits- oder Schädlingskontrolle erzielt (z. B. Getreidebrände, Moosknopfkäfer, Rapserdfloh). Es sind folgende Verfahren in der Praxis gebräuchlich:

Feuchtbeizen: Flüssigformulierungen (homogene Lösungen mit direkter oder verdünnter Anwendung; Bestandteile in molekularer Dispersion)

Flüssigbeize: Mehrphasenkonzentrat (Präparate bestehen aus festen und flüssigen Zustandsformen; stabile Suspension oder Emulsion mit direkter oder verdünnter Anwendung), oder als Suspensionskonzentrat (stabile Suspension wird vor Anwendung mit Wasser verdünnt)

Schlämmbeize: Schlämmpulver (feinkörnige Pulver, die in hoher Konzentration vor Anwendung in Wasser dispergiert werden)

Tauchbeize: Wasserdispergierbares Pulver (pulverförmige Formulierungen werden in Wasser dispergiert; Anwendung zur Tauchbehandlung von Saat- und Pflanzgut)

Saatgutpillierung: Einzelsamen mit Pilliermasse oder mit verschiedenen Schichten (unterschiedliche Bestandteile) gleichmäßig umschlossen; Pillengröße einheitlich, Einzelkornablage möglich

Saatgutinkrustierung: Zugabe von Hilfsstoffen und gutes Durchmischen, dann Beimengung der Präparate und weiteres Mischen

Beizwirkung

Man unterscheidet die **primäre Beizwirkung** (Abtötung samenbürtiger Krankheitserreger unmittelbar bei oder kurz nach der direkten Behandlung des Saat- und Pflanzgutes mit Wirkstoffen) von der **sekundären Beizwirkung** (nach der Aussaat oder Auspflanzung werden die Beizmittel durch die Bodenfeuchtigkeit gelöst). Der durch die Diffusion des Beizwirkstoffs im umgebenden Boden entstehende **Beizhof** gewährt Schutz gegen bodenbürtige Schaderreger auch noch nach der Keimlingsphase.

Die wichtigste Form der **Bodenbehandlung mit Pflanzenschutzmitteln** ist der Einsatz von Bodenherbiziden, gefolgt von Insektiziden, die als Granulate oder im Gießverfahren appliziert werden. Der Einsatz von Bodenfungiziden und die Bodenentseuchung sind wegen des damit verbundenen erheblichen Eingriffs in das Bodenleben unerwünscht und weitgehend auf gärtnerische Betriebe und Baumschulen begrenzt.

Bodenherbizide: Vorsaatapplikation mit sofortiger Einarbeitung (Arbeitstiefe 8 bis 10 cm) oder mit Einarbeiten bis 2 Tage nach Spritzung (Arbeitstiefe 3 bis 5 cm) Vorauflaufbehandlung (Abdeckung der Saat mit 2 cm feinkrümeligem Boden, Spritzen auf unkrautfreien Boden); Nachauflaufbehandlung (Behandlung ab 3-Blattstadium, Unkräuter und Ungräser müssen aufgelaufen sein)

Bodeninsektizide: Granulatanwendung (Ausbringung der Präparate beim Säen unmittelbar hinter der Saatablage in die noch offene Saatfurche, Vermischung erfolgt mit Zusammenfließen des Bodens); Spritzanwendung (Ganzflächenbehandlung mit Spritzbrühen); Gießanwendung (Reihengieß- oder Einzelpflanzenbehandlung)

Bodenfungizide: Vorsaatbehandlung (Einmischen des Präparates in das Substrat); Pflanzkulturbehandlung (mehrfaches Übergießen der Kultur während der Entwicklung); Granulatanwendung (Bodenapplikation systemischer Wirkstoffe führen zur Abtötung von Pilzen in der Pflanze)

Bodenentseuchung: von Böden und Kultursubstraten; Mittel in der Gasphase wirksam

Bodenbegasung gegen bodenbürtige Pathogene und Nematoden: Methylbromid, Chlorpikrin; in Deutschland weitgehend verboten, aber großflächiger Einsatz von Methylbromid immer noch in USA u. a. Ländern

13.8.3 Wirkstoffaufnahme und -verteilung

Nach der zeitlich und räumlich optimierten Applikation des Pflanzenschutzmittels auf der Zielfläche (Acker, Pflanzenbestand) ist die **Wirkstoffaufnahme** in die Pflanze oder den Schadorganismus der nächste wichtige Schritt. Da spezielle Transport- und Aufnahmemechanismen (‚carrier') für diesen Wirkstofftransport bislang nicht gefunden worden sind, geht man davon aus, dass die Wirkstoffaufnahme über die üblichen Wege der Stoffaufnahme der Organismen erfolgt. Die Hauptmechanismen dieser Aufnahme-, Transport- und Verteilungsvorgänge sind die von Löslichkeits- und Konzentrationsverhältnissen abhängige **Diffusion** und die **Massenströmung**.

Bei der **Pflanze** sind dies der Weg der Nährstoffaufnahme über die Wurzel und die Diffusion durch die Kutikula in Blätter, Stängel und Früchte. Die **Wirkstoffaufnahme im Spross** setzt eine **transkutikuläre Diffusion** voraus. Man unterscheidet den **lipophilen Weg**, der über die lipoiden Wachsanteile der Kutikula führt und für lipophile (fettlösliche oder apolare) Wirkstoffe meist problemlos ist (Abb. 103). Lipophile Wirkstoffe sind daher vor allem für die Bekämpfung von Organismen mit einem hohen Lipidgehalt in den Zellwänden geeignet. Die Wirkung von Schwefel sowohl gegen Milben wie auch gegen Echte Mehltaupilze ist hierfür ein Beispiel.

Da jedoch in den Zellwänden neben lipophilen auch hydrophile (wässrige) Bestandteile vorkommen, ergibt sich für wässrige (polare) Substan-

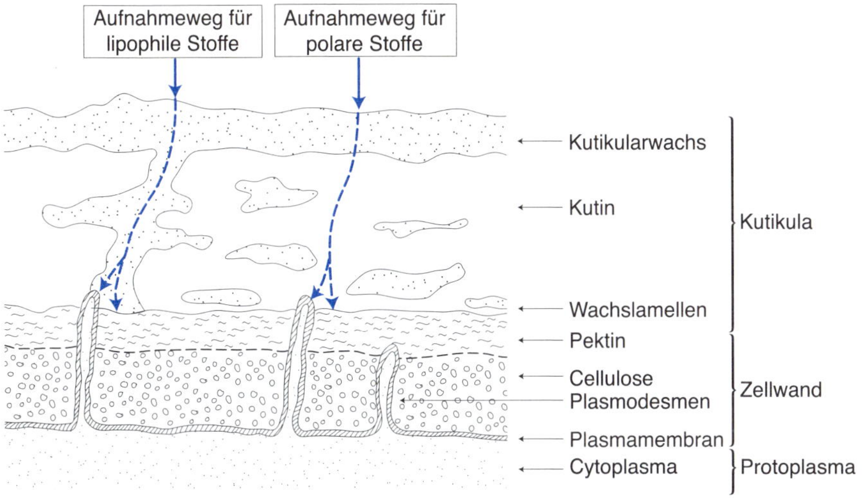

Abb. 103: Mögliche Wege der Aufnahme lipophiler oder polarer Pflanzenschutzmittel in Bezug zur Kutikularstruktur der Blätter.

zen auch ein **hydrophiler Weg** in den Zielorganismus (Abb. 103). Ein Beispiel für einen hydrophilen Wirkstoff sind Kupferionen, die eine besonders gute Wirksamkeit gegen Falsche Mehltaupilze, aber auch gegen Bakterien besitzen. Voraussetzung für die Wirkstoffaufnahme ist in jedem Fall der gelöste Zustand. Kommt es zur Eintrocknung des Pflanzenschutzmittels auf der Pflanzenoberfläche, ist die Aufnahme stark behindert oder gar blockiert. Die Aufnahme über die **Spaltöffnungen**, die nur etwa 0,5% der Blattoberfläche ausmachen, ist von untergeordneter Bedeutung. Einige Herbizide können aber aufgrund ihres hohen Dampfdrucks auch in der Gasphase über die Spaltöffnungen in die Pflanze gelangen.

Nach Passage der Pflanzenoberfläche erfolgt der **Wirkstofftransport in der Pflanze** im Wesentlichen auf drei Wegen. Die langsamste und geringste Ausbreitung wird bei Transport von Zelle zu Zelle erreicht, dem **symplastischen Transport**. Ähnlich ist es beim **apoplastischen Transport**, bei dem sich der Wirkstoff über das zusammenhängende System der Interzellularräume (Apoplasten), also im wässrigen Milieu zwischen den Zellen verbreitet. Eine Kombination dieser beiden Verbreitungsmechanismen ist möglich. Die dritte Form des Transports ist der **Langstreckentransport** im Leitgewebe der Pflanze. In fast allen Fällen erfolgt dieser mit dem Wasserstrom im **Xylem**. Dies kann zu einer Translokation der Wirkstoffe über weite Strecken und eine Anreicherung in den distalen, transpirierenden Pflanzenteilen führen. Der Transport im **Phloem** ist erschwert, unter anderem durch die dort vorliegende Stoffwechselaktivität sowie die erforderliche Passage von Siebplatten und Membranen. Dabei kann es zu einer Veränderung oder gar Metabolisierung der Wirkstoffe kommen, wodurch sie unwirksam oder immobil werden. Aus diesen Gründen findet Langstreckentransport von Wirkstoffen in der Pflanze praktisch ausschließlich in **akropetaler** (spitzenwärts) und nicht in **basipetaler** (wurzelwärts) Richtung statt. Diese Tatsache ist auch der Grund dafür, dass es bislang meist nicht

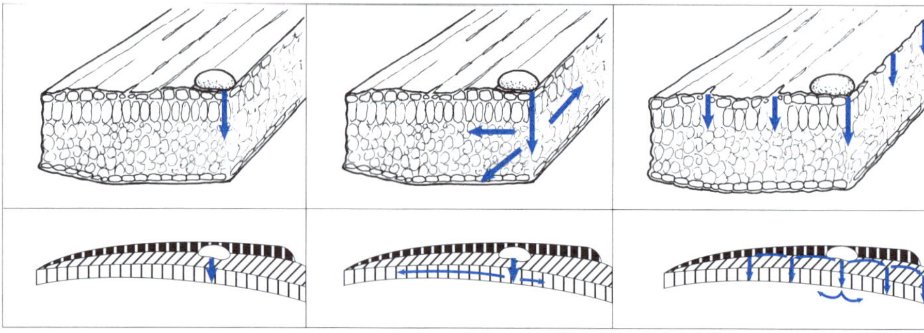

Abb. 104: Sekundärverteilung von Pflanzenschutzwirkstoffen auf und in der Pflanze: Locosystemische (links), systemische (Mitte) und über die Dampfphase erfolgende (quasisystemische) Verteilung und Aufnahme.

möglich ist, Wurzelkrankheiten durch die Applikation von Fungiziden auf den Spross zu bekämpfen, selbst dann nicht, wenn vollsystemische Mittel verwendet werden.

Für die **Sekundärverteilung von Pflanzenschutzmitteln** auf und in der Pflanze ergeben sich aufgrund der verschiedenen Transportwege mehrere Möglichkeiten (Abb. 104). Die geringste Verteilung findet man bei den **nicht-systemischen** Mitteln, die einen weitgehend statischen Spritzbelag auf der Pflanzenoberfläche erzeugen, der direkt gegen auftreffende Schaderreger wirkt. Diffundieren von solchen Belägen kleine Wirkstoffmengen in das unmittelbar darunter liegende Pflanzengewebe, spricht man von **locosystemischer** Verteilung. Hierbei kommt dem schon erwähnten symplastischen und apoplastischen Transport Bedeutung zu. Ein anderer Mechanismus ist die Verbreitung des Wirkstoffs aus Spritzbelägen über die **Dampfphase**. Dabei kommt es zu einer maßgeblichen Wirkstoffausbreitung im gesamten Pflanzenbestand, wodurch Pflanzenteile geschützt werden, die bei der Applikation nicht direkt getroffen wurden. Man spricht auch von **quasisystemischer** Verteilung. Die beste Nachverteilung erreichen **vollsystemische** Pflanzenschutzmittel, die in kurzer Zeit akropetal auch in entlegene Teile der Pflanze transportiert werden. Dadurch können auch bereits etablierte Infektionen erfasst werden, und es ist möglich, auch den unmittelbar nach der Applikation gewachsenen Neuaustrieb zu schützen.

Die **Wirkstoffaufnahme über die Wurzel** erfolgt durch die gleichen Transportmechanismen und auf den gleichen Wegen, wie bei Nährstoffen (Abb. 105). Über Massenströmung und Diffusion gelangen Wirkstoffe über den symplastischen oder apoplastischen Pfad rasch durch das Rindenparenchym bis zur Endodermis. Da keine Kutikula vorhanden ist, ist der hydrophile Weg gegenüber der Aufnahme in den Spross erleichtert. Endodermis und Casparyscher Streifen stellen keine Barriere für die Wirkstoffaufnahme in das Leitgewebe des Zentralzylinders dar. Wie im Spross finden sich auch in der Wurzel keine spezifischen Carrier für die Wirkstoffaufnahme.
Anders sind die Verhältnisse bei der **Wirkstoffaufnahme durch Insekten**. Insektizide (oder Akarizide) werden entweder mit der Nahrung (**Fraßgifte**), bei der Atmung (**Atemgifte**) oder durch direkten Körperkontakt (**Kontaktgifte**) aufgenommen. Nach der Aufnahme gelangen die Wirkstoffe über den Kreislauf der Körperflüssigkeiten meist schnell an ihren Wirkort. Die Wirkung der **Fraßgifte** setzt die Aufnahme einer bestimmten

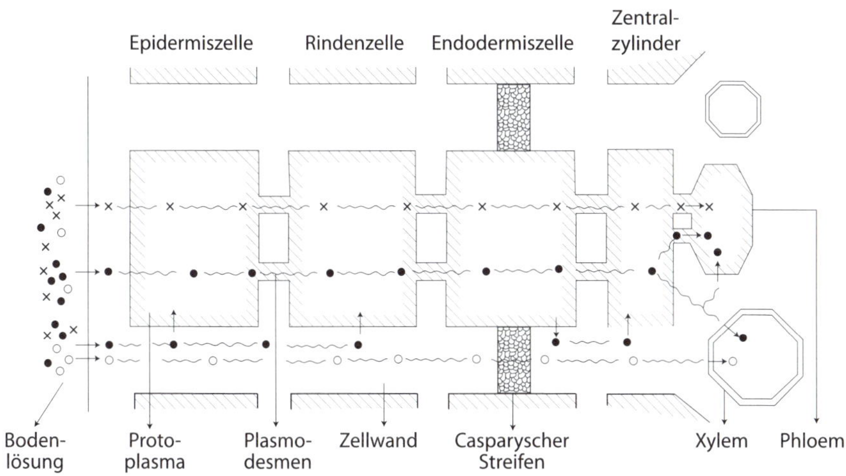

Abb. 105: Aufnahmewege für Wirkstoffe über die Wurzel; x = symplasmatischer Weg; o = apoplasmatischer Weg; _ = symplasmatisch-apoplasmatischer Weg.

Menge kontaminierter Nahrung voraus und kann sich naturgemäß erst einstellen, wenn bereits ein gewisser Fraßschaden entstanden ist. Die Dosis und der Zeitpunkt der Anwendung müssen also so bemessen werden, dass dieser Fraßschaden unterhalb der wirtschaftlichen Schadensschwelle liegt. Fraßgifte eignen sich besonders für fraßaktive Stadien und Schädlinge wie Larven und Käfer.

Atemgifte werden über die Eintrittsöffnungen (Stigmen) des Tracheensystems aufgenommen und gelangen aufgrund ihres hohen Dampfdrucks gasförmig in den Insektenkörper, bevor sie in Lösung gehen und zum Wirkort gelangen. **Kontaktgifte** werden weniger über den Chitinpanzer und die Kutikula als über die zwischen den Körpersegmenten befindlichen Intersegmentalhäute, sowie die Sinnesorgane, Tarsen und Tasthaare aufgenommen. Da diese Bereiche wasserabstoßend sind, handelt es sich bei Kontaktinsektiziden überwiegend um lipophile Präparate.

Die **Wirkstoffaufnahme bei Pilzen** stellt aufgrund des einfachen Aufbaus der Zellwand und der intensiven Stoffaufnahme vor allem von Keimschläuchen und wachsenden Hyphenspitzen kaum ein Hindernis dar. Aufgrund der wässrigen und lipoiden Zellwandbestandteile können sowohl lipidlösliche wie wasserlösliche Komponenten aufgenommen werden. Vorraussetzung für das Wirksamwerden von Fungiziden ist jedoch **Stoffwechselaktivität** vor allem in Form von Wachstumsvorgängen, entweder bei der Sporenkeimung oder dem Hyphenwachstum des vegetativen Myzels. Pilzdauerstadien wie Sklerotien oder andere stark melanisierte Ruhestadien sind dagegen nicht bekämpfbar.

Nach dem Einsatzzeitpunkt im Verhältnis zum Schaderregerauftreten und dem Aufnahme- und Verteilungsmodus der Wirkstoffe lassen sich folgende **Einsatzstrategien im chemischen Pflanzenschutz** unterscheiden:

Eradikative Verfahren: werden bei bereits vorhandenen Schaderregern ausgebracht und zielen auf deren möglichst vollständige Ausschaltung auf bzw. außerhalb der Pflanze ab.

Zielorganismus	Aufnahmeweg, Verbreitung	Pflanzenschutzmittel
Pflanze		
Wurzel	– Symplastische, apoplastische Aufnahme mit Wasser- und Nährstoffstrom, Massenströmung und Diffusion durch Endodermis mit Caspary-schem Steifen; Verbreitung im Xylem	Bodenherbizide, - insektizide, - fungizide
Spross	– Diffusion durch Kutikula und Zellwände; symplastische, apoplastische und vaskuläre (Xylem) Verbreitung	Fungizide, Herbizide (locosystemisch, systemisch)
Insekt	– Aufnahme mit der Nahrung	Insektizid (Fraßgift)
	– Aufnahme über die Epikutikula	- „ - (Kontaktgift)
	– Aufnahme bei der Atmung über Tracheen	- „ - (Atemgift)
	– Ausbreitung mit der zirkulierenden Körperflüssigkeit	

Tab. 66: Aufnahmewege und Verbreitung verschiedener Pflanzenschutzmitteltypen in Pflanzen und Insekten.

Beispiele: Heuschreckenbekämpfung, Bodenentseuchung, Unkrautbekämpfung, Saatgutbeizung

Protektive Verfahren: Applikation erfolgt **präinfektionell**, das heißt vor dem Schaderregerauftreten, da eine Wirkung nur gegen frühe Befalls- bzw. Infektionsstadien und vor dem Eindringen in die Pflanze vorhanden ist. Erforderlich ist daher die Schaffung eines Wirkstoffbelags auf der Pflanze oder eines meist lokosystemischen Wirkstoffdepots noch vor dem Befall oder der Infektion. Nachteil dieser **prophylaktischen Behandlung** ist das erhöhte Risiko der Fehlterminierung oder unnötigen Anwendung.
Beispiele: zahlreiche Fungizide und Insektizide

Kurative Verfahren: Das PSM wirkt auf Schaderreger auch noch nach dem Befall (**postinfektionell**) durch Tiefenwirkung oder systemische Verteilung des Wirkstoffs in der Pflanze; Befall kann noch bis ca. 4 Tage nach Infektion „geheilt" (lat. curare) werden; schützt auch den unmittelbaren Neuaustrieb nach der Behandlung und bietet beste Möglichkeit für **gezielten Pflanzenschutz**; hohe Systemizität kann aber auch Wirksamkeit und Wirkungsdauer kosten durch vorzeitige Metabolisierung des Wirkstoffs.
Beispiele: vor allem bei modernen Fungiziden, zum Teil durch Kombinationswirkungen oder Zusatzstoffe verstärkt („Schlitteneffekt")

13.8.4 Wirkungsweise und Selektivität

Nach Applikation, Aufnahme und Verteilung des Wirkstoffs auf dem bzw. im Zielorganismus entfaltet dieser am eigentlichen molekularen Wirkort (target) seine Wirkung auf unterschiedliche Weise. Auch wenn die hierbei stattfindenden Prozesse nicht bis in alle Einzelheiten und schon gar nicht bei allen Wirkstoffen und Indikationen bekannt sind, lassen sich doch drei prinzipielle Wege unterscheiden. Der einfachste besteht in der **direkten Wirkung** des in die Zelle aufgenommenen Wirkstoffes, der nach Aufnahme und Translokation zu seinem zellulären Wirkraum (z. B. Zellorganell) und dem dortigen molekularen Wirkort gelangt. Die zweite Möglichkeit ist die **Aktivierung des Wirkstoffs** nach Aufnahme in die Zelle. Hier wandelt der Zielorganismus den ursprünglich unkritischen Ausgangswirkstoff in die eigentlich wirksame Komponente um. Beispiele hierfür sind die Umwandlung von Benomyl oder Thiophanatmethyl in das fungizide Methylbenzimidazolcarbamat (MBC, Carbendazim) in sensitiven Pilzen, die ß-Oxidation von herbiziden Fettsäurederivaten oder die Aktivierung von insektiziden Phosphorsäureestern. Solche Pflanzenschutzmittel werden auch als **‚pro-drugs'** bezeichnet. Wirkstoffaktivierung kann auch Ursache für die Selektivität eines Pflanzenschutzmittels sein (s. u.).

Schließlich kann der Wirkstoff nach Penetration aber auch verlagert und **zwischengespeichert** werden, bevor er den Wirkort erreicht, um nach kurzer Zeit wieder **reaktiviert** zu werden und mit Verzögerung zum Wirkort zu gelangen. Diese sequentielle Wirkung kann zu Wirkungsverzögerung, aber auch Verlängerung der Gesamtwirkungsdauer führen. Wirkungsverlust tritt dagegen ein, wenn der Wirkstoff nach Inaktivierung oder Speicherung abgebaut, exkretiert oder metabolisiert wird. Hier können auch Entgiftungsmechanismen wie ABC-Transporter eine Rolle spielen

Moderne Pflanzenschutzmittel sind durch eine mehr oder weniger hohe **Selektivität** für bestimmte Zielorganismen gekennzeichnet. Je nach ihrem Grad kann sich diese Selektivität auf wenige einzelne Arten oder ganze Gruppen von Lebewesen beziehen. Sie ist selbst bei den sogenannten nichtselektiven Herbiziden gegeben, deren Wirksamkeit auf Pflanzen beschränkt ist. Die Entdeckung und Ausnutzung von **Selektivitätsmechanismen** stellt den entscheidenden Durchbruch in der Entwicklung von Pflanzenschutzmitteln dar. Hierbei steht die Selektivität hinsichtlich der Schonung der Kulturpflanze (Phytotoxizität) und des Anwenders bzw. Verbrauchers (Warmblütertoxizität) seit jeher im Mittelpunkt. Die steigenden Anforderungen des Umwelt- und Verbraucherschutzes haben in den letzten Jahrzehnten zur Entwicklung von Pflanzenschutzmitteln mit immer engeren Wirkungsspektren geführt. Moderne Pflanzenschutzmittelwirkstoffe sind daher meist hochspezifisch und besitzen häufig nur noch wenige oder gar nur einen einzigen molekularen Wirkort. Mit der gestiegenen Spezifität ist allerdings auch das Risiko der **Resistenzentwicklung** durch Selektion von resistenten Schaderregerpopulationen deutlich größer geworden, da die Wahrscheinlichkeit für die Resistenzbildung durch Mutationen mit sinkender Anzahl an Wirkorten zunimmt (s. Kap. 13.8.5).

Index für Phytotoxizität

Ein wichtiger Index der Selektivität, der die Schonung der Kulturpflanze beschreibt, ist der so genannte **chemotherapeutische Index**. Dieser Index gibt die **Phytotoxizität** eines Pflanzenschutzmittels wieder und ist ein wichtiger Bestandteil der Zulassung. Er ergibt sich aus dem Verhältnis von wirksamer *(dosis curativa)* zu phytotoxischer *(dosis phytotoxica)* Dosis.

$$\text{Chemotherapeutischer Index} = \frac{\textit{dosis curativa}}{\textit{dosis phytotoxica}} < 1$$

Je deutlicher der Index unter 1 liegt, desto geringer ist die Gefahr, dass bei versehentlicher Überdosierung die Kulturpflanze geschädigt wird.

Als **Ursachen für die Selektivität** von Pflanzenschutzmitteln kommen mehrere grundsätzliche Mechanismen in Frage:

- **Vermeidung des Kontakts mit der Kulturpflanze** durch die Ausbringungstechnik (**Positionsselektivität**); z. B. Ausbringen vor dem Auflaufen der Kultur (Vorsaat- oder Vorauflaufbehandlung mit Herbiziden), Zwischenreihenbehandlung, Unterblattspritzung
- **Unterschiedliche Aufnahme des Wirkstoffs** aufgrund unterschiedlicher morphologischer und biochemischer Beschaffenheit der Abschlussschichten (große Bedeutung besonders bei Herbiziden); hier können auch Blattbehaarung oder aufrechte Wuchstypen mit steilerer Blattstellung, an denen weniger Wirksubstanz hängen bleibt, eine Rolle spielen
- **Unterschiedlicher Transport zum Wirkort**; Bedeutung als Selektivitätsfaktor vermutlich gering und schwer von anderen Mechanismen (Metabolisierung, Speicherung) zu trennen
- **Metabolisierung oder Aktivierung des Wirkstoffs**; oft der entscheidende Selektivitätsfaktor, z. B. bei Herbiziden (Phenmedipham bei Nachauflaufanwendung in Zuckerrüben) und einigen Insektiziden (geringe Warmblütertoxizität von Malathion); Aktivierungsmechanismen sind bei Fungiziden, Herbiziden und Insektiziden bekannt (‚prodrugs', s. o.)
- **Unterschiede am molekularen Wirkort**; hier können geringe Unterschiede für die Wirkung entscheidend sein; meist nur von geringer Bedeutung und oft nicht von anderen Selektivitätsfaktoren zu trennen
- **Safener**; Zusatzstoffe in Herbiziden, die die Kulturpflanze vor dem eigentlich unselektiven Wirkstoff schützen (‚antidots'); Mechanismen sind meist verringerte Aufnahme, beschleunigte Metabolisierung oder Stimulierung kompensatorischer Synthesen
- **Gentechnisch erzeugte Selektivität**; Einschleusen von Resistenzgenen, die Faktoren kodieren, die entweder den Wirkstoff verändern oder dessen Wirkung durch alternative oder erhöhte Synthesen kompensieren (herbizidtolerante Sorten; s. Kap. 13.6 u. 13.7.3)

13.8.5 Resistenzentwicklung und Resistenzmanagement

Die Resistenzentwicklung gegen Pflanzenschutzmittel ist ein Phänomen, welches bekannt ist, seitdem man Substanzen mit spezifischen Wirkmechanismen einsetzt. Sie findet ihre Analogie in all jenen Bereichen, in denen spezifisch wirksame Therapeutika gegen Populationen von Parasiten oder Pathogenen eingesetzt werden, so in der Human- und Veterinärmedizin. In der Landwirtschaft ist die Resistenzproblematik eine zwangsläufige Folge der immer **spezifischer** werdenden Wirkstoffe (‚single site' Wirkungsmodus), der **wiederholten Anwendungen** und des **eingeengten Wirkstoffspektrums**. Um die Wirksamkeit der zur Verfügung stehenden Mittel möglichst lange zu erhalten, ist es daher erforderlich, ein auf den jeweiligen Wirkstoff abgestimmtes Resistenzmanagement zu betreiben. Wichtigste Voraussetzung für ein solches Management ist die genaue Kenntnis der **Resistenzsituation**, die durch entsprechende Monitorings ermittelt werden muss, und die Kenntnis des jeweils vorliegenden **Resistenztyps**.

Die enorme wirtschaftliche Bedeutung der Resistenzentwicklung hat bei der Pflanzenschutzmittelindustrie große Anstrengungen zu deren Eindämmung bzw. Vermeidung ausgelöst. Teil dieser Bemühungen ist die Gründung von **Fachkomitees** wie dem FRAC (Fungicide Resistance Action Committee), IRAC (Insecticide Resistance Action Committee) oder HRAC (Herbicide Resistance Action Committee), in welchen unter Beteiligung aller maßgeblichen Pflanzenschutzmittelhersteller Erfahrungen ausgetauscht und Maßnahmen und Empfehlungen für die Praxis gemeinsam erarbeitet und abgestimmt werden.

Hinzu kommen **Risikoanalysen** und ‚worst case'-Studien im Vorfeld der Zulassung, die die Resistenzgefährdung eines Wirkstoffs einschätzen helfen sollen. Solche Analysen werden inzwischen von den Zulassungsbehörden gefordert. Gerade bei Wirkstoffen mit neuen Wirkmechanismen ist die Risikoeinschätzung allerdings schwierig, da langjährige Erfahrungen aus dem Feld nicht vorliegen und die Reaktion einer Freilandpopulation im Labor oder Gewächshaus nur schwer nachstellbar ist.

Die **Anpassung von Populationen an einen Wirkstoff** ist ein Naturphänomen und damit unvermeidbar. Sie beruht im Wesentlichen auf der genetischen Vielfalt und damit Anpassungsfähigkeit der Population und den natürlichen Abwehrmechanismen seiner Individuen. Wiederholter Wirkstoffeinsatz führt zur Selektion und Anpassung der Population an erhöhte Wirkstoffdosen. Die Art und Weise dieser Anpassung und die Folgen für den Wirkstoffeinsatz sind jedoch vielgestaltig. Beim Verlust von Sensitivität gegenüber einem Wirkstoff müssen zwei Ebenen unterschieden werden, die Individuenebene und die Populationsebene.

Für die **Resistenz auf Individuenebene** ist die **genetische Vielfalt**, Breite und Variabilität einer Population ausschlaggebend. Je größer diese Variabilität ist, desto eher finden sich in der Population einzelne Stämme (Genotypen), die aufgrund physiologischer oder biochemischer Abweichungen eine erhöhte Unempfindlichkeit besitzen. Die hierzu maßgebende **intraspezifische Variabilität** wird im Wesentlichen durch drei Faktoren erhöht,

- durch **Mutationen**,
- durch **Rekombinationen** (bei Genaustausch durch Fusionen) und
- durch die **Invasion neuer Individuen**, die den Genpool erweitern.

Ein erhöhtes **Resistenzrisiko** durch intraspezifische Variabilität besteht bei Schaderregerpopulationen

- mit großer **Individuenzahl**,
- vielen **Vermehrungszyklen** pro Saison und
- bei **Mehrfachanwendung desselben Wirkstoffs**.

Resistenzbildung gegen Pflanzenschutzmittel auf Individuenebene – Quantitative (physiologisch-biochemische) Mechanismen

- verminderte Wirkstoffaufnahme
- verminderter Wirkstofftransport
- verstärkte Inaktivierung durch Ablagerung in Reservestoffen (z. B. Lipiden)
- verstärkter enzymatischer Abbau
- verminderte Intensität der Aktivierung des Wirkstoffs
- Vermehrung des Wirkorts (quantitative Kompensation)

Qualitativer Mechanismus

- Veränderung des molekularen Targets durch Punktmutation(en) → verminderte bzw. unterbleibende Affinität des Wirkstoffs zum Wirkort

Während die **quantitativen Mechanismen** (s. Box) meist nur zu einer graduell erhöhten Resistenz führen, verursachen Punktmutationen eine **qualitative Resistenz** und damit totalen Wirkungsverlust. Die Bedeutung des Unterschieds zwischen quantitativem und qualitativem Resistenztypus zeigt sich auf Populationsebene.

Auf **Populationsebene** kommt als wesentliches Moment die **Selektion** unempfindlicher Individuen hinzu, die bevorzugt überleben und zur Vermehrung gelangen. Der Selektionsdruck und die Selektionsgeschwindigkeit sind von der Anwendungshäufigkeit, der Wirkstoffdosis und dem Resistenztyp abhängig. Je nach vorliegendem Resistenztyp ergeben sich unterschiedliche Konsequenzen. **Quantitative Resistenz** einzelner Individuen führt zu einem **‚Shifting'**, das heißt einem allmählichen Wirkungsverlust gegenüber der Population (Abb. 106). Dem Shifting liegen zwei Prozesse zugrunde, die bereits erwähnte physiologisch-biochemische, quantitative Anpassung der Individuen an den Wirkstoff und die dabei zugleich stattfindende Selektion der jeweils insensitiveren Individuen und deren entsprechend bevorzugte Vermehrung. Resistenzentwicklung durch Shifting verläuft deutlich langsamer als die **qualitative** oder **disruptive Resistenzentwicklung**. Bei letzterer kann es binnen weniger Generationen durch Selektion von weitgehend insensitiven Individuen zu einem **sprunghaften und totalen Wirkungsverlust** kommen.

Während die quantitative Anpassung vermutlich unter dem direkten Einfluss subletaler Dosen des Wirkstoffs erfolgt, sind qualitativ resistente Mutanten in der Schaderregerpopulation entweder bereits vorhanden, wenn das Mittel erstmals eingesetzt wird oder sie entstehen unabhängig davon im Laufe der Jahre der Anwendung durch ungerichtete Mutationen. Eine direkte Mutationsauslösung durch den Wirkstoff ist auszuschließen. Dementsprechend ist es unter Laborbedingungen durch wiederholte Expositionsversuche sehr viel einfacher, quantitative als qualitative Resistenz zu induzieren.

Ohne Frage ist die treibende Kraft für die Entstehung beider Resistenztypen die wiederholte und einseitige Anwendung hochspezifischer Wirkstoffe. Die vielfach diskutierte **Unterdosierung** durch verringerte Aufwand-

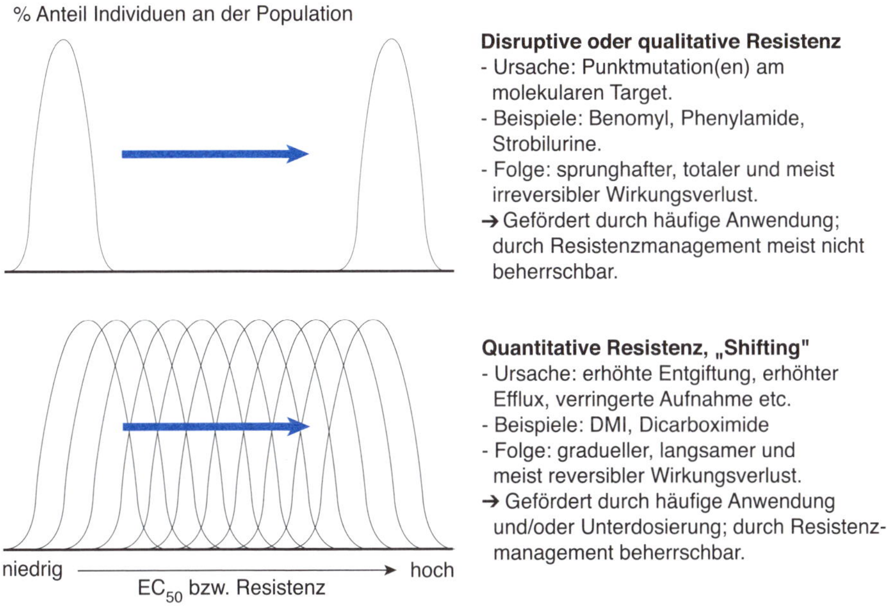

Abb. 106: Schematische Darstellung der beiden Haupttypen der Resistenzentwicklung in Schaderregerpopulationen gegen Pflanzenschutzmittelwirkstoffe. Ob die effektive Wirkstoffdosis (EC_{50}) bzw. die Resistenz sprunghaft oder kontinuierlich zunimmt, hängt vom Resistenzmechanismus ab. Ob die Verschiebung der Sensitivität einer Population stabil oder reversibel ist, hängt wiederum davon ab, welche relative Fitness die insensitiven Individuen innerhalb der Gesamtpopulation haben.

mengen muss immer in Bezug zum vorliegenden Resistenztyp betrachtet werden. Unterdosierung fördert nur die quantitative Resistenzbildung, da sie möglicherweise mehr Individuen eine Anpassung ermöglicht. Hierbei muss allerdings berücksichtigt werden, dass es im Bestand stets zu starken Verdünnungseffekten kommt und es auch bei voller Aufwandmenge unvermeidlich ist, dass ein Teil der Population mit verringerten Wirkstoffdosen konfrontiert wird. Für die Entstehung der qualitativen Resistenz, wie zum Beispiel bei den Strobilurinen, ist die Aufwandmenge dagegen unerheblich, da der Resistenzmechanismus dosisunabhängig ist. Hier wird die disruptive Selektion durch hohe Aufwandmengen eher beschleunigt.

Neben dem Resistenztyp ist in der Praxis die **Stabilität der Resistenz** von Bedeutung. Sie hängt von der **Fitness** der resistenten im Vergleich zu den sensitiven Stämmen ab. Ist die Fitness verringert, so ist die Resistenz der Population reversibel. In diesem Fall lässt sich durch eine Einsatzpause des Mittels eine **Resensibilisierung** erreichen, nach der die Wirksamkeit eines Wirkstoffs wieder hergestellt ist. Sind die resistenten Stämme dagegen in der Fitness unbeeinträchtigt, ist die Resistenz meist **irreversibel** und damit der Wirkstoff dauerhaft unwirksam. In der Praxis haben sich bislang disruptive Resistenzen meist als irreversibel und quantitative Resistenzen als reversibel erwiesen.

Die **Resistenzentwicklung von Insekten** gegenüber Insektiziden beruht auf den gleichen quantitativen oder qualitativen Mechanismen wie bei Pathogenen und Unkräutern. Maßgeblich ist die intraspezifische Variabilität der Sensitivität gegenüber dem Wirkstoff sowie die Mutationsrate der Population. Als Besonderheit kommt allerdings die **Verhaltensresistenz** hinzu, durch welche die Schädlinge der Wirkung des Insektizids entgehen können, etwa durch erhöhte Mobilität, Fluchtverhalten oder Verstecken.

Im Rahmen des **Resistenzmanagements** wird versucht, Maßnahmen zur Verminderung der Resistenzbildung gegen Pflanzenschutzmittel an die Beratung und die Landwirte zu vermitteln. Bei Wirkstoffwechsel bzw. Wirkstoffkombination ist das Wissen um etwaige **Kreuzresistenzen** bei Schaderregern wichtig. Unter Kreuzresistenz versteht man die Mehrfachresistenz bei Schaderregern gegenüber Wirkstoffen mit verschiedenen Wirkmechanismen. Die wichtigsten im Rahmen des Resistenzmanagements zur Verfügung stehenden Maßnahmen sind:

- Beschränkung der Anwendungshäufigkeit von Pflanzenschutzmitteln auf das notwendige Maß
- Einsatz von Wirkstoffkombinationen, die keine Kreuzresistenz besitzen
- Wirkstoffwechsel innerhalb der Saison
- Einsatz von – soweit vorhanden – ‚multi-site-‘ anstelle von ‚single-site‘-Wirkstoffen
- Teilflächenbehandlungen

Unter den aufgelisteten Maßnahmen spielen im Resistenzmanagement **Wirkstoffwechsel** und **Wirkstoffkombination** die größte Rolle, obwohl in der Praxis über die Vorrangigkeit dieser beiden Möglichkeiten nicht immer Einigkeit besteht. Fest steht, dass für beide Strategien ein ausreichend **diverses Wirkstoffspektrum** Grundvoraussetzung ist. Für die Wirkstoffkombination spricht, dass sie die Selektion resistenter Populationen durch eine Behandlung unmittelbar unterbinden kann, während sich beim zeitlich versetzten Wirkstoffwechsel resistente Populationen zwischenzeitlich vermehren können. Andererseits kann beim Wirkstoffwechsel im Einzelfall die Anwendungshäufigkeit einzelner Wirkstoffe niedriger gehalten werden und so der Selektionsdruck insgesamt verringert werden.

13.8.6 Nebenwirkungen von Pflanzenschutzmitteln

Der Einsatz von Pflanzenschutzmitteln dient dem Zweck, die Pflanze vor bestimmten unerwünschten Schadwirkungen zu schützen. Trotz der hohen Wirkspezifität moderner Pflanzenschutzmittel, kann es bei praxisüblicher Anwendung zur Förderung oder Hemmung anderer Schaderreger kommen, gegen die die Bekämpfungsmaßnahme gar nicht gerichtet war. Solche unerwünschten Nebenwirkungen können insbesondere bei Herbizidanwendungen auftreten und zu einer erhöhten Anfälligkeit der Kulturpflanze für Schaderreger führen. Beispiele sind *Rhizoctonia solani* an Zuckerrübe, *Fusarium oxysporum* an Tomate oder *Blumeria graminis* an Weizen. Andererseits scheinen einige Schaderreger durch eine Herbiziapplikation auch reduziert zu werden, wie zum Beispiel der parasitäre

Halmbruch *(Oculimacula yallundae)* an Weizen. Entscheidende Faktoren sind neben Art, Aufwandmenge und Applikationszeitpunkt des Herbizids, der Entwicklungsstand der Kulturpflanze und die Anwesenheit von Schaderregern. Herbizide können durch unmittelbaren Kontakt das Wachstum von Schaderregern hemmen oder fördern bzw. indirekt über eine erhöhte Anfälligkeit der Wirtspflanze den Befall mit Schaderregern stimulieren. Fungizide reduzieren nicht nur das Wachstum von Schadpilzen, sondern häufig auch das Wachstum saprophytischer Pilze. Saprophyten sind u. a. Bestandteil der Rhizosphären- und Phyllosphärenflora und als solche teils bedeutende Gegenspieler von Schaderregern. Werden sie durch Fungizide reduziert, kann dies zu einer erhöhten Prädisposition der Pflanze für Schaderreger führen. Andererseits haben verschiedene Fungizide auch Nebenwirkungen gegen Bakterien (Kupfer) oder Spinnmilben (Dithiocarbamate, Schwefel).

Typische Beispiele für Nebenwirkungen von Pflanzenschutzmitteln in Bezug auf Nicht-Zielorganismen sind:
Herbizide:
- Förderung von Hirse-Arten durch Triazine im Mais
- Förderung von Ungräsern (AFS, WH) durch Wuchsstoffherbizide im Getreide
- Förderung von Getreidemehltau durch Harnstoffderivate
- Hinweise auf Förderung bzw. Hemmung bodenbürtiger Schaderreger durch Herbizide

Fungizide, Wachstumsregler:
- Förderung von *Rhizoctonia* und *Fusarium* durch die Halmbruchbekämpfung
- Förderung von Getreideblattläusen durch Verzögerung der Seneszenz („Greening-Effekt")
- Förderung von Ährenkrankheiten im Getreide durch Halmverkürzer
- Förderung der Toxinbildung durch Ähren-Fusariosen bei spätem Einsatz von Strobilurinen

Insektizide:
- Förderung von Spinnmilben durch Ausschaltung von natürlichen Gegenspielern
- Förderung von Schädlingsgradationen durch die Schädigung von Nutzarthropoden

Fragen zu Kapitel 13.8

- Was versteht man unter der Formulierung eines Pflanzenschutzmittels und welche Hauptaufgaben hat sie?
- Nennen Sie die am häufigsten gebrauchten Formulierungsstoffe von Pflanzenschutzmitteln und ihre Funktion!
- Welche Applikationsformen stehen für die Ausbringung von Pflanzenschutzmitteln zur Verfügung?
- Welche technischen Möglichkeiten der Abtriftminderung beim Spritzen gibt es und worauf beruht ihre Funktionsweise?
- Beschreiben Sie die verschiedenen Formen der Saatgutbehandlung und ihre Wirkungsweise!
- Welche Möglichkeiten der Bodenbehandlung mit Pflanzenschutzmitteln gibt es?

- Auf welchen Wegen und mit welchen Mechanismen können Wirksubstanzen in Pflanzen (Spross, Wurzel) aufgenommen und verteilt werden?
- Welche Aufnahme- und Verteilungswege gibt es bei Insektiziden?
- Was versteht man unter eradikativem, protektivem und kurativem Einsatz von Pflanzenschutzmitteln?
- Auf welche Weise kommt es zur Wirkung von Pflanzenschutzmitteln nach der Aufnahme?
- Welche Faktoren und Mechanismen bewirken die Selektivität von Pflanzenschutzmitteln und welche sind dabei von vorrangiger Bedeutung in der Praxis?
- Was sagt der chemotherapeutische Index aus und wie wird er bestimmt?
- Welche Gründe sind für die zunehmende Resistenzentwicklung von Schaderregern gegenüber Pflanzenschutzmitteln verantwortlich?
- Welche qualitativen und quantitativen Wirkstoffresistenzen lassen sich auf Individuenebene unterscheiden und welche Folgen ergeben sich daraus jeweils auf Populationsebene?
- Welche Rolle spielt die Selektion bei der Entwicklung von Wirkstoffresistenz und wovon sind Selektionsdruck und -geschwindigkeit abhängig?
- Wovon hängt die Stabilität der Wirkstoffresistenz einer Population ab?
- Mit welchen Maßnahmen kann im Rahmen des Resistenzmanagements der Resistenzentwicklung gegen Pflanzenschutzmittel entgegen gewirkt werden?
- Welche unerwünschten Nebenwirkungen können von Pflanzenschutzmitteln in der praktischen Schaderregerbekämpfung ausgehen (Beispiele)?

Weiterführende Literatur

Börner, H., 1997: Pflanzenkrankheiten und Pflanzenschutz, 7. Aufl., UTB, Verlag Eugen Ulmer, Stuttgart.

Heitefuss, R., 2000: Pflanzenschutz, 3. Auflage, Thieme Verlag, Stuttgart.

Hock, B., C. Fedtke und R. R. Schmidt, 1995: Herbizide, Thieme Verlag, Stuttgart.

Stenersen, J., 2004: Chemical Pesticides – Mode of Action and Toxicology. CRC Press, Boca Raton, Florida.

13.9 Entwicklung und Zulassung eines Pflanzenschutzmittels

Die Entwicklung eines Pflanzenschutzmittels ist zeitaufwändig und kostspielig. Die erwünschte Wirksamkeit ist dabei nur eine unter vielen Grundvoraussetzungen, die bei der Zulassung erfüllt sein müssen. Auf Seiten der Produktion müssen sich Wirkstoff und Produkt kostengünstig und sicher produzieren lassen. Für das spätere Einsatzgebiet ist eine entsprechende Formulierung zu entwickeln. Transport- und Lagerfähigkeit müssen gewährleistet sein. Auf der Anwenderseite steht die Sicherheit von Mensch, Tier und Naturhaushalt im Vordergrund. Besondere Bedeutung kommt dem Umweltverhalten des Pflanzenschutzmittels zu, welches für die Bereiche Boden, Wasser, Luft und die belebte Natur genau bekannt sein muss. Schließlich gilt es auch, den Verbraucher vor Gefahren durch die Anwendung von Pflanzenschutzmitteln durch Rückstände in Lebensmitteln zu bewahren. Zulassungskriterien werden ständig erweitert und dem wissenschaftlich-technischen Wissensstand angepasst. Im Schnitt gelangt nur eine unter 140 000 Substanzen nach 10 Jahren als Pflanzenschutzmittel zum Einsatz. Etwa siebzig Aktenordner gefüllt mit Daten sind der Zulassungsbehörde vorzulegen und die entstandenen Kosten liegen insgesamt bei bis zu 200 Millionen Euro.

13.9.1 Entwicklung von Pflanzenschutzmitteln

Die Entwicklung von Pflanzenschutzmitteln wird angetrieben durch die Suche nach immer wirkungsvolleren, sichereren und umweltverträglicheren Problemlösungen. Die Gründe hierfür sind vielfältig (Tab. 67), doch nicht immer steht am Ende auch ein zugelassenes Pflanzenschutzmittel. Aufgrund der wachsenden Anforderungen bei der Zulassung und der damit verbundenen Kosten lohnt sich die Entwicklung eines Pflanzenschutzmittels oftmals nur noch für die Hauptschaderreger in den wichtigsten Kulturen. Die hohen Investitionskosten für ein neues Pflanzenschutzmittel rentieren sich für den Hersteller nur bei einem zu erwartenden jährlichen Umsatz von weltweit 50 bis 100 Millionen Euro. Die Verfügbarkeit bzw. Entwicklung von Pflanzenschutzmitteln zur Bekämpfung selten auftretender oder weniger bedeutender Schaderreger sowie die Bekämpfung von Schaderregern in kleinflächigen Kulturen wird zunehmend schwieriger und es entstehen **Bekämpfungslücken**.

- Entwicklung von Resistenzen gegen bestehende Wirkstoffe
- Neues bzw. verändertes Auftreten von Krankheiten, Schädlingen und Unkräutern
- Wachsende toxikologische und ökotoxikologische Anforderungen an chemische Pflanzenschutzmittel
- Wettbewerb zwischen Unternehmen

Tab. 67: Gründe für die Entwicklung neuer Pflanzenschutzmittel.

Die Entwicklung von Pflanzenschutzmitteln wurde durch die Anwendung moderner Verfahren der Biotechnologie in den letzten 10 Jahren stark beeinflusst. Dabei hat man versucht, bei der Suche nach neuen Wirkstoffen wesentlich zielgerichteter als in der Vergangenheit vorzugehen. Ansatzpunkt war, ein so genanntes ‚**Target**' (= Ziel, Wirkungsort) im Zielorganismus zu identifizieren und einen entsprechenden Wirkstoff zu finden, der die Funktion des Targets stört. Besonders interessant sind Targets, die nur in Schadorganismen, nicht aber in Mensch oder Nichtzielorganismen auftreten. Interessanterweise haben jedoch die Bemühungen, einen Wirkstoff am isolierten Target zu finden, bislang nicht zu dem erhofften Erfolg geführt. Deshalb steht die Wirkungssuche am kompletten Organismus (z. B. Pilz, Insekt, Unkraut) mit tatsächlich vorhandenen Substanzen immer noch im Vordergrund und ist bei weitem am erfolgreichsten. Hierbei werden Millionen von potenziellen Wirkstoffen, die aus Organismen (z. B. Pflanzen, Pilzen, Bakterien, etc.) extrahiert oder aus anderen Bereichen der chemisch-pharmazeutischen Industrie stammen, hinsichtlich ihrer Wirkung gegen Schaderreger bzw. deren Enzyme untersucht. Dieser Pro-

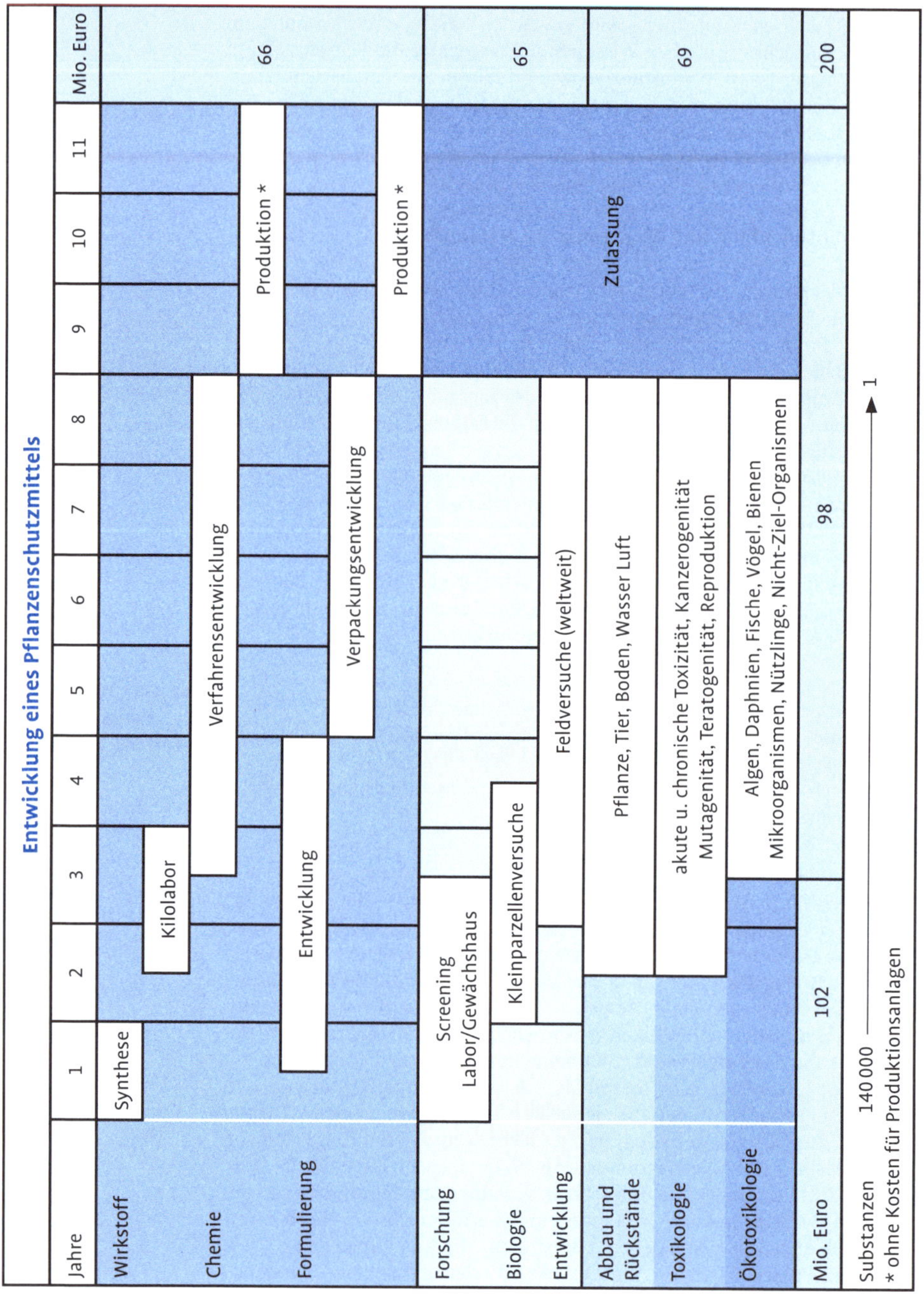

Abb. 107: Entwicklung eines Pflanzenschutzmittels (IVA, Jahresbericht 2002/2003).

zess wird als **Screening** (= Aussieben) bezeichnet, da wirksame von unwirksamen Substanzen getrennt werden. Beim Hochdurchsatz-Screening (auch HTS, ‚high throughput screening' genannt) werden 384 Substanzen in einer Mikrotiterplatte gleichzeitig getestet, beim Ultra-Hochdurchsatz-Screening sogar ein Mehrfaches davon. Eine Farbreaktion gibt eine vorhandene Wirkung an und man spricht von einem Treffer bzw. Hit. Handelt es sich dabei um eine neue Substanzklasse, wird zunächst versucht, den wirksamen Teil des Moleküls, das so genannte Toxophor zu finden. Von diesem lässt sich eine neue **Leitmolekülstruktur** ableiten, die zunächst weiter getestet wird, in der Regel in unterschiedlichen Konzentrationen. Parallel stellen Syntheseroboter Hunderte von Analogen dieser neuen Leitstruktur her, die ebenfalls getestet werden, um noch bessere Wirkungen zu finden. Neueste Verfahren gehen sogar einen Schritt weiter. Es wird z. B. nicht die Hemmung eines Stoffwechselprodukts untersucht, sondern die Regulierung der entsprechenden Gene. Hierzu werden Zehntausende von Genen eines Schaderregers auf einem Mikrochip angeordnet und mit der Prüfsubstanz behandelt. Veränderung in der Aktivität der Gene lassen auf eine potenzielle Verwendung als Pflanzenschutzmittel schließen.

Erfolg versprechende Wirkstoffe werden dann in Klimakammern und Gewächshäusern an verschiedenen Pflanzen und gegen verschiedene Schaderreger geprüft. Sobald sich in dieser Phase eine interessante Wirkung hinreichend bestätigen lässt, beginnen parallel bereits die **toxikologischen und ökotoxikologischen Prüfungen**. Hierzu gehören die Prüfung phytotoxischer und warmblütertoxischer Wirkungen, das Umweltverhalten in den Kompartimenten Boden, Wasser und Luft, sowie die Toxizität gegenüber Nichtzielorganismen (Fischen, Fischnährtieren, Vögeln, Nutzarthropoden) im Agrarökosystem und in Saumbiotopen. Erst wenn diese Testergebnisse unbedenklich sind, folgt im letzten Schritt die umfassende Prüfung in Freilandversuchen an verschiedenen Standorten.

Alle Informationen zur Wirksamkeit, sowie zu toxikologischen, ökotoxikologischen und physiko-chemischen Eigenschaften eines Wirkstoffs sind vom Antragsteller im Rahmen des Zulassungsverfahrens (s. Kap. 13.9.2) beizubringen. Ist eine Zulassung abzusehen, muss auch frühzeitig mit der Verfahrensentwicklung zur großtechnischen Produktion des Pflanzenschutzmittels begonnen werden, da der Bau und die Konzession einer neuen Produktionsanlage 3 bis 4 Jahre dauern kann. Weiterhin sind Formulierungs- und Anwendungsfragen zu klären, etwa ob der Wirkstoff z. B. als Granulat, Suspension oder Emulsion und in welchen Aufwandmengen am besten und sichersten einzusetzen ist.

13.9.2 Zulassung von Pflanzenschutzmitteln

Nach dem Pflanzenschutzgesetz dürfen nur zugelassene Pflanzenschutzmittel in Verkehr gebracht und angewendet werden. Die Zulassung von Pflanzenschutzmitteln erfolgt innerhalb der EU durch die jeweiligen Mitgliedsstaaten. Auf EU-Ebene erfolgt dagegen nur die Zulassung von Wirkstoffen durch Aufnahme in den sogenannten Anhang I der Richtlinie 91/414/EWG. Diese wurde in Deutschland durch das Pflanzenschutzgesetz von 1998 (einschließlich mehrerer Novellierungen) in nationales Recht umgesetzt. Die EU-Richtlinie regelt u. a. die Datenanforderungen zum Wirkstoff (Anhang II: Anforderungen an die Unterlagen zum Antrag auf Aufnahme eines Wirkstoffs in Anhang I) und zum Pflanzenschutzmittel (Anhang III: Anforderungen an die dem Antrag auf Zulassung eines Pflanzenschutzmittels beizufügenden Unterlagen) sowie die gegenseitige Anerkennung von Zulassungen innerhalb der EU-Mitgliedsstaaten.

Die **Prüfung von Pflanzenschutzmitteln** folgt einheitlichen Standards (z. B. Richtlinien der EPPO, OECD) und muss in akkreditierten Labors durchgeführt werden. Entspricht ein Wirkstoff den Kriterien, wird er nach einer gemeinschaftlich getroffenen Entscheidung aller EU-Mitgliedstaaten in Anhang I der Richtlinie 91/414/EWG (**„Positivliste“**) aufgenommen und ist damit für die Verwendung als Pflanzenschutzmittel geeignet. Mit anderen Worten, Pflanzenschutzmittel dürfen grundsätzlich nur zugelassen werden, wenn die enthaltenen Wirkstoffe in Anhang I der Richtlinie 91/414/EWG aufgenommen worden sind. Neue Wirkstoffe können in den Mitgliedsstaaten für 3 Jahre vorläufig zugelassen werden, wenn das Wirkstoffdossier vollständig vorgelegt wurde. Für **Alt-Wirkstoffe**, die vor 1993 in einem der EU-Mitgliedsstaaten auf dem Markt waren, gibt es Übergangsregelungen. Zur Bewertung der ca. 900 Alt-Wirkstoffe hat die Europäische Kommission ein vierstufiges Arbeitsprogramm vorgelegt, dass für die Stufe 1 bis 2006, für die Stufe 2 bis 2007 und für die Stufen 3 und 4 bis 2008 abgeschlossen sein soll. Nach vorsichtigen Schätzungen werden von den ca. 900 Alt-Wirkstoffen nur 200 bis 250 Wirkstoffe die strengen Anforderungen der EU-Richtlinie bestehen und in Anhang I aufgenommen werden.

Die Zulassung eines Pflanzenschutzmittels erfolgt nur für spezielle Anwendungen, d. h. gegen bestimmte Schaderreger an entsprechenden Kulturpflanzen (**Indikationszulassung**). Für Deutschland ist die Zulassungsbehörde das **Bundesamt für Verbraucherschutz und Lebensmittelsicherheit** (BVL) (Abb. 108). Der Hersteller oder Vertreiber eines Pflanzenschutzmittels stellt beim BVL einen entsprechenden Antrag unter Vorlage der hierfür erforderlichen Unterlagen (Tab. 68).

Es folgt eine Bewertung des Pflanzenschutzmittels durch drei unabhängige Behörden hinsichtlich

- der Wirksamkeit, Pflanzenverträglichkeit und des Nutzens (**Biologische Bundesanstalt für Land- und Forstwirtschaft**, BBA),
- der Gesundheit von Mensch und Tier (**Bundesinstitut für Risikobewertung**, BfR) und
- der Vermeidung von Schäden durch Belastung des Naturhaushaltes und durch Abfälle der Pflanzenschutzmittel (**Umweltbundesamt**, UBA).

BBA und BfR sind Benehmensbehörden, das UBA ist Einvernehmensbehörde, wobei rechtlich die Stellung des Einvernehmens stärker zu bewerten ist als die des Benehmens. Diese seit 2001 gültige Regelung des Zulassungsverfahrens hatte den Zweck, eine Trennung der behördlichen Zuständigkeiten zwischen **Risikobewertung** (BfR, BBA, UBA) und **Risikomanagement** (BVL) vorzunehmen. Anhand der Bewertungsberichte der beteiligten Behörden prüft das BVL, ob ein Pflanzenschutzmittel die Zulassungsvoraussetzungen erfüllt und welche Risikominderungsmaßnahmen (z. B. Wartezeiten, Vorschriften zur Kennzeichnung, Abstände zu Gewässern) zu erteilen sind.

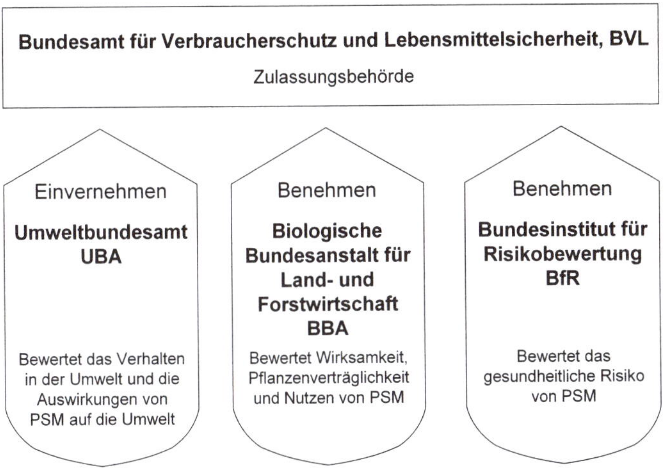

Abb. 108: An der Zulassung von Pflanzenschutzmitteln (PSM) beteiligte Behörden und deren Aufgaben.

Vor der Entscheidung über die Zulassung eines Pflanzenschutzmittels ist ein **Sachverständigenausschuss** bestehend aus 17 Experten anzuhören. Die Sachverständigen vertreten die Fachbereiche Pflanzenschutz, Gesundheitsschutz, Verbraucherschutz, Umwelt- und Naturschutz; sie kommen aus amtlichen Einrichtungen, Universitäten und Hochschulen. Laut Pflanzenschutzgesetz ist über einen vollständigen Antrag innerhalb einer Frist von 12 Monaten zu entscheiden. Zugelassene Pflanzenschutzmittel müssen auf der Verpackung oder dem Etikett das Zulassungszeichen des BVL mit der Bezeichnung des Mittels und der sechsstelligen Zulassungsnummer enthalten (Abb. 109). Eine Zulassung wird in der Regel für zehn Jahre erteilt und muss dann erneut beantragt werden. Der aktuelle Stand zur Zulassung und Genehmigung von Pflanzenschutzmitteln ist im Internetangebot des BVL (www.bvl.bund.de) einzusehen.

Tab. 68: Kriterienkatalog, für den Unterlagen beim Antrag auf Zulassung eines Pflanzenschutzmittels auf Basis chemischer Stoffe vorgelegt werden müssen*.

- **Identität des Wirkstoffs** bzw. des Pflanzenschutzmittels (z. B. chemische Bezeichnung des Wirkstoffs)
- **Chemisch-physikalische und technische Eigenschaften** des Wirkstoffs bzw. des Mittels (z. B. Löslichkeit, Dampfdruck)
- **Analyseverfahren**
- **Angaben über die Anwendung**
- **Wirksamkeitsnachweis** des Mittels einschließlich Pflanzenverträglichkeit
- **Toxologische Eigenschaften** (z. B. Haut- und Augenreizung, akute und chronische Wirkungen, Wirkungen auf die Fortpflanzung, erbgutverändernde und krebsauslösende Eigenschaften – Anwender- und Verbraucherschutz)
- **Rückstandsverhalten** (z. B. Versuche zum Verhalten in Pflanzen und Rückstandsuntersuchungen; dienen zur Festlegung von Höchstmengen und Wartezeiten – Verbraucherschutz)
- **Umweltverfügbarkeit:** Abbauverhalten / Persistenz im Boden, im Wasser und in der Luft, Mobilität im Boden
- **Ökotoxikologie** (z. B. Toxizität für Fische, Fischnährtiere, Regenwürmer, Bienen, Vögel)

* Die geforderten Unterlagen für ein Pflanzenschutzmittel auf Basis von Mikroorganismen sind etwas unterschiedlich.

Abb. 109: Zulassungszeichen für Pflanzenschutzmittel des Bundesamtes für Verbraucherschutz und Lebensmittelsicherheit (BVL).

Neben dem allgemeinen Zulassungsverfahren von Pflanzenschutzmitteln (Standardverfahren) gibt es eine Reihe von Genehmigungsverfahren für zugelassene und nicht zugelassene Pflanzenschutzmittel (Tab. 69). Für die Praxis von größter Bedeutung sind die Genehmigungen nach § 18, 18 a PflSchG mit dem Zulassungsinhaber, amtliche Einrichtungen (Pflanzenschutzdienste) sowie berufliche Anwender (z. B. Landwirte) beim BVL zusätzliche Anwendungsgebiete für zugelassene Pflanzenschutzmittel beantragen können, um **Bekämpfungslücken** zu schließen (z. B. Schaderreger in Kulturen mit geringer Anbaufläche, selten auftretende Schaderreger). Bei Gefahr in Verzug kann auch die Genehmigung nicht zugelassener Pflanzenschutzmittel nach § 11 von Bedeutung sein.

13.9.3 Anwender- und Verbraucherschutz

Der **Anwenderschutz** umfasst alle Maßnahmen zur Verhütung von Gesundheitsschäden beim Verkehr, Handel und Umgang mit Pflanzenschutzmitteln. Die erforderlichen Maßnahmen werden im Zusammenhang mit der Zulassung eines Pflanzenschutzmittels verordnet. Hierzu zählen insbesondere **Kennzeichnungsauflagen** für Verpackungen (z. B. Gefahrensymbole, Gefahrenbezeichnungen, Hinweise zum Wirkstoff sowie auf besondere Gefahren, Sicherheitsratschläge) sowie eine Gebrauchsanweisung, die u. a. genaue Hinweise zu den festgesetzten Anwendungsgebieten und -beschränkungen enthält. Bei der Anwendung von Pflanzenschutzmitteln sind weiterhin allgemeine Vorsichtsmaßnahmen und Regelungen zu beachten, wie z. B. Schutzbekleidung, Giftraumausrüstung, Aufsichtspflicht, Ess-, Trink- und Rauchverbot sowie Erste-Hilfe-Maßnahmen. Die eingesetzten Pflanzenschutzgeräte müssen zuvor geprüft worden sein, um eine fachgerechte Applikation zu gewährleisten. Auch für die Beseitigung von Präparat- bzw. Spritzbrüheresten sowie Pflanzenschutzmittelbehältern gibt es entsprechende Bestimmungen. Grundsätzlich gilt, dass Personen, die Pflanzenschutzmittel anwenden, die dafür erforderlichen Kenntnisse und Fertigkeiten haben und diese der zuständigen Behörde auf Verlangen nachweisen müssen (**Sachkundenachweis**, § 10 PflSchG). Bei Berücksichtigung dieser Auflagen und Einhaltung der Anwendungsbestimmungen liegt das Risiko für den Anwender von Pflanzenschutzmitteln auf einem kalkulierbaren niedrigen Niveau.

Die Anwendung von Pflanzenschutzmitteln bzw. die Folgen einer solchen Anwendung müssen gemäß § 15 PflSchG für den Verbraucher unbedenklich sein (**Verbraucherschutz**). Die Bewertung dieser Unbedenklichkeit für den Verbraucher erfolgt durch das **Bundesinstitut für Risikobewertung** (BfR) nach den gleichen Prinzipien wie auch für andere chemische Stoffe. In die Risikobewertung gehen einerseits die in toxikologischen Tests ermittelten Eigenschaften des Pflanzenschutzmittels bzw. dessen Metabolite ein, zum anderen die Expositionshöhe und -dauer. Die Risikobewertung bezieht sich auf Pflanzenschutzmittelrückstände in der Nahrung einschließlich Trinkwasser. Die toxikologischen Untersuchungen sind vom Antragsteller in eigener Verantwortung nach internationalen Standards (z. B. Gute Laborpraxis GLP, OECD Guidelines) zu erarbeiten. Die Angaben müssen eine Bewertung des Pflanzenschutzmittels bzw. des Wirkstoffs hinsichtlich der

Tab. 69: Im Pflanzenschutzgesetz (PflSchG) geregelte Verfahren zur Zulassung und Genehmigung von Pflanzenschutzmitteln (verändert nach Heitefuss und Klingauf, 2004).

PflSchG		Zulassungszeitraum
Zulassungsverfahren		
§ 15	Standardverfahren	10 Jahre
§ 15 b	Anerkennung von Zulassungen aus anderen Mitgliedstaaten der EU	10 Jahre
§ 15 c	vorläufige Zulassung für Pflanzenschutzmittel, die neue Wirkstoffe enthalten, über deren Aufnahme in den Anhang I der Richtlinie 91/414/EWG noch nicht entschieden worden ist	in der Regel 3 Jahre
Genehmigungsverfahren für nicht zugelassene Pflanzenschutzmittel		
§ 11 Abs. 2 S. 1 Nr. 1	für Versuchszwecke	für die Dauer der Antragstellung
§ 11 Abs. 2 S. 1 Nr. 2	bei Gefahr im Verzug für die Bekämpfung bestimmter Schadorganismen	max. 120 Tage
§ 11 Abs. 2 S. 1 Nr. 3	zur Anwendung an Pflanzen oder Pflanzenerzeugnissen, die zur Ausfuhr bestimmt sind	max. 120 Tage
Genehmigungsverfahren für zugelassene Pflanzenschutzmittel		
§§ 18, 18 a	Anwendungen in zusätzlichen Anwendungsgebieten (**Bekämpfungslücken**)	für die Dauer der Zulassung
§ 18 b	Genehmigung zur Anwendung im Einzelfall	höchstens für die Dauer der Zulassung

potenziellen Gesundheitsgefahren sowie die Ableitung von Expositionsgrenzwerten (z. B. Acceptable Daily Intake ADI, Acute Reference Dose ARfD) ermöglichen. Die hierzu erforderlichen Untersuchungen sind im Anhang II der Richtlinie 91/414/EWG (für Wirkstoffe, Tab. 70) und Anhang III (für Pflanzenschutzmittel, Tab. 71) aufgeführt. Nicht alle aufgeführten Untersuchungen sind für jedes Pflanzenschutzmittel zwingend erforderlich.

Basierend auf den Daten aus den toxikologischen Prüfungen und unter Berücksichtigung der Höhe und Dauer einer gegebenen oder anzunehmenden Exposition erfolgt die Risikobewertung für den jeweiligen Wirkstoff bzw. das Pflanzenschutzmittel. Der Prozess der **Risikobewertung für den Verbraucher** kann in vier Schritte unterteilt werden (Tab. 72). Je nach Ergebnis der Risikobewertung können bestimmte Auflagen erteilt werden (z. B. Wartezeiten, Verbot bestimmter Indikationen). Ein weiteres Ergebnis der Risikobewertung ist die Festsetzung von Rückstandshöchstmengen, die Grundbestandteil der Lebensmitteluntersuchungen sind. Bei Einhaltung dieser Höchstmengen ist eine gesundheitliche Beeinträchtigung des Verbrauchers mit hinreichender Sicherheit auszuschließen.

Eine wichtige Größe, die sich vom NOAEL und ADI für den praktischen Pflanzenschutzmitteleinsatz ableitet, ist die **Wartezeit**. Sie bestimmt für jedes Pflanzenschutzmittel in einer spezifischen Kultur den Zeitraum, der mindestens zwischen Anwendung und Ernte liegen muss und soll sicherstellen, dass die in der **Höchstmengenverordnung** festgelegten maximalen Rückstandswerte in Lebensmitteln nicht überschritten werden. Diese Grenzwerte liegen meist noch deutlich unterhalb der ADI-Werte, da sie sich zusätzlich an den bei guter fachlicher Praxis möglichen Rückstandsmengen orientieren, die in der Regel weit unter den toxikologischen Grenzwerten liegen. Diese strenge Grenzwertfestlegung gewährt einen

Tab. 70: Anforderungen an die toxikologischen Untersuchungen zum Wirkstoff gemäß Richtlinie 91/414/EWG, Anhang II (Auswahl).

Toxikokinetik	Absorption, Verteilung, Ausscheidung und Metabolismus bei Säugetieren
Akute Toxizität	akute orale, dermale und inhalatorische Toxizität; Hautreizung, Augenreizung, Hautsensibilisierung
Kurzzeittoxizität	orale Studien über 28 bzw. 90 Tage an Ratte, Hund oder Maus
Gentoxizität*	*in vitro*-Untersuchungen an Bakterien, somatischen Zellen und Keimzellen auf erbgutverändernde Eigenschaften
Langzeittoxizität und Kanzerogenität*	orale Studien über mind. 24 Monate an Ratten und mind. 18 Monate an Mäusen
Reproduktionstoxizität	Mehrgenerationenuntersuchungen an Ratte hinsichtlich Fruchtbarkeit und Entwicklung der Nachkommenschaft; Entwicklungstoxizität an Ratte oder Kaninchen hinsichtlich Embryonal- und Fötalentwicklung
Neurotoxizität	Wirkung einer akuten oder wiederholten Exposition auf das zentrale oder periphere Nervensystem (an Ratten)
Spezielle toxikologische Prüfungen	bei Bedarf; z. B. Bestimmung der Toxizität von Metaboliten, Aufklärung des Wirkungsmechanismus bei kanzerogenen bzw. gentoxischen Wirkstoffen

*Stoffe mit gentoxischer oder kanzerogener Wirkung erhalten in Deutschland keine Zulassung

Akute Toxizität	akute orale, dermale und inhalatorische Toxizität; Hautreizungen, Augenreizungen, Hautsensibilisierung
Expositionsdaten	Anwenderexposition, Exposition umstehender Personen, Exposition des Betriebspersonals
Hautabsorption	dermaler Absorptionstest an der Ratte und an menschlichem Hautgewebe

Tab. 71: Anforderungen an die toxikologischen Untersuchungen zum Pflanzenschutzmittel gemäß Richtlinie 91/414/EWG, Anhang III (Auswahl).

Tab. 72: Prozess der Risikobewertung von Pflanzenschutzmitteln im Rahmen des Verbraucherschutzes.

1) Identifizierung und Charakterisierung von schädlichen Wirkungen

Lokale bzw. systemische Wirkung; spezifisch bzw. unspezifische Wirkung, etc.

2) Charakterisierung der Dosis-Wirkungsbeziehungen (Expositionsgrenzwert)

- Bestimmung der höchsten Dosierung, bei der noch keine Wirkung gegenüber Tieren der Kontrollgruppe feststellbar ist = Dosis ohne erkennbare schädliche Wirkung bzw. **No Observed Adverse Effect Level, NOAEL** in [mg Wirkstoff/kg Körpergewicht/Tag]
- Bestimmung der niedrigsten Dosierung, bei der eine Wirkung gegenüber Tieren der Kontrollgruppe feststellbar ist = Niedrigste Dosis mit erkennbarer schädlicher Wirkung bzw. **Lowest Observed Adverse Effect Level, LOAEL** in [mg Wirkstoff/kg Körpergewicht/Tag]
- Bestimmung der Dosis, die täglich und lebenslang ohne erkennbares Risiko für die Gesundheit aufgenommen werden kann = **Acceptable Daily Intake, ADI** in [mg Wirkstoff/kg Körpergewicht/Tag]
- Bestimmung der Dosis, die über die Nahrung innerhalb eines Tages ohne erkennbares Risiko aufgenommen werden kann = **Acute Reference Dose, ARfD** in [mg Wirkstoff/kg Körpergewicht/Tag]
- ADI und ARfD errechnen sich aus dem NOAEL unter Berücksichtigung eines **Sicherheitsfaktors** von zumeist 100 (je nach Eigenschaften des Wirkstoffes schwankt der Sicherheitsfaktor zwischen 5 und 2000)

3) Expositionsabschätzung

- Berücksichtigung der Verzehrsmengen und -gewohnheiten von Kindern und Erwachsenen (basierend auf ADI-Werten bei 70 kg Körpergewicht)
- Bestimmung der **Höchstmenge an Rückständen** in Lebensmitteln (auch **Maximum Residue Level, MRL** genannt), angegeben in [mg Wirkstoff/kg Nahrungsmittel]

4) Charakterisierung und Quantifizierung des Risikos

Bestimmung des Risikos für den Verbraucher basierend auf der Toxizität des Pflanzenschutzmittels (Punkt 1 & 2) und der Exposition (Punkt 3) besonders hohen Sicherheitsstandard für Verbraucher und ist der Grund dafür, dass selbst bei der regelmäßig bei einem geringen Prozentsatz der Lebensmittelproben festgestellten Überschreitung der Höchstmengen keine Gefährdung der Verbraucher besteht.

13.9.4 Verbleib in der Umwelt und Ökotoxikologie

Pflanzenschutzmittel können bei ihrer Anwendung nicht nur Schaderreger treffen, sondern auch Auswirkungen auf den Naturhaushalt (laut PflSchG: Boden, Wasser, Luft, Tier- und Pflanzenarten sowie das Wirkungsgefüge zwischen ihnen) haben. Die Risikoabschätzung von Pflanzenschutzmitteln im Hinblick auf die Auswirkungen auf die Umwelt spielt eine entscheidende Rolle im Zulassungsverfahren. Entsprechend wurden in den vergangenen 15 Jahren Untersuchungen zu den Auswirkungen von Pflanzenschutzmitteln bzw. deren Wirkstoffen auf die Umwelt zunehmend ausgedehnt (Richtlinie 91/414/EWG).

Im Hinblick auf den Verbleib eines Pflanzenschutzmittelwirkstoffes bzw. seiner Metaboliten wird insbesondere dem Abbauverhalten in Boden und Wasser, dem Transport in der Luft und der Mobilität im Boden Beachtung geschenkt. Im Bereich der Ökotoxikologie werden die Auswirkungen auf Vögel und Säuger, Gewässerorganismen, Insekten und Spinnentiere, Bodenorganismen und Pflanzen geprüft. In der Regel werden zunächst einfache Basis-Laborversuche mit gezüchteten Stellvertreterarten durchgeführt (z. B. Japanwachtel, Regenbogenforelle und Kompostwurm). Ist eine Bewertung der Substanzen anhand der Laborergebnisse nicht möglich, folgen aufwändigere Versuche unter praxisnahen Bedingungen, wie z. B. Gehege- oder Freilandversuche. Die Ergebnisse der ökotoxikologischen Tests werden mit den im Freiland zu erwartenden Expositionsdaten verglichen. Häufig werden hierbei noch Sicherheitsfaktoren in der Bewertung berücksichtigt, zum Beispiel je nachdem wie viele Arten untersucht wurden. Ergibt sich aus diesen in der EU-Richtlinie festgelegten Kriterien ein unvertretbares Risiko hinsichtlich der Auswirkungen, ist eine verfeinerte Risikoabschätzung erforderlich bzw. sind geeignete Risikominderungsmaßnahmen zu prüfen. Hierzu kann zum Beispiel die Forderung nach driftmindernder Technik bei der Anwendung, ein erhöhter Abstand zu Gewässern oder Saumbiotopen oder eine Begrenzung der Aufwandmenge pro Hektar gehören.

Fragen zu Kapitel 13.9

- Welche Aspekte machen die ständige Neuentwicklung von Pflanzenschutzmitteln erforderlich?
- Was versteht man unter einem ‚target' und welches sind die wichtigsten Strategien, mit denen derzeitig nach neuen Pflanzenschutzmittelwirkstoffen gesucht wird?
- In welchen Schritten erfolgt die Entwicklung eines Pflanzenschutzmittels und welche zulassungsrelevanten Prüfkriterien müssen dabei berücksichtigt werden?
- Auf welcher Rechtsgrundlage erfolgt die Zulassung von Pflanzenschutzmitteln in Deutschland und in der EU?

- Welche Behörden sind an der Zulassung von Pflanzenschutzmitteln in Deutschland beteiligt und nach welchen Grundsätzen sind die Zuständigkeiten behördlich aufgeteilt?
- Welche verschiedenen Zulassungsverfahren sind nach dem Pflanzenschutzgesetz möglich, insbesondere auch, um Bekämpfungslücken zu schließen?
- Welche Maßnahmen beinhaltet der Anwenderschutz?
- Auf welche toxikologischen Eigenschaften müssen Wirkstoffe bzw. Pflanzenschutzmittel für die Zulassung geprüft werden?
- Nach welchen Kriterien erfolgt die Risikobewertung von Pflanzenschutzmitteln im Rahmen des Verbraucherschutzes?
- Was versteht man unter der Höchstmenge bzw. Wartezeit eines Pflanzenschutzmittels und wie werden sie jeweils festgelegt?
- Welche Gruppen von Organismen werden bei den ökotoxikologischen Untersuchungen berücksichtigt?

Weiterführende Literatur

Akkan, Z., H. Flaig und K. Ballschmiter, 2003: Pflanzenbehandlungs- und Schädlingsbekämpfungsmittel in der Umwelt. Emissionen, Immissionen und ihre human- und ökotoxikologische Bewertung. Erich Schmidt Verlag, Berlin.

Batel, W., J. R. Lundehn, J. Wenzelburger und D. Westphal, 1990: Neue Richtlinien zur Verbesserung des Anwenderschutzes beim Umgang mit Pflanzenschutzmitteln. Gesunde Pflanze 41: 56 bis 58.

Heitefuss, R., 2000: Pflanzenschutz. Grundlagen der praktischen Phytomedizin. Georg Thieme Verlag, Stuttgart.

Heitefuss, R. und F. Klingauf, 2004: Gesunde Pflanzen – Gesunde Nahrung. Pflanzenschutz ist Verbraucherschutz. Schriftenreihe der Deutschen Phytomedizinischen Gesellschaft, Band 7. Verlag Eugen Ulmer, Stuttgart.

Richtlinie 91/414/EWG des Rates vom 15. Juli 1991 über das Inverkehrbringen von Pflanzenschutzmitteln (http://europa.eu).

13.10 Rechtliche Regelungen im Pflanzenschutz

Rechtliche Regelungen

Ein **Gesetz** im allgemeinen Sinne ist eine von einer Gemeinschaft gesetzte rechtsverbindliche Regel zur Ordnung des Zusammenlebens. Unter dem Gesetz stehen die **Rechtsverordnungen**. Sie sind ebenfalls verbindliche Rechtsakte mit allgemeiner und unmittelbarer Geltung und enthalten in der Regel Detailregelungen für die Umsetzung des Gesetzes. EU-Verordnungen haben Vorrang vor jedem nationalen Recht. **Richtlinien** sind Rechtsvorschriften der EU, die sich an die Mitgliedsstaaten wenden und sie verpflichten, binnen einer Frist die Ziele der Rechtsverordnungen in innerstaatliches Recht umzusetzen.

13.10.1 Pflanzenschutzgesetz

Die gesetzliche Grundlage für alle Belange des Pflanzenschutzes stellt das „Gesetz zum Schutz der Kulturpflanzen“ oder „Pflanzenschutzgesetz“ (PflSchG) in der Fassung vom 14. Mai 1998 dar. Der Zweck dieses Gesetzes wird in § 1 wie folgt festgelegt:

- „Pflanzen, insbesondere Kulturpflanzen, vor Schadorganismen und nichtparasitären Beeinträchtigungen zu schützen
- Pflanzenerzeugnisse vor Schadorganismen zu schützen
- Gefahren abzuwenden, die durch die Anwendung von Pflanzenschutzmitteln oder durch andere Maßnahmen des Pflanzenschutzes, insbesondere für die Gesundheit von Mensch und Tier und für den Naturhaushalt, entstehen können
- Rechtsakte der europäischen Gemeinschaft im Bereich des Pflanzenschutzrechts durchzuführen“

Das Pflanzenschutzgesetz legt ferner fest, dass Pflanzenschutz nur nach **guter fachlicher Praxis** durchgeführt werden darf (§ 2 a PflSchG) und das Pflanzenschutzmittel nur von Personen mit der dafür erforderlichen Zuverlässigkeit und den dafür erforderlichen Kenntnissen und Fertigkeiten angewendet werden dürfen (§ 10 Abs. 1 PflSchG). Zur guten fachlichen Praxis gehört insbesondere, dass die Grundsätze des **Integrierten Pflanzenschutzes** berücksichtigt werden (s. Kap. 13.2).

Neben dem Pflanzenschutzgesetz gibt es eine Reihe weiterer Bestimmungen, die den Pflanzenschutz betreffen, wie z. B.:

- Pflanzenbeschauverordnung
- Pflanzenschutz-Anwendungsverordnung
- Pflanzenschutzmittelverordnung
- Pflanzenschutz-Sachkundeverordnung
- Bienenschutzverordnung
- Anbaumaterialverordnung

Daneben gibt es verschiedene Verordnungen, die z. B. die Bekämpfung bedeutender Quarantäneschadorganismen regeln:

- Verordnung zur Bekämpfung der Blauschimmelkrankheit des Tabaks
- Verordnung zur Bekämpfung der Feuerbrandkrankheit
- Verordnung zur Bekämpfung der Reblaus
- Verordnung zur Bekämpfung der San-José-Schildlaus
- Verordnung zur Bekämpfung der Scharkakrankheit
- Verordnung zur Bekämpfung von Nelkenwicklern
- Verordnung zur Neuregelung pflanzenschutzrechtlicher Vorschriften zur Bekämpfung von Schadorganismen der Kartoffel (regelt Bekämpfung von Kartoffelkrebs, Kartoffelzystennematoden und Bakterieller Ringfäule)

Daneben greifen weitere Gesetze in die Belange des Pflanzenschutzes ein, wie z. B. das Lebensmittel- und Bedarfsgegenständegesetz mit der Höchstmengenverordnung für auf Erntegut geduldete Rückstände von Pflanzenschutzmitteln oder das Bundesbodenschutzgesetz, dass Eintrag und Festlegung von Schadstoffen in den Boden regelt.

Neben den gesetzlichen Regelungen können Maßnahmen erarbeitet werden, die empfehlenden Charakter haben, wie das **Reduktionsprogramm Chemischer Pflanzenschutz** (www.bba.bund.de).

13.10.2 Organisation und Aufgaben des amtlichen Pflanzenschutzdienstes

Die Durchführung der gesetzlichen Aufgaben des Pflanzenschutzes in Deutschland erfolgt durch den Bund und die Länder (Abb. 110). Die Zuständigkeit des Bundes, vertreten durch das Bundesministerium für Ernährung, Landwirtschaft und Verbraucherschutz (BMELV) umfasst Gesetzgebung, Koordination des Pflanzenschutzes sowie Bereitstellung von Information. Zur Erfüllung dieser Aufgaben verfügt das BMELV über eigene Forschungsanstalten, wie die Biologische Bundesanstalt für Land- und Forstwirtschaft (BBA) bzw. es vergibt Forschungsmittel an Dritte (z. B. Forschungsinstitute, Universitäten). Die Bundesländer setzen die rechtlichen Regelungen um und führen Kontrollen und Maßnahmen durch.

Das **Bundesministerium für Ernährung, Landwirtschaft und Verbraucherschutz** (BMELV) ist für die rechtlichen Regelungen wie z. B. Gesetze, Verordnungen und Allgemeine Verwaltungsvorschriften im Bereich Pflanzenschutz und Pflanzengesundheit zuständig. Dies erfordert eine enge Zusammenarbeit mit anderen Ressorts bzw. Ministerien, insbesondere auf den Gebieten Gesundheit, Wirtschaft und Umweltschutz. Die Hauptarbeitsgebiete des BMELV lassen sich wie folgt zusammenfassen:

- Weiterentwicklung des Pflanzenschutzrechts und der phytosanitären Regelungen
- Harmonisierung der Vorschriften auf europäischer und internationaler Ebene (z. B. EU, EPPO, IPPC (s. Kap. 13.10.3))
- Mitwirkung bei internationalen Organisationen/Gremien im Bereich Pflanzenschutz und Pflanzengesundheit (OECD, FAO, IPPC)

Abb. 110: Organisation des amtlichen Pflanzenschutzdienstes (verändert nach http://www.bba.de/ag/gesund/national/info/organigr.pdf).

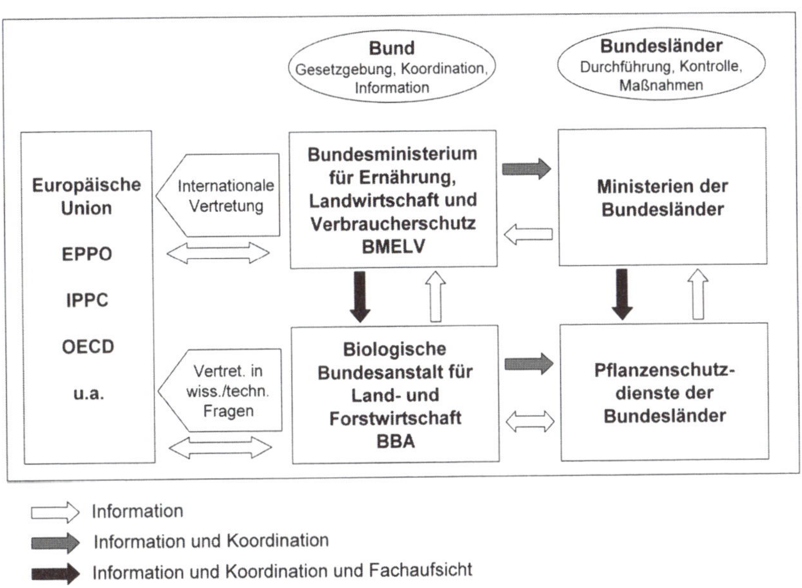

- Minderung von Risiken im Pflanzenschutz und im Handel mit Pflanzen und Pflanzenerzeugnissen
- Sicherung und Verbesserung der phytosanitären Situation in Deutschland und des fachgerechten Schutzes der Pflanzen und Pflanzenerzeugnisse in der Kulturlandschaft sowie in Produktion und Vermarktung

Die **Biologische Bundesanstalt für Land- und Forstwirtschaft** (BBA) ist eine Forschungseinrichtung des BMELV. Seit über 100 Jahren bearbeitet sie Fragen zum Schutz der Pflanzen und des Naturhaushaltes. Die Aufgaben der BBA sind im Pflanzenschutzgesetz (§ 33) wie folgt festgelegt:
„Die Unterrichtung und Beratung der Bundesregierung auf dem Gebiet des Pflanzenschutzes

- Forschung im Rahmen des Zwecks dieses Gesetzes, einschließlich bibliothekarischer und dokumentarischer Erfassung, Auswertung und Bereitstellung von Informationen
- Mitwirkung bei der Überwachung der Pflanzenschutzgeräte der in der Pflanzenschutzgeräteliste eingetragenen Gerätetypen
- die Prüfung von Pflanzenschutzgeräten
- die Prüfung und die Entwicklung von Verfahren des Pflanzenschutzes sowie die Mitwirkung beim Schließen von Bekämpfungslücken
- die Prüfung von Pflanzen auf ihre Widerstandsfähigkeit gegen Schadorganismen
- die Untersuchung von Bienen auf Schäden durch zugelassene Pflanzenschutzmittel
- Risikoanalyse und -bewertung im Bereich der Ein- und Verschleppung von Schadorganismen sowie Mitwirkung bei der Erarbeitung nationaler und internationaler Normen auf dem Gebiet der Pflanzengesundheit
- Mitwirkung an und Begleitung von Programmen und Maßnahmen, einschließlich der Überwachung, der Länder und der Europäischen Gemeinschaft zur Verhinderung der Ein- und Verschleppung von Schadorganismen
- Mitwirkung an der Prüfung von Pflanzenschutzmittelwirkstoffen nach den von der Europäischen Gemeinschaft erlassenen Bestimmungen"

Den **Bundesländern** obliegt die Durchführung des Pflanzenschutzgesetzes einschließlich der Überwachung der Einhaltung seiner Vorschriften. Die praktische Durchführung erfolgt durch den **Amtlichen Pflanzenschutzdienst** der Länder. Die Aufgaben des Pflanzenschutzdienstes sind in § 34 PflSchG wie folgt geregelt:

- „Die Überwachung der Pflanzenbestände sowie der Vorräte von Pflanzen und Pflanzenerzeugnissen auf das Auftreten von Schadorganismen
- die Überwachung des Beförderns, des Inverkehrbringens, des Lagerns, der Einfuhr und der Ausfuhr von Pflanzen, Pflanzenerzeugnissen und Kultursubstraten im Rahmen des Pflanzenschutzes sowie die Ausstellung der für diese Tätigkeiten erforderlichen Bescheinigungen (Pflanzengesundheitszeugnis, Pflanzenpass)
- die Beratung, Aufklärung und Schulung auf dem Gebiet des Pflanzenschutzes – einschließlich der Durchführung des Warndienstes – auch unter Verwendung eigener Untersuchungen und Versuche

- die Berichterstattung über das Auftreten und die Verbreitung von Schadorganismen
- die Prüfung von Pflanzenschutzmitteln, Pflanzenschutzgeräten, Verfahren des Pflanzenschutzes, der Resistenz von Pflanzenarten sowie die Mitwirkung beim Schließen von Bekämpfungslücken
- die Durchführung der für diese Aufgaben nach den Nummern 1 bis 5 erforderlichen Untersuchungen und Versuche“

Der Pflanzenschutzdienst ist in den Bundesländern unterschiedlich organisiert. Während in einigen Bundesländern die Pflanzenschutzdienststellen unmittelbar den Landesministerien für Verbraucherschutz, Ernährung und Landwirtschaft unterstehen, sind sie in anderen Bundesländen den Landwirtschaftskammern oder Landesanstalten zugeordnet oder aber in eigenständigen Pflanzenschutzämtern organisiert.

13.10.3 Internationale Regelungen im Pflanzenschutz

Der internationale Rahmen für den Pflanzenschutz wird durch das Internationale Pflanzenschutzübereinkommen der Konvention zum Schutz der Pflanzen (**International Plant Protection Convention**, IPPC) vorgegeben. Es ist rechtliche Grundlage aller unterzeichnenden Staaten für nationale bzw. supranationale Gesetzgebungsverfahren (z. B. EU). Das Internationale Pflanzenschutzabkommen regelt insbesondere die Einschleppung und Verbreitung von Schadorganismen sowie deren Bekämpfung. Hierzu erarbeitet das IPPC internationale Standards, die den Unterzeichnerstaaten bei der Anwendung der Konvention helfen sollen (z. B. Standards zur Überwachung und Ausrottung von Quarantäneschaderregern).

Die Pflanzenschutzorganisation für Europa und den Mittelmeerraum (**European and Mediterranean Plant Protection Organisation**, EPPO) koordiniert die Aktivitäten ihrer Mitgliedsländer in Fragen des Pflanzenschutzes. Sie erarbeitet mit Experten ihrer Mitgliedsländer Standards zu pflanzengesundheitlichen Themen (z. B. Diagnoseverfahren und phytosanitäre Maßnahmen für Quarantäneschadorganismen, Risikoanalyse). Die EPPO-Standards haben empfehlenden Charakter und dienen den Mitgliedsländern bei nationalen Gesetzgebungsverfahren als international abgestimmte fachliche Grundlage. Darüber hinaus vertritt die EPPO die Mitgliedsländer als Regionale Pflanzenschutzorganisation bei Verhandlungen der Food and Agriculture Organisation (FAO) und im Rahmen des IPPC.

Weitere wichtige internationale Organisationen, die sich ausschließlich oder in besonderem Maße mit dem Pflanzenschutz beschäftigen sind:

Food and Agriculture Organisation (FAO): Ernährungs- und Landwirtschaftsorganisation der Vereinten Nationen mit Sitz in Rom. Zentrale Aufgaben der FAO sind u. a. die Verbesserung der weltweiten Ernährungsstandards sowie die Erzeugung und Verteilung von Nahrungsmitteln mit dem Ziel der Sicherung des Weltfriedens.

World Health Organization (WHO): Weltgesundheitsorganisation der Vereinten Nationen mit Sitz in Genf. Auch die WHO setzt sich für eine Verbesserung der Ernährungssituation ein. Im Unterschied zur FAO jedoch mit dem Ziel einer Verbesserung des Gesundheitszustandes der Völker.

Fragen zu Kapitel 13.10

- Welche Ziele und Regelungsbereiche hat das Pflanzenschutzgesetz?
- Was regeln Bekämpfungsverordnungen und für welche Schaderreger gelten sie?
- Welche weiteren Regelungen bzw. Regelungsbereiche gibt es im Pflanzenschutz?
- Welche Aufgaben hat die Biologische Bundesanstalt für Land- und Forstwirtschaft?
- Welche Aufgaben hat der amtliche Pflanzenschutzdienst?
- Welche Organisation legt den internationalen Rahmen für Pflanzenschutzmaßnahmen fest?
- Was sind die Aufgaben der EPPO?

Weiterführende Literatur

Heitefuss, R., 2000: Pflanzenschutz, 3. Auflage. Georg Thieme Verlag, Stuttgart.
König, K., W. Klein und W. Grabler, 2005: Sachkundig im Pflanzenschutz. Landwirtschaftsverlag, Münster.
Homepage: Bundesministeriums für Ernährung, Landwirtschaft und Verbraucherschutz (www.bmelv.de).
Homepage: Biologische Bundesanstalt für Land- und Forstwirtschaft (www.bba.bund.de).
Homepage: Bundesamt für Verbraucherschutz und Lebensmittelsicherheit (www.bvl.bund.de).

13.11 Pflanzenquarantäne

Der stetig steigende internationale Warenverkehr begünstigt eine zunehmende Verschleppung von Schaderregern. Die Einschleppung oder Einbürgerung von Schaderregern in befallsfreie Gebiete kann zu verheerenden Verlusten führen und hat in der Vergangenheit mitunter verhängnisvolle Konsequenzen gezeigt (Hungersnot in Irland, s. Kap. 5). Dies zu verhindern bzw. zu verzögern ist Aufgabe der Pflanzenquarantäne.

Aufgaben der Pflanzenquarantäne

Als Pflanzenquarantäne im Allgemeinen bezeichnet man alle Maßnahmen und Einrichtungen, die in See-, Luft-, und Landverkehr zwischen Staaten oder deren Teilen zur Abwendung der Verschleppung, Einschleppung oder Einbürgerung von Quarantäneschaderregern und invasiven gebietsfremden Arten getroffen werden. Im engeren Sinne stellt Quarantäne die isolierte Haltung von Pflanzen bis zur sicheren Erkennung ihres Gesundheitszustandes dar.

Als **Quarantäneschadorganismen** gelten Organismen mit möglicher Schadwirkung auf Pflanzen in einem Gebiet, in dem sie noch nicht auftreten oder nicht weit verbreitet sind und solche, die amtlichen Überwachungs- und Bekämpfungsmaßnahmen unterliegen. Schadorganismen können Insekten, Nematoden, Pilze, Bakterien, Phytoplasmen, Viren, Viroide oder Pflanzen sein. Den internationalen Rahmen zum Schutz der Pflanzen vor diesen Schadorganismen legt das Internationale Pflanzenschutzübereinkommen (IPPC) seit 1951 fest. Viele Quarantäneschadorganismen bedrohen aber nicht nur unmittelbar die Pflanzen, sondern auch die biologische Vielfalt in den zu schützenden Gebieten. Sie sind gemäß dem Übereinkommen über die Biologische Vielfalt (**Convention on Biological Diversity**, CBD) zusätzlich als invasive gebietsfremde Arten anzusehen. **Invasive gebietsfremde Arten** sind Pflanzen, Tiere oder Mikroorganismen, die in Lebensräumen außerhalb ihres natürlichen Verbreitungsgebietes durch menschliches Zutun eingebracht wurden, sich dort massiv ausbreiten und die biologische Vielfalt bedrohen. Zum Schutz vor invasiven gebietsfremden Arten gibt es bisher keine den Quarantäneregelungen adäquaten Maßnahmen.

Rechtsgrundlage der Pflanzenquarantänemaßnahmen innerhalb der EU ist die Richtlinie 2000/29/EG, die sogenannte **Pflanzengesundheitsrichtlinie**, über Maßnahmen zum Schutz der Gemeinschaft gegen die Einschleppung und Ausbreitung von Schadorganismen der Pflanzen und Pflanzenerzeugnisse. Die Richtlinie wurde in Deutschland mit der **Pflanzenbeschauverordnung**, zuletzt geändert am 30. September 2005, in nationales Recht umgesetzt. Unter „Pflanzenbeschau" (Pflanzengesundheitskontrolle) versteht man die Inspektion der zur Einfuhr vorgesehenen Ware am Einfuhrort oder am Ort der Erzeugung, um einen möglichen Befall mit Quarantäneschadorganismen festzustellen. In den Anhängen der Pflanzengesundheitsrichtlinie werden all jene Schadorganismen gelistet, die nicht in die EU ein- bzw. innerhalb der EU verschleppt werden dürfen. Es wird unterschieden zwischen Schadorganismen, die in der EU nicht vorkommen (z. B. *Nacobbus aberrans* – Falscher Wurzelgallennematode) und solchen, die in der EU begrenzt vorkommen (z. B. *Synchytrium endobioticum* – Kartoffelkrebs, Tab. 73). Weiterhin wird unterschieden zwischen Schaderregern als solchen (RL 2000/29/EG, Anhang I) und Schaderregern in Verbindung mit bestimmten Pflanzen, Pflanzenerzeugnissen und sonstigen Gegenständen (RL 2000/29/EG, Anhang II). Darüber hinaus unterliegen bestimmte Pflanzen und Pflanzenerzeugnisse auf Grund ihrer besonderen Eignung als Wirtspflanze für Quarantäneschadorganismen im Ursprungsland einem Einfuhrverbot (z. B. Pflanzkartoffeln) (RL 2000/29/EG, Anhang III).

Aus einem Drittland dürfen gelistete Pflanzen, Pflanzenerzeugnisse und Gegenstände nur eingeführt werden, wenn sie von einem **Pflanzengesundheitszeugnis** (‚Phytosanitary certificate') bzw. einem Weiterversendungszeugnis begleitet werden, das die Anforderungen des Internationalen Pflanzenschutzübereinkommens erfüllt und Befallsfreiheit von Quarantäneschadorganismen bescheinigt. Weiterhin ist die Einfuhr nur über bestimmte Zolleinlassstellen gemäß § 36 PflSchG möglich, wo entsprechende Pflanzengesundheitskontrollen durchgeführt werden. Bereits innerhalb der EU auftretende Quarantäneschadorganismen dürfen nicht verbracht werden. Dies hat Auswirkungen auf den innergemeinschaftlichen Handel. Entsprechend geregelte Pflanzen oder Pflanzenerzeugnisse müssen beim Verbringen innerhalb der EU durch einen **Pflanzenpass** gekennzeichnet sein. Der Pflanzenpass ersetzt im EU-Binnenmarkt das Pflanzengesundheitszeugnis und bescheinigt die Einhaltung pflanzengesundheitlicher An-

Schadorganismen, deren Einfuhr aus einem Drittland und innergemeinschaftliches Verbringen verboten ist			
Viren		**Parasitäre Pflanzen**	
Tomato ringspot nepovirus	Tomatenringflecken-virus	*Arceuthobium* spp., außereuropäische Arten	Zwergmistel
Potato virus T	Kartoffelvirus T		
Strawberry vein banding virus	Adernbänderung der Erdbeere		
Bakterien		**Nematoden**	
Clavibacter michiganensis subsp. *sepedonicus**	Bakterielle Ringfäule der Kartoffel	*Globodera rostochiensis**	Gelber Kartoffelzysten-nematode
*Ralstonia solanacearum**	Schleimkrankheit der Kartoffel	*Meloidogyne chitwoodi**	Wurzelgallennematode
Xylella fastidiosa	Pierce`sche Krankheit	*Nacobbus aberrans*	Falscher Wurzel-gallennematode
Pilze		**Milben, Insekten**	
*Synchytrium endobioticum**	Kartoffelkrebs	*Diabrotica virgifera virgifera**	Westlicher Maiswur-zelbohrer
Monilinia fructicola	Fruchtfäule des Kern- und Steinobstes	*Anoplophora glabripennis**	Asiatischer Laubholz-bockkäfer
Ceratocystis fagacearum	Eichenwelke	*Bemisia tabaci*, außereuropäische Populationen	Tabakmottenschild-laus

*Schaderreger, deren Auftreten in der EU bekannt ist

Tab. 73: Beispiele von Quarantäneschadorganismen (RL 2000/29/EG, Anhang I).

forderungen, vor allem die Befallsfreiheit der Ware von Quarantäneschadorganismen. Auf Antrag wird der Pflanzenpass durch den zuständigen amtlichen Pflanzenschutzdienst oder bei erteilter Genehmigung durch den Erzeuger bzw. Händler der pflanzlichen Ware ausgestellt. Das Pflanzenpassetikett enthält ferner Angaben über Art und Herkunft des Produktes und die **Registriernummer** des Produzenten. Anhand der Registriernummer ist es möglich, den Ursprungsort einer befallenen Ware zu ermitteln („**Zurückverfolgung**") und eine weitere Ausbreitung des betreffenden Quarantäneschadorganismus zu verhindern. Der Handel geregelter pflanzlicher Produkte innerhalb der EU setzt voraus, dass Produzenten und Händler in einem **amtlichen Register** des zuständigen Pflanzenschutzdienstes geführt werden. Durch den amtlichen Pflanzenschutzdienst werden die Einhaltung von Verpflichtungen des registrierten Betriebes und die Pflanzengesundheit der vorhandenen Pflanzenbestände und Pflanzenerzeugnisse regelmäßig kontrolliert.

Stellt die zuständige Behörde bei Untersuchungen (inklusive Waren mit Pflanzengesundheitszeugnis bzw. Pflanzenpass) Tatsachen fest, die auf die Gefahr einer Ausbreitung der Quarantäneschadorganismen schließen lassen, hat sie entsprechende Maßnahmen zu treffen. Diese umfassen je nach Bedeutung des Schaderregers die Vernichtung, Zurückweisung oder geeignete Behandlung der Befallsgegenstände. Darüber hinaus kann die zuständige Behörde die Quarantäne für diese Pflanzen bzw. Pflanzenerzeugnisse anordnen, bis keine Gefahr der Einschleppung und Ausbreitung von Quarantäneschadorganismen besteht.

Die **Pflanzenbeschauverordnung** ist ein wichtiges Mittel der Pflanzenquarantäne, stellt aber keinen absoluten Schutz vor der Einschleppung bzw. Ausbreitung fremder Schadorganismen dar. Für alle Quarantäneschaderreger besteht **Meldepflicht** beim zuständigen amtlichen Pflanzenschutzdienst. Der amtliche Pflanzenschutzdienst entscheidet dann in Abhängigkeit von der Gefährlichkeit des Schaderregers über entsprechende Maßnahmen. Es können Beschränkungen bei der Nutzung des Erntegutes auferlegt werden (z. B. Verbot der Nutzung als Pflanzmaterial) bzw. hinsichtlich des Betretens der Fläche bzw. der Entnahme von Pflanzen und Boden. Parallel werden Maßnahmen zur Bekämpfung oder Ausrottung des Schaderregers angeordnet, wie Anbauverbot, Anbau resistenter Sorten, Rodung und Vernichten befallener Pflanzen. Für einige als besonders gefährlich eingestufte Schaderreger wurden spezielle Bekämpfungsrichtlinien erlassen (s. Kap. 13.10).

Fragen zu Kapitel 13.11

- Was versteht man unter Pflanzenquarantäne, welche Aufgaben hat sie und wie ist sie gesetzlich geregelt?
- Welche Differenzierungen bestehen bei Quarantäneschaderregern bezüglich Einfuhr und Verbringung in der EU (Beispiele)?
- Was sind gebietsfremde, invasive Arten und welchen Regelungen unterliegen sie?
- Was wird durch die Pflanzenbeschauverordnung geregelt?

Weiterführende Literatur

Homepage: Biologische Bundesanstalt für Land- und Forstwirtschaft (www.bba.bund.de).

Pflanzenbeschauverordnung vom 5. Juni 2003, zuletzt geändert am 21. Januar 2005, BGBl I Nr. 6 S. 150.

Unger, J. G., G. Motte und R. Voigt, 1999: Entwicklung von Pflanzenquarantäne und Regelungen zur Pflanzengesundheit und deren staatliche Organisation in Deutschland. In: Laux, W. (Hrsg.) 100 Jahre Pflanzenschutzforschung: Information, Recht, Geschichte. Mitt. Biol. Bundesanstalt Land- u. Forstwirtschaft, 348: 89 bis 114.

13.12 Pflanzenschutz im geschützten Anbau

Geschützter Anbau: Kultivierung von z. B. Gemüse und Zierpflanzen in Gewächshäusern oder Folientunneln (z. B. Niedrigtunnel, Folienhochtunnel). Damit einhergehend ist ein gewisser Schutz der Kulturen vor abiotischen (z. B. Hagel, Frost) und biotischen Schadfaktoren (z. B. verschiedenen Insekten und Wirbeltieren).

Der geschützte Anbau wird charakterisiert durch (1) eine verlängerte Anbauperiode bis hin zum ganzjährigen Anbau, (2) Anbau auf kleinen Flächen, (3) hohen Arbeitskraftbedarf und (4) hohen Deckungsbeitrag. Das Klima ist in der Regel warm, feucht und windstill. Wachstumsfaktoren wie Temperatur, Bewässerung, Belichtung und Luftfeuchtigkeit werden teils kulturspezifisch gesteuert. Aufgrund der hohen Investitionskosten wird eine maximale Produktivität angestrebt. Zu erreichen ist dies durch einen Pflanzenbestand auf engstem Raum bei gleichzeitig höchsten Ertragsleistungen. Folglich gewinnen abiotische und biotische Stressoren erheblich an Bedeutung. Gleichzeitig sind aufgrund ökonomischer Aspekte Fruchtfolgemaßnahmen oder Anbaupausen nur bedingt durchführbar. Insgesamt ergeben sich für den geschützten Anbau einige phytomedizinisch relevante Besonderheiten.

Optimale Wachstumsbedingungen für die Pflanze bedeuten auch optimale Bedingungen für verschiedene Schaderreger. So fördern höhere Temperaturen das Auftreten wärmeliebender Schaderreger (z. B. Milben, Blattläuse, *Meloidogyne incognita*). Hohe relative Luftfeuchtigkeiten begünstigen Pilzkrankheiten, geringe relative Luftfeuchtigkeiten das Auftreten von Spinnmilben. Enge Bestandsdichten führen zu einem feuchten Mikroklima (erhöhter Pilzbefall) und erleichtern die Ausbreitung der Schaderreger von Pflanze zu Pflanze. In der **Bodenkultur** führen fehlende Fruchtfolgemaßnahmen rasch zu einer Vermehrung bodenbürtiger Schaderreger (z. B. *Erwinia* spp., *Fusarium* spp., *Pythium* spp., *Meloidogyne* spp.), die aufwändig bekämpft werden müssen (z. B. chemische Bodendesinfektion bzw. Bodendämpfung). Letztere Verfahren wiederum vernichten in der Regel auch die natürlichen Gegenspieler der Schaderreger, sodass es häufig zu einer rascheren Wiederbesiedlung mit Schaderregern kommt.

Abb. 111: Kultivierung von Zierpflanzen im Gewächshaus (Foto: BBA Münster).

Einmal im Gewächshaus, ist eine nachhaltige Bekämpfung oder sogar Ausrottung der Schaderreger kaum mehr möglich. Einzelne Individuen vermögen in tiefen Bodenschichten, in Ritzen oder Staubablagerungen zu überdauern und stellen dauerhafte potenzielle Infektionsquellen dar. Der Vermeidung bzw. Reduzierung des Eintrags von Schaderregern kommt somit enorme Bedeutung zu. Gitter, Vliese oder Filter vor Öffnungen bzw. Ansaugrohren können den Eintrag von Schaderregern erheblich reduzieren, wie auch ein 5 bis 10 m breiter vegetationsfreier Streifen um das Gewächshaus herum. Andererseits bieten geschützte Anbausysteme keinen vollständigen Schutz vor dem Eindringen von Schaderregern. Sporen von Pilzen und Bakterien werden mit dem Wind durch Lüftungsschlitze und Türen eingetragen, bodenbürtige Schaderreger über anhaftende Erde an Stiefeln und Arbeitsgeräten und wasser- bzw. feuchtigkeitsliebende Schaderreger (z. B. pilzliche Planosporen, pflanzenparasitäre Nematoden) über Bewässerungswasser. Insekten können zufliegen und dabei Viren und Phytoplasmen übertragen.

Das Gewächshaus als geschützter Kulturraum bietet gute Voraussetzungen für eine Begrenzung bzw. Bekämpfung von Schaderregern, da **Klimafaktoren** (Licht, Temperatur, Luftfeuchtigkeit) mit computerbasierten Steuerungs- und Regelsystemen beeinflusst werden können. Ist die Biologie und Epidemiologie des Schaderregers bekannt, so kann durch eine gezielte Steuerung von Temperatur, Luftfeuchtigkeit und Lüftung sowie über Düngung und Wasserversorgung der Schaderreger unterdrückt und das Pflanzenwachstum gefördert werden. Die Infektion zahlreicher bakterieller und pilzlicher Schaderreger erfolgt häufig in einem Wasserfilm bzw. Wassertropfen auf der Blattoberfläche (z. B. *Pseudomonas*, *Erysiphe*, *Rhizoctonia*, *Altarnaria*). Durch gezielte Steuerung von Temperatur, Lüftung und Luftfeuchtigkeit kann die Abtrocknung des Blattapparates beschleunigt werden und es kommt nicht zur Infektion. Langanhaltende Blattnässe sollte generell vermieden werden. Zu erreichen ist dies, indem eine Bewässerung von oben möglichst vormittags, jedoch nicht nach 15 Uhr erfolgt bzw. noch besser durch eine Tropfbewässerung direkt am Boden. Aus phytomedizinischer Sicht wäre eine relative Luftfeuchtigkeit von 25 bis 70% optimal. Liegen die Werte bei 90 bis 100% (z. B. nachts bzw. während längerer Regenperioden), so kann durch kontinuierliche Luftbewegung (z. B. Ventilatoren) die Infektionsgefahr drastisch reduziert werden. Eine vergleichbare Wirkung hat die Lüftung. Wird am späten Nachmittag die warm-feuchte Gewächshausluft durch kühlere Außenluft ersetzt, so nimmt diese bei Erwärmung im Gewächshaus Feuchtigkeit auf und die relative Luftfeuchtigkeit sinkt. Dichte Pflanzenbestände erhöhen die relative Luftfeuchtigkeit im Bestand und sollten vermieden werden.

Aufgrund der idealen Wachstumsbedingungen für Schaderreger im Gewächshaus sind **hygienische Maßnahmen** von größerer Bedeutung als bei Freilandkulturen. Gewächshäuser sollten sauber und möglichst frei von Pflanzenresten sein. Unkräuter unter den Tischen oder auf Gehwegen sind bedeutende Reservoire für Schaderreger und entsprechend zu vernichten. Erde kann Schaderreger enthalten, sodass ein Eintrag von außen über Schuhe, Geräte und sonstige Utensilien vermieden werden sollte. Eingesetzte Substrate und zugekaufte Pflanzen sollten frei von Schaderregern sein (z. B. zertifiziertes Saat- bzw. Pflanzgut) und gegebenenfalls vor Einsatz untersucht werden.

Zur **Bekämpfung** von Schaderregern im Gewächshaus nutzt man die zuvor beschriebenen physikalischen, biologischen, biotechnischen und chemischen Maßnahmen (s. Kap. 13.3 bis 13.7), sofern sie denn für den Einsatz im Gewächshaus zugelassen sind. Über die letzten Jahre hat insbesondere der biologische Pflanzenschutz stark zugenommen. Gewächshäuser sind geradezu prädestiniert für den Einsatz von Nützlingen, da diese aufgrund der Abgeschlossenheit der Gewächshäuser nicht abwandern können. Durch Einsatz von Nützlingen, Anbau krankheitsresistenter Sorten, Klimasteuerung zur Bekämpfung von Blattkrankheiten und hohem Hygienestandard kann heute vielfach auf den Einsatz chemischer Pflanzenschutzmittel verzichtet werden.

Ein völliger Verzicht auf chemische Pflanzenschutzmaßnahmen im Gewächshaus ist dennoch kaum möglich. Massenvermehrungen von Schaderregern, Auftreten von Quarantäneschadorganismen oder von neuen Schaderregern sind oftmals nur mit chemischen Pflanzenschutzmaßnahmen wirkungsvoll zu begegnen. Hierbei ist zu beachten, dass sich **chemische Pflanzenschutzmittel** im Gewächshaus unter Umständen anders verhalten als im Freiland (höhere Temperatur, höhere relative Luftfeuchtigkeit). Der Abtransport verflüchtigter Pflanzenschutzmittel ist häufig eingeschränkt, was zu einer erhöhten Exposition des Anwenders führen kann. Diese Faktoren werden bei der Zulassung von Pflanzenschutzmitteln berücksichtigt und resultieren häufig in höheren Auflagen bezüglich Applikation und Anwenderschutz. In der Regel erfolgt die Ausbringung der Pflanzenschutzmittel mit fahrbaren Spritzgeräten oder Gießwagen, auf kleineren Flächen teils auch mit Rückenspritzen (5 bis 20 l Inhalt). Eine Besonderheit in Gewächshäusern sind das Nebelverfahren, Räuchern und Stäuben (s. Kap. 13.8). Beim Nebelverfahren werden Tropfengrößen von 0,005 bis 0,05 mm in speziellen Nebelgeräten erzeugt und in dem Luftraum über den Pflanzen verteilt. Bei Bedarf können Ventilatoren die gleichmäßige Verteilung unterstützen. Die Tropfen sedimentieren langsam in den Bestand hinein und bilden auf den Kulturpflanzen einen Belag. Bei **Heißnebelgeräten** wird der Wirkstoff mittels eines Brenners in die dampfförmige Phase überführt und kondensiert dann beim Austritt ins Freie zu Nebel. Bei **Kaltnebelgeräten** wird der Wirkstoff in Hochdruckdüsen mechanisch zerstäubt. Die Gewächshäuser müssen ausreichend dicht sein und unkontrollierte Luftströmungen sind zu vermeiden. Nebelgeräte können automatisch gesteuert werden und so außerhalb der normalen Arbeitszeit eingesetzt werden, was dazu führt, dass der Anwender von Pflanzenschutzmitteln in keinen unmittelbaren Kontakt mit dem ausgebrachten Präparat gelangt. Ein weiterer Vorteil dieser Verfahren ist die deutliche Reduzierung der notwendigen Aufwandmenge.

Erdelose Kulturverfahren

Erdelose Kulturverfahren stellen eine Sonderform des geschützten Anbaus dar, bei der die Pflanzen nicht im gewachsenen Boden, sondern in sogenannten hydroponischen Systemen unter Verwendung von anorganischen oder organischen Kultursubstraten (z. B. Sand, Rindenkompost, Steinwolle, Perlit) oder ohne Kultursubstrate (z. B. Nährfilmtechnik, Deep-Flow-Technique) angebaut werden. Das Prinzip beruht darauf, dass sich die Wurzeln in Rinnen, Behältern oder Folien ausbreiten können und kontinuierlich von einer Nährlösung umspült werden. Man unterscheidet zwischen **offenen Bewässerungssystemen**, bei denen die überschüssige Nährlösung in den Boden abgeleitet wird (hohe Umweltbelastung) und **geschlossenen Bewässerungssystemen**, in denen die überschüssige Nährlösung aufgefangen und wiederverwertet wird. Generell können in erdelosen Kulturverfahren die gleichen Schaderreger auftreten wie bei Kulturen in gewachsenem Boden, dies gilt insbesondere auch für bodenbürtige Schaderreger. Bei Verwendung gesunder Jungpflanzen, sauberen Wassers, Einhalten der artspezifischen Ansprüche an Temperatur, Luftfeuchtigkeit und Nährstoffe spielen sie in der Regel aber eine untergeordnete Rolle. Kommt es jedoch zu einer Einschleppung von Schaderregern (z. B. über Luft, Wasser, Jungpflanzen), so können diese sich rasch mit der zirkulierenden Nährlösung ausbreiten. Ansonsten führt die geringe relative Luftfeuchtigkeit infolge des Abdeckens der Kulturmedien mit Folie eher zu einem verringerten Auftreten von *Botrytis cinerea* und Falschen Mehltaupilzen (z. B. *Pseudoperonospora cubensis*, *Bremia lactucae*) bzw. zu einem erhöhten Auftreten Echter Mehltaupilze (z. B. *Sphaerotheca fuliginea*). Der Bekämpfungserfolg von Nützlingen kann bei geringer relativer Luft-

Tab. 74: Schaderreger mit besonderer Bedeutung in erdelosen Kulturverfahren.

Schaderreger	Kultur
Viren	
Arabis mosaic virus (ArMV)	Gurke, Tomate, *Begonia*, *Petunia*
Cumber green mottle mosaic virus (CGMMV)	Gurke, Melone
Cucumber mosaic virus (CMV)	Gurke, Paprika, Tomate, *Begonia*, *Petunia*
Melon necrosis virus (MNSV)	Gurke, Melone
Tobacco mosaic virus (TMV)	Gurke, Paprika, Tomate
Tomato mosaic virus (ToMV)	Gurke, Paprika, Tomate
Lettuce big vein virus (LBVV)	Salat
Bakterien	
Clavibacter michiganense ssp. *michiganense*	Tomate
Ralstonia solanacearum	Tomate
Pilze	
Pythium spp.	Gurke, Salat, Tomate, Zierpflanzen
Phytophthora spp.	Gurke, Salat, Tomate
Fusarium oxysporum	Tomate, verschiedene Gemüsearten
Olpidium spp.	Gurke, Salat
Colletotrichum coccodes	Tomate
Nematoden	
Meloidogyne hapla, *M. incognita*	Tomate, Rosen, *Schefflera*
Pratylenchus spp.	Tomate, Zierpflanzen
Radopholus similis	Zierpflanzen

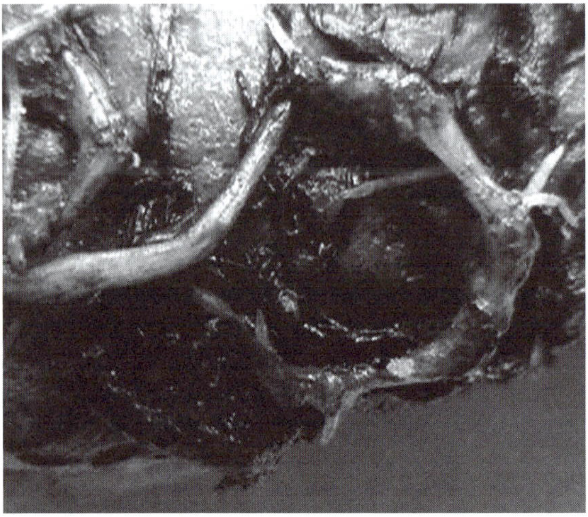

Abb. 112: Wurzelgallen hervorgerufen durch Befall von Rosen mit *Meloidoyne hapla* in Steinwollkultur (Foto: Braunsmann, LWK NRW).

feuchtigkeit eingeschränkt sein. Abhilfe bieten hier Sprüheinrichtungen bzw. Nebelgeräte in Verbindung mit klimaregelungstechnischen Steuerungseinheiten. In erdelosen Kulturverfahren kommt – neben den allgemein im Geschützten Anbau auftretenden Schaderregern – *Pythium* spp., *Phytophthora* spp. und Viren (Tab. 74) besondere Bedeutung zu, daneben auch verschiedenen Bakterien und pflanzenparasitären Nematoden (Abb. 112). Unausgeglichene Nährstoffversorgung, schlechte Lichtverhältnisse, geringer pH-Wert und suboptimale Temperaturen können den Befall mit Schaderregern fördern.

Die Nährlösung in erdelosen Kulturverfahren ist nicht steril, selbst wenn sie zu Beginn entsprechend behandelt wurde. Bereits wenige Wochen nach Kulturbeginn liegt die Anzahl Rhizosphärebakterien auf einem vergleichbaren Niveau wie bei Kultur in einem gewachsenem Boden. Die Artenvielfalt mag geringer sein, doch finden sich hier ebenso bedeutende Antagonisten von Schaderregern (z. B. *Pseudomonas* spp., *Bacillus subtilis*, *Trichoderma* spp.), die es hinsichtlich eines prophylaktischen Pflanzenschutzes entsprechend zu fördern gilt.

Gegenmaßnahmen. Die Neuanlage eines erdelosen Kulturverfahrens bedeutet zunächst Befallsfreiheit. Um diesen Zustand so lange wie möglich zu erhalten, ist in besonderem Maße auf die Einhaltung pflanzen- und betriebshygienischer Maßnahmen zu achten. Kultursubstrat, Pflanzgut und Bewässerungswasser muss befallsfrei sein. Der Zuflug von Schaderregern bzw. der Eintrag von Pilzsporen über die Luft sollte durch Gitter, Schutzvliese und Filter so gering wie möglich gehalten werden. Daneben kommt der Drainwasserdesinfektion die größte Bedeutung zu. Die häufigsten Verfahren sind Langsamfiltration in Kombination mit UV-Bestrahlung, Erhitzung und Ozonierung (Tab. 75).

Tab. 75: Verfahren der Drainwasserdesinfektion.

Verfahren	Wirkungsweise	Wirksame Dosis
Erhitzung	Thermische Inaktivierung	30 s bei 95 °C für Viren, Bakterien, Pilze, Nematoden
UV-Bestrahlung	Hemmung der DNA-Replikation durch UV-Strahlen von 200-280 nm	100 µmol/l für Bakterien, Pilze, Nematoden; 250 µmol/l für Viren
Ozonierung	Erhöhung der Permeabilität von Zellen, Oxidation des Protoplasmas	10 g Ozon pro m^3 Wasser und 60 min Verweildauer für Viren, Bakterien und Pilze

Die bisher genannten physikalischen und chemischen Verfahren haben einen hohen Wirkungsgrad, erfordern aber auch einen hohen apparativen Aufwand und teils hohe laufende Kosten. Demgegenüber sind bei der **Langsamfiltration** die Investitions- und Betriebskosten geringer, die Wirkung gegen bestimmte Schaderreger (z. B. Viren, Nematoden) aber meist auch schlechter. Als Filtermaterial dient in der Regel Sand oder Mineralwolle. Die Oberfläche von 1 m^3 Sand mit einer Körnung von 0,5 mm beträgt etwa 20 000 m^2. Diese Oberfläche wird von Makro- und Mikroorganismen besiedelt, weshalb Langsamfilter auch zu den biologischen Verfahren gezählt werden. Sie sorgen dafür, dass Schaderreger entfernt bzw. reduziert und Trübstoffe sowie organische Substanzen abgebaut werden. Langsamfilter haben eine sehr gute Wirkung gegen *Pythium* spp. und *Phytophthora* spp., teilweise auch gegen *Fusarium oxysporum* und Bakterien. Weitere Verfahren wie **Mikrowellenbehandlung**, **Ultrafiltration** (Porengröße 0,001 μm), **Mikrofiltration** (Porengröße 0,5 μm) und **Chlorierung** haben in der Praxis bisher nur eine geringe Bedeutung. Beim Einsatz chemischer Pflanzenschutzmittel über die Nährlösung sind die spezifischen Bedingungen erdeloser Kulturverfahren entsprechend zu berücksichtigen (z. B. geringes Puffervermögen, geringes Wurzelvolumen). Vor Anbau der nächsten Kultur sollte das Bewässerungssystem mit einer Reinigungslösung (z. B. einer 0,4%igen Natriumhypochloridlösung) gereinigt werden. Werden anorganische Kultursubstrate (z. B. Steinwolle, Perlite, Blähton) wiederverwendet, sind diese mindestens für 15 min bei 100 °C zu dämpfen. In hochwertigen Kulturen (z. B. Rosen) sollte bei Problemen mit bodenbürtigen Schaderregern das komplette Bewässerungssystem erneuert werden.

Fragen zu Kapitel 13.12

- Was versteht man unter „Geschütztem Anbau“?
- Durch welche Maßnahmen kann ein Eintrag von Schaderregern ins Gewächshaus reduziert werden?
- Welche Besonderheiten ergeben sich für den Pflanzenschutz im geschützten Anbau?
- Auf welchem Wege können Schaderreger in erdelose Kulturverfahren eingeschleppt werden?
- Welche Schaderreger aus der Gruppe der (a) Bakterien, (b) Pilze und (c) Nematoden sind von besonderer Bedeutung in erdelosen Kulturverfahren?
- Welche Möglichkeiten der Drainwasserdesinfektion gibt es?

Weiterführende Literatur

Albajes, R., L. M. Gullino, J. C. van Lenteren und Y. Elad, 1999: Integrated pest and Disease Management in Greenhouse Crops. Kluwer Academic Publishers, Dordrecht.

Crüger, G., G. F. Backhaus, M. Hommes, S. Smolka und H.-J. Vetten, 2002: Pflanzenschutz im Gemüsebau. Verlag Eugen Ulmer, Stuttgart.

Göhler, F. und H.-D. Molitor, 2002: Erdelose Kulturverfahren im Gartenbau. Verlag Eugen Ulmer, Stuttgart.

Vogt, H. (Hrsg.), 1998: 100 Jahre Pflanzenschutzforschung. Pflanzenschutz und Naturhaushalt. Mitt. a. d. Biolog. Bundesanstalt für Land- und Forstwirtschaft, Heft 346.

Wohanka, W., 1991: Besonderheiten des Pflanzenschutzes bei erdelosen Kulturverfahren im Gemüsebau. Gartenbau 38: 9 bis 11.

13.13 Pflanzenschutz im Ökolandbau

Der **ökologische Landbau** stellt eine besondere Art der Agrarerzeugung dar. Dies bedeutet entsprechende Konsequenzen für den Pflanzenschutz. Laut EU-Verordnung 2092/91 müssen Schädlinge, Krankheiten und Unkräuter durch die ganzheitliche Anwendung folgender Maßnahmen bekämpft werden:

- geeignete Arten- und Sortenwahl
- geeignete Fruchtfolge
- mechanische Bodenbearbeitung
- Schutz von Nützlingen durch Schaffen günstiger Verhältnisse (z. B. Hecken, Nistplätze, Aussetzung von natürlichen Gegenspielern)
- Abflammen von Unkrautkeimlingen

Der Einsatz chemisch-synthetischer Pflanzenschutzmittel sowie genetisch veränderter Organismen (z. B. *B. t.*-Mais) ist verboten. Auch aus transgenen Soja- und Rapspflanzen hergestelltes Lecithin (Fungizid) bzw. Rapsöl (Insektizid) darf nicht angewendet werden.

Die Mindestnormen für den ökologischen Landbau werden seit 1991 durch die EU-Verordnung 2092/91 vorgegeben. Ausschließlich Produkte, die diese Norm erfüllen, dürfen mit „Öko" und „Bio" gekennzeichnet werden. Die verschiedenen Öko-Anbauverbände in Deutschland (z. B. Bioland, Demeter, Naturland, Biopark, Ecovin, Biokreis, Ökosiegel, Gäa), wirtschaften darüber hinaus teilweise nach strengeren Rahmenbedingungen und kennzeichnen ihre Produkte entsprechend mit dem jeweiligen Verbandszeichen. So ist zum Beispiel für Bioland-Betriebe der Einsatz von Methaldeyd zur Schneckenbekämpfung nicht möglich und die maximale Aufwandmenge des fungiziden Wirkstoffs Kupfer ist auf 3 kg je ha und Jahr beschränkt gegenüber 8 kg nach EU-Verordnung. Im Jahr 2005 wirtschafteten ca. 30% der Betriebe nach der EU-Verordnung und 70% nach Richtlinien deutscher Öko-Anbauverbände. Insgesamt bewirtschafteten 14 544 Betriebe 807 406 ha bzw. 4,7% der landwirtschaftlich genutzten Fläche ökologisch. Damit entsprach die ökologisch bewirtschaftete Fläche in etwa der gesamten Anbaufläche für Kartoffeln und Zuckerrüben in Deutschland.

Spezielle Pflanzenschutzprobleme des Ökolandbaus

Mit Ausweitung des ökologischen Landbaus nehmen auch die für dieses Anbausystem typischen Schaderreger zu. Beispiele hierfür sind das verstärkte Auftreten des Erbsenwicklers (*Cydia nigricana*) an Erbse und anderen Leguminosen oder die Zunahme samenbürtiger Krankheitserreger an Getreide (z. B. *Ustilago* spp., *Tilletia* spp., *Urocystis* spp.). Trotz einer weiten Fruchtfolge beobachtet man im ökologischen Landbau zunehmend eine Spezialisierung der Betriebe, insbesondere im Getreide- und Gemüsebau. Typische Fruchtfolgeprobleme, wie sie im konventionellen Anbau auftreten, sind die Folge (z. B. *Heterodera avenae* an Getreide). Der ökologische Landbau strebt eine möglichst kontinuierliche Begrünung der Fläche an, um das Bodenleben zu fördern und Nährstoffverluste durch Auswaschung möglichst gering zu halten. Dies bedeutet auch ein kontinuierliches Nahrungsangebot für polyphage Schaderreger, die sich entsprechend vermehren können (z. B. *Meloidogyne hapla*, *Pratylenchus* spp.).

Gegenmaßnahmen

Grundsätzlich können alle im konventionellen Landbau eingesetzten Gegenmaßnahmen auch im ökologischen Landbau eingesetzt werden, sofern sie den Anforderungen der ökologischen Wirtschaftsweise entsprechen. Darüber hinaus ergeben sich für die einzelnen Gegenmaßnahmen jedoch eine Reihe von Besonderheiten im ökologischen Landbau, auf die im Folgenden näher eingegangen wird.

Arten- und Sortenwahl. Die Arten- und Sortenwahl sollte den Gegebenheiten des Standortes möglichst gut angepasst sein. Die Arten bzw. Sorten sollten über ein gutes Nährstoffaneignungsvermögen, gute Konkurrenzfähigkeit gegenüber Unkräutern, hohe Widerstandsfähigkeit gegen die Hauptschaderreger sowie ein hohes Ertragspotenzial verfügen. So kann z. B. durch den Anbau konkurrenzfähiger Sorten eine bis zu 50%ige Unkrautunterdrückung erreicht werden. Die relative Ertragsfähigkeit von Sorten der meisten Arten zueinander ist im ökologischen Anbau ähnlich dem konventionellen, d. h. meist bringen Hochertragssorten auch unter ökologischen Anbaubedingungen hohe Erträge. Allerdings können sich Qualitätseigenschaften abhängig vom Anbausystem stark unterscheiden. Diese werden sowohl durch die Menge und Art der Düngung, als auch durch die Krankheitsanfälligkeit und den daraus resultierenden Krankheitsdruck und die Interaktionen beeinflusst. So ist es oft schwierig, adäquate Stärkegehalte bei der Kartoffel für bestimmte Verarbeitungszwecke zu erzielen, wenn die Wachstumsperiode durch die Kraut- und Knollenfäule *(Phytophthora infestans)* begrenzt ist. Andererseits ist das Nährstoffangebot deutlich begrenzt und damit die Ertragsbildung bei Kartoffeln meist ab Mitte bis Ende Juli abgeschlossen. Eine Bekämpfung von *P. infestans* nach diesem Zeitpunkt ist in der Regel nicht mehr sinnvoll. Der Einsatz von Sorten- und Artenmischungen kann ebenfalls zu einer erhöhten Pflanzengesundheit beitragen. Entscheidend ist, dass die verschiedenen Sorten bzw. Arten sich in ihrer Anfälligkeit gegenüber den Hauptschaderregern unterscheiden, andererseits aber vergleichbare Eigenschaften (z. B. Reifezeit, Innere Qualität) besitzen. Sortenmischungen werden erfolgreich im Getreidebau gegen Mehltau (*Blumeria* spp.) und Rost (*Puccinia* spp.) eingesetzt und Artenmischungen mit Hafer können die Schwarzbeinigkeit *(Gaeumannomyces tritici)* reduzieren.

Fruchtfolge. Eine ausgewogene Fruchtfolge ist unerlässlich für die vorbeugende Schädlings- und Unkrautbekämpfung, wie auch für die Bodenfruchtbarkeit. Fehler in der Fruchtfolge wirken sich im ökologischen Landbau besonders verheerend aus, da sie nicht ohne weiteres durch Einsatz anderer Betriebsmittel (z. B. Pflanzenschutzmittel, rasch wirkende Düngemittel) kompensiert werden können. Durch Wechsel von Sommerung und Winterung kann die Entwicklung einer einseitigen Unkrautflora verhindert und die Unkrautbekämpfung erleichtert werden. So lässt sich Windhalm und Ackerfuchsschwanz im Wintergetreide, Ackersenf und Hederich im Sommergetreide gut bekämpfen. In einer weit gestellten Fruchtfolge spielen bodenbürtige Krankheitserreger oftmals eine untergeordnete Rolle (z. B. *Globodera rostochiensis*, *Gaeumannomyces graminis*). Auch Echter Mehltau (*Blumeria* spp.) und Rostpilze (*Puccinia* spp.) sind aufgrund der geringeren Stickstoffversorgung von geringer Bedeutung. Eine weite Fruchtfolge in Verbindung mit kurzen Brachezeiten kann aber zu einem verstärkten Auftreten polyphager Schaderreger führen (z. B. *Meloidogyne* spp., *Pratylenchus* spp.). Flugfähige (z. B. Blattläuse) und windverbreitete Schadorganismen (z. B. Rostpilze) sind über die Fruchtfolge nur schwer zu bekämpfen. Letztendlich kann vermutlich kein Fruchtfolgesystem allen Anforderungen des ökologischen Landbaus gerecht werden und die langfristige Fruchtfolgegestaltung ist an den Hauptproblemen auszurichten. Beispielsweise wird Mais im ökologischen Landbau als Hackfrucht gesehen und entsprechend angebaut. Da Mais aber auch ein hohes Vermehrungspotenzial für Fusariosen besitzt, kann es bei nachfolgendem Anbau von Weizen zu Problemen mit Mykotoxinen kommen. Für die Fruchtfolgegestaltung ist entsprechend der Aspekt „Mykotoxinbelastung" dem Aspekt „Hackfrucht" voranzustellen.

Mechanische Bodenbearbeitung. Die mechanische Bodenbearbeitung ist in engem Zusammenhang mit der Unkrautbekämpfung zu sehen. Aufgrund des hohen Unkrautdrucks wird im ökologischen Landbau vorrangig die wendende Bodenbearbeitung eingesetzt (Pflug), daneben auch Schälpflug und Grubber. Nach erfolgter Aussaat werden Striegel, Hacke und Egge eingesetzt. Der Striegel kommt in Kulturen mit engem Reihenabstand (z. B. Getreide) bzw. bei Dammanbau (z. B. Kartoffel, manche Gemüsearten) zum Einsatz. Je nach Kultur und Anbausystem erfolgt der Striegeleinsatz (z. B. Netzegge, Hackstriegel, Federzinkenstriegel) vor dem Auflaufen (Blindstriegeln), unmittelbar nach dem Auflaufen bzw. ab dem 3-Blatt-Stadium. Bei Kulturen mit weitem Reihenabstand wird primär gehackt (z. B. Gemüse, Rüben, Mais). Auch Getreide wird mitunter mit Reihenabständen gesät („weite Reihe"), die das Hacken einerseits zur Unkrautbekämpfung, andererseits auch zur Unterstützung der N-Mineralisation aus der organischen Masse im Boden ermöglichen. All diese Verfahren richten sich in erster Linie gegen Samenunkräuter. Für ausdauernde Unkräuter (z. B. Ackerkratzdistel) empfiehlt sich Pflügen, wiederholtes tiefergehendes Grubbern mit Gänsefußscharen bzw. Unterfahren mit Stahlseilen.

Schutz von Nützlingen durch Verbesserung der Lebensbedingungen. Ein zentrales Element des Pflanzenschutzes im ökologischen Landbau ist die Förderung natürlich vorkommender Nützlinge. Hierbei spielen Saumstrukturen (z. B. Hecken, Raine, Ackerrandstreifen, Waldränder, Feldgehölze) eine entscheidende Rolle. Saumstrukturen dienen als Überwinterungsquartiere für Nützlinge (z. B. Käfer, Spinnen) und bieten ihnen Nahrung in Abwesenheit von Kulturpflanzen und Unkräutern (z. B. Schwebfliegen, parasitische Wespen). Ausgehend von Saumstrukturen erfolgt eine frühe Wiederbesiedlung der Felder und damit ein wirksamer Schutz gegen einwandernde Schaderreger (z. B. Getreideblattläuse). Saumstrukturen können aber auch Rückzugsgebiete für Schaderreger

Abb. 113: Ansiedlung von Singvögeln durch Aufstellen von Nistkästen (Foto: BBA Münster).

sein, doch wird der von ihnen ausgehende Schaderregerdruck im Allgemeinen als gering erachtet. Bei wirtswechselnden Blattlausarten sollte man darauf achten, dass die Saumstrukturen keine Winterwirte (z. B. Pfaffenhütchen für *Aphis fabae*, *Prunus*-Arten für *Myzus persicae*, Traubenkirsche für *Rhopalosiphum padi*) enthalten. Eine vergleichbare Funktion wie den Saumstrukturen für den Ackerbau kommt der Begrünung (z. B. Gras, Gemenge) für den Obst- und Weinbau zu. Durch die Begrünung werden insbesondere Schlupfwespen gefördert, die in der Begrünung ein reichhaltiges Nahrungsangebot vorfinden. Sie kann als Dauer-, Streifen- oder Teilzeitbegrünung erfolgen und sollte über die ganze Vegetationsperiode blühende Pflanzen enthalten. Wasserkonkurrenz mit den Kulturpflanzen kann entgegengewirkt werden, indem die Begrünung zwischenzeitlich gewalzt oder gemäht wird. Ebenfalls im Obst- und Weinbau können Höhlenbrüter (z. B. Kohl-, Blaumeise) durch Aufstellen von Nistkästen etabliert werden (Abb. 113). Mäuseplagen im mehrjährigen Grünland und in Obstanlagen kann durch das Aufstellen von Sitzwarten für Greifvögel und Eulen vorgebeugt werden.

Unkrautbekämpfung. Der Verzicht auf chemisch-synthetische Herbizide im ökologischen Landbau bedingt in der Regel einen erhöhten Unkrautdruck. Dabei können sich über die Zeit auch Arten etablieren, die im konventionellen Landbau selten oder gar nicht auftreten. Unkräuter werden im ökologischen Landbau aber nicht pauschal als Schadorganismen angesehen, denn von ihnen kann ein beachtlicher Nutzen für die Pflanzengesundheit

Tab. 76: Nutzen und Schadwirkung von Unkräutern.

Nutzen	Schadwirkung
Förderung von Nützlingen (z. B. Marienkäfer, Schwebfliegen, Florfliegen)	Überwachsen der Kulturpflanzen, insbesondere von Kulturen mit langsamer Jugendentwicklung (z. B. Zwiebel, Mais); verzögerte Ausreife und Ernteerschwernis
Erhöhung der Artenvielfalt und damit der Stabilität des Agrarökosystems	Entzug von Wasser und Nährstoffen
Bereitstellung von Alternativnahrung für Schädlinge	Veränderung des Mikroklimas (erhöhte relative Luftfeuchte) fördert das Auftreten pilzlicher Schaderreger
Förderung von Bodenbedeckung und Bodenbeschattung	Reservoir für Schaderreger (Viren, Pilze pflanzenparasitäre Nematoden)

Abb. 114: Manuelles Entfernen von Unkraut in der Reihe mit Hilfe des „Unkrautfliegers" (Foto: BBA Münster).

ausgehen (Tab. 76). Sie werden deshalb auch gerne als Beikräuter oder Ackerwildkräuter bezeichnet. Demgegenüber steht ihre Schadwirkung (Tab. 76). Problemunkräuter sind häufig ausdauernde Arten, wie *Rumex obtusifolius* (Stumpfblättriger Ampfer) im Grünland, *Cirsium arvense* (Ackerkratzdistel) und *Elymus repens* (Gemeine Quecke) im Ackerbau und *Galinsoga*-Arten (Franzosenkraut) im Gemüsebau.

Da die Schadwirkung in der Regel groß ist, hat die Unkrautbekämpfung im ökologischen Landbau meist einen hohen Stellenwert. Mögliche Gegenmaßnahmen beruhen auf Licht- und Wasserentzug und sind bei Keimlingen und Jungpflanzen am wirkungsvollsten. Hierzu zählen Maßnahmen wie Einarbeiten (Pflug), Bedecken (Striegel), Zerstören (Hacke), Überwachsen (z. B. Senf, Ölrettich, Roggen) oder mehrmaliger Schnitt von Futterpflanzen. In einigen Kulturen (z. B. Zwiebel) werden Unkräuter in der Reihe von Hand entfernt („Unkrautflieger", Abb. 114). Zunehmend werden thermische Verfahren eingesetzt. Die mit Propangas betriebenen Abflammgeräte erfassen aber nur die oberirdischen Teile der Unkräuter, Wurzelunkräuter bleiben verschont. Um die Kosten der Unkrautbekämpfung gering zu halten, sollten bereits im Vorfeld alle möglichen Maßnahmen zur Verhinderung bzw. Reduzierung des Auftretens von Unkräutern ausgeschöpft werden. Hierzu zählen Maßnahmen wie:

- Saatgutreinigung (z. B. weist großkörniges Weizensaatgut > 2,8 mm einen geringeren Besatz mit saatgutübertragbaren Krankheiten auf)
- Verwendung von zertifiziertem (unkrautfreiem) Saatgut
- Verhinderung des Zuflugs von Nachbarflächen und Randstreifen
- Verhinderung des Eintrags über organische Dünger
- Vermeiden des Aussamens von Unkräutern durch entsprechende Pflegemaßnahmen
- Förderung der Konkurrenzkraft der Kulturpflanzen gegenüber Unkräutern durch optimale Düngung, Aussaattermin, Sortenwahl und Bestandsdichte
- kurzzeitige Brache zur gezielten Reduktion des Samenpotenzials
- Bodenruhe kombiniert mit regelmäßigem Schnitt

Pflanzenschutzmittel. Im ökologischen Landbau dürfen Pflanzenschutzmittel, deren Inhaltsstoffe pflanzlichen, tierischen, mikrobiellen oder mineralischen Ursprungs sind, bei erwiesenem Bedarf verwendet werden, wenn mit anderen Maßnahmen keine Bekämpfung des Schaderregers möglich ist. Die im ökologischen Landbau erlaubten Pflanzenschutzmittel sind im Anhang II der EU-Verordnung 2092/91 gelistet (Tab. 77). Voraussetzung für ihren Einsatz ist, dass sie im jeweiligen Mitgliedsland als Pflanzenschutzmittel zugelassen sind.

Insektizide	• Pyrethrine, aus *Chrysanthemum cinerariaefolium* • Azadirachtin, aus dem Neembaum • Quassia, aus *Quassia amara* (Bitterbaum); gegen Sägewespe im Obstbau • Rotenon, z. B. aus *Derris* spp. • Paraffinöl, gegen Milben • Pflanzenöle (z. B. Minzöl, Kienöl, Kümmelöl) • Mineralöle, nur bei Obstbäumen, Reben • Schwefel, gegen Milben • Kaliseife (Schmierseife)
Fungizide	• Kupfer, in Form von $CuSO_4$, CuO, CuOH, Kupferoxychlorid • Schwefel • Mineralöle, nur bei Obstbäumen, Reben • Kaliumpermanganat, nur bei Obstbäumen, Reben
Molluskizide	• Methaldehyd, nur in Fallen • Eisen-(III)-Orthophosphat
Biologische Schädlingsbekämpfung	• Mikroorganismen (Viren, Bakterien, Pilze), z. B. Granulose Virus, *Bacillus thuringiensis, Coniothyrium minitans*

Tab. 77: Auswahl von Pflanzenschutzmitteln und anderen Mitteln zur Bekämpfung von Schadorganismen im ökologischen Landbau (EU-Verordnung 2092/91, Anhang II Teil B).

Die Herstellung und Anwendung ausgewählter Stoffe und Zubereitungen als Pflanzenschutzmittel im eigenen Betrieb ist möglich (PflSchG § 6 a Abs. 4 Satz 3). Hierunter fallen z. B. Leinöl, Gelatine, Quassia sowie verschiedene Mikroorganismen (z. B. *Bacillus thuringiensis* ssp. *israelensis*, *Metarhizium anisopliae*, *Beauveria bassiana*). Bei der Anwendung dieser Stoffe und Zubereitungen als Pflanzenschutzmittel sind die sonstigen Bestimmungen des Pflanzenschutzgesetzes (z. B. Rückstands-Höchstmengenverordnung, Gefahrstoffverordnung) einzuhalten.

Sonstige Pflanzenschutzmaßnahmen. Weitere Pflanzenschutzmaßnahmen umfassen den Einsatz von Pflanzenstärkungsmitteln, soweit sie pflanzlicher, tierischer, mikrobieller oder mineralischer Herkunft sind. Sie dürfen nur zur Stärkung der pflanzlichen Abwehrkraft gegen Schaderreger eingesetzt werden (s. Kap. 13.5). Darüber hinaus werden im ökologischen Landbau verschiedene biotechnische (s. Kap. 13.6) und physikalische Maßnahmen (s. Kap. 13.3) eingesetzt (z. B. Pheromone, Warm-, Heißwasserbehandlung, Bodendämpfung, Kulturschutznetze, Vliese).

Fragen zu Kapitel 13.13

- Welche Schaderreger werden durch die ökologische Anbauweise besonders gefördert?
- Welche Möglichkeiten der Unkrautbekämpfung gibt es im ökologischen Landbau?
- Wie kann die Entwicklung einer einseitigen Unkrautflora vermieden werden?
- Wie können ausdauernde Unkräuter (z. B. Ackerkratzdistel) bekämpft werden?
- Welchen Nutzen können Unkräuter haben?

- Mit welchen Maßnahmen können Nützlinge gefördert werden?
- Welche vielfältigen Funktionen haben Saumstrukturen für die Pflanzengesundheit?
- Welche Fungizide dürfen im ökologischen Landbau eingesetzt werden?
- Mit welchen Maßnahmen können Sing- bzw. Greifvögel gefördert werden?

Weiterführende Literatur

Allgaier, G., H. Schneller, K. Schrameyer, 2007: Biologischer Pflanzenschutz im Gewächshaus. Verlag Eugen Ulmer, Stuttgart

Beer, H. und M. Jahn, 1999: Pflanzenschutz im ökologischen Landbau – Probleme und Lösungsansätze. Berichte aus der Biologischen Bundesanstalt für Land- und Forstwirtschaft, Heft 50.

George, F. und R. Eghbal, 2003: Ökologischer Gemüsebau. Bioland Verlag, Mainz.

Koller, M., M. Lichtenhahn und S. Thommen, 2004: Pflanzenschutzempfehlungen für den Biogemüsebau. FiBL Merkblatt.

Köpke, U., 1997: Ökologischer Landbau. In: Keller, E. R., Hanus, H. und Heyland, U. (Hrsg.), Handbuch des Pflanzenbaus, Band I, Grundlagen der Landwirtschaftlichen Pflanzenproduktion. Verlag Eugen Ulmer, Stuttgart.

Kühne, S., U. Burth und P. Marx, 2006: Biologischer Pflanzenschutz im Freiland. Pflanzengesundheit im ökologischen Landbau. Verlag Eugen Ulmer, Stuttgart.

14 Wichtige Krankheitserreger und Schädlinge an Kulturpflanzen

Schaderreger	Schadbild	Verbreitung und wirtschaftliche Bedeutung	Bekämpfung
14.1 Getreide			
Barley yellow dwarf virus (BYDV, Viröse Gelbverzwergung)	anfangs nesterweises Auftreten der Symptome im Bestand; streifige Aufhellungen entlang der Blattadern; später Vergilben der Blattspitzen und –ränder bei Gerste, Weizen, Rotfärbung bei Hafer; bei Spätinfektion Verfärbungen des Fahnenblatts; Stauchung der Pflanzen Übertragung: Blattläuse (z. B. *Rhopalosiphum padi*)	weit verbreitet; an Gerste, Hafer (Haferröte) und Weizen; bei milden Wintern Ertragsausfälle bis 40% möglich	tolerante Sorten; Ausfallgetreide beseitigen; Aussaat von Wintergerste nach dem 20. September, von Winterweizen nach dem 20. Oktober; frühe Aussaat von Sommergetreide; Insektizideinsatz zur Vektorbekämpfung
Barley yellow mosaic virus (BaYMV) Barley mild mosaic virus (BaMMV) (Gerstenvergilbungsmosaik-Virus)	Schadbild im Feld streifig entlang der Bearbeitungsrichtung auftretend; Blätter fahlgrün bis gelblich; strichelartige Aufhellungen oder Streifen mit Vergilbung, vorzeitiges Absterben; geringe Bestockung (Virussymptome nur bei niedrigen Temperaturen) Übertragung: Bodenpilze (z. B. *Polymyxa graminis*)	weit verbreitet an Wintergerste; Bedeutung durch resistente Sorten abnehmend	resistente Sorten; Verschleppung von Ackererde aus verseuchten Flächen sowie extrem frühe Wintergerstensaat vermeiden
Wheat dwarf virus (WDV, Weizenverzwergung)	bei Gerste Stauche und Horstbildung; verkürzte Blätter verfärben sich oft dunkelgrün; Zahl der Halme sowie Halmlänge reduziert; Blüten steril; bei Weizen intensive Gelbfärbung der Blätter Übertragung: Zikade (*Psammotettix alienus*)	Gerste häufiger befallen als Weizen; selten Totalbefall; stellenweise häufiger als Barley yellow dwarf virus	Ausfallgerste beseitigen; späte Aussaat; wiederholte Insektizidbehandlungen, Wirkung aber meist unbefriedigend

Schaderreger	Schadbild	Verbreitung und wirtschaftliche Bedeutung	Bekämpfung
14.1 Getreide			
Wheat yellow mosaic virus (WYMV, Gelbmosaik des Weizens) Soil-borne wheat mosaic virus (SBWMV, bodenbürtiges Weizenmosaik) Soil-borne rye mosaic virus (SBRMV, bodenbürtiges Roggenmosaik)	kleine bleiche bis hellgrüne Punkte und Strichel auf den noch gerollten Herzblättern; auf älteren Blättern verlängerte Strichel bis Streifen; Halme verkürzt Übertragung: Bodenpilze (z. B. *Polymyxa graminis*)	in Deutschland bisher nur an Roggen und Triticale; Viren meist vergesellschaftet; Befall einzelner Pflanzen bis Totalbefall möglich; verseuchte Felder bleiben 10 bis 30 Jahre infektiös	keine resistenten Sorten bekannt; später Saattermin; pflanzenbauliche Maßnahmen zur Förderung der Jugendentwicklung
Pseudomonas syringae pv. *atrofaciens* (Bakterielle Spelzenfäule)	auf Blättern kleine, wasserdurchsogene, längliche Flecken, später gelb bis braun; Spelzen, Grannen und Körner verbräunt; vorzeitiges Absterben; taube Ähren	Bedeutung in nassen Jahren; an allen Getreidearten; Ertragsausfall; Beeinträchtigung der Backqualität	Saatgutwechsel
Microdochium nivale (Schneeschimmel)	nesterweise absterbende Pflanzen; an Halmbasis weißes bis rötliches watteartiges Myzel; auf den Blättern hellbraune, fettfleckenartige Nekrosen mit dunkelbraunem, unscharfem Saum; an Halmknoten dunkelbraune bis schwarz-violette Flecke; partielle Weißährigkeit	Schwächeparasit; tritt vorwiegend bei lang andauernder, geschlossener Schneedecke auf; dann gefährliche Krankheit; befällt alle Getreidearten, insbesondere Winterroggen und Winterweizen	wenig anfällige Sorten; gut gereinigtes Saatgut; Saatgutbeizung; frühe Saat vermeiden; Fungizideinsatz
Typhula incarnata (Typhula-Fäule)	nesterweise orangegelbe Verfärbung der Gerstenblätter; am Grund und an den äußeren Blattscheiden bräunliche bis rötlich-braune, kleesamengroße Sklerotien	weit verbreitet; Schwächeparasit; vorwiegend an Wintergerste; vor allem in schneereichen Lagen	wenig anfällige Gerstensorten; späte, nicht zu dichte Saat; geringe Saattiefe; Saatgutbeizung; weite Fruchtfolge; tiefes Pflügen

Oculimacula yallundae Anamorph: *Pseudocerosporella herpotrichoides* (Halmbruchkrankheit)	nach dem Ährenschieben an Halmbasis mehr oder weniger deutlicher, unberandeter Augenfleck; später mit schwarzen Pünktchen; im Halm zur Zeit der Reife weißliches bis mausgraues Myzel; Vermorschung der Halmbasis, Halmbruch; Weißährigkeit	weltweit in kühlfeuchten Gebieten an Getreide und Gräsern vorkommend; typische Fruchtfolgekrankheit; hohe Ertragsverluste möglich, insbesondere bei Winterweizen (über 30%)	weite Fruchtfolge; standfeste Sorten; Spätsaat; Vorfrucht Blattfrüchte; Einsatz von Wachstumsreglern; ausgewogene Stickstoffdüngung; Fungizideinsatz nach Schadensschwelle bzw. Befallsprognose
Rhizoctonia cerealis (Spitzer Augenfleck) *Rhizoctonia solani* (Auflaufkrankheit)	an Halmbasis sowie im zweiten und dritten Internodium scharf umrandete Flecken (dunkelbrauner Rand) mit hellem Zentrum und später braunen Sklerotien; seltener Halmbruch	weltweite Verbreitung; Schäden in Deutschland gering, allenfalls bei feucht-kühler Witterung	Bodengare fördern; Förderung des Auflaufs und der Keimpflanzenentwicklung; Zurückhaltung bei der chemischen Halmbruchbekämpfung
Fusarium graminearum *Fusarium culmorum* *Fusarium* spp. (Fusarium-Fußkrankheit)	an Halmbasis braungestreifte, aber auch halmumfassende, braune Flecken; an unteren Nodien häufig weißes bis violettes Myzel; Wurzeln braun bis braunviolett; Absterben; Lehnen des Getreides vor Reife; Vermorschung der Halmbasen und Wurzeln	Befall nimmt mit steigendem Getreideanteil in der Fruchtfolge zu; an Getreide und Gräsern; verstärkt auf sandigen oder humusärmeren Böden	Saatgutbeizung; sorgfältige Stoppel- und Bodenbearbeitung; ausgewogene Kalidüngung; Zurückhaltung bei der chemischen Halmbruchbekämpfung; Fungizideinsatz
Gaeumannomyces graminis var. *tritici* (Weizen) var. *avenae* (Hafer) (Schwarzbeinigkeit)	nesterweise vergilbte Pflanzen mit schwarz verfärbten Wurzeln und Halmbasen; Wurzeln vermorscht; Pflanzen lassen sich leicht aus dem Boden ziehen; Wuchshemmung; Ähren stehen steil; Weißährigkeit; Notreife mit schlechter Kornausbildung	in gemäßigten Zonen weit verbreitet; an Weizen, Gerste, Roggen und Gräsern; Ertragsverluste bei Weizen bis über 35%; typische Fruchtfolgekrankheit	Bodengare fördern; weite Fruchtfolge; Roggen ans Ende stellen; Hafer ist Nichtwirt; tiefes Umpflügen der Stoppeln; späte Saat; geringe Saattiefe; Bekämpfung der Quecke; Saatgutbeizung

Schaderreger	Schadbild	Verbreitung und wirtschaftliche Bedeutung	Bekämpfung
14.1 Getreide			
Fusarium culmorum *Fusarium graminearum*, u. a. (Partielle Taubährigkeit)	vorzeitiges Ausbleichen einzelner Ährchen, später ganzer Ährenabschnitte; Ährenspindel zunächst hellgrün, dann violett, hellgelb und schließlich weiß (Weißährigkeit); später von rötlicher Sporenmasse überzogen	an allen Getreidearten einschließlich Mais und zahlreichen Gräsern; Mykotoxinbildung (Gefahr für Mensch und Tier!)	wenig anfällige Sorten; weite Fruchtfolgen; sorgfältige Stoppel- und Bodenbearbeitung besonders nach Mais; Fungizideinsatz
Blumeria graminis (Echter Mehltau)	auf oberirdischen, noch grünen Pflanzenteilen flache bis watteähnliche, weiße Flecken aus Pilzmyzel; später mit kleinen, kugeligen, schwarzen Kleistothezien; vorzeitige Braunfärbung der Blätter	an allen Getreidearten; sehr große wirtschaftliche Bedeutung (Ertragsverluste 5 bis 25%); wirtsspezifische formae speciales	resistente Sorten (schwarze Flecken infolge HR-Reaktion); verhaltene N-Düngung; späte Aussaat von Wintergetreide; frühe Aussaat von Sommergetreide; Fungizideinsatz
Puccinia graminis (Schwarzrost)	an Blattscheiden, Blattspreiten, Halmen und Spelzen ziegelrote bis schokoladenbraune, strichförmige Sommersporenlager; später dort schwarze, strichförmige Wintersporenlager	weltweit verbreitet, überwiegend in kontinental geprägtem Klima; erscheint relativ spät im Jahr; wirtsspezifische formae speciales	frühe Saat; Ausrottung des Zwischenwirts (Berberitze); Fungizideinsatz
Puccinia recondita (Braunrost)	blattoberseits, vereinzelt auch an Blattscheiden und Halmen ockerbraune, zerstreut liegende, ovale bis rundliche Sommersporenlager; später blattunterseits schwarze, ovale bis längliche Wintersporenlager	bevorzugt in trocken-warmen Gebieten; an Weizen, Triticale, Roggen, Gräsern; Epidemiegefahr; Ertragseinbußen über 20% möglich; Rassenbildung	resistente Sorten; optimale Saatzeit; Ausfallgetreide früh bekämpfen; ausgewogene Stickstoffdüngung; Fungizideinsatz

Puccinia striiformis (Gelbrost)	nesterweises Auftreten gelbgrün verfärbter Pflanzen; Sommersporenlager nach dem Schossen leuchtend gelb, in Streifen angeordnet; auch auf Spelzen und Grannen; strichförmige, schwarzbraune Wintersporenlager; verzögerte Blüte und Reife; Steckenbleiben der Ähre	Epidemiegefahr bevorzugt in maritimen Klimaten; vorwiegend an Weizen, aber auch an Gerste, Roggen, Gräsern; Rassenbildung; Ertragseinbußen von über 50%	resistente Sorten; Ausfallgetreide und Quecke bekämpfen; Vermeidung einseitig hoher Stickstoffgaben; räumliche Trennung von Winter- und Sommergetreide; Fungizideinsatz
Puccinia hordei (Zwergrost der Gerste)	auf Blättern, Halmen und Spelzen orangegelbe bis rostfarbene Pusteln, von chlorotischem Hof umgeben; blattunterseits ab Spätsommer von der Epidermis bedeckte, später aufreißende, punktförmige, braunschwarze Wintersporenlager	an Gerste in allen Anbaugebieten; tritt verstärkt in warmen und trockenen Jahren auf; Rassenbildung; bei vorzeitigem Absterben der Blätter stärkere Ertragseinbußen	wenig anfällige Sorten; Ausfallgetreide bekämpfen; kein Anbau von Sommer- neben Wintergerste; ausgewogene Stickstoffdüngung; Fungizideinsatz
Septoria nodorum (Blatt- und Spelzenbräune, Septoria-Keimlingskrankheit)	an Weizen, teils auch Triticale; auf Blättern ineinander fließende, braune Flecken; Blatt wird dürr; auf Spelzen braune Verfärbungen; auf abgestorbenem Gewebe schwarzbraune Pyknidien; teils auch Auflaufschäden	starke Verminderung des TKG; Ertragsausfälle nicht selten bis 30%; saatgutübertragbar	wenig anfällige Sorten; Saatgutbeizung nur gegen Frühbefall; sorgfältige Bodenbearbeitung; ausgewogene Stickstoffdüngung; Fungizideinsatz
Septoria tritici (Septoria-Blattdürre)	an Weizen und Triticale; auf den Blättern längliche, hellbraune Flecken mit schwarzen Pyknidien	weit verbreitet und stark schädigend; früher Blattbefall reduziert die Kornzahl/Ähre; Ertragsausfälle bis 30% möglich	wenig anfällige Sorten; sorgfältige Stoppelbearbeitung; Saatgutbeizung; verhaltene Stickstoffdüngung; Fungizideinsatz nach Schadensschwelle und Befallsprognose (Resistenzentwicklung)

Schaderreger	Schadbild	Verbreitung und wirtschaftliche Bedeutung	Bekämpfung
14.1 Getreide			
Rhynchosporium secalis (Blattfleckenkrankheit an Gerste und Roggen)	Blattflecken an Gerste und Roggen; auf Blättern und Blattscheiden wässrige, graublaue Flecken, die später beige bis graubraun werden; bei Gerste mit einem bis 2 mm breiten, braunen Rand; bei Roggen und Triticale häufig länger, ohne braunen Rand; oft Befall der Blattachseln; Abknicken der Blätter bei starkem Befall	eine der bedeutendsten Krankheiten an Gerste; tritt in fast allen Gerstenanbaugebieten auf; Ertragsausfälle bei Wintergerste bis ca. 30%, bei Sommergerste bis ca. 15%; wichtige Blattkrankheit des Roggens	wenig anfällige Sorten; gründliche Stoppelbearbeitung; Beseitigung von Ausfallgetreide; Reduzierung des Getreideanteils in der Fruchtfolge; Fungizideinsatz
Pyrenophora graminea (Streifenkrankheit der Gerste) *Pyrenophora avenae* (Streifenkrankheit des Hafers)	*P. graminea*: Streifenchlorosen an den Blättern, werden später nekrotisch; keine Ährenbildung oder Ähren bleiben stecken und sind taub *P. avenae*: Keimlingssterben; rötlich braune Blattflecken, die zu Streifen zusammenfließen	*P. graminea:* großes Schadpotenzial, durch Saatgutbeizung heute nur noch geringe Bedeutung *P. avenae:* in wärmeren Regionen häufigste Blattfleckenerkrankung	Saatgutbeizung
Pyrenophora teres (Netzfleckenkrankheit der Gerste)	auf Blättern hell- bis dunkelbraune Flecken; häufig mit Netzstruktur, meist von gelbem Hof umgeben; streifenförmig entlang der Blattadern (Net-Typ); seltener spindel- oder kreisförmig (Spot-Typ); im Herbst untypische, augenfleckartige Symptome	eine der wichtigsten Blattkrankheiten an Gerste; in niederschlagsreichen Jahren bedeutende Ertragseinbußen; verschiedene Formen und Pathotypen	wenig anfällige Sorten; Saatgutbeizung; Beseitigung der Ausfallgerste; Einarbeitung von Ernterückständen; Fungizideinsatz

Ramularia collo-cygni (Sprenkelkrankheit der Gerste)	ab Ährenschieben braune Nekrosen, begrenzt von Blattadern, anfangs ohne, später mit chlorotisch gelbem Rand; auf Blattspreiten, Blattscheiden, Grannen und Spelzen sprenkelartig verteilt; im Herbst untypische, vereinzelte dunkle spot-artige Blattflecken ohne Hof	seit Mitte der neunziger Jahre in Europa stark zunehmende Gerstenkrankheit; lokal zum Teil dominierend; Nebenwirte Wildgräser; Ertragseinbußen noch unklar	enge Gerstenfruchtfolgen vermeiden, Fungizideinsatz (keine Strobilurine)
Pyrenophora tritici-repentis (DTR-Blattdürre)	Blattflecken mit dunklem Punkt in der Mitte und chlorotischem Hof; Sekundärinfektionen durch Konidiosporen: dunkelbraune Infektionspunkte von ca. 3 mm Durchmesser, umgeben von einem gelben Hof	weit verbreitet; zunehmende Bedeutung; vorwiegend an Stoppelweizen und bei Mulchsaat	wenig anfällige Sorten; Fruchtfolge erweitern; Stoppelreste gut einarbeiten; Fungizideinsatz
Ustilago tritici (Weizenflugbrand) *U. nuda* (Gerstenflugbrand) *U. hordei* (Gerstenhartbrand) *U. avenae* (Haferflugbrand)	Ähren enthalten statt Kornanlagen und Spelzen braunschwarze Sporenlager; diese zunächst von grauweißem Häutchen überzogen, das später aufreißt und die Sporenmasse freisetzt; nach Ausstäuben der Brandsporen bleibt leere Ährenspindel zurück	weit verbreitet; abnehmende Bedeutung durch Saatgutbeizung; potenziell stark schädigend; Aberkennung von Vermehrungsbeständen	gesundes Saatgut; Saatgutbeizung
Tilletia caries (Steir- oder Stinkbrand des Weizens)	anstelle des Korns entstehen Brandbutten, die in unreifem Zustand eine schwarze, schmierige, nach Heringslake riechende Masse enthalten; Brandbutten zur Zeit der Reife steinhart, enthalten hohe Anzahl von Brandsporen	weit verbreitet; kann zu erheblichen Ertrags- und Qualitätsverlusten führen; abnehmende Bedeutung durch Saatgutbeizung	gesundes Saatgut; Saatgutbeizung
Claviceps purpurea (Mutterkorn)	in der Ähre anstelle von Körnern schwarzviolette Sklerotien (Mutterkörner)	in gemäßigten Regionen; an Roggen, Triticale; zahlreiche physiologische Rassen; Bildung von Mykotoxinen	weite Fruchtfolge; tiefe Bodenbearbeitung; Sortenwahl; Reinigung des Saatgutes; Lager vermeiden

Schaderreger	Schadbild	Verbreitung und wirtschaftliche Bedeutung	Bekämpfung
14.1 Getreide			
Pratylenchus spp. (Wurzelläsionsnematode)	nesterweise Fehlstellen; Bestockung und Schossneigung reduziert; kleine Ähren mit geringem Kornertrag; Läsionen an den Wurzeln	zunehmend wirtschaftliche Schäden in Norddeutschland, insbesondere bei fehlenden Brachezeiten	Fruchtfolge; Winterbrache (z. B. Anbau von Sommergetreide anstelle von Wintergetreide)
Sitobion avenae *Metopolophium dirhodum* *Rhopalosiphum padi* u. a. (Blattläuse)	an Blättern Vergilbungs- und Vertrocknungserscheinungen; gelegentlich Blattrollen und Blattkräuselung; Bildung von Honigtau mit Rußtaubildung	direkter Schaden durch Entzug von Assimilaten, indirekter Schaden durch Honigtau; Ertrags- und Qualitätsminderung; Virusübertragung	Frühsaaten vermeiden; Insektizideinsatz nach Schadensschwelle bzw. Befallsprognose
Oscinella frit (Fritfliege)	Absterben und Gelbwerden des Herzblattes, lässt sich leicht herausziehen; Spross am Grunde leer gefressen, mit Wuchshemmung; Kümmerkorn; taube Ähren, vor allem bei Hafer und Gerste	wichtiger Schädling bei allen Getreidearten; bedeutende Ertragsminderungen	Saatgutbeizung; Insektizideinsatz nach Schadensschwelle
Delia coarctata (Brachfliege)	Absterben und Gelbwerden des Herzblattes, lässt sich leicht herausziehen; Sprossbasis leer gefressen; geschädigte Triebe sterben oft unter Fäulniserscheinungen an ihrer Basis ab	vor allem an Winterweizen; Schäden meist nur regional	frühe Saat des Wintergetreides; Beizung mit Insektiziden; für schnelle Bestockung der Pflanze sorgen (z. B. Walzen bei ersten sichtbaren Schäden)
Contarinia tritici (Gelbe Weizengallmücke) *Sitodiplosis mosellana* (Orangerote Weizengallmücke)	Ähren ganz oder teilweise taub; Deckspelzen gelb-braun verfärbt; Körner teilweise ausgefressen, verkrüppelt oder verkümmert; Aufplatzen der Samenschale und sekundäre Besiedlung durch Pilze	in Weizenanbaugebieten weit verbreitet; von Zeit zu Zeit deutliche Ertrags- und Qualitätsminderung	weite Fruchtfolge; Insektizideinsatz nach Schadensschwelle; Randbehandlung häufig ausreichend

Oulema lichenis (Blaues Getreidehähnchen) *Oulema melanopa* (Rothalsiges Getreidehähnchen)	Streifenförmiger Schabefraß durch die Larven auf den Blättern	weit verbreitet; *O. lichenis* überwiegend an Weizen; *O. melanopa* an allen Getreidearten	Insektizideinsatz nach Schadensschwelle bzw. Befallsprognose
Microtus arvalis (Feldmaus)	Fraßschäden an Wurzeln und oberirdischen Pflanzenteilen	erhebliche Schäden möglich	Giftköder; Ablenkungsfütterung
14.2 Mais			
Maize dwarf mosaic virus (MDMV, Maisverzwergungsvirus)	an Blättern Scheckung, Mosaik, Strichelung oder Rotstreifigkeit; gelbgrüne Verfärbung der älteren Blätter; Wuchshemmung; unvollständig gefüllte Maiskolben Übertragung: Blattläuse (z. B. *Rhopalosiphum padi*)	deutliche Ertragsverluste, insbesondere bei früher Infektion	Saatgutbeizung; Insektizideinsatz zur Vektorbekämpfung
Fusarium spp., *Pythium* spp., *Rhizoctonia* spp. (Auflaufkrankheiten, Wurzel- und Stängelfäule)	Keimlinge nekrotisiert; Herzblatt verfault; Kümmerwuchs; Absterben der Keimlinge; Stängelbasis fleckig braun, lässt sich zusammendrücken; Stängelmark verrottet bzw. von weißem bis rosafarbenem Myzel durchzogen; Stängel bricht am unteren Knoten ab	weit verbreitet; beträchtliche Ertrags- und Qualitätsverluste möglich, insbesondere bei Sommertrockenheit und regenreichem Herbst	wenig anfällige Sorten; optimale Keim- und Auflaufbedingungen schaffen; Saatgutbeizung
Fusarium spp. (Kolbenfäule)	Hüllblätter der Maiskolben verklebt; außen weiße, lachs- bis zimtfarbene Beläge, darunter weißes bis rosa-purpur gefärbtes filzig-wolliges Myzel; Körner rot bis braun, z. T. aufgeplatzt; später Spindel braunrot verfärbt; Kolben oft ganz verfault	Qualitätsverluste; Mykotoxinbildung möglich; bevorzugtes Auftreten bei kühl-feuchtem Sommer/Herbst; Förderung durch Maiszünslerbefall oder Vogelfraß	tolerante Sorten; indirekt durch schnelle Trocknung im Lager; weite Fruchtfolge; sorgfältige Stoppel- und Bodenbearbeitung (mit Pflug)

Schaderreger	Schadbild	Verbreitung und wirtschaftliche Bedeutung	Bekämpfung
14.2 Mais			
Ustilago maydis (Maisbeulenbrand)	Beulen auf den Blättern; Umwandlung männlicher Blüten in bohnenförmige Beulen mit braun-schwarzem, stäubendem Sporenpulver; Umwandlung weiblicher Blüten in blasige, zuerst von einem silbrig-weißen Häutchen umgebene Beulen, die in eine unförmige, schwarze Masse umgewandelt werden	wirtschaftliche Schäden nur bei Körnermais (witterungsabhängig); Förderung durch Fritfliegenbefall und Hagelschäden	Inkrustierung des Saatgutes; Frühsaat; Bekämpfung der Fritfliege; Beregnung in Trockenperioden; Bodengare verbessern
Setosphaeria turcica (Exserohilum turcicum, Northern corn leaf blight)	ab der Blüte längliche, wässrige, graugrüne Blattflecken von unten nach oben wandernd; später bräunlich mit dunklem Rand und zusammenfließend bis zur Zerstörung des gesamten Blatts	bedeutend bislang vor allem in den wärmeren Anbaugebieten (Südeuropa, Österreich), jedoch sich nach Norden ausbreitend; Ertragsverluste bis 30%	resistente Sorten; gründliche Zerkleinerung und Einarbeitung der Maisernteреste; Fungizideinsatz
Oscinella frit (Fritfliege)	vernarbte Fraßstellen (Lochfraß) an Blättern; Zerreißen, Verdrehung oder steckengebliebene Blätter; Verkrüppelung der ganzen Pflanze; Ausbildung von Seitentrieben mit mangelhafter Kolbenbildung	weit verbreitet; alljährlich leichte bis schwere Schäden möglich; erhöhte Anfälligkeit gegenüber Maisbeulenbrand	Saatgutinkrustierung; nicht zu frühe Aussaat
Ostrinia nubilalis (Maiszünsler)	Reihen von Fraßlöchern in oberen Blattetagen quer zur Blattachse; Bohrmehl und Raupenkot in Blattachseln und an Bohrlöchern; Fraßgänge im Stängel sowie in Kolbenansatz und Kolbenspindel; Abknicken der Pflanzen meist im Bereich des Blütenstandes	bedeutender Schädling; bis zu 30% Ertragsverluste möglich; Z-Rasse vor allem im Süden; E-Rasse vorzugsweise in Norddeutschland; Sekundärbefall mit mykotoxinbildenden Pilzen	tiefes Einarbeiten der Stoppelreste; *Bacillus thuringiensis*-Präparate; *B. t.*-Mais; Einsatz von Nützlingen (z. B. *Trichogramma evanescens*); Insektizideinsatz

Diabrotica virgifera virgifera (Westlicher Maiswurzelbohrer)	Larvenfraß an Wurzeln; Einbohren in die Wurzeln und Fraß des gesamten Wurzelgewebes; starke Lagerneigung; Sekundärinfektionen	weltweit der bedeutendste Maisschädling; seit 1992 in Europa; Ausbreitung nach Deutschland ist zu befürchten; Quarantäneschaderreger	Fruchtfolge; sorgfältige Zerkleinerung und Einarbeitung der Erntereste; *B. t.*-Mais; Insektizideinsatz
Agrictes lineatus *Agrictes obscurus* (Drahtwurm)	Fehlstellen im Bestand durch Fraß am Maissaatgut oder am Keimling; Vertrocknen der Herzblätter; Absterben der Pflanzen durch Eindringung der Larven in den Stängel (unterirdisch) und Abtöten des Vegetationspunktes	weit verbreitet; Probleme vor allem in den ersten drei Jahren nach Grünlandumbruch	Anbau empfindlicher Kulturen erst 3 Jahre nach Grünlandumbruch; mehrfache Bodenbearbeitung bei warmer Witterung; Insektizideinsatz nach Schadensschwelle
Vogelfraß	besonders Fasan, aber auch Krähen und Tauben; Aushacken und Fressen von Saatkörnern sowie von aufgelaufenen Pflanzen, den Saatreihen folgend	erhebliche Ertragseinbußen möglich, da oft große Fehlstellen; vor allem bei verzögertem Auflaufen	Inkrustierung des Saatgutes mit Vogelrepellent; Aufstellen von Vogelscheuchen; geregelte Jagdausübung
14.3 Raps			
Beet western yellows virus (BWYV, Wasserrüben-vergilbungsvirus)	Anthocyanfärbung und Rötung der Blattränder; an älteren Blättern Vergilbungen im Interkostalbereich; Wuchsminderung Übertragung: Blattläuse (*Myzus persicae*)	seit 1988 hohe Infektionsraten in einigen Anbaugebieten nachgewiesen; erhebliche Samenertragsminderungen (20 bis 50%); alle Sorten anfällig	Saatgutbeizung mit systemischen Insektiziden zur Vektorbekämpfung
Peronospora parasitica (Falscher Mehltau)	auf Keim-, Grund- und Stängelblättern oberseits gelbliche, unregelmäßig kantige, unscharf abgegrenzte Flecken; später Vergilbung oder fahlbraune Verfärbung und Absterben; blattunterseits weißgraue, fleckenartige Überzüge; Flecken und Myzel auch auf Schoten	in allen Rapsanbaugebieten auftretend; Pflanzenverluste bei frühzeitigem Befall im Keimlingsstadium, insbesondere bei Spätsaaten	Saatgutbeizung; nicht zu späte Saat; Förderung der Jugendentwicklung; Beseitigung von Ernterückständen und Ausfallraps; selten Fungizideinsatz erforderlich

Schaderreger	Schadbild	Verbreitung und wirtschaftliche Bedeutung	Bekämpfung
14.3 Raps			
Plasmodiophora brassicae (Kohlhernie)	Jungpflanzen kümmern; an älteren Blättern Vergilbung und rötliche Verfärbung; Welke bei Trockenheit; Wurzeln mit unregelmäßigen, rötlichbraunen Verdickungen; Wurzelwucherungen innen zunächst weiß, fest und ohne Hohlraum, später gelblich, dann grau	allgemein verbreitet; hohe Ertragsausfälle möglich; typische Fruchtfolgekrankheit, besonders auf kalkarmen vernässten Böden	wenig anfällige Sorten; Anhebung des Boden-pH-Wertes; Vermeidung von Staunässe; weite Fruchtfolge; keine Kruziferen als Zwischenfrüchte; sorgfältige Unkrautbekämpfung
Phoma lingam (Wurzelhals- und Stängelfäule)	auf Blättern gelbliche Flecken mit weißgrauem Zentrum und blattoberseits schwarzen Punkten (Pyknidien); später Aufreißen des Gewebes; am Stängel graubraune, scharf umrandete Flecken; Verbräunung des Stängelmarks; an Wurzelhals Fäule; vorzeitiges Absterben der Pflanzen	weltweit verbreitet; teilweise mit hohen Ertragsverlusten (30 bis 77%); Ernteerschwernis durch Lager	resistente Sorten; Fungizideinsatz
Sclerotinia sclerotiorum (Weißstängeligkeit)	auf Blättern kreisförmige, unscharf begrenzte, beigegraue, gelblich umrandete Flecken, später auf gesamter Blattspreite; Welke; am Stängel weißliche bis beigegraue Flecken; weißlicher Pilzbelag mit Sklerotienbildung; im Stängel flockiges Myzel mit Sklerotien	weit verbreitet; hohe wirtschaftliche Bedeutung; Ertragsminderungen bis 30% möglich; besonders gefährdet sind feuchte Lagen (Küstennähe, Talsenken)	weite Fruchtfolge; Beseitigung von Unkräutern als Zwischenwirte; Fungizideinsatz zum Zeitpunkt der Vollblüte, biologische Bekämpfung der Sklerotien im Boden

Verticillium longisporum (Krankhafte Abreife)	halbseitige Vergilbung an Blättern; Blattadern grün, später schwarz; am Haupttrieb von oben nach unten verlaufender, wässrig-grüner, später gelblich-brauner Längsstreifen; im Mark und unter der Stängelepidermis fein verteilte schwarze Mikrosklerotien	bevorzugtes Auftreten in Norddeutschland; zunehmende Bedeutung bei enger Fruchtfolge; Überdauerung des Pilzes über mehrere Jahre im Boden	schwierig; weite Fruchtfolge; Beseitigung von Unkräutern als Zwischenwirte
Alternaria brassicae (Rapsschwärze)	auf Blättern braunschwarze, eingesunkene Flecken; häufig mit gelbem Rand und konzentrischen Ringen; Pilzrasen mit Konidien; am Stängel längliche braunschwarze Flecken; auf Schoten schwarze, eingesunkene Flecke mit dunklen und hellen Ringen; Notreife	in allen Rapsanbauregionen verbreitet; verstärkt bei feuchtwarmer Witterung	wenig anfällige Sorten; ausgewogene Nährstoffversorgung; Fungizideinsatz selten erforderlich
Psylliodes chrysocephala (Rapserdfloh)	Lochfraß der Käfer an Blättern; Larven minieren im Stängel der Jungpflanzen; Eintrittspforte für Krankheitserreger (z. B. *Phoma lingam*); Auswinterung	bedeutender Herbstschädling; bei Massenauftreten Totalverlust möglich	Monitoring mit Gelbschalen; frühe Aussaat; wachstumsfördernde Maßnahmen (Düngung); Insektizideinsatz
Delia radicum (Kohlfliege)	zum Teil erheblicher Minierfraß an Hauptwurzeln durch Larven ab Herbst und im Fruhjahr; Vergilbungs- und Welkesymptome; 3 Generationen pro Jahr	in den letzten Jahren stark zunehmend; Pflanzenverluste und Schwächung der Pflanzen vor dem Winter (erhöhte Auswinterung)	Saatgutbeizung; nicht zu frühe Saat
Ceutorhynchus napi (Großer Rapsstängelrüssler)	Minierfraß im unteren bis mittleren Stängelbereich; am Stängel S-förmige Verkrümmung, die häufig aufplatzt; sekundäre Pilzinfektion möglich (z. B. *Phoma lingam*); Seitentriebe in Zahl und Stärke reduziert; Besiedlung vom Feldrand ausgehend	weit verbreitet; bedeutender Schaderreger	Monitoring des Zuflugs durch Gelbschalen; Insektizideinsatz

Schaderreger	Schadbild	Verbreitung und wirtschaftliche Bedeutung	Bekämpfung
14.3 Raps			
Ceutorhynchus pallidactylus (Gefleckter Kohltriebrüssler)	Larven minieren im Stängel; im Gegensatz zu *C. napi* jedoch keine Halmverkrümmung; sekundäre Pilzinfektion möglich (z. B. *Phoma lingam*); Besiedlung vom Feldrand ausgehend	weit verbreitet; teils beträchtliche Schäden an Jungpflanzen	Monitoring des Zuflugs durch Gelbschalen; Insektizideinsatz
Ceutorhynchus picitarsis (Schwarzer Kohltriebrüssler)	Larven minieren im Stängel; Aushöhlung des Wurzelhalses; Zerstörung des Vegetationskegels; Kümmerwuchs und Vieltriebigkeit; Auswinterung	nur regionale Bedeutung in Süddeutschland	Monitoring mit Gelbschalen; Insektizideinsatz
Meligethes aeneus (Rapsglanzkäfer)	Reifefraß an Knospen durch Käfer; Knospen sterben ab; verminderter Schotenansatz; Besiedlung vom Feldrand ausgehend	weit verbreitet; erhebliche Schäden bei frühzeitigem Auftreten und Sommertrockenheit; an Sommerraps stärker schädigend	Monitoring durch Gelbschalen; Insektizideinsatz
Ceutorhynchus assimilis (Kohlschotenrüssler)	Eiablage in Schoten; Larven fressen Samen; Ausbohrlöcher der reifen Larven werden von Kohlschotenmücke genutzt; Besiedlung vom Feldrand ausgehend	weit verbreitet; bedeutender Schaderreger; direkter Schaden meist gering, aber Wegbereiter für Kohlschotenmücken	Monitoring durch Gelbschalen; Insektizideinsatz
Dasineura brassicae (Kohlschotenmücke)	Eiablage in Bohrlöcher des Kohlschotenrüsslers; Schoten hellgrün, blasig aufgetrieben, vergilben später und platzen auf, Rapskörner fallen aus	allgemein verbreitet; kann zu völligem Ernteausfall führen; Förderung durch Auftreten des Kohlschotenrüsslers	Monitoring durch Gelbschalen; in Befallslagen sowie bei Auftreten des Kohlschotenrüsslers Insektizideinsatz
Deroceras spp. (Ackerschnecke)	Rand- und Lochfraß, teils auch Kahlfraß; glänzende Schleimspuren auf dem Boden und an der Pflanze	weit verbreitet; zunehmende Bedeutung	bei Bodenbearbeitung Hohlräume vermeiden; Molluskizideinsatz

Wildgänse (z. B. Ringelgans, Graugans, Blässgans)	Fraß von Körnern und Keimlingen; Abweiden von Raps, Getreide und Grünland; Schäden durch Zertreten, Verdichten des Bodens und Verkoten	weit verbreitet in Küstenregionen und entlang von Flüssen; zunehmende Bedeutung, regional erhebliche Schäden, teils Kahlfraß	Verscheuchen; Ablenkfütterung; Überspannen wertvoller Kulturen mit Draht; Abschuss
14.4 Kartoffel			
Potato leaf roll virus (PLRV, Blattrollkrankheit)	Blätter nach oben eingerollt, steif und spröde (Kohlenhydratanreicherung); Blattstiele aufwärts gerichtet; Phloemnekrosen; Pflanzen gestaucht; Knollennekrosen Übertragung: Blattläuse (z. B. *Myzus persicae*)	weit verbreitet, aber nur noch unterschwellig von Bedeutung	resistente Sorten; gesundes Pflanzgut; vorzeitiges Roden oder Abtöten des Krauts, um Abwanderung der Viren in die Knollen zu verhindern; Insektizideinsatz zur Vektorbekämpfung
Potato virus Y (PVY, Strichelkrankheit, Tabakrippenbräune)	blattunterseits tintenspritzerähnliche nekrotische Flecken; Blätter gekräuselt; Mosaik und Strichelsymptome; Wachstumshemmung Übertragung: Blattläuse, mechanisch, Pflanzgut	bedeutendste Virose an Kartoffeln; weit verbreitet; Ertragsverluste bis 80% möglich, vor allem bei Mischinfektion mit anderen Viren	resistente Sorten; gesundes Pflanzgut; Insektizideinsatz zur Vektorbekämpfung
Potato virus M (PVM, Kartoffel-M-Virus)	an Blättern Adernaufhellung; Rötlichfärbung der Endblätter; Blattrandwellungen; Mosaik; Einrollen der Wipfelblätter; Stauchung der Sprossachse; Symptomausprägung > 24 °C maskiert Übertragung: Blattläuse	weit verbreitet; Bedeutung in Mitteleuropa zunehmend; Ertragsverluste bis 40%; Stärkegehalt reduziert	resistente Sorten; Insektizideinsatz zur Vektorbekämpfung
Potato virus S (PVS, Kartoffel-S-Virus)	schwache chlorotische Symptome; oft symptomlos Übertragung: Blattläuse (*Myzus persicae*), mechanisch, Pflanzgut	weltweit verbreitet; überwiegend latent auftretend; Ertragsverluste bis 20%; stärkere Schäden bei Mischinfektionen	resistente Sorten; gesundes Pflanzgut; Insektizideinsatz zur Vektorbekämpfung

Schaderreger	Schadbild	Verbreitung und wirtschaftliche Bedeutung	Bekämpfung
14.4 Kartoffel			
Potato virus X (PVX, Kartoffelvirus X) Potato virus A (PVA, Kartoffelvirus A)	Symptome sortenabhängig; leichtes Mosaik; z. T. symptomlos oder nekrotische Strichel Übertragung: mechanisch, Pflanzgut	Ertragsausfälle vor allem bei Mischinfektion mit anderen Kartoffelviren	resistente Sorten; gesundes Pflanzgut; Insektizideinsatz zur Vektorbekämpfung
Tobacco rattle virus (TRV, Pfropfenkrankheit bzw. viröse Eisenfleckigkeit)	Blätter einzelner Triebe von Kartoffelpflanzen mit ringförmigen Flecken; Triebe gestaucht; auf der Knollenschale eingesunkene Flecken; im Knollengewebe bogenförmige Nekrosen oder „Eisenflecken“ Übertragung: Nematoden (z. B. *Trichodorus*)	primär qualitativer Schaden (Eisenfleckigkeit); bereits leichter Befall führt zur Ablehnung als Speise- oder Veredelungskartoffel; Bedeutung zunehmend	resistente Sorten; Beseitigung der Pflanzenrückstände; Unkrautbekämpfung (Vogelmiere, Franzosenkraut, Melde sind Wirte für *Trichodorus*); Zwischenfrüchte meiden, die *Trichodorus* als Wirt dienen
Clavibacter michiganensis subsp. *sepedonicus* (Bakterienringfäule)	Pflanzen laufen nicht auf, kümmern, welken und sterben ab; Knollen äußerlich ohne Symptome, nach Anschnitt Verfärbung des Gefäßbündelringes sichtbar, der später in eine ringförmige, weichfaule und breiige Zone übergeht; Infektion der Knollen im Boden und Lager	zunehmende Bedeutung in Deutschland; Auflaufschäden und Ernteverluste bis zu 20%; Lagerverluste durch Fäulnis bis zu 60%; Quarantäneschaderreger	gesundes Pflanzgut; Entfernen von Ernterückständen; Vermeidung von Wunden an den Knollen
Ralstonia solanacearum (Schleimfäule)	Welke an Triebspitzen beginnend; Blätter vergilben und nekrotisieren; Pflanze stirbt ab; braune Verfärbung der Gefäßbündelzone in Stängel und Stolonen, unter Druck tritt eine bräunliche, schleimige Flüssigkeit aus; halbierte Knollen weisen braunverfärbte Gefäßbündelzone auf	in wärmeren Regionen weit verbreitet; dort beträchtliche Auflaufschäden und Lagerverluste; sporadisches Auftreten in Mitteleuropa; Quarantäneschaderreger	gesundes Pflanzgut; wenig anfällige Sorten; Desinfektion kontaminierter Gegenstände; Fruchtfolge

Erwinia carotovora subsp. *carotovora* (Knollennassfäule), *Erwinia carotovora* subsp. *atroseptica* (Schwarzbeinigkeit, Knollennassfäule)	Stängelbasis schwarz verfärbt und verfault; Blätter hellgrün bis gelb; Fiederblätter teilweise eingerollt; Pflanzen lassen sich leicht aus dem Boden ziehen; Knollen weichfaul; breiige Masse wird nur durch die Schale zusammengehalten; stechender Geruch	bedeutende Krankheit; in Jahren mit sehr feuchter Witterung Schäden > 30%, bei unsachgemäßer Lagerung Totalverlust möglich; kann in kürzester Zeit ganze Partien vernichten	gesundes Pflanzgut; Beschädigungen der Knollen vermeiden; günstige Lagerbedingungen (4–6 °C und 95% rF); faule Knollen frühzeitig auslesen
Streptomyces scabies (Kartoffelschorf)	ungleichmäßig verteilte, korkartige braune Flecken auf der Schale; Flachschorf nur außen auf der Schale; Buckelschorf mit Bildung neuen Gewebes unter Befallsstellen; bei Tiefschorf kraterförmiges Einsinken; bei Netzschorf flächiger Befall mit netzartigen Rissen	geringe Auswirkungen auf Ertrag, aber erhebliche Qualitätsbeeinträchtigung bei Speisekartoffeln; erhöhte Schäl- und Gewichtsverluste	wenig anfällige Sorten; Absenken des Boden-pH-Wertes (z. B. physiologisch saure Düngemittel einsetzen); Düngung mit Mangan und Bor; Beregnung
Synchytrium endobioticum (Kartoffelkrebs)	blumenkohlartige Wucherungen an den Knollen in Augennähe, an Stolonen und am Stängelgrund; die anfangs gelblich weißen Wucherungen werden braun, verrotten und zerfallen	Ertragsminderung in der Regel gering aufgrund konsequenter Maßnahmen (Felder bleiben 50 bis 70 Jahre infektiös); Quarantäneschaderreger	Anbauverbot auf Befallsflächen; Anbau resistenter Sorten in erweiterter Sicherheitszone
Colletotrichum coccodes (Colletotrichum-Welkekrankheit)	Blätter vergilben und rollen sich vom Blattrand nach oben auf; Stängel meist noch grün, während Blätter vertrocknen und herunterhängen; Knollen gummiartig weich, schrumpfen und faulen	in fast allen Kartoffelanbaugebieten verbreitet; trocken-heißer Sommer fördert Befall	Fungizideinsatz

Schaderreger	Schadbild	Verbreitung und wirtschaftliche Bedeutung	Bekämpfung
14.4 Kartoffel			
Phytophthora infestans (Kraut- und Knollenfäule)	an den Blatträndern und Blattspitzen braune Flecken; blattunterseits weißlicher Belag; später gesamte Blätter braun; an den Knollen leicht eingesunkene, bleigraue Flecken, die oft ganze Knollenteile überdecken; Knollen teilweise bis zur Mitte rostbraun verfärbt (Braunfäule)	bedeutendste Pilzkrankheit an Kartoffel; Ertragsminderungen von über 30% keine Seltenheit; Totalverluste durch Fäulnis im Lager möglich	resistente Sorten; gesundes Pflanzgut; Krautabtötung zur Verhinderung der Knolleninfektion; verletzungsfreie Ernte und Einlagerung; Fungizideinsatz nach Befallsprognose
Spongospora subterranea (Pulverschorf)	kleine hellgefärbte Schorfpusteln auf der Knolle; nach Aufreißen der Pusteln Freiwerden brauner Sporenballen	Qualitätsverlust; wirtschaftliche Schäden nur bei feuchten und kühlen Anbaubedingungen	gesundes Pflanzgut; Fruchtfolge; Vernichtung befallener Knollen
Rhizoctonia solani (Wurzeltöterkrankheit)	ungleichmäßiger Aufgang; Wipfelblätter eingerollt, z. T. hell verfärbt; Stängelgrund morsch und von grauweißem Myzel überzogen (Weißhosigkeit); auf der Knollenschale dunkelbraune bis schwarze Sklerotien (Pockenkrankheit); Knollen klein, verunstaltet oder unregelmäßig gewachsen	tritt in fast allen Anbaugebieten auf; Ertrags- und Qualitätsminderung; bei Einzelpflanzen bis zu 100%, im Feldbestand bis zu 50% Verluste möglich	gesundes Pflanzgut; Pflanzgutbehandlung; wenig anfällige Sorten; weite Fruchtfolge; Kartoffeln nach Krautabtötung nicht länger als zwei bis drei Wochen im Boden belassen; Fungizideinsatz
Alternaria solani (Dürrfleckenkrankheit)	auf den Blättern braune, scharf begrenzte Dürrflecken mit konzentrischen Ringen; vorzeitiges Absterben des Laubes; auf den Knollen leicht eingesunkene, trockene Faulstellen (Trockenfäule, Hartfäule)	nur in warmen Jahren wirtschaftlich bedeutend; Krankheit häufig mit *Phytophthora infestans* vergesellschaftet; Bedeutung zunehmend	gesundes Pflanzgut; wenig anfällige Sorten; ausgewogene Düngung; beschädigungsfreie Ernte ausgereifter Knollen bei trockenem Boden; Fungizideinsatz

Helminthosporium solani (Silberschorf)	auf Schalenoberfläche silbrig schimmernde, unregelmäßige Flecken mit bräunlichem Rand und schwarzen Pünktchen; Knollen schrumpfen während der Lagerung	weit verbreitet; zunehmende Bedeutung in letzten Jahren; befallene Knollen nicht vermarktbar; Krankheit tritt vor allem bei Knollenlagerung im Feld auf	gesundes Pflanzgut; frühzeitige Ernte auf befallsverdächtigen Flächen; Knollen nach der Ernte schnell abtrocknen und kühl lagern; Beizung bringt Teilerfolge
Verticillium spp. (Verticillium-Welke)	an einzelnen Pflanzen werden Blätter von der Spitze her gelb, rollen sich etwas ein, welken und vertrocknen; Welke von unten nach oben fortschreitend; Blätter brechen an Blattansatzstelle leicht ab; mehr oder weniger stark verbräunte Gefäßbündel im Stängel	hohe Ertragsausfälle nur in Jahren mit heißen Sommern; zunehmende Bedeutung	Fruchtfolge; nach der Ernte sollen Knollen schnell abtrocknen; kühl lagern
Sclerotinia sclerotiorum (Sclerotinia-Stängelfäule)	weißes, watteähnliches Pilzmyzel an Sprossbasis und in Blattachseln; später mit Sklerotien; Pflanzen knicken an Befallsstelle; primär an verletzten Pflanzen	Schäden vor allem in Kartoffel-Raps-Fruchtfolgen; Förderung durch kühl-feuchtes Wetter sowie Beregnung	weite Fruchtfolge; tiefes Pflügen
Globodera rostochiensis *Globodera pallida* (Gelber bzw. Weißer Kartoffelzystennematode)	nesterweise auftretende Wachstumshemmungen; Vergilben der Blätter; stark verzweigtes Wurzelsystem; 0,5 bis 1 mm große Zysten an Wurzeln, diese bei *G. rostochiensis* von weiß über gelbbraun nach braun übergehend, bei *G. pallida* direkt von weiß nach braun	Pathotyp Ro1 weit verbreitet, andere Pathotypen eher selten; bis zu 50% Ertragseinbußen bei anfälligen Sorten; Quarantäneschaderreger	resistente Sorten; weitgestellte Fruchtfolge; Nematizideinsatz bei Spätkartoffeln
Myzus persicae, *Aphis nasturtii*, *A. frangulae*, u. a. (Blattläuse)	Einrollen der Blätter; Vergilbungserscheinungen; Honigtauausscheidung mit Besiedlung durch Schwärzepilze	Hauptschaden durch Übertragung pflanzenpathogener Viren; bei hohem Besatz Verluste durch Saftentzug	Schonung bzw. Förderung natürlicher Gegenspieler; Insektizideinsatz nach Schadensschwelle

Schaderreger	Schadbild	Verbreitung und wirtschaftliche Bedeutung	Bekämpfung
14.4 Kartoffel			
Leptinotarsa decemlineata (Kartoffelkäfer)	Loch- und Skelettierfraß durch Käfer und Larven	in Jahren mit Massenauftreten durch Zerstörung der gesamten Blattfläche erhebliche Ertragsverluste	Biologische Präparate (z. B. *Bacillus thuringiensis*); Insektizideinsatz nach Schadensschwelle bzw. Befallsprognose
Agriotes lineatus Agriotes obscurus (Drahtwürmer)	In Knollen bis 3 mm breite Bohrgänge der Larven; Sekundärinfektion mit Bakterien und Pilzen	zunehmend ein Problem, vor allem im ökologischen Landbau; Schäden häufig nach Grünlandumbruch	Insektizideinsatz; Unkrautbekämpfung
Agrotis segetum (Wintersaateule)	an den Blättern Fenster-, Loch und Blattrandfraß durch die Larven, später auch an den Wurzeln und Knollen (Herausfressen regelrechter Höhlen)	wichtigste Erdeule Europas; gebietsweise bis zu 15% Verluste	Insektizideinsatz; Unkrautbekämpfung
Tipula paludosa (Wiesenschnake)	Fraßschäden an Wurzeln und bodennahen Sprossteilen durch die Larven; dadurch Vergilbungs- und Welkeerscheinungen (lückiger Bestand)	weit verbreitet; Massenauftreten bei feucht-kühler Witterung und nach mildem Winter; teils bedeutender Schädling nach Grünlandumbruch	biologische Bekämpfung mit *Steinernema feltiae*; Drainieren feuchter Flächen; Insektizideinsatz
Mus musculus (Hausmaus)	Fraßschäden an Kartoffelknollen	erhebliche Schäden möglich	Fang in Fallen; Giftköder; Begasung von Räumen mit Vorratsgütern

14.5 Zuckerrübe

Beet necrotic yellow vein virus (BNYVV, Rizomania)	Blattaufhellungen; Pflanzen bleiben im Wachstum zurück; Welke bei trockener Witterung; Hauptwurzel abgestorben, starke Bildung von Seitenwurzeln (= Bärtigkeit); kleine, deformierte Rübenkörper Übertragung: *Polymyxa betae*, mechanisch	derzeit bedeutendste Rübenkrankheit; Ertragsminderung bis 50%; erhebliche Reduzierung des Zuckergehaltes	resistente Sorten; weite Fruchtfolge; Staunässe vermeiden; Verbesserung der Bodenstruktur, Verschleppung von verseuchtem Boden auf befallsfreie Standorte vermeiden
Beet yellows virus (BYV) Beet mild yellowing virus (BMYV, Viröse Vergilbung)	Adernaufhellung; Vergilbung der älteren Blätter, die gewellt, dick und brüchig werden; Blätter knacken beim Zusammendrücken (Stärkestau!) Übertragung: Blattläuse (*Myzus persicae, Aphis fabae*)	wirtschaftlich bedeutende Virose; starke Minderungen des Rüben- und Zuckerertrages, besonders bei frühem Blattlausbefall	Förderung der Jugendentwicklung; Unkrautbekämpfung; Insektizideinsatz (Saatgutbehandlung) zur Vektorbekämpfung
Beet mosaic virus (BtMV, Rübenmosaik)	auf jüngsten Blättern zuerst chlorotische Sprenkel, dann Mosaik und Kräuselung; vorzeitig vertrocknende Blätter; leichte Stauchung der Pflanze Übertragung: Blattläuse (z. B. *M. persicae, A. fabae*)	weltweit verbreitet; in Mitteleuropa besonders an Samenträgern; reduzierter Rüben- und Zuckerertrag bis 40%	Förderung der Jugendentwicklung; Unkrautbekämpfung; Insektizideinsatz nach Schadensschwelle bzw. Befallsprognose
Pythium ultimum (Wurzelbrand)	lückiger Aufgang, an Wurzeln und Wurzelhals von Keimlingen dunkle Flecken und Einschnürungen; befallene Pflanzen vergilben, welken und knicken um (Umfallkrankheit); Kümmerwuchs älterer Pflanzen	weltweit verbreitet; bei kühlfeuchter Frühjahrswitterung teils Totalausfall; Wachstum und Ertrag reduziert	Saatgutbehandlung; Aussaat in ausreichend abgetrockneten Boden; für gute Krümelstruktur des Bodens sorgen; Jugendwachstum fördern

Schaderreger	Schadbild	Verbreitung und wirtschaftliche Bedeutung	Bekämpfung
14.5 Zuckerrübe			
Phoma betae (Wurzelbrand)	an Teilen der Wurzel, des Wurzelhalses und des Hypokotyls von Keimpflanzen braune Flecken oder Einschnürungen; Pflanzen vergilben, fallen um und sterben ab	in Mitteleuropa geringe wirtschaftliche Bedeutung; nur in wenigen Jahren spürbarer Befall mit begrenzten Blattzerstörungen	Saatgutbehandlung; Jugendwachstum fördern; Verkrustung der Bodenoberfläche verhindern; flache Saat; ausgewogene Düngung
Cercospora beticola (Cercospora-Blattfleckenkrankheit)	kleine, graubraune, von einem roten Rand umgebene, nekrotische Flecken; bei starkem Befall Absterben der Blätter; Befall ab Ende Juni	weit verbreitet; wirtschaftlich bedeutend bei feucht-warmer Witterung; Rüben- und Zuckerertrag beeinträchtigt durch Verlust der Blattmasse	Saatgutbehandlung; weniger anfälliger Sorten; tiefes Unterpflügen der Blattreste; weitgestellte Fruchtfolge; Fungizideinsatz nach Schadensschwelle bzw. Befallsprognose
Ramularia beticola (Ramularia-Blattfleckenkrankheit)	braune, rundliche Blattflecken mit dunklem Rand, bei hoher Luftfeuchtigkeit mit weißlichem Sporenrasen; befallenes Gewebe wird brüchig und fällt heraus; Absterben der Blätter; Blattneubildung mit ananasartigem Aussehen des Rübenkopfes	weit verbreitet; Schäden insbesondere bei feucht-kühler Witterung; Rüben- und Zuckerertrag vermindert	weite Fruchtfolge; Beseitigung der Ernterückstände; Fungizideinsatz nach Schadensschwelle bzw. Befallsprognose
Erysiphe betae (Echter Mehltau)	bevorzugt an mittleren und äußeren Blättern; zunächst einzelne, mehlige Pusteln auf der Blattoberseite, die später zusammenwachsen und größere Blattflächenbereiche bedecken; Blätter vergilben und trocknen ein; Befallsbeginn zwischen Anfang Juli und September	weit verbreitet; begünstigend wirken warme Witterung und hohe Luftfeuchtigkeit; wirtschaftliche Verluste in Deutschland bei starkem Befall	weite Fruchtfolge; Beseitigung der Ernterückstände; Fungizideinsatz

Uromyces betae (Rübenrost)	blattober- und –unterseits rostbraune Pusteln mit Uredosporen; bei starkem Befall Absterben der Pflanze	regional stark auftretend und schädigend	weite Fruchtfolge; Beseitigung der Ernterückstände; Fungizideinsatz
Heterodera schachtii (Rübenzystennematode)	nesterweise auftretende Wachstumshemmungen; Welken der Blätter bei Sonneneinstrahlung; Vergilben der Blätter, Rübenkörper mit stark verzweigten Wurzeln (Bärtigkeit) mit weißen, später braunen Zysten	bedeutender Schaderreger in engen Rübenfruchtfolgen; besonders auf leichten/warmen Böden	resistente Sorten; resistente Ölrettich- oder Senfsorten als Zwischenfrucht; Anbaupause von 2 bis 3 Jahren
Ditylenchus dipsaci (Rübenkopffäule)	Verdickung und Verdrehung der Keimblätter; tiefreichende, schwarz verfärbte Fäule des Rübenkopfes; teils weiße Pusteln auf Rübenkörper (Nematodenwolle)	in letzten Jahren stark zunehmende Bedeutung in Ausläufern der Mittelgebirge	sorgfältige Unkrautbekämpfung; bei bekannter Rasse bevorzugter Anbau von Nichtwirtspflanzen
Aphis fabae (Schwarze Bohnenlaus)	Einrollen der Blätter und Verkümmern der Triebspitzen; große Kolonien in Herzblättern; Ansiedlung von Schwärzepilzen auf dem durch die Läuse abgegebenen Honigtau; Virusübertragung (z. B. Beet yellows virus)	Saugtätigkeit kann zu starken Ertragsminderungen führen; Virusübertragung	Saatgutbehandlung; frühe Aussaat; Förderung der Jugendentwicklung; Insektizideinsatz nach Schadensschwelle bzw. Befallsprognose
Myzus persicae (Grüne Pfirsichblattlaus)	leichte Verformung der Blätter; schädlich durch Virusübertragung (z. B. Beet mild yellowing virus, Beet yellows virus)	weltweit verbreitet; große Bedeutung als Virusüberträger; Frühinfektion mit Vergilbungsviren führt zu beträchtlichen Verlusten	Saatgutbehandlung; frühe Aussaat; Förderung der Jugendentwicklung; Insektizideinsatz nach Schadensschwelle bzw. Befallsprognose

Schaderreger	Schadbild	Verbreitung und wirtschaftliche Bedeutung	Bekämpfung
14.5 Zuckerrübe			
Pegomya betae (Rübenfliege)	Larven verursachen auf Blättern blasig aufgetriebene Miniergänge; später weißlich-hellgrün erscheinende Minen mit durchscheinend abgehobener Epidermis	bei Frühbefall sind stärkere Schäden möglich; Bedeutung abnehmend durch Saatgutbehandlung	Saatgutbehandlung; weite Fruchtfolge; Förderung der Jugendentwicklung; Insektizideinsatz nach Schadensschwelle bzw. Befallsprognose
Atomaria linearis (Moosknopfkäfer)	am Hypokotyl der Keimpflanzen stecknadelkopfgroße, dunkle Fraßstellen; Absterben der Pflanzen; gelegentlich Fraß an Keim- und Herzblättern	teils beträchtliche Schäden, vor allem beim Anbau von Rüben nach Rüben bzw. am Feldrand neben vorjährigen Rübenschlägen	Saatgutbehandlung; Insektizideinsatz (nur bis 8-Blattstadium notwendig); weite Fruchtfolge; Beseitigung von Ernterückständen
Agriotes lineatus *Agriotes obscurus* (Drahtwürmer)	Wurzeln teilweise oder ganz abgefressen; Welke und Absterben der Pflanzen; flache Löcher oder röhrenförmige Fraßgänge an den Rüben; hellbraune, „drahtige" Larven in Wurzelnähe im Boden	örtlich erhebliche wirtschaftliche Verluste durch Fraßschäden, besonders in feuchten Jahren und nach Grünlandumbruch	Insektizideinsatz nach Schadensschwelle
Blaniulus guttulatus (Getüpfelter Tausendfüßler)	Fraß an Wurzelhals und Wurzeln von Keimlingen; Keimlinge welken und sterben ab	in Jahren mit Massenvermehrung gebietsweise spürbare Schäden	Saatgutbehandlung; nicht zu frühe Saat; Einarbeitung größerer Mengen organischer Substanz vermeiden
Deroceras spp. (Ackerschnecke)	Rand- und Lochfraß, teils auch Kahlfraß; glänzende Schleimspuren auf dem Boden und an der Pflanze	weit verbreitet; zunehmende Bedeutung	bei Bodenbearbeitung Hohlräume vermeiden; Molluskizideinsatz

Arvicola terrestris (Schermaus) *Microtus arvalis* (Feldmaus) *Apodemus sylvaticus* (Waldmaus)	Fraßschäden an Wurzeln und Rüben; Samenfraß durch *A. sylvaticus*	gelegentlich schädigend; Fraß an Rüben besonders bei Trockenheit	Giftköder; Ablenkungsfütterung
14.6 Hülsenfrüchte (Erbse, Busch- und Stangenbohne, Ackerbohne)			
Broad bean true mosaic virus (BBTMV, Echtes Ackerbohnenmosaik)	an Erbse, Ackerbohne; junge Blätter mit deutlichem Mosaik (später abgeschwächt), stark gekräuselt, missgestaltet; Stauchung Übertragung: Käfer (*Sitona lineatus, Eutrichapion vorax*), Saatgut	geringe bis erhebliche Ertragsminderung möglich	virusfreies Saatgut; verdächtige Pflanzen frühzeitig entfernen
Bean common mosaic virus (BCMV, Gewöhnliches Bohnenmosaik), Bean common mosaic necrosis virus (BCMNV, Bohnenmosaik-Nekrose)	an Busch- und Stangenbohne; Aufhellung der Blätter; später deutliches Mosaik; häufig Blattdeformationen; blasig aufgetriebene Bereiche entlang der Blattadern; abwärts gerollte Blattränder; Stauchung; Schoten gescheckt oder deformiert Übertragung: Blattläuse, mechanisch, Saatgut, Pollen	größte Bedeutung unter den Virosen der Bohne; Schädigungsgrad von Sorte, Infektionszeitpunkt, Virusstamm und Witterungsbedingungen abhängig; Totalausfall möglich	widerstandsfähige Sorten; gesundes Saatgut; Folgesaaten nicht direkt nebeneinander säen (mindestens 100 m Abstand)
Bean yellow mosaic virus (BYMV, Gelbmosaik)	an Gartenbohne, Erbse, Ackerbohne; leuchtend gelbe Mosaikscheckung der Blätter; Hülsen grün gefleckt, eingesunken; geringer Hülsenansatz; farbige Blüten hell gestrichelt; Stauchung der Pflanzen Übertragung: Blattläuse (z. B. *A. fabae, M. persicae*)	geringe bis erhebliche Ertragsminderung möglich; an Erbsen hält sich Ertragsminderung meist in Grenzen	kein Anbau in Nähe der Winterwirte; Blattlausbekämpfung wirkt nur befallsverzögernd

Schaderreger	Schadbild	Verbreitung und wirtschaftliche Bedeutung	Bekämpfung
14.6 Hülsenfrüchte (Erbse, Busch- und Stangenbohne, Ackerbohne)			
Tobacco necrosis virus (TNV, Tabaknekrosevirus)	an Busch- und Stangenbohne; braune Längsstriche auf Stängeln und Blattstielen; Stängelgrund und Wurzel braun verfärbt und morsch; Pflanzen sterben vorzeitig ab; Hülsen braunrot verfärbt Übertragung: Pilze (*Olpidium*-Arten), mechanisch	Ertrags- und Qualitätsverluste, in Deutschland bisher vor allem an Stangenbohnen	Einhaltung eines ausreichenden Fruchtwechsels; Bodendämpfung; befallene Einzelpflanzen entfernen
Bean leaf roll virus (BLRV, Blattrollkrankheit)	an Erbse, Ackerbohne; gelb gefärbte Triebspitzen; verschwommene Aufhellungen an den Blatträndern und zwischen den Blattadern; lederartige Blätter, an Rändern abwärts gerollt; gestauchter Wuchs, Fiederblätter V-förmig gegeneinander gestellt; verminderter Blütenansatz Übertragung: Blattläuse (z. B. *Acyrthosiphon pisum*)	wirtschaftlich bedeutungsvollste Viruskrankheit der Erbse neben dem Scharfen Adernmosaik	widerstandsfähige Sorten; Nachbarschaft zu überwinternden Leguminosen vermeiden; rechtzeitige Blattlausbekämpfung
Pea enation mosaic virus 1 (PEMV-1), Pea enation mosaic virus 2 (PEMV-2, Scharfes Adernmosaik)	an Erbse, Ackerbohne; gelb oder weiß gefleckte Blätter; ältere Blätter stark gewölbt; Hülsen stark verkrüppelt; Triebspitzen rosettenartig gestaucht und gedreht; vermehrte Seitentriebbildung Übertragung: Blattläuse (z. B. *Myzus persicae*), Samen	wirtschaftlich bedeutende Viruskrankheit der Erbse; bei Frühinfektion Mindererträge um 50% möglich; Spätsaaten besonders gefährdet	resistente Sorten; frühe Aussaat; Anbau in Nähe der Winterwirte (Klee, Luzerne, Gladiolen u. a.) vermeiden; Insektizideinsatz zur Vektorbekämpfung

Pea seed-borne mosaic virus (PSbMV, Blattrollmosaik)	an Erbse; schlechte Keimung; Blüten verdreht oder fallen ab; schwaches Mosaik und röhrenförmiges Einrollen der Blätter nach innen; vereinzelt Nekrosen und vorzeitiges Absterben der Pflanzen Übertragung: Blattläuse, Samen (hochgradig)	erhebliche Ertragsminderung bei frühzeitiger Infektion oder bei Aufwuchs aus infizierten Samen	virusfreies Saatgut; wenig empfindliche Sorten
Pseudomonas syringae pv. *phaseolicola* (Fettfleckenkrankheit)	an Buschbohne; nekrotische Blattflecken mit gelblichem, später rotbraunem Hof; trocknen ein oder erscheinen durchsichtig; auf den Hülsen glasige Flecken; bei feuchter Witterung weißlicher Bakterienschleim auf Befallsstellen; graubraune Flecken an befallenen Samen	wichtigste Bakterienkrankheit der Bohnen; tritt von Jahr zu Jahr in wechselnder Stärke auf; schnelle Ausbreitung bei feuchtwarmer Witterung	gesundes Saatgut; resistente Sorten; befallene Pflanzen frühzeitig beseitigen
Pseudomonas syringae subsp. *syringae* (Bakterielle Braunfleckenkrankheit)	an Buschbohne; kleine dunkelbraune und größere hellbraune Blattflecken, von dunkelbraunen Rand und einem schmalen gelben Hof umgeben; später reißen die Flecken auf (Schrotschusseffekt); Stängel und Blattstiele mit länglichen Nekrosen; Hülsendeformationen	weit verbreitet; teils beträchtliche Ertragsverluste	gesundes Saatgut; resistente Sorten; befallene Pflanzen frühzeitig beseitigen
Xanthomonas campestris pv. *phaseoli; Xanthomonas campestris* var. *fuscans* (Bohnenbrand)	an Buschbohne; auf den älteren Blättern kleine, hellgrüne, später braune Flecken mit schmalem Hof; Blatt sieht wie verbrannt aus, stirbt aber nicht völlig ab; rötliche Längsstreifen auf Stängeln; auf den Hülsen leicht eingesunkene, dunkelbraune bis mehrfarbige Flecken; Bakterienschleim	beide Erregertypen verursachen nicht zu unterscheidende Schadbilder; beide Erreger kommen häufig gemeinsam vor	gesundes Saatgut; resistente Sorten; Fruchtfolge

Schaderreger	Schadbild	Verbreitung und wirtschaftliche Bedeutung	Bekämpfung
14.6 Hülsenfrüchte (Erbse, Busch- und Stangenbohne, Ackerbohne)			
Fusarium spp., *Rhizoctonia solani, Pythium* spp., *Phoma* spp. u. a. (Fußkrankheiten der Ackerbohne)	an Ackerbohne; verzögertes Wachstum; gelbliche Blattverfärbung; Blattrollen, Absterben der Blätter; Wipfelwelke; Wurzeln und Stängelgrund schwarz und vermorscht; Absterben junger Pflanzen; Notreife	in frühjahrsfeuchten Jahren an ungünstigen Standorten beträchtliche Ertragsverluste	Bodenverdichtungen vermeiden bzw. beheben; weite Fruchtfolge; Bodenkalkung; Saatgutbeizung
Mycosphaerella pinodes (Fuß- und Brennfleckenkrankheit)	an Erbse; Hülsen und Blätter mit rötlichbraunen Flecken mit z. T. konzentrischer Zonierung; Wurzeln und Stängelgrund mit schwarzbraunen Verfärbungen; Umfallen der geschädigten Pflanzen; Samen mit dunkelbraunen bis schwarzen Flecken	vereinzelt treten größere Schäden auf	gesundes Saatgut; Saatgutbehandlung; weitgestellte Fruchtfolge
Uromyces viciae-fabae, Uromyces appendiculatus var. *appendiculatis* (Bohnenrost)	an Stangenbohne, Ackerbohne; zunächst auf Blättern und Hülsen weiße Pusteln, vornehmlich blattunterseits; blattoberseits gelbe Buckel, später rostbraune Pusteln mit Uredosporen und danach braunschwarze stark stäubende Winter- bzw. Teleutosporenlager; Blätter vertrocknen und fallen ab	starker Befall führt zu Entlaubung und deutlicher Ertragsminderung; befallene Hülsen nicht vermarktbar; zahlreiche Pathotypen; kaum Schäden an Ackerbohne	resistente Sorten; Fruchtfolge; Verzicht auf enge Bestandsdichte; Entseuchen der Bohnenstangen; bevorzugte Aufzucht der Bohnen an Schnüren; Entfernung befallener Ernterückstände
Ascochyta pisi (Brennfleckenkrankheit)	an Erbse; auf Blättern und Hülsen runde, hellbraune, deutlich eingesunkene Flecken mit kleinen dunklen Pyknidien; auf den Samen gelbliche Flecken	Schäden vor allem in feuchten Jahren; bei stärkerem Befall ist die Ernte für die Konservenindustrie unbrauchbar; vermutlich fünf Pathotypen	gesundes Saatgut; Saatgutbehandlung; 5 Jahre Anbaupause; 400 m Abstand zu im Vorjahr befallenen Beständen einhalten

Ascochyta fabae (Brennfleckenkrankheit)	an Ackerbohne; auf Blättern eingesunkene dunkelbraune, deutlich abgegrenzte Flecken, in Mitte hellgrau mit schwarzen Pyknidien; später brechen die Flecken aus dem Blatt heraus; bei Hülsenbefall sinkt der Fleck tiefer ein und Erreger kommt bis zum Samenkorn	Schäden vor allem in feuchten Jahren und bei Anbau von Winterackerbohnen; meist regional begrenzt; Qualität von Ackerbohnensaatgut verschlechtert	gesundes Saatgut; 4 bis 5 Jahre Anbaupause; Beseitigung von Ernterückständen
Colletotrichum lindemuthianum (Brennfleckenkrankheit)	an Gartenbohne; braune, eingesunkene Flecken auf Hülsen, Samen, Blättern und Stängeln; Brennflecken (braune Flecken von schwarzem Rand umgeben) auf Hülsen und Keimblättern; vorzeitiger Blattfall; Absterben der Stängel oberhalb der Befallsstellen	Mehrzahl der heute angebotenen Bohnensorten gilt als resistent; verschiedene Pathotypen	gesundes Saatgut; resistente Sorten; Saatgutbehandlung; Fruchtfolge; Folgesaaten in ausreichendem Abstand zu Befallsflächen; Beseitigung von Ernterückständen
Phoma exigua var. *diversispora* (Stängelknotenschwärze)	an Buschbohne; plötzliche Absterbe-Erscheinungen an voll entwickelten Pflanzen; Befall beginnt an Stängelknoten; graubraune Flecken auf den Blättern; Blatt- und Blütenstiele hängen herab; Hülsen an beiden Enden befallen, schrumpfen; herdartiger Befall	vereinzelt treten größere wirtschaftliche Schäden auf	gesundes Saatgut
Peronospora pisi (Falscher Mehltau)	an Erbse; gelbe Flecken auf den Blattoberseiten; grauer, kompakter Sporenrasen auf den Blattunterseiten; Hülsen mit unregelmäßigen, bräunlich schwarzen Flecken; Samen missgestaltet und verfärbt	stark schädigend bei Frühbefall; Hülsenbefall senkt Ertrag deutlich; feuchte Witterung fördert Ausbreitung im Bestand; verschiedene Pathotypen	3 Jahre Anbaupause; Fungizideinsatz
Peronospora viciae (Falscher Mehltau)	an Ackerbohne; auf Blättern rötlich braune, unregelmäßige Flecken; blattunterseits zunächst heller, später schmutzig brauner Sporenbelag	kann bei intensivem Anbau eine größere Rolle spielen	weniger anfällige Sorten; Fungizideinsatz

Schaderreger	Schadbild	Verbreitung und wirtschaftliche Bedeutung	Bekämpfung
14.6 Hülsenfrüchte (Erbse, Busch- und Stangenbohne, Ackerbohne)			
Erysiphe pisi (Echter Mehltau)	an Erbse; weißer, mehlartiger Belag auf den Blattoberseiten, Stängeln und Hülsen, der sich später gräulich oder schwärzlich färbt; Befallsstellen leicht eingesunken	vornehmlich bei spätem Anbau; vermutlich mehrere Pathotypen	resistente Sorten; frühe Aussaat; Fungizideinsatz meist nicht lohnend
Botrytis cinerea (Grauschimmel)	an Bohne und Erbse; graubraune Flecken auf Blättern; grauer Sporenrasen auf den befallenen Pflanzenteilen; Fäule der Hülsen	weit verbreitet; Schwächeparasit; teils hohe Verluste an Stangenbohnen in Unterglaskultur	ausreichender Pflanzabstand; unter Glas Luftfeuchtigkeit senken; nur trockene und gesunde Bohnen lagern; Fungizideinsatz
Botrytis fabae (Schokoladenfleckenkrankheit)	an Ackerbohne; zahlreiche schokoladenfarbige Flecken auf Blättern mit hellem Zentrum und graugrünem oder rötlichen Rand; Absterben der Blättern bzw. Pflanze; braune Flecken auf den Hülsen und Samenschalen; Abfaulen der Blüten bei Blütenbefall	je nach Beginn und Heftigkeit des Infektionsverlaufs vorzeitiges Absterben des Laubes; bei Blütenbefall Ertragsverluste höher	wenig anfällige Sorten; Anbau nur auf gut entwässerten Böden und in windoffenen Lagen; frühe, nicht zu dichte Saat
Sclerotinia sclerotiorum (Sklerotinia-Krankheit)	an Busch- und Stangenbohne; nestartig aufretender Befall; Stängel, Blätter und Hülsen von watteartigem Myzel mit schwarzen Sklerotien überwachsen; befallene Hülsen trocknen ein und zerkrümeln leicht; ganze Triebe oder Pflanzen sterben ab	feucht-kühle Witterung fördert Befall; großer Wirtspflanzenkreis; Schaden bei schwachlaubigen und betont aufrecht wachsenden Sorten geringer	Fruchtfolge; weite Pflanzabstände; gemäßigte Stickstoffdüngung; biologische Bekämpfung mit *Coniothyrium minitans*; Fungizideinsatz

Phoma spp., *Fusarium* spp., *Rhizoctonia* spp. (Fußkrankheiten)	an Busch- und Stangenbohne, Erbse, Ackerbohne; Pflanzenwachstum nach Aufgang reduziert; Blätter verfärben sich gelb, rollen sich von unten nach oben ein und sterben ab; Wurzelwerk und Stängelgrund schwarz verfärbt und morsch; Notreife	beträchtliche Ertragsschäden möglich, vor allem an ungünstigen Standorten und in frühjahrsfeuchten Jahren	Saatgutbehandlung; 5 Jahre Anbaupause; Aussaat nur in ausreichend abgetrockneten und erwärmten Boden
Ditylenchus dipsaci (Stängelnematode)	an Ackerbohne; Blätter und Stängel verkrüppelt; Internodien stark verkürzt; Stängel teilweise blasig geschwollen, verdreht; Stängelgrund schwarz verfärbt	aufgrund geringer Anbaufläche oft nur geringe Bedeutung; samenübertragbar; Quarantäneschaderreger	gesundes Saatgut; Fruchtfolge; sorgfältige Unkrautbekämpfung
Tetranychus urticae (Spinnmilbe)	an Busch- und Stangenbohne; auf der Blattoberseite punktförmige Sprenkelung, die sich nach und nach verdichtet; Blätter werden braun und fallen ab; Hülsen verkrüppeln; sind grau gefärbt und zeigen Berostung; feines, weißliches Gespinst auf den Blattunterseiten mit Adulten, Eiern und Larven	an Stangen- und Buschbohnen teils erhebliche Schäden durch Saugtätigkeit	Entseuchung der Bohnenstangen; Kultur an Schnüren bevorzugen; Überwinterungswirte (Brennnesseln, Erdbeeren) ausschalten; Einsatz von Nützlingen; Insektizideinsatz
Lygus-Arten u. a. (Wanzen)	an Busch- und Stangenbohne, Ackerbohne; punktförmige Saugstellen an Blättern, in deren Umgebung das Gewebe einsinkt und sich gelb verfärbt; das Blatt verkrüppelt und reißt unregelmäßig auf; übermäßige Verzweigung besaugter Triebe; Blüten fallen ab; Hülsen sind missgestaltet	Schaden wird oft erst entdeckt, wenn die Wanzen wieder abgewandert sind	Bekämpfung nur bei starkem Befall bzw. hohem Befallsdruck aus Wiesen; Insektizideinsatz
Aphis fabae, *Myzus persicae* u. a. (Blattläuse)	vor allem an Ackerbohne; verkrüppelte Blätter, Triebe und Hülsen; abfallende Blüten; Ansiedlung von Rußtaupilzen auf Honigtauausscheidungen	hohe Ertragsverluste möglich (z. B. Ackerbohne); Verschmutzung des Erntegutes durch Rußtaupilze; Virusübertragung	Einsatz von Nützlingen; Insektizideinsatz

Schaderreger	Schadbild	Verbreitung und wirtschaftliche Bedeutung	Bekämpfung
14.6 Hülsenfrüchte (Erbse, Busch- und Stangenbohne, Ackerbohne)			
Acyrtosiphon pisum (Grüne Erbsenblattlaus)	an Erbse; Triebwachstum reduziert; Blüte endet vorzeitig; schlechter Hülsenansatz	hohe Ertragsverluste infolge Saugtätigkeit; Virusübertragung	Einsatz von Nützlingen (z. B. *Aphidius ervi*); Insektizideinsatz
Thrips flavus, *T. tabaci*, *Frankliniella occidentalis*, *Kakothrips robustus* u. a. (Thripse)	an Busch- und Stangenbohne, Erbse, Ackerbohne; silbrige Flecken auf den Blättern; Laub vertrocknet und fällt ab; besaugte Blütenknospen bleiben geschlossen oder fallen ab; helle Flecken auf den Hülsen	wirtschaftlicher Schaden insbesondere an Stangenbohnen im Unterglasanbau durch *F. occidentalis*; Frischmarktware häufig nicht vermarktungsfähig	Einsatz von Nützlingen (z. B. *Amblyseius*-Raubmilben); Insektizideinsatz
Sitona spp. (Blattrandkäfer)	an Erbse, Ackerbohne, Busch- und Stangenbohne (geringer Schaden); bogenförmig befressener Blattrand durch den Käfer; Fraß der Larven an den Bakterienknöllchen	weit verbreitet, insbesondere *Sitona lineatus* (Gestreifter Blattrandkäfer)	Insektizideinsatz nach Schadensschwelle
Bruchus pisorum (Erbsenkäfer)	an Erbse; Minierfraß der Larven im Samen bis dicht unter die Samenschale; es bildet sich das typische „Fenster"; vorzeitiges Aufplatzen der Hülsen	Schäden durch vermehrtes Aufplatzen der Hülsen; keine Verwertung als Speiseerbsen	Saatgutbehandlung (kurzzeitiges Erwärmen auf 60 °C); tiefes Pflügen nach der Kultur; Insektizideinsatz
Bruchus rufimanus (Pferdebohnen- oder Ackerbohnenkäfer)	an Ackerbohne; Käfer: Reifefraß an Blättern und Pollen; Larve: Fraß an Samen (Grube)	Qualitätsminderung des Saatgutes	gesundes Saatgut; Insektizideinsatz bei Samenträgern; sehr frühe Aussaat; Nachbarschaft zu Ackerbohnen meiden; Kulturschutznetze

Cydia nigricana (Erbsenwickler)	an Erbse; in den Hülsen Larvenfraß an den noch weichen Samen; Verschmutzung der Hülsen durch bräunlichen, krümeligen Kot	einer der bedeutendsten Erbsenschädlinge; Erntegut für jegliche weitere Verwertung ungeeignet	frühe Saat; tiefes Pflügen abgeernteter Flächen; möglichst großen Abstand zu befallenen Flächen (etwa 10 km) halten; Insektizideinsatz nach Schadensschwelle
Contarinia pisi (Erbsengallmücke)	an Erbse; Erbsentriebe gestaucht mit rosettenartigem Wuchs; Anschwellen des unteren Teiles der Blütenknospen; Kelchblätter mit höckerartigen Auswüchsen; Knospen sterben ab; Hülsen verkrüppeln; Saugschäden an Samen	erheblicher Ertragsausfall möglich, insbesondere bei feuchtem Klima; spätere Kulturen stärker gefährdet	Anbau früher und schnell abblühender Sorten; häufige Bodenbearbeitung; kein Anbau in Nähe eines Vorjahresbefalls; Insektizideinsatz nach Schadensschwelle
Acanthoscelides obtectus (Speisebohnenkäfer)	an Busch- und Stangenbohne, Erbse; kreisrunde Bohrlöcher an den Bohnensamen (Durchmesser 0,7 mm, Tiefe ca. 1 mm), besonders an Bohnenvarietäten mit farbiger Samenschale	weit verbreitet; in erster Linie ein Lagerschädling (stammt aus wärmeren Regionen); tritt im Sommer auch im Freiland auf	gesundes Saatgut; frühzeitige Ernte der Bohnen und Nachtrocknen an geschützter Stelle (geschlossene Räume, Abdecken mit Vlies)
Delia florilega, *Delia platura* (Wurzelfliegen)	an Busch- und Stangenbohne; Fraßgänge in Wurzelhals, Stängeln und Keimblättern; Absterben der Keimlinge	verursacht häufig Schäden an auflaufenden Bohnen; tritt in bestimmten Gebieten bevorzugt auf	Kulturschutznetze; kein Spinat oder Kartoffeln als Vorfrucht; keine Zufuhr von Stallmist und Pflanzenabfällen
Eutrichapion vorax (Spitzmäuschen)	an Ackerbohne; Käferfraß an Triebspitzen und Blütenknospen; Larven ernähren sich von Pollensäcken, später von Samenanlagen; Blüten fallen ab	Hauptbedeutung unter den Rüsselkäfern an Dicken Bohnen; Überträger des Broad bean stain virus	Befallskontrollen im Bestand; Insektizidanwendungen kurz vor der Blüte und mit Blühbeginn
Vögel, z. B. Feldsperling, Tauben	Herausziehen der Keimlinge; Zerstörung der Hülsen bzw. Schoten	erhebliche Schäden möglich	Kulturschutznetze; Schussapparate

Schaderreger	Schadbild	Verbreitung und wirtschaftliche Bedeutung	Bekämpfung
14.6 Hülsenfrüchte (Erbse, Busch- und Stangenbohne, Ackerbohne)			
Oryctolagus cuniculus (Wildkaninchen)	reihenweise abgebissene Triebe	teils hohe wirtschaftliche Schäden an Busch- und Stangenbohnen; gelegentliche an Dicken Bohnen	Kulturschutznetze; Umzäunung
14.7 Tomate			
Tomato mosaic virus (ToMV, Tomatenmosaik), Tobacco mosaic virus (TMV, Tabakmosaik)	Mosaik mit Schmalblättrigkeit im Winter; Nekrosen an Früchten; reduzierte Fruchtbildung bei früher Infektion Übertragung: mechanisch (Pflanzenkontakt)	Ertragsverluste gewöhnlich unter 15%, nur in Ausnahmefällen bis zu 40%; höhere Verluste bei Mischinfektionen	tolerante oder resistente Sorten; gesundes Saatgut; Beseitigung der Pflanzenrückstände; Sterilisation der Anzuchterden; Bodendämpfung
Tomato spotted wilt virus (TSWV, Bronzefleckenkrankheit)	Adernaufhellungen und konzentrische Ringe an Blättern; später bronzefarbene Flecken auf Stängeln, Blattstielen und Blättern; Absterben des Haupttriebes; verstärkte Seitentriebbildung; Früchte mit braunen Ringen Übertragung: Thripse, mechanisch	weltweit verbreitet; Auftreten an Tomaten beschränkt sich auf Einzelfälle an Gewächshauskulturen; erhebliche Ertragsausfälle möglich	kein Anbau in Nähe von Zierpflanzen; Bodendämpfung; Insektizideinsatz zur Vektorbekämpfung nach Schadensschwelle
Cucumber mosaic virus (CMV, Gurkenmosaik)	je nach Virusstamm Schmal- bis Fadenblättrigkeit; Mosaik, Strichelnekrosen, Nekrosen, Ringflecken auf den Früchten; verminderter Fruchtansatz Übertragung: Blattläuse, mechanisch	hiesige Virusstämme meist nur gering schädigend; größere Schäden bei Mischinfektionen	resistente oder tolerante Sorten; Pflanzen mit Symptomen (auch Unkräuter) entfernen; Insektizideinsatz zur Vektorbekämpfung

Pepino mosaic virus (PepMV, Pepinomosaikvirus)	an Blättern gelbe Flecken, geringfügige Deformationen; an Früchten helle Flecken, Scheckung, Marmorierungen; Symptome oft nur an einer Traube; gestauchter Wuchs Übertragung: mechanisch, Pfropfung, Stecklinge	seit 1999 in Europa verbreitet; bislang nur in Kulturen unter Glas; Bestände nicht selten total befallen; befallene Früchte nicht vermarktungsfähig	gesundes Saatgut; Hygienemaßnahmen (Bodendämpfung, Desinfektion von Werkzeugen, Transportsteigen, Tischen)
Clavibacter michiganensis subsp. *michiganensis* (Bakterienwelke)	die eine Hälfte des Blattes oder der Pflanze ist noch völlig gesund, während die andere welk oder bereits abgestorben ist; Gefäßbündelring gelb-braun verfärbt (Tracheobakteriose); gelblicher Bakterienschleim; kleine kraterförmige Flecken mit weißem Hof auf den Früchten	wirtschaftlich wichtigste bakterielle Welke; tritt im Freiland und im Gewächshaus auf; Quarantäneschaderreger	gesundes Saatgut; Hygienemaßnahmen (Bodendämpfung, Desinfektion von Tomatenpfählen, Geizmesser); Wunden vermeiden; Anbaupause; Behandlung mit Kupferpräparaten verringert Ausbreitung
Pseudomonas syringae pv. *tomato* (Bakterielle Tomaten-Fleckenkrankheit, Tüpfelschwärze)	an Blättern zahlreiche wässrige, dunkelgrüne, später dunkelbraune Flecken, die häufig von einer gelblichen Zone umrandet sind; Fiederblätter sterben ab; dunkelbraune, auf den Früchten tüpfelartige schwarze Flecken („Teerspritzer"); hoher Anteil tauber Blüten	neuerdings verstärkt schädigend, vornehmlich in Süddeutschland; es erfolgt kein ausreichender Fruchtansatz; besonders große Schäden bei Befall der Jungpflanzen	gesundes Saatgut; Beseitigung erster Befallsherde; nicht befallene Bereiche stets zuerst beernten; Ernte- und Pflegemaßnahmen nur bei trockenem Laub durchführen
Pythium spp., *Phytophthora* spp., *Rhizoctonia solani* (Keimlingskrankheiten)	Absterben der Keimlinge vor dem Auflaufen oder kurz danach; an Stängelbasis wässrige Zone, in deren Bereich sich der Stängel einschnürt und schließlich umkippt	weit verbreitet; Gefährdung besonders in den ersten zwei Wochen nach dem Auflaufen und nach dem Pflanzen	Aussaaterde und -gefäße regelmäßig entseuchen; weite Aussaat; übermäßige Feuchtigkeit vermeiden; Saatgutbeizung

Schaderreger	Schadbild	Verbreitung und wirtschaftliche Bedeutung	Bekämpfung
14.7 Tomate			
Phytophthora infestans (Kraut- und Braunfäule)	auf den Früchten anfangs graugrüne, später schmutzig braune Flecken; Fruchtfleisch verhärtet; an älteren Blättern graugrüne, später braunschwarze Flecken, die sich schnell ausbreiten; weißer Pilzrasen auf der Blattunterseite bei feuchten Bedingungen	hohe Ertragsverluste möglich, besonders bei feucht-warmer Witterung und starker Taubildung	im Gewächshaus hohe Luftfeuchtigkeit vermeiden; für gutes Abtrocknen des Laubes sorgen; Fungizideinsatz nach Schadensschwelle bzw. Befallsprognose
Didymella lycopersici (Tomatenstängelfäule)	am Stängel in Bodennähe schwarzbraune, eingesunkene Flecken; Welkeerscheinungen; Eintrocknen und Schwarzfärbung der Früchte	weit verbreitet in Freiland und im Gewächshaus	gesundes Saatgut; Fruchtfolge, Hygienemaßnahmen; befallene Pflanzen stets zuletzt pflegen; Pflanzenreste vernichten; Fungizideinsatz
Botrytis cinerea (Grauschimmel)	Fäulesymptome an den Früchten mit mausgrauem Myzelbelag (vor allem in der Kelchgrube); „Geisterflecken" (heller Ring mit punktförmigem Zentrum) an den Früchten	große wirtschaftliche Bedeutung im Freiland und Gewächshaus	für ein gutes Abtrocknen des Laubes sorgen; im Gewächshaus Luftfeuchtigkeit gering halten; befallene Pflanzenteile vernichten; Fungizideinsatz
Alternaria solani (Dürrfleckenkrankheit)	Blätter mit graubraunen bis braunen Flecken, teils mit typischer Zonierung; dunkler Sporenrasen auf den Flecken; Stängel und Blattstiele mit länglichen Flecken; Kelchendfäule an den Früchten; weichfaule Befallsstellen	tritt vornehmlich in wärmeren Anbaugebieten an Freilandtomaten bei gleichzeitig warmer Witterung mit wiederholten Niederschlägen auf	gesundes Saatgut; kein Anbau in Nähe von Kartoffeln; Pflanzen trocken halten; Fungizideinsatz

Cladosporium fulvum (Samtfleckenkrankheit)	unscharf begrenzte gelbliche Flecken auf den Blattoberseiten; brauner samtartiger Pilzbelag auf den Blattunterseiten; schwarze Flecken auf den Früchten (selten); rasches Absterben der Blätter	große wirtschaftliche Bedeutung; zahlreiche Pathotypen; besonders gefährdet sind Kulturen in Häusern mit Doppelverglasung und Folienhäusern	tolerante oder resistente Sorten; im Gewächshaus Luftfeuchtigkeit senken; nicht zu dicht pflanzen; Tropfbewässerung bevorzugen; Fungizideinsatz
Fusarium oxysporum f. sp. *radicis-lycopersici* (Fusarium-Fußkrankheit)	äußere und innere Verbräunungen im unteren Stängelbereich; Faulstellen am Stängelgrund, später mit weißem oder rosa Myzel; Welke der Pflanze bei Fruchtreife	tritt seit einigen Jahren zunehmend auf; hohe Beständigkeit; Schäden insbesondere in Hydrokulturen	resistente Sorten bzw. Unterlagen; kranke Pflanzen entfernen; Geräte desinfizieren; starke Wassergaben bei niedrigen Temperaturen vermeiden; Bodendämpfung
Fusarium oxysporum f. sp. *lycopersici* (Fusarium-Welke)	Welken und Absterbe-Erscheinungen an den unteren Blättern beginnend (Tracheomykose); oft einseitig auf einen Teil der Pflanze beschränkt; dunkelbraune Gefäße in Stängel und Blattstielen; Früchte klein, fallen ab	weit verbreitet; verhältnismäßig warm kultivierte Haustomaten auf leichten Böden werden bevorzugt befallen; mehrere Pathotypen	resistente Sorten bzw. Unterlagen; gesundes Saat- bzw. Pflanzgut; Anbaupause von mehr als drei Jahren; Bodendämpfung
Verticillium albo-atrum, *Verticillium dahliae* (Verticillium-Welke)	unterschiedlich große Pflanzen; Welke beginnend an den unteren Blättern; Gefäße leicht braun verfärbt (Tracheomykose); Seitenwurzelbildung verstärkt	besonders bei niedrigen Bodentemperaturen schädlich; verschiedene Pathotypen	resistente Sorten bzw. Unterlagen; Bodenentseuchung; Gewächshaustemperatur anheben
Pyrenochaeta lycopersici (Korkwurzelkrankheit)	Erschlaffen der Pflanzen bei heißer Witterung; Ertrag nimmt ab; Wurzeln korkig, verbräunt, und längs aufgerissen; Zerfall der Rindenschicht; Seitenwurzeln sterben ab	weit verbreitet im Freiland und im Gewächshaus; Ertragsausfälle vor allem bei kühlen Temperaturen	resistente Sorten bzw. Unterlagen; häufige Bewässerung; Anheben der Temperatur; zum Zeitpunkt des Erntebeginns Anhäufeln oder Abdecken

Schaderreger	Schadbild	Verbreitung und wirtschaftliche Bedeutung	Bekämpfung
14.7 Tomate			
Meloidogyne hapla, *Meloidogyne incognita*, *Meloidogyne arenaria* (Wurzelgallennematoden)	anfangs nestartiger Befall; reduziertes Wachstum; Welke, teils Chlorose; Gallen an Wurzeln	teils hohe wirtschaftliche Schäden bis zum Totalausfall, insbesondere in Gewächshauskulturen	resistente Sorten bzw. resistente Unterlagen (gilt nicht für *M. hapla*); Pflanzenreste inkl. Wurzeln vernichten; Bodendämpfung; Anbaupause
Tetranychus urticae (Spinnmilbe)	anfangs kleine gelbe bis braune Flecken auf den Blättern; Blätter welken; feine Gespinste an Blättern bzw. Stängeln; goldfarbene Pünktchen auf reifen Früchten	Befall eher selten, allenfalls bei sehr langer Kulturdauer; Schaden kann aber erheblich sein	befallsfreies Pflanzgut; Einsatz von Nützlingen (z. B. *Phytoseiulus persimilis*); Insektizideinsatz
Trialeurodes vaporariorum (Gewächshausmottenschildlaus)	erwachsene Tiere, Eier und Larven an den Blattunterseiten; Ansiedlung von Schwärzepilzen auf Honigtau	bedeutender Schädling im Gewächshaus; Ertragsverluste bei sehr hohem Besatz; eigentlicher Schaden durch Verschmutzung des Erntegutes	befallsfreie Jungpflanzen; Hygienemaßnahmen; Gelbtafeln; Einsatz von Nützlingen (z. B. *Encarsia formosa*); Insektizideinsatz
Bemisia tabaci (Tabakmottenschildlaus)	erwachsene Tiere, Eier und Larven an den Blattunterseiten; Ansiedlung von Schwärzepilzen auf Honigtau; Früchte ungleichmäßig ausgefärbt	seit einigen Jahren in Mitteleuropa verbreitet; primär im Gewächshaus schädigend; Quarantäneschaderreger; Bedeutung als Virusüberträger	befallsfreies Pflanzgut; vor Aussaat bzw. Auspflanzen alle Pflanzen entfernen; Hygienemaßnahmen; Anbringen von Gelbtafeln; Einsatz von Nützlingen
Frankliniella occidentalis (Kalifornischer Blütenthrips)	hellgrüne Blattflecken, die später nekrotisieren; schwarzer Kot der Thripse an Befallsstellen; weiße Sprenkelung der Blätter durch Lufteintritt in ausgesaugte Zellen	Tomate ist keine bevorzugte Wirtspflanze; Bedeutung als Virusüberträger (Tomato spotted wilt virus); Qualität der Früchte gemindert	befallsfreie Jungpflanzen; hohe Luftfeuchtigkeit; Überwinterungspflanzen (Unkräuter) entfernen; Einsatz von Nützlingen

Liriomyza bryoniae, L. trifolii, L. huidobrensis (Minierfliegen)	Einstichstellen an den oberen Blättern (meist am Blattrand); punktförmige, weißliche Blattflecken; später schlangenförmig gewundene Miniergänge in den Blattspreiten; Trockenschäden bei starkem Befall	örtlich teils erhebliche Schäden; Quarantäneschaderreger	befallsfreies Pflanzgut; Gelbtafeln; feine Plastikgitter in den Lüftungsklappen verhindern Zuflug von außen; Einsatz von Nützlingen; Insektizideinsatz
14.8 Gurkengewächse			
Cucumber mosaic virus (CMV, Gurkenmosaik)	an Gurke, Zucchini; an Blättern deutliche Mosaikscheckung; Verformung der Blattspreite; Pflanzen gestaucht; Welke; reduzierter Fruchtansatz; Früchte mit warzenartigen Aufwölbungen und gelbgrüner Scheckung Übertragung: Blattläuse (> 60 Arten), mechanisch, Samen	teils beträchtliche Ausfälle, vor allem bei Freilandgurken; sehr frühzeitig infizierte Pflanzen bleiben ohne Ertrag	resistente oder tolerante Sorten; Pflanzen mit Symptomen inkl. Unkräuter vernichten; Insektizideinsatz zur Vektorbekämpfung
Zucchini yellow mosaic virus (ZYMV, Zucchini-Gelbmosaik)	an Gurke, Zucchini; gelb gescheckte Blätter, im Randbereich blasig aufgetrieben; Fadenblättrigkeit; Stauchung; Früchte stark beulig und verdreht; geringer Fruchtansatz Übertragung: Blattläuse (> 20 Arten), mechanisch, Samen	größte Bedeutung neben Gurkenmosaik; weltweit in letzten Jahre eines der wirtschaftlich bedeutendsten Viren an Cucurbitaceen	gesundes Saatgut; Entseuchung des Bodens und der Anzuchterde; Beseitigung verdächtiger Pflanzen

Schaderreger	Schadbild	Verbreitung und wirtschaftliche Bedeutung	Bekämpfung
14.8 Gurkengewächse			
Cucumber green mottle mosaic virus (CGMMV, Grünscheckungsmosaik)	an Gewächshausgurke; kleine unregelmäßige Blätter mit dunkelgrünen, blasig aufgetriebenen Bereichen; leichte Scheckung an älteren Blättern und Früchten; eingesunkene, gelbliche oder silbrige Flecken oder Streifen an den Früchten Übertragung: mechanisch, Käfer (z. B. *Raphidopalpa fevicolis*), Boden, Samen, Pfropfung	gelegentlich in Gewächshausgurkenkulturen ein Problem; größere Bedeutung für Substratkulturen mit umlaufender Nährlösung	gesundes Saatgut; Saatgutbehandlung zur Virusfreimachung (3 Tage bei 70 °C), Bodendämpfung; Hygienemaßnahmen; kein verseuchtes Oberflächenwasser zum Gießen verwenden; verdächtige Pflanzen zügig entfernen
Pseudomonas syringae pv. *lachrymans* (Eckige Blattfleckenkrankheit)	an Gurke (vornehmlich im Freiland); eckige, durchscheinende Blattflecken; blattunterseits bei feuchter Witterung Bakterienschleim; Flecken vertrocknen, abgestorbenes Gewebe fällt heraus; auf den Früchten rundliche, dunkelgrüne, später bräunliche Flecken, häufig mit weißem Zentrum; Fruchtfäule	Bedeutung zurückgehend; vornehmlich im Freiland, vereinzelt im Gewächshaus; Auftreten und Ausbreitung in hohem Maße witterungsabhängig	gesundes Saatgut; Gurkenanbau nur alle 3 Jahre; räumlicher Abstand zu Flächen mit Gurkenanbau im Vorjahr; windoffene, schnell abtrocknende Flächen bevorzugen; befallene Pflanzen vernichten
Cladosporium cucumerinum (Gurkenkrätze)	an Gurke; auf den Früchten kleine, graue, leicht eingesunkene Flecken mit gummiartigen, tröpfchenförmigen Ausscheidungen; olivgrüner Sporenrasen auf den Befallsstellen; Deformationen der Früchte	aufgrund resistenter Sorten nimmt Bedeutung ab; ältere Sorten höchst anfällig; in Einzelfällen tritt der Erreger an Zucchini auf	resistente Sorten; gesundes Saatgut; windoffene, schnell abtrocknende Flächen bevorzugen; 3 Jahre Anbaupause; Beseitigung von Pflanzenresten

Botrytis cinerea (Grauschimmel)	an Gurke; grauer Sporenrasen an Stängeln, Blättern, Früchten und Blütenresten; braune vertrocknete Flecken an Blatträndern	infiziert nur geschädigtes oder absterbendes Gewebe; deutliche Ertragsminderung möglich; Fäulnis an lagernden Gurken	für ein gutes Abtrocknen des Laubes sorgen; im Gewächshaus Luftfeuchtigkeit gering halten; befallene Pflanzenteile vernichten; Fungizideinsatz
Fusarium oxysporum f. sp. *cucumerinum* (Fusarium-Welke)	an Gurke; Tracheomykose; Welke; Gefäßbündel im Querschnitt braun verfärbt; Pflanzen sterben ab; Wurzeln verfault; weißlich rosa gefärbter Pilzrasen am Stängelgrund	Bedeutung zurückgehend durch resistente Sorten bzw. Unterlagen; verschiedene Pathotypen	resistente Sorten bzw. Unterlagen; Entseuchung des Gewächshausbodens; befallene Pflanzen entfernen; Fungizideinsatz
Pythium aphanidermatum, P. irregulare, P. sylvaticum, P. ultimum (Pythium-Stängelgrundfäule)	an Gurke; glasiger oder graugrüner, schließlich hellbrauner Stängelgrund; Stängel schnürt sich ein und fault; kaum Wurzelbildung; Absterben der Gurkenpflanzen innerhalb von 14 Tagen	Schaden entsteht in der Regel kurz nach dem Auspflanzen; nachhaltige Wurzelschädigung in erdelosen Kulturverfahren	gesundes Pflanzgut; Substrat und Gießwasser nicht zu kalt; Stängelgrund trocken halten; Fungizideinsatz
Pseudoperonospora cubensis (Falscher Mehltau)	an Freiland- und Hausgurke; blattoberseits kräftig gelb gefärbte, durch Blattadern begrenzte Flecken; blattunterseits violettschwarzer Sporenrasen; Absterben der Blätter	weit verbreitet; sehr schnelle Ausbreitung; Totalbefall innerhalb von 14 Tagen bei Unterbleiben von Gegenmaßnahmen	Blattnässedauer von mehr als 4 bis 5 Stunden vermeiden; Fungizideinsatz nach Schadensschwelle bzw. Befallsprognose; Wirkstoffwechsel
Erysiphe cichoracearum, Sphaerotheca fuliginea (Echter Mehltau)	an Gurke, Zucchini, Kürbis, Melone; rundliche weiße, sich rasch vergrößernde Flecken auf den Blattoberseiten; blattoberseits weißer, mehlartiger Belag; im Gewächshaus auch blattunterseits; Belag später grau bis braun verfärbt und filzig; Absterben der Blätter	weit verbreitet; *E. cichoracearum* eher im Freiland, *S. fuliginea* eher im Gewächshaus; verschiedene Pathotypen	tolerante oder resistente Sorten; hohe Luftfeuchtigkeit meiden; befallene Pflanzenrückstände beseitigen; Fungizideinsatz nach Schadensschwelle

Schaderreger	Schadbild	Verbreitung und wirtschaftliche Bedeutung	Bekämpfung
14.8 Gurkengewächse			
Sclerotinia sclerotiorum (Becherpilz, Sclerotinia-Welke)	vornehmlich an Hausgurke; zunächst blassbraune Faulstellen an Stängel und Früchten mit watteartigem Pilzgeflecht und Sklerotien; Welke von ganzen Pflanzen bzw. Pflanzenteilen	Schäden vornehmlich im Gewächshaus	hohe Luftfeuchtigkeit meiden; befallene Pflanzenteile vernichten; biologische Bekämpfung; Fungizideinsatz
Didymella bryoniae (Gummistängelkrankheit)	vornehmlich an Hausgurke; eingetrocknetes Blattgewebe, zum Rand hin hell, weiter innen dunkler gefärbt, schwarze Pünktchen auf den Befallsstellen; Flecken und gummiartige Ausscheidungen an Stängeln und Früchten; Absterben der Triebe	Schäden vornehmlich im Gewächshaus; tritt gelegentlich im Freiland auf	hohe Luftfeuchtigkeit meiden; ausgewogene Düngung; befallene Pflanzenteile vernichten; Fungizideinsatz
Colletotrichum orbiculare (Brennfleckenkrankheit)	an Gurke, Melone; an Blättern hellbraune Flecken, die im Zentrum oft ausbrechen; eingesunkene, rundliche Flecken auf den Früchten (Rosafärbung in feuchter Atmosphäre)	vereinzelt Schäden, vor allem in Süddeutschland; mehrere Pathotypen	längere Blattfeuchteperioden vermeiden; Pflanzenreste vernichten; Fungizideinsatz
Phomopsis sclerotoides (Schwarze Wurzelfäule)	an Gurke, Melone; Chlorose, Welke, von unten beginnend; schwache Seitenriebe; wenige Früchte; stark verrottete Wurzel mit Sklerotien; deutlich abgesetzte, schwarzbraune Zone um die Ansatzstelle der absterbenden Seitenwurzel	wirtschaftlich bedeutend an Gurke und Melone im Gewächshaus; Kürbisunterlage wird ebenfalls befallen	Pfropfung bei geringer Verseuchung; Anhäufeln im Frühstadium der Schädigung; Bodendämpfung

Meloidogyne hapla, *Meloidogyne incognita*, *Meloidogyne arenaria* (Wurzelgallennematoden)	an allen Gurkengewächsen; anfangs nestartiger Befall; reduziertes Wachstum; Welke, teils Chlorose; Gallen an Wurzeln	teils stark schädigend an Gurke im Gewächshaus	resistente Unterlagen (gilt nicht für *M. hapla*); Fruchtwechsel mit Nichtwirtspflanzen; Pflanzenreste mit Wurzeln vernichten; Bodendämpfung
Tetranychus urticae (Spinnmilbe)	an allen Gurkengewächsen; pünktchenartige, weißliche Sprenkelung an Blättern, dann Vergilbung; Gewebe entlang der Blattadern bleibt grün; Blätter verbräunen und sterben ab	schädigt sowohl an Freiland- als auch an Hausgurken und anderen Kürbisgewächsen	Einsatz von Nützlingen; Luftfeuchtigkeit hoch halten (über 60%); Insektizideinsatz
Aphis frangulae subsp. *gossypii* (Grüne Gurkenblattlaus) u. a. Blattlausarten	an allen Gurkengewächsen; Saugschäden an Blättern, Früchten, Stängeln; Honigtauausscheidung mit Ansiedlung von Schwärzepilzen	teils große Bedeutung im Gewächshaus, insbesondere an Gurke; Virusübertragung; Stämme mit Resistenz gegenüber Insektiziden	Einsatz von Nützlingen (z. B. *Aphidoletes aphidimyza*, *Chrysoperla carnea*) oder insektenpathogenen Pilzen (*Verticillium lecanii*); Insektizidanwendung
Trialeurodes vaporariorum (Gewächshausmottenschildlaus)	an allen Gurkengewächsen; Saugschäden an Triebspitzen; Schwärzepilzansiedlung infolge von Honigtauausscheidung (Verschmutzung der Früchte)	bedeutendste „Weiße Fliege" in Gewächshäusern; Ertrags- und Qualitätsminderung; bei Bearbeitungsmaßnahmen lästig	Pflanzenreste vernichten; biologische Bekämpfung; Rapsöl- und Kaliseifepräparate; Insektizideinsatz
Frankliniella occidentalis (Kalifornischer Blütenthrips)	an Gurke; weiße Sprenkelung an jungen Blättern; weiße Flecken an älteren Blättern, durch Blattadern begrenzt; auf Blattflecken schwarze Kothäufchen; Fruchtbefall führt zu hellen Flecken und ringartig gekrümmten Früchten	größte Bedeutung unter den Thripsen; vor einigen Jahren eingeschleppt; Ertrags- und Qualitätsminderung; Virusübertragung	befallsfreie Jungpflanzen; auf geringe Luftfeuchtigkeit achten; Einsatz von Nützlingen (*Amblyseius cucumeris*, *A. barkeri*, *Orius*-Arten)

Schaderreger	Schadbild	Verbreitung und wirtschaftliche Bedeutung	Bekämpfung
14.8 Gurkengewächse			
Empoasca decipiens (Zwergzikaden)	an Gurken unter Glas; Verfärbungen, Wachstumsstockungen, Missbildungen durch Verstopfung der Leitungsbahnen infolge der Saugtätigkeit und durch die Einwirkung des Speichels; bei starkem Befall Absterben ganzer Pflanzen	zunehmend Schäden an Kulturen unter Glas, vor allem in Süddeutschland; Ertrags- und Qualitätsminderung	Insektizideinsatz (erfasst nur Adulte) nach Schadensschwelle bzw. Befallsprognose; Einsatz der Schlupfwespe *Anagrus atomus* in Erprobung
Bemisia tabaci (Tabakmottenschildlaus)	an allen Gurkengewächsen im Gewächshaus; Saugschäden an Triebspitzen; Schwärzepilzansiedlung infolge von Honigtauausscheidung (Verschmutzung der Früchte); an Zucchini aufgehellte Blattadern, danach ganzflächig silbrige Blattoberseite; Wachstumshemmung	vor einigen Jahren in hiesige Gewächshauskulturen eingeschleppt; Ertrags- und Qualitätsminderung; Quarantäneschaderreger	Pflanzenreste vernichten; Einsatz von Nützlingen; Insektizideinsatz
14.9 Kohlgemüse			
Turnip mosaic virus (TuMV, Kohlschwarzringflecken)	insbesondere an Weißkohl, Rosenkohl Chinakohl; zunächst auf älteren Blättern kleine helle Blattflecken, von einem deutlichen, schwarzen Ring umgeben („Schwarzringflecken“); Mosaik; Rauhblättrigkeit; Blattverdrehungen; Stauchung; keine Kopfbildung Übertragung: Blattläuse, mechanisch	Qualitätsminderung durch Blattflecken; erhebliche Ertragsverluste möglich; Chinakohl wird besonders stark geschädigt	Beseitigung der Ernterückstände und Unkräuter (insbesondere der Kruziferen; Winterwirte!); Kulturschutznetze; Insektizideinsatz zur Vektorbekämpfung

Cauliflower mosaic virus (CaMV, Blumenkohlmosaik)	an allen Kohlarten; Adernaufhellung; Adernbänderung; Mosaik; Scheckung; starrer Wuchs; brüchige Blätter; mangelhafte Kopfbildung Übertragung: Blattläuse (vor allem *Brevicoryne brassicae*), mechanisch	starke Ertrags- und Qualitätsminderung möglich; offensichtlich existieren mehrere Stämme mit unterschiedlich starken Symptomen	Kohlsamenträger und Ertragskulturen voneinander getrennt anbauen; überwinternde Kohlarten vor Neuanpflanzungen vernichten; Insektizideinsatz zur Vektorbekämpfung
Turnip yellow mosaic virus (TYMV), Turnip yellows virus (früher: Beet western yellows virus (BWYV))	Adernaufhellung; Fleckung; Mosaik Übertragung: TYMV: Käfer, mechanisch, Saatgut; BWYV: Blattläuse	gelegentlich Bedeutung im Kohlanbau	Anbauabstand zu Rapsbeständen einhalten (Zwischenwirt!)
Xanthomonas campestris pv. *campestris* (Adernschwärze)	an allen Kohlarten; Keimblätter mit schwarzem Rand; vom Blattrand her V-förmige Absterbe-Erscheinungen; reduziertes Wachstum (teilweise nur einseitig); Trockenfäule, im Spätherbst Nassfäule; Gefäßbündel im Strunk mit schwarzem Ring	Bedeutung hat in den letzten Jahren zugenommen, insbesondere an Blumenkohl; Ertragsausfälle bis 50%; insbesondere an Jungpflanzen	gesundes Saatgut; Bodendämpfung; dreijährige Anbaupause; gut entwässerte Flächen bevorzugen; befallene Pflanzen und Pflanzenrückstände vernichten
Pseudomonas syringae pv. *maculicola* (Blattfleckenkrankheit)	an allen Kohlarten; kleine wässrige Flecken zunächst an unteren Blättern, die nach und nach dunkelbraun oder violett werden; Flecken von einem scharfen durchscheinenden Rand umgeben, leicht eingesunken (primär an Blumenkohl)	befällt in erster Linie Blumenkohl; Schaden hält sich gewöhnlich in Grenzen	Saatgutbehandlung mit Heißwasser; Fruchtfolge; Bekämpfung von Kruziferenunkräutern
Erwinia carotovora subsp. *carotovora*, *E. carotovora* subsp. *atroseptica* (Bakterienweichfäule)	vornehmlich an Chinakohl, Kopfkohl, Kohlrabi und Blumenkohl; zunächst wässrige Flecken, später braune oder schwarze Faulstellen; kleine oder größere Teile der Pflanze gehen in einen faulenden und stinkenden Brei über; Strunkfäule im Lager	größte Bedeutung hat *E. carotovora* subsp. *carotovora*; geschädigt werden vor allem Chinakohl, Kopfkohl, Kohlrabi und Blumenkohl	nasse Flächen meiden; bei Lagerkohl Schnittfläche schnell abtrocknen lassen; Kohl möglichst trocken einlagern; ausreichende Belüftung

Schaderreger	Schadbild	Verbreitung und wirtschaftliche Bedeutung	Bekämpfung
14.9 Kohlgemüse			
Plasmodiophora brassicae (Kohlhernie)	an allen Kohlarten; Wurzeln angeschwollen, knollenartig oder knotig verdickt (Gallenbildung), im Innern nicht ausgehöhlt; befallene Pflanzen kümmern; Welke; sekundäre Fäulnis; blaugraue Tönung der Blätter	gefährlichste Krankheit im intensiven Kohlanbau; Bodenverseuchung kann bis zu 20 Jahre anhalten; mehrere Pathotypen	mind. 7 Jahre Anbaupause; Bodenkalkung (pH-Wert > 7); Bodenentseuchung; Pflanzenreste entfernen oder tief einarbeiten; Einsatz von Kalkstickstoff
Olpidium brassicae (Wurzelbrand oder Umfallkrankheit)	an allen Kohlarten; Wurzelhals dunkel gefärbt und eingeschnürt; Keimpflanzen fallen um und sterben ab	Jungpflanzenbestände können während der Pflanzenanzucht völlig vernichtet werden	Bodenentseuchung; Vermeidung feuchter Standorte; Saatgutbeizung; Flächen regelmäßig wechseln
Alternaria brassicae (Kohlschwärze), *Alternaria brassicicola* (Kohlschwärze)	an allen Kohlarten; rundliche, braune bis graue Blattflecken, reißen später auf und Blattgewebe fällt heraus; Blattflecken durch Sporenbildung gezont; im Vermehrungsanbau Frühreife der Schoten; Ausschütten von Samen; geschrumpfte Samen von geringer Triebkraft	Schäden im Freiland und unter Glas; erheblicher Schaden im Vermehrungsanbau, insbesondere an Chinakohl; feuchtwarme Witterung verstärkt die Krankheit	Saatgutbeizung; Samenträgerbestände nicht zu eng pflanzen; Fungizideinsatz nach Schadensschwelle bzw. Befallsprognose
Phoma lingam (Umfallkrankheit, Schwarzbeinigkeit)	an allen Kohlarten und Kohlrabi; am Hypokotyl stängelumfassende, braune Verfärbungen; Keimpflanzen sowie nahezu ausgewachsene Kohlköpfe fallen um; Fäule und Vermorschen der unterirdischen Strunkteile, auf Blättern aschgraue Flecken; typisch: Pflanzen in einer Pflanzreihe erkrankt; Lagerfäule	erhebliche Ertrags- und Qualitätseinbußen möglich; befällt alle Kohlarten; unterschiedlich aggressive Stämme	gesundes Saatgut; widerstandsfähige Sorten; Bodenentseuchung; Kohl schnell einlagern; niedrige Lagertemperatur

Botrytis cinerea (Grauschimmel)	vornehmlich an Wirsing und Rosenkohl (Herbst und Winter); im Lager: dichter mausgrauer Sporenbelag auf den äußeren Blattlagen	wirtschaftlich bedeutungsvollster Pilz unter den Erregern von Lagerfäule	Lagertemperaturen < 4 °C
Peronospora parasitica (Falscher Mehltau)	an allen Kohlarten; blattoberseits gelbliche Flecken; blattunterseits weißgrauer Sporenrasen; Wachstumsstockungen besonders in der Anzucht; bei Herbstanbau gelegentlich Fäulnis	stark schädigend in Kohlanzucht und an Kohlrabi im Gewächshaus (insbesondere unter Tunnel- oder Flachfolie); gelegentlich im Freiland	widerstandsfähige Sorten; Saatgutbeizung; Bodenentseuchung; hohe Luftfeuchtigkeit vermeiden
Mycosphaerella brassicola (Ringfleckenkrankheit)	an allen Kohlarten; auf Blättern und anderen Pflanzenteilen graubraune bis schwarze, ringförmig zonierte, runde bis ovale Ringflecken mit einem Durchmesser von 0,5 bis 2 cm	bedeutende Krankheit im Kohlanbau; befallen werden alle Kohlarten; teils erhebliche Lagerschäden; verschiedene Pathotypen	mind. 500 m Abstand zu Rapsbeständen einhalten; Fruchtfolge; Pflanzenreste tief einarbeiten
Eurydema-Arten (Kohlwanzen)	an allen Kohlarten; weißliche oder gelbe Flecken an den Blättern; Wachstumsstockungen, Verkrüppelungen, Blattfall; Absterben der gesamten Pflanze	Hauptschaden von Mai bis Juli; erheblicher Schaden entsteht auch durch Weichwanzen (*Lygus*-Arten), besonders am Blumenkohl	Zuwanderung verhindern; Insektizideinsatz, Randbehandlung oftmals ausreichend
Brevicoryne brassicae (Mehlige Kohlblattlaus)	an allen Kohlarten; Läuse mit grauweißen Wachsausscheidungen; Blätter verkrümmt, eingerollt und verfärbt; bei starkem Befall unterbleibt Kopfbildung	einer der Hauptschädlinge an Kohl während der gesamten Vegetationszeit; warm-trockene Witterung förderlich; Virusübertragung	im Herbst Entfernen der Kohlstrünke; Insektizideinsatz nach Schadensschwelle
Athalia rosae (Kohlrübenblattwespe)	an allen Kohlarten; Loch-, später Skelettierfraß an den Blättern durch Larven	besonders geschädigt werden Radies, Chinakohl, Rettich und Meerrettich; Totalschaden innerhalb weniger Tage	Insektizideinsatz

Schaderreger	Schadbild	Verbreitung und wirtschaftliche Bedeutung	Bekämpfung
14.9 Kohlgemüse			
Plutella xylostella (Kohlmotte)	an allen Kohlarten; zuerst Minier-, später Fenster- und Lochfraß an den Blättern durch Larven; gelegentlich Eindringen in die Kohlköpfe	weltweit einer der wirtschaftlich bedeutendsten Kohlschädlinge; Wanderflüge können für überraschendes Auftreten sorgen	Einsatz von *Bacillus thuringiensis*; Insektizideinsatz nach Schadensschwelle
Mamestra brassicae (Kohleule)	an allen Kohlarten; Loch- und Skelettierfraß an den äußeren Blättern durch Larven; Eindringen in sich bildende Kohlköpfe (Herzwurm); Verschmutzung mit grünschwarzem Kot und nachfolgende Fäulnis	Hauptschaden durch die zweite Generation; Raupen der Kohleule haben unter allen an Kohl schädlichen Raupen das größte Fraßpotenzial	Einsatz von *Bacillus thuringiensis*; Insektizideinsatz
Pieris brassicae (Großer Kohlweißling)	an allen Kohlarten; Loch- und Skelettierfraß an den Blättern durch Larven (nur die zweite Generation verursacht Schäden an Kulturpflanzen)	abnehmende Bedeutung; Fraß meist lokal auf wenige Pflanzen beschränkt und vornehmlich an Außenblättern; Larven sehr gefräßig	Kulturschutznetze; Einsatz von *Bacillus thuringiensis*; Insektizideinsatz nach Schadensschwellen und Befallsprognose
Pieris rapae (Kleiner Kohlweißling)	an allen Kohlarten; Larvenfraß zunächst am Blatt, später auch im Innern des Kopfes bzw. der Blume	einer der bedeutendsten Schädlinge an Kohl; pro Jahr treten drei bis vier Generationen auf, die sich oft überschneiden	Kulturschutznetze; Einsatz von *Bacillus thuringiensis*; Insektizideinsatz nach Schadensschwellen und Befallsprognose
Contarinia nasturtii (Kohldrehherzmücke)	an allen Kohlarten; Verkümmerung und Verdrehung der Herzblätter (Wachstumsstillstand durch Toxine); Absterben des Sprosses; Mehrköpfigkeit durch Austrieb von Seitenknospen; Hauptschaden durch die im Juni auftretende Larvengeneration	in letzten Jahren zunehmende Bedeutung, insbesondere an Blumenkohl und Brokkoli; regional Totalschaden; bevorzugt in feuchten, windgeschützten Lagen	Kulturschutznetze; Insektizideinsatz nach Schadensschwelle und Befallsprognose

Delia radicum (Kleine Kohlfliege)	an allen Kohlarten; Fraßschäden an den Wurzeln, dadurch Vergilbungs- und Welkeerscheinungen	wichtigster Kohlschädling in Deutschland; weit verbreitet	Saatgutbehandlung; Vliesabdeckung; Insektizideinsatz nach Schadensschwelle bzw. Befallsprognose
Thrips tabaci (Zwiebelthrips)	vornehmlich an Rot- und Weißkohl; Korkwucherungen und braune Verschorfungen an älteren Blättern	Schäden an Kohl zunehmend, vor allem bei hohen Temperaturen; erhebliche Qualitätsminderung (z. B. Verarbeitung von Rotkohl zu Glaskonserven)	tolerante Sorten; Spätsaat; Insektizideinsatz
Phyllotreta-Arten (Kohlerdflöhe)	an allen Kohlarten; grubenförmige Fraßstellen an dickfleischigen Blättern	zunehmende Bedeutung in den letzten Jahren; Gefahr im Mai am größten; Übertragung von Viren und *Alternaria brassicicola*	Jugendentwicklung fördern; häufiges und gründliches Hacken; Insektizideinsatz nach Schadensschwelle bzw. Befallsprognose
Aleyrodes proletella (Weiße Fliege)	an allen Kohlarten; Adulte, Eier und Larven an den Blattunterseiten; Ansiedlung von Schwärzepilzen infolge von Honigtauausscheidungen	tritt in wärmeren Anbaugebieten Deutschlands regelmäßig auf; qualitätsmindernde Verschmutzung	Insektizideinsatz nach Schadensschwelle; wichtig: Blattunterseiten müssen behandelt werden
Agrotis segetum, *Agrotis ypsilon* (Erdraupen)	an allen Kohlarten; Fraßspuren zunächst an Blättern, dann an allen ober- und unterirdischen Pflanzenteilen; Kümmern und Absterben der Pflanzen	Gelegenheitsschädlinge an Kohl	Insektizideinsatz
Ceutorhynchus pallidactylus (Gefleckter Kohltriebrüssler)	an allen Kohlarten; Fraßgänge in Blattstielen; Herzlosigkeit bei Fraß unterhalb des Vegetationspunktes; bei starkem Befall umknickende Stängel und absterbende Blätter	schädigt neben Jungpflanzen vor allem Samenträger	Saatgutbehandlung; Insektizideinsatz nach Schadensschwelle und Befallsprognose

Schaderreger	Schadbild	Verbreitung und wirtschaftliche Bedeutung	Bekämpfung
14.10 Möhre			
Carrot mottle virus (CMoV), Carrot red leaf virus (CtRLV) (Möhrenröte)	gelb-grün gescheckte innere Blätter; äußere Blätter rötlich verfärbt Übertragung: Blattläuse (z. B. *Cavariella aegopodii*), persistent	beide Viren werden selten allein in Möhre gefunden; teils beträchtliche Schäden bei Frühinfektion und Befall an Samenträgern	wenig anfällige Sorten; Insektizideinsatz zur Vektorbekämpfung
Erwinia carotovora subsp. *carotovora* (Weichfäule)	am Möhrenkopf beginnende Weichfäule, die schnell in das Innere vordringt; weiches Gewebe leicht gebräunt; Faulbrei	große wirtschaftlich Bedeutung, vor allem in feuchten Jahren; Fäule setzt sich im Lager fort	Fruchtfolge; feuchte Standorte meiden; schonende Ernte; Möhren vor Lagerung trocknen; faule Möhren bei Ernte auslesen
Xanthomonas campestris pv. *carotae* (Bakterienblattflecken)	kleine, gelbe Flecken auf den Blättern; später wässrige, dunkelbraune Flecken, deren Zentrum vertrocknet und oft von einem gelben Hof umgeben ist; Flecken auch an Blattstielen, Stängeln, Blüten und Wurzeln	1995 erstmals bedeutsames Auftreten in der Vorderpfalz nachgewiesen; zunehmende Verbreitung	wenig anfällige Sorten; gesundes Saatgut; mehrjährige Anbaupause
Alternaria dauci (Möhrenschwärze)	an Blattspitzen und Blattstielen bräunliche Flecken (gelblich begrenzt); später ganze Blätter bedeckt; dichter Sporenrasen; Welke: Blätter biegen sich zum Boden; Schäden am Rübenkörper möglich; Keimlingssterben	bedeutende Pilzkrankheit der Möhre; primär Schwächeparasit; verstärktes Auftreten unter Kulturschutznetzen; hoher Ertragsabfall bei frühem Befall	tolerante Sorten; Anbaupause; Aussaat nicht zu dicht; Saatgutbeizung; keine Überkopfberegnung; Ernterückstände vernichten; Fungizideinsatz
Pythium spp. (*Pythium*-Wurzelfäule)	Möhren welken am Tag, erholen sich nachts; stockendes Wachstum; verfärbte Blätter; weiches, rostrotes Wurzelgewebe; verstärkte Seitenwurzelbildung	besonders auf staunassen Böden schädlich; nur junges Gewebe anfällig	Saatgutbeizung

Pythium spp. (insbesondere *P. violae*) (Wasserfleckenkrankheit)	durchscheinende, eingesunkene, zum Teil elliptische oder unregelmäßige Befallsstellen auf dem Rübenkörper; schwarze warzenartige Gebilde unter der Wurzelepidermis	große wirtschaftliche Bedeutung in vielen Möhrenanbaugebieten; Befall stark qualitätsmindernd	tolerante Sorten; Vermeidung hoher Bodenfeuchte; rechtzeitige Ernte (Anfälligkeit steigt mit zunehmendem Alter); Fruchtfolge
Rhizoctonia crocorum (Violetter Wurzeltöter)	Möhrenkörper vorwiegend im unteren Bereich von dunkelviolettem Pilzgeflecht überzogen und leicht eingesunken; Fäulnis an den Befallsstellen	weit verbreitet; nestartig auftretender Schaden	Fruchtfolge; feuchte Standorte und hohe pH-Werte meiden
Sclerotinia sclerotiorum, Botrytis cinerea, Rhizoctonia carotae, Chalara thielavioides, Thielaviopsis basicola, Mycocentrospora acerina u. a. (Lagerfäulen)	*S. sclerotiorum*: Möhren mit dichtem weißen Pilzgeflecht überzogen (Weißfäule); *R. carotae*: spinnwebartiges, weißes Pilzgeflecht, später gelbbraun mit gelben Tropfen; *B. cinerea*: mausgrauer Pilzbelag; *C. thielavioides, T. basicola*: zunächst gelbe Flecken, später grauschwarze Verfärbungen, die die Möhre bandförmig umringen; *M. acerina*: weiche, dunkelbraune, später schwarze Faulstellen mit abgesetztem braunen Rand	größte Bedeutung hat *S. sclerotiorum*; *B. cinerea* Schwächeparasit; *R. carotae* auch wichtiger Lagerfäuleerreger; *C. thielavioides* besonders bei in Plastikbeuteln abgepackten Möhren schädlich	Möhren nach Ernte rasch kühlen; nur ausgereifte, trockene Möhren einlagern; Kisten und Lager gründlich reinigen; Erdmieten nicht wiederholt am gleichen Platz anlegen
Meloidogyne hapla (Wurzelgallennematode)	reduziertes Wachstum; beinige Möhren; Gallen an Wurzeln	kann lokal beträchtliche Schäden verursachen	Fruchtfolge; Anbaupause
Pratylenchus spp. *Paralongidorus* spp. u. a. (wandernde Wurzelnematoden)	meist nesterweise auftretende Wachstumsstörungen; mosaikartige Aufhellungen in der Möhrenrinde; Ringel- oder Wulstbildungen, Einschnürungen, Wurzelbart; ältere Wurzeln braun, daneben neue, weiße Wurzeln	insbesondere auf leichten Böden schädigend; verursachen sogenannte Möhrenmüdigkeit	Fruchtfolge; Anbaupause; Anbau von *Tagetes* zur Bekämpfung von *Pratylenchus* spp.

Schaderreger	Schadbild	Verbreitung und wirtschaftliche Bedeutung	Bekämpfung
14.10 Möhre			
Psila rosae (Möhrenfliege)	bevorzugt am Feldrand; Fraß an Seitenwurzeln, später rostbraun verfärbte Fraßgänge im Möhrenkörper; bei starkem Befall Absterben der Möhren, bei Fraß im Lager zusätzlich Befall mit Fäulniserreger	wichtigster Schädling im Möhrenanbau; bei starkem Frühbefall sterben Möhren ab; später Befall bedeutet vor allem Qualitätsminderung	wenig anfällige Sorten; frühe Saat; Schutznetze; großflächiger Anbau in windoffenen Lagen; Insektizideinsatz nach Schadensschwelle bzw. Befallsprognose
Cavariella aegopodi (Gierschblattlaus)	stark gekräuseltes Möhrenlaub, Gelbfärbung mit schwarzen Punkten	schädlich vor allem als Überträger von Viruskrankheiten	weniger anfällige Möhrensorten, Insektizidanwendung
Dysaphis crataegi u. a. *Dysaphis*-Arten (Möhrenwurzelhalsläuse)	Schwächung des Pflanzenwuchs	empfindlich sind vor allem junge Bestände; Wuchsschädigung und Nachlassen der Ertragsleistung	Beregnung zur Schadensminderung; Insektizideinsatz
Trioza apicalis (Möhrenblattfloh)	starke Kräuselung des Möhrenlaubes, wobei die Blätter grün bleiben; Wachstumshemmungen; Speichelausscheidungen	Schaden vor allem durch den ausgewachsenen Möhrenblattfloh	Insektizideinsatz nach Schadensschwelle bzw. Befallsprognose
Napomyza carotae (Möhrenminierfliege)	gewundene Fraßgänge im oberen Teil des Möhrenkörpers; Gänge platzen auf und sinken ein; blattunterseits anfangs dunkelgrüne, später hellgraue Einstich- und Saugstellen; Minierfraß in Blattstielen	schädlich sind die Maden der ersten Generation	Anhäufeln der Möhren; Kulturschutznetze; Insektizideinsatz nach Schadensschwelle bzw. Befallsprognose
Agrotis segetum, *Agrotis ypsilon* (Erdraupen)	zerfressener Möhrenkopf; Absterben der Pflanzen	bedeutende Schäden im Frühsommer, besonders bei trockener Witterung	Unkrautbekämpfung; Insektizideinsatz

14.11 Salate

Lettuce mosaic virus (LMV, Salatmosaik)	an Kopfsalat, Endivie; hell-dunkelgrüne Mosaikscheckung der Blätter, Strichelung; Adernvergilbung; Kräuselung; mangelhafte Kopfbildung Übertragung: Blattläuse (z. B. *Macrosiphon euphorbiae*, *Myzus persicae*), Samen, Pollen	Freilandsalat besonders während der Sommermonate gefährdet; wirtschaftliche Bedeutung durch Anbau resistenter Sorten abnehmend	virusfreies Saatgut; resistente oder tolerante Sorten; früher oder später Anbau (kein Blattlausflug); Erntereste sofort einarbeiten; Unkräuter bekämpfen; Insektizideinsatz zur Vektorbekämpfung
Cucumber mosaic virus (CMV, Gurkenmosaik)	an Kopfsalat; zunächst gescheckte Blätter; Blattgrün verliert an Glanz; blattunterseits hellbraune Verfärbungen; blattoberseits Nekrosen; Absterben einzelner Blattpartien; gestauchter Wuchs; unbefriedigende Kopfbildung Übertragung: Blattläuse (> 60 Arten), mechanisch, Samen	in Freilandsalat gleich stark verbreitet wie Salatmosaik; offensichtlicher geworden seit dem Anbau salatmosaikresistenter Sorten; Schäden meist gering; frühe Infektionen führen zu unverkäuflichen Pflanzen	Neuanpflanzungen nicht in Nähe verseuchter Bestände; Pflanzenreste unmittelbar nach Ernte unterpflügen Insektizideinsatz zur Vektorbekämpfung
Lettuce big vein virus (LBVV, Breitadrigkeit)	an Kopfsalat, Endivie; chlorotische oder weiße Adernbänderung; Breitadrigkeit; Symptombereiche bleiben im Wachstum zurück, wodurch stark gewölbte Blätter entstehen; lockere Salatköpfe Übertragung: Pilz (*Olpidium brassicae*), mechanisch	tritt vor allem im Frühjahr und Herbst auf; höchste Verseuchung auf kalten, nassen, schweren Böden; stark schädigend in erdelosen Kulturverfahren	Anbaupause; Bodendämpfung; gesundes Pflanzgut; Zwischenwirt Gänsedistel beseitigen
Turnip yellows virus (früher: Beet western yellows virus, BWYV) (Westliche Rübenvergilbung)	an Kopfsalat, Endivie, Chicoree; milde chlorotische Fleckung; Vergilbung und Verdickung der älteren Blätter mit Brüchigkeit (Stärkestau!); Wachstum reduziert Übertragung: Blattläuse (z. B. *Myzus persicae*)	hat bei uns nicht die Bedeutung wie in anderen Ländern erlangt	Neuanpflanzungen nicht in die Nähe verseuchter Bestände setzen; Bestände unmittelbar nach Ernte unterpflügen; Insektizideinsatz zur Vektorbekämpfung

Schaderreger	Schadbild	Verbreitung und wirtschaftliche Bedeutung	Bekämpfung
14.11 Salate			
Pseudomonas spp., *Xanthomonas* spp. (selten) (Bakterienfäulen, -welken, Blattflecken)	an Kopfsalat, Endivie, Chicoree; Fäulniserscheinungen vom Blattrand ausgehend; schwarze, schleimige Blätter; blassgrüner oder bräunlicher Salatkopf	besonders in Freilandkulturen; schädigend bei feuchter Witterung oder intensiver Beregnung	übermäßige Feuchtigkeit vermeiden; Pflanzenreste vorhergehender Kulturen tief einarbeiten
Rhizomonas-Arten (Bakterielle Korkwurzelkrankheit)	an Kopfsalat; an Haupt- und Nebenwurzeln gelbe Streifen, die sich grünbraun verfärben; raue Wurzeloberfläche mit Rissen; Hauptwurzel teils vollkommen verbräunt und rissig; Seitenwurzeln reduziert; Welke; Wuchshemmung	1992 erstmalig in Europa beobachtet; Ertragsausfälle bis 70%; Schaden tritt vor allem bei wiederholtem Salatanbau und höheren Temperaturen auf	wenig anfällige Sorten; Fruchtfolge; Aussetzen kräftiger Pflanzen; keine Direktsaat
Bremia lactucae (Falscher Mehltau)	an Kopfsalat; blattunterseits weißer Belag; später blattoberseits gelbe und braune Flecken	Infektion während der gesamten Kulturzeit möglich; Hauptgefahr im Spätsommer; verschiedene Pathotypen	resistente Sorten; Luftfeuchtigkeit senken und längere Blattfeuchteperioden verhindern; Fungizideinsatz
Botrytis cinerea (Grauschimmel, Salatfäule)	an Kopfsalat; faulende Blätter; Fäulnis am Stängelgrund, Stängel schnürt sich ein, wird braun und stirbt ab; grauer Sporenrasen auf befallenen Pflanzenteilen	in Deutschland größte Bedeutung als Salatfäuleerreger; Schaden bevorzugt kurz nach dem Auspflanzen oder kurz vor der Ernte	feuchte Böden meiden; im Gewächshaus hohe Luftfeuchtigkeit vermeiden (Ventilatoren); Einsatz von Mulchfolien; Fungizideinsatz
Rhizoctonia solani (Schwarzfäule)	an Kopfsalat; äußere, dem Boden aufliegende Blätter sind braun und nassfaul bzw. trocken und pergamentartig dünn, durchscheinend; Fäule bis ins Herz der Salatkopfes	zunehmende Bedeutung bei Kopfsalat; Schädigung meist kurz vor der Ernte, vor allem bei höheren Temperaturen	im Gewächshaus Boden entseuchen; im Freiland Dammanbau; Fungizideinsatz

Sclerotinia sclerotiorum, *Sclerotinia minor* (Becherpilz)	an Kopfsalat; in sich zusammengefallene Pflanzen; Blätter des Salatkopfes welken von außen nach innen; Fäulnis; weißes watteartiges Pilzgeflecht mit Sklerotien am Strunk und auf den am Boden liegenden Blättern	vornehmlich auf Flächen, die schon lange in gärtnerischer Kultur sind; größere Bedeutung hat *S. sclerotiorum*	Fruchtfolge; befallene Pflanzen beseitigen; Boden entseuchen; biologische Bekämpfung mit *Coniothyrium minitans*; Fungizideinsatz
Pythium tracheiphilum (Salatwelke)	an Kopfsalat, Endivie; Welke; Gefäßverbräunungen bis in die Blattspitzen; Nekrosen auf Ober- und Unterseite der Blattstiele; Blätter vergilben von der Mittelrippe her und sterben ab	vornehmlich im Frühjahr oder im Herbst auftretend; Schädigung durch trocken-heiße Witterung gefördert	gesundes Pflanzgut; Pflanzung bei nicht zu kalter Witterung; Fruchtfolge
Septoria lactucae (Septoria-Blattfleckenkrankheit)	an Kopfsalat; anfangs kleine gelbe, später braune Flecken vorwiegend am Rand der äußeren Blätter; gelegentlich schwarze Sporenbehälter erkennbar	Krankheit kann durch vorbeugende Maßnahmen bekämpft werden	gesundes Saatgut; Heißwasserbehandlung; zweijährige Anbaupause
Meloidogyne hapla (Wurzelgallennematode)	an Kopfsalat; Gallen an den Wurzeln; bei frühzeitig starkem Befall Hemmung der Kopfbildung	lokal wirtschaftlich bedeutsame Schäden	Anbau von Nichtwirtspflanzen (z. B. Getreide); sorgfältige Unkrautbekämpfung; Bodendämpfung
Nasonovia ribisnigri, *Macrosiphon euphorbiae*, *Myzus persicae* u. a. (Blattläuse)	an Kopfsalat; Misswuchs und Verkrüppelungen; adulte Tiere im Salatkopf	Hauptschädlinge des Salates; nennenswerter Besatz macht Salat unverkäuflich; Virusübertragung	Einsatz von Nützlingen im Gewächshaus (z. B. *Chrysoperla carnea*); Insektizideinsatz
Pemphigus bursarius (Salatwurzellaus)	an Kopfsalat, Endivie, Chicoree; Pflanzen welken und vergilben; an den Wurzeln wachsbestäubte ungeflügelte Wurzelläuse (2 mm lang); mehliges Aussehen des Erdbodens im Wurzelbereich	Schäden nur in bestimmten Anbaugebieten und nur bei trockener, warmer Witterung	widerstandsfähige Sorten; Kulturschutznetze; Fruchtfolge; Beregnung vermindert Schäden

Schaderreger	Schadbild	Verbreitung und wirtschaftliche Bedeutung	Bekämpfung
14.11 Salate			
Liriomyza huidobrensis (Adernminierfliege)	an Kopfsalat, Endivie, Chicoree; Blattminen entlang der Blattadern oder Blattmittelrippe, im oberen Teil des Blattes beginnend	seit 1990 in Deutschland; im Sommer auch außerhalb von Gewächshäusern; Quarantäneschaderreger	hygienische Maßnahmen; Pflanzenreste, Unkräuter und Folien entfernen; Insektizideinsatz
14.12 Zwiebelgewächse			
Leek yellow stripe virus (LYSV, Gelbstreifigkeit)	an Porree; Blätter (Schlotten) gelb gestreift, gewellt und schlaff herunterhängend; Pflanzen bleiben im Wuchs zurück; Samenertrag stark vermindert Übertragung: Blattläuse, mechanisch	Frühinfektionen schädigen besonders stark; Mischinfektionen können deutlich schadverstärkend wirken	gesundes Pflanzgut; Vernichten kranker Pflanzen; Beseitigung aller Pflanzenrückstände; Insektizideinsatz zur Vektorbekämpfung
Onion yellow dwarf virus (OYDV, Gelbverzwergung)	an Zwiebel; chlorotische Streifung der Blätter; Kräuselung; schlaff herabhängende Schlotten; im Lager Fäulnis und vorzeitiges Austreiben Übertragung: Blattläuse	bei gesäten Zwiebeln meist nur geringe Bedeutung; größere Bedeutung bei Samenträgern, Steckzwiebeln und Schalotten	verdächtige Pflanzen vernichten; Samenträgerbestände und Ertragskulturen sowie Winterzwiebeln und Frühjahrskulturen trennen
Erwinia carotovora subsp. *carotovora* (Bakterienfäule)	an Zwiebel, geringe Bedeutung an Porree; Weichfäule (teils bereits im Feld, meist aber erst im Lager); beginnend am Hals der Zwiebel; glasige Schuppen, die in schleimige Masse übergehen	weit verbreitet; wird durch Frostschaden gefördert	Fruchtfolge; Auslese befallsverdächtiger Zwiebel bei Ernte; sachgerechte Lagerung

Peronospora destructor (Falscher Mehltau)	an Zwiebel, Schalotte, selten an Porree, Schittlauch, Knoblauch; auf Schlotten zunächst kleine weißliche Flecken; bei Taubelag violettgrauer Sporenrasen erkennbar; Flecken färben sich durch Befall mit Schwärzepilzen schwarzbraun; Schlotten welken und vertrocknen	schädigt vor allem bei ausgesprochen feuchter Witterung; Zwiebelertrag sowie Haltbarkeit deutlich gemindert, insbesondere bei Winterzwiebeln	Fruchtfolge; Anbau von Sommer- und Winterzwiebeln trennen; zu dichte Kulturen vermeiden; Fungizideinsatz nach Schadensschwelle bzw. Befallsprognose
Botrytis aclada (Zwiebelhalsfäule)	an Zwiebel, Schalotte, Knoblauch; zur Ernte meist symptomlos; im Lager glasige weiche Flecken am Zwiebelhals; weißliches Pilzgeflecht zwischen Zwiebelschuppen, später grauer Sporenrasen mit Sklerotien; Zwiebeln schrumpfen zu Mumien	erhebliche Schäden im Lager; Übergang von kranken auf gesunde Zwiebeln	Saatgutbeizung; übermäßige N-Düngung und mechanische Verletzungen vermeiden; Ernte vollständig abgetrockneter Zwiebeln; Lagerhygiene
Botrytis squamosa (*Botrytis*-Blattfleckenkrankheit)	an Zwiebel, vornehmlich Bundzwiebeln; längliche bis runde, gelbliche, leicht eingesunkene Flecken auf dem Zwiebellaub, die sich schnell vermehren; erste Befallsflecken einseitig der Hauptwindrichtung zugewandt (Ähnlichkeit zu Hagelschaden!)	Ertragsverluste bei frühzeitigem Absterben des Laubes; besonders bei feuchter Witterung und in zu dichten Beständen ein Problem	zu dichte Bestände vermeiden; nach Beregnung auf schnell abtrocknendes Laub achten; Fungizideinsatz nach Schadensschwelle bzw. Befallsprognose
Sclerotium cepivorum (Mehlkrankheit)	an allen Zwiebelgewächsen; Keimlinge sterben ab; Schlotten welken; weißes watteartiges Pilzgeflecht mit winzigen Sklerotien an der Zwiebelbasis; weichfaule Zwiebeln	Schäden vor allem an Küchenzwiebel, Lauchzwiebel, Schnittlauch und Knoblauch; Krankheitsausbreitung vor allem im Frühjahr und Herbst	Fruchtfolge; keine Putzabfälle auf die Felder zurück führen; Gründüngung mit Kruziferen; Fungizideinsatz; vor Einlagerung gründlich sortieren

Schaderreger	Schadbild	Verbreitung und wirtschaftliche Bedeutung	Bekämpfung
14.12 Zwiebelgewächse			
Pythium spp., *Phytophthora cryptogea*, *Fusarium* spp., *Rhizoctonia solani*, *Rhizopus oryzae* u. a. (Keimlingskrankheiten)	Schäden an keimenden und gerade auflaufenden Zwiebelgewächsen	stärkere Schäden besonders bei langsamem Auflaufen infolge zu kalter Witterung und zu tiefer Saat	Saatgutbeizung; zügiges Auflaufen fördern
Phytophthora porri (Papierfleckenkrankheit)	wässrige Blattspitzen, später Absterben der Blattspitzen (weiß, papierartig)	überwiegend an Porree, gelegentlich an Zwiebel; tritt meist später im Jahr auf; befallsfördernd sind feucht-kühle Witterung und schlechte Bodenstruktur	widerstandsfähige Sorten; Fruchtfolge; Abfälle vom Porreelaub nicht wieder auf das Feld fahren
Alternaria porri (Purpurfleckenkrankheit)	länglich ovale, oft gezonte Blattflecken in der oberen Blatthälfte mit grauem Zentrum und schwarzem Sporenrasen; Randzone der Blattflecken violett; befallene Blätter reißen auf, schnüren sich ein und sterben ab	bevorzugtes Auftreten bei feuchtwarmer Witterung; schädigt Porree, Zwiebel, Schnittlauch und andere *Allium*-Arten	widerstandsfähige Sorten; Fruchtwechsel; Beseitigung kranker Pflanzenteile; Saatgutbeizung; Bodenabdeckung mit Stroh oder Mulchfolie
Cladosporium allii, *Cladosporium allii-cepae* (Samtfleckenkrankheit)	an Zwiebel; anfangs weiße, ovale Flecken, die sich schnell vergrößern; dunkelgrüner Pilzbelag im Zentrum der Blattflecken; Absterben größerer Blattpartien	in einigen Jahren größere Bedeutung; stärkere Ertragsverluste möglich	Fungizideinsatz
Puccinia allii (Porreerost)	kleine, rundliche oder längliche, kräftig orange gefärbte Flecken; Blattoberhaut schlitzartig aufgerissen, blassgrüne Farbe der Pflanzen; Wuchsreduktion	in erster Linie an Porree und Schnittlauch; kann in geringerem Ausmaß auch Zwiebeln befallen	wenig anfällige Sorten; Beseitigung befallener vorjähriger Kulturen; Fungizideinsatz nach Schadensschwelle

Ditylenchus dipsaci (Stängelnematode)	herdartig auftretender Befall; Laub geschwollen, verdreht und leicht bläulich gefärbt; buschiger Wuchs; vorzeitiges Absterben der Pflanzen; Aufplatzen der Zwiebeln mit Fäule	größte Bedeutung an Lauchgewächsen, in erster Linie an der Zwiebel, der Schalotte und dem Knoblauch; vor allem auf schweren Böden	befallsfreies Saatgut; Anbaupause; Warmwasserbehandlung; Bekämpfung aller Wirtspflanzen inkl. Unkräuter; Bodendämpfung
Acrolepia assectella (Lauch-, Zwiebelmotte)	zunächst oberflächlicher Schabefraß; später Minierfraß bis ins Herz; Absterben der Herzblätter	erhebliche Schäden an Porree, Zwiebeln und Schnittlauch möglich; Sekundärinfektion mit Fäulnisbakterien	Kulturschutznetze; Einsatz von *Bacillus thuringiensis*; Insektizideinsatz nach Schadensschwelle und Befallsprognose
Delia antiqua (Zwiebelfliege)	an Zwiebel; reihenweise Welke junger Pflanzen nach dem Auflaufen; gelblich grau verfärbtes, absterbendes Laub; Herzblätter lassen sich herausziehen, während Wurzel im Boden bleibt; weichfaule Zwiebeln mit Fliegenmaden	an allen Lauchgewächsen; größere praktische Bedeutung derzeit bei der Anzucht von Schnittlauchtreibware	Anbau in windoffenen Lagen; Saatgutbehandlung; keine frischen Stallmistgaben; Kulturschutznetze; Insektizideinsatz
Oprohinus suturalis (Zwiebelrüssler)	an Zwiebel; Käfer nagen in regelmäßigem Abstand kreisförmige Löcher in die Blätter; umliegende Epidermis hebt sich ab (heller Hof); Wachstum reduziert; Blätter rollen sich ein; Larven verursachen Fensterfraß an Blättern	in letzten Jahren eher geringe wirtschaftliche Bedeutung	Förderung der Jungpflanzenentwicklung; Insektizideinsatz in der Regel nicht notwendig
Thrips tabaci (Zwiebelthrips)	an allen Zwiebelgewächsen; auf dem Laub unzählige silbrige Tüpfel, die streifig in der Längsrichtung des Blattes angeordnet sind; Pflanze erscheint grau bis weißlich; reduziertes Wachstum	primär Qualitätsverluste, besonders bei trockener, warmer Sommerwitterung; größter Schaden an Herbstporree	Fruchtfolge; tiefes Pflügen; Saatgutbehandlung; Kulturschutznetze; Insektizideinsatz nach Schadensschwelle

Schaderreger	Schadbild	Verbreitung und wirtschaftliche Bedeutung	Bekämpfung
14.12 Zwiebelgewächse			
Liriomyza nietzkei (Zwiebelminierfliege)	Fraßgänge der Maden als dünne Linien im Laub erkennbar; Laub krümmt sich; reduziertes Wachstum durch erhöhten Wasserverlust	Zwiebeln meist stärker geschädigt als Porree, besonders bei Trockenheit	Insektizideinsatz nach Schadensschwelle
14.13 Spargel			
Asparagus virus 1 (AV-1, Spargelvirus 1), Asparagus virus 2 (AV-2, Spargelvirus 2)	keine äußerlich sichtbaren Krankheitserscheinungen, aber Qualitäts- und Ertragsminderungen Übertragung: AV-1: Blattläuse (Wirtspflanze: Spargel), AV-2: Samen (großer Wirtspflanzenkreis)	trotz Fehlen virusspezifischer Krankheitserscheinungen erhebliche Qualitäts- und Ertragsminderungen	gesundes Pflanzgut; Insektizideinsatz zur Vektorbekämpfung
Fusarium oxysporum f. sp. *asparagi*, *F. redolens*, *F. moniliforme*, *F. proliferatum* (*Fusarium*-Wurzelfäulen)	herdartiges Auftreten im Bestand; schlechter Austrieb; angefaulte Wurzeln innerlich schwarz; langsames Absterben der Pflanzen	Hauptbedeutung hat *F. o.* f. sp. *asparagi*; problematisch ist die hohe Beständigkeit einer einmal entstandenen Bodenverseuchung	gesundes Pflanzgut; Anbaupause von 10 Jahren; Anbau nur auf geeigneten Flächen; mechanische Verletzungen vermeiden
Fusarium culmorum (Fußkrankheit)	Vergilbungen und Absterbe-Erscheinungen am Stängel; Stängel im Innern rötlich verfärbt; nur einzelne Pflanzen befallen (keine Befallsnester)	zunehmende Schäden mit veränderten Kulturmaßnahmen (Abfräsen der Stängel bietet Eintrittspforte)	Stängelstümpfe sorgfältig beseitigen; Dämme nach der Stechzeit abräumen; optimale Kulturbedingungen

Puccinia asparagi (Spargelrost)	ab Mai klebrige, orangefarbene Pusteln am unteren Stängelteil; später orangefarbene Äzidiosporen, dann kräftig braun gefärbte Uredosporen und Ende des Sommers tiefschwarze Wintersporen (Teleutosporen)	bei starkem Rostbefall > 30% weniger Ertrag im Folgejahr; Befall bevorzugt in windgeschützten Lagen	wenig anfällige Sorten; Spargelstroh im Herbst beseitigen; Spargelreihen in Hauptwindrichtung ausrichten (=> schnelleres Abtrocknen); Fungizideinsatz
Botrytis cinerea (Grauschimmel)	stark stäubender, grauer Sporenrasen auf bleichgrünen Befallsstellen an Stängel und Seitentrieben; Blätter kranker Triebe sind bleich und hängen welk herab; vorzeitiges Absterben der Triebe	tritt bevorzugt in Zeiten feuchter Witterung auf; Reservestoffbildung gemindert	wenig anfällige Sorten; übermäßig dichte Bestände vermeiden; Fungizideinsatz
Stemphylium botryosum (Stemphylium-Spargellaubkrankheit)	kleine, elliptische Flecke an den Spargeltrieben mit weißem Zentrum und deutlich braunem Rand; darüber liegender Pflanzenteil stirbt ab; schwarzer Sporenrasen	in letzten Jahren vermehrt schädigend; Ertrag im Folgejahr reduziert, insbesondere bei Junganlagen	wenig empfindliche Sorten; dichte Bestände vermeiden; Fungizideinsatz nach Schadensschwelle
Lygus pratensis (Gemeine Wiesenwanze), *Calocoris norvegicus* (Zweipunktige Wiesenwanze)	Absterbe-Erscheinungen an jungen Trieben; rundliche, zunächst wässrige Flecke auf den Trieben; später dunkel gefärbt; Stängel schrumpft an der Befallsstelle; Trieb oberhalb der Befallsstelle verfärbt sich braunschwarz	vor allem in Junganlagen schädigend	Bekämpfung schwierig; zuständige Beratung konsultieren
Brachycorynella asparagi (Spargelblattlaus)	blaugrüne, angeschwollene und verkürzte Triebe; herdartiger Befall; nur jüngere Triebe werden befallen	Massenentwicklungen vornehmlich Juni/Juli und September/Oktober; starker Befall mindert Ertrag im Folgejahr	Spargellaub im Herbst entsorgen bzw. einarbeiten; intensive Bodenbearbeitung im Frühjahr; Insektizideinsatz nach Schadensschwelle

Schaderreger	Schadbild	Verbreitung und wirtschaftliche Bedeutung	Bekämpfung
14.13 Spargel			
Crioceris asparagi (Spargelhähnchen)	Fraß der Käfer und Larven am Spargelspross	Junganlagen können deutlich geschwächt werden	Sämlinge in Ertragsanlagen beseitigen; Einsatz von *Bacillus thuringiensis* subsp. *tenebrionis*; Insektizideinsatz nach Schadensschwelle
Platyparea poeciloptera (Spargelfliege)	Larvenfraß zunächst an der Peripherie, dann im Mark des Spargeltriebes; Fraßgänge bis in den unterirdischen Teil der Pflanze; Trieb gekrümmt; früheres Abreifen des Laubes	Hauptschädling am Spargel; Bedeutung in letzten Jahren zunehmend, vor allem bei Verfrühung (Folienabdeckung)	Pflanzen mit 30 bis 40 cm hohen Papiermanschetten umgeben; Spargellaub sorgfältig beseitigen; Stechzeit bis Ende Flugzeit der Spargelfliege ausdehnen; Insektizideinsatz nach Schadensschwelle
Delia platura (Wurzelfliege)	Fraßgänge in Spargelstangen, die dann bräunlich gefärbt und oft gekrümmt sind	erheblicher Qualitätsmangel sowie Unverkäuflichkeit der Ware; in Einzelfällen Verluste bis 60%; Gefahr Ende Mai bis Mitte Juni am größten	keine mechanische Unkrautbekämpfung in der Stechperiode, ggf. Abflamm- oder Infrarotgerät einsetzen; Anbau unter schwarzer Mulchfolie
14.14 Kernobst			
Apple stem grooving virus (ASGV)	latentes Apfelvirus; Stammfurchung an Indikatoren; verringertes vegetatives Wachstum Übertragung: vegetative Vermehrung	in handelsüblichen Sorten keine Symptome; teils häufig in importierten Kernobstsorten; geregelt in Anbaumaterialverordnung (AGOZ)	gesunde Unterlagen und Edelreiser (zertifiziertes Anbaumaterial)

Apple stem pitting virus (ASPV)	latentes Apfelvirus; Stammnarbung an Indikatoren; verringertes vegetatives Wachstum Übertragung: vegetative Vermehrung	teils bedeutende Schäden bei Mischinfektion mit ASGV, ACLSV; geregelt in AGOZ	gesunde Unterlagen und Edelreiser (zertifiziertes Anbaumaterial)
Apple mosaic virus (ApMV, Apfelmosaik)	leuchtend gelbe, band- oder fleckenförmige Verfärbungen auf den Blättern, die später nekrotisieren Übertragung: vegetative Vermehrung	sichtbarer Befall an empfindlichen Sorten (Golden Delicious, Gala, Jonathan); zunehmende Bedeutung; geregelt in AGOZ	gesunde Unterlagen und Edelreiser (zertifiziertes Anbaumaterial)
Apple chlorotic leafspot virus (ACLSV)	latentes Apfelvirus; verringertes vegetatives Wachstum an Apfel, Birne und *Prunus*-Arten; gelegentlich chlorotische Blattflecken; Frostempfindlichkeit Übertragung: vegetative Vermehrung	die meisten handelsüblichen Sorten entwickeln keine Symptome; einige Isolate bringen die Pflanze zum Absterben; geregelt in AGOZ	gesunde Unterlagen und Edelreiser (zertifiziertes Anbaumaterial)
Erwinia amylovora (Feuerbrand)	Triebspitzen, Blätter, Blüten und Früchte verfärben sich schwarz, welken und bleiben am Baum hängen; hakenartiges Abkrümmen der erkrankten Triebspitzen; brauner Bakterienschleim bei feucht-warmer Witterung; befallene Stämme und Äste sehen wie verbrannt aus	gefürchtetste Bakterienkrankheit an Kernobst; in Deutschland in fast allen Apfel- und Birnenanbaugebieten verbreitet; erhebliche wirtschaftliche Verluste; Quarantäneschaderreger	wenig anfällige Sorten; rigoroser Rückschnitt bzw. Rodung befallener Bäume und sonstiger Wirtspflanzen; Schnittwerkzeuge desinfizieren; Kupferpräparate haben Teilwirkung
Pseudomonas syringae pv. *mors prunorum* (Bakterienbrand)	an Kirsche, Birne, Apfel; Blüten werden schwarz und sterben ab; eingesunkene Nekrosen an Trieben und Zweigen; dunkelbraune Blattflecken mit rötlichem Hof; Früchte schwarz gesprenkelt, sterben ab, bleiben als Fruchtmumien am Baum hängen	erhebliche Ertragsausfälle in Jahren mit Spätfrösten bzw. feucht-kühlem Frühjahr; Junganlagen sind aufgrund ihrer Wüchsigkeit besonders gefährdet	befallene Triebe ausschneiden; Kupferspritzungen im zeitigen Frühjahr wirken befallsreduzierend

Schaderreger	Schadbild	Verbreitung und wirtschaftliche Bedeutung	Bekämpfung
14.14 Kernobst			
Apple proliferation phytoplasm (Apfeltriebsucht)	Triebe an der Triebspitze stark verzweigt (Hexenbesen); vorzeitiger Blattfall; stark vergrößerte Nebenblätter; Früchte klein, häufig abgeflacht und ohne Geschmack Verbreitung: vegetative Vermehrung, Blattsauger (Psylliden), evtl. Wurzelverwachsung in Baumschulen	in Deutschland seit 2000 starkes Auftreten mit hohen Ertragsverlusten; primär in wärmeren Regionen; Quarantäneschaderreger; geregelt in Anbaumaterialverordnung (AGOZ)	gesunde Unterlagen und Edelreiser (zertifiziertes Anbaumaterial); Vernichten befallener Pflanzen; Insektizideinsatz zur Vektorbekämpfung
Gummiholzkrankheit (Erreger bislang unbekannt)	ältere Triebe verholzen nicht; Triebe biegen sich unter Fruchtlast bogenförmig durch Übertragung: vegetative Vermehrung	geringe bis erhebliche Ertragsminderung möglich; geregelt in Anbaumaterialverordnung (AGOZ)	gesunde Unterlagen und Edelreiser (zertifiziertes Anbaumaterial)
Pear decline phytoplasm (Birnenverfall)	Schwächung des Baumes über mehrere Jahre; Blätter klein, lederartig; Phloemnekrosen im Bereich der Veredelungsstelle; später rascher Birnenverfall und Absterben des Baumes innerhalb weniger Tage/Wochen Verbreitung: vegetative Vermehrung, Vektoren (Psylliden), evtl. Wurzelverwachsung	weit verbreitet; wirtschaftlich bedeutend durch erhebliche Qualitätsverluste; Quarantäneschaderreger	gesunde Unterlagen und Edelreiser (zertifiziertes Anbaumaterial); Vernichten befallener Pflanzen; Insektizideinsatz zur Vektorbekämpfung
Venturia inaequalis (Apfelschorf)	nach der Blüte auf beiden Seiten der Blätter olivgefärbte, später braune Flecken; auf den Früchten braune Flecken und z. T. sternförmige Rissbildung; vorzeitiger Blattfall; Früchte verkrüppeln, reißen auf bzw. fallen vorzeitig ab	weltweit die wichtigste Krankheit im Apfelanbau; erfordert den höchsten Bekämpfungsaufwand; erhebliche Qualitätsminderung bereits bei geringem Schorfbefall an den Früchten	resistente Sorten; Beseitigung des Herbstlaubes; Fungizideinsatz nach Schadensschwelle und Befallsprognose

Podosphaera leucotricha (Echter Mehltau)	an Apfel; Blätter und Triebspitzen mit mehlig-weißem Myzelbelag bedeckt, frühzeitiger Blattfall, dadurch Verkahlung der Äste; Hemmung des Triebwachstums und des Fruchtansatzes	in allen Anbaugebieten verbreitet, insbesondere in windstillen Lagen; Ertrag und Fruchtqualität reduziert	wenig anfällige Sorten; Vernichten infizierter Triebspitzen; Fungizideinsatz
Gymnosporangium sabinae (Birnengitterrost)	blattoberseits orangerote Flecken, die in ihrem Zentrum dunkle, klebrige Pusteln ausbilden; blattunterseits braune, kronenförmige Gebilde, aus deren „Zacken“ sich gelbe Sporen schieben; vorzeitiger Blattfall	wirtschaftlicher Schaden meist gering; frühzeitiger Blattfall schwächt die Bäume	Winterwirte Wacholder oder Sadebaum nicht mit Birnen zusammen pflanzen; Fungizideinsatz
Phytophthora cactorum (Kragenfäule)	an Apfel, Birne; an Veredelungsstellen violette Verfärbung, später dunkelbraune Faulstellen; Bittermandelöl-Geruch; vorzeitiger Blattfall, Fruchtfäulen	Schäden vor allem an älteren Bäumen	Beseitigung des Fallobstes; Unkraut um Stammbasis entfernen; Verletzungen an Veredelungsstellen vermeiden; Fungizideinsatz
Nectria galligena (Obstbaumkrebs)	an Apfel, Birne; an Zweigen und Stämmen Wunden mit Überwallungswucherungen; Kümmerwuchs befallener Äste; an Äpfeln Braunfäulesymptome; auf abgestorbener Rinde rote Perithezien und/oder fahlgelbe Konidienlager	große wirtschaftliche Bedeutung, vor allem in feuchtkühlen Regionen; kleine Bäume besonders gefährdet; Birnen weniger anfällig	gesundes Pflanzenmaterial; Vermeidung von Wunden; befallene Pflanzenteile vernichten; Fungizideinsatz
Monilia fructigena (Fruchtfäule), *Monilia laxa* (Triebsterben und Braunfäule)	an Apfel, Birne; Fäule an Früchten in Folge von Verletzungen; Konidienlager in konzentrischen Ringen; Fruchtmumien verbleiben an den Bäumen; abgestorbene Triebspitzen; bei Lagerung teils Schwarzfäule	erhebliche Ertragsverluste an Apfel und Birne möglich	wenig anfällige Sorten; Vernichten befallener Triebe und Fruchtmumien; Verletzungen vermeiden; Fungizideinsatz

Schaderreger	Schadbild	Verbreitung und wirtschaftliche Bedeutung	Bekämpfung
14.14 Kernobst			
Pratylenchus spp. (Wurzelläsionsnematoden)	nesterweise Wachstumshemmungen und Vergilbungserscheinungen; an Wurzeln Läsionen	erhebliche wirtschaftliche Schäden, vor allem in Baumschulen	Anbau von Feindpflanzen (z. B. *Tagetes patula*); Fruchtfolge
Panonychus ulmi (Obstbaumspinnmilbe)	kleine gelbliche Flecken auf den Blättern, die später bräunlich oder bronzerot werden; Blätter verdorren und fallen vorzeitig ab	einer der bedeutendsten Schädlinge im Apfelanbau; deutliche Ertragsverluste	Akarizideinsatz nach Schadensschwelle
Eriophyes piri (Birnenpockenmilbe)	im Frühjahr auf der Ober- und Unterseite der Blätter hellgrüne bis rötliche, später schwarzbraune Pocken; Fruchtbefall möglich	weit verbreitet; wirtschaftliche Schäden bei Massenauftreten, vor allem an Jungpflanzen	Befallsreduzierung durch Schwefelzusatz zu den Austriebs-, Vorblüte- und Blütespritzungen
Dysaphis plantaginea (Mehlige Apfelblattlaus), *Dysaphis pyri* (Mehlige Birnenblattlaus)	starke Blattkräuselungen; Blätter verfärben sich gelblich; starke Triebstauchungen und klein bleibende deformierte Früchte	gefährlichste Blattlaus an Apfel bzw. Birne; natürliche Regulation meist nicht ausreichend	Förderung der Nützlinge; Insektizideinsatz nach Schadensschwelle bzw. Befallsprognose
Aphis pomi (Grüne Apfelblattlaus)	Einrollen der Blätter, vor allem an den Triebspitzen; Triebe im Wachstum gehemmt; Verkümmerung der Früchte; Honigtau- und Rußtaubildung	Schäden insbesondere an Jungpflanzen; meist reicht natürliche Regulierung aus	Insektizideinsatz nach Schadensschwelle bzw. Befallsprognose
Eriosoma lanigerum (Blutlaus)	an Apfel; an Zweigen, Trieben und Stammwunden sitzen unter watteähnlichen Wachsausscheidungen rotbraune Läuse; Aufplatzen der Rinde und Ausbildung krebsartiger Wucherungen	Schäden meist auf einzelne Apfelsorten beschränkt (z. B. J. Grieve, Boskoop, Cox Orange); Verschmutzung der Früchte	sorgfältiger Rückschnitt der Bäume; gute Wundversorgung; Befallsstellen mit Insektiziden behandeln; Einsatz von Nützlingen (z. B. *Aphelinus mali*)

Quadraspidiotus perniciosus (San-José-Schildlaus)	an allen Kernobstarten; auf Früchten rote Flecken, in deren Mitte sich die etwa 1,5 mm großen Schilde der Laus befinden; auf befallenen Zweigen eine von der Rinde bis ins Kambium reichende Rotfärbung (durch toxische Speichelsekrete); bei starkem Befall gehen die Pflanzen in wenigen Jahren zugrunde	bedeutendste und gefährlichste Schildlaus; kann erhebliche Schäden anrichten; Quarantäneschaderreger	Vernichten stark befallener Bäume; Einsatz von Nützlingen (z. B. *Prospaltella perniciosi*); Insektizideinsatz nach Schadensschwelle bzw. Befallsprognose
Cacopsylla mali (Apfelblattsauger)	Blatt- und Blütenknospen entfalten sich langsam oder vertrocknen; bei starkem Befall unterbleibt der Fruchtansatz; Honigtauausscheidung mit Rußtaupilzen	nur gelegentlich Schäden bei Massenvermehrungen	Auslichten zu dichter Baumkronen; Insektizideinsatz nach Schadensschwelle bzw. Befallsprognose
Psylla pirisuga, *P. piri* (Birnenblattsauger)	Einrollen der Blätter und Stauchung der Triebe; Verminderung des Fruchtansatzes; starke Ausscheidung von Honigtau mit Ansiedlung von Rußtaupilzen	Schäden insbesondere durch zweite Generation von *P. piri*; verdreckte Früchte nicht vermarktbar; Überträger des Birnenverfalls	stark geschädigte Triebe vernichten; Schonung der Nützlinge; Insektizideinsatz
Cydia pomonella (Apfelwickler)	Bohrfraß an den Früchten durch die Larven; am Bohrloch braune Kotkrümel, die immer zahlreicher werden; Früchte fallen vorzeitig ab	bedeutendster Fruchtschädling; besonders in warm-trockenen Regionen	Anlegen von Pappgürteln (Fangmethode); Apfelwickler-Granulose-Virus; Pheromonfallen; Insektizideinsatz nach Schadensschwelle
Adoxophyes reticulana (Apfelschalenwickler)	zusammengesponnene Blätter- und Blütenbüschel; bei Berührung kommt Raupe heraus; im Herbst Muldenfraß der Larven an Früchten im Schutz eines an die Früchte angesponnenen Blattes	Bedeutung teils größer als Apfelwickler	Einsatz von *Bacillus thuringiensis*; Insektizideinsatz nach Schadensschwelle

Schaderreger	Schadbild	Verbreitung und wirtschaftliche Bedeutung	Bekämpfung
14.14 Kernobst			
Lyonetia clerkella (Obstbaum-Miniermotte)	an Apfel und Kirsche; stark geschlängelte Gangminen in den Blättern durch Larven, in deren Mitte eine Kotlinie verläuft; vorzeitiger Blattfall	im Integrierten Anbau an Bedeutung verloren, da hier ausreichend Gegenspieler vorhanden sind	gezielte Maßnahmen in der Regel nicht erforderlich
Hyponomeuta malinella (syn. *Yponomeuta malinellus*) (Apfelbaumgespinstmotte)	an Apfel, Birne; Blätter der Triebe mit einem dichten Gespinst überzogen, in dem sich zahlreiche kleine Raupen befinden, Blätter stark skelettiert	örtlich teils beachtliche Schäden	Einsatz von *Bacillus thuringiensis*; Insektizidanwendung
Hoplocampa testudinea (Apfelsägewespe)	an den Früchten bogig verlaufender, von der Larve verursachter Miniergang, der an reifender Frucht verkorkt; Einbohrloch mit Fraßgängen im Innern; die Mehrzahl der geschädigten Früchte fällt ab	in Jahren mit schwacher Blüte kann ein hoher Befallsdruck erhebliche Ertragseinbußen verursachen	Insektizideinsatz unmittelbar nach Abfallen der Blütenblätter
Contarinia pyrivora (Birnengallmücke)	befallene Früchte wachsen zuerst schneller, bekommen eine untypische runde Form und bleiben bei etwa 2 cm Größe im Wachstum stehen; schließlich schwarzbraune Verfärbung, Aufplatzen und Abfallen der Früchte	in Jahren mit nur durchschnittlichem Fruchtansatz kann ein massiver Befall zu erheblichen Ertragsausfällen führen	Insektizideinsatz nach Schadensschwelle
Anthonomus pomorum (Apfelblütenstecher)	punktförmiger Nagefraß an den Blüten; Blüten bleiben im Ballonstadium stecken, verfärben sich braun und fallen schließlich ab	lokal schädlich; bei geringem Blütenansatz wird unerwünschte Ausdünnung verursacht	Insektizideinsatz nach Schadensschwelle

Arvicola terrestris (Schermaus), *Microtus arvalis* (Feldmaus)	Fraßschäden an Wurzeln, Pfahlwurzel spitz und ohne Feinwurzeln	bereits wenige Tiere von *A. terrestris* können in kurzer Zeit ganze Apfelanlagen vernichten; besonders gefährdet sind Jungbäume und Bäume auf schwach wachsenden Unterlagen	Schonung und Förderung von Greifvögeln (Sitzstangen); Fang in Fallen; Begasen der unterirdischen Gänge; Giftköder
14.15 Steinobst			
Plum pox virus (PPV, Scharkakrankheit)	an Pflaume; olivgrüne, teils violette Flecken, Ringe oder Bänder auf Blättern; rötlichbraune Einsenkungen im Fruchtfleisch; Fruchtfleisch gummiartig; Notreife Übertragung: Blattläuse, Veredlung	wirtschaftlich bedeutendste Virose an Pflaume; bei anfälligen Sorten durch vorzeitigen Fruchtfall Totalverlust möglich; Quarantäneschaderreger, geregelt in Anbaumaterialverordnung (AGOZ)	gesunde Unterlagen und Edelreiser (zertifiziertes Anbaumaterial); befallene Bäume müssen gerodet und verbrannt werden; fruchttolerante Sorten bei Zwetschen
Prunus necrotic ringspot virus (PNRV, Stecklenberger Krankheit)	an Süß- und Sauerkirsche; Blätter mit gelbgrünen bis rotbraunen Flecken, Gewebe bricht heraus (Schrotschusseffekt); reduziertes Wachstum; Verkahlung Übertragung: Pfropfung, Samen, Pollen	hohe Ertragsverluste möglich; durch konsequente Virusfreimachung Bedeutung abnehmend; geregelt in Anbaumaterialverordnung (AGOZ)	gesunde Unterlagen und Edelreiser (zertifiziertes Anbaumaterial); wenig anfällige Sorten; Vernichten erkrankter Bäume
Cherry leaf roll virus (CLRV, Kirschenblattrollvirus)	chlorotische Ringflecken und Linienmuster; Buschigkeit, Kleinblättrigkeit; verspätete Blüte; ungleichmäßige Fruchtreife; Degeneration der Bäume Übertragung: Pfropfung, Samen, Pollen, mechanisch	hohe Schäden bei Mischinfektion mit PNRV; durch konsequente Virusfreimachung Bedeutung abnehmend	gesunde Unterlagen und Edelreiser (zertifiziertes Anbaumaterial); wenig anfällige Sorten; Vernichten erkrankter Bäume
Apple mosaic virus (ApMV, Bandmosaik)	an Pflaume; hellgrüne, gelbliche Flecken, Linien, Ringe oder Aderbänderung auf den Blättern; Verminderung der Blattentwicklung; Störung des Triebwachstums	weitverbreitete Viruserkrankung; kann bei starkem Befall örtlich zu Ertragsverlusten führen	bei mehrjährigen Ertrags- und Qualitätseinbußen befallene Bäume roden

Schaderreger	Schadbild	Verbreitung und wirtschaftliche Bedeutung	Bekämpfung
14.15 Steinobst			
Prune dwarf virus (PDV, Weidenblättrigkeit)	gelbe Linienmuster und Ringflecken; Stauchung; Schmal- und Lederblättrigkeit an Pflaume; Harzfluss an Aprikose; Blattscheckung, Blattrollen, Adernvergilbung, Kleinblättrigkeit an Pfirsich Übertragung: Pfropfung, Samen, Pollen	an empfindlichen Sorten (z. B. Zwetsche ‚Fellenberg') teils beträchtliche Schäden; geregelt in Anbaumaterialverordnung (AGOZ)	gesunde Unterlagen und Edelreiser (zertifiziertes Anbaumaterial)
Little cherry virus (LChV, Kleinfrüchtigkeit der Süßkirsche)	besonders in dunkelfruchtigen Sorten verformte, spitz zulaufende Früchte mit verzögerter Ausreifung; Geschmack bitter und fade; Blätter mit charakteristischer Bronzefärbung zwischen Blattadern Übertragung: Veredlung; evtl. Wurzelverwachsung	weltweit verbreitet; seit 1980er Jahre vor allem im Alten Land schädigend; geregelt in Anbaumaterialverordnung (AGOZ)	gesunde Unterlagen und Edelreiser (zertifiziertes Anbaumaterial)
Pseudomonas syringae pv. *mors prunorum* (Bakterienbrand)	an jungen Stängeln und Zweigen abgestorbene, schwach eingesunkene Rindenpartien; an älteren Ästen Gummifluss; Blätter mit braunen Flecken, die von einem chlorotischen Hof umgeben sind; vorzeitiger Blattfall; an Pflaumenbäumen Absterben ganzer Zweigpartien	tritt meist nur periodisch auf; bei anfälligen Steinobstarten und feucht-kühler Frühjahrswitterung teils erhebliche wirtschaftliche Schäden	wenig anfällige Sorten; Vernichten befallener Äste; Obstbaumschnitt nur bei trockenem Wetter und nicht vor Dezember; Wundbehandlung

Cytospora sp. (Valsakrankheit)	Blätter vergilben, werden braun; Früchte sterben ab; bei sommerlicher Trockenheit teils schlagartiges Absterben; geschädigte Rindenpartien färben sich braunrot; auf abgestorbener Rinde warzenartige Erhebungen (Krötenhaut); starker Gummifluss	in Süßkirschen bestandsgefährdend	frostgefährdete Standorte meiden; sorten- und unterlagengerechte Pflanzabstände einhalten; Verwundungen vermeiden; Wundverschluss; Herausschneiden befallener Astpartien
Taphrina pruni (Narrentaschenkrankheit)	an Pflaume und Zwetsche; Früchte flachgedrückt, etwas gekrümmt, schotenförmig; Fruchtfleisch bleibt grün und hart; Früchte steinlos, hohl, mit weißlichem Überzug	auffällige Krankheit, die nicht regelmäßig auftritt; vor allem an ‚Hauszwetsche' in raueren Lagen; erhebliche Ertragsverluste möglich	widerstandsfähige Sorten; frühzeitiges Entfernen erkrankter Früchte; Vernichten befallener Zweige
Taphrina deformans (Kräuselkrankheit)	an Pfirsich; Blätter mit rötlich und gelblich gefärbten Auftreibungen und Kräuselungen; frühzeitiger Blatt- und Fruchtfall; im Winter Gummifluss	wichtigste Krankheit des Pfirsichs; Verlust der Früchte; bei starkem Befall Absterben des Baumes	Schnittmaßnahmen; Fungizideinsatz
Monilia fructigena (Fruchtfäule), *Monilia laxa* (Triebsterben und Braunfäule)	an reifen oder reifenden Früchten von Verletzungen ausgehende Faulstellen; diese mit grauen, polsterartigen, häufig in konzentrischen Ringen angeordneten Konidienlagern; Blütenfäule und abgestorbene Triebspitzen; Fruchtmumien verbleiben am Baum	erhebliche Ertragsausfälle an Süß- und Sauerkirschen möglich; in feuchten Sommern auch bei anfälligen Zwetschen- und Pflaumensorten	wenig anfällige Sorten; Vernichten befallener Triebe und Fruchtmumien; Verletzungen vermeiden; Fungizideinsatz
Stereum purpureum (Bleiglanz, Milchglanz)	bleigraue Verfärbung der Blätter (Toxinwirkung!); am Stamm in Bodennähe violettfarbene Fruchtkörper	bei Wiederbepflanzung gerodeter Kern- und Steinobstflächen teils herdartiges Auftreten der Krankheit	Verhinderung von Verletzungen; Entfernung erkrankter Bäume aus den Beständen

Schaderreger	Schadbild	Verbreitung und wirtschaftliche Bedeutung	Bekämpfung
14.15 Steinobst			
Clasterosporium carpophilum (Schrotschusskrankheit)	an Kirsche, Pflaume, Zwetsche, Pfirsich; auf den Blättern und Früchten runde, rotumrandete Flecken; abgestorbenes Blattgewebe fällt heraus („Schrotschusseffekt"); vorzeitiger Blattfall	in feuchten Jahren örtlich bedeutsam an Süß- und Sauerkirsche sowie Zwetsche; Ertragsausfall vor allem durch Fruchtbefall	stark befallene Bäume auslichten; befallenes Falllaub beseitigen; Fungizideinsatz
Cylindrosporium padi (Sprühfleckenkrankheit)	kleine, punktförmige, violette Flecken auf den Blättern; blattunterseits kleine Pusteln; Absterben der Blätter; erhöhte Frostempfindlichkeit; Fruchtbefall möglich	mehrjähriger starker Blattbefall kann zum Zusammenbruch der Bestände führen; Sauerkirschen im allgemeinen stärker befallen als Süßkirschen	rasche Verrottung des Laubes; dichte Bestände vermeiden; Wurzelschosser entfernen; Unkrautbekämpfung; Fungizideinsatz
Gnomonia erythrostoma (Gnomonia-Blattbräune)	gelblich verwaschene Blattflecken, später braun und nekrotisch; Blätter rollen sich ein, bleiben aber am Baum hängen; Früchte fleckig, verkrüppelt, rissig; sie trocknen ein oder faulen	in manchen Jahren bedeutende Pilzkrankheit der Süßkirsche; im Extremfall Absterben der Bäume	Fungizideinsatz
Pratylenchus spp. (Wurzelläsionsnematoden)	nesterweise Wachstumshemmungen und Vergilbungserscheinungen; an den Wurzeln dunkle, nekrotisierte Läsionen	lokal wirtschaftliche Schäden an Jungpflanzen	Anbau von Feindpflanzen (z. B. *Tagetes patula*); Anbaupause
Panonychus ulmi (Obstbaumspinnmilbe)	kleine gelbliche Flecken auf den Blättern, die sich später bräunlich oder bronzerot verfärben; Blätter verdorren und fallen vorzeitig ab	schädlichste Milbe im Obstbau; vorzeitiger Blattfall und Ertragsverluste	Akarizideinsatz nach Schadensschwelle

Phytoptus similis (Pflaumenblatt-Beutelgallmilbe)	beutelförmige Gallen an den Blatträndern; Blattgallen gelb, gelb-weißlich bis rosa; kraterförmige Vertiefungen auf den Früchten; Fruchtfleisch verwächst mit dem Stein	Schäden primär in Extensivanlagen und Hausgärten; erhebliche Schäden bei Fruchtbefall	Entfernen befallener Blätter; sachgerechter Pflegeschnitt; Anbau in feuchten Lagen meiden
Brachycaudus cardui, *B. helichrysi* (Große und Kleine Pflaumenblattlaus)	kräuselig zusammengerollte Blätter im Frühjahr; befallene Blätter bleichen und fallen vorzeitig ab; Blüten- und Fruchtschädigung; Triebstauchung; Kümmerwuchs der Blätter; Besiedlung durch Schwärzepilze	*B. helichrysi* ist die wirtschaftlich bedeutendste Blattlausart an Zwetsche; erhebliche Ertragseinbußen möglich; wichtiger Überträger des Scharka-Virus	besiedelte Triebspitzen von Hand entfernen; Insektizideinsatz nach Schadensschwelle
Quadraspidiotus perniciosus (San-José-Schildlaus)	an allen Steinobstarten; Früchte mit roten Flecken, in deren Mitte sich die etwa 1,5 mm großen Schilde der Laus befinden; von der Rinde bis ins Kambium reichende Rotfärbung (durch toxische Speichelsekrete); bei starkem Befall gehen die Pflanzen in wenigen Jahren zugrunde	kann erhebliche Schäden anrichten; tritt vereinzelt in Deutschland auf; Quarantäneschaderreger	Vernichten befallener Gehölze; Einsatz von Nützlingen (z. B. *Prospaltella perniciosi*); Insektizideinsatz
Hoplocampa minuta (Schwarze Pflaumensägewespe), *H. flava* (Gelbe Pflaumensägewespe)	an Pflaume, Zwetsche; die etwa zwei Zentimeter großen, noch grünen Früchte weisen Bohrlöcher auf; im Innern Fruchtfleisch und Kern zerstört; die geschädigten Früchte fallen ab	teils bedeutende Fruchtschädlinge; größere Ernteverluste meist nur bei schwachem Fruchtbehang	bei gutem Fruchtansatz in der Regel nicht erforderlich; Insektizideinsatz
Argyresthia pruniella (Kirschenblütenmotte)	ausgehöhlte Blütenknospen; Blüten mit zerfressenem Fruchtknoten	lokal bedeutender Schädling, der alljährlich bekämpft werden muss	Insektizideinsatz

Schaderreger	Schadbild	Verbreitung und wirtschaftliche Bedeutung	Bekämpfung
14.15 Steinobst			
Cydia funebrana (Pflaumenwickler)	an Pflaume, Zwetsche; Bohrfraß der Larven an den Früchten; häufig mit Gummitropfen am Einbohrloch; Fruchtfleisch um das Kerngehäuse zerstört; Früchte werden notreif und fallen vorzeitig ab	vor allem an mittelspäten und späten Sorten; größere Ertragsverluste durch Qualitätsminderung der Früchte	Beseitigung befallener Früchte; Fanggürtel um Stamm; Insektizideinsatz nach Schadensschwelle bzw. Befallsprognose
Cheimatobia brumata (Kleiner Frostspanner)	an allen Steinobstarten; Fraßschäden durch Larven an Knospen, Blüten, Blättern und Früchten; Kahlfraß möglich	Fraßschäden können beachtlich sein; Auftreten des Schädlings über die Jahre schwankend	Leimringe; Einsatz von *Bacillus thuringiensis*; Insektizideinsatz
Rhagoletis cerasi (Kirschfruchtfliege)	bräunlich eingesunkene Stellen nahe Stielansatz; Zerstörung des Fruchtfleisches um den Stein; ca. 5 mm lange gelblich-weiße Made im Innern der Frucht	hohe wirtschaftliche Verluste, da befallene Früchte nicht vermarktbar sind	Offenhalten des Bodens bis zur Kirschernte; Entfernen befallener Früchte; Insektizideinsatz
Vogelfraß, insbesondere Star und Sperlinge	Knospenfraß bzw. Fraßschäden an den reifenden Früchten	besonders im städtischen Bereich schädigend	Kulturschutznetze; Habichtattrappen, Schreckschüsse; Abspielen von Warnrufen
Arvicola terrestris (Schermaus), *Microtus arvalis* (Feldmaus)	Fraßschäden an Wurzeln	*A. terrestris* stellt mancherorts als Großschädling die Rentabilität des Anbaus in Frage	Schonung und Förderung von Greifvögeln (Sitzstangen); Fang in Fallen; Giftköder; Begasen der unterirdischen Gänge

14.16 Beerenobst (Himbeere, Brombeere, Stachelbeere, Johannisbeere)

Raspberry common mosaic-Komplex (Himbeermosaik)	Fleckenmosaik; Adernbänderung oder Adernchlorose Übertragung: Blattläuse (z. B. *Aphis idaei*, *Amophorophora idaei*)	hohe Ertragsverluste möglich	gesundes Pflanzgut; blattlausresistente Sorten; Insektizideinsatz zur Vektorbekämpfung
Agrobacterium tumefaciens (Wurzelkropf)	Ausbildung von Gewebewucherungen (Tumoren) unterschiedlicher Größe an Wurzeln und am Wurzelhals	vor allem in Baumschulen schädigend	Vermeidung von Wunden; nach Pfropfen Wundverschluss abwarten
Sphaerotheca mors-uvae (Amerikanischer Stachelbeermehltau)	junge Triebe gestaucht und verkrüppelt; Blätter und Früchte mit schmutziggrauem, später dunkelbraunem Myzelbelag überzogen; an Triebspitzen und Früchten zahlreiche Kleistothezien	große wirtschaftliche Bedeutung, da die meisten Sorten anfällig sind; Ertragsausfälle und Wuchsdepressionen	widerstandsfähige Sorten; Rückschnitt befallener Triebe; Fungizideinsatz
Didymella applanata (Rutensterben)	an Himbeere; von Blattachseln ausgehend blauviolette Flecken auf den Ruten; im Herbst Absterben der Rinde und Ausbildung von Pseudothezien; frühzeitiger Blattfall; befallene Ruten treiben im Frühjahr nicht aus	weit verbreitet; führt durch vorzeitiges Vertrocknen der Ruten zu hohen Ertragsverlusten	Entfernung aller befallenen Ruten aus dem Bestand; Pflanzen nicht zu eng stellen
Phytophthora fragariae var. *rubi* (Wurzelsterben der Himbeere)	Pflanzen sterben rasch ab; Altruten vertrocknen während der Ernte; Hauptwurzeln dunkelbraun bis schwarz, Faserwurzeln fehlen; Rutenbasis unter der Rinde dunkelbraun; erscheint nach Anschnitt wassergetränkt	vor allem auf schweren, nassen Böden; bestandsgefährdende Krankheit	gesundes Pflanzenmaterial; tolerante Sorten; Fungizideinsatz
Cronartium ribicola (Säulenrost)	an Schwarzer Johannisbeere; blattunterseits hell-gelbe Uredosporenlager, ab Hochsommer braune, fädige Teleutosporenlager	größere Bedeutung vor allem an Schwarzer Johannisbeere	robuste Sorten; Fungizideinsatz

Schaderreger	Schadbild	Verbreitung und wirtschaftliche Bedeutung	Bekämpfung
14.16 Beerenobst (Himbeere, Brombeere, Stachelbeere, Johannisbeere)			
Botrytis cinerea (Grauschimmel)	an Himbeere; Fäulesymptome an Blättern und Früchten mit mausgrauem Myzelbelag; bei feuchtem Wetter auch größere Schäden an Ruten	große wirtschaftliche Bedeutung; hohe Ertrags- und Qualitätsverluste	befallene Pflanzenteile entfernen; nur abgehärtete Pflanzen setzen; nicht zu dicht pflanzen; absterbende Blütenblätter abschütteln; Fungizide
Cecidophyopsis ribis (Johannisbeergallmilbe)	kugelförmiges Anschwellen der Knospen (Gallen), die sich nicht öffnen, sondern langsam vertrocknen und schließlich abfallen; Verkahlung der Triebe	Befall kann über die Jahre derart zunehmen, dass Johannisbeeranlagen völlig zusammenbrechen	Ausschneiden und Beseitigen befallener Triebe
Cryptomyzus ribis (Johannisbeerblasenlaus)	an Blättern blasenartige, dunkelrote Aufwölbungen; blattunterseits Kolonien von Jungläusen	weit verbreiteter Schädling an Roter Johannisbeere	Schnittmaßnahmen; Insektizideinsatz
Pteronidea ribesii (Stachelbeerblattwespe)	an Blättern zunächst Loch-, später Kahlfraß	weit verbreitet; bedeutender Schädling an Stachelbeere	Insektizideinsatz
Byturus tomentosus (Himbeerkäfer)	Käfer frisst an Blütenknospen und Blüten; Larvenfraß an reifen Früchten; Verschmutzung durch Kot	erhebliche Schäden möglich; befallene Früchte nicht vermarktbar	Insektizideinsatz nach Schadensschwelle
14.17 Erdbeere			
Strawberry crinkle virus (SCV, Kräuselvirus)	auf Blättern unregelmäßige chlorotische und nekrotische Flecken; Blattkräuselungen; Wachstumshemmung Übertragung: Blattläuse	bedeutende Erdbeervirose, insbesondere bei Mischinfektionen; Ertragsverluste bis 65%; Zuckergehalt der Früchte reduziert	gesundes Pflanzmaterial; Insektizideinsatz zur Vektorbekämpfung

Strawberry mild yellow edge virus (SMYEV, Blattrandvergilbung der Erdbeere)	Blattrandvergilbung; verringertes vegetatives Wachstum; verringerte Ausläuferbildung und Blütenansatz Übertragung: Blattläuse	weit verbreitet in Deutschland; bedeutende Erdbeervirose, insbesondere bei Mischinfektionen	gesundes Pflanzmaterial; Insektizideinsatz zur Vektorbekämpfung
Strawberry mottle virus (SMoV, Blattscheckungsvirus)	Blattscheckungen; Rollen der Blattunterseite; Nekrosen an jungen Blättern; Adernaufhellungen Übertragung: Blattläuse, mechanisch	bedeutende Erdbeervirose, insbesondere wenn Mischinfektionen vorliegen; Ertragsverluste bis 30% möglich	gesundes Pflanzmaterial; Wunden vermeiden; Insektizideinsatz zur Vektorbekämpfung
Strawberry vein banding virus (SVBV, Adernbänderung)	Symptome meist nur in Mischinfektionen mit anderen Viren; reduzierte Bildung von Ausläufern; Vitalitätsverlust; Ertrags- und Qualitätsverluste Übertragung: Blattläuse (*Chaetosiphon*-Arten)	weltweit verbreitet; hohe Ertragsverluste bei Mischinfektionen möglich; Quarantäneschaderreger	gesundes Pflanzmaterial; Insektizideinsatz zur Vektorbekämpfung
Xanthomonas fragariae (Eckige Blattfleckenkrankheit)	Blattflecken; Schwarzfärbung der Kelchblätter; Fruchtfäule; Schleimbildung in Leitgefäßen	seit 1992 in Süddeutschland; in feucht-warmen Jahren teils erhebliche Ertragsverluste; Quarantäneschaderreger	Kupferanwendung kann äußerliche Ausbreitung des Erregers verlangsamen und Ernteverluste mindern
Botrytis cinerea (Grauschimmel-Fruchtfäule)	Blüten- und Fruchtinfektionen; zunächst verbräunte Faulstellen an der unreifen Frucht, die sich weiter ausdehnen; Frucht wird weich und ist von einem mausgrauen Pilzrasen bedeckt	bedeutende Krankheit; teils hohe Ertragsverluste besonders bei regnerischem Wetter während und nach der Blüte	wenig anfällige Sorten; mäßige N-Düngung; Stroheinlage vor Blühbeginn; Fungizideinsatz
Phytophthora cactorum (Lederbeerenfäule bzw. Rhizomfäule)	Erreger verursacht Fruchtfäule und Rhizomfäule; oberirdische Pflanzenteile welken, verbräunen und sterben ab; Früchte färben sich braun und werden gummi- oder lederartig, bitterer Geschmack; Fruchtfäule; braune Gefäßbündel	örtlich beträchtliche Schäden, insbesondere auf verdichteten Böden und bei regnerischem Wetter	Strohunterlage vor Blühbeginn; Folienkultur; Fungizideinsatz

Schaderreger	Schadbild	Verbreitung und wirtschaftliche Bedeutung	Bekämpfung
14.17 Erdbeere			
Phytophthora fragariae (Rote Wurzelfäule)	schwaches, rosettenartiges Blattwachstum mit kleinen Blättern; Fäulnis der Hauptwurzeln von der Spitze her; rotbraun verfärbter Zentralzylinder	bedeutende Erdbeerkrankheit in allen Anbaugebieten, besonders auf verdichteten Böden; Quarantäneschaderreger	gesundes Pflanzgut; Untergrundlockerung auf schweren Böden; Fungizideinsatz
Sphaerotheca macularis (Erdbeermehltau)	blattunterseits zart-weißer Mehltaubelag; Blätter verfärben sich rötlich-violett und rollen nach oben ein; Fruchtbefall	in einzelnen Jahren wirtschaftliche Schäden; befallene Früchte nicht vermarktbar	widerstandsfähige Sorten; mäßige N-Düngung; Abmähen des Erdbeerlaubes im Herbst; windgeschützte Lagen meiden; Fungizideinsatz
Mycosphaerella fragariae (Weißfleckenkrankheit)	auf den Blättern runde, braune bis karminrote Flecken mit grauem bis weißlichem Zentrum; Absterben der Blätter bei starkem Befall	nur in ausgesprochen feuchten Jahren von Bedeutung	wenig anfällige Sorten; Fungizideinsatz
Diplocarpon earliana (Rotfleckenkrankheit)	auf den Blättern unregelmäßig geformte, rote bis braunrote Flecken ohne weißliches Zentrum; teils auch auf Blatt- und Fruchtstielen sowie Kelchblättern	nur in einzelnen Jahren von Bedeutung	wenig anfällige Sorten; Fungizideinsatz
Steneotarsonemus pallidus fragariae (Erdbeermilbe)	nesterweise, später im gesamten Bestand auftretend; Herzblätter bleiben klein; Kräuselungen; grau bis braunrote Verfärbung; Absterben	weit verbreitet; schwerwiegende Ertragseinbußen bei starkem Befall	befallsfreie Jungpflanzen; Insektizideinsatz
Tetranychus urticae (Spinnmilbe)	Blätter oberseits partiell gelblich gesprenkelt; Beeren ohne Glanz, nicht vermarktbar	bei mehrjähriger Kultur und bei Ernteverfrühung (Vlies, Lochfolie, Tunnel) Totalausfall möglich	Einsatz von Nützlingen (z. B. Raubmilben) im geschützten Anbau; Akarizideinsatz

Aphelenchoides fragariae, *Aphelenchoides ritzemabosi* (Blattnematoden) *Ditylenchus dipsaci* (Stängelnematode)	Missbildungen an oberirdischen Pflanzenteilen; Stängel- und Blattstiele verkürzt und verdickt; Blätter gedreht, gefaltet oder aufgewölbt, teils rot verfärbt; Blattnematode und *Corynebacterium fascians* treten häufig vergesellschaftet auf („Blumenkohlkrankheit“)	hohe Ertrags- und Qualitätseinbußen bei verseuchten Erdbeerpflanzen; treten verstärkt nach Grünlandumbruch auf	befallsfreie Jungpflanzen; Anbaupause; Erdbeerbestände nicht länger als zwei Jahre nutzen
Otiorhynchus sulcatus (Gefurchter Dickmaulrüssler)	an Blättern buchtenförmiger Blattrandfraß durch den Käfer; Larven fressen an Wurzeln und im Rhizom; Welkeerscheinungen bei trockener Witterung, Absterben der Pflanzen bei stärkerem Larvenbefall des Rhizoms	Befall örtlich von großer Bedeutung; teils bestandsgefährdend	befallsfreie Jungpflanzen; Einsatz entomopathogener Nematoden; Insektizideinsatz
Anthonomus rubi (Erdbeerblütenstecher)	Käfer benagt nach der Eiablage den Blütenstiel der Knospe, sodass dieser abknickt und die Knospe verwelkt; angebissene Knospen fallen später meist ab	Käfer örtlich von hoher Bedeutung; erhebliche Ertragsverluste möglich, insbesondere in Junganlagen	Insektizideinsatz
Nacktschnecken (verschiedene Arten)	Lochfraß mit Schleimspuren an den Beeren und auf dem Stroh	besonders nach milden Wintern und feuchten Frühjahren Schäden möglich	feuchte Lagen meiden; Schneckenkorn
14.18 Weinrebe			
Grapevine fanleaf virus (GFLV, Reisigkrankheit) und weitere assoziierte Viren (ArMV, RpRSV-ch, TBRV)	verzögerter Austrieb; Kümmerwuchs; an Trieben Verbänderungen, „Zickzack-Wuchs“, Doppelknoten; Blätter klein, asymmetrisch, teils fächerartiges Aussehen; Fruchtansatz reduziert; Degeneration der Pflanze Übertragung: Nematoden (z. B. *Xiphinema index*), Pfropfung	eine der gefährlichsten Virosen an Reben; Ertragsverluste von mehr als 50%; andere Viren können lokal erhebliche Bedeutung haben	gesundes Pflanzgut; sorgfältige Kontrolle der Vermehrungsbestände; Ausschaltung der Überträger; Rodung befallener Reben

Schaderreger	Schadbild	Verbreitung und wirtschaftliche Bedeutung	Bekämpfung
14.18 Weinrebe			
Arabis mosaic virus (ArMV, Kernerkrankheit; Sonderform der Reisigkrankheit)	Nekrosen und Gefäßverstopfungen im Bereich der Veredlungsstelle; dadurch kleine, fahlgelbe Blätter, schwacher Fruchtansatz, kleine Trauben, schwacher Wuchs, Bildung von Edelreiswurzeln; schlagartiges Absterben der Reben bei zusätzlichem Stress Übertragung: Nematoden (*Xiphinema diversicaudatum*)	regional gravierende Schäden; Ertragsausfälle bis 80%; herdförmige Ausbreitung	wenig empfindliche Sorten (z. B. Riesling); keine Anpflanzung von Kerner-Reben in Regionen, in denen Arabis mosaic virus oder *X. diversicaudatum* vorkommen
Grapevine leaf roll associated virus (GLRaV-1, GLRaV-3; Blattrollkrankheit)	Blätter rollen sich nach unten ein; Blattspreiten verfärben sich vom Rand her gelb bzw. rot, Adern bleiben grün; Symptome beginnen an den ältesten Blättern; Gescheine verrieselungsanfällig; Degeneration der Pflanze Übertragung: Pfropfung	weltweit die am weitesten verbreitete Rebenvirose; verminderte Wüchsigkeit führt zu einer geringeren Nutzungsdauer und Rentabilität	gesundes Pflanzgut
Agrobacterium vitis (Mauke)	krebsartige, knollenförmige Wucherungen vor allem im Bereich der Veredlungsstelle; Wucherungen zunächst grün und fleischig, später braun; Kümmerwuchs Übertragung: vegetative Vermehrung, Pfropfung	weltweit verbreitet; bedeutende wirtschaftliche Schäden nach strengen Winterfrösten; hohe Ausfälle bei der Rebenveredlung	konsequent angewandte phytosanitäre Maßnahmen

Schwarzholzkrankheit (Phytoplasmen aus der Stolbur-Gruppe)	nur Teile des Rebstocks betroffen; Blattverfärbungen, von Blattadern ausgehend; später Nekrosen; Einrollen der Blätter nach unten; Triebe sterben von der Spitze her ab; Schrumpfen der Beeren ab Reifebeginn Übertragung: Zikade (*Hyalesthes obsoletus*)	in fast allen deutschen Weinbaugebieten verbreitet; vornehmlich in warmen Steillagen; Bedeutung in letzten Jahren stark zunehmend	Wirtspflanzen von Schaderreger bzw. Vektor beseitigen (insbesondere Ackerwinde und Brennnessel); Bodenbewuchs nicht zur Zeit des Fluges der Adulten bekämpfen; erkrankte Pflanzenteile entfernen
Uncinula necator (Echter Mehltau)	Blattoberseite mit grauweißem Belag; zuvor blattunterseits silbrig glänzende Flecken mit dunkel verfärbten Blattadern; Verkorkungen an Triebachsen; Beeren platzen auf	große wirtschaftliche Schäden durch Beeinträchtigung der Weinqualität	für gut durchlüftete, optimal mit Licht versorgte Laubwände sorgen; Fungizideinsatz nach Schadensschwelle bzw. Befallsprognose bzw. Vorjahresbefall
Plasmopara viticola (Falscher Mehltau)	blattoberseits gelbliche Ölflecken, blattunterseits weißer Pilzrasen; Blätter fallen ab, teils vollständige Entlaubung; befallene Beeren färben sich rötlichbraun bis bläulich und schrumpfen; Beerenhaut wird lederartig zäh	bedeutendste Rebenkrankheit in Mitteleuropa; tritt fast in jedem Jahr auf; alle *Vitis vinifera*-Sorten werden befallen	tolerante Sorten; windoffene Lagen bevorzugen; für gute Durchlüftung sorgen; Fungizideinsatz nach Schadensschwelle bzw. Befallsprognose
Botrytis cinerea (Grauschimmel)	im Winter am einjährigen Holz gelblich weiß verfärbte Borke und schwarze Sklerotien; Blattbereiche mit graubraunem Pilzrasen; grauer Pilzrasen auf Beeren; Abfallen der Gescheine	erhebliche Schäden bei Infektion unreifer Beeren (Sauerfäule); gewünscht als Edelfäule an Trauben weißer Sorten	für gute Durchlüftung sorgen; mäßige Stickstoffdüngung; Fungizideinsatz: Spezialbotrytizide einsetzen, auf Wirkstoffwechsel achten

Schaderreger	Schadbild	Verbreitung und wirtschaftliche Bedeutung	Bekämpfung
14.18 Weinrebe			
Pseudopezicula tracheiphila (Roter Brenner)	erste Symptome ab Anfang Juni; gelbe Flecken auf untersten Blättern; im Gegenlicht verbräunte Adern sichtbar; Flecken werden gelb oder rot und vom Zentrum her nekrotisch; vorzeitiger Blattfall; in Ausnahmefällen auch Schädigung der Gescheine	in Deutschland bevorzugt in trockenen Steillagen; kann mehrere Jahre hintereinander beträchtliche Schäden verursachen, dann jedoch einige Jahre ausbleiben; alle Rebsorten anfällig	vitale Rebstöcke; Bodenpflege, die Verrottung des Falllaubes begünstigt; Fungizideinsatz nach Schadensschwelle bzw. Befallsprognose
Guignardia bidwellii (Schwarzfäule)	deutlich abgegrenzte Blattflecken von gräulicher, später rötlich brauner Farbe mit dunkelbraunem Rand; im Fleck schwarze Punkte; an Triebachsen und Trauben schwarze Läsionen; Fruchtmumien mit schwarzen Pusteln bedeckt	seit 2002 in Deutschland etabliert; in ungeschützten Weinbergen hohe Schäden bis zum Totalausfall möglich	befallene Pflanzenteile entfernen; Trester vor Rückführung sorgfältig kompostieren; aufgelassene Parzellen roden; verwilderte Weinberge beseitigen; Fungizideinsatz
Esca-Syndrom (u. a. *Fomitiporia mediterranea, Phaeomoniella chlamydospora, Phaeoacremonium aleophilum*)	holzbewohnende Pilze; chronischer oder akuter Krankheitsverlauf; Absterbe-Erscheinungen an Blättern, Trieben und Beeren; Vertrocknen einzelner Bögen oder ganzer Stöcke; Rebstamm zeigt im Querschnitt Weißfäule; bei jungen Reben Verfärbungen und Gummosis	seit Mitte der 1990er-Jahre in Deutschland verstärkt auftretend; führt zunehmend zum Absterben von Weinreben (Baden-Württemberg besonders betroffen)	Vernichten befallener Rebstöcke; Rückschnitt bis an die Veredelungsstelle; Rebschnitt möglichst spät
Cryptosporella viticola (Schwarzfleckenkrankheit)	an Triebachsen braunschwarze Flecken, die an der Oberfläche aufreißen und verschorfen; an Blättern chlorotische Flecken, später Nekrosen; Borke des einjährigen Holzes weiß mit schwarzen Pyknidien	weltweit verbreitet; Schäden zumeist in Gebieten, in denen es während des Rebenaustriebs häufig regnet; bei starkem Befall hohe Ertragsverluste	konsequenter Anschnitt möglichst gesunder Reben; Fungizideinsatz

Panonychus ulmi (Obstbaumspinnmilbe)	dicht behaarte Blätter, die sich schlecht entwickeln; oft rötlich gefärbt; Einstiche der Milben im Gegenlicht silbrig schimmernd; nach oben gebogene Blattränder, an Spitze schwarz gefärbt; bei starkem Befall bronzefarbene Blattverfärbung und vorzeitiger Blattfall	führt bei hoher Besiedlungsdichte zu Qualitätseinbußen beim Lesegut	Schonung des Nützlings *Typhlodromus pyri* durch raubmilbenschonende Spritzfolgen; Akarizideinsatz
Colomerus vitis (Pockenmilbe)	nach oben gewölbte, pockenförmige Aufwölbungen der Blattspreite, die blattunterseits mit dichtem Haarfilz belegt sind; bei starkem Befall dehnt sich der Filz auf Blattoberseite und Gescheine aus	Gescheinsschäden nur bei sehr starkem Befall; Blattgallmilbenbefall fördert die Raubmilbe *Typhlodromus pyri*	nur bei sehr starkem Blattbefall oder bei Gescheinsbefall bekämpfungswürdig; Entfernen stark befallener Blätter; chemische Bekämpfung beim Austrieb
Calepitrimerus vitis (Kräuselmilbe)	Austriebsschäden; Blattdeformation und Triebstauchungen; Besenwuchs; im Durchlicht sind auf befallenen Blättern die Saugstellen als Aufhellungen sichtbar	besonders in Junganlagen mit zu geringem Raubmilbenbesatz Schäden durch Triebdeformation und Kümmerwuchs	Ansiedlung von Raubmilben in Junganlagen; Schonung der Raubmilben; chemische Bekämpfung beim Austrieb
Daktulosphaira vitifoliae (Reblaus)	an *Vitis vinifera* in der Regel nur Befall der Wurzeln; helle Knötchen gefüllt mit den gelben Rebläusen und ihren Eiern; bei Blattbefall (z. B. Unterlagsrebsorten) blattunterseits rötliche Gallen, die sich zur Blattoberseite öffnen; Kümmerwuchs und Absterben der Reben; meist herdweise auftretend	weltweit einer der wichtigsten Schädlinge an Reben; 1874 erstmals in Deutschland; seit den 1990er-Jahren Befall wieder zunehmend; Quarantäneschaderreger	reblausfreies Pflanzgut; resistente Unterlagen; angepasster Rebschnitt; Förderung des Bodenlebens; Insektizideinsatz

Schaderreger	Schadbild	Verbreitung und wirtschaftliche Bedeutung	Bekämpfung
14.18 Weinrebe			
Lobesia botrana (Bekreuzter Traubenwickler), *Eupoecilia ambiguella* (Einbindiger Traubenwickler)	Larven der ersten Generation (Heuwurm) befallen die Blütenstände und verspinnen mehrere Blüten zu Gespinsten; befallene Partien vertrocknen; Larven der zweiten Generation (Sauerwurm) bohren sich in die unreifen Beeren und verspinnen Beeren miteinander	zählen zu den bedeutendsten Schädlingen der Rebe; häufig dominiert eine der beiden Arten; seit Ende der 1980er-Jahre breitet sich *L. botrana* in Deutschland zunehmend aus	Pheromone (Verwirrungsmethode); Biologische Bekämpfung mit *Bacillus thuringiensis*; Insektizideinsatz nach Eiablage- und Befallskontrolle
Empoasca vitis (Grüne Rebzikade)	hellgrüne bis gelbliche oder auffallend dunkelrote Verfärbungen des Blattrandes, scharf vom gesunden Gewebe abgegrenzt; Blattränder rollen nach unten ein; Blattfall möglich	tritt seit Anfang der 1990er-Jahre in manchen Jahren verstärkt an Reben auf	Insektizideinsatz gegen die Larven bei hohem Befallsdruck; Förderung von Eiparasitoiden *(Anagrus, Stethynium)*
Sturnus vulgaris (Star)	Fraß an den Beeren oder Abpflücken	bedeutendster Schadvogel; kann in kurzer Zeit großflächig das gesamte Lesegut abräumen	Vogelschutznetze, akustische Vogelabwehr
Arvicola terrestris (Schermaus)	verzögerter Austrieb; Kümmerwuchs; plötzliches Absterben der Rebstöcke; Nagefraß an den Wurzeln	lokal erhebliche Schäden	regelmäßige Bodenbearbeitung; Kurzhalten des Unterwuchses; Köderpräparate; Fallen
14.19 Hopfen			
Hop mosaic virus (HpMV, Hopfenmosaik), Arabis mosaic virus (ArMV, Blattrissfleckigkeit) u. a. Virosen	Adernaufhellungen; chlorotische Bänderungen; Seitentriebe gestaucht; Missbildungen an Zapfen Übertragung abhängig von Virus: Blattläuse, Nematoden, mechanisch	weit verbreitet; teils beachtliche Schäden	tolerante Sorten; Rodung befallener Pflanzen; Insektizideinsatz zur Vektorbekämpfung

Prunus necrotic ring spot virus (PNRV, Ring- und Bandmosaik)	auf den unteren Blättern ab Anfang Juni chlorotische Ringe, Flecken, Bänder; gestörte Blattsymmetrie; Auftreibungen und Verkrümmungen Übertragung: Pfropfung, Nematoden (*Longidorus macrosoma*)	weit verbreitet; teils beachtliche Schäden	wenig anfällige Sorten; gesundes Pflanzgut; Rodung befallener Pflanzen; Vermehrung nur mit gesunden Mutterpflanzen (Warmluftbehandlung, Meristemkultur)
Verticillium albo-atrum, *Verticillium dahliae* (Hopfenwelke)	verkürzte Internodien und Seitentriebe; an den untersten Blättern beginnend Vergilbungen mit unregelmäßigen, dunkelbraunen Nekrosen in Interkostalbereichen; Blattränder wölben sich nach oben und vertrocknen; Xylem verbräunt; Welke bis hin zum Absterben	lokal große Bedeutung (z. B. Hallertau/Bayern), vor allem an älteren Sorten; Ertragsverluste bis zum Totalausfall	resistente Sorten; gesundes Pflanzgut; Bodenlockerung; Vermeidung von Staunässe; Entfernen von Pflanzenrückständen; Entseuchung des Gerüstmaterials; Unkrautbekämpfung
Pseudoperonospora humuli (Falscher Mehltau)	Primärinfektion: erkrankte Bodentriebe gestaucht und gelblich grün verfärbt („Bubiköpfe“); verzögertes Wachstum; grau-schwarzer Pilzrasen auf Blattunterseite; Sekundärinfektion an Blüten und Dolden; Notreife	tritt jedes Jahr in unterschiedlicher Stärke auf; bei Blüten- und Doldenbefall (Sekundärinfektion) teils vollständiger Ertragsverlust	Fungizideinsatz nach Schadensschwelle bzw. Befallsprognose
Sphaerotheca humuli (Echter Mehltau)	blattoberseits watteartiges Pilzmyzel; blasenartige Auftreibungen; Blattverkrümmungen; auf älteren Blättern mehlige, später bräunlich gefärbte Pusteln; Doldenbefall führt zu Rotverfärbung und Notreife	weltweit verbreitet; bei starkem Befall Totalausfall	Anbau wenig anfälliger Sorten; Entfernung von Bodentrieben; Pflege der Hopfenstöcke (Ausputzen); Fungizideinsatz

Schaderreger	Schadbild	Verbreitung und wirtschaftliche Bedeutung	Bekämpfung
14.19 Hopfen			
Tetranychus urticae (Gemeine Spinnmilbe)	zunächst untere, später auch obere Blätter mit gelben Flecken; Gespinst an Blattunterseite; Blattfall; früh befallene Zapfen schließen sich nicht; Zapfenblätter verfärben sich kupferrot („Kupferbrand“)	bedeutender Schädling; starke Blattverluste und Ertragseinbußen; Qualitätsminderung (Rückgang der Alpha-Säure bzw. des Bitterwertes)	reduzierte Stickstoffdüngung; ausreichende Kalidüngung; Pflanzenreste in Boden einarbeiten; Einsatz von *Phytoseiulus persimilis;* Akarizideinsatz
Phorodon humuli (Hopfenblattlaus)	Blätter vergilben, werden brüchig, rollen sich nach unten ein und sterben ab; Zapfen verfärben sich braun und verkümmern; Honigtaubelag mit Rußtaubildung	wichtigster tierischer Schädling an Hopfen; erhebliche Ertragsverluste; Virusübertragung (Hop mosaic virus)	Insektizideinsatz nach Schadensschwelle
Otiorhynchus ligustici (Luzernerüssler)	Larvenfraß im Stock; Käferfraß am austreibenden Hopfen	weit verbreitet; bedeutender Schaderreger	Insektizideinsatz nach Schadensschwelle
14.20 Rose			
Rose mosaic virus (RMV, Rosenmosaik)	Mosaiksymptome auf Blättern; reduziertes Wachstum Übertragung: Okulation	häufigste Virose an Rosen	gesundes Vermehrungsmaterial; befallene Pflanzen vernichten
Agrobacterium tumefaciens (Bakterienkrebs)	knollige Wucherungen an Wurzeln und Wurzelhals und bodennahen Zweigen; befallen werden vor allem ältere Bestände	weit verbreitet an Jungpflanzen unter Glas; teils erhebliche Schäden; Quarantäneschaderreger	befallene Pflanzen vernichten; Pflanzenhygiene bei Vermehrung; keine späte Stickstoffdüngung
Phragmidium mucronatum (Rosenrost)	blattoberseits gelblich rote Flecken; blattunterseits gelbe, später schwarze Pusteln; Blätter vergilben und fallen vorzeitig ab; Triebe verkümmern und brechen leicht	weit verbreitet; kann erhebliche Schäden verursachen	befallene Triebe und abgefallene Blätter vernichten; reichliche Kaliversorgung; Fungizideinsatz

Sphaerotheca pannosa var. *rosae* (Echter Mehltau)	mehlig weißer Belag an Blättern, Trieben, Knospen und Blüten; Blätter verbräunen und vertrocknen; Blüten sterben ab	bedeutendste Pilzkrankheit an Rosen; weit verbreitet	widerstandsfähige Sorten; befallene Triebe entfernen; zu dichten Bestand vermeiden; Fungizideinsatz
Pseudoperonospora sparsa (Falscher Mehltau)	auf Blattoberseite sowie an Trieben und Blütenstielen gelbbraune, unregelmäßige Flecken, die später eintrocknen; blattunterseits grauweißer Pilzrasen; Blätter rollen sich ein, welken und fallen ab	überwiegend unter Glas und in Sämlingsbeeten; lokal auch im Freiland	zu dichten Bestand und übermäßige Stickstoffdüngung vermeiden; Bewässerung über den Boden; Anzuchterde entseuchen; Fungizideinsatz
Diplocarpon rosae (Sternrußtau)	sternförmige, braun- bis violettschwarze Blattflecken; kranke Blätter vergilben und fallen ab	weit verbreitet; zählt zu den bedeutendsten Schaderregern an Rosen	widerstandsfähige Sorten; abgefallene Blätter entfernen; kräftiger Rückschnitt; Fungizideinsatz
Coniothyrium wernsdorffiae (Rindenkrebs)	große, dunkel gefärbte und rot umrandete Flecke an vorjährigen Zweigen; die abgestorbene Rinde reißt auf; die Befallsstellenränder sind wulstig verdickt, der darüber liegende Triebteil vergilbt und stirbt ab	im Gewächshaus vor allem im Winter problematisch	Verletzungen und Überversorgung mit Stickstoff vermeiden; prophylaktisch mit Kupfer behandeln
Botrytis cinerea (Grauschimmel, Knospenstielfäule)	Fäule an Zweigen und Knospen mit grauem Schimmelrasen; Knospen welken und knicken; runde rötliche Flecken („Pocken“) auf Blütenblättern	schädigend bei feuchter Witterung und starken Temperaturschwankungen im Spätsommer	zu dichte Bestände vermeiden; auf ausreichend Licht, Luft und Wärme achten; Wunden vermeiden; abgestorbene Pflanzenteile entfernen; Fungizideinsatz
Meloidogyne hapla, *Meloidogyne javanica*, *Meloidogyne incognita* (Wurzelgallennematoden)	reduziertes Wachstum; Gallen an den Wurzeln	teils beträchtliche Ertragsverluste; zunehmend auch in erdelosen Kulturverfahren	Hygienemaßnahmen; in geschlossenen Kulturen Erhitzung bzw. UV-Behandlung der Nährlösung

Schaderreger	Schadbild	Verbreitung und wirtschaftliche Bedeutung	Bekämpfung
14.20 Rose			
Pratylenchus spp. (Wurzelläsionsnematoden)	Verbräunung der Wurzelrinde; oberirdischer Kümmerwuchs; teilweise chlorotische Verfärbungen	herausragendes Problem in Rosenbaumschulen	Hygienemaßnahmen; Bodenentseuchung; Anbau von *Tagetes* spp.; Fruchtfolge
Macrosiphum rosae u. a. (Rosenblattlaus)	Blätter infolge der Saugtätigkeit verkrüppelt, eingerollt, gekräuselt oder aufgetrieben; Läuse sitzen überwiegend an jungen Blättern; Honigtauausscheidungen	teils erhebliche Schäden; Ware nicht vermarktungsfähig; Virusübertragung	bei schwachem Befall verlauste Triebspitzen vernichten; Einsatz von Nützlingen; Insektizideinsatz
Blennocampa pusilla (Blattrollwespe)	Fiederblätter der Rose rollen sich nach unten ein und bilden von Spätfrühling bis zum frühen Sommer eine fest aufgerollte Röhre, in denen die Larven sitzen und fressen; Blätter vergilben, vertrocknen und fallen vorzeitig ab	im Freiland teils beträchtliche Schäden	befallene Blätter vernichten; Insektizideinsatz
Monophadnus elongatula (Aufsteigender Rosentriebbohrer)	Larve bohrt sich in blühende Triebe ein und wandert aufwärts; Trieb der Länge nach ausgehöhlt; Auswurf von Kot, Häuten und Abfällen aus dem Bohrloch; einzelne Triebe krümmen sich nach unten und vertrocknen	selten, ausschließlich im Freiland	angebohrte Triebe abschneiden und entfernen; Spritzung mit systemisch wirkenden Insektiziden bei stärkerem Befall
Ardis brunniventris (Abwärtssteigender Rosentriebbohrer)	Eier werden in die Triebspitze gelegt und die gelblichweiße Larve bohrt sich abwärts; braunes Bohrloch am Trieb; Trieb kümmert, welkt und stirbt ab	selten, ausschließlich im Freiland	angebohrte Triebe abschneiden und entfernen; Spritzung mit systemisch wirkenden Insektiziden bei stärkerem Befall

Diplolepis rosae (Rosengallwespe)	4 bis 5 cm große Gallen mit verzweigten Auswüchsen („Rosenschlafäpfel“) an Blättern, Knospen, Blüten und jungen Früchten	weit verbreitet	Entfernen befallener Pflanzenteile
Otiorhynchus sulcatus (Dickmaulrüssler)	Larven schädigen durch Wurzelfraß; Blattfraß durch Käfer eher selten	im Gewächshaus und Freiland	Einsatz von Nützlingen (entomopathogene Nematoden)
Cetonia aurata (Rosenkäfer)	zerfressene Blüten	weit verbreitet	Einsatz von Nützlingen (entomopathogene Nematoden)
Typhlocyba rosae (Rosenzikade)	sehr feine Gelbsprenkelung und Verdorren sowie Abfallen des Laubes	weit verbreitet	Bekämpfung meist nicht erforderlich; Insektizideinsatz
Trialeurodes vaporariorum, *Bemisia tabaci* (Weiße Fliegen)	erwachsene Tiere, Eier und Larven an den Blattunterseiten; Ansiedlung von Schwärzepilzen auf Honigtau	schädigend unter Glas, insbesondere in erdelosen Kulturverfahren	Einsatz von Nützlingen; Insektizideinsatz
Tetranychus urticae (Spinnmilbe)	weißliche Sprenkelung der Blätter; Vertrocknen; blattunterseits sitzen die Milben in zarten Gespinsten	unter Glas der bedeutendste Schaderreger an Rosen; weit verbreitet	befallene Pflanzenteile vernichten; Einsatz von Raubmilben (z. B. *Phytoseiulus persimilis*); Akarizideinsatz
Frankliniella occidentalis, *Thrips tabaci* (Thripse)	äußere Blütenblätter werden fleckig, verkrüppeln und schrumpfen; in Blüten, besonders in den Staubgefäßen, starke Vermehrung der Thripse	weit verbreitet unter Glas; befallene Blüten nicht vermarktbar	Einsatz von Nützlingen; Insektizideinsatz nach Befallsprognose
Arvicola terrestris (Schermaus)	Wühlmäuse klettern in Rosenbestände und fressen die Triebspitzen; Schermäuse schälen die Rinde der Bodentriebe	im Freiland erhebliche Schäden; unter Glas insbesondere im Frühjahr (Tiere unterwandern die Fundamente)	Fang in Fallen; Begasen der unterirdischen Gänge; Giftköder

Weiterführende Literatur

Bedlan, G., 1999: Gemüsekrankheiten. Österreichischer Agrarverlag, Wien.
Böhmer, B., W. Wohanka, 1999: Farbatlas Krankheiten und Schädlinge an Zierpflanzen, Obst und Gemüse. Verlag Eugen Ulmer, Stuttgart.
Crüger, G., G. F. Backhaus, M. Hommes, S. Smolka und H.-J. Vetten, 2002: Pflanzenschutz im Gemüsebau. Verlag Eugen Ulmer, Stuttgart.
Hoffmann, G.M., H. Schmutterer, 1998: Parasitäre Krankheiten und Schädlinge an landwirtschaftlichen Kulturpflanzen. Verlag Eugen Ulmer, Stuttgart.
Mohr, H. D., 2005: Farbatlas Krankheiten, Schädlinge und Nützlinge an der Weinrebe. Verlag Eugen Ulmer, Stuttgart.
Plenk, A., E. Richter, 2006: Gesunde Zierpflanzen für Garten, Terrasse und Zimmer. Österreichischer Agrarverlag, Wien.
Schöber-Butin, B., V. Garbe, G. Bartels, 1999: Farbatlas Krankheiten und Schädlinge an landwirtschaftlichen Kulturpflanzen. Verlag Eugen Ulmer, Stuttgart.
Stahl, M., J. Günter, F. Merz, J. Richter, 1993: Pflanzenschutz im Zierpflanzenbau. Verlag Eugen Ulmer, Stutttgart.
Wohanka, W., 2006: Pflanzenschutz im Zierpflanzenbau. Verlag Eugen Ulmer, Stuttgart.

Glossar

Abdrift
Allgemein: Verfrachtung von Pflanzenschutzmitteln (PSM) durch Luftbewegung.
Direkte Abdrift: Anteil an PSM, der während des Applikationsvorganges durch Luftbewegungen (horizontal und vertikal) ausgetragen wird und sich außerhalb der behandelten Fläche im Nahbereich absetzt (Bodensediment) oder als Schwebeanteil durch Wind über größere Distanzen verfrachtet wird (atmosphärischer Driftanteil).
Indirekte Abdrift: Anteil an PSM, der nach Beendigung des Applikationsvorgangs über die Atmosphäre aus der behandelten Fläche entweicht (z. B. Verflüchtigung).

Abundanz
Die Häufigkeit bzw. Dichte von Organismen (Individuen- bzw. Arten-Abundanz) bezogen auf eine Flächen- oder Raumeinheit.

Abundanzdynamik
Die Veränderung der Populationsdichte einer Art im Verlaufe einer Generation oder von Generation zu Generation.

Acute Reference Dose (ARfD)
Dosis eines Wirkstoffes, die über die Nahrung innerhalb eines Tages ohne erkennbares Risiko aufgenommen werden kann.

Acceptable Daily Intake (ADI)
Tägliche Höchstdosis eines PSM, die bei lebenslanger Aufnahme ohne nachteiligen Einfluss auf den Menschen bleibt. Er wird anhand des No-effect-levels, dividiert durch einen Sicherheitsfaktor (zumeist 100), errechnet und in mg/kg Körpergewicht ausgedrückt.

Adjuvantien
Hilfsmittel zur Wirkungssteigerung durch Verbesserung von Retention und Penetration des Wirkstoffes (z. B. Netzmittel, Pflanzen- oder Mineralöle, Pflanzenölester).

Adventivpflanze
In ein Gebiet eingeschleppte Pflanzenart, die Bestandteil der heimischen Flora werden kann.

Aggressivität
Die Fähigkeit eines Organismus, eine Pflanze zu befallen, anzugreifen, ihren Widerstand zu überwinden, sie für seine Zwecke (insbesondere hinsichtlich seiner Ernährung) zu nutzen und sich in oder auf ihr zu vermehren.

Akarizid
Substanz, die zum Abtöten von Milben bestimmt ist.

Akropetal
Transportrichtung von den Wurzeln zum Vegetationspunkt (Xylemtransport).

Anabiose
Zustand von Tieren, bei dem alle Lebensfunktionen auf ein Minimum reduziert sind. Dient dem Überstehen extrem ungünstiger Umweltbedingungen.

Anemochorie
Verfrachtung von Organismen durch den Wind.

Anfälligkeit
Mangelnde Widerstandsfähigkeit einer Pflanze gegenüber dem Angriff eines Schaderregers oder der Wirkung abiotischer Schadfaktoren.

Anholozyklisch
Blattläuse mit kontinuierlich parthenogenetischer Entwicklung.

Antagonismus
Unmittelbare Beeinträchtigung eines Organismus durch einen anderen Organismus z. B. mittels Antibiosis, Konkurrenz, Parasitismus oder durch räuberisches Verhalten.

Antagonist
Gegenspieler: Organismus, der der Entwicklung eines Schaderregers entgegenwirkt z. B. in der Biologischen Bekämpfung.

Antibiosis
Beeinträchtigung der Entwicklung von Mikroorganismen durch toxisch wirkende Ausscheidungsprodukte anderer Mikroorganismen.

Antisense/Silencing
Verfahren, bei dem durch spezifische Synthese komplementärer RNA doppelsträngige RNA gebildet wird, wodurch die Synthese des entsprechenden, funktionalen Proteins reduziert bzw. völlig unterbunden wird. Über die resultierenden Effekte (z. B. Letalität für den Organismus oder Phänotypveränderung) kann auf die Funktion des Gens rückgeschlossen werden.

Appressorium
Von parasitischen Pilzen durch Hyphenschwellung gebildetes Haftorgan an der Wirtspflanze, das das Eindringen der Penetrationshyphe erleichtert.

Area under disease progress curve (AUDPC)
Fläche unter der Befallskurve; Kennzahl, mit der sich durch Kurvenformen beschriebene Befallsverläufe quantifizieren und vergleichen lassen.

Attractant (Lockstoff)
Stoffe, die über eine Distanz hinweg auf ein Tier anlockend wirken. Gegensatz: Repellent.

Autozidverfahren, Sterile-male-Technik
Massenhaft im Labor herangezogene Männchen eines Schädlings, die entweder mit chemischen Mitteln oder mit Hilfe ionisierender Strahlung sterilisiert und freigelassen werden.

Basipetal
Transport vom Vegetationspunkt zu den Wurzeln (Phloemtransport).

Befallsdichte
Durchschnittliche Läsionenzahl (Infektionsdichte) einer Schaderregerart oder durchschnittliche Anzahl von Schaderregern pro Pflanze, Pflanzenorgan oder Flächeneinheit.

Befallshäufigkeit
Anteil befallener oder erkrankter Pflanzen in einer Stichprobe.

Befallsstärke
Anteil des von einer Schaderregerart oder Krankheit befallenen Gewebes.

Befalls-Verlust-Relation
Die Beziehung zwischen Schaderregerbefall und dem daraus entstehenden Ertragsverlust.

Behandlungsindex
Maß für die Intensität im chemischen Pflanzenschutz; er stellt die Anzahl von Pflanzenschutzmittel-Anwendungen auf einer betrieblichen Fläche, in einer Kultur oder in einem Betrieb unter Berücksichtigung von reduzierten Aufwandmengen und Teilflächenbehandlungen dar, und setzt sie in Beziehung zur max. zugelassenen Ausbringungsmenge.

Bekämpfungsschwelle
Befallsstärke bzw. Befallsdichte eines Schaderregers, bei der eine Bekämpfung aus epidemiologischen, populationsdynamischen oder technischen Gründen durchgeführt werden muss, um das Erreichen der wirtschaftlichen Schadensschwelle zu verhindern.

Bodenmüdigkeit
Durch den Daueranbau einer einzigen Pflanzenart verursachter Verlust der Eignung eines Bodens, dieser Art oder bestimmten anderen Arten als Substrat zu dienen.

Bonitierung
Visuelles Abschätzen der quantitativen Ausprägung von Symptomen unter Zuhilfenahme von numerischen Skalen (z. B. Wertzahl 1 = geringste Ausprägung, Wertzahl 9 = höchste Ausprägung).

Chlorose
Verminderter Chlorophyllgehalt von Pflanzenzellen infolge geringerer Synthese oder Abbaus von bereits synthetisiertem Chlorophyll.

Cross-protection
(siehe Prämunität)

Decline effect
Die allmähliche Verminderung eines zunächst verstärkten Befalls mit bodenbürtigen Erregern bei mehrjähriger Monokultur.

Diagnose
Das Erkennen und Benennen einer Krankheit oder Beschädigung sowie die Bestimmung ihrer abiotischen oder biotischen Ursachen.

Differentialwirte
Wirtsarten innerhalb des Wirtskreises verschiedener Schaderreger, mit deren Hilfe eine Bestimmung der jeweiligen Art des Schaderregers vorgenommen werden kann.

Dispersionsdynamik
Änderung der räumlichen Verteilung einer Tierpopulation im Zeitablauf; hervorgerufen durch aktive Wanderung oder passive Verfrachtung.

Ektoparasit
Ein Parasit, der sich im wesentlichen auf der Oberfläche von Wirten entwickelt (z. B. Echte Mehltaupilze).

Elicitoren
Anorganische oder organische Verbindungen, sowie von Mikroorganismen abgegebene Stoffe, die eine postinfektionelle Bildung von Abwehrmechanismen auslösen (z. B. Synthese von Phytoalexinen).

Endemisch
In einem Gebiet permanent vorhanden.

Endoparasit
Parasit, der sich im Innern seines Wirtes entwickelt.

Endophyt
Bakterien oder Pilze, die im Innern von Pflanzen auftreten, ohne makroskopisch sichtbare Symptome eines Befalls oder Schadens zu induzieren. Die Pflanze wird als gesund bezeichnet.

Entomopathogene
Krankheitserreger von Insekten. Im Pflanzenschutz verwendet werden insektenpathogene Viren, Bakterien, Pilze oder Nematoden.

Epidemie
Starkes Auftreten einer infektiösen Krankheit innerhalb einer begrenzten Zeitspanne.

Eradikativ
Wirkung von Pflanzenschutzmitteln, die Schaderreger nach Sichtbarwerden der Symptome ausschalten oder vernichten.

Fakultative Parasiten
Wenig spezialisierte parasitische Organismen, die sowohl auf der Pflanze als auch saprophytisch ihre volle Entwicklung abschließen können.

Fangpflanze
Anfällige Wirtspflanze, die mit dem Ziel angebaut wird, Schaderreger anzulocken und sie dann durch Zerstören der Fangpflanze zu vernichten (z. B. Bekämpfung von Zysten- und Wurzelgallennematoden).

Feindpflanzen
Pflanzen, die einen Rückgang einer Nematodenpopulation herbeiführen, der stärker ist als der Rückgang unter Brache oder bei Anbau einer Nichtwirtspflanze.

Fitness
Fähigkeit eines Genotyps, sich innerhalb einer Population durchzusetzen.

Formae specialis (f. sp.)
Auf einzelne Wirtspflanzenarten spezialisierte Formen innerhalb einer Schaderregerart (insbesondere bei phytopathogenen Pilzen), die sich morphologisch nicht unterscheiden lassen. Bei pilzlichen Schaderregern synonym mit Varietät.

Fungistasis
Verhinderung des Pilzwachstums durch endogene oder exogene Faktoren; kann durch Beseitigung der Hemmstoffe, Dämpfen oder durch Verbesserungen bei Umweltfaktoren (z. B. Nährstoffe) aufgehoben oder unterbrochen werden.

Galle
Gewebewucherung an Pflanzen als Folge des Reizes, der von einem ständig anwesenden Schaderreger (z. B. Pilze, Nematoden, Arthropoden) ausgeht; kein autonomes Wachstum.

Gen-für-Gen-Hypothese
Beschreibt die genetischen Grundlagen der Koexistenz von Wirt und Erreger und die Voraussetzungen für das Auftreten von Pathotypen: jedem Resistenzgen (in der Regel dominant) im Wirt entspricht im Erreger ein korrespondierendes Avirulenzgen (in der Regel rezessiv).

Gradation
Verlauf der Massenvermehrung. Die Gesamtheit der Populationsschwankungen vom Beginn der Individuenzunahme einer Population über den Höhepunkt einer Übervermehrung bis zum Abklingen.

Gute fachliche Praxis
Produktionstechnik unter Berücksichtigung der Grundsätze des Integrierten Pflanzenschutzes (§ 2 a PflSchG). Hierzu zählen u. a. die sachgerechte und bestimmungsgemäße Anwendung von Pflanzenschutzmitteln unter Berücksichtigung wirtschaftlicher und ökologischer Gesichtspunkte.

Haustorium
Organ für die Nährstoffaufnahme obligat biotropher Pilze bzw. parasitischer Pflanzen aus lebenden Wirtszellen.

Hemibiotrophie, Semibiotrophie
Ernährungsform parasitischer Pilze, die sich zunächst biotroph und später perthotroph ernähren (z. B. bei *Colletotrichum-*, *Phytophthora-*, *Cochliobolus*-Arten).

Hemimetabol
Bezeichnung für Insekten mit unvollständiger Verwandlung, deren Jugendstadien dem adulten Tier ähneln, sich auf gleiche Weise wie dieses ernähren und von diesem nicht durch ein echtes Puppenstadium getrennt sind.

Herbizid
Substanz, die zum Abtöten von Pflanzen, insbesondere Unkräutern bestimmt ist.

Herbizidresistente Kulturpflanzen
Kulturpflanzen-Sorten, die durch gentechnische Veränderung oder durch Selektion von Mutanten resistent gegenüber bestimmten Herbizidwirkstoffen sind.

Herbizidtoleranz
Grundsätzliche Fähigkeit einer Kulturpflanzenart eine bestimmte Herbizid-Applikation zu überleben und sich zu reproduzieren. Die Art ist natürlicherweise tolerant, ohne Selektion oder gentechnische Veränderung.

Heterothallisch
Bezeichnung für Pilze, die zur Fortpflanzung sexuell differenzierte Thalli benötigen.

Höchstmenge
In mg/kg angegebene, gesetzlich geduldete Menge von Stoffen, z. B. Wirkstoffen von PSM, die in oder auf Lebensmitteln pflanzlicher und tierischer Herkunft höchstens vorkommen dürfen.

Holometabol
Bezeichnung für Insekten mit vollständiger Verwandlung, deren Jugendstadien im Körperbau keine Übereinstimmung mit dem adulten Tier aufweisen, eine abweichende Lebens- und Ernährungsweise besitzen und vom Imaginalstadium durch ein echtes Puppenstadium getrennt sind.

Homöostasis
Eigenschaft von Organismen, physiologische Funktionen durch Selbstregulierung im Gleichgewicht zu halten. Genetische Homöostasis: Maß für den Widerstand einer Population gegenüber genetischen Veränderungen.

Homothallisch
Bezeichnung für Pilze, die für die sexuelle Fortpflanzung nur einen Thallus benötigen.

Honigtau
Klebrige Überzüge auf der Oberfläche von Blättern, bedingt durch zuckerhaltige, flüssige Exkremente von Blattläusen und anderen saugenden Insekten bzw. süße Ausscheidungen des Mutterkornpilzes auf den von ihm befallenen Ähren von Gramineen.

Horizontale Resistenz
Rassenunspezifische, gleichmäßige Widerstandsfähigkeit eines Genotyps gegenüber allen Virulenzen einer Erregerart.

Hypersensitivität
Schneller und lokal begrenzter Zusammenbruch (Nekrose) pflanzlicher Zellen als Reaktion auf den Angriff eines Erregers.

Hypovirulenz
Verminderte Virulenz von Individuen oder Populationen der gleichen Art eines Pathogens, induziert durch Mykoviren (Hypoviren, dsRNA)

Immission
Einwirkung von Emissionen auf die Umwelt (Beispiel: Luftverunreinigungen können an Pflanzen zu akuten, chronischen oder latenten Schäden führen).

Indikationszulassung
Behördliche Erlaubnis zur Anwendung eines Pflanzenschutzmittels für eine spezielle Anwendung (z. B. gegen einen bestimmten Schaderreger an einer entsprechenden Kulturpflanze).

Indikatorpflanzen
Pflanzenarten, die auf die Infektion durch bestimmte Pathogene mit der Ausbildung charakteristischer Symptome reagieren und zu deren Identifizierung dienen können.

Inkubationszeit
Phase vom ersten Kontakt eines Schaderregers mit der Pflanze bis zum Auftreten von Symptomen.

Inokulum
Masse der infektiösen Einheiten eines Schaderregers.

Kalamität
Massenhaftes Auftreten eines Schaderregers, einer Seuche oder eines Unwetters (Dürreperiode, Überschwemmung) mit schweren wirtschaftlichen Folgen.

Karenzzeit
Wartezeit zwischen der letzten Anwendung eines Pflanzenschutzmittels und der Ernte der Kulturpflanzen.

Kreuzresistenz
Pflanzenschutzmittelresistenz eines Schaderregers gegen mehrere Wirkstoffe als Folge der Anwendung eines Wirkstoffes. Die Kreuzresistenz wird von ein- und demselben genetischen Faktor gesteuert.

Kurativ
Heilende Wirkung von Pflanzenschutzmitteln gegenüber Schaderregern an bereits befallenen oder erkrankten Pflanzen.

Latente Infektion
Eine Pflanze ist zwar von einem Schaderreger befallen, zeigt aber keine erkennbaren Krankheitssymptome.

Latenzzeit
Zeitraum zwischen Infektion und der Neubildung verbreitungsfähiger Sporen.

LD_{50} (lethal dosis)
Maß für die akute Toxizität; diejenige Dosis, die nach einmaliger Verabreichung für 50% der Organismen einer Versuchsgruppe tödlich ist.

Lowest Observed Adverse Effect Level (LOAEL)
Niedrigste Dosierung, bei der unter definierten experimentellen Bedingungen eine erkennbare schädliche Wirkung beim Versuchstier feststellbar ist.

Lückenindikation
Ein Anwendungsgebiet mit geringfügigem Umfang oder geringer gesamtwirtschaftlicher Bedeutung, für das bei keiner Zulassung eine Anwendung festgesetzt worden ist, da entweder keine praktikable Problemlösung bekannt ist oder eine praktikable Problemlösung zwar bekannt, aber rechtlich nicht zulässig ist.

Migration
Individuelles Verlassen eines Gebietes oder Zuwandern in einen Siedlungsraum. Der Wandertrieb wird oft durch endogene (Alter) oder exogene Faktoren (ungünstige Umweltverhältnisse) ausgelöst.

Molluskizid
Substanz, die zum Abtöten von Schnecken bestimmt ist.

Mykotoxine
Pilzliche Stoffwechselprodukte, die bereits in sehr geringen Mengen an Warmblütern toxische Wirkungen der verschiedensten Art hervorrufen (z. B. Aflatoxin, Deoxynivalenol).

Nekrose
Lokaler Zell- oder Gewebetod als Folge der Abtötung des Protoplasmas durch toxische oder physikalische Einwirkungen oder als Reaktion der Pflanze auf Schaderregerbefall.

Nekrotrophie
Ernährungsform eines Mikroorganismus, der sich von totem Substrat ernährt, dessen Absterben er verursacht hat, weitgehend synomym mit Perthotrophie.

Nematizid
Substanz, die zum Abtöten von Nematoden bestimmt ist.

Neophyt
In der Neuzeit (ab 1492) eingeschleppte Pflanzen, die in dem Gebiet ursprünglich nicht heimisch waren und die zu einem festen Bestandteil der heimischen Flora geworden sind.

Netzmittel
Grenzflächenaktive Substanz, die z. B. die Benetzbarkeit von Blättern durch PSM verbessert.

NN (Naturhaushalt Nutzorganismen)
Angabe in der Gebrauchsanleitung von PSM über Kennzeichnungen hinsichtlich der Wirkung auf Nutzorganismen; z. B. NN 270 „Das Mittel wird als schwachschädigend für Populationen der Art *Chrysoperla carnea* (Florfliege) eingestuft.“

No Observed Adverse Effect Level (NOAEL)
Höchste Dosierung eines Stoffes bei der unter definierten experimentellen Bedingungen keine erkennbare schädliche Wirkung beim Versuchstier beobachtet werden kann. Angabe in [mg Wirkstoff/kg Körpergewicht Tier/Tag].

NT (Naturhaushalt Terrestrische Ökosysteme)
Angabe in der Gebrauchsanleitung von PSM über Anwendungsbestimmungen und Kennzeichnungsauflagen zum Schutz von Saumbiotopen; z. B. die bei der Anwendung einzuhaltenden Abstände zu angrenzenden Flächen.

Numerische Infektionsschwelle
Die kleinste Menge infektiöser Einheiten, die unter gegebenen Umweltbedingungen notwendig ist, um an Pflanzen den Beginn einer Infektion auszulösen.

Numerische Reaktion
Die Zu- oder Abnahme einer Räuber- oder Parasitoidenpopulation in Abhängigkeit von der Beutetierdichte.

NW (Naturhaushalt Wasser)
Angabe in der Gebrauchsanleitung von PSM über Anwendungsbestimmungen und Kennzeichnungsauflagen zum Gewässerschutz; z. B. NW 262 „Das Mittel ist giftig für Algen".

Obligat biotrophe Schaderreger
Können sich nur von lebenden Zellen ernähren (z. B. Viren, Falsche und Echte Mehltaupilze, Rostpilze, Nematoden).

Pandemie
Seuchenzug eines Schaderregers, der sich über mehrere Länder bzw. Kontinente erstreckt.

Papille
Ablagerungen zwischen Zellmembran und Zellwand unterhalb der eindringenden Pilzhyphe. Können die Hyphe einschließen und abkapseln.

Parasit
Organismus, der an oder in einem Wirt lebt und Nährstoffe von ihm bezieht, ohne ihn zu töten.

Parasitoid
Organismus, der sich als Schmarotzer in einem Wirtstier entwickelt und dieses letztlich abtötet (z. B. Schlupfwespen).

Pathogenese
Entstehung und Verlauf einer Erkrankung.

Pathogenität
Genetisch fixierte Fähigkeit eines Pathogens, eine Erkrankung auszulösen.

Pathotyp
Genotyp eines Schaderregers mit spezifischen Virulenzeigenschaften gegenüber einer Wirtspflanze oder verschiedenen Sorten einer Wirtspflanze.

Pathovar (pv)
Definierte Bakterienstämme einer Art mit unterschiedlichen pathogenen Eigenschaften, z. B. unterschiedlichem Wirtspflanzenkreis, unterschiedlichen Krankheitssymptomen.

Persistent
Ausdauernd, lang anhaltend vorhanden; der Begriff wird sowohl für Virus-Vektor-Beziehungen als auch zur Beschreibung der Beständigkeit von Pflanzenbehandlungsmitteln in Pflanzen, im Boden und in Gewässern verwendet.

Perthotrophie
Ernährungsform, bei der ein Erreger sich von abgestorbenem Substrat ernährt, dessen Zustand er durch Toxine und/oder extrazelluläre Enzyme selbst herbeigeführt hat (Mehrzahl phytopathogener Bakterien und Pilze); weitgehend synomym mit Nekrotrophie.

Phytoalexine
Niedermolekulare, antimikrobiell wirksame Stoffe, die von lebenden Pflanzenzellen als Reaktion auf den Befall mit Schaderregern (Pilze, Bakterien, Viren, Nematoden), Verletzungen oder sonstige Stressoren synthetisiert und angereichert werden. Treten insbesondere bei inkompatiblen Reaktionen auf.

Population
Gesamtheit der Individuen einer Art in einem geographisch oder ökologisch begrenzten Gebiet.

Populationsdynamik
Schwankungen der Populationsdichte und -verteilung einer Art in Abhängigkeit von exogenen (z. B. Umwelt) und endogenen Faktoren in Raum und Zeit.

Prädator
Räuberisches Tier. Es ernährt sich im Laufe seines Lebens von mehreren Beutetieren, die es zuvor meist getötet hat.

Prädisposition
Zustand einer Pflanze oder einzelner pflanzlicher Organe zum Zeitpunkt eines Angriffs durch einen Schaderreger.

Prämunität (Cross protection)
Schutz, den eine systemische Primärinfektion einer Pflanze mit einem nur milde Symptome hervorrufenden Schaderreger gegen eine nachfolgende Infektion mit dem gleichen oder einem nahe verwandten aggressiven Schaderreger verleiht.

Prognose
Vorhersage der voraussichtlichen Populationsentwicklung eines Schaderregers und des zu erwartenden Schadens.

Protektiv
Vorbeugende Wirkungsweise von Pflanzenschutzmitteln, die durch einen schützenden Belag auf der Pflanzenoberfläche eine nachfolgende Infektion durch einen Schaderreger verhindern.

Quarantäne
Gesamtheit aller Maßnahmen, die zur Verhinderung der Verschleppung, Einschleppung oder Einbürgerung von Schaderregern getroffen werden.

Repellent (Abschreckstoff)
Eine Substanz, die ein Tier vertreibt oder vom Fraß abhält.

Resistenz
Grundsätzliche Befähigung eines Organismus, den Angriff eines potenziellen Schaderregers bis zu einem bestimmten Grade abzuwehren (z. B. genetische Resistenz) oder der Wirkung eines schädigenden Agens zu widerstehen (z. B. Pflanzenschutzmittelresistenz).

Saprophyt
Organismus, der sich von totem organischem Substrat ernährt, das er nicht selbst abgetötet hat.

Schadensschwelle
Befallsdichte bzw. Befallsintensität eines Schaderregers – an einem Ort (Einzelpflanze, begrenzte Erhebungsfläche, Feld) zu einem bestimmten Zeitpunkt oder Entwicklungsstadium – bei der Schäden eintreten.
Biologische Schadensschwelle: Befallsdichte, ab der Schäden wie z. B. Ertrags- oder Qualitätsminderungen messbar werden.
Wirtschaftliche Schadensschwelle: Befallsdichte, bei der Schäden eintreten, die gleich hoch sind wie die Kosten einer Bekämpfungsmaßnahme.

Schaderreger
Sammelbegriff für die biotischen Ursachen wirtschaftlicher Schäden an Nutzpflanzen, Nutzpflanzenbeständen und Erntegütern. Neben Mikroorganismen und Viren als Erreger von Krankheiten zählen dazu im weiteren Sinn auch Schadtiere und Schadpflanzen.

Simulationsmodell
Umfangreiches Modell, mit dessen Hilfe versucht wird, komplexe Abläufe nachzuvollziehen. Einsatz z. B. zur Prognose von Schaderregerauftreten und der dadurch verursachten Schäden.

Subspezies (subsp.)
Gruppe von Individuen innerhalb der Art, die sich morphologisch und genetisch klar von anderen Individuen einer Subspezies unterscheiden lassen.

Suppressive Böden
Böden, in denen bestimmte Schaderreger (z. B. *Fusarium oxysporum, Gaeumannomyces graminis*, Nematoden) aufgrund vorhandener Antagonisten kaum bzw. keine Krankheiten hervorrufen.

Syncytium
Durch Protoplastenfusion aus mehreren Zellen gebildetes Nährzellensystem der Zystennematoden (z. B. bei *Globodera, Heterodera*).

Systemisch
Mehr oder weniger gleichmäßige Ausbreitung eines Erregers (z. B. Viren) oder Transport gelöster Stoffe (z. B. Pflanzenschutzmittel) innerhalb der ganzen Pflanze.

Toleranz
Die Fähigkeit einer Pflanze, Schaderregerbefall oder die Einwirkung abiotischer Schadfaktoren unter geringerer Einbuße an Lebens- und Leistungsfähigkeit (z. B. Ertrag) zu überstehen, als eine empfindliche Pflanze bei gleicher Belastungsintensität.

Tracheobakteriose, -mykose
Meist von Welkesymptomen begleitete Krankheit, bei der Bakterien oder Pilze vorwiegend das Gefäßsystem besiedeln.

Transkription
Die Umschreibung der DNA in eine mRNA mithilfe der RNA-Polymerase (im Zellkern).

Translation
Die Übersetzung der Information der mRNA an den Ribosomen in die Aminosäuresequenz eines Proteins (im Zytoplasma).

Tumor
Gewebewucherung, die genetisch bedingt ist oder sich nach Induktion durch einen Schaderreger autonom weiterentwickelt.

Varietät (var.)
Morphologisch nicht oder kaum unterscheidbare Untereinheit einer Erregerart, die meist auf bestimmte Wirtspflanzen spezialisiert ist. Bei pilzlichen Schaderregern synonym mit formae specialis.

Vektor
Organismus, der nach Aufnahme oder Anlagerung Schaderreger von befallenen auf nicht befallene Individuen überträgt.

Vertikale Resistenz
Rassenspezifische (meist monogen bedingte) Widerstandsfähigkeit einer Sorte gegenüber einem Schaderreger.

Virulenz
Fähigkeit von Schaderregergenotypen („Rassen"), Sorten mit definierten Resistenzgenen zu befallen und sich an ihnen zu vermehren. Virulenz bezeichnet also die Fähigkeit, genetisch definierte Resistenz zu überwinden. Erregergenotypen, die dazu nicht in der Lage sind, werden als avirulent bezeichnet.

Wirkungsgrad
Kriterium zur Bewertung einer Pflanzenschutzmaßnahme, die den Befallsrückgang oder die Schadensminderung in % angibt.

Zyste
Dauerstadium sedentärer Nematoden, mit dem sie ungünstige Witterungsbedingungen überstehen.

Weiterführende Literatur

Aust, H.-J., H. Bochow, H. Buchenauer, U. Burth, E. Maiß, P. Niemann, R. Petzold, H.-M. Poehling, F. Schönbeck, K. Stenzel und G. Schrader, 2005: Glossar Phytomedizinischer Begriffe. Schriftenreihe der Deutschen Phytomedizinischen Gesellschaft Band 3. Eugen Ulmer, Stuttgart.
Ohnesorge, B., 1991: Tiere als Pflanzenschädlinge. Georg Thieme Verlag, Stuttgart.
Schlösser, E., 1997: Allgemeine Phytopathologie. Georg Thieme Verlag, Stuttgart.

Sachregister

Bildquellen

Alle Abbildungen stammen, wenn nicht anders vermerkt, von den Autoren.
Artur Piestricow, Stuttgart, fertigte folgende Zeichnungen nach Vorlagen der Autoren: 63, 72, 73, 84–86, 93, 100–106.